U0220808

拉胀材料与结构

Auxetic Materials and Structures

〔新加坡〕 林德清 (Teik-Cheng Lim) 著

王中钢 译

科学出版社

北京

图字: 01-2021-0602 号

内 容 简 介

本书结合轻质新颖结构分析与设计前沿需求,利用固体力学基础分析方法,系统介绍了拉胀固体的弹性行为、应力集中、断裂、破坏、疲劳、接触与压痕、热应力、弹性稳定性、振动,以及弹性波在其中的传播、透射和反射;细述了典型拉胀梁、柱、盘、球体、平板及壳的力学行为与特性;分析了拉胀固体的剪切变形;讨论了半拉胀固体和拉胀复合材料的力学性能等,为拉胀类功能化新颖超材料或超结构的设计及工程应用提供了理论与分析方法参考。

本书可供铁路、航空、航天、汽车、机械、材料领域的高年级本科生、研究生、教师及相关从业人员使用。

First published in English under the title
Auxetic Materials and Structures
By Teik-Cheng Lim
Copyright © Springer Science+Business Media Singapore, 2015
This edition has been translated and published under licence from
Springer Nature Singapore Pte Ltd.

图书在版编目(CIP)数据

拉胀材料与结构/(新加坡)林德清(Teik-Cheng Lim)著; 王中钢译. —北京: 科学出版社, 2021.6
书名原文: Auxetic Materials and Structures
ISBN 978-7-03-069295-5

I. ①拉… II. ①林… ②王… III. ①弹性材料-材料力学 IV. ①TB39

中国版本图书馆 CIP 数据核字(2021)第 122742 号

责任编辑: 刘信力 崔慧娴/责任校对: 彭珍珍
责任印制: 吴兆东/封面设计: 无极书装

科 学 出 版 社 出版
北京东黄城根北街 16 号
邮政编码: 100717
http://www.sciencep.com

北京中科印刷有限公司 印刷
科学出版社发行 各地新华书店经销
*
2021 年 6 月第 一 版 开本: 720×1000 1/16
2021 年 11 月第二次印刷 印张: 32 3/4
字数: 658 000
定价: 298.00 元
(如有印装质量问题, 我社负责调换)

作者简介

林德清 (Teik-Cheng Lim) 本科时获得了新加坡国立大学工程系年度图书奖，并获得奖学金，之后继续在新加坡国立大学攻读博士学位。他取得博士学位后，在新加坡国立大学工作多年，后加入 Singapore Institute of Management (UniSIM)。他目前是 UniSIM 博士项目的负责人。

译 者 序

运载装备轻量化是世界各国面临的共性基础难题,新颖轻质结构的开发运用是促推运载装备革新与技术进步的重要保障。拉胀材料与结构意指受拉伸时其垂直方向膨胀、受挤压时收缩,呈现出负的泊松比的固体,因而亦称为负泊松比材料或结构。作为新兴的一类材料与结构,拉胀材料与固体因其独特力学性能,成为国际轻质结构领域竞相关注的热点。

我第一次接触到负泊松比材料或结构时,特别地惊讶,因为它与我们先前所认知的大多数材料的力学性能完全相反,让我想起了孙悟空的"金箍棒"。纵然这一传奇神话故事中的"定海神针"非天然巧物,但却给出了鲜明的负泊松比的实例。天然的负泊松比材料较为罕见,目前多以人工构造结构为主。然而,负泊松比潜在的优势激发了同行业人员研究此问题的强烈兴趣,越来越多的科研人员、学者开始投入到此方面的研究工作中。现有的成果主要聚焦于负泊松比的结构特征、力学性能、实现路径及负泊松比效应和负泊松比的功能化应用等方面,重点分析其等效杨氏模量的非线性特性和各方向变化。一系列二维、三维的负泊松比结构被提出并得到发展,包括内凹蜂窝等多孔类构型,星形、手形、刚度引导下的几何自恢复型等新颖结构,以及拉胀复合材料等。过去十余年来,针对负泊松比的研究竞相开展,成果丰硕。

该书原著作者 Teik-Cheng Lim 博士是拉胀材料领域的知名专家,他长期从事拉胀材料力学性能的研究,在国际上提出了一系列拉胀材料的构型与模型,建立了有关负泊松比分析研究的系列方法。经过凝心总结,他于 2015 年撰写完成了极有可能是国际上第一本系统介绍负泊松比研究工作的专著 *Auxetic Materials and Structures* 并顺利出版,极大地促推了负泊松比材料与结构领域的研究工作。

我在新加坡国立大学国家公派访学期间,进一步深入地了解了该书的内容与内涵。该书架构清晰、层次分明,不仅涉及内凹开孔微结构、结节-纤维微结构、三维绳结模型、旋转正方形/矩形/三角形模型、四面体框架结构、硬环六聚体模型、棱筋缺失模型、手性和反手性格栅模型、联锁六边形模型和"蛋架"结构等各拉胀结构的微观力学模型,还详细地介绍了拉胀固体的弹性行为,拉胀材料的应力集中、断裂与破坏,拉胀材料的接触和压痕力学,拉胀梁,极坐标和球坐标表示的拉胀固体,拉胀薄板与薄壳,拉胀固体的热应力,拉胀固体的弹性稳定性,拉胀固体的振动,拉胀固体中的波传播,拉胀固体中的波透射和波反射,拉胀固体中的纵波，拉胀固体的剪切变形，简单半拉胀固体，半拉胀层合板和拉胀复合材料等，形成了系统的理论成果，是迄今为止拉胀材料与结构领域的知识宝库。

通过认真学习，我们充分认识到负泊松比结构在实现特殊功能、推动材料与结构的功能化设计方面发挥着重要作用，尤其在应对冲击破坏方面具有独特的局部刚度强化特征，有望为轻质结构动态冲击阻抗设计提供新的思路，进一步为轨道车辆、航天飞船、汽车、新能源电池等涉及轻质结构冲击防护的新颖结构设计参鉴。在这一内生动力的激发下，觉得非常有必要将此书译为中文出版，以促进负泊松比知识在国内的传播与发展。回国后，我在与同行业学者们交流过程中共同认识到该著作对初学者的重要启发作用，故下定决心将其汉译，希求为我国本领域从业人员、年轻学者和高年级本科生、研究生提供知识参考。

承蒙各位学术前辈的帮助与关怀，全书的翻译得到了业界内的多位知名专家的帮助，在此诚表谢意。同时还特别感谢研究生李振东、王鑫鑫、张健、罗艺、周殷、雷紫平、康蔚等在书稿校译过程中付出的辛勤劳动。

为充分尊重原著，本书尽量沿用原著术语，仅在个别词句以脚注方式给予相应说明。由于译者水平有限，书中仍有诸多不足之处，恳请广大读者批评指正。

译 者

2020 年 10 月浏阳河

原 书 前 言

　　本书旨在向读者介绍拉胀材料的最新进展及依托其特殊力学行为的各种潜在应用。大多数材料表现为正的泊松比，即它们在受拉时变薄，而受压时膨胀。拉胀材料表现出负泊松比的性质，即它们受拉时膨胀，而受压时变薄。

　　本书撰写的原动力是拉胀材料在科学与工程方面的报道较少。本书以"负泊松比"思想的发展历程与早期进展为开篇；第 2 章介绍了已开发的用于阐释和预测拉胀材料力学行为的各种微结构力学模型；第 3 章讨论了拉胀固体的弹性行为；第 4 章介绍了拉胀材料的应力集中、断裂、破坏和疲劳等；第 5 章主要介绍拉胀材料的接触和压痕力学；第 6 ～ 8 章涵盖了拉胀梁、柱、盘、球体、平板及壳；第 9 章的关注点是拉胀固体的热应力；第 10 ～ 14 章关注于拉胀固体的弹性稳定性、振动，以及弹性波的传播、透射和反射；第 15 章主要介绍了拉胀固体的剪切变形；第 16 章和第 17 章介绍了简单的半拉胀固体和拉胀复合材料。

　　本书可作为研究生入门课程的教材，亦可供学术界和工业界的研究人员和执业工程师参考。

Teik-Cheng Lim

新加坡

目　录

第 1 章 绪 论

摘要： 拉胀材料是一种具有负泊松比属性的固体。本章主要介绍泊松比的定义和它的发展历程；随后介绍拉胀材料的定义和它的发展过程，包括天然生成的和人造的拉胀材料，前者主要涉及 α-方石英，而后者主要是泡沫和纱线。

关键词： 定义；历程；概览；泊松比；工艺方法

1.1 泊松比的定义

众所周知且显而易见，当材料在一个方向延展时，材料在垂直于加载方向的横向将收缩，如图 1.1.1(a) 所示。于是，当载荷由拉伸转变为压缩时，材料在横向将会膨胀，如图 1.1.1(b) 所示。

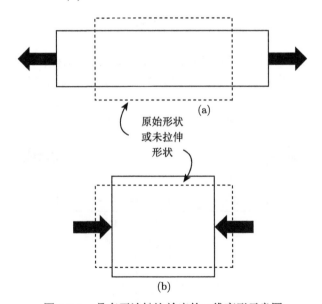

图 1.1.1 具有正泊松比效应的二维变形示意图

泊松比 ν 被定义为

$$\nu = -\frac{\varepsilon_{\text{Trans}}}{\varepsilon_{\text{Load}}} \tag{1.1.1}$$

其中，$\varepsilon_{\text{Load}}$ 为加载方向的应变，而 $\varepsilon_{\text{Trans}}$ 是垂直于该方向 (或横向) 的应变。既然

它如此常见，而且很直观，$\varepsilon_{\text{Load}}$ 和 $\varepsilon_{\text{Trans}}$ 具有相反的符号，即比值 $\varepsilon_{\text{Trans}}/\varepsilon_{\text{Load}}$ 为负，所以在式 (1.1.1) 中引述一个负号，从而使其泊松比结果为正值。

1.2　泊松比的历史

对拉伸效应及由其导致的侧向收缩效应的早期观察始于 Young (1807) 的一次关于"自然哲学和力学艺术"的讲座。根据分子相互作用原理，Poisson (1827) 从理论上推导出泊松比为一常数 ($\nu = 1/4$)，并采用 Cagniard de la Tour (译者注：著名法国科学家) 的方法间接测得了黄铜杆的泊松比为 $\nu = 0.357$，间接支持了他所得到的结论。Wertheim (1848) 运用 Cagniard de la Tour 的方法，测定了黄铜和玻璃的泊松比均为 $\nu = 1/3$。通过测量杨氏模量和剪切模量，Kirchhoff (1859) 采用式 (3.4.1) 获得了多种金属的泊松比。这些及后来对泊松比的测量，奠定了实验的基础，确定了泊松比不是一个常数，而是随着材质的变化而变化。在理论方面，Cauchy (1828) 的研究亦证明了需采用两个独立的杨氏模量来表征各向同性固体的弹性行为，从而暗示了不同物质的泊松比必然不同。

1.3　拉胀材料的定义

拉胀材料可定义为具有负泊松比属性的固体。当拉胀材料沿一个方向受拉时，其横向将膨胀，如图 1.3.1(a) 所示。可以推知，如果载荷由拉伸变为压缩，其横

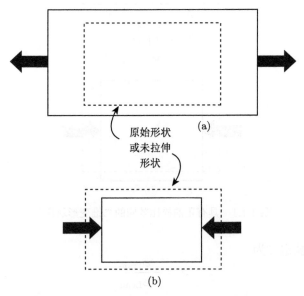

图 1.3.1　具有负泊松比效应的二维变形示意图

向将收缩,如图 1.3.1(b) 所示。图 1.3.2 描绘了一些高度理想化的微观结构的几何图形示例,展现了二维拉胀行为。和其他几何图形一样,在这些例子中,出现了一些旋转的拉胀行为。

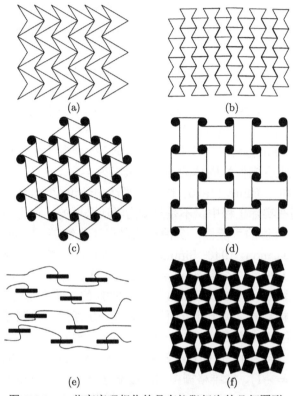

图 1.3.2   一些高度理想化的具有拉胀行为的几何图形

1.1 节和本节分别定义了泊松比和拉胀材料,现分别讨论各向同性固体泊松比的 5 个标志性含义,如表 1.3.1 所示。

表 1.3.1   固体泊松比的 5 个标志性含义

泊松比	物理意义
$\nu = 1$(平面)	保留面积
$\nu = 0.5$	保留体积
$\nu = 0$	保留横截面
$\nu = -0.5$	保留模量,$E = G$
$\nu = -1$	保留形状

最常见的是保留体积,也称为不可压缩性,是在 $\nu = 0.5$ 时。当固体的泊松比 $\nu = 0$ 时,施加在轴向的载荷既不引起横截面面积改变,亦不会导致加载方向正交截面形状变化,所以称为"保留横截面"。对各向同性固体,如式 (3.4.1),将 $\nu =$

-0.5 代入得 $E=G$，从而产生了 "保留模量" 的说法，其中 E 为杨氏模量，G 为剪切模量，它们是两种最常用的工程模量。当 $\nu=-1$ 时，在一个方向必然产生的应变将同时导致等量的横向应变，引起膨胀变形，从而 "保留形状"。在二维变形情况下，泊松比的上限为 1，这意味着一个方向的拉伸会导致在同一平面内 (以此平面计算泊松比) 的垂向方向产生等量的反向应变，从而意味着该面积被保留。

1.4　负泊松比研究的历史

通过重述 Cauchy 关系式，Saint-Venant (1848) 似乎是第一个提出在各向异性固体中泊松比可能为负值的科学家，而后 Greaves 认为泊松比可能大于 1/2 (Greaves，2013)。Fung 基于弹性力学的数学理论，将热力学约束施加于弹性固体本构关系中，发现各向同性固体的泊松比极限为 $-1 \leqslant \nu \leqslant -0.5$ (Fung，1965)。此后，Landau 和 Lifshitz (1970) 在一个脚注中评论道，$0 \leqslant \nu \leqslant 1/2$ 这一泊松比范围仅出现在实际工程中，不是热动力学所必要的，这也谨慎地暗示了固体的泊松比表现出负值的可能性。负泊松比已在硫化铁矿 (Love，1927)、单晶体 (Voigt，1910；Hearmon，1946；Simmons and Wang，1971)、铁磁薄膜 (Popereka and Balagurov，1969)、生物组织 (Veronda and Westmann，1970) 及 FCC (face-centered cubic) 晶体 (Milstein and Huang，1979) 的实验中观测到。20 世纪 80 年代，负泊松比材料复苏，关于此方面的结论进一步通过实验测量和计算模拟得到证实。这些研究包括 α-方石英 (Kittinger et al.，1981)、内凹六边形蜂窝 (Gibson et al.，1982)、三维各向同性的杆–铰–弹簧结构 (Almgren，1985，弹簧用以维持结构形状，即 $\nu=-1$)、二维格栅中的六边形分子 (Wojciechowski，1987，1989；Wojchiechowski and Branka，1989)，以及多孔材料 (Lakes，1987a，b；Caddock and Evans，1989；Evans and Caddock，1989)。同时，还包括 Jarić 和 Mohanty (1987a，b) 及 Frenkel 和 Ladd(1987) 对 FCC 晶体是否具有负泊松比的争论——两个研究小组均只考虑 [100] 方向。

"拉胀" 一词首先由 Evans (1991) 引入，用来指代负泊松比。它起源于希腊单词 auxetikos (从 ανξητικός 译来)，寓意为 "趋向于增加"，而该单词又是基于希腊词语 auxesis (从 αΰξησις 译来) 中一个取义为 "增加" 的名词。面内负泊松比在复合材料层合板中也有报道 (Tsai and Hahn，1980)，而层合板自由边的平均全厚度负泊松比也得到了测量 (Bjeletich et al.，1979)。Herakovich (1984) 将二维分层理论和三维各向异性本构方程耦合，获得了薄层合板的全厚度泊松比，其中一些铺层的泊松比表现为负值。Sun 和 Li (1988) 采用三维等效弹性常数展示了厚层合板在一定方向上的负泊松比。表 1.4.1 列出了关于拉胀材料研究的部分年表及事项。

表 1.4.1 关于拉胀材料发展历程的简要年表

年份	作者	重要发现
1848	Adhémar Jean Claude Barré de Saint-Venant	建议 $\nu < 0$
1910	Woldemar Voigt	在单晶体中 $\nu < 0$
1927	Augustus Edward Hough Love	在硫化铁矿中 $\nu < 0$
1946	R.F.S. Hearmon	在单晶体中 $\nu < 0$
1965	Yuan-Cheng Fung	在各向同性固体中 $-1 \leqslant \nu \leqslant 0.5$
1969	Popereka and Balagurov	在铁磁薄膜中 $\nu < 0$
1970	Landau and Lifshitz	暗示了 $\nu < 0$
1971	Simmons and Wang	在单晶体中 $\nu < 0$
1979	Bjeletich et al.	在复合材料层合板中 $\nu < 0$
	Milstein and Huang	在 FCC 晶体中 $\nu < 0$
1980	Tsai and Hahn	在复合材料层合板中 $\nu < 0$
1981	Kittinger et al.	在 α-方石英中 $\nu < 0$
1982	Gibson et al.	在内凹六边形蜂窝中 $\nu < 0$
1984	Carl T. Herakovich	在复合材料层合板中 $\nu < 0$
1985	Robert F. Almgren	在三维各向同性结构中 $\nu = -1$
1987	Krzysztof Witold Wojciechowski	在六边形分子中 $\nu < 0$
	Roderic Lakes	在泡沫中 $\nu < 0$
	Jarić and Mohanty 与 Frenkel and Ladd	在 FCC 晶体中 $\nu < 0$ 的争论
1988	Sun and Li	在复合材料层合板中 $\nu < 0$
1989	Wojciechowski and Branka	六边形分子 $\nu < 0$
	Evans and Caddock	泡沫 $\nu < 0$
1991	Kenneth E. Evans	新创了 "拉胀" 一词

关于拉胀材料,已发表了一系列综述性论文,主要包括但不限于:Lakes (1993)、Alderson (1999)、Yang 等 (2004)、Alderson 和 Alderson (2007)、Liu 和 Hu (2010)、Greaves 等 (2011)、Prawoto (2012)、Critchley 等 (2013a),Darja 等 (2013) 的工作。自 2004 年至今,召开了一系列有关拉胀材料的专门的研讨会和大型会议,2014 年还召开了 10 周年纪念会议,具体如表 1.4.2 所示。除表 1.4.2 中所列会议外,还组织召开了围绕拉胀材料的一些小型的专题研讨会。

表 1.4.2 关于拉胀材料的研讨会/会议时间顺序列表

年份	关于拉胀材料的研讨会、会议和专题小型讨论会
2004	Advanced research workshop on auxetics and related systems at Bedlewo, Poland
2005	2nd advanced research workshop on auxetics and other unusual systems at Bedlewo, Poland
2006	International conference and 3rd workshop on auxetics and anomalous systems at Exeter, United Kingdom
2007	4th international workshop on auxetics and related systems at Msida, Malta
2008	2nd conference and 5th international workshop on auxetics and related systems at Bristol, United Kingdom
2009	6th international workshop on auxetics and related systems at Bolton, United Kingdom
2010	3rd international conference and the 7th international workshop on auxetics and related systems at Gozo, Malta
2011	8th workshop on auxetics and related systems at Szczecin, Poland
2012	4th international conference and 9th international workshop on auxetics and related systems at Bolton, United Kingdom
2014	5th international conference and 10th international workshop on auxetics and related systems at Poznan, Poland

1.5　天然的拉胀材料

对天然负泊松比材料的描述是 Yeganeh-Haeri 等在 1992 年给出的 (Yeganeh-Haeri，1992)，其形式为 α-方石英 (一种 SiO₂)。他们通过使用激光布里渊光谱获得了 α-方石英结构中二氧化硅 (SiO₂) 的绝热单晶硅弹性刚度系数，发现这种 SiO₂ 的多晶型物具有负的泊松比，与其他硅酸盐和二氧化硅不同。通过张量分析，Yeganeh-Haeri 等证实 (Yeganeh-Haeri，1992)，α-方石英的泊松比在某些方向上的最小值 (或负最大值) 可达到 −0.5，而其单相骨料的平均泊松比的计算值为 −0.16。

Keskar 和 Chelikowsky (1992) 采用第一性原理计算方法和经典原子间势函数的方法研究了 α-方石英和其他形式的硅的弹性属性。在再现 α-方石英负泊松比的基础上，他们预测在较大单轴拉伸载荷作用下，α-石英 (最常见的结晶二氧化硅) 同样会表现出负泊松比的性质。在低密度硅多晶型物上体现出来的负泊松比，主要归功于其 SiO₄ 四面体的高刚性 (Keskar and Chelikowsky，1992)。

1.6　拉胀泡沫材料

有些材料是天然的拉胀材料，有些则不是。例如泡沫材料，除非经过一些人为处理以赋予它们拉胀属性，否则将表现为正的泊松比。Lakes (1987a) 曾建议通过永久性地向内鼓起每一个胞元的棱筋将常规泡沫转化为拉胀泡沫，从而形成一个内凹结构。一个理想化的基于空间对称多面体折叠的内凹周期单元如图 1.6.1 所示。

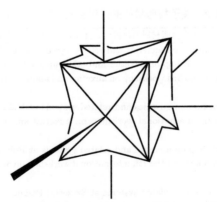

图 1.6.1　理想化的内凹周期单元 (背面棱筋未清晰显示)

拉胀泡沫可以通过将一片常规泡沫沿三个方向压缩，然后放置于模具中并加热至聚合泡沫材料软化点温度以上来生产制造。为了让已变形的棱筋能符合新的几何构型，在从模具中取出泡沫前，先需将压缩后的泡沫冷却至室温。对聚酯泡沫，Lakers (1987a) 发现压缩因子为 1.4 ~ 4 时制得的结构表现出负的泊松比；而对于网状金属泡沫，无需此升温过程，在室温下即可在三个方向发生塑性变形 (Lakes, 1987a)。

　　图 1.6.2 描绘了 Pickles 等 (1995) 用于制备具有拉胀属性的超高分子量聚乙烯 (UHMWPE) 的原纤维颗粒微观结构的设备。表 1.6.1 概括了在温度 T (℃)、静置时间 t_s (min)、加载速率 r_1 (mm/min)、加载压力 P (GPa)、加载时间 t_1 (min) 等条件下，所测量的圆杆压缩过程中的径向泊松比，每个结果都对应一个单独的样品。

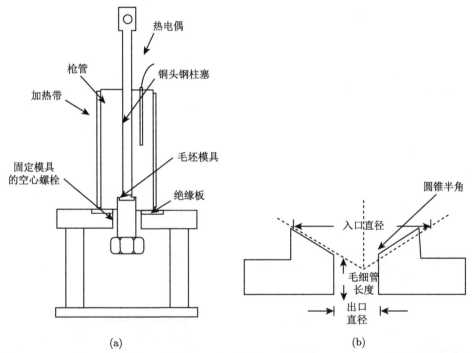

(a)　　　　　　　　　　　　　　　　　　　　(b)

图 1.6.2　(a) 制备工艺的钻机示意图；(b) 标准模具 (Pickles et al., 1995)【施普林格 + 商业媒体 (后简称施普林格)，惠允复制】

　　表 1.6.1 所示径向泊松比的误差为 ±0.02。通过研究压实过程的极端情况，可以看出：存在一定的压实变化量范围，在此范围内，拉胀材料经标准化烧结后成型，并出现挤压。对于这 5 个变量，Pickles 等 (1995) 按重要度从低至高顺序排列为：静置时间、加载速率、加载时间、加载压力和温度。

　　为了提高拉胀泡沫的质量和制备尺寸更大的样品，Chan 和 Evans (1997a) 介绍了一种制备方法，系统性地描述如下：泡沫在抹刀的协助下 (帮助消除表面起皱) 插入管子，以便在两个横向上施加压缩。模具端部用铝端板堵住，使成型的泡沫在纵向 (第三个方向) 方向被压缩，如图 1.6.3(a) 所示。所加热温度由图 1.6.3(b) 所示的机构来确定，将胞元棱筋出现初始压溃时所对应的温度记录为泡沫的软化温度。

表 1.6.1　圆杆压缩过程中的径向泊松比 (Pickles, 1995)【施普林格惠允复制】

$T = 110℃$ $t_s = 10\text{min}$ $r_1 = 20\text{mm/min}$ $P = 0.04\text{GPa}$ $t_1 = 20\text{min}$		$T = 125℃$ $t_s = 3\text{min}$ $r_1 = 140\text{mm/min}$ $P = 0.04\text{GPa}$ $t_1 = 10\text{min}$		$T = 155℃$ $t_s = 40\text{min}$ $r_1 = 80\text{mm/min}$ $P = 0.164\text{GPa}$ $t_1 = 80\text{min}$	
压缩应变	径向泊松比	压缩应变	径向泊松比	压缩应变	径向泊松比
0.003	−0.75	0.003	+0.76	0.052	+0.57
0.010	−1.52	0.003	−0.77	0.053	+0.17
0.010	0.00	0.003	−0.38	0.060	0.00
0.010	0.00	0.006	−0.79	0.064	+0.37
0.010	−0.67	0.006	−1.50	0.064	+0.62
0.011	−1.45	0.011	−0.60	0.064	+1.42
0.011	+2.90	0.011	−0.28	0.065	+0.76
0.011	−0.54	—	—	0.070	+1.42

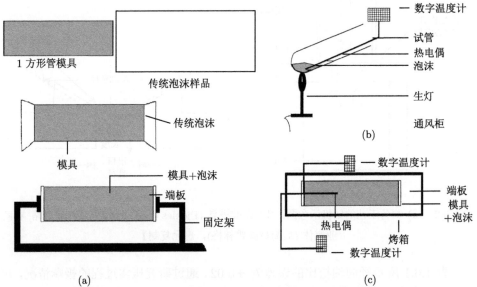

图 1.6.3　示意图：(a) 小尺寸拉胀泡沫的制备；(b) 泡沫样品加热环境检测；(c) Chan 和 Evans (1997a) 制备 1in[①] 见方截面的矩形拉胀泡沫试样所用的显示时间–温度记录装置
【施普林格惠允复制】

---

① 1in=2.54cm。

实验表明，如果加热时间过短，泡沫无法 "成型"。结果，当把它从模具中取出来后，由于其所有的内部应力并未得到释放，泡沫就会很快膨胀到原来的尺寸。另外，如果软化时间过长，泡沫将会被融化。那样的话，胞元的棱筋将粘在一起形成一个致密块。图 1.6.3(c) 给出了获取时间–温度关系的装置示意图，其中，一个热电偶夹在模具和泡沫芯块之间，另一个热电偶插入试件中部。当泡沫芯块暴露在高温烤箱内时开始记录时间和温度，直至泡沫芯块移出烤箱、温度回落至泡沫软化温度以下为止 (Chan and Evans，1997a)。

图 1.6.4(a) 和 (b) 分别给出了泡沫芯块的压缩实验安排及相应术语，而图 1.6.4(c) 给出了泡沫材料典型的载荷–变形曲线，它从线弹性阶段开始，继而出现平台区的胞元棱筋屈曲，直至完全密实、刚度骤升为止。

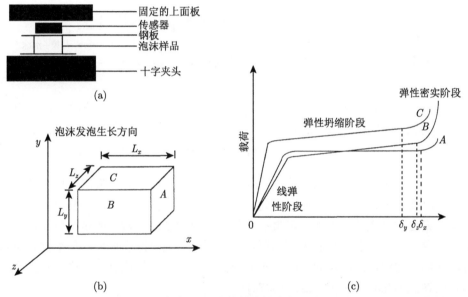

图 1.6.4 示意图：(a) 泡沫压缩实验；(b) 泡沫的发泡生长方向；(c) A、B 和 C 分别为沿 x、y、z 三个方向的典型载荷–变形曲线 (Chan and Evans，1997a) 【施普林格惠允复制】

图 1.6.5(a) 展示了制造大尺寸拉胀泡沫块的流程。虽然低模量的泡沫确实允许使用模具来制备，然而它也面临另一个问题——压痕效应。这种压痕效应是由较大泡沫块的体积引起的；体积的大幅减少预示着更大的侧压。很明显，期待实现这一步而不带来表面压痕是不现实的。这种表面的压痕是由于泡沫内不一致的局部压溃所产生的。为克服此难题，Chan 和 Evans (1997a) 开发了一个多级加热和压缩的工艺方法，具有大大降低每个阶段压缩比率的特点，因而出现压痕的风险最小。该方法的其中一段如图 1.6.5(b) 所示。从泡沫被放入预热烤箱的那一刻起，泡沫样品的加热时间、表层及中间温度即由图 1.6.5(c) 所示装置进行记录。

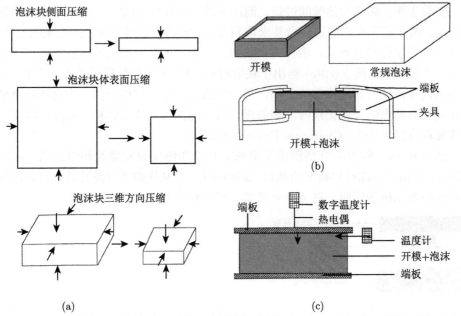

(a)   (c)

图 1.6.5　示意图：(a) 制备大尺寸拉胀泡沫块的流程；(b) 加工大尺寸拉胀泡沫块的工艺；
(c) 用于制备大尺寸拉胀泡沫块时间–温度属性检测 (Chan and Evans，1997a)
【施普林格惠允复制】

　　Chan 和 Evans (1997a) 得出的结论是，制造大尺寸的拉胀泡沫块需要更长的加热时间和更大的压缩载荷。因此，多段处理方法更适用于此类样品。这一技术将转换过程分成几个步骤，可最小化表面压痕出现的风险，故是一种比单级加工方法更可控的工艺，从而生产出更均匀的样品。通过改变体积的压缩比，可获得泡沫的不同泊松比值；通过改变不同方向上的线性压缩比例，可产生不同程度的各向异性 (Chan and Evans，1997a)。

　　Alderson 等 (2007a) 研究了拉胀微孔聚合物加工过程中的微观结构演变，概念示意图如图 1.6.6 所示。图 1.6.7 给出了挤压前径向和纵向的微观结构特征和其在跨中位置的显微图，图 1.6.8(a) 为挤压 100 mm 后径向和纵向的微结构特征图 (Alderson et al.，2007a)。图 1.6.8(b) 和 (c) 分别描绘了模头侧泡沫微结构径向和纵向的显微结构；而图 1.6.8(d) 和 (e) 则分别为刚好超出快速扩展区域内的微结构径向和纵向的显微结构。

　　采用如图 1.6.9 所示的理想微结构，Alderson 等 (2007a) 将泊松比量化为

$$\nu_{rz} = -\frac{(\sin\alpha_0 - \sin\alpha)(a + l\cos\alpha_0)}{(\cos\alpha - \cos\alpha_0)(b - l\sin\alpha_0)} \tag{1.6.1}$$

其中，a 为理想的矩形结节的长；b 为宽；l 为纤丝长；α_0 为纤丝与径向轴的夹角；

α 为相应的角度变量。

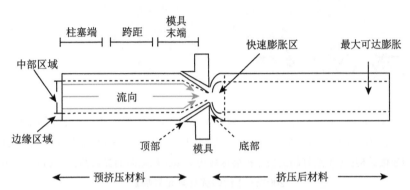

图 1.6.6 Alderson 等 (2007a) 采用的加工平台示意图【约翰威利惠允复制】

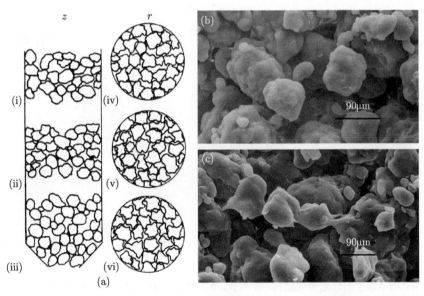

图 1.6.7 (a) 挤压前径向 (r)、纵向 (z) 的微结构特征图；(b) 跨中时微组织径向显微图；

(c) 跨中时微结构纵向显微图 (Alderson et al., 2007a)【约翰威利惠允复制】

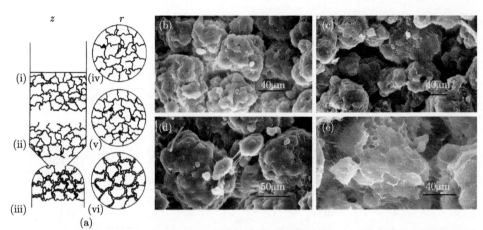

图 1.6.8 (a) 挤压 100mm 后径向 (r)、纵向 (z) 的微结构特征；(b) 模头侧泡沫微结构径向
的显微结构；(c) 模头侧泡沫微结构纵向的显微结构；(d) 刚好超出快速扩展区域内的微结构
径向的显微结构；(e) 刚好超出快速扩展区域内的微结构纵向的显微结构 (Alderson et al.,
2007a)【约翰威利惠允复制】

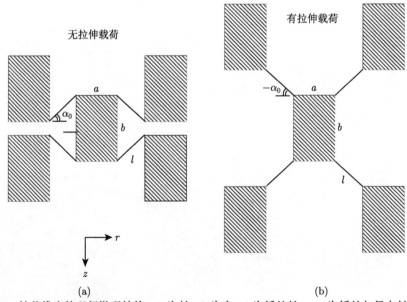

图 1.6.9 结节维度的理想微观结构，a 为长，b 为宽，l 为纤丝长，α_0 为纤丝与径向轴的夹角

　　工艺参数对熔纺的拉胀聚合物纤维力学性能的影响同样得到研究。Alderson
等 (2007b) 采用 Emerson & Renwick Labline Mark II 模型分析熔体纺丝过程。
该模型的螺杆直径为 25.4mm，压缩比为 3:1，设有 5 个温度区间，且每个温度区
间均有各自的恒温控制器，示意图如图 1.6.10(a) 所示。在挤压纤维的力学性能测

试过程中，综合使用了 Messphysik ME 46 视频引伸计和 Deben micro 微拉伸试验机，如图 1.6.10(b) 所示。

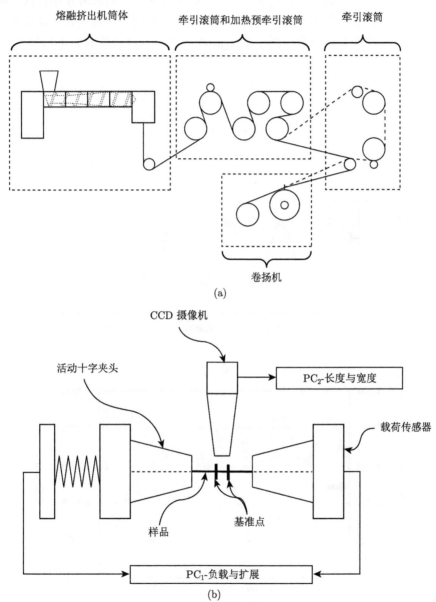

(a)

(b)

图 1.6.10　(a) 挤压机和 (b) 视频引伸计示意图 (Alderson et al., 2007b)

【施普林格惠允复制】

· 14 ·

图 1.6.11 给出了聚丙烯纤维长度和宽度随时间变化的测量结果，分别是在
163℃ 和 159℃ 平坦温度条件下测试得到的。图 1.6.11(a) 描绘了平坦温度为 163℃
时加工得到的纤维的原始长度和宽度随测试时间的变化。图示的 5 个测试周期清
晰表明，随着纤维沿长度方向被拉长，其宽度一致地减少；而松弛至其原始尺寸
时，宽度一致地增加。因此，图 1.6.11(a) 所示结果与非拉胀材料 (正泊松比) 的

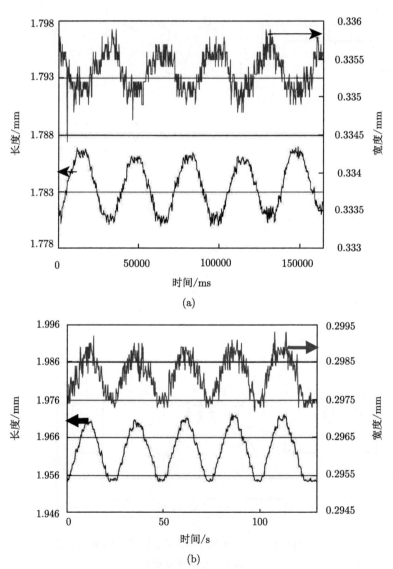

图 1.6.11　采用不同平坦温度加工得到的聚丙烯纤维的长度、宽度随时间变化的测量结果：
(a) 163℃；(b) 159℃ (Alderson et al.，2007b)【施普林格惠允复制】

变形一致。图 1.6.11(b) 给出了平坦温度为 159℃ 时加工得到的纤维的长度和宽度随测试时间的变化结果。在该温度条件下，其宽度和长度的变化看起来是同步的 (即宽度随纤维沿长度方向拉伸变长而增加)。因此，图 1.6.11(b) 所示变形与拉胀行为一致 (Alderson et al.，2007b)。

图 1.6.12(a)~(d) 给出了聚丙烯纤维的泊松比与处理温度、剥离速度、螺杆速度和模具直径的变化关系，而图 1.6.12(e) 和 (f) 为聚酯和尼龙纤维的泊松比随加

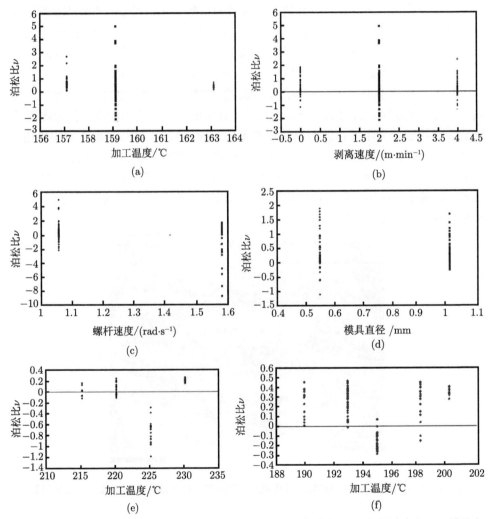

图 1.6.12　聚丙烯纤维的泊松比与 (a) 加工温度、(b) 剥离速度、(c) 螺杆速度和 (d) 模具直径的变化关系曲线，以及 (e) 聚酯和 (f) 尼龙纤维的泊松比随加工温度的变化关系 (Alderson et al.，2007b)【施普林格惠允复制】

工温度的变化关系。在 Alderson 等 (2007b) 的研究中，关键的工艺参数 (即挤压温度) 被明确了，这三种聚合物都有一个非常窄的挤压温度区间。同一项针对聚丙烯纤维的详细研究表明，剥离速度只是轻微地改变了纤维的拉胀比例，预示着与剥离速度相关的轻微拉扯不会对拉胀功能性产生不利影响。而这对纤维的直径和模量是不成立的，它们均是随剥离速度的增加而显性减少，从而使得泊松比和杨氏模量/直径的特定值的组合确定变得可能 (Alderson et al.，2007b)。

螺杆速度对拉胀功能的实现和可获得的拉胀范围非常重要。尽管螺杆速度对压实和剪切的影响需要在充分理解对该参数的依赖关系前得到，但确保螺杆速度尽可能慢是非常必要的，以提供充分的烧结时间。经研究发现，增加模具直径会增加拉胀度百分比，并使拉胀值沿纤维长度分布变窄，模具直径似乎为成功生产一致性更好的纤维提供了最可能的途径 (Alderson et al.，2007b)。

基于一种用于生产平面和曲面型拉胀泡沫薄板的方法，Alderson 等 (2012) 通过采用单轴压缩，借助视频伸长法开展了详细的光学显微镜检查和泊松比测量，结果表明拉胀行为主要由曲面泡沫板在单轴压缩 40%～ 60%并耦合剪切作用时穿过泡沫厚度方向的孔隙的扭曲引起。他们测量了相应的泡沫板的泊松比值，曲面泡沫板高达 −3，而平面泡沫薄板为 −0.3。Critchley 等 (2013b) 利用 3D 打印技术，制备了在拉伸条件下泊松比低至 −1.18 的拉胀泡沫。其放大后的 3D 打印拉胀微观结构如图 1.6.13 所示。

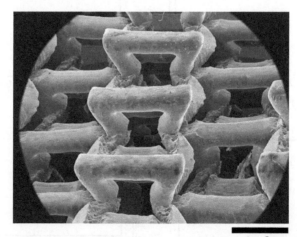

2mm

图 1.6.13 Critchley 等 (2013b) 利用 3D 打印制作的拉胀泡沫【约翰威利惠允复制】

拉胀泡沫的力学行为可通过与常规泡沫力学行为对比来鉴别。在拉伸载荷作用下，胞元发生变形 (图 1.6.14(a)～(c))，棱筋受到拉伸、铰接和挠曲的组合作用，由高拉伸应力引起棱筋断裂而最终失效。对于压缩加载 (图 1.6.15(a)～(f))，个别棱筋的应力与拉伸载荷情况相似，但方向相反。挠曲是主要的变形机制，其次是大应变屈曲。垂直于加载方向的棱筋变形主要是挠曲变形 (Chan and Evans，1997b)。

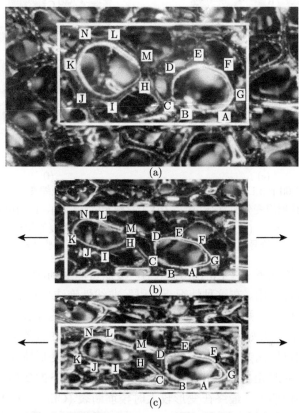

图 1.6.14 常规的 60 p.p.i.[①] 网状聚酯聚氨酯泡沫 (PECO) 弹性拉伸变形显微图 (注意：朝泡沫的 y 轴视角)，可观察到胞元棱筋的拉伸、铰接和挠曲，拉伸应变分别为 (a) 0%、(b) 12%和 (c) 25%(Chan and Evans，1997b) 【施普林格惠允复制】

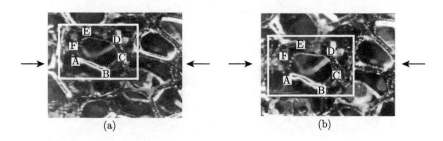

① p.p.i 代表每平英寸的气孔密度。

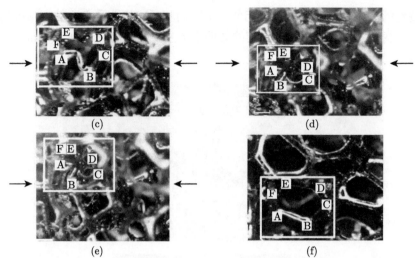

图 1.6.15　常规的 60 p.p.i. 网状聚酯聚氨酯泡沫 (PECO) 弹性压缩变形显微图 (注意：朝泡沫的 y 轴视角)。压缩应变分别为 (a) 0%、(b) 3%(胞元棱筋弯曲)、(c) 10%(胞元棱筋屈曲)、(d) 20%(胞元棱筋坍塌)、(e) 40%(出现弹性密实) 和 (f) 0%(恢复原始形状)。注意：加载轴与拉伸同向但符号相反 (Chan and Evans，1997b) 【施普林格惠允复制】

　　在剪切加载情况下 (图 1.6.16(a)~(e))，棱筋可能受到法向力、弯曲或铰接应力作用或三者组合作用。在这种情况下，引发非线性泡沫变形的临界应力由拉伸、铰接和屈曲共同作用。那些与外载方向成 45° 的棱筋屈曲导致失效发生。在更高的载荷作用下，棱筋开始断裂。图 1.6.16(a)~(e) 为剪切加载的常规泡沫在不同阶段的变形。由图可以清楚地看到，很薄胞元的棱筋在小变形情况下发生屈曲和起皱，图片白框中的胞元是逆时针旋转的。剪切载荷作用下的变形主要出现在承受压缩载荷作用的棱筋上，最终在变形较大时棱筋断裂 (Chan and Evans，1997b)。

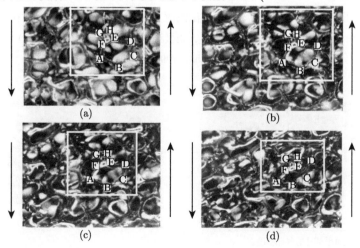

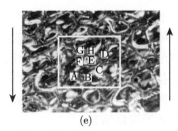

(e)

图 1.6.16 常规的 60 p.p.i. 网状聚酯聚氨酯泡沫 (PECO) 弹性剪切变形显微图 (注意：朝泡沫的 y 轴视角)。剪切应变分别为 (a) 0%、(b) 10%、(c) 20%、(d) 30%和 (e) 35%(Chan and Evans，1997b)【施普林格惠允复制】

拉胀泡沫有一个更复杂的内凹的构型 (图 1.6.17(a))。因此，它们更倾向于通

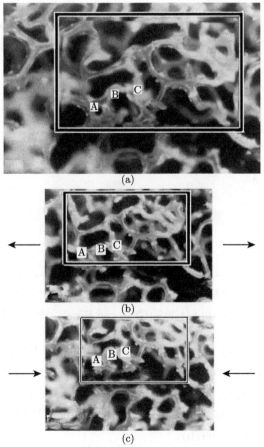

图 1.6.17 常规的 60 p.p.i. 网状聚酯聚氨酯泡沫 (PECO) 弹性变形显微图：(a) 未加载、(b) 拉伸加载和 (c) 压缩加载 (Chan and Evans，1997b)【施普林格惠允复制】

过铰接和挠曲发生变形，而非拉伸 (图 1.6.17(b)) 和压缩 (图 1.6.17(c))。在纵向拉伸载荷作用时，胞元更倾向于在纵向力作用下横向膨胀。图 1.6.17(a)~(c) 表明拉胀泡沫的变形机制与常规泡沫一致。然而，由于拉胀泡沫胞元呈哑铃状，所以受压时其横向变得更薄，受拉时其横向变得更宽。常规的凸起的胞元泡沫在压缩时横向膨胀，而在收缩时横向变窄。在 Chan 和 Evans (1997b) 的研究中，样品材质为弹性材料，卸载后其变形可以恢复。

图 1.6.18 (a)~(d) 描绘了剪切载荷作用下拉胀泡沫在不同阶段的变形。一系列插图展示了可能的变形模式，即弯曲、拉伸、铰接，并清楚地表明确实发生了旋转 (Chan and Evans，1997b)。

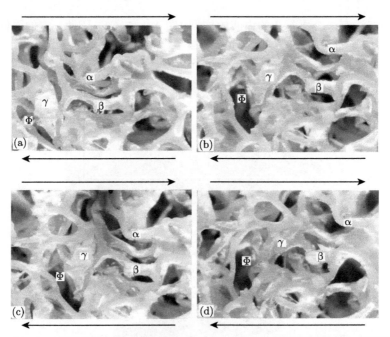

图 1.6.18   10 p.p.i. 网状的聚醚聚酯聚氨酯拉胀泡沫 (70AO) 弹性变形显微图，剪切应变分别为 (a) 0%、(b) 10%、(c) 20%和 (d) 30%(Chan and Evans，1997b)【施普林格惠允复制】

除了微观结构测试外，还对聚氨酯拉胀泡沫开展了力学测试，并表征了其宏观的拉伸、压缩和剪切行为。图 1.6.19(a) 所示为拉伸加载时的泊松比，由于胞元棱筋在大应变时的偏移而呈现非线性，从而诱发伸展、铰接和弯曲；而图 1.6.19(b) 所示的在压缩条件下的泊松比，则在出现屈曲或屈服应变前的接触时刻出现了非线性 (Chan and Evans，1997b)。

如图 1.6.20 所示的常规泡沫和拉胀泡沫剪切行为的实验结果对比，证实和量化了由于泊松比变成更大负值后剪切模量的增加程度。这一增加是由泡沫胞元结构的改变而非材质的变化引起的 (Chan and Evans, 1997b)。

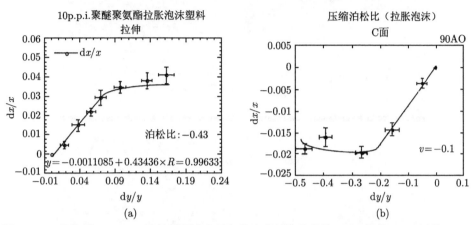

图 1.6.19 拉胀的 10 p.p.i. 泡沫横向应变随加载应变的变化曲线: (a) 拉伸, (b) 压缩 (Chan and Evans, 1997b) 【施普林格惠允复制】

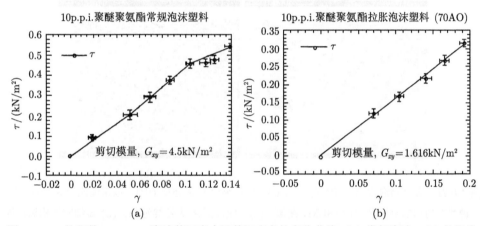

图 1.6.20 拉胀的 10 p.p.i. 泡沫剪切应力随剪切应变的变化曲线: (a) 常规泡沫, (b) 拉胀泡沫 (Chan and Evans, 1997b) 【SAGE (后称世哲) 惠允复制】

并不是所有的泡沫经压缩–加热–冷却–应力释放过程都可转变成内凹结构。例如, 一种白色大胞孔的聚乙烯 (Sentinel, CELLECT LLC, Hyannis, MA 02601) 【译者注: Sentinel 产品名, CELLECT LLC 生产商, Hyannis, MA 02601 产品生产商地址、邮编】, 交联的、开孔型聚烯烃泡沫, 其胞孔为 1 mm, 密度为 26 kg/m³, 表现出了内凹转变过程, 如图 1.6.21(a) 所示; 而另一种微细胞结构聚乙烯 (Sentinel, CELLECT LLC, Hyannis, MA 02601), 交联的、闭孔型聚烯烃, 其胞孔为 0.1mm, 密度为 37kg/m³, 却并未表现出内凹转变过程, 如图 1.6.21(b) 所示 (Brandel and Lakes, 2001)。

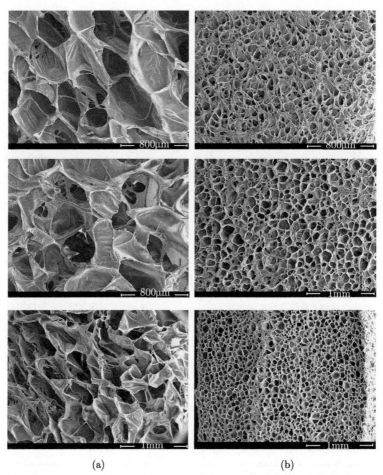

(a)   (b)

图 1.6.21　聚合物泡沫在 "接收到的" (上)、以压缩比为 2 处理 (中)、以压缩比为 3 处理 (下)
三种状态的扫描电子显微镜 (SEM) 图像: (a) 白色大胞孔聚乙烯泡沫; (b) 微细胞结构聚乙烯
泡沫 (Brandel and Lakes, 2001) 【施普林格惠允复制】

　　图 1.6.22(a) 描绘了泊松比随加工过程中的时间和温度的变化, 样品为蓝色
大胞孔泡沫, 其中最小泊松比的范围从大约 100℃、12min, 延拓到 110℃、8min,
再到 120℃、5min。由于泡沫的热导率, 时间常数应该是: ① 处理 5min 或更少,
将无法转变整个样品; ② 在高温和长时间状态下, 样品太软而无法即刻从模具中
取出 (Brandel and Lakes, 2001)。如图 1.6.22(b) 所示, "接收到的" 蓝色大胞孔
泡沫的泊松比随轴向/工程应变增大而减小, 这可能是因为胞元的变形随压缩应
变的增大而进入了一个更为平坦的形态; 转变后的泡沫的泊松比在应变接近于零
时达到最小值, 并且当结构在拉伸或压缩时, 由于胞元棱筋间角度的变化, 泊松
比的值在拉伸和压缩时均会增加 (Brandel and Lakes, 2001)。

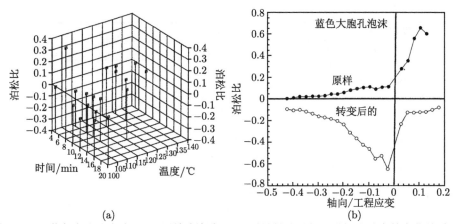

(a)   (b)

图 1.6.22 蓝色大胞孔泡沫：(a) 压缩应变为 0.15 时泊松比随加工时间和温度的变化关系 (在此应变下泊松比为 0.03)；(b) 在 120℃、处理 5min、压缩比约为 2 的情况下，泊松比与轴向/工程应变的关系 (Brandel and Lakes，2001)【施普林格惠允复制】

    Bianchi 等 (2008) 开展了有关聚氨酯拉胀泡沫刚度和能量耗散性能的研究，他们工作中相关工艺参数见表 1.6.2，以供参考；典型试样在拉伸 (无压缩) 循环加载和卸载作用下应力–应变曲线如图 1.6.23 所示。图 1.6.24(a) 和 (b) 分别描绘了常规的和拉胀的微结构的 SEM 图像，其中常规的母相泡沫是部分网状的，在棱筋之间有一层膜，平均直径约为 500 μm。而拉胀的泡沫 ($\nu = -0.24$) 则展现出旋绕的和无序的单胞元，具有复杂的棱筋几何形状，如 Bianchi 等 (2008) 所观察到的。

表 1.6.2 制备聚氨酯拉胀泡沫的相关工艺参数 (Bianchi et al., 2001)【施普林格惠允复制】

批号	样品	初始尺寸/mm		加载后尺寸/mm		压缩率			温度/℃	时间/min	冷却方式
		直径	长度	直径	长度	径向	轴向	体积			
A	1A	48	180	19	60	2.53	3.00	19.15	135	12	水冷
	2A	48	160	19	60	2.53	2.67	17.02			
	3A	48	140	19	60	2.53	2.33	14.89			
	4A	48	120	19	60	2.53	2.00	12.76			
	5A	48	100	19	60	2.53	1.67	10.64			
B	1B	48	180	19	60	2.53	3.00	19.15	150	15	水冷
	2B	48	160	19	60	2.53	2.67	17.02			
	3B	48	140	19	60	2.53	2.33	14.89			
	4B	48	120	19	60	2.53	2.00	12.76			
	5B	48	100	19	60	2.53	1.67	10.64			
C	1C	48	180	19	80	2.53	2.25	14.36	135	12	水冷
	2C	48	160	19	80	2.53	2.00	12.76			
	3C	48	140	19	80	2.53	1.75	11.17			
	4C	48	120	19	80	2.53	1.50	9.57			
	5C	48	100	19	80	2.53	1.25	7.98			

批号	样品	初始尺寸/mm		加载后尺寸/mm		压缩率			温度/℃	时间/min	冷却方式
		直径	长度	直径	长度	径向	轴向	体积			
D	1D	48	180	19	80	2.53	2.25	14.36	150	15	水冷
	2D	48	160	19	80	2.53	2.00	12.76			
	3D	48	140	19	80	2.53	1.75	11.17			
	4D	48	120	19	80	2.53	1.50	9.57			
	5D	48	100	19	80	2.53	1.25	7.98			
E	1E	48	180	19	80	2.53	2.25	14.36	135	12	室温
	2E	48	160	19	80	2.53	2.00	12.76			
	3E	48	140	19	80	2.53	1.75	11.17			
	4E	48	120	19	80	2.53	1.50	9.57			
	5E	48	100	19	80	2.53	1.25	7.98			
F	1F	48	180	19	80	2.53	2.25	14.36	150	15	室温
	2F	48	160	19	80	2.53	2.00	12.76			
	3F	48	140	19	80	2.53	1.75	11.17			
	4F	48	120	19	80	2.53	1.50	9.57			
	5F	48	100	19	80	2.53	1.25	7.98			
G	1G	30	200	19	60	1.58	3.33	8.31	135	12	水冷
	2G	30	180	19	60	1.58	3.00	7.48			
	3G	30	160	19	60	1.58	2.67	6.65			
	4G	30	140	19	60	1.58	2.33	5.82			
	5G	30	120	19	60	1.58	2.00	4.99			
H	1H	30	200	19	40	1.58	5.00	12.47	135	12	水冷
	2H	30	180	19	40	1.58	4.50	11.22			
	3H	30	160	19	40	1.58	4.00	9.97			
	4H	30	140	19	40	1.58	3.50	8.73			
	5H	30	120	19	40	1.58	3.00	7.48			
I	1I	30	200	19	60	1.58	3.33	8.31	150	15	水冷
	2I	30	180	19	60	1.58	2.67	7.48			
	3I	30	160	19	60	1.58	2.33	6.65			
	4I	30	140	19	60	1.58	2.00	5.82			
	5I	30	120	19	60	1.58	2.00	4.99			
L	1L	30	200	19	40	1.58	5.00	12.47	150	15	水冷
	2L	30	180	19	40	1.58	4.50	11.22			
	3L	30	160	19	40	1.58	4.00	9.97			
	4L	30	140	19	40	1.58	3.50	8.73			
	5L	30	120	19	40	1.58	3.00	7.48			
M	1M	30	200	19	40	1.58	5.00	12.47	135	12	室温
	2M	30	180	19	40	1.58	4.50	11.22			
	3M	30	160	19	40	1.58	4.00	9.97			
	4M	30	140	19	40	1.58	3.50	8.73			
	5M	30	120	19	40	1.58	3.00	7.48			
N	1N	30	200	19	60	1.58	3.33	8.31	135	12	室温
	2N	30	180	19	60	1.58	3.00	7.48			
	3N	30	160	19	60	1.58	2.67	6.65			
	4N	30	140	19	60	1.58	2.33	5.82			
	5N	30	120	19	60	1.58	2.00	4.99			

续表

批号	样品	初始尺寸/mm		加载后尺寸/mm		压缩率			温度/℃	时间/min	冷却方式
		直径	长度	直径	长度	径向	轴向	体积			
O	1O	30	200	19	40	1.58	5.00	12.47	150	15	室温
	2O	30	180	19	40	1.58	4.50	11.22			
	3O	30	160	19	40	1.58	4.00	9.97			
	4O	30	140	19	40	1.58	3.50	8.73			
	5O	30	120	19	40	1.58	3.00	7.48			
P	1P	30	200	19	60	1.58	3.33	8.31	150	15	室温
	2P	30	180	19	60	1.58	3.00	7.48			
	3P	30	160	19	60	1.58	2.67	6.65			
	4P	30	140	19	60	1.58	2.33	5.82			
	5P	30	120	19	60	1.58	2.00	4.99			
Q	1Q	48	180	19	60	2.53	3.00	19.15	135	12	室温
	2Q	48	160	19	60	2.53	2.67	17.02			
	3Q	48	140	19	60	2.53	2.33	14.89			
	4Q	48	120	19	60	2.53	2.00	12.76			
	5Q	48	100	19	60	2.53	1.67	10.64			
R	1R	48	180	19	60	2.53	3.00	19.15	150	15	室温
	2R	48	160	19	60	2.53	2.67	17.02			
	3R	48	140	19	60	2.53	2.33	14.89			
	4R	48	120	19	60	2.53	2.00	12.76			
	5R	48	100	19	60	2.53	1.67	10.64			

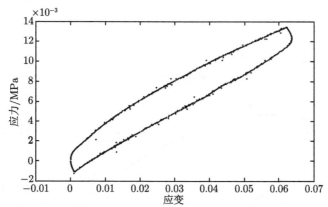

图 1.6.23　Bianchi 等 (2008) 的典型应力-应变曲线【施普林格惠允复制】

　　参照表 1.6.2，图 1.6.25(a) 描绘了泊松比与最终密度比 (FDR) 的变化结果，包括两个主要的簇，一个簇的样品初始直径为 30 mm，另一个簇的样品初始直径为 48 mm，两组均表现出泊松比与 FDR 值的一般性单调依赖关系。通常，负泊松比的负向最大值出现在每批样品中 FDR 最低的样品中。图 1.6.25(b) 展示了切线模量随泊松比的变化关系。类似于图 1.6.25(a)，在图 1.6.25(b) 中同样看到两个簇。一个簇的样品初始直径为 30 mm，另一个更不紧密的簇的样品初始直径为

48 mm。Bianchi 等 (2008) 指出切线模量与泊松比的依赖关系一般是单调递减的，即对于大程度的负泊松比，模量是增加的。

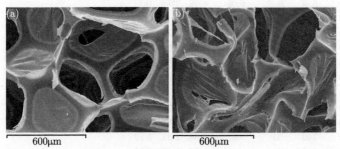

图 1.6.24　开孔泡沫的 SEM 图像：(a) 常规的；(b) 拉胀的 (Bianchi et al., 2008)【施普林格惠允复制】

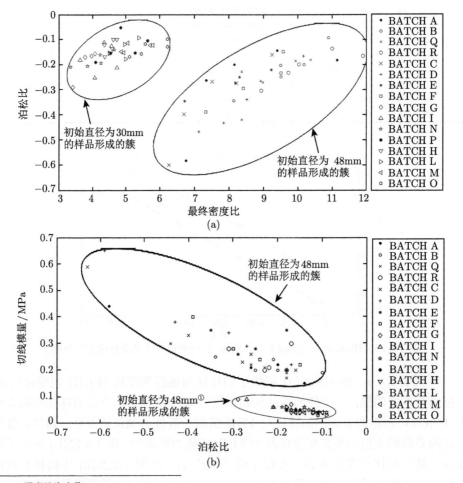

① 译者认为应是 30mm。

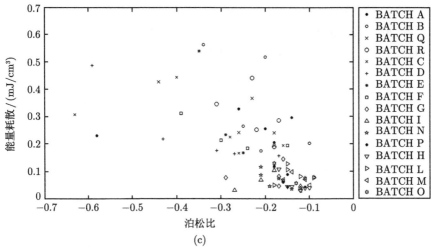

(c)

图 1.6.25 与泊松比的变化有关的实验数据：(a) 最终密度比；(b) 切线模量；(c) 能量耗散 (Bianchi et al., 2008)【施普林格惠允复制】

尽管在泊松比趋近于零的情况下，采用初始直径为 30mm 或 48mm 的样本制成的批次样品之间无明显的簇出现，两者之间也没有统计学上显著的相关性，图 1.6.25(c) 描述了能量耗散通常是如何随泊松比趋近于零而逐渐减小的。Bianchi 等 (2008) 指出，直径为 48mm 的试样比初始尺寸为 30mm 的试样所得的结果具有更宽的分布范围。

除了对拉胀泡沫单纯的力学测试外，还探讨了拉胀性对声学与电磁性能的影响。Scarpa 和 Smith (2004) 报道了此方面的研究成果。图 1.6.26 为所观察到的磁

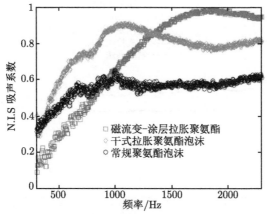

图 1.6.26 Scarpa 和 Smith (2004) 测定的磁流变-涂层拉胀聚氨酯泡沫、干式拉胀聚氨酯泡沫、常规聚氨酯泡沫吸声系数曲线【世哲惠允复制】

流变 (MR)-涂层拉胀聚氨酯 (PU) 泡沫、干式拉胀聚氨酯泡沫、常规聚氨酯 (PU) 泡沫频率 300 ~ 2300 Hz 的吸声系数曲线。图 1.6.27 为所测量的这三种泡沫的真实和假定的相对介电常数和相对磁导率随频率的变化关系。

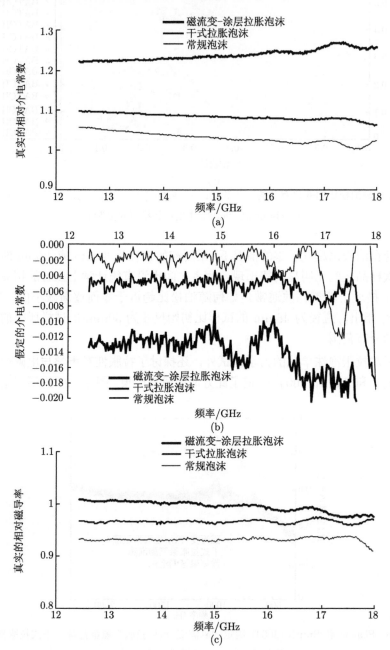

(a)

(b)

(c)

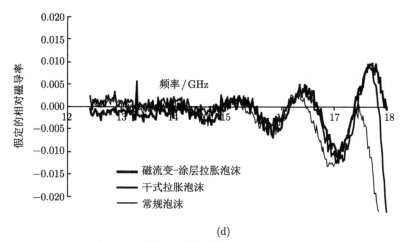

(d)

图 1.6.27 由 Scarpa 和 Smith (2004) 测量的磁流变–涂层拉胀泡沫、干式拉胀泡沫和常规泡
沫关于频率的响应：(a) 真实的相对介电常数；(b) 假定的介电常数；(c) 真实的相对磁导率；
(d) 假定的相对磁导率【世哲惠允复制】

1.7 拉胀纱线和纺织品

拉胀纱线可以用两种绳子制成：一种是直径更小的不可伸长的绳子，以螺旋状缠绕在直径较大的弹性绳上，如图 1.7.1(a) 所示。当纱线在纵向伸长时，不可伸长的细绳被拉直，这就改变了原来的形状，将原先笔直的粗弹性绳变成螺旋状，如图 1.7.1(b) 所示。当然，弹性绳会变薄，但纱线通常会向侧面延伸呈现出负泊松比。假设有一些这样的纱线按如图 1.7.1(c) 所示方式排列，然后沿纱线纵向方向延展，各自纱线迫使邻近纱线变宽并对齐成组，如图 1.7.1(d) 所示。应该注意的是，如果相邻的纱线互不协同，对齐的螺旋纱的负泊松比效应将是最佳的，也就是当伸展的翼迫使宽度方向最宽的时刻。然而，如果纱线都如图 1.7.1(e) 所示协调分布，那么此时的拉胀效应非常小，如图 1.7.1(f) 所示。

在定义了拉胀螺旋纱线的几何形状并描述了其加工工艺后，Sloan 等 (2011) 对纱线进行了系统的研究，评估了螺旋几何形状对拉胀行为的影响。他们发现，起始包缠角对纱线的拉胀行为影响最大，所观察到的由常规可用的正泊松比单丝制造的纱线的最大负泊松比为 -2.7。螺旋状的纱线早前曾被 Miller 等 (2009) 探讨过，作为增强物生产拉胀复合材料。他们后续的研究 (Miller et al.，2012) 表明，当纤维体积分数为 0.3 时，具有很高的拉胀性。这些结果汇总于图 1.7.2 中。

在拉胀纱线基础上，Wright 等 (2012) 引入了可用于医疗器械 (特别是绷带)、压缩针织品、支护服装和时尚服装的拉胀织物。Wang 等 (2014) 研究了可大规模生产的三维间隔织物的变形行为，提出了织物结构沿横向和纵向扩展时的两种不同几何模型。基于这两种几何模型，建立了沿拉伸方向上的泊松比与拉伸应变间的两个半经验方程。Wang 等 (2014) 通过与实验结果对比，确定了半经验方程的有效性，并提出将这些半经验方程用于设计和预测不同几何参数值的三维拉胀间隔织物。

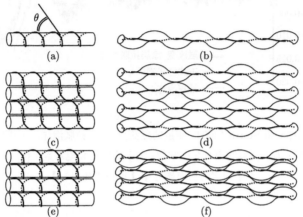

图 1.7.1　拉胀螺旋纱线的概念: (a) 拉伸前的单支螺旋线，其中缠绕角 θ 定义为包缠纱与其纵轴的夹角；(b) 拉伸时的单支螺旋线；(c) 螺旋纱外相排列；(d) 螺旋纱外相排列证实其有效的拉胀性能；(e) 纱线内相；(f) 内相纱线无效的拉胀性或非拉胀性

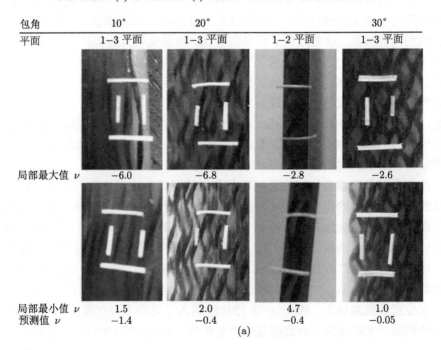

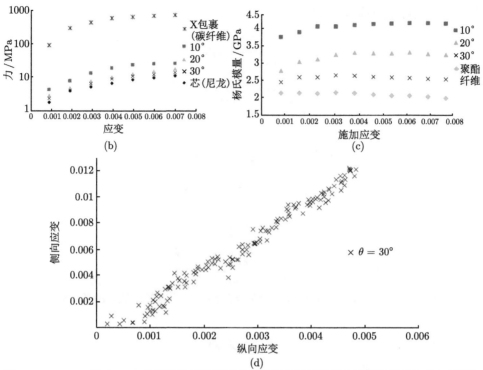

图 1.7.2 Miller 等 (2012) 使用拉胀纱线增强的复合纤维材料结果归纳【爱思唯尔惠允复制】

更多拉胀纺织品方面的最新进展,读者可参阅 Ge 和 Hu (2013)、Ge 等 (2013)、Wang 和 Hu (2014a)、Wang 和 Hu (2014b),以及 Glazzard 和 Breedon (2014) 的工作。

1.8 拉胀液晶高分子聚合物

He 等 (1998) 获得了液晶聚合物 (LCP) 形式的聚合物拉胀材料。如图 1.8.1(a) 所示示意图,"分子圆棒"拴连在聚合物链上,并朝向分子链方向。当分子链如图 1.8.1(b) 所示拉伸时,"分子圆杆"侧向旋转并重新定向。He 等 (2005) 合成了聚合物链,该链由对位四苯基圆杆组成,圆杆横向拴接到聚合物主链上,从而得到了负泊松比。

1.9 其 他 类 型

由于拉胀性固体的独有特性,这些材料可以运用于智能材料和结构,如 Hassan 等 (2009)、Bianchi 等 (2010)、Grima 等 (2013)、Rossiter 等 (2014) 和 Shin

等 (2014) 所描述的智能材料和结构。

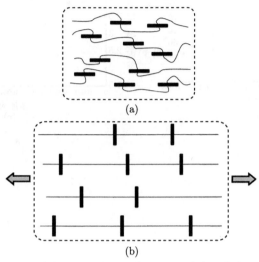

图 1.8.1   导致拉胀行为的液晶聚合物示意图：(a) 未变形状态；(b) 变形状态

参 考 文 献

Alderson A (1999) A triumph of lateral thought. Chem Ind, 10: 384-391

Alderson A, Alderson K L (2007) Auxetic materials. IMechE J Aerosp Eng, 221(4): 565-575

Alderson K L, Alderson A, Davies P J, Smart G, Ravirala N, Simkins G (2007b) The effect of processing parameters on the mechanical properties of auxetic polymeric fibers. J Mat Sci, 42(19): 7991-8000

Alderson K L, Alderson A, Ravirala N, Simkins G, Davies P (2012) Manufacture and characterisation of thin flat and curved auxetic foam sheets. Phys Status Solidi B, 249(7): 1315-1321

Alderson K L, Webber R S, Evans K E (2007a) Microstructural evolution in the processing of auxetic microporous polymers. Phys Status Solidi B, 244(3): 828-841

Almgren R F (1985) An isotropic three-dimensional structure with Poisson's ratio = −1. J Elast, 15(4): 427-430

Bianchi M, Scarpa F L, Smith C W (2008) Stiffness and energy dissipation in polyurethane auxetic foams. J Mat Sci, 43(17): 5851-5860

Bianchi M, Scarpa F, Smith C W, Whittell (2010) Physical and thermal effects on the shape memory behaviour of auxetic open cell foams. J Mat Sci, 45(2): 347-351

Bjeletich J G, Crossman F W, Warren W J (1979) The influence of stacking sequence on failure modes in quasi-isotropic graphite-epoxy laminates. In: Cornie J A and Crossman F W (eds) Failure modes in composites IV. The metallurgical society of AIME

Brandel B, Lakes R S (2001) Negative Poisson's ratio polyethylene foams. J Mat Sci, 36(24): 5885-5893

Caddock B D, Evans K E (1989) Microporous materials with negative Poisson's ratios I:microstructure and mechanical properties. J Phys D Appl Phys, 22(12): 1877-1882

Cauchy A L (1828) Sur les équations qui expriment les conditions d'équilibre ou les lois dumouvement intérieur d'un corps solide, élastique ou non élastique. Exercices de Mathématiques, 3: 160-187

Chan N, Evans K E (1997a) Fabrication methods for auxetic foams. J Mat Sci, 32(22): 5945-5953

Chan N, Evans K E (1997b) Microstructural examination of the microstructure and deformation of conventional and auxetic foams. J Mat Sci, 32(21): 5725-5736

Chan N, Evans K E (1999a) The mechanical properties of conventional and auxetic foams. Part I: compression and tension. J Cell Plast, 35(2): 130-165

Chan N, Evans K E (1999b) The mechanical properties of conventional and auxetic foams. Part II: shear. J Cell Plast, 35(2): 166-183

Critchley R, Corni I, Wharton J A, Walsh F C, Wood R J K, Stokes K R (2013a) A review of the manufacture, mechanical properties and potential applications of auxetic foams. Phys Status Solidi B, 250(10): 1963-1982

Critchley R, Corni I, Wharton J A, Walsh F C, Wood R J K, Stokes K R (2013b) The preparation of auxetic foams by three-dimensional printing and their characteristics. Adv Eng Mat, 15(10): 980-985

Darja R, Tatjana R, Alenka P C (2013) Auxetic textiles. Acta Chim Slov, 60(4): 715-723

Evans K E (1991) Auxetic polymers: a new range of materials. Endeavour, 15(4): 170-174

Evans K E, Caddock B D (1989) Microporous materials with negative Poisson's ratios II: mechanisms and interpretation. J Phys D Appl Phys, 22(12): 1883-1887

Frenkel D, Ladd A J C (1987) Elastic constants of hard-sphere crystals. Phys Rev Lett, 59(10): 1169

Fung Y C (1965) Foundations of Solid Mechanics. Prentice-Hall, New Jersey

Ge Z, Hu H (2013) Innovative three-dimensional fabric structure with negative Poisson's ratio for composite reinforcement. Text Res J, 83(5): 543-550

Ge Z, Hu H, Liu Y (2013) A finite element analysis of a 3D auxetic textile structure for composite reinforcement. Smart Mater Struct, 22(8): 084005

Gibson L J, Ashby M F, Schajer G S, Roberson C I (1982) The mechanics of two-dimensional cellular materials. Proc R Soc Lond A, 382(1782): 25-42

Glazzard M, Breedon P (2014) Weft-knitted auxetic textile design. Phys Status Solidi B, 251(2): 267-272

Greaves G N (2013) Poisson's ratio over two centuries: challenging hypotheses. Notes Rec R Soc, 67(1): 37-58

Greaves G N, Greer A L, Lakes R S, Rouxel T (2011) Poisson's ratio and modern materials. Nat Mater, 10(11): 823-837

Grima J N, Caruana-Gauci R, Dudek M, Wojciechowski K W, Gatt R (2013) Smart meta-materials with tunable and other properties. Smart Mater Struct, 22(8): 084016

Hassan M R, Scarpa F, Mohamed N A (2009) In-plane tensile behavior of shape memory alloy honeycombs with positive and negative Poisson's ratio. J Intell Mater Syst Struct, 20(8): 897-905

He C B, Liu P W, Griffin A C (1998) Toward negative Poisson ratio polymers through molecular design. Macromolecules, 31(9): 3145-3147

He C B, Liu P W, McMullan P J, Griffin A C (2005) Toward molecular auxetics: Main chain liquid crystalline polymers consisting of laterally attached para-quaterphenyls. Phys Status Solidi B, 242(3): 576-584

Hearmon R F S (1946) The elastic constants of anisotropic materials. Rev Mod Phys, 18(3): 409-440

Herakovich C T (1984) Composite laminate with negative through-the-thickness Poisson's ratios. J Compos Mater, 18(5): 447-455

Jarić M V, Mohanty U (1987a) "Martensitic" instability of an icosahedral quasicrystal. Phys Rev Lett, 58(3): 230-233

Jarić M V, Mohanty U (1987b) Jariand Mohanty reply. Phys Rev Lett, 59(10): 1170

Keskar N R, Chelikowsky J R (1992) Negative Poisson ratios in crystalline SiO_2 from firstprinciples calculations. Nature, 358(6383): 222-224

Kirchhoff G R (1859) Ueber das verhältniss der quercontraction zur längendilatation bei stäben von federhartem stahl. Ann Phys, 184(11): 369-392

Kittinger E, Tichy J, Bertagnolli E (1981) Example of a negative effective Poisson's ratio. Phys Rev Lett, 47(10): 712-713

Lakes R (1987a) Foam structures with negative Poisson's ratio. Science, 235(4792): 1038-1040

Lakes R (1987b) Negative Poisson's ratio materials. Science, 238(4826): 551

Lakes R (1993) Advances in negative Poisson's ratio materials. Adv Mater, 5(4): 293-296

Landau L D, Lifshitz E M (1970) Course of Theoretical Physics, vol 7. Theory of Elasticity. Pergamon Press, Oxford

Liu Y, Hu H (2010) A review on auxetic structures and polymeric materials. Sci Res Essays, 5(10): 1052-1063

Love A E H (1927) A Treatise on the Mathematical Theory of Elasticity, 4th edn. Cambridge University Press, Cambridge

Miller W, Hook P B, Smith C W, Wang X, Evans K E (2009) The manufacture and characterization of a novel, low modulus, negative Poisson's ratio composite. Compos Sci Technol, 69(5): 651-655

Miller W, Ren Z, Smith C W, Evans K E (2012) A negative Poisson's ratio carbon fibre composite using a negative Poisson's ratio yarn reinforcement. Compos Sci Technol, 72(7): 761-766

Milstein F, Huang K (1979) Existence of a negative Poisson ratio in fcc crystals. Phys Rev B, 19(4): 2030-2033

Pickles A P, Webber R S, Alderson K L, Neale P J, Evans K E (1995) The effect of the processing parameters on the fabrication of auxetic polyethylene. Part I. The effect of compaction conditions. J Mat Sci, 30(16): 4059-4068

Poisson S D (1827) Note sur l'extension des fils et des plaques élastiques. Annales de Chimie et de Physique, 36: 384-387

Popereka M Y A, Balagurov V G (1969) Ferromagnetic films having a negative Poisson ratio. Fizika Tverdogo Tela, 11(12): 3507-3513

Prawoto Y (2012) Seeing auxetic materials from the mechanics point of view: A structural review on the negative Poisson's ratio. Comput Mater Sci, 58: 140-153

Rossiter J, Takashima K, Scarpa F, Walters P, Mukai T (2014) Shape memory polymer hexachiral auxetic structures with tunable stiffness. Smart Mater Struct, 23(4): 045007

Saint-Venant A J C B (1848) Résumé des leçons sur l'application de la mécanique à l'établissement des constructions et des machines, premiere section, Paris

Scarpa F, Smith F C (2004) Passive and MR fluid-coated auxetic PU foam-mechanical, acoustic, and electromagnetic properties. J Intell Mater Syst Struct, 15(12): 973-979

Shin D, Urzhumov Y, Lim D, Kim K, Smith D R (2014) A versatile smart transformation optics device with auxetic elasto-electromagnetic metamaterials. Sci Rep, 4: 4084

Simmons G, Wang H (1971) Single Crystal Elastic Constants and Calculated Aggregate Properties: A Handbook. MIT Press, Massachusetts

Sloan M R, Wright J R, Evans K E (2011) The helical auxetic yarn-a novel structure for composites and textiles; geometry, manufacture and mechanical properties. Mech Mater, 43(9): 476-486

Sun C T, Li S (1988) Three-dimensional effective elastic constants for thick laminates. J Compos Mater, 22(7): 629-639

Tsai S W, Hahn H T (1980) Introduction to Composite Materials. Technomic, Lancaster

Veronda D R, Westmann R A (1970) Mechanical characterization of skin-finite deformations. J Biomech, 3(1): 111-124

Voigt W (1910) Lehrbuch der Kristallphysik. Teubner, Berlin

Wang Z, Hu H (2014a) 3D auxetic warp-knitted spacer fabrics. Phys Status Solidi B, 251(2): 281-288

Wang Z, Hu H (2014b) Auxetic materials and their potential applications in textiles. Text Res J, 84(15): 1600-1611

Wang Z, Hu H, Xiao X (2014) Deformation behaviors of three-dimensional auxetic spacer fabrics. Text Res J, 84(13): 1361-1372

Wertheim G (1848) Mémoire sur l'équilibre des corps solides homogènes. Annales de Chimie etde Physique, 3rd series, 23: 52-95

Wojciechowski K W (1987) Constant thermodynamic tension Monte-Carlo studies of elastic properties of a two-dimensional system of hard cyclic hexamers. Mol Phys, 61(5): 1247-1258

Wojciechowski K W (1989) Two-dimensional isotropic system with a negative Poisson ratio. Phys Lett A, 137(1&2): 60-64

Wojciechowski K W, Branka A C (1989) Negative Poisson ratio in a two-dimensional "isotropic" solid. Phys Rev A, 40(12): 7222-7225

Wright J R, Burns M K, James E, Sloan M R, Evans K E (2012) On the design and characterization of low-stiffness auxetic yarns and fabrics. Text Res J, 82(7): 645-654

Yang W, Li Z M, Shi W, Xie B H, Yang M B (2004) Review on auxetic materials. J Mat Sci, 39(10): 3269-3279

Yeganeh-Haeri A, Weidner D J, Parise J B (1992) Elasticity of α-cristobalite: A silicon dioxide with a negative Poisson's ratio. Science, 257(5070): 650-652

Young T (1807) On passive strength and friction. Course of lectures on natural philosophy and the mechanical arts: Lecture, vol 13. Taylor and Walton, London, pp 109-113

第 2 章　拉胀固体的微结构力学模型

摘要: 本章提供了微观力学模型的详细纵览,基于内凹微结构、结节–纤维 (NF) 微结构、三维绳结模型、旋转正方形/矩形/三角形模型和四面体框架结构、硬环六聚体模型、棱筋缺失模型、手性和反手性格栅模型、联锁六边形模型和 "蛋架" 模型,力图预测和解释拉胀行为。所有的细观力学模型均表现出一种共同的特性——拉胀行为高度依赖于微观结构的几何形状。在有些细观力学图形中,给出了理论分析、实验及计算仿真结果间的对比。

关键词: 分析模型;计算模型;等效弹性属性;几何模型;细观力学

2.1　引　　言

图 1.3.2 总结了一些已经被用于解释拉胀行为的典型模型,本章进一步详细地探讨其中一些模型的微观机制,重点在于所应用的几何模型及闭合形式的理论解。

2.2　内凹开孔微结构

Masters 和 Evans (1996) 基于图 2.2.1(a) 所示的传统二维内凹结构提出了一种拉胀行为,它是一个六边形蜂窝阵列结构 (Gibson and Ashby, 1988)。如图 2.2.1(b) 所示,当 θ 为正时 (胞元呈内凹型),表现出拉胀性;当 θ 为负时,表现出常规的形式 (胞元呈六边形)。Smith 等 (2000) 给出了在加载方向上的泊松比和杨氏模量,分别为

$$\nu_{12} = \frac{\sin\theta\,(h/l + \sin\theta)}{\cos^2\theta} \tag{2.2.1}$$

和

$$E_1 = k\frac{h/l + \sin\theta}{b\cos^3\theta} \tag{2.2.2}$$

其中,h 为水平棱的半长,l 为斜棱的边长。如图 2.2.1(b) 所示,t 为棱边的厚度,b 为棱边的高度。图 2.2.1(b) 中未给出 b 的表达。参数 k 可表达为

$$k = E_s b\left(\frac{t}{l}\right)^3 \tag{2.2.3}$$

其中,E_s 为棱边材料的杨氏模量。该模型的结果将在 2.9 节与棱筋缺失模型一同介绍。有趣的是,Evans 等 (1991) 也介绍了类似的结构,如图 2.2.1(c) 所示。

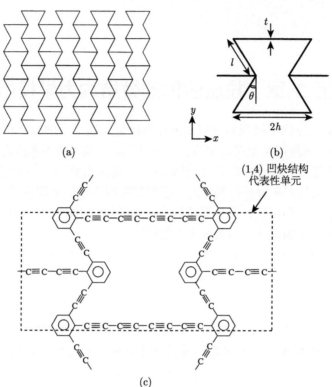

(a)

(b)

(1,4) 凹炔结构
代表性单元

(c)

图 2.2.1　(a) 一种二维内凹结构；(b) Smith 等 (2000) 使用的图形；(c) Evans 等 (1991)
介绍的一种分子内凹结构

基于图 2.2.2(a) 所示的理想的内凹胞元，Choi 和 Lakes (1995) 提出了如
图 2.2.2(b) 所示的相应几何图形，并进行分析。在无穷小应变情况下其泊松比为

$$\nu_{\text{elastic}} = -\frac{\sin\left(\varphi - \dfrac{\pi}{4}\right)}{\cos\left(\varphi - \dfrac{\pi}{4}\right)} \tag{2.2.4}$$

其中，角度 φ 的定义如图 2.2.2(b) 所示，而在塑性铰形成后的大应变情况下其泊
松比为

$$\nu_{\text{plastic}} = \frac{\cos\left(\varphi - \dfrac{\pi}{4}\right) - \cos\left(\varphi - \dfrac{\pi}{4} - \theta\right)}{\sin\left(\varphi - \dfrac{\pi}{4}\right) - \sin\left(\varphi - \dfrac{\pi}{4} - \theta\right)} \tag{2.2.5}$$

其中，θ 为胞元的棱边 BC 顺时针旋转的角度。在弹塑性变形过程中，泊松比随
应变的变化为 (Choi and Lakes，1995)

$$\nu_{\text{elasto-plastic}} = \nu_y - \varepsilon_{\text{ex}} \frac{1 - \cos\eta}{2\varepsilon_x} \tag{2.2.6}$$

其中

$$\varepsilon_x = \frac{1}{\sqrt{2}} \frac{\sin\left(\varphi - \frac{\pi}{4}\right) - \sin\left(\varphi - \frac{\pi}{4} - \theta\right)}{1 + \sin\left(\frac{\pi}{2} - \varphi\right)} = \varepsilon_{\text{ex}} \frac{\delta}{\delta_{\text{e}}} \tag{2.2.7}$$

和

$$\eta = \frac{P_{\text{e}}}{P}\left(3 - \frac{P}{P_{\text{e}}} - 2\sqrt{3 - 2\frac{P}{P_{\text{e}}}}\right) \tag{2.2.8}$$

式中，ν_y 为初始屈服时的泊松比；ε_x 为 x 方向上的应变；ε_{ex} 为初始屈服应变的 x 分量；δ 为挠度；δ_{e} 为初始屈服时的挠度；P 为载荷；P_{e} 为初始屈服时的载荷。假设 $\varepsilon_{\text{ex}} = 1\%$，预测的和测定的铜制泡沫泊松比随应变变化的结果比较如图 2.2.3 所示。

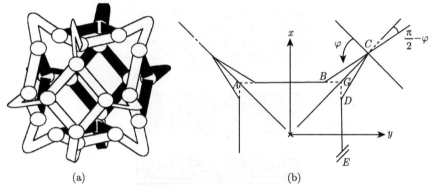

(a)　　　　　　　　　　　　　(b)

图 2.2.2　Choi 和 Lakes (1995) 采用的：(a) 理想内凹胞元；(b) 放大的几何图形
【世哲惠允复制】

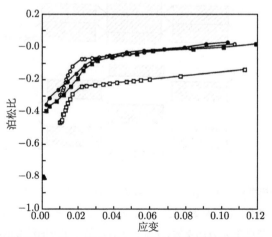

图 2.2.3　铜制泡沫建模结果与 Choi 和 Lakes (1995) 的实验数据的对比：空心符号代表建模；实心符号代表实验 (Choi and Lakes，1992)；圆形代表体积压缩比为 2.0；正方形代表体积压缩比为 2.5；三角形代表光学测试结果，体积压缩比为 2.13【世哲惠允复制】

2.3　结节-纤维微结构——纤维的铰线、弯曲及拉伸模式

Alderson 和 Evans (1995) 提出了结节-纤维微结构模型，该模型考虑了单独的纤维铰线模式、纤维挠曲模式和纤维拉伸模式的变形。如图 2.3.1 所示，理想的矩形结节是一个长为 a、宽为 b 的矩形，纤维的几何形状由其长度 l 和与 x 轴的夹角 α 表征。在 x 方向拉伸载荷作用下，纤维形成铰，α 逐渐减小，直至最小 $\alpha = 0°$。

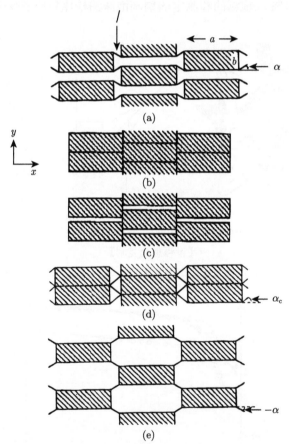

图 2.3.1　结节-纤维模型示意图：(a) 部分延展的结节的常规参数；(b) 在 $l = b/2$, $\alpha_0 = 90°$ 时，完全密实的结节网络；(c) 未变形的、在 x 方向接触、$l < b/2$ 时，部分张开的结节网络；(d) 未变形的、部分节点在 y 方向接触、$l > b/2$ 时，部分张开的结节网络；(e) 负的纤维角
(Alderson and Evans，1995，1997)【施普林格惠允复制】

图 2.3.2(a)、(b) 分别描绘了在 x 方向拉伸和在 y 方向压缩纤维呈现铰线模

式时的变形分析。基于 Alderson 和 Evans (1995) 的分析，纤维铰线的泊松比和杨氏模量分别为

$$\nu_{xy} = -\frac{\cos\alpha\,(a + l\cos\alpha)}{\sin\alpha\,(b - l\sin\alpha)} = \frac{1}{\nu_{yx}} \tag{2.3.1}$$

$$E_x = \frac{K_{\mathrm{h}}}{l^2\sin^2\alpha}\left(\frac{a + l\cos\alpha}{b - l\sin\alpha}\right) \tag{2.3.2}$$

$$E_y = \frac{K_{\mathrm{h}}}{l^2\cos^2\alpha}\left(\frac{b - l\sin\alpha}{a + l\cos\alpha}\right) \tag{2.3.3}$$

而工程泊松比和工程杨氏模量分别为

$$\nu_{xy}^{\mathrm{e}} = -\frac{\cos\alpha\,(a + l\cos\alpha_0)}{\sin\alpha\,(b - l\sin\alpha_0)} = \frac{1}{\nu_{yx}^{\mathrm{e}}} \tag{2.3.4}$$

$$E_x^{\mathrm{e}} = \frac{K_{\mathrm{h}}}{l^2\sin^2\alpha}\left(\frac{a + l\cos\alpha_0}{b - l\sin\alpha_0}\right) \tag{2.3.5}$$

$$E_y^{\mathrm{e}} = \frac{K_{\mathrm{h}}}{l^2\cos^2\alpha}\left(\frac{b - l\sin\alpha_0}{a + l\cos\alpha_0}\right) \tag{2.3.6}$$

其中，α_0 为初始角，而铰力系数 K_{h} 定义为角度 $\Delta\alpha$ 随载荷变化量 ΔF 的变化。

$$l\Delta F = K_{\mathrm{h}}\Delta\alpha \tag{2.3.7}$$

如图 2.3.2(c)、(d) 所示，Alderson 和 Evans (1995) 基于纤维挠曲分析，给出了与式 (2.3.1) 和式 (2.3.4) 相同的由纤维铰线引发的泊松比表达式。由纤维挠曲导致的杨氏模量为

$$E_x = \frac{3K_{\mathrm{f}}}{l^2\sin^2\alpha}\left(\frac{a + l\cos\alpha}{b - l\sin\alpha}\right) \tag{2.3.8}$$

$$E_y = \frac{3K_{\mathrm{f}}}{l^2\cos^2\alpha}\left(\frac{b - l\sin\alpha}{a + l\cos\alpha}\right) \tag{2.3.9}$$

而工程杨氏模量为

$$E_x^{\mathrm{e}} = \frac{3K_{\mathrm{f}}}{l^2\sin^2\alpha}\left(\frac{a + l\cos\alpha_0}{b - l\sin\alpha_0}\right) \tag{2.3.10}$$

$$E_y^{\mathrm{e}} = \frac{3K_{\mathrm{f}}}{l^2\cos^2\alpha}\left(\frac{b - l\sin\alpha_0}{a + l\cos\alpha_0}\right) \tag{2.3.11}$$

其中挠度载荷系数定义为

$$K_{\mathrm{f}}\Delta\theta = \Delta M = \frac{l\Delta F}{2} \tag{2.3.12}$$

其中，$\Delta\theta$ 为纤维中点处沿纤维方向斜度的微小变化 (即 $\Delta\theta = \tan\Delta\theta$)，如图 2.3.2(c)、(d) 所示。

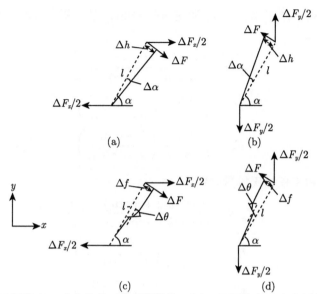

图 2.3.2　(a) NF 网络在 x 方向拉伸时的纤维铰接；(b) NF 网络在 y 方向压缩时的纤维铰接；(c) NF 网络在 x 方向拉伸时的纤维挠曲；(d) NF 网络在 y 方向压缩时的纤维挠曲 (Alderson and Evans，1995)【施普林格惠允复制】

图 2.3.3 展示了纤维的拉伸变形模式。基于此图术语，Alderson 和 Evans (1995) 推导了泊松比和杨氏模量的表达式：

$$\nu_{xy} = \frac{\sin \alpha \, (a + l \cos \alpha)}{\cos \alpha \, (b - l \sin \alpha)} = \frac{1}{\nu_{yx}} \tag{2.3.13}$$

$$E_x = \frac{K_s}{\cos^2 \alpha} \left(\frac{a + l \cos \alpha}{b - l \sin \alpha} \right) \tag{2.3.14}$$

$$E_y = \frac{K_s}{\sin^2 \alpha} \left(\frac{b - l \sin \alpha}{a + l \cos \alpha} \right) \tag{2.3.15}$$

而相应的工程泊松比和工程杨氏模量分别为

$$\nu_{xy}^e = \frac{\sin \alpha \, (a + l \cos \alpha_0)}{\cos \alpha \, (b - l \sin \alpha_0)} = \frac{1}{\nu_{yx}^e} \tag{2.3.16}$$

$$E_x^e = \frac{K_s}{\cos^2 \alpha} \left(\frac{a + l \cos \alpha_0}{b - l \sin \alpha_0} \right) \tag{2.3.17}$$

$$E_y^e = \frac{K_s}{\sin^2 \alpha} \left(\frac{b - l \sin \alpha_0}{a + l \cos \alpha_0} \right) \tag{2.3.18}$$

其中拉伸载荷系数定义为拉伸量随拉伸载荷的变化，表示为

$$K_s = \frac{\Delta F}{\Delta s} \tag{2.3.19}$$

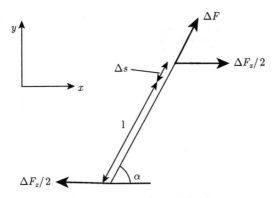

图 2.3.3 结节–纤维网格在 x 方向拉伸情况下的纤维伸长 (Alderson and Evans，1995)
【施普林格惠允复制】

图 2.3.4 和图 2.3.5(a)、(b) 分别给出了聚四氟乙烯 (PTFE) 理论解析模型与实验结果的对比。图 2.3.5(c) 描绘了超高分子量聚乙烯 (UHMWPE) 的对比结果。Alderson 和 Evans (1995) 通过观察发现，当 α 接近于 $0°$ 时，纤维拉伸将占据更多的主导性，这将产生两方面影响：(a) 由于纤维长度增加引起更大应变发生时，在主导铰线模式和拉伸模式间将出现过渡的应变；(b) 该过渡也会在一定的应变范围内被抹平。

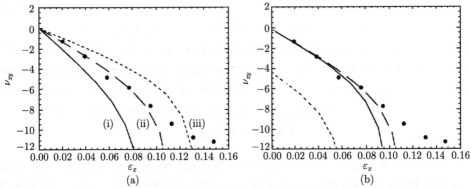

图 2.3.4 (a) NF 铰接变形模式的 ν_{xy} 关于 ε_x 的变化曲线；插值曲线为 $l = b/2$ 时分别在 (i) $b/a = 0.2$，(ii) $b/a = 0.25$，(iii) $b/a = 0.3$ 三种情况下的曲线，PTFE 的实验结果 (实心圆) 作为比较；(b) NF 铰接变形模式的 ν_{xy} 关于 ε_x 的变化曲线，$b/a = 0.2$：实线为 $l = 0.11a(< b/2)$，虚线为 $l = 0.125a(= b/2)$，点划线为 $l = 0.14a(> b/2)$，PTFE 的实验结果 (实心圆) 作为比较 (Alderson and Evans，1995)【施普林格惠允复制】

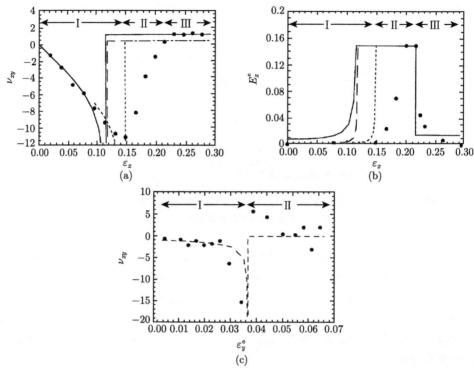

图 2.3.5　(a) 实验所得 PTFE 的 ν_{xy} 关于 ε_x 的变化曲线 (实线)；(b) 实验所得 PTFE 的 E_x^{e} 关于 ε_x 的变化曲线 (实心圆)，同时还有 $b/a = 0.25$、$l = b/2$、$\alpha_0 = 90°$ 时 NF 模型 (铰接 + 拉伸) 的计算结果。实线为对 ν_{xy} 拟合的数据，虚线为对 E_x^{e} 拟合的数据。点划线为 $b/a = 0.25$、$l = 0.16a$、$\alpha_0 = 90°$ 时 NF 模型计算的结果，对 E_x^{e} 拟合的数据。所有 NF 模型中的预测结果被实验所测得的峰值 $E_x^{\mathrm{e}} = 0.15\mathrm{GPa}$ 标准化。(c) 实心圆为 Alderson 和 Neale (1994) 实验所得的 UHMWPE 的 ν_{yx} 关于 $\varepsilon_y^{\mathrm{e}}$ 的数据。虚线为 Alderson 和 Evans(1995) 计算所得的 $a = b$、$l = 0.095b$、$\alpha_0 = 40°$ 时的 NF 模型 (铰链 + 拉伸) 的结果

【施普林格惠允复制】

　　Alderson 和 Evans (1995) 的分析独立地考虑了纤维铰接、挠曲和拉伸，发现纤维挠曲和铰接将导致泊松比与杨氏模量具有相同的变化趋势。此后，他们考虑了在 x 方向同时发生纤维铰接和拉伸变形的情况，得到以下结果

$$\nu_{xy} = \frac{[1 - l^2\,(K_{\mathrm{s}}/K_{\mathrm{h}})]\sin\alpha\cos\alpha}{l^2\,(K_{\mathrm{s}}/K_{\mathrm{h}})\sin^2\alpha + \cos^2\alpha}\frac{a + l\cos\alpha}{b - l\sin\alpha} \tag{2.3.20}$$

$$\nu_{xy}^{\mathrm{e}} = \frac{[1 - l^2\,(K_{\mathrm{s}}/K_{\mathrm{h}})]\sin\alpha\cos\alpha}{l^2\,(K_{\mathrm{s}}/K_{\mathrm{h}})\sin^2\alpha + \cos^2\alpha}\frac{a + l_0\cos\alpha_0}{b - l_0\sin\alpha_0} \tag{2.3.21}$$

$$E_x = \left(\frac{l^2\sin^2\alpha}{K_{\mathrm{h}}} + \frac{\cos^2\alpha}{K_{\mathrm{s}}}\right)^{-1}\frac{a + l\cos\alpha}{b - l\sin\alpha} \tag{2.3.22}$$

$$E_x^{\mathrm{e}} = \left(\frac{l^2 \sin^2 \alpha}{K_{\mathrm{h}}} + \frac{\cos^2 \alpha}{K_{\mathrm{s}}} \right)^{-1} \frac{a + l_0 \cos \alpha_0}{b - l_0 \sin \alpha_0} \tag{2.3.23}$$

以及在 y 方向的相应结果

$$\nu_{yx} = \frac{[1 - l^2 (K_{\mathrm{s}}/K_{\mathrm{h}})] \sin \alpha \cos \alpha}{l^2 (K_{\mathrm{s}}/K_{\mathrm{h}}) \cos^2 \alpha + \sin^2 \alpha} \frac{b - l \sin \alpha}{a + l \cos \alpha} \tag{2.3.24}$$

$$\nu_{yx}^{\mathrm{e}} = \frac{[1 - l^2 (K_{\mathrm{s}}/K_{\mathrm{h}})] \sin \alpha \cos \alpha}{l^2 (K_{\mathrm{s}}/K_{\mathrm{h}}) \cos^2 \alpha + \sin^2 \alpha} \frac{b - l_0 \sin \alpha_0}{a + l_0 \cos \alpha_0} \tag{2.3.25}$$

$$E_y = \left(\frac{l^2 \cos^2 \alpha}{K_{\mathrm{h}}} + \frac{\sin^2 \alpha}{K_{\mathrm{s}}} \right)^{-1} \frac{b - l \sin \alpha}{a + l \cos \alpha} \tag{2.3.26}$$

$$E_y^{\mathrm{e}} = \left(\frac{l^2 \cos^2 \alpha}{K_{\mathrm{h}}} + \frac{\sin^2 \alpha}{K_{\mathrm{s}}} \right)^{-1} \frac{b - l_0 \sin \alpha_0}{a + l_0 \cos \alpha_0} \tag{2.3.27}$$

为了方便，Alderson 和 Evans (1997) 定义了有效铰力载荷系数

$$K_{\mathrm{h}}^{\mathrm{eff}} = \frac{K_{\mathrm{h}}}{l^2} \tag{2.3.28}$$

给定任意初始标准参数集 $b/a = 1$，$l = 0.25a$，$K_{\mathrm{s}}/K_{\mathrm{h}}^{\mathrm{eff}} = 10$，$\alpha = 45°$，即可计算得到杨氏模量。改变单一参数保持其他量为常值，分析其对杨氏模量的影响。图 2.3.6 给出了在 x 方向加载时载荷系数比值 $K_{\mathrm{s}}/K_{\mathrm{h}}^{\mathrm{eff}}$ 的变化对泊松比和杨氏模量的影响。因为在 $\alpha = 45°$、$K_{\mathrm{s}} = K_{\mathrm{h}}^{\mathrm{eff}}$ 时，由铰接引起的杨氏模量等于由拉伸引起的杨氏模量，以 $\alpha = 45°$ 时的杨氏模量数据为基准，将图 2.3.6 中杨氏模量结果进行标准化，即

$$E_x^* = \frac{E_x}{E_x (\alpha = 45°)} \tag{2.3.29}$$

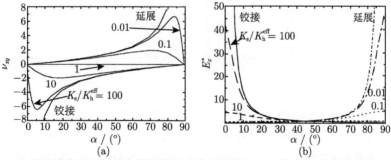

图 2.3.6 (a) 用于铰接和延展并存机制的 NF 模型所得的 ν_{xy} 关于 α 的变化曲线；(b) 用于铰接和延展并存的 NF 模型名义杨氏模量 E_x^* 关于 α 的数据；每一条曲线的数据均以 $\alpha_0 = 45°$ 所对应的值为参考进行，即 $E_x^* = E_x/E_x (\alpha_0 = 45°)$。(a) 和 (b) 中曲线是在单独延展和铰接作用下，$b/a = 1$，$l = 0.25a$，$K_{\mathrm{s}}/K_{\mathrm{h}}^{\mathrm{eff}} = 0.01$、0.1、1、10、100 时所得的结果

(Alderson and Evans, 1995)【施普林格惠允复制】

图 2.3.7(a) 展示了几何参数的变化对泊松比的影响。图 2.3.7(b) 则描绘了在加载方向应变随 α、l_0/a 和 α_0 的变化情况，其临界角度为 α_c，如图 2.3.1(d) 所示，可定义为

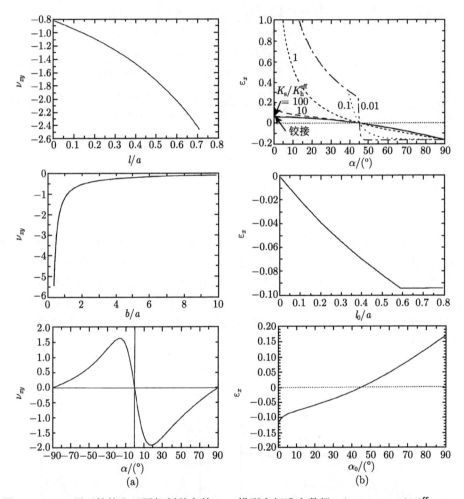

图 2.3.7 (a) 用于铰接和延展机制并存的 NF 模型在标准参数组 $b/a=1$、$K_s/K_h^{\mathrm{eff}}=10$、$l=0.25a$、$\alpha=45°$ 所得的 ν_{xy} 变化趋势，顶部为 ν_{xy} 关于 l/a、中部为 ν_{xy} 关于 b/a、底部为 ν_{xy} 关于 α 的曲线；(b) 在 x 方向加载的铰接和延展并存的 NF 模型在标准参数组 $b/a=1$、$l=0.25a$、$\alpha_0=45°$、$\alpha=45°$、$K_s/K_h^{\mathrm{eff}}=10$ 所得的 ε_x 的变化趋势，顶部为在 $K_s/K_h^{\mathrm{eff}}=0.01$、$0.1$、$1$、$10$、$100$、$\infty$ (铰) 时的 ε_x 关于 α 的曲线，中部为 $\alpha=60°$ 时 ε_x 关于 l_0/a 的曲线，底部为 ε_x 关于 α_0 的曲线 (Alderson and Evans, 1995)【施普林格惠允复制】

$$\sin\alpha_c = \sin\alpha_c = \frac{1}{2}\left(\frac{b}{l}\right) \tag{2.3.30}$$

从图 2.3.7 所绘结果，Alderson 和 Evans (1997) 确定了与网络微结构变形有关的几何形状和载荷系数作为杨氏模量的决定性因素。从图 2.3.8(a) 可以看出，当纤维长度增加原长的 50% 时，弹性将转向塑性。曲线趋势亦同样表明，ν_{xy} 随

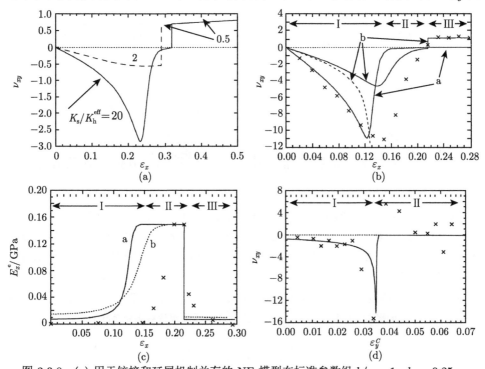

图 2.3.8 (a) 用于铰接和延展机制并存的 NF 模型在标准参数组 $b/a = 1$、$l_0 = 0.25a$、$\alpha = 90°$，$K_s/K_h^{eff} = 2$、20 $(l \leqslant 1.5l_0)$ 和 $K_s/K_h^{eff} = 0.5(l \geqslant 1.5l_0)$ 所得的 ν_{xy} 随 ε_x 变化趋势；(b) 用于铰接 (虚线) 和延展 (实线) 的 NF 模型所得的 ν_{xy} 随 ε_x 变化趋势；其中曲线 a 为 $b = 0.25a$、$l = 0.125a$、$K_s/K_h^{eff} = 20$ (弹性的)、$K_s/K_h^{eff} = 1$ (塑性的)；曲线 b 为 $b = 0.40a$、$l = 0.14a$、$K_s/K_h^{eff} = 10$ (弹性的)、$K_s/K_h^{eff} = 0.65$ (塑性的)，两条曲线中 $\alpha = 90°$，且 K_s/K_h^{eff} 在弹性和塑性两种情况时均为常数。从弹性到塑性纤维延展的转变点设置在 $l = 0.24a$ 时。同时描绘了 Caddock 和 Evans (1989) 实验所得的 PTFE 的 ν_{xy} (叉线)。(c) 用于铰接和延展机制并存的 NF 模型所得的 E_x^e 随 ε_x 变化趋势；模型参数与 (b) 相同。同时描绘了实验所得的 PTFE 的 E_x^e (叉线)。模型中的 E_x^e 数值相对于实验测定的峰值 $E_x^e = 0.15\text{GPa}$ 进行了归一标准化。(d) 用于铰接和延展机制并存的 NF 模型在参数组 $b = a$、$l_0 = 0.09a$、$\alpha = 40°$、$K_s/K_h^{eff} = 1000$ 所得的 ν_{xy} 随 $\varepsilon_y^C (= -\varepsilon_y)$ 的变化趋势；同时描绘了实验所得的 UHMWPE 的 ν_{xy} (叉线) (Alderson and Evans，1997)【施普林格惠允复制】

应变增加，负值增大 (从无应变时的初始值 0)，在其由于 ε_x 进一步增大，朝着 $\nu_{xy} = 0$ 的方向减小前，ν_{xy} 达到最大 ($\varepsilon_x = l/a$ 时)。图 2.3.8(b)、(c) 分别给出了 Caddock 和 Evans (1989) 所做的 PTFE 的 ν_{xy} 和 E_x^{e} 的实验结果对比，而图 2.3.8(d) 给出了 Neale 等 (1993) 和 Alderson 等 (1997) 采用 UHMWPE 的实验结果的比较。图 2.3.9 则分别描绘了在拉伸和压缩载荷作用下，不同 $K_{\mathrm{s}}/K_{\mathrm{h}}^{\mathrm{eff}}$ 时泊松比关于应变的行为特征。

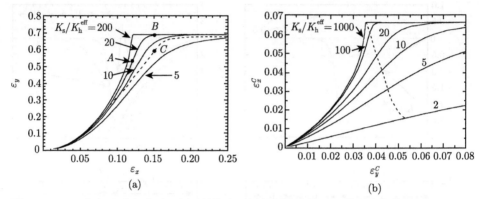

图 2.3.9　(a) 在 x 方向加载时，用于铰接和延展机制并存的 NF 模型在参数组 $b = 0.25a$、$l_0 = 0.125a$、$\alpha = 90°$、$K_{\mathrm{s}}/K_{\mathrm{h}}^{\mathrm{eff}} = 200, 20, 10, 5$ 所得的 ε_y 随 ε_x 变化趋势。虚线对应于随 ε_x 从 0.10 增加时，$K_{\mathrm{s}}/K_{\mathrm{h}}^{\mathrm{eff}}$ 从 20 任意减少。(b) 在 y 方向加载时，用于铰接和延展机制并存的 NF 模型在参数组 $b = a$、$l_0 = 0.09a$、$\alpha = 40°$、$K_{\mathrm{s}}/K_{\mathrm{h}}^{\mathrm{eff}} = 1000, 100, 20, 5, 2$ 所得的 ε_x^C 随 ε_y^C 变化趋势。虚线展示了在 $0.036 < \varepsilon_y^C < 0.05$ 应变范围内 $K_{\mathrm{s}}/K_{\mathrm{h}}^{\mathrm{eff}}$ 从 1000 减至 2 对结果的影响 (Alderson and Evans，1997)【施普林格惠允复制】

2.4　广义的三维绳结模型

Gaspar 等 (2011) 基于三维绳结，在理想拉伸模型、理想 ϕ 链接模型和理想 θ 铰接模型的基础上建立了弹性属性方程。如图 2.4.1(a)、(b) 所示，沿 x_i 方向的投影 ($i = 1, 2, 3$) 分别为 X_1、X_2 和 X_3，连杆长度 l 相等，ϕ 为连杆与 x_3 轴夹角，θ 为连杆在 x_1-x_2 平面的投影与 x_1 轴的夹角。

对于随 $\mathrm{d}l$、$\mathrm{d}\theta$ 和 $\mathrm{d}\phi$ 变化的载荷增量 $\mathrm{d}F_l$、$\mathrm{d}F_\theta$ 和 $\mathrm{d}F_\phi$，刚度 k_l、k_θ 和 k_ϕ 可分别定义为

$$k_l = \frac{\mathrm{d}F_l}{\mathrm{d}l} \tag{2.4.1}$$

$$k_\theta = \frac{\mathrm{d}M_\theta}{\mathrm{d}\theta} = \frac{l\mathrm{d}F_\theta}{\mathrm{d}\theta} \tag{2.4.2}$$

$$k_\phi = \frac{\mathrm{d}M_\phi}{\mathrm{d}\phi} = \frac{l\mathrm{d}F_\phi}{\mathrm{d}\phi} \tag{2.4.3}$$

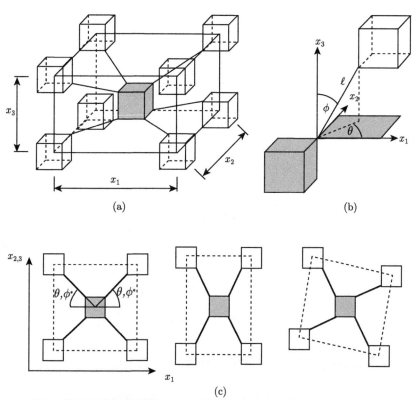

图 2.4.1 广义三维绳结模型示意图: (a) 与其他 8 个角点连接的中心结节; (b) 几何描述;
(c) 在 x_1-x_2 轴平面或 x_1-x_3 轴平面成角度 θ 或 ϕ^* 的绳结投影 (标注于左或右); 对于标记角
度的参照胞元 (左) 和两种不同的对称情况 (中和右)。在第一种情况 (中),左边和右边的角度
同时变化。对第二种情况 (右),左边和右边的角度变化符号相反 (Gaspar et al., 2001)

【施普林格惠允复制】

Gaspar 等 (2011) 基于理想化的拉伸模型,获得了如下杨氏模量:

$$E_1^l = \frac{2k_l}{\cos^2\theta\sin^2\phi}\left(\frac{X_1}{X_2 X_3}\right) \tag{2.4.4}$$

$$E_2^l = \frac{2k_l}{\sin^2\theta\sin^2\phi}\left(\frac{X_2}{X_1 X_3}\right) \tag{2.4.5}$$

$$E_3^l = \frac{2k_l}{\cos^2\phi}\left(\frac{X_3}{X_1 X_2}\right) \tag{2.4.6}$$

$$\nu_{31}^{l} = \left(\nu_{13}^{l}\right)^{-1} = -\cos\theta\tan\phi\left(\frac{X_3}{X_1}\right) \tag{2.4.7}$$

$$\nu_{32}^{l} = \left(\nu_{23}^{l}\right)^{-1} = -\sin\theta\tan\phi\left(\frac{X_3}{X_2}\right) \tag{2.4.8}$$

$$\nu_{12}^{l} = \left(\nu_{21}^{l}\right)^{-1} = -\tan\theta\left(\frac{X_1}{X_2}\right) \tag{2.4.9}$$

基于理想化的 ϕ 铰接模型，得到如下杨氏模量：

$$E_1^{\phi} = \frac{2k_{\phi}}{l^2\cos^2\theta\cos^2\phi}\left(\frac{X_1}{X_2X_3}\right) \tag{2.4.10}$$

$$E_2^{\phi} = \frac{2k_{\phi}}{l^2\sin^2\theta\cos^2\phi}\left(\frac{X_2}{X_1X_3}\right) \tag{2.4.11}$$

$$E_3^{\phi} = \frac{2k_{\phi}}{l^2\sin^2\phi}\left(\frac{X_3}{X_1X_2}\right) \tag{2.4.12}$$

$$\nu_{31}^{\phi} = \left(\nu_{13}^{\phi}\right)^{-1} = \cos\theta\cos\phi\left(\frac{X_3}{X_1}\right) \tag{2.4.13}$$

$$\nu_{32}^{\phi} = \left(\nu_{23}^{\phi}\right)^{-1} = \sin\theta\cos\phi\left(\frac{X_3}{X_2}\right) \tag{2.4.14}$$

$$\nu_{12}^{\phi} = \left(\nu_{21}^{\phi}\right)^{-1} = -\tan\theta\left(\frac{X_1}{X_2}\right) \tag{2.4.15}$$

基于理想化的 θ 铰接模型 (图 2.4.2)，得到如下杨氏模量：

$$E_1^{\theta} = \frac{2k_{\theta}}{l^2\sin^2\theta\sin\phi}\left(\frac{X_1}{X_2X_3}\right) \tag{2.4.16}$$

$$E_2^{\theta} = \frac{2k_{\theta}}{l^2\cos^2\theta\sin\phi}\left(\frac{X_2}{X_1X_3}\right) \tag{2.4.17}$$

$$\nu_{12}^{\theta} = \left(\nu_{21}^{\theta}\right)^{-1} = \cot\theta\left(\frac{X_1}{X_2}\right) \tag{2.4.18}$$

Gaspar 等 (2011) 给出了考虑三种变形模式的杨氏模量

$$\frac{1}{E_1} = \frac{X_2X_3}{2X_1}\left(\frac{\cos^2\theta\sin^2\phi}{k_l} + \frac{l^2\cos^2\theta\cos^2\phi}{k_{\phi}} + \frac{l^2\sin^2\theta\sin\phi}{k_{\theta}}\right) \tag{2.4.19}$$

$$\frac{1}{E_2} = \frac{X_1X_3}{2X_2}\left(\frac{\sin^2\theta\sin^2\phi}{k_l} + \frac{l^2\sin^2\theta\cos^2\phi}{k_{\phi}} + \frac{l^2\cos^2\theta\sin\phi}{k_{\theta}}\right) \tag{2.4.20}$$

$$\frac{1}{E_3} = \frac{X_1X_2}{2X_3}\left(\frac{\cos^2\phi}{k_l} + \frac{l^2\sin^2\phi}{k_{\phi}}\right) \tag{2.4.21}$$

$$\nu_{12} = -\frac{X_1}{X_2}\frac{\dfrac{\sin\theta\sin\phi}{k_l} + \dfrac{l^2\sin\theta\cos\phi\cot\phi}{k_\phi} - \dfrac{l^2\sin\theta}{k_\theta}}{\dfrac{\cos\theta\sin\phi}{k_l} + \dfrac{l^2\cos\theta\cos\phi\cot\phi}{k_\phi} + \dfrac{l^2\sin\theta\tan\theta}{k_\theta}} \qquad (2.4.22)$$

$$\nu_{21} = -\frac{X_2}{X_1}\frac{\dfrac{\cos\theta\sin\phi}{k_l} + \dfrac{l^2\cos\theta\cos\phi\cot\phi}{k_\phi} - \dfrac{l^2\cos\theta}{k_\theta}}{\dfrac{\sin\theta\sin\phi}{k_l} + \dfrac{l^2\sin\theta\cos\phi\cot\phi}{k_\phi} + \dfrac{l^2\cos\theta\cot\theta}{k_\theta}} \qquad (2.4.23)$$

$$\nu_{13} = -\frac{X_1}{X_3}\frac{\dfrac{\cos\phi}{k_l} - \dfrac{l^2\cos\phi}{k_\phi}}{\dfrac{\cos\theta\sin\phi}{k_l} + \dfrac{l^2\cos\theta\cos\phi\cot\phi}{k_\phi} + \dfrac{l^2\sin\theta\tan\theta}{k_\theta}} \qquad (2.4.24)$$

$$\nu_{23} = -\frac{X_2}{X_3}\frac{\dfrac{\cos\phi}{k_l} - \dfrac{l^2\cos\phi}{k_\phi}}{\dfrac{\sin\theta\sin\phi}{k_l} + \dfrac{l^2\sin\theta\cos\phi\cot\phi}{k_\phi} + \dfrac{l^2\cos\theta\cot\theta}{k_\theta}} \qquad (2.4.25)$$

$$\nu_{31} = -\frac{X_3}{X_1}\frac{\dfrac{\cos\theta\sin\phi}{k_l} - \dfrac{l^2\cos\theta\sin\phi}{k_\phi}}{\dfrac{\cos\phi}{k_l} + \dfrac{l^2\sin\phi\tan\phi}{k_\phi}} \qquad (2.4.26)$$

$$\nu_{32} = -\frac{X_3}{X_2}\frac{\dfrac{\sin\theta\sin\phi}{k_l} - \dfrac{l^2\sin\theta\sin\phi}{k_\phi}}{\dfrac{\cos\phi}{k_l} + \dfrac{l^2\sin\phi\tan\phi}{k_\phi}} \qquad (2.4.27)$$

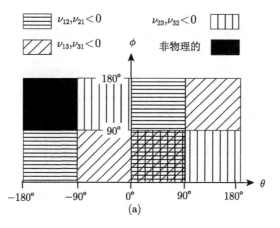

(a)

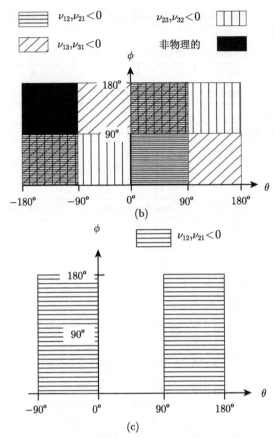

图 2.4.2　泊松比范围的相图：(a) 仅纤维拉伸；(b) 仅 ϕ 型变形；(c) 仅 θ 型弯曲 (Gaspar et al.，2011) 【施普林格惠允复制】

2.5　旋转正方形和矩形模型

由相互连接的正方形的旋转引起的拉胀行为的早期叙述是由 Grima 和 Evans (2000) 给出的，其泊松比 $\nu = -1$。使用如图 2.5.1(a) 所示的几何图形，他们获得了二维应力–应变关系：

$$\left\{ \begin{array}{c} \varepsilon_1 \\ \varepsilon_2 \\ \gamma_{12} \end{array} \right\} = \left[\begin{array}{ccc} s_{11} & s_{12} & s_{13} \\ s_{21} & s_{22} & s_{23} \\ s_{31} & s_{32} & s_{33} \end{array} \right] \left\{ \begin{array}{c} \sigma_1 \\ \sigma_2 \\ \tau_{12} \end{array} \right\} \tag{2.5.1}$$

通常，式 (2.5.1) 中的柔度矩阵可表示为

$$S = \begin{bmatrix} \dfrac{1}{E_1} & -\dfrac{\nu_{21}}{E_2} & \dfrac{\eta_{31}}{G_{12}} \\[2mm] -\dfrac{\nu_{12}}{E_1} & \dfrac{1}{E_2} & \dfrac{\eta_{32}}{G_{12}} \\[2mm] \dfrac{\eta_{13}}{E_1} & \dfrac{\eta_{23}}{E_2} & \dfrac{1}{G_{12}} \end{bmatrix} \qquad (2.5.2a)$$

其中，η_{ij} 为剪切耦合系数。对于边长为 l、铰的转动刚度常数为 K_h 的刚性旋转方板这一特殊情况，Grima 和 Evans (2000) 给出了相应的柔度矩阵：

$$S = \frac{1}{E} \begin{bmatrix} 1 & 1 & 0 \\ 1 & 1 & 0 \\ 0 & 0 & 0 \end{bmatrix} \qquad (2.5.2b)$$

其中等效杨氏模量为

$$E = \frac{8K_h}{zl^2 (1 - \sin\theta)} \qquad (2.5.3)$$

式 (2.5.3) 中 θ 为图 2.5.1(b) 所示的角度，z 为正方形的厚度。Grima 等 (2007) 进一步拓展了该早期工作，研究了如图 2.5.2 所示的半刚性旋转正方形结构的拉胀行为。

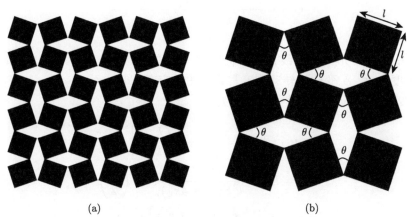

(a)   (b)

图 2.5.1　相互连接的旋转正方形的拉胀特性：(a) 整体上；(b) 细节

Grima 等 (2007) 经推导获得了同轴杨氏模量的解析模型：

$$\nu_{12} = \nu_{21} = -\cot\left(\frac{\psi_1}{2}\right) \tan\left(\frac{\psi_2}{2}\right) \left[1 + 4\left(\frac{k_\psi}{k_\phi}\right)\right]^{-1} \qquad (2.5.4)$$

$$E_1 = E_2 = \frac{8k_\psi \left(k_\phi + 2k_\psi\right)}{l_d^2 z \left(k_\phi + 4k_\psi\right)} \frac{\sin\left(\dfrac{\psi_2}{2}\right)}{\sin\left(\dfrac{\psi_1}{2}\right) \cos^2\left(\dfrac{\psi_2}{2}\right)} \qquad (2.5.5)$$

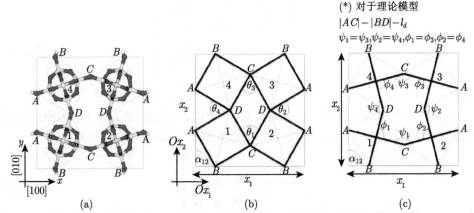

图 2.5.2　相对于杆沸石 (THO) 的变量的定义 (a)，以及 (b) 加粗的方板代表原始的 "旋转方板结构" (c) 加粗的对角线代表新结构，其中方形由它们的对角线来代替。值得注意的是，在 Grima 等 (2007) 的分析模型中 $\psi_1 = \psi_3$，$\psi_2 = \psi_4$，$\phi_1 = \phi_3$ 和 $\phi_2 = \phi_4$

【约翰威利惠允复制】

$$G_{12} = \frac{\dfrac{k_\phi}{z l_d^2}}{\sin\left(\dfrac{\psi_1}{2}\right) \sin\left(\dfrac{\psi_2}{2}\right) \sin\phi_1} \tag{2.5.6}$$

其中，l_d 为正方形的对角线长度 (即图 2.5.2 中的 AC 或 BD)，而 k_ψ 和 k_ϕ 是约束角度 ψ 和 ϕ 变化的转动刚度常数。在零应变 (即 $\psi_1 = \psi_2 = \psi$) 和初始角 $\phi = \pi/2$ 时，杨氏模量表达式可简化为

$$\nu_{12} = \nu_{21} = -\left[1 + 4\left(\frac{k_\psi}{k_\phi}\right)\right]^{-1} \tag{2.5.7}$$

$$E_1 = E_2 = \frac{8k_\psi\left(k_\phi + 2k_\psi\right)}{l_d^2 z\left(k_\phi + 4k_\psi\right)}\sec^2\left(\frac{\psi}{2}\right) \tag{2.5.8}$$

$$G_{12} = \frac{k_\phi}{z l_d^2}\left[\sin^2\left(\frac{\psi}{2}\right)\right]^{-1} \tag{2.5.9}$$

Grima 等 (2007) 给出了与第三轴成 ζ 角时的轴外杨氏模量：

$$\frac{1}{E_1^\zeta} = \frac{m^4}{E_1} + \frac{n^4}{E_2} - m^2 n^2\left(2\frac{\nu_{12}}{E_1} - \frac{1}{G_{12}}\right) \tag{2.5.10}$$

$$\nu_{12}^\zeta = E_1^\zeta\left[\left(m^4 + n^4\right)\frac{\nu_{12}}{E_1} - m^2 n^2\left(\frac{1}{E_1} + \frac{1}{E_2} - \frac{1}{G_{12}}\right)\right] \tag{2.5.11}$$

$$\frac{1}{G_{12}^\zeta} = \frac{m^4 + n^4}{G_{12}} + 2m^2 n^2\left(\frac{2}{E_1} + \frac{2}{E_2} + \frac{4\nu_{12}}{E_1} + \frac{1}{G_{12}}\right) \tag{2.5.12}$$

其中，$m = \cos\zeta$，$n = \sin\zeta$。图 2.5.3 描绘了 k_ψ 和 k_ϕ 对轴外泊松比 ν_{12}^ζ 的影响，图 2.5.4 对比了基于理论分析模型和分子动力学模拟所得的 ν_{12}^ζ 结果。

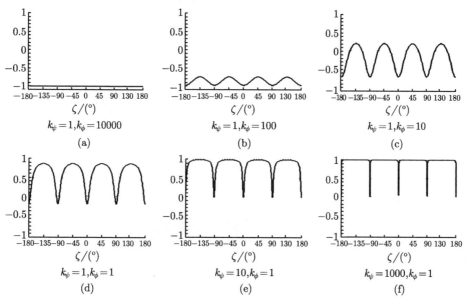

图 2.5.3　在 $\psi = 145°$ 时，各种不同 k_ψ 和 k_ϕ 的变化组合的轴外泊松比结果曲线 (Grima et al.，2007)【约翰威利惠允复制】

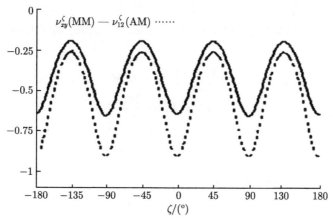

图 2.5.4　使用 Burchart 力场的分子动力学模拟预测与 Grima 等 (2007) 的分析模拟 (AM) 的 THO 轴外泊松比 ν_{12}^ζ 的比较【约翰威利惠允复制】

　　而 Grima 等 (2007) 所得的变形考虑了旋转方块的形状变化，他们随后又提出了另一种变形模式，其变形仅通过正方形边长的长度变化，即通过改变其边长成为不同尺寸的矩形或正方形而不改变系统的角度。对于此项分析而言，明确了两个可能的转动方向，如图 2.5.5 所示。

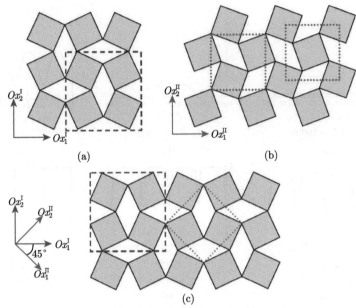

图 2.5.5　用于推导"延展方块"模型力学特性的单元格：(a) 方向 I；(b) 方向 II；(c) 两个方向间的几何关系 (Grima et al.，2008)【施普林格惠允复制】

假设 k_s 为正方形的一条边 (亦即"梁"的单位长度) 的拉伸载荷常数，而 z 是正方形的厚度，那么对于图 2.5.6，由 Grima 等 (2008) 给出的同轴方向 I 上的杨氏模量为

$$\nu_{12}^\mathrm{I} = \nu_{21}^\mathrm{I} = -\sin\theta \tag{2.5.13}$$

$$E_1^\mathrm{I} = E_2^\mathrm{I} = \frac{2k_\mathrm{s}}{z} \tag{2.5.14}$$

$$G_{12}^\mathrm{I} = \frac{k_\mathrm{s}}{z\left(1+\sin\theta\right)} \tag{2.5.15}$$

而在同轴方向 II 上，其杨氏模量为

$$\nu_{12}^\mathrm{II} = \nu_{21}^\mathrm{II} = 0 \tag{2.5.16}$$

$$E_1^\mathrm{II} = E_2^\mathrm{II} = \frac{2k_\mathrm{s}}{z\left(1+\sin\theta\right)} \tag{2.5.17}$$

$$G_{12}^\mathrm{II} = \frac{k_\mathrm{s}}{z\left(1-\sin\theta\right)} \tag{2.5.18}$$

图 2.5.7 给出了 $k_\mathrm{s}=1$、$z=1$ 时两个方向的杨氏模量结果。

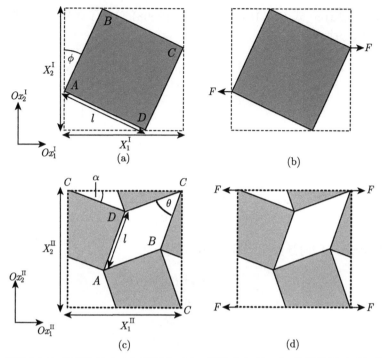

图 2.5.6 方向 I 1/4 单元的尺寸 (a) 和受力 (b)，以及方向 II 1/4 单元的尺寸 (c) 和受力 (d) (Grima et al.，2008)【施普林格惠允复制】

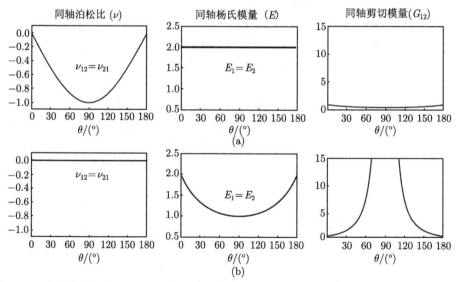

图 2.5.7 当系统在方向 I (a) 和方向 II (b) 加载时，假设 $k_s = 1$、$z = 1$，泊松比、杨氏模量和剪切模量随棱间角度 θ 的变化 (Grima et al.，2008)【施普林格惠允复制】

从式 (2.5.13) ~ 式 (2.5.18)，Grima 等 (2008) 总结了采用柔度矩阵表示的弹性属性，对于方向 I

$$S^{\mathrm{I}} = \frac{z}{2k_{\mathrm{s}}} \begin{bmatrix} 1 & \sin\theta & 0 \\ \sin\theta & 1 & 0 \\ 0 & 0 & 2+2\sin\theta \end{bmatrix} \tag{2.5.19}$$

而对于方向 II

$$S^{\mathrm{II}} = \frac{z}{2k_{\mathrm{s}}} \begin{bmatrix} 1+\sin\theta & 0 & 0 \\ 0 & 1+\sin\theta & 0 \\ 0 & 0 & 2-2\sin\theta \end{bmatrix} \tag{2.5.20}$$

Grima 等 (2008) 同时还给出了轴外杨氏模量

$$\nu_{12}^{\zeta} = -\frac{\cos^2(2\zeta)\sin\theta}{1+\sin^2(2\zeta)\sin\theta} \tag{2.5.21}$$

$$E_1^{\zeta} = -\frac{2k_{\mathrm{s}}}{z\left[1+\sin^2(2\zeta)\sin\theta\right]} \tag{2.5.22}$$

$$G_{12}^{\zeta} = -\frac{k_{\mathrm{s}}}{z\left[1+\cos(4\zeta)\sin\theta\right]} \tag{2.5.23}$$

其中，$\zeta = 0°$ 和 $\zeta = 45°$ 分别对应方向 I 和方向 II 的取值。图 2.5.8 为轴外杨氏模量曲线图。

对于旋转矩形的拉胀行为，如图 2.5.9(a) 所示，Grima 等 (2004) 根据图 2.5.9(b) 所绘制的概念图推导了以下弹性属性：

$$\nu_{21} = \frac{1}{\nu_{12}} = \frac{a^2\sin^2\left(\frac{\theta}{2}\right) - b^2\cos^2\left(\frac{\theta}{2}\right)}{a^2\cos^2\left(\frac{\theta}{2}\right) - b^2\sin^2\left(\frac{\theta}{2}\right)} \tag{2.5.24}$$

$$E_1 = 8K_{\mathrm{h}}\frac{a\cos\left(\frac{\theta}{2}\right) + b\sin\left(\frac{\theta}{2}\right)}{\left[a\sin\left(\frac{\theta}{2}\right) + b\cos\left(\frac{\theta}{2}\right)\right]\left[-a\sin\left(\frac{\theta}{2}\right) + b\cos\left(\frac{\theta}{2}\right)\right]^2} \tag{2.5.25}$$

$$E_2 = 8K_{\mathrm{h}}\frac{a\sin\left(\frac{\theta}{2}\right) + b\cos\left(\frac{\theta}{2}\right)}{\left[a\cos\left(\frac{\theta}{2}\right) + b\sin\left(\frac{\theta}{2}\right)\right]\left[a\cos\left(\frac{\theta}{2}\right) - b\sin\left(\frac{\theta}{2}\right)\right]^2} \tag{2.5.26}$$

这些属性的表达是基于单位厚度，即 $z = 1$，且将 $a = b = l$ 代入式 (2.5.24) ∼ 式 (2.5.26) 后，可被简化为旋转方形的特殊情况。即当 $a = b$ 时，式 (2.5.24) 简化为 $\nu = -1$；并且通过代入 $a = b = l$ 和 $z = 1$，式 (2.5.25) 和式 (2.5.26) 均变成了式 (2.5.3)。图 2.5.10 描绘了使用式 (2.5.24) ∼ 式 (2.5.26) 计算所得的当长宽比 $a/b = 2$ 时，泊松比和无量纲杨氏模量的变化。

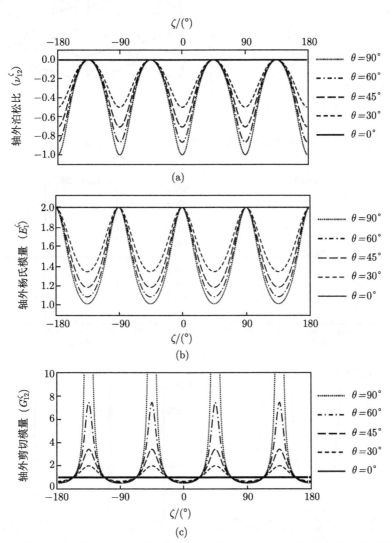

图 2.5.8 假设 $k_s = 1$、$z = 1$，以下变量随开口角度变化时延展机制轴外的结果曲线：(a) 泊松比、(b) 杨氏模量和 (c) 剪切模量 (Grima et al.，2008) 【施普林格惠允复制】

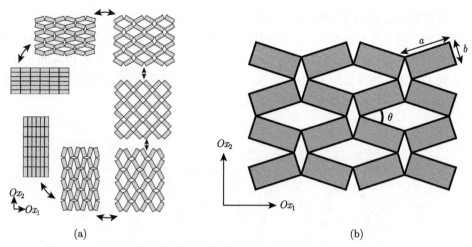

图 2.5.9   (a) 旋转矩形板的拉胀行为及 (b) 几何尺寸 (Grima et al.，2004)

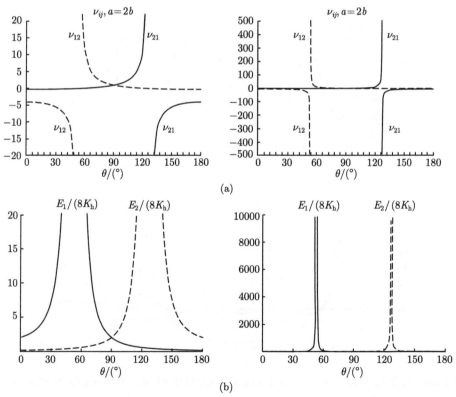

图 2.5.10   单位厚度和长宽比为 $a/b = 2$ 时，旋转矩形的泊松比 (a) 和杨氏模量 (b) 随角度变化曲线图

对于相连的不同尺寸正方形和矩形，Grima 等 (2011) 的研究表明，该类系统在特定方向拉伸时可表现出与尺度无关的拉胀行为，泊松比依赖于模型中所用的不同矩形的形状和相对尺寸，以及它们之间的夹角。

Taylor 等 (2013) 给出了一个具有类似变形模式的实际结构，该结构的孔的长宽比 a/b 足够大，且 $L_{\min}/L_0$ 比值足够小，如图 2.5.11 的仿真结果所示。Taylor 等 (2013) 也使用数字图像校正 (DIC) 技术对有限元模拟的水平和垂直位移进行了实验验证，如图 2.5.12 所示。

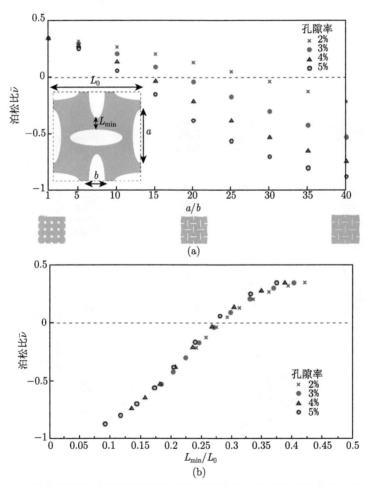

图 2.5.11 (a) 弹性基材制成的无限周期方阵孔洞长宽比 a/b 对泊松比的影响的数值结果；考虑了四种不同的孔隙度值。分析中所考虑的代表性体积单元 (RVE) 如插图所示；(b) 当泊松比被绘制成 $L_{\min}/L_0$ 的函数时，所有的数据折叠到一条曲线上 (Taylor et al., 2013)

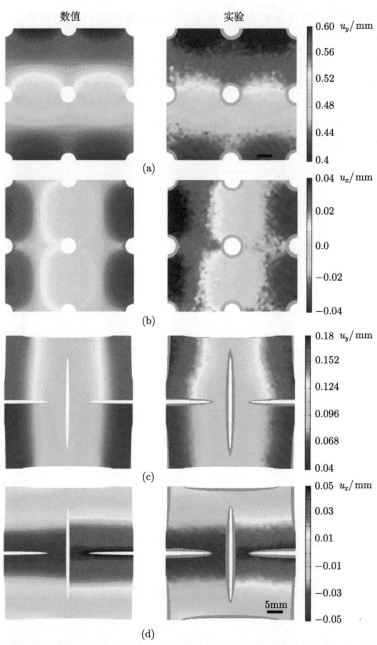

图 2.5.12　位移的水平分量 (u_x) 和垂直 (u_y) 分量云图。数值的结果 (左) 和实验的结果 (右) 进行定量比较，吻合得很好。(a) 和 (b) 中施加的应变为 0.34%，(c) 和 (d) 中施加的应变为 0.07%。注意，实验结果中的灰色区域表示 DIC 数据无法获取 (Taylor et al.，2013)

2.6 旋转三角形模型

除了旋转方形模型外，Grima 和 Evans (2006) 还首次使用了旋转三角形研究拉胀行为，如图 2.6.1(a) 所示。基于如图 2.6.1(b) 示意图，分别采用 K_h 和 l 作为旋转刚度系数和三角形边长，Grima 和 Evans (2006) 获得了如下旋转刚性三角形弹性属性：

$$\nu_{12} = \nu_{21} = -1 \tag{2.6.1}$$

和

$$E_1 = E_2 = \frac{4\sqrt{3}K_h}{l^2}\left[1 + \cos\left(\frac{\pi}{3} + \theta\right)\right]^{-1} \tag{2.6.2}$$

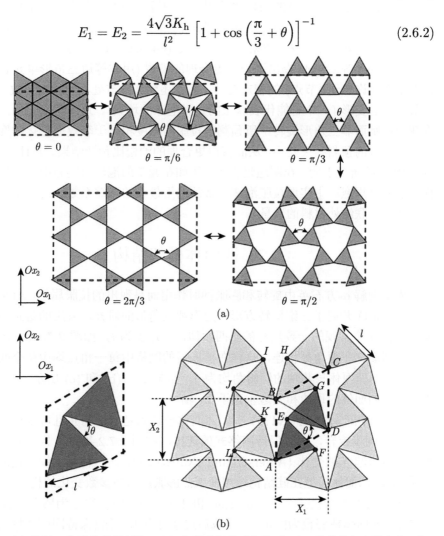

图 2.6.1　(a) 旋转三角形的拉胀行为；(b) 典型重复单元和胞元 (左) 及其几何参数定义 (右)
(Grima and Evans，2006)【施普林格惠允复制】

　　Grima 等 (2010) 采用有限元方法，对含有星形或三角形孔洞的薄板进行模拟，该薄板由更易得的常规的非晶材料制成，在拉伸和压缩加载时均能观察到其拉胀行为。他们基于 "旋转刚性三角形" 的分析模型，试图解释这一拉胀行为。同时表明，如果仔细选择穿孔的形状和密度，就可以控制泊松比的大小和符号。这一观察结果提供了一种简单而经济的制造方法，可根据具体情况进行特定泊松比值的定制 (拉胀型或非拉胀型)，以适合特定的实际应用 (Grima et al.，2010)。Grima 等 (2012) 介绍并分析了相对于另一个不等边刚性三角形旋转的模型。结果表明，该模型具有很宽的泊松比范围，它的符号和大小取决于三角形的形状及它们之间的角度。该模型的优点在于它非常通用，可潜在地用于阐明各种类型材料的行为，比如拉胀泡沫及其相对表面密度 (Grima et al.，2012)。

　　Chetcuti 等 (2014) 提出了一个更合理的模型 (用非等边三角形单元表示)，该模型不仅允许单元 (节点) 的相对旋转，而且还允许结节处不同的材料数量，以及结节自身的变形 (一个更能代表真正的拉胀泡沫的场景)。这个模型表明，通过允许变形机制而非三角形旋转，所预测的拉胀的程度相比于等效理想化的旋转刚性三角形模型的预测结果要小，从而获得更合理的泊松比预测结果。并且，Chetcuti 等 (2014) 的研究表明，在制造过程中，正如在通常的泡沫块实验中所观察到的那样，要从常规泡沫中实现拉胀泡沫，必须选用最小的压缩系数，而这个压缩系数主要依赖于联结处材料的数量。

2.7　四面体框架结构

　　为了理解 α-方石英由旋转和膨胀同时作用而呈现出的拉胀属性，Alderson 和 Evans (2001) 开展了三维旋转方形、矩形和三角形的研究，采用的是正四面体胞元，包括 4 个常规的一致尺寸的正四面体，其边长为 l，如图 2.7.1(a) 所示。

　　各四面体在顶角处相连，这样在扩展后的网格中每一角点均由两个四面体所共有。每个四面体与其轴的倾斜角均为 δ，如图 2.7.1(b) 和 (c) 所示。$\delta = 0$ 对应于每一个四面体的顶边和底边垂直于 x_3 轴。

　　在旋转四面体模型 (RTM) 中，四面体被认为是刚性的并且可以自由地以倾角 δ 绕轴同步旋转，同时保持网络式的连接，如图 2.7.2 所示。换言之，施加外部载荷将引起 δ 的变化 (Alderson and Evans，2001)。这种变形模式是前述刚性旋转 SiO$_4$ 四面体模型在硅结构经相变或热膨胀后格栅参数变化的模型的扩展。

　　在第二种变形模式中，Alderson 和 Evans (2001) 称之为膨胀四面体模型 (DTM)。四面体被假设为固定，但受载后尺寸可自由变化 (保持四面体规则性)，即 l 发生变化 (图 2.7.3)。类似的二维例子可以在 Rothenburg 等 (1991) 和 Milton (1992) 的研究中找到。

第三种模式是 RTM 和 DTM 并发的混合模式，因而称之为并发四面体模型 (CTM)。因此，每一种模式的泊松比 ν_{ij} 可采用以下约束推导：

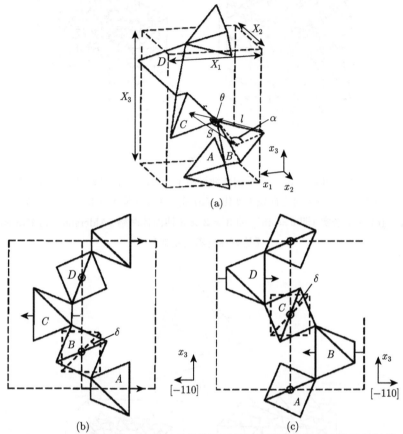

图 2.7.1 (a) Alderson 和 Evans (2001) 定义的四面体框架的胞元几何参数和坐标系。胞元包括四个四面体: A、B、C 和 D；(b) 胞元在 x_3-[−110] 上的投影，表示四面体轴和 "未偏斜的" 四面体 (B) 以定义倾斜角度 δ；(c) 胞元在 x_3-[−110] 上的投影，显示出四面体轴和 "未偏斜的" 四面体 (C) 定义倾斜角度 δ (Alderson and Evans，2001)【施普林格惠允复制】

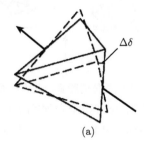

(a)

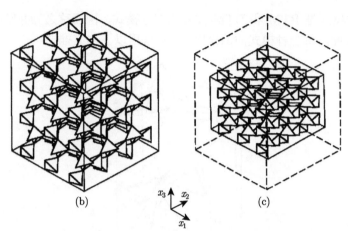

图 2.7.2   四面体旋转机制: (a) 一个四面体通过两个相对四面体边缘的中心绕倾斜轴旋转。四面体大小保持不变,而旋转时方向发生变化; (b) 完全展开 (即 $\delta = 45°$) 的 $3 \times 3 \times 3$ 扩展四面体网络; (c) 完全密实 (即 $\delta = 45°$) 的 $3 \times 3 \times 3$ 四面体网络 (Alderson and Evans,2001)

【施普林格惠允复制】

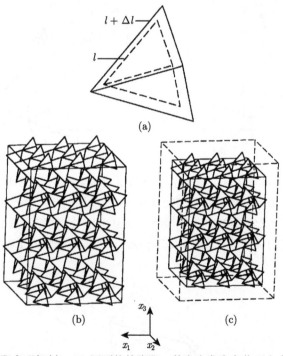

图 2.7.3   四面体膨胀变形机制: (a) 四面体的膨胀,其大小发生变化而方向保持不变; (b) 四面体膨胀前的 $3 \times 3 \times 3$ 的四面体网络; (c) 四面体收缩后的 $3 \times 3 \times 3$ 四面体网络,其中 δ 与 (b) 中 δ 值相同 (Alderson and Evans,2001)【施普林格惠允复制】

$$\text{RTM} : \mathrm{d}l = 0 \tag{2.7.1}$$

$$\text{DTM} : \mathrm{d}\delta = 0 \tag{2.7.2}$$

$$\text{CTM} : l\frac{\mathrm{d}\delta}{\mathrm{d}l} = \kappa \tag{2.7.3}$$

其中，κ 是权重参数，它决定了两种并发的变形机制的相对强度。Alderson 和 Evans (2001) 得到了 DTM、RTM 和 CTM 变形模式的参数：

$$\nu_{12} = \nu_{21} = -1 \tag{2.7.4}$$

基于 DTM 变形模式，可得

$$\nu_{31} = -1 \tag{2.7.5}$$

基于 RTM 变形模式，可得

$$\nu_{31} = -\frac{\cos\delta}{1+\cos\delta} \tag{2.7.6}$$

而对于 CTM 变形模式

$$\nu_{31} = -\frac{\cos\delta}{1+\cos\delta}\left(\frac{1+\cos\delta-\kappa\sin\delta}{\cos\delta-\kappa\sin\delta}\right) \tag{2.7.7}$$

CTM 的一个典型特性是，即使独立作用时模型中的两种机制均可独立为拉胀性，对于任何给定的 δ 值，都存在一个 κ 值范围，可实现 ν_{31} 为正，如图 2.7.4 所示 (Alderson and Evans，2001)。

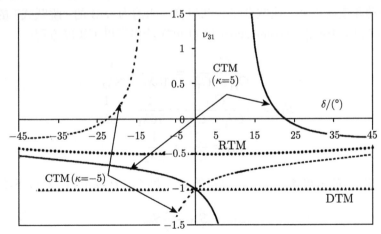

图 2.7.4 当 $-45° \leqslant \delta \leqslant 45°$ 时，从 RTM、DTM 和 CTM 计算得到的 ν_{31} 随 δ 的变化，CTM 的曲线展示的是 $\kappa = -5$ 和 $\kappa = 5$ 情况下的结果 (Alderson and Evans，2001)

2.8　硬环六聚体模型

在硬环六聚体模型情况下，Wojciechowski (1987) 使用蒙特卡罗方法进行分析，推荐对二维系统使用负泊松比结构。Wojciechowski (1987) 评论道，在高密度下，分子形成一个"倾斜相位"，即它们的质心围绕六边形格栅的位置振动，并且它们绕着参考晶轴轻微旋转的方向摆动。分子轴的定义如图 2.8.1 所示，它连接了分子质心和相邻原子间的接触点。

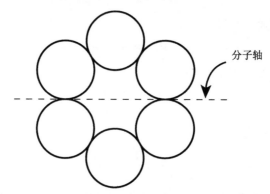

图 2.8.1　硬环六聚体及其分子轴示意图

当实际面积与系统在密堆积时的面积之比超过某一特定值时，系统转变为直线相，即格栅质量中心仍然为六边形，但此时分子轴的平均方向朝向晶体轴的方向。除振动和摆动以外，这些分子运动也将经历约为 π/3 的"跳跃式"的重定向 (Branka et al.，1982)。Wojciechowski (1987) 给出了以下柔度方程：

$$S_{11} = \frac{C_{11}}{C_{11}^2 - C_{12}^2} = \frac{1}{16\lambda_1} + \frac{1}{8\lambda_2} \tag{2.8.1}$$

$$S_{12} = -\frac{C_{11}}{C_{11}^2 - C_{12}^2} = \frac{1}{16\lambda_1} - \frac{1}{8\lambda_2} \tag{2.8.2}$$

$$S_{66} = \frac{1}{C_{66}} = \frac{1}{2\lambda_2} \tag{2.8.3}$$

其中，λ_1 和 λ_2 的值可通过实验所测得的 C_{11} 和 C_{66} 计算得到。对以下柔度方程：

$$S_{12} = S_{11} - \frac{1}{2}S_{66} \tag{2.8.4}$$

S_{12} 明显地表现为负值，对应正的泊松比。因此 Wojciechowski (1987) 发现，当倾斜相中 S_{12} 为正值时，出现了拉胀的情况。Wojciechowski (1989) 随后又通过最近邻相互作用逆功率场方法，研究了三角形晶格上的六边形分子的二维格栅模型。

研究发现，当各向异性分子的非凹凸性较大时，在高密度位置呈现负泊松比，并且提到这一现象可以在某些真实系统中观察到。在一个使用简单自由体积 (FV) 近似的相关研究中，Wojciechowski 和 Branka (1989) 校验了二维硬环六聚体系统在高密度晶体相中具有负泊松比，其中的 FV 近似和格栅模型意味着破缺镜像对称性对所观察到的拉胀性的重要作用。

2.9 棱筋缺失模型

Smith 等 (2000) 提出了一种用于模拟拉胀泡沫弹性属性的棱筋缺失模型。之所以称之为 "棱筋缺失"，是因为它理想化的微结构来自于完整的模型 (常规的)，并且一些棱筋被移除，形成切割版本，或棱筋缺失模型，它具有拉胀特性，如图 2.9.1(a) 和 (b) 所示。对于图 2.9.1(c)，Smith 等 (2000) 得到了对于完整模型的杨氏模量：

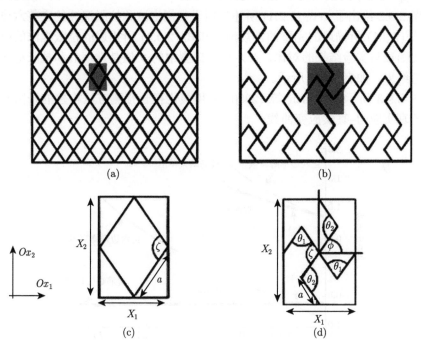

图 2.9.1　完整的 (a) 与棱筋缺失的 (b) 两种版本的理想化网络与阴影单元，以及沿几何参数方向截取的完整的 (c) 和棱筋缺失的 (d) 两种版本所对应的胞元 (Smith et al.，2000)
【爱思唯尔惠允复制】

$$\nu_{21} = \frac{1}{\nu_{12}} = \tan^2\left(\frac{\zeta}{2}\right) \qquad (2.9.1)$$

$$E_1 = \frac{4k_\zeta}{a^2} \cot\left(\frac{\zeta}{2}\right) \csc^2\left(\frac{\zeta}{2}\right) \tag{2.9.2}$$

$$E_2 = \frac{4k_\zeta}{a^2} \tan\left(\frac{\zeta}{2}\right) \sec^2\left(\frac{\zeta}{2}\right) \tag{2.9.3}$$

其中，k_ζ 为用于约束角度 ζ 变化的弹簧常数。

对于图 2.9.1(d)，Smith 等 (2000) 获得了棱筋缺失模型的杨氏模量：

$$\nu_{21} = \frac{1}{\nu_{12}} = -\tan\phi\tan(\zeta - \phi) \tag{2.9.4}$$

$$E_1 = \frac{k_\theta}{4a^2} \frac{\cot(\zeta - \theta)}{\sin\phi\sin(\zeta - \theta)} \tag{2.9.5}$$

$$E_2 = \frac{k_\theta}{4a^2} \frac{\tan(\zeta - \phi)}{\cos\phi\cos(\zeta - \phi)} \tag{2.9.6}$$

其中，k_θ 为用于约束角度 θ 变化的弹簧常数。

图 2.9.2 给出了如式 (2.2.1) 所述的用于常规泡沫和拉胀泡沫的完整六边形模型、式 (2.9.1) 所描述的完整的常规泡沫和式 (2.9.4) 所描述的拉胀泡沫的模型的泊松比函数与实验结果的对比。在六边形模型中的 θ 值是常规的和拉胀泡沫的数值插值结果，如表 2.9.1 所示。

图 2.9.3 所示为 Smith 等 (2000) 采用最优拟合预测方法构建的蜂窝和棱筋模型的真实应力–真实应变曲线。

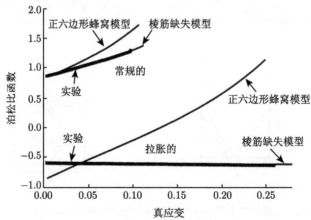

图 2.9.2　Smith 等 (2000) 所获得的泡沫样品的泊松比函数和真应变数据

【爱思唯尔惠允复制】

常规的泡沫拥有预期的更高的杨氏模量。更重要的是，Smith 等 (2000) 注意到，Masters 和 Evans (1996) 所提的二维蜂窝模型对描述常规泡沫的应变相关行为是成立的，但对拉胀泡沫是不成立的，即棱筋缺失模型迎合了更现实的胞元几何图形。紧随此项研究，Gaspar 等 (2005) 比较了两种常规的和两种拉胀的蜂窝结构的行为，如图 2.9.4 (a) 所示。根据图 2.9.4 (b) 所示的测试，他们测定了一系列有关 ζ 和 ϕ 的实验数据，如图 2.9.4(d) 所示。泊松比随沿加载方向的应变的变化关系如图 2.9.4(c) 所示。

表 2.9.1 用于计算六边形蜂窝阵列 (常规的正六边形、拉胀泡沫的内凹六边形) 图 2.9.2 的泊松比函数数据的参数值，以及 Smith 等 (2000) 的完整的常规蜂窝和缺胞的内凹蜂泡沫模型【爱思唯尔惠允复制】

蜂窝阵列	六边形 (常规的)	内凹形 (拉胀的)
h	2	2
l	1	1
θ	19.2°	−25.99°
k	0.03	0.03
Smith 等棱筋模型	整体模型和菱形单元 (常规的)	缺筋模型和十字形单元 (拉胀的)
a	1	
ζ	85.7	77.3°
ϕ	—	24.1°
θ_1 和 θ_2	—	73.4° 和 48.1°
k_θ 或 k_ζ	$k_\zeta = 0.01429$	$k_\theta = 0.08333$

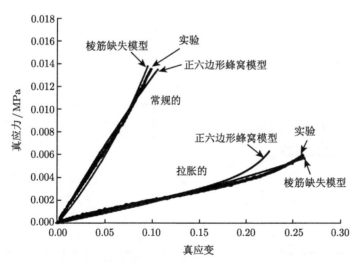

图 2.9.3 Smith 等 (2000) 构建的蜂窝和棱筋缺失模型的真实应力–真实应变实验数据和理论预测结果【爱思唯尔惠允复制】

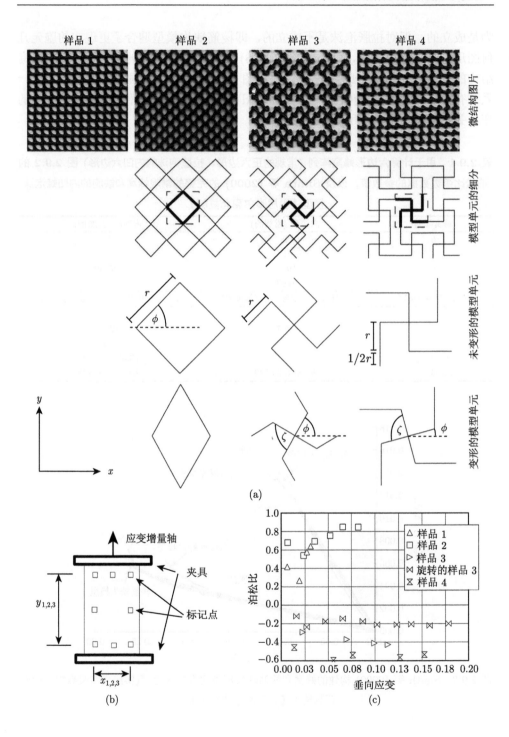

(a)

(b)

(c)

样品	角度	角度数据点											TC	SD
		0	1	2	3	4	5	6	7	8	9	10		
2	ϕ	43.0	43.5	44.5	45.1	46.1	47.2	47.8					4.8	1.1
3	ζ	91.8	93.1	94.0	96.1	97.0							5.1	2.3
	ϕ	48.5	50.8	52.4	56.1	56.2							7.7	2.7
3	ζ	88.7	88.6	66.3	88.6	88.7	89.5	90.6	91.3	91.6	92.6	92.9	4.1	1.8
90°	ϕ	44.5	44.5	45.4	45.9	47.2	49.4	48.7	52.0	52.0	54.3	53.7	9.2	1.0
4	ζ	91.2	91.4	92.9	93.1	94.6	96.8						5.6	6.1
	ϕ	0.4	5.4	10.0	12.1	17.3	21.3						21.0	4.5

(d)

图 2.9.4　(a) 常规及棱筋缺失泡沫；(b) 实验方法原理图；(c) 测得的泊松比；(d) 所测角度的平均值，其中 TC 为初始应变点和最终应变点间的总变化量，SD 为在最终应变点处超过 20 个胞元的标准偏差 (Gaspar et al.，2005)【爱思唯尔惠允复制】

　　Lim 等 (2014) 利用光学显微镜在观察常规和拉胀材料的显微照片基础上，提出了另一种棱筋缺失模型，如图 2.9.5 所示。由图可以清楚地看到，常规的泡沫继承了六边形的微结构，而拉胀泡沫的这一特点却并不明显。为了获得清楚的结果，将泡沫材料薄切片，并在初级显微镜下观察。图 2.9.6(a) 再次清楚地表明，六边形微观结构的假设是完全正确的，然而对拉胀泡沫却没有明确的迹象，因而进行了光学显微镜的、更精细的成像观察，得到了令人吃惊的结果。

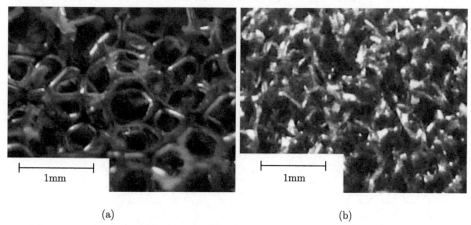

(a)　　　　　　　　　　　　　　(b)

图 2.9.5　聚氨酯泡沫试样显微结构图：(a) 常规；(b) 拉胀的 (Lim et al.，2014)
【约翰威利惠允复制】

　　如图 2.9.6(b) 所示，普通用于模拟拉胀材料的内凹结构的假设并不成立，而其显微图像表明，无论在形状上还是在尺寸上，其微结构都存在高度的非规则性。从图 2.9.5 和图 2.9.6 可以看出，常规泡沫的单个胞元从外面看是凸的，从里面看是凹的；然而对于拉胀泡沫，其单个胞元的两面既存在凹面也存在凸面。此外，常规泡沫胞元间尺寸相近，而拉胀泡沫却完全不同。

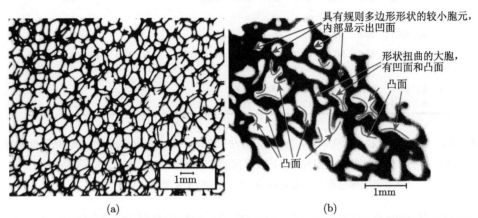

图 2.9.6　聚氨酯泡沫切片显微结构图：(a) 常规样本；(b) 拉胀样本【约翰威利惠允复制】

　　　基于这两点观察，在六边形多孔结构中，采用缺失棱筋思路提出了一种可能的拉胀泡沫模型，如图 2.9.7 所示。与图 2.9.6(a) 中几乎所有胞元均有相同大小的尺寸所不同的是，图 2.9.6(b) 的胞元具有不同的尺寸。因此，正如图 2.9.6(b) 所示和 Pozniak 等 (2013 年) 所提出的那样，图 2.9.7 所示的模型均允许 RVE 作为更大的和更小的胞元的代表性模型。

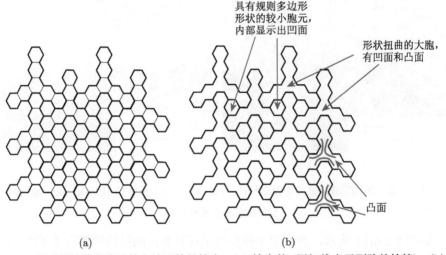

图 2.9.7　用于描述拉胀泡沫的六边形棱筋缺失：(a) 缺失前 (用细线表示删除的棱筋)；(b) 缺失后 (Lim et al.，2014)【约翰威利惠允复制】

实验研究所用的泡沫是无序结构，所以在宏观上呈现出各向异性。而此处所用模型因其周期性而高度有序。众所周知，六重轴意味着垂直于轴的平面呈现各向同性弹性特征，但所研究的结构并未表现出六重对称性，而是较低的三重对称。事实上，Wojciechowski (2003) 已经指出了三重对称是获得平面各向同性充分的对称性条件。典型的泡沫具有很强的无序性，但仍然是各向同性的。虽然所提出的模型是完全有序的，但其基于旋转的变形使各向同性的拉胀特性得以体现。

在该模型中，小单元和大单元的相对大小之差的对比结果如图 2.9.7(b) 所示，其中较小的胞元一般表现出规则多边形样式，而较大的胞元表现出更多的扭曲形状。此外，该模型还允许通过旋转实现拉胀行为。为了描述网状泡沫的拉胀行为，该棱筋缺失模型和 Smith 等 (2000) 所提棱筋缺失模型的对比是可能的。Smith 等 (2000) 所提的模型是基于双轴对称棱筋网络菱形胞元胞筋连接，并移除一定比例的胞元而形成 "卐" 符号，经旋转机制展现出拉胀属性。Lim 等 (2014) 提出的模型是基于六边形的，使得去除一定比例的胞元棱筋形成大的扭曲胞元和小的规则构型胞元，经旋转获得拉胀行为，同时部分反映了泡沫的微观结构几何形状。

对于图 2.9.8(a) 所示的 RVE，小胞元在 6 个方向上被泡沫壁包裹，因而具有相对较高的刚度。RVE 的中心是一个高度 "开放" 的部分胞元，它只被三个胞壁包裹，从而允许产生更大的变形。剩下的六边形都被四个或五个胞壁所包裹，因而具有中等刚度。高、中和低刚度环绕区域分布如图 2.9.8(b) 所示。对于这种棱筋缺失模型，高刚度区域的刚性用 "H" 表示，其作用为旋转单元。相对较高刚性

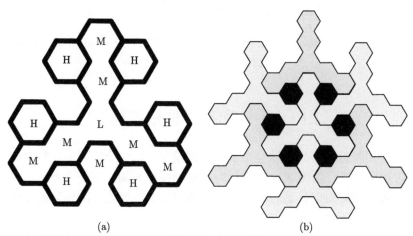

(a)   (b)

图 2.9.8 所提模型表明：(a) 为高刚度 (H)、中等刚度 (M) 和低刚度 (L) 区域的 RVE；(b) 中心的 RVE 被其他六个 RVE 包裹，黑色表示可旋转胞元 (Lim et al., 2014)

单元的转动引发压溃或低刚度区域的膨胀，用 "L" 表示。图 2.9.9(a) 描绘了 H 区域的旋转方向如何打开，从而导致二维各向等向膨胀；图 2.9.9(b) 描绘了 L 区域如何关闭，从而导致二维各向等向收缩。

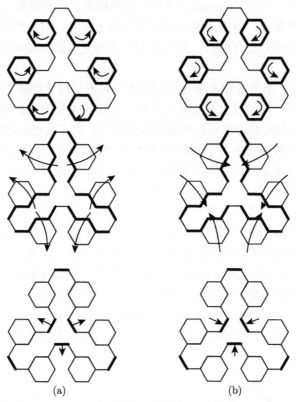

(a)　　　　　　　　　(b)

图 2.9.9　等向膨胀 (a) 和等向收缩 (b) 的棱筋缺失模型 (Lim et al.，2014)
【约翰威利惠允复制】

2.10　手性和反手性格栅模型

　　另一种引发拉胀行为的模型是手性格栅模型。在这个模型中，每个刚性环与 6 条韧带切向相连，如图 2.10.1 所示。从该模型中易知，在一个方向的单向拉伸引起该格栅刚性环顺时针旋转并在该加载方向伸长。因而，刚性环的旋转扩大了整个网络，使得面内方向具有拉胀特性。

　　Prall 和 Lakes (1997) 从理论和实验两方面研究了二维手性蜂窝状结构，该结构在面内变形时表现为负泊松比为 $\nu = -1$。与已知的负泊松比材料中应变的变化相比，这一泊松比值维持在一个很大的应变范围内。韧带被视为厚度为 t、长

度为 L 的梁，环的半径为 r (图 2.10.2)。对于基础材料杨氏模量为 E_s 的结构，Prall 和 Lakes (1997) 给出的面内杨氏模量表达式为

$$E = \sqrt{3}E_\mathrm{s}\left(\frac{L}{r}\right)^2\left(\frac{t}{L}\right)^3 \tag{2.10.1}$$

由方程可知，杨氏模量表现出与 Gibson 和 Ashby (1988) 所提蜂窝模型类似的 $(t/L)^3$ 的依赖关系。

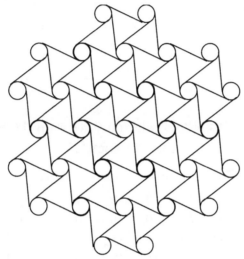

图 2.10.1 六边形阵列中手性格栅的拉胀行为

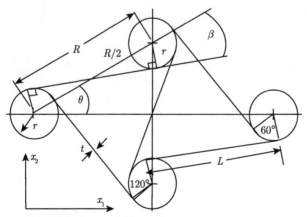

图 2.10.2 用于分析手性格栅的几何结构 (Prall and Lakes，1997)【爱思唯尔惠允复制】

为了试图解决 Prall 和 Lakes (1997) 及 Spadoni 等 (2009) 所遇到 $\nu = -1$ 的不确定性问题，尝试了一种等效的微极连续的手性模型。基于图 2.10.3 的几何示

意图，Spadoni 和 Ruzzene (2012) 建立了两种情况的本构模型。在第一种情况下，节点是刚性的；而在第二种情况下，节点允许变形。刚性节点情况下的本构关系是通过理论解析获得，而变形节点情况下的本构关系则是通过有限元模型数值模拟获得。

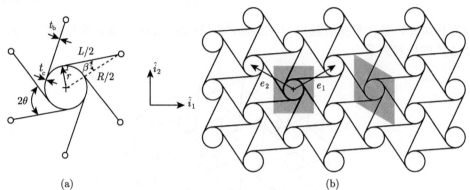

(a)   (b)

图 2.10.3 六边形手性格栅的几何结构：(a) 单胞元和 (b) 具有对称矢量的单元体积

【爱思唯尔惠允复制】

对于刚性节点的情况，Spadoni 和 Ruzzene (2012) 获得了如下本构关系：

$$\begin{Bmatrix} \sigma_{11} \\ \sigma_{22} \\ \sigma_{12} \\ \sigma_{21} \\ m_{13} \\ m_{23} \end{Bmatrix} = \begin{bmatrix} D_{11} & D_{12} & 0 & 0 & 0 & 0 \\ D_{21} & D_{22} & 0 & 0 & 0 & 0 \\ 0 & 0 & D_{33} & D_{34} & 0 & 0 \\ 0 & 0 & D_{43} & D_{44} & 0 & 0 \\ 0 & 0 & 0 & 0 & D_{55} & 0 \\ 0 & 0 & 0 & 0 & 0 & D_{66} \end{bmatrix} \begin{Bmatrix} \varepsilon_{11} \\ \varepsilon_{22} \\ \varepsilon_{12} \\ \varepsilon_{21} \\ \kappa_{13} \\ \kappa_{23} \end{Bmatrix} \qquad (2.10.2)$$

其中

$$D_{11} = D_{22} = \frac{\sqrt{3}E_{\mathrm{s}}t}{4L^3} \frac{(t^4 - L^4)\cos^2\beta + L^4 + 3L^2t^2}{(t^2 - L^2)\cos^2\beta + L^2} \qquad (2.10.3)$$

$$D_{12} = D_{21} = -\frac{\sqrt{3}E_{\mathrm{s}}t}{4L^3} \frac{L^4\tan^2\beta + t^4 - L^2t^2\left(1 + \tan^2\beta\right)}{L^2\tan^2\beta + t^2} \qquad (2.10.4)$$

$$D_{33} = D_{44} = \frac{\sqrt{3}E_{\mathrm{s}}t}{4L^3} \frac{2L^4\tan^2\beta + L^2R^2 + t^2\left(2L^2 + R^2\right)}{R^2} \qquad (2.10.5)$$

$$D_{34} = D_{43} = -\frac{\sqrt{3}E_{\mathrm{s}}t}{4L^3} \frac{2L^4\tan^2\beta - L^2R^2 + t^2\left(2L^2 - R^2\right)}{R^2} \qquad (2.10.6)$$

$$D_{55} = D_{66} = \frac{\sqrt{3}E_{\mathrm{s}}t}{4L^3}\left(L^4\tan^2\beta + \frac{4}{3}L^2t^2\right) \qquad (2.10.7)$$

使用 Nakamura 和 Lakes (1995) 及 Yang 和 Huang (2001) 的处理方式，Spadoni 和 Ruzzene (2012) 以刚度系数 $E = \left[(D_{11})^2 - (D_{12})^2\right]/D_{11}$ 和 $\nu =$

D_{12}/D_{11} 表示的工程常数为

$$E = \frac{2\sqrt{3}\left[1+\left(\dfrac{t}{L}\right)^2\right]\left(\dfrac{t}{L}\right)^3}{\left(\dfrac{t}{L}\right)^4\cos^2\beta + \sin^2\beta + 3\left(\dfrac{t}{L}\right)^2}E_s \qquad (2.10.8)$$

$$\nu = \frac{4\left(\dfrac{t}{L}\right)^2}{\left(\dfrac{t}{L}\right)^4\cos^2\beta + \sin^2\beta + 3\left(\dfrac{t}{L}\right)^2} - 1 \qquad (2.10.9)$$

$$G = \frac{\sqrt{3}}{4}\frac{t}{L}\left[1+\left(\frac{t}{L}\right)^2\right]E_s \qquad (2.10.10)$$

由于节点变形情况下解析解的获得非常复杂，Spadoni 和 Ruzzene (2012) 采用了与图 2.10.4 所示应变状态一致的位移和旋转条件的有限元模型开展研究。图 2.10.5 描绘了解析的刚性节点情况下的解析解和节点变形情况下有限元方法分析所得的杨氏模量、剪切模量和泊松比的结果，其中杨氏模量和剪切模量均采用标准化形式，即 $\bar{E}_m/(t/L)^3$ 和 $\bar{G}_m/(t/L)^3$，且满足

$$\left\{\begin{array}{c} \bar{E}_m \\ \bar{G}_m \end{array}\right\} = \frac{1}{E_s}\left\{\begin{array}{c} E \\ G \end{array}\right\} \qquad (2.10.11)$$

(a)

	ε_{11}	ε_{22}	ε_{12}	ε_{21}	κ_{13}	κ_{23}
u_1	$R\cos\theta/2$	0	$-R\sin\theta/2$	0	0	0
ν_1	0	$-R\sin\theta/2$	0	$R\cos\theta/2$	0	0
α_1	$\hat{\alpha}_1$	$\hat{\alpha}_1$	$\hat{\alpha}_1+1/2$	$\hat{\alpha}_1-1/2$	$R\cos\theta/2$	$-R\sin\theta/2$
u_2	$R\cos\theta/2$	0	$R\sin\theta/2$	0	0	0
ν_2	0	$R\sin\theta/2$	0	$R\cos\theta/2$	0	0
α_2	$\hat{\alpha}_2$	$\hat{\alpha}_2$	$\hat{\alpha}_2+1/2$	$\hat{\alpha}_2-1/2$	$R\cos\theta/2$	$R\sin\theta/2$
u_3	0	0	$R/2$	0	0	0
ν_3	0	$R/2$	0	0	0	0
α_3	$\hat{\alpha}_3$	$\hat{\alpha}_3$	$\hat{\alpha}_3+1/2$	$\hat{\alpha}_3-1/2$	0	$R/2$

(b)

图 2.10.4　(a) 用于研究对于每一个所考虑的应变状态边界均自由的变形圆环的单胞有限元模型；(b) 对应六个独立的应变状态所施加的位移 (Spadoni and Ruzzene，2012)

【爱思唯尔惠允复制】

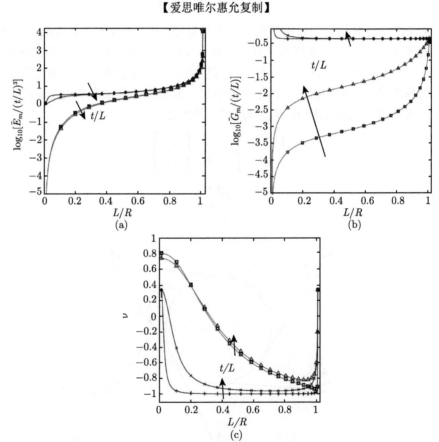

图 2.10.5　长宽比值 $t/L = 1/100, 1/20$ 时，刚性环 (加号和乘号)、可变形环 (正方形和三角形符号) 的手性格栅微极性工程常数：(a) 标准化的杨氏模量；(b) 标准化的剪切模量；(c) 标准化的泊松比 (Spadoni and Ruzzene，2012)【爱思唯尔惠允复制】

关于这种手性格栅结构，Alderson 等 (2010b) 也对手性和反手性格栅的拉胀性 (图 2.10.6) 开展了研究。其他有关手性和反手性模型的研究可见 Alderson 等 (2010a)，Miller 等 (2010)，Lorato 等 (2010)，Michelis 和 Spitas 等 (2010)，Abramovitch 等 (2010)，Kopyt 等 (2010) 所开展的工作。

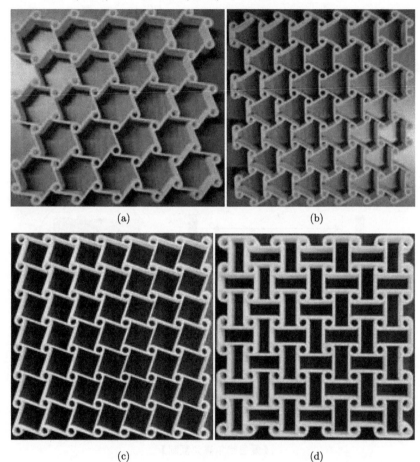

(a)   (b)

(c)   (d)

图 2.10.6 Alderson 等 (2010b) 所研究的快速成型的手性蜂窝结构：(a) 三角手性；(b) 反三角手性；(c) 四面体手性；(d) 反四面体手性【爱思唯尔惠允复制】

Chen 等 (2013) 分别采用解析和有限元方法分析了反四体结构模型。根据图 2.10.7 所示结构，Chen 等 (2013) 建立了以下的杨氏模量表达式：

$$\nu_{xy} = -\frac{L_x}{L_y} \qquad (2.10.12)$$

$$E_x = \frac{E_c \beta^3 \alpha_x}{12 \left(1 - \beta/2\right)^2 \alpha_y} \left(\frac{1}{\alpha_x - 2\sqrt{2\beta - \beta^2}} + \frac{1}{\alpha_y - 2\sqrt{2\beta - \beta^2}} \right) \qquad (2.10.13)$$

$$E_y = \frac{E_c \beta^3 \alpha_y}{12\left(1-\beta/2\right)^2 \alpha_x}\left(\frac{1}{\alpha_x - 2\sqrt{2\beta-\beta^2}} + \frac{1}{\alpha_y - 2\sqrt{2\beta-\beta^2}}\right) \tag{2.10.14}$$

$$E_z = \frac{\beta\left[\alpha_x + \alpha_y + \pi\left(2-\beta\right)\right] - 2\left[\phi-(1-\beta)\sin\phi\right]}{\alpha_x \alpha_y} E_c \tag{2.10.15}$$

其中

$$\phi = \arccos\left(1-\beta\right) \tag{2.10.16}$$

无量纲参数定义为

$$\left\{\begin{array}{c}\alpha_x\\ \alpha_y\\ \beta\\ \gamma\end{array}\right\} = \frac{1}{r}\left\{\begin{array}{c}L_x\\ L_y\\ t\\ b\end{array}\right\} \tag{2.10.17}$$

其中，E_c 为芯材的杨氏模量；b 为单元高度。

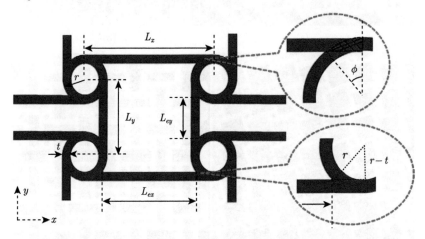

图 2.10.7　Chen 等 (2013) 分析的反四面体各向异性蜂窝单元的几何结构
【爱思唯尔惠允复制】

对于等长韧带 ($\alpha_x = \alpha_y = \alpha$)，式 (2.10.12) ~ 式 (2.10.15) 缩减为

$$\nu_{xy} = -1, \quad E_x = E_y = \frac{E_c\beta^3}{6\left(1-\beta/2\right)^2}\left(\frac{1}{\alpha - 2\sqrt{2\beta-\beta^2}}\right) \tag{2.10.18}$$

和

$$E_z = \frac{\beta\left[2\alpha + \pi\left(2-\beta\right)\right] - 2\left[\phi-(1-\beta)\sin\phi\right]}{\alpha^2} E_c \tag{2.10.19}$$

图 2.10.8(a) 给出了有限元模型与理论分析的对比。实验过程以图片形式总结于图 2.10.8(b) 中，更多细节工作可参考 Chen 等 (2013) 的工作。

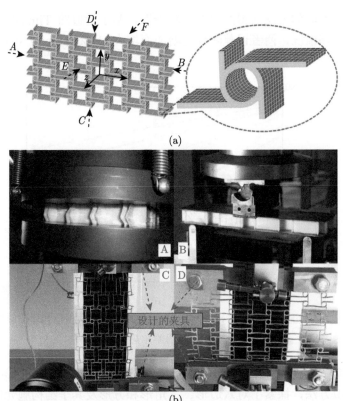

(a)

(b)

图 2.10.8 (a) 单元格布局重复的有限元模型和 (b) 蜂窝结构实验：(A) 平面压缩实验；(B) 三点弯曲实验；(C) 和 (D) 拉伸实验 (Chen et al.，2013)【爱思唯尔惠允复制】

图 2.10.9 提供了 Chen 等 (2013) 对泊松比的理论分析和有限元分析结果。该结构与本节所涉及的其他结构一样，参数化分析表明：通过改变韧带沿 x 和 y 方向的长度，面内负泊松比的显著变化是可以期待的，因而为适用于各种工程应用的新型夹芯芯材的开发与制造提供了全面参考。

Pozniak 和 Wojciechowski (2014) 采用有限元模拟确定了反手性结构的泊松比，该结构基于圆形节点尺寸随机分布的无序矩形格栅构造而来。他们的模型参数主要有格栅各向异性、棱筋厚度和圆形节点的半径分布。在此研究中，Pozniak 和 Wojciechowski (2014) 提出了三种方法。在第一种方法中，无限大系统和无限密网格极为精细，只使用了平面单元 (CPS3)。另外两种方法运用了 Timoshenko 梁理论，近似地运用了一维单元。他们的研究表明，在所研究结构的各向异性充分大的情况下，泊松比可以是很大的负值，达到任何负值，包括小于 −1 的值和采用薄棱筋和薄壁圆形节点降低的泊松比值，亦即在厚棱筋和厚壁圆形节点的情况下泊松比更大。在这两种情况下，圆形节点半径值的偏差对泊松比的最小值影响较小。三种不同的方法所得结果的比较表明，基于近似的 Timoshenko 梁理论只适用于薄棱筋情况，两者误差随厚度增加而增大 (Pozniak and Wojciechowski, 2014)。

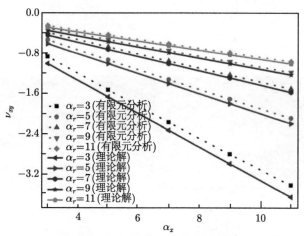

图 2.10.9 不同 α_y 情况下，泊松比 ν_{xy} 关于 α_x 的有限元均匀化模拟和理论预测结果 (Chen et al., 2013)【爱思唯尔惠允复制】

Taylor 等 (2011) 分析了层级形式对蜂窝结构面内杨氏模量的影响，他们采用有限元模拟方法，探索了对六边形、三角形和方形及其子结构胞元的各型蜂窝引入层级结构后对杨氏模量的影响。研究发现，与常规蜂窝结构相比，负泊松比子结构造成密度模量的实质性增加，部分结果归纳于图 2.10.10 中。

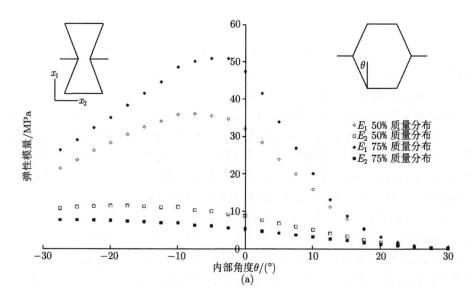

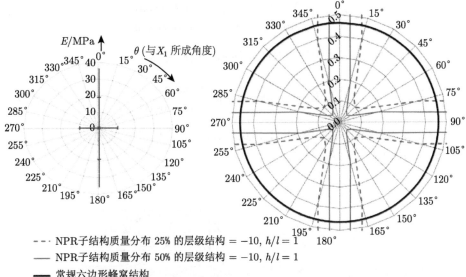

(b)

图 2.10.10　(a) 50%质量分布 (空心符号) 和 75%质量分布 (实心符号) 的子结构的杨氏模量
E_1 和 E_2 (对于 X_1 和 X_2 轴) 随相对内角的变化关系。对所有情况，θ 均为 30°；(b) 质量分
布分别为 50%和 25%的两种具有负泊松比 ($\theta = -10°$) 的层级结构的杨氏模量关于加载角度
的极坐标图中，内凹层级蜂窝表现出各向异性。与常规的六边形蜂窝结构的结果对比 (Taylor
et al., 2011)【爱思唯尔惠允复制】

2.11　联锁六边形模型

使用如图 2.11.1(a) 所示的联锁六边形模型，Ravirala 等 (2007) 提出了一种
展现出拉胀行为的细观力学模型。除了几何图形外，还采用了如图 2.11.1(b) 所示
的弹簧常数，有助于杨氏模量的表达。六边形和内凹六边形蜂窝型阵列分别表现
出常规行为及拉胀行为，而联锁六边形和内凹结构却分别表现出拉胀行为及常规
行为。联锁内凹结构如图 2.11.1(c) 所示。

根据图 2.11.1(a) 所示几何参数，Ravirala 等 (2007) 建立的杨氏模量表达
式为

$$\nu_{xy} = \frac{1}{\nu_{yx}} = -\frac{(l_1 + l_2 \cos \alpha + a) \cos \alpha}{l_2 \sin^2 \alpha + a \cos \alpha} \tag{2.11.1}$$

$$E_x = k_{\mathrm{h}} \frac{2 \cos^2 \alpha + 1}{\sin \alpha} \frac{l_1 + l_2 \cos \alpha + a}{l_2 \sin^2 \alpha + a \cos \alpha} \tag{2.11.2}$$

$$E_y = k_{\rm h} \frac{2\cos^2\alpha + 1}{\sin\alpha\cos^2\alpha} \frac{l_2\sin^2\alpha + a\cos\alpha}{l_1 + l_2\cos\alpha + a} \tag{2.11.3}$$

其中，弹簧刚度常数 $k_{\rm h}$ 如图 2.11.1(b) 所示。由此易得

$$\nu_{xy}E_y = \nu_{yx}E_x = -k_{\rm h}\frac{2\cos^2\alpha + 1}{\sin\alpha\cos\alpha} \tag{2.11.4}$$

将 $l_1 = l_2$、$\alpha = 60°$ 代入式 (2.11.1) 和式 (2.11.4)，它们可缩减为 $\nu_{xy} = \nu_{yx} = -1$ 和 $\nu_{xy}E_y = \nu_{yx}E_x = -2k_{\rm h}\sqrt{3}$。

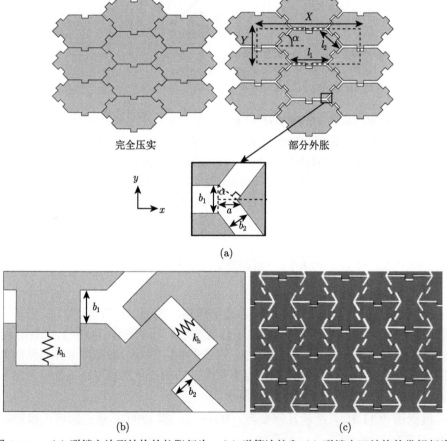

图 2.11.1 (a) 联锁六边形结构的拉胀行为；(b) 弹簧连接和 (c) 联锁内凹结构的常规行为
(Ravirala et al., 2007)【施普林格惠允复制】

图 2.11.2 和图 2.11.3 分别给出了对式 (2.11.1) ～ 式 (2.1.3) 采用不同的边长 l_1 与 l_2、不同间隙 a 和不同角度 α 所得的泊松比和杨氏模量结果曲线。

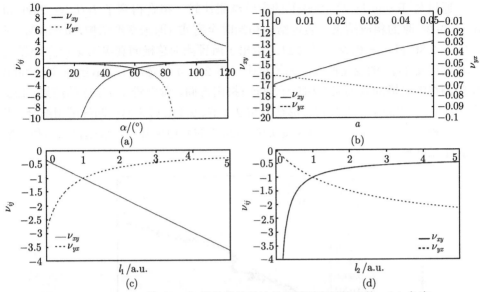

图 2.11.2 Ravirala 等 (2007) 描绘的泊松比关于以下变量的函数：(a) 角度 α $(l_1 = l_2 = 1; a = 0.01)$；(b) 间隙参数 a $(\alpha = 30°; l_1 = 2; l_2 = 0.5)$；(c) 边长 l_1 $(\alpha = 60°; l_1 = 1; a = 0.01)$；(d) 边长 l_2 $(\alpha = 60°; l_1 = 1; a = 0.01)$【施普林格惠允复制】

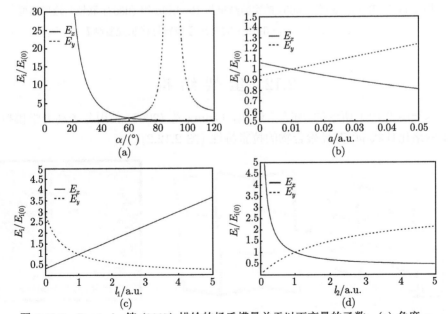

图 2.11.3 Ravirala 等 (2007) 描绘的杨氏模量关于以下变量的函数：(a) 角度 α $(l_1 = l_2 = 1; a = 0.01)$；(b) 间隙参数 a $(\alpha = 30°; l_1 = 2; l_2 = 0.5)$；(c) 边长 l_1 $(\alpha = 60°; l_1 = 1; a = 0.01)$；(d) 边长 l_2 $(\alpha = 60°; l_1 = 1; a = 0.01)$【施普林格惠允复制】

通过与 Ravirala 等 (2005) 的实验结果比较, 拟合得到了 $l_1/l_2 = 2.86$ 和 $\alpha = 69.2°$ 时的相应结果。假定结构初始时全密实 (即未变形结构, $a = 0$), 对 $l_1/l_2 = 2.86$ 和 $\alpha = 69.2°$, 图 2.11.4 给出了所预测的总横向真实应变 (ε_y) 随轴向总真实应变 (ε_x) 的变化曲线。为了对比, 图 2.11.4 还描绘了 Ravirala 等 (2005) 实验测得的总横向真实应变相对于轴向 (挤出方向, 假定沿 x 方向) 的结果。Lim 和 Acharya (2009) 将本节六边形结节和 2.3 节、2.4 节讨论的内凹纤维相结合, 提出了一种由相互连接的四重轴六边形结节组成的六边形阵列, 以模拟二维和三维的拉胀微孔聚合物。

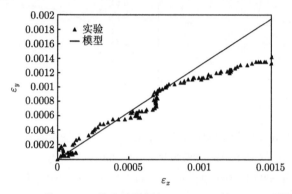

图 2.11.4   Ravirala 等 (2005) 的实验结果与 Ravirala 等 (2007) 联锁六边形模型 $(l_1/l_2 = 2.86, \alpha = 69.2°)$ 的对比【施普林格惠允复制】

2.12   蛋架结构

基于图 2.12.1 所示的 "蛋架" 结构, Grima 等 (2005) 使用分子动力学模拟证明了网络化杯状 [4] 芳烃聚合物的拉胀特性 (图 2.12.2)。

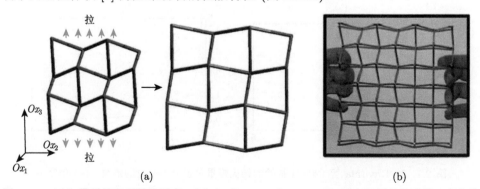

(a)   (b)

图 2.12.1   (a) 模型的宏观结构示意; (b) 与 (Grima et al., 2005) 具有相同几何形状、商业化制造的 "蛋架" 结构【皇家化学学会惠允复制】

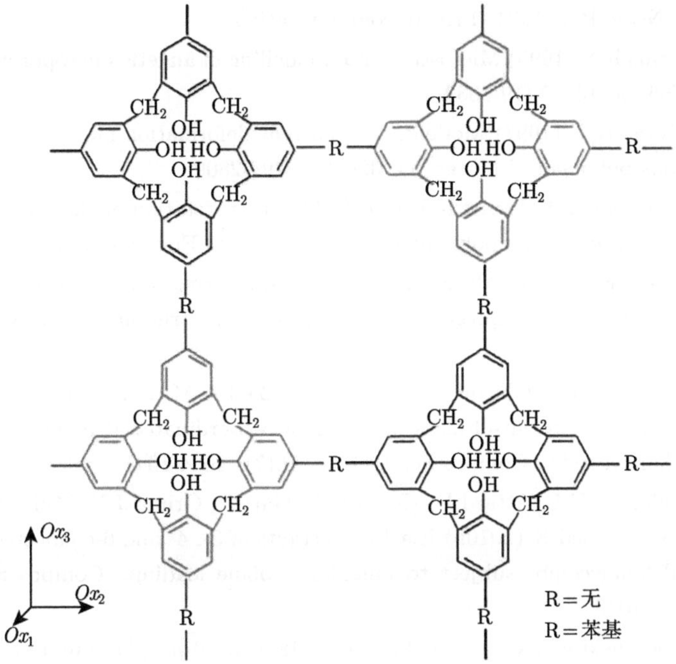

(a)

结构	宏观结构数学模型	R=无	R=苯基
ν_{12}	+1	0.36	0.52
ν_{21}	+1	1.42	1.18
ν_{13}	+1	0.36	0.52
ν_{31}	+1	1.42	1.18
ν_{23}	−1	−0.51	−0.87
ν_{32}	−1	−0.51	−0.85
E_1	n/a	4.63	1.66
E_2	n/a	18.10	3.78
E_3	n/a	18.10	3.78

(b)

图 2.12.2 (a) "双杯" 型周期单元的分子结构式；(b) 模拟所得的和预测的如图 2.12.1 所示的理想折叠宏观结构的单晶泊松比 (ν_{ij}) 和 "双杯" 分子系统 (a) 的杨氏模量 (E_i) (Grima et al., 2005)【皇家化学学会惠允复制】

参 考 文 献

Abramovitch H, Burgard M, Edery-Azulay L, Evans K E, Hoffmeister M, Miller W, Scarpa F, Smith C W, Tee K F (2010) Smart tetrachiral and hexachiral honeycomb: sensing and impact detection. Compos Sci Technol, 70(7): 1072-1079

Alderson K L, Neale P J (1994) Private communication

Alderson A, Evans K E (1995) Microstructural modelling of auxetic microporous polymers. J Mater Sci, 30(13): 3319-3332

Alderson A, Evans K E (1997) Modelling concurrent deformation mechanisms in auxetic microporous polymers. J Mater Sci, 32(11): 2797-2809

Alderson K L, Alderson A, Evans K E (1997) The interpretation of the strain-dependent Poisson's ratio in auxetic polyethylene. J Strain Anal Eng Des, 32(3): 201-212

Alderson A, Evans K E (2001) Rotation and dilation deformation mechanisms for auxetic behavior in the α-cristobalite tetrahedral framework structure. Phys Chem Miner, 28(10): 711-718

Alderson A, Alderson K L, Chirima G, Ravirala N, Zied K M (2010a) The in-plane linear elastic constants and out-of-plane bending of 3-coordinated ligament and cylinder-ligament honeycombs. Compos Sci Technol, 70(7): 1034-1041

Alderson A, Alderson K L, Attard D, Evans K E, Gatt R, Grima J N, Miller W, Ravirala N, Smith C W, Zied K (2010b) Elastic constants of 3-, 4- and 6-connected chiral and anti-chiral honeycombs subject to uniaxial in-plane loading. Compos Sci Technol, 70(7): 1042-1048

Branka A C, Pieranski P, Wojciechowski K W (1982) Rotatory phase in a system of hard cyclic hexamers; an experimental modelling study. J Phys Chem Solids, 43(9): 817-818

Caddock B D, Evans K E (1989) Microporous materials with negative Poisson's ratios I: microstructure and mechanical properties. J Phys D Appl Phys, 22(12): 1877-1882

Chen Y J, Scarpa F, Liu Y J, Leng J S (2013) Elasticity of anti-tetrachiral anisotropic lattices. Int J Solids Struct, 50(6): 996-1004

Chetcuti E, Ellul B, Manicaro E, Brincat J P, Attard D, Gatt R, Grima J N (2014) Modeling auxetic foams through semi-rigid rotating triangles. Phys Status Solidi B, 251(2): 297-306

Choi J B, Lakes R S (1992) Non-linear properties of polymer cellular materials with a negative Poisson's ratio. J Mater Sci, 27(19): 5375-5381

Choi J B, Lakes R S (1995) Nonlinear analysis of the Poisson's ratio of negative Poisson's ratio foams. J Compos Mater, 29(1): 113-128

Evans K E, Nkansah M A, Hutchinson I J, Rogers S C (1991) Molecular network design. Nature, 353(6340): 124

Gaspar N, Ren X J, Smith C W, Grima J N, Evans K E (2005) Novel honeycombs with auxetic behavior. Acta Mater, 53(8): 2439-2445

Gaspar N, Smith C W, Alderson A, Grima J N, Evans K E (2011) A generalised three-dimensional tethered-nodule model for auxetic materials. J Mater Sci, 46(2): 372-384

Gibson L J, Ashby M F (1988) Cellular Solids: Structure and Properties. Pergamon Press, Oxford

Grima J N, Evans K E (2000) Auxetic behavior from rotating squares. J Mater Sci Lett, 19(17): 1563-1565

Grima J N, Alderson A, Evans K E (2004) Negative Poisson's ratios from rotating rectangles. Comput Methods Sci Technol, 10(2): 137-145

Grima J N, Williams J J, Evans K E (2005) Networked calix[4]arene polymers with unusual mechanical properties. Chem Commun, 32: 4065-4067

Grima J N, Evans K E (2006) Auxetic behavior from rotating triangles. J Mater Sci, 41(10): 3193-3196

Grima J N, Zammit V, Gatt R, Alderson A, Evans K E (2007) Auxetic behavior from rotating semirigid units. Phys Status Solidi B, 244(3): 866-882

Grima J N, Farrugia P S, Caruana C, Gatt R, Attard D (2008) Auxetic behavior from stretching connected squares. J Mater Sci, 43(17): 5962-5971

Grima J N, Gatt R, Ellul B, Chetcuti E (2010) Auxetic behavior in non-crystalline materials having star or triangular shaped perforations. J Non-Cryst Solids, 356(37-40): 1980-1987

Grima J N, Manicaro E, Attard D (2011) Auxetic behavior from connected different-sized squares and rectangles. Proc R Soc A, 467(2126): 439-458

Grima J N, Chetcuti E, Manicaro E, Attard D, Camilleri M, Gatt R, Evans K E (2012) On the auxetic properties of generic rotating rigid triangles. Proc R Soc A, 468(2139): 810-830

Kopyt P, Damian R, Celuch M, Ciobanu R (2010) Dielectric properties of chiral honeycombs—modelling and experiment. Compos Sci Technol, 70(7): 1080-1088

Lim T C, Acharya U R (2009) An hexagonal array of fourfold interconnected hexagonal nodules for modeling auxetic microporous polymers: A comparison of 2D and 3D. J Mater Sci, 44: 4491-4494

Lim T C, Alderson A, Alderson K L (2014) Experimental studies on the impact properties of auxetic materials. Phys Status Solidi B, 251(2): 307-313

Lorato A, Innocenti P, Scarpa F, Alderson A, Alderson K L, Zied K M, Ravirala N, Miller W, Smith C W, Evans K E (2010) The transverse elastic properties of chiral honeycombs. Compos Sci Technol, 70(7): 1057-1063

Michelis P, Spitas V (2010) Numerical and experimental analysis of a triangular auxetic core made of CFR-PEEK using the directionally reinforced integrated single-yarn (DIRIS) architecture. Compos Sci Technol, 70(7): 1064-1071

Masters I G, Evans K E (1996) Models for the elastic deformation of honeycombs. Compos Struct, 35(4): 403-422

Miller W, Smith C W, Scarpa F, Evans K E (2010) Flatwise buckling optimization of hexachiral and tetrachiral honeycombs. Compos Science Technol, 70(7): 1049-1056

Milton G W (1992) Composite materials with Poisson's ratio close to −1. J Mech Phys Solids, 40(5): 1105-1137

Nakamura S, Lakes R S (1995) Finite element analysis of Saint-Venant end effects in micropolar elastic solids. Eng Comput, 12(6): 571-587

Neale P J, Alderson K L, Pickles A P, Evans K E (1993) Negative Poisson's ratio of microporous polyethylene in compression. J Mater Sci Lett, 12(19): 1529-1532

Pozniak A A, Smardzewski J, Wojciechowski K W (2013) Computer simulations of auxetic foams in two dimensions. Smart Mater Struct, 22(8): 084009

Pozniak A A, Wojciechowski K W (2014) Poisson's ratio of rectangular anti 0-chiral structures with size dispersion of circular nodes. Phys Status Solidi B, 251(2): 367-374

Prall D, Lakes R S (1997) Properties of a chiral honeycomb with a Poisson's ratio of −1. Int J Mech Sci, 39(3): 305-314

Ravirala N, Alderson A, Alderson K L, Davies P J (2005) Auxetic polypropylene films. Polym Eng Sci, 45(4): 517-528

Ravirala N, Alderson A, Alderson K L (2007) Interlocking hexagon model for auxetic behavior. J Mater Sci, 42(17): 7433-7445

Rothenburg L, Berlin A A, Bathurst R J (1991) Microstructure of isotropic materials with negative Poisson's ratio. Nature, 354(6353): 470-472

Smith C W, Grima J N, Evans K E (2000) A novel mechanism for generating auxetic behavior in reticulated foams: missing rib foam model. Acta Mater, 48(17): 4349-4356

Spadoni A, Ruzzene M, Gonella S, Scarpa F (2009) Phononic properties of hexagonal chiral lattices. Wave Motion, 46(7): 435-450

Spadoni A, Ruzzene M (2012) Elasto-static micro polar behavior of a chiral auxetic lattice. J Mech Phys Solids, 60(1): 156-171

Taylor C M, Smith C W, Miller W, Evans K E (2011) The effects of hierarchy on the in-plane elastic properties of honeycombs. Int J Solids Struct, 48(9): 1330-1339

Taylor M, Francesconi L, Gerendas M, Shanian A, Carson C, Bertoldi K (2013) Low porosity metallic periodic structures with negative Poisson's ratio. Adv Mater, 26(15): 2365-2370

Wojciechowski K W (1987) Constant thermodynamic tension Monte-Carlo studies of elastic properties of a two-dimensional system of hard cyclic hexamers. Mol Phys, 61(5): 1247-1258

Wojciechowski K W (1989) Two-dimensional isotropic system with a negative Poisson ratio. Phys Lett A, 137(1,2): 60-64

Wojciechowski K W, Branka A C (1989) Negative Poisson ratio in a two-dimensional "isotropic" solid. Phys Rev A, 40(12): 7222-7225

Wojciechowski K W (2003) Remarks on "Poisson ratio beyond the Limits of the elasticity theory". J Phys Soc Jpn, 72(7): 1819-1820

Yang D U, Huang F Y (2001) Analysis of Poisson's ratio for a micropolar elastic rectangular plate using finite element method. Eng Comput, 18(7): 1012-1030

第 3 章　拉胀固体的弹性行为

摘要: 本章先讨论了拉胀固体的基本行为, 涉及线性的各向异性本构关系, 然后推导了三维、二维各向同性固体的泊松比界限。对完全各向异性固体的柔度矩阵不断简化直到线性各向同性, 由此观察到泊松比为 -1、$-2/3$、$-1/2$ 和 0 的特殊变化趋势, 以及区别于常规固体和拉胀固体的明显模量比率。随后, 探讨了拉胀介质的弹性大变形、各向异性晶体、弹塑性和黏弹性。

关键词: 各向异性; 界限; 本构关系; 弹塑性; 各向同性; 大变形; 线性; 黏弹性

3.1　本 构 关 系

为了给描述各向同性拉胀材料的线弹性关系提供手段, 从一般的各向异性材料的本构关系入手 (也称为完全各向异性材料或三斜晶体)

$$\begin{Bmatrix} \sigma_{11} \\ \sigma_{22} \\ \sigma_{33} \\ \sigma_{23} \\ \sigma_{31} \\ \sigma_{12} \end{Bmatrix} = \begin{bmatrix} C_{11} & C_{12} & C_{13} & C_{14} & C_{15} & C_{16} \\ C_{21} & C_{22} & C_{23} & C_{24} & C_{25} & C_{26} \\ C_{31} & C_{32} & C_{33} & C_{34} & C_{35} & C_{36} \\ C_{41} & C_{42} & C_{43} & C_{44} & C_{45} & C_{46} \\ C_{51} & C_{52} & C_{53} & C_{54} & C_{55} & C_{56} \\ C_{61} & C_{62} & C_{63} & C_{64} & C_{65} & C_{66} \end{bmatrix} \begin{Bmatrix} e_{11} \\ e_{22} \\ e_{33} \\ 2e_{23} \\ 2e_{31} \\ 2e_{12} \end{Bmatrix} \tag{3.1.1}$$

其中, σ_{ij} 和 e_{ij} 分别为应力张量和应变张量; C_{ij} 为刚度矩阵。采用逆形式, 可表示为

$$\begin{Bmatrix} e_{11} \\ e_{22} \\ e_{33} \\ 2e_{23} \\ 2e_{31} \\ 2e_{12} \end{Bmatrix} = \begin{bmatrix} S_{11} & S_{12} & S_{13} & S_{14} & S_{15} & S_{16} \\ S_{21} & S_{22} & S_{23} & S_{24} & S_{25} & S_{26} \\ S_{31} & S_{32} & S_{33} & S_{34} & S_{35} & S_{36} \\ S_{41} & S_{42} & S_{43} & S_{44} & S_{45} & S_{46} \\ S_{51} & S_{52} & S_{53} & S_{54} & S_{55} & S_{56} \\ S_{61} & S_{62} & S_{63} & S_{64} & S_{65} & S_{66} \end{bmatrix} \begin{Bmatrix} \sigma_{11} \\ \sigma_{22} \\ \sigma_{33} \\ \sigma_{23} \\ \sigma_{31} \\ \sigma_{12} \end{Bmatrix} \tag{3.1.2}$$

其中, S_{ij} 为柔度矩阵。式 (3.1.1) 也可以采用标准张量符号表示为

$$\sigma_{ij} = C_{ijkl}e_{kl} \tag{3.1.3}$$

这意味着 4 阶弹性张量 C_{ijkl} 共有 81 个分量。利用应力张量和应变张量的对称性则有

$$C_{ijkl} = C_{jikl}, \quad C_{ijkl} = C_{ijlk} \tag{3.1.4}$$

81 个分量减少到 36 个独立分量。考虑到应变能量密度函数

$$\sigma_{ij} = \frac{\partial U}{\partial e_{ij}} \tag{3.1.5}$$

当 U 为应变能时,式 (3.1.4) 又获得了一种额外的对称关系

$$C_{ijkl} = C_{klij} \tag{3.1.6}$$

使得刚度矩阵简化为 21 个分量

$$C_{ij} = \begin{bmatrix} C_{11} & C_{12} & C_{13} & C_{14} & C_{15} & C_{16} \\ & C_{22} & C_{23} & C_{24} & C_{25} & C_{26} \\ & & C_{33} & C_{34} & C_{35} & C_{36} \\ & & & C_{44} & C_{45} & C_{46} \\ & \text{sym} & & & C_{55} & C_{56} \\ & & & & & C_{66} \end{bmatrix} \tag{3.1.7}$$

因此,式 (3.1.1) 缩简为

$$\sigma_i = C_{ij} e_j \tag{3.1.8}$$

类似地,对于式 (3.1.2) 可得

$$e_i = S_{ij} \sigma_j \tag{3.1.9}$$

单斜材料具有一个对称平面,从而以下分量减小至零:

$$C_{14} = C_{24} = C_{34} = C_{15} = C_{25} = C_{35} = C_{46} = C_{56} = 0 \tag{3.1.10}$$

因此,单斜材料的刚度矩阵有 13 个独立分量

$$C_{ij} = \begin{bmatrix} C_{11} & C_{12} & C_{13} & 0 & 0 & C_{16} \\ & C_{22} & C_{23} & 0 & 0 & C_{26} \\ & & C_{33} & 0 & 0 & C_{36} \\ & & & C_{44} & C_{45} & 0 \\ & \text{sym} & & & C_{55} & 0 \\ & & & & & C_{66} \end{bmatrix} \tag{3.1.11}$$

正交各向异性材料具有三个各自正交的对称面。除了式 (3.1.10) 以外，对正交各向异性材料，以下分量均为零：

$$C_{16} = C_{26} = C_{36} = C_{45} = 0 \tag{3.1.12}$$

所以它的刚度矩阵包含 9 个非独立的分量，即

$$C_{ij} = \begin{bmatrix} C_{11} & C_{12} & C_{13} & 0 & 0 & 0 \\ & C_{22} & C_{23} & 0 & 0 & 0 \\ & & C_{33} & 0 & 0 & 0 \\ & & & C_{44} & 0 & 0 \\ & \text{sym} & & & C_{55} & 0 \\ & & & & & C_{66} \end{bmatrix} \tag{3.1.13}$$

相应的柔度矩阵更容易采用杨氏模量的形式表示为

$$S_{ij} = \begin{bmatrix} \dfrac{1}{E_1} & -\dfrac{\nu_{21}}{E_2} & -\dfrac{\nu_{31}}{E_3} & 0 & 0 & 0 \\[2mm] -\dfrac{\nu_{12}}{E_1} & \dfrac{1}{E_2} & -\dfrac{\nu_{32}}{E_3} & 0 & 0 & 0 \\[2mm] -\dfrac{\nu_{13}}{E_1} & -\dfrac{\nu_{23}}{E_2} & \dfrac{1}{E_3} & 0 & 0 & 0 \\[2mm] 0 & 0 & 0 & \dfrac{1}{G_{23}} & 0 & 0 \\[2mm] 0 & 0 & 0 & 0 & \dfrac{1}{G_{31}} & 0 \\[2mm] 0 & 0 & 0 & 0 & 0 & \dfrac{1}{G_{12}} \end{bmatrix} \tag{3.1.14}$$

其中，E_i 为 i 方向的杨氏模量；G_{ij} 为在 i、j 平面内的剪切模量。对于 i 方向加载的 ν_{ij} 定义为

$$\nu_{ij} = -\frac{e_j}{e_i} \tag{3.1.15}$$

由于柔度矩阵是对称的，它满足

$$\nu_{ij} E_j = \nu_{ji} E_i \tag{3.1.16}$$

最简单的各向异性材料是表现出横观各向同性的材料。横观各向同性材料具有一条对称轴，由此

$$C_{22} = C_{11}, \ C_{55} = C_{44}, \ C_{66} = \frac{C_{11} - C_{12}}{2} \tag{3.1.17}$$

将此式加到式 (3.1.10) 和式 (3.1.12)，刚度矩阵中仅剩 5 个独立分量，即

$$
C_{ij} = \begin{bmatrix}
C_{11} & C_{12} & C_{13} & 0 & 0 & 0 \\
 & C_{11} & C_{13} & 0 & 0 & 0 \\
 & & C_{33} & 0 & 0 & 0 \\
 & & & C_{44} & 0 & 0 \\
 & \text{sym} & & & C_{44} & 0 \\
 & & & & & \dfrac{C_{11}-C_{22}}{2}
\end{bmatrix}
\tag{3.1.18a}
$$

或

$$
C_{ij} = \begin{bmatrix}
C_{11} & C_{11}-2C_{66} & C_{13} & 0 & 0 & 0 \\
 & C_{11} & C_{13} & 0 & 0 & 0 \\
 & & C_{33} & 0 & 0 & 0 \\
 & & & C_{44} & 0 & 0 \\
 & \text{sym} & & & C_{44} & 0 \\
 & & & & & C_{66}
\end{bmatrix}
\tag{3.1.18b}
$$

横观各向同性材料的相应柔度矩阵就变成了

$$
S_{ij} = \begin{bmatrix}
\dfrac{1}{E_1} & -\dfrac{\nu_{21}}{E_2} & -\dfrac{\nu_{31}}{E_3} & 0 & 0 & 0 \\
 & \dfrac{1}{E_1} & -\dfrac{\nu_{31}}{E_3} & 0 & 0 & 0 \\
 & & \dfrac{1}{E_3} & 0 & 0 & 0 \\
 & & & \dfrac{1}{G_{23}} & 0 & 0 \\
 & \text{sym} & & & \dfrac{1}{G_{23}} & 0 \\
 & & & & & \dfrac{2(1+\nu_{12})}{E_1}
\end{bmatrix}
\tag{3.1.19}
$$

体心立方 (BCC) 和面心立方 (FCC) 材料具有立体对称，因此被统称为立方材料。立方材料的本构关系仅需 3 个材料常数来描述，使得刚度矩阵和柔度矩阵分别为

$$
C_{ij} = \begin{bmatrix}
C_{11} & C_{12} & C_{12} & 0 & 0 & 0 \\
 & C_{11} & C_{12} & 0 & 0 & 0 \\
 & & C_{11} & 0 & 0 & 0 \\
 & & & C_{44} & 0 & 0 \\
 & \text{sym} & & & C_{44} & 0 \\
 & & & & & C_{44}
\end{bmatrix}
\tag{3.1.20}
$$

和

$$S_{ij} = \begin{bmatrix} \dfrac{1}{E} & -\dfrac{\nu}{E} & -\dfrac{\nu}{E} & 0 & 0 & 0 \\[2mm] & \dfrac{1}{E} & -\dfrac{\nu}{E} & 0 & 0 & 0 \\[2mm] & & \dfrac{1}{E} & 0 & 0 & 0 \\[2mm] & & & \dfrac{1}{G} & 0 & 0 \\[2mm] & \text{sym} & & & \dfrac{1}{G} & 0 \\[2mm] & & & & & \dfrac{1}{G} \end{bmatrix} \qquad (3.1.21)$$

其中, 弹性关系为

$$G = \frac{E}{2\left(1+\nu\right)} \qquad (3.1.22)$$

它并不适用于立方材料。

各向同性材料具有完全的对称性。除了式 (3.1.10)、式 (3.1.12) 和式 (3.1.17) 以外, 对各向同性材料运用以下条件:

$$C_{13} = C_{23} = C_{12}, \quad C_{33} = C_{11}, \quad C_{44} = C_{55} = C_{66} = \frac{C_{11} - C_{12}}{2} \qquad (3.1.23)$$

因而, 相应的刚度矩阵可简化为

$$C_{ij} = \begin{bmatrix} C_{11} & C_{12} & C_{12} & 0 & 0 & 0 \\ & C_{11} & C_{12} & 0 & 0 & 0 \\ & & C_{11} & 0 & 0 & 0 \\ & & & \left(C_{11}-C_{12}\right)/2 & 0 & 0 \\ & \text{sym} & & & \left(C_{11}-C_{12}\right)/2 & 0 \\ & & & & & \left(C_{11}-C_{12}\right)/2 \end{bmatrix}$$

$$(3.1.24a)$$

式 (3.1.24a) 也可以采用杨氏模量和泊松比的形式表示为

$$C_{ij} = \frac{E}{\left(1+\nu\right)\left(1-2\nu\right)}$$

$$
= \begin{bmatrix}
1-\nu & \nu & \nu & 0 & 0 & 0 \\
 & 1-\nu & \nu & 0 & 0 & 0 \\
 & & 1-\nu & 0 & 0 & 0 \\
 & & & \dfrac{1-2\nu}{2} & 0 & 0 \\
 & \text{sym} & & & \dfrac{1-2\nu}{2} & 0 \\
 & & & & & \dfrac{1-2\nu}{2}
\end{bmatrix}
\tag{3.1.24b}
$$

或表示成拉梅常数的形式:

$$
C_{ij} = \begin{bmatrix}
2\mu+\lambda & \lambda & \lambda & 0 & 0 & 0 \\
 & 2\mu+\lambda & \lambda & 0 & 0 & 0 \\
 & & 2\mu+\lambda & 0 & 0 & 0 \\
 & & & \mu & 0 & 0 \\
 & \text{sym} & & & \mu & 0 \\
 & & & & & \mu
\end{bmatrix}
\tag{3.1.24c}
$$

其中

$$
\mu = G, \quad \lambda = \frac{\nu E}{(1+\nu)(1-2\nu)}
\tag{3.1.25}
$$

在式 (3.1.22) 所表述的弹性关系成立的情况下, 其各向同性固体的相应柔度矩阵与体心材料类似。因此

$$
S_{ij} = \begin{bmatrix}
S_{11} & S_{12} & S_{12} & 0 & 0 & 0 \\
 & S_{11} & S_{12} & 0 & 0 & 0 \\
 & & S_{11} & 0 & 0 & 0 \\
 & & & 2(S_{11}-S_{12}) & 0 & 0 \\
 & \text{sym} & & & 2(S_{11}-S_{12}) & 0 \\
 & & & & & 2(S_{11}-S_{12})
\end{bmatrix}
\tag{3.1.26a}
$$

或

$$
S_{ij} = \frac{1}{E} \begin{bmatrix}
1 & -\nu & -\nu & 0 & 0 & 0 \\
 & 1 & -\nu & 0 & 0 & 0 \\
 & & 1 & 0 & 0 & 0 \\
 & & & 2(1+\nu) & 0 & 0 \\
 & \text{sym} & & & 2(1+\nu) & 0 \\
 & & & & & 2(1+\nu)
\end{bmatrix}
\tag{3.1.26b}
$$

3.2 各向同性固体的泊松比界限

Ting 和 Chen (2005) 的研究表明，各向异性材料的泊松比没有界限。这意味着，对常规材料，泊松比可出现非常高的正值；而对拉胀材料，泊松比可出现非常高的负值。对各向同性材料，上下界是存在的。考虑静水压力 p，可得

$$\sigma_{ij} = \begin{cases} -p, & i = j \\ 0, & i \neq j \end{cases} \tag{3.2.1}$$

因而，在静水压力作用下的各向同性材料的本构关系可表达为

$$\begin{Bmatrix} e_{11} \\ e_{22} \\ e_{33} \end{Bmatrix} = \frac{1}{E} \begin{bmatrix} 1 & -\nu & -\nu \\ & 1 & -\nu \\ \text{sym} & & 1 \end{bmatrix} \begin{Bmatrix} -p \\ -p \\ -p \end{Bmatrix} \tag{3.2.2}$$

其法向应变为

$$e_{ii} = -\frac{p}{E}\left(1 - 2\nu\right), \quad i = 1, 2, 3 \tag{3.2.3}$$

由于施加的静水压力必然伴随尺寸的减小，法向应变必须为负，即

$$e_{ii} = -\frac{p}{E}\left(1 - 2\nu\right) \leqslant 0, \quad i = 1, 2, 3 \tag{3.2.4a}$$

或者

$$\nu \leqslant \frac{1}{2} \tag{3.2.4b}$$

考虑施加在 2-3 平面上的剪切应力，则有

$$\begin{Bmatrix} \sigma_{11} \\ \sigma_{22} \\ \sigma_{33} \end{Bmatrix} = \begin{Bmatrix} 0 \\ 0 \\ 0 \end{Bmatrix}, \quad \begin{Bmatrix} \sigma_{23} \\ \sigma_{31} \\ \sigma_{12} \end{Bmatrix} = \begin{Bmatrix} \tau \\ 0 \\ 0 \end{Bmatrix} \tag{3.2.5}$$

因而与剪切应力相对应的各向同性材料的本构关系可表示为

$$\begin{Bmatrix} 2e_{23} \\ 2e_{31} \\ 2e_{12} \end{Bmatrix} = \frac{2\left(1 + \nu\right)}{E} \begin{bmatrix} 1 & 0 & 0 \\ & 1 & 0 \\ \text{sym} & & 1 \end{bmatrix} \begin{Bmatrix} \tau \\ 0 \\ 0 \end{Bmatrix} \tag{3.2.6}$$

其剪切应变为

$$e_{23} = \frac{1 + \nu}{E}\tau \tag{3.2.7}$$

由于剪切应力的方向必须与相应的剪切应变方向一致，所以满足

$$\frac{1 + \nu}{E} \geqslant 0 \tag{3.2.8a}$$

在 $E \geqslant 0$ 的基础上，式 (3.2.8a) 也可表达为

$$\nu \geqslant -1 \tag{3.2.8b}$$

因此，基于三维分析可推得各向同性泊松比材料的界限为

$$-1 \leqslant \nu \leqslant \frac{1}{2} \tag{3.2.9}$$

另一种获得如式 (3.2.9) 所述的泊松比界限的方法是，通过计算应变能

$$U = \frac{1}{2} \left(\sigma_{11} e_{11} + \sigma_{22} e_{22} + \sigma_{33} e_{33} + 2\sigma_{23} e_{23} + 2\sigma_{31} e_{31} + 2\sigma_{12} e_{12} \right) \tag{3.2.10a}$$

或

$$U = \frac{1}{2} \left(\sigma_{11} e_{11} + \sigma_{22} e_{22} + \sigma_{33} e_{33} + \sigma_{23} \gamma_{23} + \sigma_{31} \gamma_{31} + \sigma_{12} \gamma_{12} \right) \tag{3.2.10b}$$

再次利用静水压力条件，可得

$$U = \frac{3p^2}{2E} \left(1 - 2\nu \right) \tag{3.2.11}$$

由于 $U \geqslant 0$, $E \geqslant 0$，可计算得 $1 - 2\nu \geqslant 0$，可再次得到式 (3.2.4b) 的形式。同样，再次利用简单剪切条件，可获得其下限

$$U = \frac{\tau^2}{E} \left(1 + \nu \right) \tag{3.2.12}$$

在 $U \geqslant 0$, $E \geqslant 0$ 基础上，可得到式 (3.2.8b)。

通过泊松比的范围 $0 \leqslant \nu \leqslant 1/2$ 和 $-1 \leqslant \nu \leqslant 0$ 来分别定义各向同性的常规材料和拉胀材料是具有指导意义的。于是这两个主要区间 (用于从常规材料中区别出拉胀材料的) 的界限，$\nu = 0$，可以视为常规材料泊松比的下限，而作为拉胀材料泊松比的上限。本书中使用后一种定义。

除了基于三维分析确定的泊松比界限外，也可以求出二维材料泊松比的界限。二维材料的泊松比上限的确定可以根据平面应变或平面应力来进行。除了满足静水压力条件 $\sigma_{ij} = -p$ $(i = j)$ 和 $\sigma_{ij} = 0$ $(i \neq j)$，平面应变条件还需满足 $e_{33} = 0$。当然，平面应变条件也意味着 $e_{23} = e_{31} = 0$，但这对计算没有影响。根据二维胡克定律

$$e_{11} = e_{22} \propto \frac{p}{E} \left(\nu - 1 \right) \tag{3.2.13}$$

由静水压力 $e_{11} = e_{22} \leqslant 0$ 和 $E \geqslant 0$，则有 $\nu - 1 \leqslant 0$，或

$$\nu \leqslant 1 \tag{3.2.14}$$

考虑平面应力，则有 $\sigma_{33} = 0$。当然平面应力条件还包括 $\sigma_{23} = \sigma_{31} = 0$；但这些剪应力已经为 0，且在静水压力条件下 $\sigma_{12} = 0$。因此

$$e_{11} = e_{22} \propto \frac{p}{E} \left(\nu - 1 \right), \quad e_{33} \propto \frac{2\nu p}{E} \tag{3.2.15}$$

如前所述，考虑静水压力的条件 $e_{11} = e_{22} \leqslant 0$ 和 $E \geqslant 0$ 可得式 (3.2.14)。无论是通过平面应变 ($e_{33} = 0$) 还是平面应力 ($\sigma_{33} = 0$)，静水压力条件下两种情况均满足 $\sigma_{33}e_{33} = 0$，二维分析情况下的应变能的常见形式为

$$U \propto \frac{p^2}{E}(1 - \nu) \tag{3.2.16}$$

在 $U \geqslant 0$，$E \geqslant 0$ 的基础上，可再次获得适用于二维分析的式 (3.2.14)。实际上，平面应变的假设更为合理，因为不可能在静水压力条件下施加平面应力。二维分析时泊松比的下限与三维分析类似。因为在简单的剪切情况下，不管是二维分析还是三维分析，都仅有一个应力分量 $\sigma_{23} = \tau$。

各向同性固体的泊松比限值具有重要意义。在下限 $\nu = -1$ 时，形状得到保持 (三维和二维均适用)。在上限 $\nu = 1/2$ 时 (对于三维)，体积得到保持；在上限 $\nu = 1$ 时 (二维)，面积得到保持。虽然尚未实际应用，但现在有趣的是，一维、二维和三维分析的界限可表示为

$$\begin{cases} \nu = 0, & d = 1 \\ -1 \leqslant \nu \leqslant 1, & d = 2 \\ -1 \leqslant \nu \leqslant 1/2, & d = 3 \end{cases} \tag{3.2.17}$$

其中，$d = 1, 2, 3$，表示维数。当然，当 $d = 1$ 时，所谓的 "界限" 不是界限，将其纳入进来是为了表述的完整性。另外，二维和三维的边界可以结合起来，表示为

$$\begin{cases} \nu = 0, & d = 1 \\ -1 \leqslant \nu \leqslant \dfrac{1}{d-1}, & d = 2, 3 \end{cases} \tag{3.2.18}$$

因此，对 $d = 1, 2, 3$ 时的界限，可以用二次多项式的形式表示为

$$\frac{(d-1)(d-4)}{2} \leqslant \nu \leqslant \frac{(d-1)(10-3d)}{4} \tag{3.2.19a}$$

也可以采用幂函数的形式表示为

$$-(d-1)^{3-d} \leqslant \nu \leqslant (d-1)^{2-d} \tag{3.2.19b}$$

使用斐波那契数列形式表示为

$$-F(d-1) \leqslant \nu \leqslant \frac{F(d-1)}{F(d)} \tag{3.2.19c}$$

使用三角函数表示为

$$\sin\left(\frac{1-d!}{2}\pi\right) \leqslant \nu \leqslant \sin\left(\frac{d!-1}{d!}\pi\right) \tag{3.2.19d}$$

或采用更简单的形式表示为

$$\frac{|2d-5|-3}{2} \leqslant \nu \leqslant \frac{5-|4d-9|}{4} \tag{3.2.19e}$$

3.3 各向同性固体的本构关系

本节讨论各向同性固体的本构关系，重点关注拉胀材料。由 3.2 节所讨论的各向同性材料泊松比的上下限，本书余下部分阐述材料在 $-1 \leqslant \nu < 1/2$ 范围内的力学性能。在一般各向同性材料的柔度矩阵中

$$S_{ij} = \frac{1}{E} \begin{cases} 1, & i=j=1,2,3 \\ -\nu, & i \neq j;\ i,j=1,2,3 \\ 2(1+\nu), & i=4,5,6 \end{cases} \tag{3.3.1}$$

这意味着，对于 $i \neq j,\ i,j=1,2,3$ 的情况

$$\begin{cases} S_{ij} > 0, & -1 \leqslant \nu < 0 \\ S_{ij} \leqslant 0, & 0 \leqslant \nu \leqslant 1/2 \end{cases} \tag{3.3.2}$$

亦即，对各向同性拉胀材料，柔度矩阵的各元素恒正，这与常规材料柔度矩阵元素恒负恰恰相反。对于常规材料，对角线元素 $S_{ii}\,(i=1,2,3)$ 总是小于其他元素 $S_{ij}\,(i=4,5,6)$；而对于 $\nu < 1/2$ 的拉胀材料，对角线元素 $S_{ii}\,(i=1,2,3)$ 总是大于其他元素 $S_{ij}\,(i=4,5,6)$，即

$$\begin{matrix} S_{ii} < S_{jj}, & -1/2 < \nu \leqslant 1/2 \\ S_{ii} > S_{jj}, & -1 \leqslant \nu < -1/2 \end{matrix} \quad (i=1,2,3;j=4,5,6) \tag{3.3.3}$$

或

$$\begin{cases} S_{jj} - S_{ii} \leqslant 1/E, & -1 \leqslant \nu \leqslant 0 \\ S_{jj} - S_{ii} > 1/E, & 0 < \nu \leqslant 1/2 \end{cases} \quad (i=1,2,3;j=4,5,6) \tag{3.3.4}$$

相比于其他常规的各向同性材料，对各向同性的拉胀材料，除了具有这两项特殊特征外，在特定的泊松比情况下，柔度矩阵耐人寻味。当高度拉胀泊松比 $\nu = -2/3$ 时，柔度矩阵元素 $S_{12} = S_{13} = S_{23} = S_{44} = S_{55} = S_{66}$ 相同，即

$$S_{ij} = \frac{1}{E} \begin{bmatrix} 1 & 2/3 & 2/3 & 0 & 0 & 0 \\ & 1 & 2/3 & 0 & 0 & 0 \\ & & 1 & 0 & 0 & 0 \\ & & & 2/3 & 0 & 0 \\ \text{sym} & & & & 2/3 & 0 \\ & & & & & 2/3 \end{bmatrix}, \quad \nu = -\frac{2}{3} \tag{3.3.5}$$

对中等范围的各向同性拉胀材料 $(\nu = -1/2)$，柔度矩阵的对角线元素相同，即

$$S_{ij} = \frac{1}{E} \begin{bmatrix} 1 & 1/2 & 1/2 & 0 & 0 & 0 \\ & 1 & 1/2 & 0 & 0 & 0 \\ & & 1 & 0 & 0 & 0 \\ & & & 1 & 0 & 0 \\ & \text{sym} & & & 1 & 0 \\ & & & & & 1 \end{bmatrix}, \quad \nu = -\frac{1}{2} \tag{3.3.6}$$

当泊松比为其下限 $(\nu = -1)$ 时，所有的柔度元素除第一象限外都归零，即

$$S_{ij} = \frac{1}{E} \begin{bmatrix} 1 & 1 & 1 & 0 & 0 & 0 \\ & 1 & 1 & 0 & 0 & 0 \\ & & 1 & 0 & 0 & 0 \\ & & & 0 & 0 & 0 \\ & \text{sym} & & & 0 & 0 \\ & & & & & 0 \end{bmatrix}, \quad \nu = -1 \tag{3.3.7}$$

另外，取拉胀区间的上限 $(\nu = 0)$ 时，柔度矩阵简化为对角矩阵，即

$$S_{ij} = \frac{1}{E} \begin{bmatrix} 1 & 0 & 0 & 0 & 0 & 0 \\ & 1 & 0 & 0 & 0 & 0 \\ & & 1 & 0 & 0 & 0 \\ & & & 2 & 0 & 0 \\ & \text{sym} & & & 2 & 0 \\ & & & & & 2 \end{bmatrix}, \quad \nu = 0 \tag{3.3.8}$$

通过对应变张量中的剪切分量微小修正，可得到单位矩阵表示的本构关系，形式如下：

$$\begin{Bmatrix} e_{11} \\ e_{22} \\ e_{33} \\ e_{23} \\ e_{31} \\ e_{12} \end{Bmatrix} = \frac{1}{E} \begin{bmatrix} 1 & 0 & 0 & 0 & 0 & 0 \\ & 1 & 0 & 0 & 0 & 0 \\ & & 1 & 0 & 0 & 0 \\ & & & 1 & 0 & 0 \\ & \text{sym} & & & 1 & 0 \\ & & & & & 1 \end{bmatrix} \begin{Bmatrix} \sigma_{11} \\ \sigma_{22} \\ \sigma_{33} \\ \sigma_{23} \\ \sigma_{31} \\ \sigma_{12} \end{Bmatrix} \tag{3.3.9}$$

式 (3.3.9) 所示的形式是非严格的本构方程，单位矩阵也不是一个严格的柔度矩阵。图 3.3.1 描绘了柔度矩阵从完全各向异性转变到各种特定的拉胀各向同性的过程，如下：

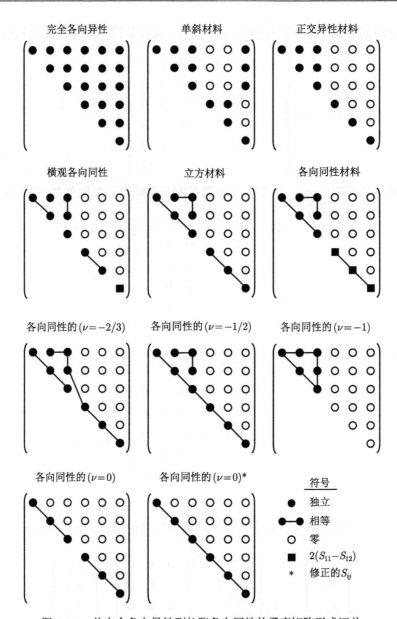

图 3.3.1   从完全各向异性到拉胀各向同性的柔度矩阵形式汇总

3.4   模 量 关 系

各向同性材料的刚度矩阵和柔度矩阵是由两个完全相互独立的常数来表达的, 如式 (3.1.24b) 和式 (3.1.26b) 所示, 因此每一个弹性常数由另外两个弹性常数表示。除了无量纲的泊松比，其他弹性常数是模量，比如杨氏模量 E、剪切模量 G (也称拉梅第二模量)、体积模量 K、纵波模量 M 和拉梅第一模量 λ，它们的单位类似。因此，两个模的比值不仅给出了无量纲的值，并且仅与泊松比相关，如下所示：

$$\frac{E}{G} = 2\left(1 + \nu\right) \tag{3.4.1}$$

$$\frac{E}{K} = 3\left(1 - 2\nu\right) \tag{3.4.2}$$

$$\frac{E}{M} = \frac{\left(1 + \nu\right)\left(1 - 2\nu\right)}{1 - \nu} \tag{3.4.3}$$

$$\frac{K}{G} = \frac{2}{3}\left(\frac{1 + \nu}{1 - 2\nu}\right) \tag{3.4.4}$$

$$\frac{G}{M} = \frac{1}{2}\left(\frac{1 - 2\nu}{1 - \nu}\right) \tag{3.4.5}$$

$$\frac{K}{M} = \frac{1}{3}\left(\frac{1 + \nu}{1 - \nu}\right) \tag{3.4.6}$$

$$\frac{\lambda}{E} = \frac{\nu}{\left(1 + \nu\right)\left(1 - 2\nu\right)} \tag{3.4.7}$$

$$\frac{\lambda}{G} = \frac{2\nu}{1 - 2\nu} \tag{3.4.8}$$

$$\frac{\lambda}{K} = \frac{3\nu}{1 + \nu} \tag{3.4.9}$$

$$\frac{\lambda}{M} = \frac{\nu}{1 - \nu} \tag{3.4.10}$$

上述代表性的模量比值示意图如图 3.4.1 所示。从图 3.4.1 可知，除 E/M 以外，其他模量比率在常规区和拉胀区之间差异明显。表 3.4.1 总结了各模量比值的差异，即修正的模量比值的符号预示着该各向同性材料是拉胀材料还是常规材料。

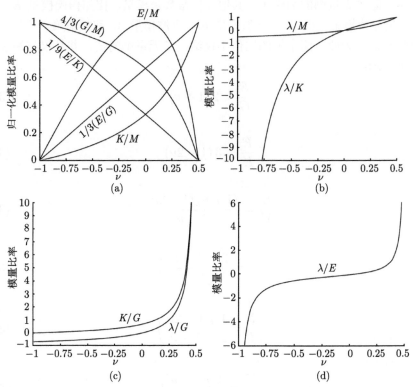

图 3.4.1　(a) 归一化模量比率 E/G、E/K、E/M、G/M、K/M；(b) 模量比率 λ/M 和 λ/K；(c) 模量比率 K/G 和 λ/G；(d) 模量比率 λ/E

表 3.4.1　拉胀材料相比于常规材料的弹性属性差异

模量比率	修正模量比率	拉胀材料的修正 模量比率的符号	常规材料的修正 模量比率的符号
$\dfrac{\lambda}{E}$, $\dfrac{\lambda}{G}$, $\dfrac{\lambda}{K}$, $\dfrac{\lambda}{M}$	无需修正	−	+
$\dfrac{E}{M}$	$\dfrac{\partial}{\partial \nu}\left(\dfrac{E}{M}\right)$	+	−
$\dfrac{K}{M}$	$\dfrac{K}{M} - \dfrac{1}{3}$	−	+
$\dfrac{G}{M}$	$\dfrac{G}{M} - \dfrac{1}{2}$	+	−
$\dfrac{K}{G}$	$\dfrac{K}{G} - \dfrac{2}{3}$	−	+
$\dfrac{E}{G}$	$\dfrac{E}{G} - 2$	−	+
$\dfrac{E}{K}$	$\dfrac{E}{K} - 3$	+	−

3.5 拉胀泡沫密度–模量关系

由 6.1 节可知，在单轴加载时，相比于常规材料，拉胀材料展现出更大的体积变化，因而其密度也发生更大的改变。在极端情况下，对各向同性固体，体积无变化，则密度亦不改变；当 $\nu = 0.5$，体积发生变化时，密度亦随之改变；当 $\nu = -1$ 时，密度最大。于是对泡沫而言，在牵拉过程中，体积改变非常大，以至于密度的改变不能被忽略，并且泡沫密度的较大变化导致模量的大幅改变。例如，Rusch (1969) 给出了聚氨酯泡沫在压缩条件下的密度–模量经验关系式：

$$\frac{E_{\mathrm{f}}}{E_{\mathrm{s}}} = \frac{1}{12} \frac{\rho_{\mathrm{f}}}{\rho_{\mathrm{s}}} \left[2 + 7 \frac{\rho}{\rho_{\mathrm{s}}} + 3 \left(\frac{\rho_{\mathrm{f}}}{\rho_{\mathrm{s}}} \right)^2 \right] \tag{3.5.1}$$

下标 f 和 s 分别代表泡沫材料和基体材料。基于一个开孔立方体模型，Gibson 和 Ashby (1988) 提出

$$\frac{E_{\mathrm{f}}}{E_{\mathrm{s}}} \approx \left(\frac{\rho_{\mathrm{f}}}{\rho_{\mathrm{s}}} \right)^2, \ \frac{G_{\mathrm{f}}}{E_{\mathrm{s}}} \approx \frac{3}{8} \left(\frac{\rho_{\mathrm{f}}}{\rho_{\mathrm{s}}} \right)^2, \ \nu_{\mathrm{f}} = 0.3 \tag{3.5.2}$$

Dementjev 和 Tarakanov (1970) 以及 Zhu 等 (1997) 考虑了另一种基于十四面体的密度–模量关系模型。Dementjev 和 Tarakanov (1970) 给出了具有方形截面撑杆的十四面体结构杨氏模量为

$$\frac{E_{\mathrm{f}}}{E_{\mathrm{s}}} = \frac{1}{18} \left(2 + \frac{t}{l} \right) \frac{\rho_{\mathrm{f}}}{\rho_{\mathrm{s}}} \tag{3.5.3}$$

其中，t 为正方形截面的边；l 为撑杆长。使用 Gibson 和 Ashby (1988) 所提出的关系式：

$$\frac{\rho_{\mathrm{f}}}{\rho_{\mathrm{s}}} = 1.06 \left(\frac{t}{l} \right)^2 \tag{3.5.4}$$

Dementjev 和 Tarakanov (1970) 的模量–密度关系式可改写为

$$\frac{E_{\mathrm{f}}}{E_{\mathrm{s}}} = \frac{1}{18} \left(2 + \sqrt{\frac{1}{1.06} \frac{\rho_{\mathrm{f}}}{\rho_{\mathrm{s}}}} \right) \frac{\rho_{\mathrm{f}}}{\rho_{\mathrm{s}}} \tag{3.5.5}$$

基于具有三角形截面撑杆的十四面体，Zhu 等 (1997) 提出

$$\frac{E_{\mathrm{f}}}{E_{\mathrm{s}}} = \frac{0.726 \left(\dfrac{\rho_{\mathrm{f}}}{\rho_{\mathrm{s}}} \right)^2}{1 + 1.09 \dfrac{\rho_{\mathrm{f}}}{\rho_{\mathrm{s}}}} \tag{3.5.6}$$

利用四面体单元，Warren 和 Kraynik (1994) 给出了

$$\frac{E_{\mathrm{f}}}{E_{\mathrm{s}}} = \frac{33\sqrt{3}}{5}\left(\frac{\rho_{\mathrm{f}}}{\rho_{\mathrm{s}}}\right)^2 \frac{q^2}{a} \qquad (3.5.7)$$

其中，a 为截面面积；q 为回转半径。对圆形截面，将

$$\frac{q^2}{a} = \frac{1}{4\pi} \qquad (3.5.8)$$

代入式 (3.5.7) 中，得到

$$\frac{E_{\mathrm{f}}}{E_{\mathrm{s}}} = 0.90969\left(\frac{\rho_{\mathrm{f}}}{\rho_{\mathrm{s}}}\right)^2 \approx 0.91\left(\frac{\rho_{\mathrm{f}}}{\rho_{\mathrm{s}}}\right)^2 \qquad (3.5.9)$$

这与 Gibson 和 Ashby (1988) 在式 (3.5.2) 中给出的结论很接近。基于三角形截面的关系式

$$\frac{q^2}{a} = \frac{1}{6\sqrt{3}} \qquad (3.5.10)$$

可获得

$$\frac{E_{\mathrm{f}}}{E_{\mathrm{s}}} = \frac{11}{10}\left(\frac{\rho_{\mathrm{f}}}{\rho_{\mathrm{s}}}\right)^2 \qquad (3.5.11)$$

而对于 Plateau-Gibbs 截面，其关系式为

$$\frac{q^2}{a} = \frac{20\sqrt{3} - 11\pi}{6\left(2\sqrt{3} - \pi\right)^2} \qquad (3.5.12)$$

进而可得

$$\frac{E_{\mathrm{f}}}{E_{\mathrm{s}}} = 1.52947\left(\frac{\rho_{\mathrm{f}}}{\rho_{\mathrm{s}}}\right)^2 \approx 1.53\left(\frac{\rho_{\mathrm{f}}}{\rho_{\mathrm{s}}}\right)^2 \qquad (3.5.13)$$

从该模量-密度关系的研究中可以总结出 $E_{\mathrm{f}}/E_{\mathrm{s}}$ 是无穷小应变下 $\rho_{\mathrm{f}}/\rho_{\mathrm{s}}$ 的函数。由此可得，如果在泡沫体的同一方向上施加一个额外的很小的应变，泡沫的体积略有变化，则新的密度为

$$\rho'_{\mathrm{f}} = \rho_{\mathrm{f}} + \Delta\rho_{\mathrm{f}} \qquad (3.5.14)$$

因而新的泡沫的模量为

$$E'_{\mathrm{f}} = E + \Delta E_{\mathrm{f}} \qquad (3.5.15)$$

由此 E_f'/E_s 可以表示为 ρ_f'/ρ_s 的函数。由于固体材料相比于泡沫材料表现出更小的体积变化，因而假定固体材料的模量相比于泡沫材料变化并不显著。以式 (3.5.2) 或式 (3.5.7) 为例，则有

$$\frac{E_f}{E_s} = C_1\left(\frac{\rho_f}{\rho_s}\right)^2 \tag{3.5.16}$$

和

$$\frac{E_f'}{E_s} = C_1\left(\frac{\rho_f'}{\rho_s}\right)^2 \tag{3.5.17}$$

因而将式 (3.5.17) 除以式 (3.5.16)，仅对泡沫而言，其关系式为

$$\frac{E_f'}{E_f} = \left(\frac{\rho_f'}{\rho_f}\right)^2 \tag{3.5.18}$$

或者，式 (3.5.18) 可采用模量的变化量和密度的变化量重写为

$$1 + \frac{\Delta E_f}{E_f} = \left(1 + \frac{\Delta\rho_f}{\rho_f}\right)^2 \tag{3.5.19}$$

或

$$\frac{\Delta E_f}{E_f} = 2\frac{\Delta\rho_f}{\rho_f} + \left(\frac{\Delta\rho_f}{\rho_f}\right)^2 \tag{3.5.20}$$

式 (3.5.20) 是基于常规泡沫得到的。假设对于无穷小应变的拉胀泡沫，表现为

$$\frac{E_f}{E_s} = C_2\left(\frac{\rho_f}{\rho_s}\right)^m \tag{3.5.21}$$

则进一步施加较小应变将导致

$$\frac{E_f'}{E_s} = C_2\left(\frac{\rho_f'}{\rho_s}\right)^m \tag{3.5.22}$$

从而消除了固体材料的模量和密度，得到

$$\frac{E_f'}{E_f} = \left(\frac{\rho_f'}{\rho_f}\right)^m \tag{3.5.23}$$

其中，m 可以通过实验测量或理论建模获得。如 6.1 节所示，相比于常规棒材，拉胀棒材的轴向加载将导致更大的体积改变，继而密度发生改变。因此，对单轴加载的拉胀固体，密度改变所带来的影响应该被考虑在内。

3.6   拉胀固体的弹性大变形

很多弹性大变形模型是可用的，但很少是专门针对拉胀材料而开发的。Scott (2007) 考虑了等向不可压缩性约束、Bell 约束【译者注：请参阅 Bell, J. F. Continuum plasticity at finite strain for stress paths of arbitrary composition and direction. Archive for Rational Mechanics and Analysis, 84, 139–170(1983)】、Ericson 约束【译者注：请参阅 Ericksen, J. L.: Constitutive theory for some constrained elastic crystals. International Journal of Solids and Structures, 22, 951–964(1986)】和常数面积情况下的泊松比增量，发现虽然基态泊松比为正值，但当轴向伸长量足够大时，泊松比增量变为负值。根据三种不同应力场的实验数据，并以泡沫状的聚氨酯橡胶为例证，Blatz 和 Ko (1962) 生成了应变能函数，使所有数据具有较高的准确性。对于 Blatz-Ko 的模型，泊松比函数为

$$\nu = \frac{1 - \lambda^{-\nu_0}}{\lambda - 1} \tag{3.6.1}$$

其中，λ 为拉伸载荷方向的拉伸量 $(= l/l_0)$；ν_0 为由实验确定的极小的泊松比。

图 3.6.1 描绘了基于式 (3.6.1) 计算的作为拉伸量函数的泊松比 (a) 0.5、0.25、0、-0.25、-0.5、-0.75 和 -1 极小泊松比，以及 (b) 当极小泊松比为正值或负值时泊松比的区域。虽然直接生成应变能量函数以获得负泊松比函数的构想是可能的，但 Ciambella 和 Saccomandi (2014) 领会到，在实际情况中，拉胀泡沫的行为比 Blatz 和 Ko (1962) 所描述的更为复杂，主要是拉胀泡沫 (微观) 结构造成的，即大变形情况下微观结构显著变化。内凹蜂窝是一个鲜明的例子，其伸展引起材料侧向膨胀，但是当胞元完全张开时，进一步伸展将引起胞元侧向收缩，如图 3.6.2 所示。

假设 λ_I 为拉胀材料的伸展阈值，在该阈值处，拉胀材料转向常规材料，Ciambella 和 Saccomandi (2014) 给出的泊松比函数为

$$\nu = \frac{\nu_0}{\left[1 + \pi^2 \nu_0^2 \left(\lambda - 1\right)^2\right]^q} \tag{3.6.2}$$

其中

$$q = \frac{1}{2} + \frac{1}{2\pi^2 \left(\lambda_I - 1\right)^2 \nu_0^2} \tag{3.6.3}$$

图 3.6.3 分别描绘了基于式 (3.6.2) 和式 (3.6.3) 计算所得的泊松比。使用 $\nu_0 = -0.53$ 和 $\lambda_I = 1.33$，Ciambella 和 Saccomandi (2014) 的研究结果表明，他们的模型与 Choi 和 Lakes (1992) 实验结果具有良好的一致性。

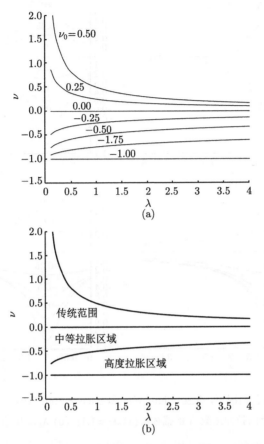

图 3.6.1 根据 Blatz 和 Ko (1962) 对泊松比 ν 关于拉伸函数 λ 的描述：(a) 泊松比的影响；
(b) 常规的和拉胀的范围

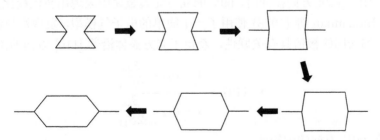

图 3.6.2 初始拉伸时横向扩展，继而在胞元完全展开后进一步拉伸出现横向收缩的理想化
示意图

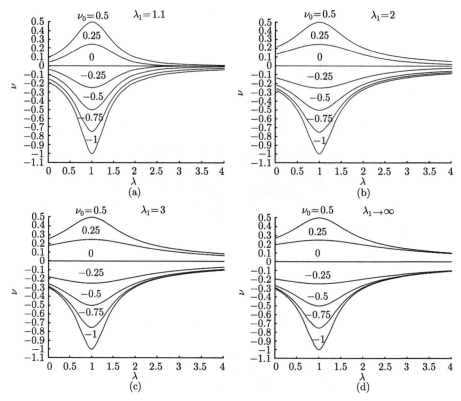

图 3.6.3　以下伸展阈值情况下，根据 Ciambella 和 Saccomandi (2014) 提出的泊松比 ν 关于各种无穷小泊松比 ν_0 的拉伸函数 λ 的描述：(a) $\lambda_I = 1.1$；(b) $\lambda_I = 2$；(c) $\lambda_I = 3$；(d) $\lambda_I \to \infty$

3.7　各向异性拉胀固体

Baughman 等 (1998) 驳斥了负泊松比在晶体固体中很少见这一不正确认识，并指出，当沿 [110] 方向拉伸时，69% 的立方元素金属中表现出负泊松比。对于立方晶体，Baughman 等 (1998) 使用了一个简单的电子气模型，发现沿拉伸方向的功函数和泊松比的极值具有关联性，获得了立方晶体沿着 [1$\bar{1}$0] 方向的泊松比：

$$\nu(1\bar{1}0) = \frac{1 - \nu_{12} - \dfrac{S_{44}}{2S_{11}}}{1 - \nu_{12} + \dfrac{S_{44}}{2S_{11}}} \tag{3.7.1}$$

以及沿着 [001] 方向的泊松比

$$\nu(001) = \frac{2\nu_{12}}{1 - \nu_{12} + \dfrac{S_{44}}{2S_{11}}} \tag{3.7.2}$$

Baughman 等 (2000) 将其写成体积变化的分式形式 $\mathrm{d}V/V$ 和长度变化的分式形式 $\mathrm{d}V/L$，介绍的泊松比为

$$\nu_{ij}(\gamma) = \nu_{ij}(0) - \frac{\gamma}{3}\left[\nu_{ij}(0) + 1\right] \tag{3.7.3}$$

其中

$$\gamma = \frac{L}{V}\frac{\mathrm{d}V}{\mathrm{d}L} \tag{3.7.4}$$

前面已述各向同性弹性材料的泊松比为 $-1 \sim 1/2$。然而，Ting 和 Chen (2005) 证明了在应变能密度为正的情况下，各向异性弹性材料的泊松比可以有一个任意大的正值或负值；立方体材料的大泊松比值在物理上是可以实现的，因为应变是有限的。后来的研究结果表明，Ting 和 Chen (2005) 在 [111] 方向上获得的任意大的正数和负数也取代了以往认为的泊松比的极值与沿面对角线 ([110] 方向) 的拉伸有关这一传统认知 (如 Baughman et al.，1998)。对一般的各向异性弹性材料，Ting 和 Barnett (2005) 给出了一些简单的必要的条件，以达到完全拉胀和常规介质的状态。

在 Gaspar 等 (2009) 的工作中，耦合考虑了杨氏模量的小范围变化，以及由此导致的对材料泊松比的影响。已经证明，该变化可独立地引起材料的平均泊松比变为负值。此外，研究发现，各向异性变化增强了负泊松比的程度 (Gaspar et al.，2009)。

在讨论 α-方石英时，Guo 和 Wheeler (2006) 关注了拉梅柔度，作为一种替代和更简单的度量，拉梅柔度为正值表示拉胀性；该方法获得了 α-方石英的最大负泊松比。采用图 3.7.1 中示意图，Guo 和 Wheeler (2009) 描述了泊松比不变的平稳方向，并通过考虑一些材料相关的固定点，提到：对于立方对称的材料，所有的固定点是不变的，并且其拉梅柔度的极值是容易被确定的。

根据柔度张量 S_{ij} 和 Nye (1957) 提出的相应的晶体学张量分量 S_{ijkl} (式 (3.7.5)) 间的关系

$$S_{ij} = \begin{bmatrix} S_{11} & S_{12} & S_{13} & S_{14} & S_{15} & S_{16} \\ & S_{22} & S_{23} & S_{24} & S_{25} & S_{26} \\ & & S_{33} & S_{34} & S_{35} & S_{36} \\ & & & S_{44} & S_{45} & S_{46} \\ & \text{sym} & & & S_{55} & S_{56} \\ & & & & & S_{66} \end{bmatrix}$$

$$
= \begin{bmatrix}
S_{1111} & S_{1122} & S_{1133} & 2S_{1123} & 2S_{1131} & 2S_{1112} \\
 & S_{2222} & S_{2233} & 2S_{2223} & 2S_{2231} & 2S_{2212} \\
 & & S_{3333} & 2S_{3323} & 2S_{3331} & 2S_{3312} \\
 & & & 4S_{2323} & 4S_{2331} & 4S_{2312} \\
 & \text{sym} & & & 4S_{3131} & 4S_{3112} \\
 & & & & & 4S_{1212}
\end{bmatrix}
\tag{3.7.5}
$$

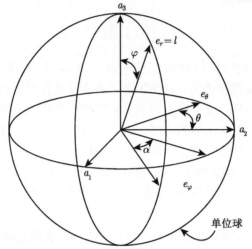

图 3.7.1　单元球上的各点，其中右手正交三变量为 (a_1, a_2, a_3) 和 $(e_r, e_\varphi, e_\theta)$ (Guo and Wheeler, 2009)【世哲惠允复制】

Wheeler 和 Guo (2007) 提出了面域泊松比为

$$
\hat{\nu}(l) = \frac{1}{2\pi} \int_0^{2\pi} \nu(l, t, (\alpha)) \, \mathrm{d}\alpha
\tag{3.7.6}
$$

其中泊松比对应于纵向方向 l 和横向方向 t 可写为

$$
\nu(l, t) = -\frac{\varepsilon(t)}{\varepsilon(l)}
\tag{3.7.7}
$$

应力轴的方向采用球坐标表示为

$$
l = \cos\theta \sin\phi a_1 + \sin\theta \sin\phi a_2 + \cos\phi a_3
\tag{3.7.8}
$$

基于这些定义、术语和预备工作，Wheeler 和 Guo (2007) 得到了各向同性材料的面域泊松比为

$$
\hat{\nu} = \frac{1}{2} \frac{3K - 2G}{3K + G} = \nu
\tag{3.7.9}
$$

对于立方晶体，其泊松比为

$$2\hat{\nu}\left(\phi,\theta\right)$$

$$=1-\frac{S_{1111}+2S_{1122}}{S_{1122}+2S_{1212}+\left(S_{1111}-S_{1122}-2S_{1212}\right)\left[\left(\sin^4\theta+\cos^4\theta\right)\sin^4\phi+\cos^4\phi\right]} \tag{3.7.10}$$

而对于六边形晶体，其泊松比为

$$\hat{\nu}\left(\phi,\theta\right)$$

$$=\frac{\left(\cos4\phi-1\right)\left(S_{1111}-4S_{1313}+S_{3333}\right)-8S_{1122}\sin^2\phi-2\left(5+2\cos2\phi+\cos4\phi\right)S_{1133}}{16\left[S_{1111}\sin^4\phi+S_{3333}\cos^4\phi+2\left(S_{1133}+2S_{1313}\right)\sin^2\phi\cos^2\phi\right]} \tag{3.7.11}$$

Wheeler 和 Guo (2007) 考虑的其他材料还包括四方晶体、三方晶体、正交晶体、单斜晶体和三斜晶体。定义

$$\beta=S_{1111}-S_{1122}-2S_{1212} \tag{3.7.12}$$

Wheeler 和 Guo (2007) 给出了立方晶体沿 [100] 方向的一个固定点的泊松比：

$$\hat{\nu}=-\frac{S_{1122}}{S_{1111}} \tag{3.7.13}$$

$$\hat{\nu}_{\phi\phi}=-2\beta\frac{S_{1111}+2S_{1122}}{\left(S_{1111}\right)^2} \tag{3.7.14}$$

$$\hat{\nu}_{\phi\theta}=0 \tag{3.7.15}$$

沿 [110] 方向的一个固定点的泊松比为

$$\hat{\nu}=\frac{1}{2}\left[1-\frac{2\left(S_{1111}+2S_{1122}\right)}{S_{1111}+S_{1122}+2S_{1212}}\right] \tag{3.7.16}$$

$$\hat{\nu}_{\phi\phi}=-4\beta\frac{S_{1111}+2S_{1122}}{\left(S_{1111}+S_{1122}+2S_{1212}\right)^2} \tag{3.7.17}$$

$$\hat{\nu}_{\theta\theta}=8\beta\frac{S_{1111}+2S_{1122}}{\left(S_{1111}+S_{1122}+2S_{1212}\right)^2} \tag{3.7.18}$$

$$\hat{\nu}_{\phi\theta}=0 \tag{3.7.19}$$

和沿 [111] 方向的一个固定点的泊松比：

$$\hat{\nu}=\frac{1}{2}\left[1-\frac{3\left(S_{1111}+2S_{1122}\right)}{S_{1111}+2S_{1122}+4S_{1212}}\right] \tag{3.7.20}$$

$$\hat{\nu}_{\phi\phi}=12\beta\frac{S_{1111}+2S_{1122}}{\left(S_{1111}+2S_{1122}+4S_{1212}\right)^2} \tag{3.7.21}$$

$$\hat{\nu}_{\theta\theta} = 8\beta \frac{S_{1111} + 2S_{1122}}{\left(S_{1111} + 2S_{1122} + 4S_{1212}\right)^2} \tag{3.7.22}$$

$$\hat{\nu}_{\phi\theta} = 0 \tag{3.7.23}$$

以探索材料的极限弹性性能为目标，Aouni 和 Wheeler (2010) 建立了各种类型晶体柔度张量的分解形式，提出的拉梅柔度和轴向柔度 (与杨氏模量互为倒数) 有助于寻找泊松比的负的最小值，部分结果见表 3.7.1 (Aouni and Wheeler，2010)。Wheeler (2009) 在采用三角对称检验晶体的极限模量过程中，获得了 α-方石英的极限拉梅柔度。所绘结果如图 3.7.2 所示。

表 3.7.1　Aouni 和 Wheeler (2010) 考虑的部分材料的泊松比【世哲惠允复制】

	晶体	最小的泊松比
当 S_{1122} 或 S_{1133} 为正时的拉胀晶体	羟磷灰石	-0.12
	铍铜合金	-0.0314
	硒化铟	-0.0311
	硫化钼	-0.282
	锌	-0.072
六边形对称的拉胀材料	铍	-0.12
	砷化锰	-0.038
	降冰片烯	-0.15
	硼化钛	-0.0267

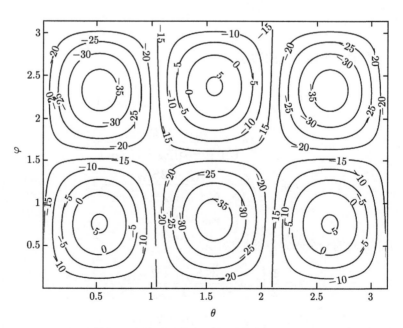

图 3.7.2　α-方石英的拉梅柔度，单位为 $(\text{TPa})^{-1} \times 10^2$ (Wheeler，2009)【世哲惠允复制】

使用 Every 和 McCurdy (1992) 所得的数据，用于磷酸二氢铯 (CsH$_2$PO$_4$) 的柔度矩阵为

$$S_{ij} = \begin{bmatrix} 1820 & -219 & -1170 & 0 & 124.5 & 0 \\ & 103 & 138 & 0 & -75 & 0 \\ & & 772 & 0 & -90.5 & 0 \\ & & & 33.25 & 0 & 8.25 \\ & \text{sym} & & & 112.5 & 0 \\ & & & & & 29.25 \end{bmatrix} (\text{TPa})^{-1} \quad (3.7.24)$$

而对于铌酸镧 (LaNbO$_4$)，其柔度矩阵为

$$S_{ij} = \begin{bmatrix} 66.8 & 16.9 & -94.8 & 0 & 118 & 0 \\ & 14.8 & -30.8 & 0 & 45.6 & 0 \\ & & 146 & 0 & -186.5 & 0 \\ & & & 5.7 & 0 & 0.95 \\ & \text{sym} & & & 26.5 & 0 \\ & & & & & 4.675 \end{bmatrix} (\text{TPa})^{-1} \quad (3.7.25)$$

Norris (2006a) 分别获得了磷酸二氢铯和铌酸镧的最小泊松比，分别为 $\nu_{\min} = -1.93$ 和 $\nu_{\min} = -3.01$。基于 Lord Kelvin (Thomson，1856) 的"主弹性"法则，用于表达泊松比间关系的其中两个模量 μ_1 和 μ_2 分别为

$$\mu_1 = C_{44} = \frac{1}{S_{44}} \quad (3.7.26)$$

$$\mu_2 = \frac{C_{11} - C_{12}}{2} = \frac{1}{2(S_{11} - S_{12})} \quad (3.7.27)$$

Norris (2006b) 推导了如下不等式用于确定立方材料中负泊松比的极值：

$$\nu_{\min} < -1 \Leftrightarrow \frac{\mu_2}{\mu_1} < \frac{1}{25} \Leftrightarrow \nu_{001} - 13\nu_{1\bar{1}0} > 12 \quad (3.7.28)$$

对于施加于 $\boldsymbol{n}$ 方向上的应力，考虑在由 $\boldsymbol{m}$ 和 $\boldsymbol{n}$ ($\boldsymbol{m}$ 垂直于 $\boldsymbol{n}$) 构成的平面的广义泊松比为

$$\nu_{nm} = -\frac{S_{mmnn}}{S_{nnnn}} = -\frac{\sum_i \sum_j \sum_k \sum_l m_i m_j n_k n_l S_{ijkl}}{\sum_i \sum_j \sum_k \sum_l n_i n_j n_k n_l S_{ijkl}} \quad (3.7.29)$$

Wojciechowski (2005) 提出采用三个角来表示泊松比, 其关系式为

$$\nu_{nm} = \nu\left(\phi, \theta, \alpha\right) \tag{3.7.30}$$

以便在横向平面上求其平均值

$$\nu_{\mathrm{p}} = \nu_{\mathrm{p}}\left(\phi, \theta\right) = \frac{\displaystyle\int \nu\left(\phi, \theta, \alpha\right)\mathrm{d}\alpha}{\displaystyle\int \mathrm{d}\alpha} \tag{3.7.31}$$

Wojciechowski (2005) 给出了这三个角变量的定义。通过定义变量 r_{12} 和 r_{44}:

$$-\frac{1}{2} < r_{12} = \frac{S_{12}}{S_{11}} < 1 \tag{3.7.32}$$

$$r_{44} = \frac{S_{44}}{S_{11}} > 0 \tag{3.7.33}$$

Wojciechowski (2005) 建立了立方体介质的平均泊松比表达式, 其形式为

$$\nu_{\mathrm{p}}\left(\phi, \theta\right) = -\frac{A r_{12} + B\left(r_{44} - 2\right)}{16\left[C + D\left(2 r_{12} + r_{44}\right)\right]} \tag{3.7.34}$$

其中

$$\begin{cases} A = 2\left[53 + 4\cos\left(2\theta\right) + 7\cos\left(4\theta\right) + 8\cos\left(4\phi\right)\sin^4\theta\right] \\ B = -11 + 4\cos\left(2\theta\right) + 7\cos\left(4\theta\right) + 8\cos\left(4\phi\right)\sin^4\theta \\ C = 8\cos^4\theta + 6\sin^4\theta + 2\cos\left(4\phi\right)\sin^4\theta \\ D = 2\left[\sin^2\left(2\theta\right) + \sin^4\theta\sin^2\left(2\phi\right)\right] \end{cases} \tag{3.7.35}$$

它满足

$$\nu_{\mathrm{p}}\left(100\right) = -r_{12} \tag{3.7.36}$$

$$\nu_{\mathrm{p}}\left(111\right) = -\frac{1 + 2 r_{12} - r_{44}/2}{1 + 2 r_{12} + r_{44}} \tag{3.7.37}$$

$$\nu_{\mathrm{p}}\left(110\right) = -\frac{1 + 3 r_{12} - r_{44}/2}{2 + 2 r_{12} + r_{44}} \tag{3.7.38}$$

为了表示在立方体介质中的泊松比行为, Wojciechowski (2005) 采用以下两式得到计算结果:

$$x = \begin{cases} r_{44}, & r_{44} \leqslant 1 \\ 2 - 1/r_{12}, & r_{44} > 1 \end{cases} \tag{3.7.39}$$

$$y = r_{12}$$

部分结果如图 3.7.3 所示。Wojciechowski (2005) 确定了三个层次的拉胀性: ① "强拉胀性" 系统, 在此系统中, 平均泊松比在 [100] 和 [111] 两个方向上均为负值, 因此平均泊松比在任何方向上都是负的; ② "部分拉胀" 系统, 在该系统中, 平均泊松比在 [100] 和 [111] 两个方向中有一个为正值, 另一个为负; ③ 非拉胀系统, 在该系统中, 平均泊松比在 [100] 和 [111] 两个方向上均为正值。

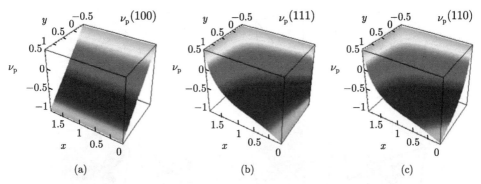

图 3.7.3 在高对称方向的平均泊松比关于式 (3.7.39) 定义的参数 x 和 y 的函数
(Wojciechowski, 2005)

Wojciechowski (2005) 还描述了双角函数 $\nu_p(\phi,\theta)$, 在柱坐标系中, 作为一个表面, 其在纵向方向 $n(\phi,\theta)$ 距坐标中心点的距离与负泊松比的大小相关, 如图 3.7.4 所示, 其中左右曲线分别表示正负值。使用 Tretiakov 和 Wojciechowski (2005) 获得的弹性常数, Wojciechowski (2005) 计算了紧密极限堆积的硬球 FCC 晶体中所有可能的纵向方向的平均泊松比 (相对于横向)。从图 3.7.5(a) 可以看出, 硬球的平均泊松比在任意纵向方向均为正, 且其值强烈地依赖于所在的方向。图 3.7.5(b) 描绘了硬球 FCC 在纵向 [110] 方向上 α 与泊松比值的关联性。从图可知, 对硬球系统而言, 其在横向 [110] 方向的泊松比为负, 从而证实了 Milstein 和 Huang (1979) 在 FCC 中寻找负泊松比的可能性。

Goldstein 等 (2009) 也对立方晶体和六边形晶体的拉胀性开展了研究。对层状六边形晶体, 当选择 $n=(0,-\sin\theta,\cos\theta)$ 和 $m=(0,\cos\theta,\sin\theta)$ 时, 他们获得了

$$\nu = -\frac{S_{12}\sin^2\theta + S_{13}\cos^2\theta}{S_{11}\sin^4\theta + S_{33}\cos^4\theta + (2S_{13}+S_{44})\sin^2\theta\cos^2\theta} \tag{3.7.40}$$

以及当选择 $n=(0,-\sin\theta,\cos\theta)$ 和 $m=(1,0,0)$ 时,

$$\nu = -\frac{S_{13}(\cos^4\theta+\sin^4\theta)+(S_{11}+S_{33}-S_{44})\sin^2\theta\cos^2\theta}{S_{11}\sin^4\theta + S_{33}\cos^4\theta + (2S_{13}+S_{44})\sin^2\theta\cos^2\theta} \tag{3.7.41}$$

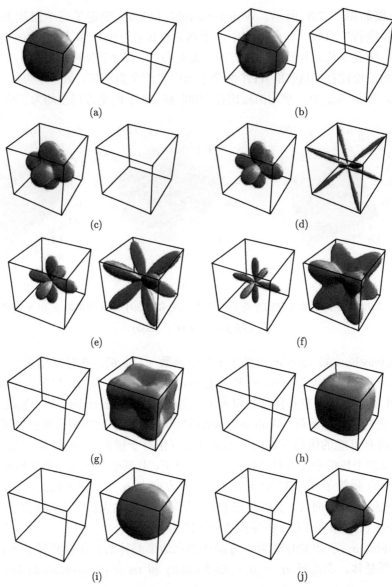

图 3.7.4　球坐标系下的平均泊松比和在以下情况下的泊松比的平均值 $\langle \nu_{\mathrm{p}} \rangle$ $(x=1)$：(a) $y = -0.5$, $\langle \nu_{\mathrm{p}} \rangle = 0.5$; (b) $y = -0.44$, $\langle \nu_{\mathrm{p}} \rangle = 0.397$; (c) $y = -0.34$, $\langle \nu_{\mathrm{p}} \rangle = 0.248$; (d) $y = -0.24$, $\langle \nu_{\mathrm{p}} \rangle = 0.119$; (e) $y = -0.15$, $\langle \nu_{\mathrm{p}} \rangle = 0.016$; (f) $y = -0.05$, $\langle \nu_{\mathrm{p}} \rangle = -0.085$; (g) $y = 0.15$, $\langle \nu_{\mathrm{p}} \rangle = -0.259$; (h) $y = 0.35$, $\langle \nu_{\mathrm{p}} \rangle = -0.405$; (i) $y = 0.5$, $\langle \nu_{\mathrm{p}} \rangle = -0.5$; (j) $y = 1.0$, $\langle \nu_{\mathrm{p}} \rangle = -0.757$.

(Wojciechowski, 2005)

基于式 (3.7.40)，图 3.7.6 描绘了砷化铟、硫化镓、氮化硼、α-石墨和二硫化钼层状晶体圆杆的泊松比随方向角的变化，表明二硫化钼层状晶体具有拉胀性。

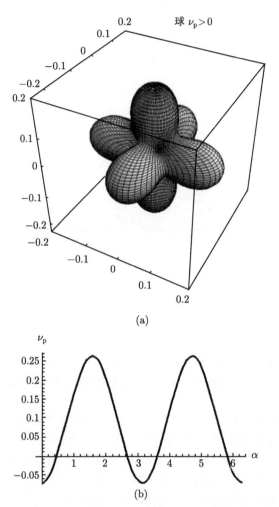

(a)

(b)

图 3.7.5 (a) 在紧密极限堆积的硬球的泊松比平均值；(b) 在紧密极限堆积的硬球的 FCC 晶体纵向 [110] 方向上泊松比与 α 的关联性 (Wojciechowski，2005)

在立方晶体情况下，选择 $\boldsymbol{n} = (0, -\sin\theta, \cos\theta)$ 和 $\boldsymbol{m} = (0, \cos\theta, \sin\theta)$ 时，泊松比的表达式为 (Goldstein et al.，2009)

$$\nu = -\frac{2S_{12} + \Delta\sin^2 2\theta}{2S_{11} - \Delta\sin^2 2\theta} \tag{3.7.42}$$

以及当选择 $n = (0, -\sin\theta, \cos\theta)$ 和 $m = (1, 0, 0)$ 时，泊松比的表达式为

$$\nu = -\frac{2S_{12}}{2S_{11} - \Delta \sin^2 2\theta} \tag{3.7.43}$$

其中

$$\Delta = S_{11} - S_{12} - \frac{S_{44}}{2} \tag{3.7.44}$$

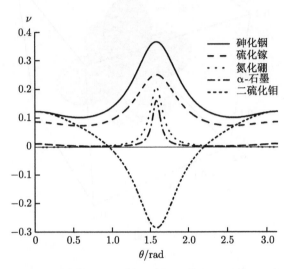

图 3.7.6　砷化铟、硫化镓、氮化硼、α-石墨和二硫化钼层状晶体圆杆的泊松比随方向角的变化 (Goldstein et al.，2009)【施普林格惠允复制】

　　图 3.7.7(a) 描绘了根据式 (3.7.42) 所得的一系列金属的泊松比符号随立方晶格取向角变化而变化的规律。如图 3.7.7(b) 所示，Goldstein 等 (2009) 指出，对于所有被考虑的金属，相同的金属都具有正的泊松比，这些泊松比值可以大于 1/2 (各向同性固体泊松比的上限)，而对于锂、钠和铅，可以超出该统一性结论的范畴。读者可参考该课题组的关于立方体和六边形拉胀材料，以及拉胀六边形、菱形纳米管等的后续工作 (Goldstein et al.，2011, 2012, 2013a, 2013b, 2013c)。

　　Rovati (2004) 以磷酸二氢铯为例研究了单斜晶的拉胀方向，在它的研究中，n 和 m 均位于包含 x_3 的平面内。图 3.7.9 所示为图 3.7.8 的特定加载情况，图中采用了如下形式的泊松比表达式。如果 n 和 m 均在如图 3.7.9 (a) 所示的弹性对称平面内，则

$$\nu_{nm} = -\frac{1}{8}\frac{S_{11}+S_{33}-S_{55}+6S_{13}-(S_{11}+S_{33}-\nu S_{55}-2S_{13})\cos 4\theta-2\,(S_{15}-S_{35})\sin 4\theta}{S_{11}\cos^4\theta+2S_{15}\sin\theta\cos^3\theta+(2S_{13}+S_{55})\sin^2\theta\cos^2\theta+2S_{35}\sin^3\theta\cos\theta+S_{33}\sin^4\theta}$$

$$\tag{3.7.45}$$

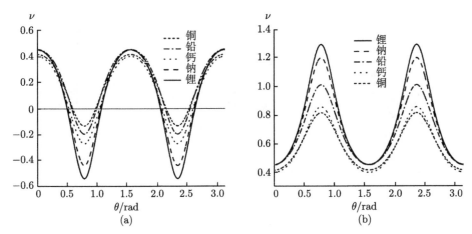

图 3.7.7 (a) 一系列金属泊松比符号随立方晶格取向角变化而变化的规律；(b) 在另一个横 (垂) 向方向的泊松比随角度变化的规律 (Goldstein et al.，2009)【施普林格惠允复制】

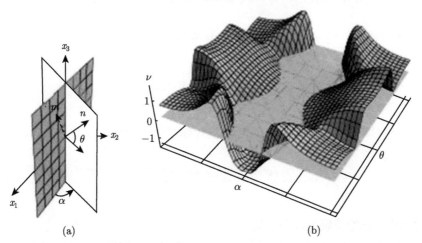

图 3.7.8 当 n 和 m 均位于包含 x_3 的平面上时，磷酸二氢铯泊松比变化图

而如果 n 和 m 位于如图 3.7.9 (b) 所示的与对称面正交的平面上，则

$$\nu_{nm} = -\frac{1}{8}\frac{S_{22} + S_{33} - S_{44} + 6S_{23} - (S_{22} + S_{33} - S_{44} - 2S_{23})\cos 4\theta}{S_{22}\cos^4\theta + (2S_{23} + S_{44})\sin^2\theta\cos^2\theta + S_{33}\sin^4\theta} \tag{3.7.46}$$

而如果如图 3.7.9 (c) 所示，n 在 x_1x_2 平面上，m 位于沿 x_3 轴方向，则

$$\nu_{n3} = -\frac{S_{13}\cos^2\alpha + S_{23}\sin^2\alpha}{S_{11}\cos^4\alpha + (2S_{12} + S_{66})\sin^2\alpha\cos^2\alpha + S_{22}\sin^4\alpha} \tag{3.7.47}$$

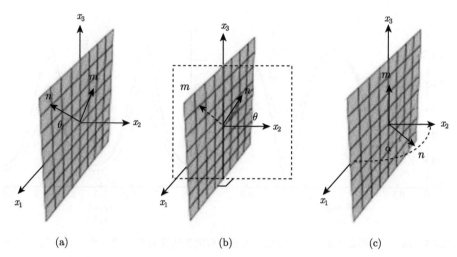

图 3.7.9　图 3.7.8 的特定情况，其中 n 和 m 均位于包含 x_3 的平面内：(a) $\alpha = 0$；
(b) $\alpha = \pi/2$；(c) $\alpha = 0$ (Rovati，2004)【爱思唯尔惠允复制】

对于磷酸二氢铯，当 n 沿 x_1 (即 $\alpha = 0$) 和 m 正交于材料对称平面内时，参照
图 3.7.10(a)，可得

$$\nu_{1m} = -\frac{S_{12}\cos^2\theta + S_{13}\sin^2\theta}{S_{11}} \tag{3.7.48}$$

当 n 沿 x_1 (即 $\alpha = \pi/2$) 和 m 为弹性镜对称平面时 (Rovati，2004)，可得

$$\nu_{2m} = -\frac{S_{12}\cos^2\theta - S_{25}\sin\theta\cos\theta + S_{23}\sin^2\theta}{S_{22}} \tag{3.7.49}$$

图 3.7.10(b) 描绘了铌酸镧的结果。

图 3.7.11 描绘了一组压电模量 d_{31}、d_{32} 和 d_{33} 的结果，它们可以与纵向泊松
比相关 (Aleshin and Raevski，2013)，具体为

$$\frac{d_{33}}{d_{13}} = -\frac{1}{\nu_{13}} = \frac{S_{33}}{S_{13}} \tag{3.7.50}$$

在所研究的六种晶体中，Aleshin 和 Raevski (2013) 确定了四种结构具有部
分拉胀性，即 0.27PIN-0.40PMN-0.33PT (单畴晶体)、PbTiO$_3$ (层压正方晶体 90°
畴结构)、PMN-0.28PT 和 PZN-0.07 PT。

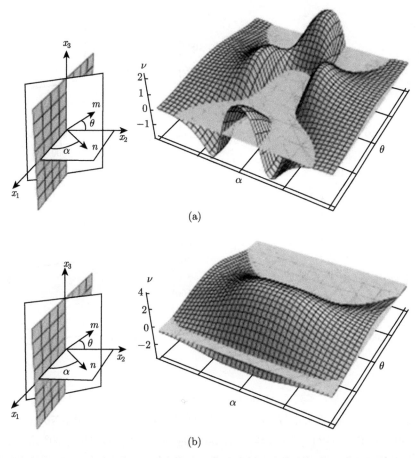

图 3.7.10 n 在 $x_1 x_2$ 平面内，m 在与 n 正交的平面内的泊松比：(a) 磷酸二氢铯；
(b) 铌酸镧 (Rovati，2004)【爱思唯尔惠允复制】

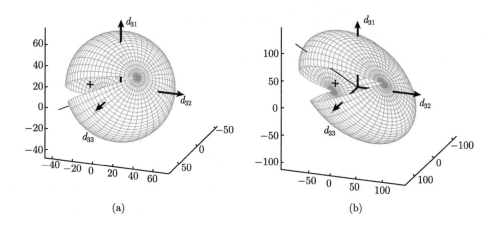

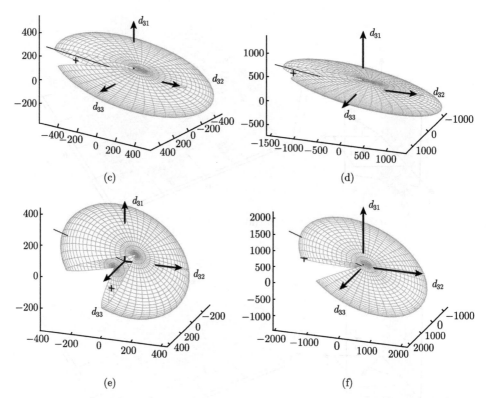

图 3.7.11　椭球体，表征了列于 Aleshin 和 Raevski (2013) 的一些正交晶体中压电模量容许值的面积 d_{33}、d_{32} 和 d_{31} ($d_{ij} \times 10^2$C/N) 的介电和弹性参数值：(a) KNbO$_3$ 和 (b) 0.27PIN-0.40PMN-0.33PT (单畴晶体)；(c) BaTiO$_3$ 和 (d) PbTiO$_3$ (层压 90° 正方晶体畴结构)；(e) PMN-0.28PT 和 (f) PZN-0.07PT (菱面多畴晶体，沿晶界极化 [011] 原型立方胞体方向)。图中交叉符号标记为实验点结果 (Aleshin and Raevski，2013)【AIP 和 LLC 惠允复制】

3.8　拉胀固体的弹塑性

将六体晶格的均质化扩展到弹塑性情况下，Dirrenberger 等 (2012) 得到了以下屈服函数

$$f(\sigma) = \sigma_{eq} - r \tag{3.8.1}$$

以及各向同性线性硬化准则

$$r = r_0 + hp \tag{3.8.2}$$

其中，σ_{eq} 为冯·米塞斯等效应力；r_0 为屈服应力；h 为硬化模量；p 为累积塑性应变。在面内塑性情况下，Dirrenberger 等 (2012) 定义面内塑性泊松比为

$$\nu_{\text{in}}^{\text{p}} = \frac{C/2 - F}{C + F} \tag{3.8.3}$$

因而当 $F = 0$ 时，可恢复到不可压缩塑性情况。如果 $C = 1$，则当 $F > 1/2$ 时，$\nu_{\text{in}}^{\text{p}} < 0$，且

$$\lim_{F \to +\infty} \nu_{\text{in}}^{\text{p}} = -1 \tag{3.8.4}$$

图 3.8.1 给出了 Dirrenberger 等 (2012) 的部分计算结果。

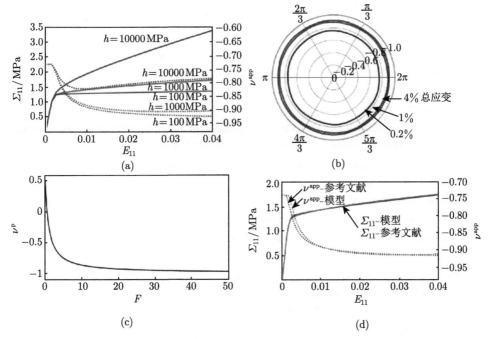

图 3.8.1 (a) 三种不同硬化模量的应力 (平坦曲线) 和表观泊松比 (虚线) 随应变的响应曲线；(b) 表观泊松比为 0.2%、1% 和总应变为 4%；(c) 各向同性材料塑性泊松比关于参数 F 的函数，其中 $C = 1$；(d) 沿 1 方向的单轴拉伸的全域模拟和宏观模型所得的应力和表观泊松比随应变的变化关系 (Dirrenberger et al., 2012)【爱思唯尔惠允复制】

3.9 拉胀固体的黏弹性

在考虑了各向同性拉胀固体、各向异性拉胀固体的线弹性和非线性弹性，以及拉胀固体的弹塑性后，拉胀固体的黏弹性也需要考虑，Scarpa 等 (1999)、Hilton 和 El Fouly (2007)、Hilton 等 (2008) 和 Alvermann (2008) 等所开展的研究对此做出了卓越贡献。

参 考 文 献

Aleshin V I, Raevski I P (2013) Piezoelectric anisotropy of orthorhombic ferroelectric single crystals. J Appl Phys, 113(22): 224105

Alvermann S (2008) Effective viscoelastic behaviour of cellular auxetic materials. Monographic series TU Graz: computation in engineering and science, vol 1. Verlag der Technischen Universität Graz, Graz

Aouni N, Wheeler L (2010) Decompositions of the compliance operator for analyzing extreme elastic properties. Math Mech Solids, 15(1): 114-136

Baughman R H, Shacklette J M, Zakhidov A A, Stafström S (1998) Negative Poisson's ratios as a common feature of cubic metals. Nature, 392(6674): 362-365

Baughman R H, Dantas S O, Stafström S, Zakhidov A A, Mitchell T B, Dubin D H E (2000) Negative Poisson's ratio for extreme states of matter. Science, 288(5473): 2018-2022

Blatz P J, Ko W L (1962) Application of finite elastic theory to the deformation of rubbery materials. Trans Soc Rheol, 6(1): 223-251

Choi J B, Lakes R S (1992) Non-linear properties of polymer cellular materials with a negative Poisson's ratio. J Mater Sci, 27(19): 5375-5381

Ciambella J, Saccomandi G (2014) A continuum hyperelastic model for auxetic materials. Proc Roy Soc A, 470(2163): 20130691

Dementjev A G, Tarakanov O G (1970) Influence of the cellular structure of foams on their mechanical properties. Mech Polym, 4: 594-602 (in Russian)

Dirrenberger J, Forest S, Jeulin D (2012) Elastoplasticity of auxetic materials. Comput Mater Sci, 64: 57-61

Every A G, McCurdy A K (1992) Second and Higher Order Elastic Constants, vol. III/29A, Landolt–Bornstein, Springer, Berlin

Gaspar N, Smith C W, Evans K E (2009) Auxetic behaviour and anisotropic heterogeneity. Acta Mater, 57(3): 875-880

Gibson L J, Ashby M F (1988) Cellular solids: structure and properties. Pergamon Press, Oxford

Goldstein R V, Gorodtsov V A, Lisovenko D S (2009) About negativity of the Poisson's ratio for anisotropic materials. Dokl Phys, 54(12): 546-548

Goldstein R V, Gorodtsov V A, Lisovenko D S (2011) Variability of elastic properties of hexagonal auxetics. Dokl Phys, 56(12): 602-605

Goldstein R V, Gorodtsov V A, Lisovenko D S (2012) Relation of Poisson's ratio on average with Young's modulus. Auxetics on average. Dokl Phys, 57(4): 174-178

Goldstein R V, Gorodtsov V A, Lisovenko D S (2013a) Young's moduli and Poisson's ratios of curvilinear anisotropic hexagonal and rhombohedral nanotubes. Nanotubes-auxetics. Dokl Phys, 58(9): 400-404

Goldstein R V, Gorodtsov V A, Lisovenko D S (2013b) Classification of cubic auxetics. Phys Status Solidi B, 250(10): 2038-2043

Goldstein R V, Gorodtsov V A, Lisovenko D S (2013c) Average Poisson's ratio for crystals. Hexagonal auxetics. Lett Mater, 3(1): 7-11

Guo C Y, Wheeler L (2006) Extreme Poisson's ratios and related elastic crystal properties. J Mech Phys Solids, 54(4): 690-707

Guo C Y, Wheeler L (2009) Extreme Lamé compliance in anisotropic crystals. Math Mech Solids, 14(4): 403-420

Hilton H H, El Fouly A R A (2007) Designer auxetic viscoelastic sandwich column materials tailored to minimize creep buckling, failure probabilities and prolong survival times. In: Proceedings of 48th AIAA/ASME/ASCE/AHS/ASC structures, structural dynamics, and materials conference, Honolulu, 22-26 April 2007

Hilton H H, Lee D H, Rahman A, El Fouly A R A (2008) Generalized viscoelastic designer functionally graded auxetic materials engineered/tailored for specific task performances. Mech Time-Depend Mater, 12(2): 151-178

Milstein F, Huang K (1979) Existence of a negative Poisson ratio in fcc crystals. Phys Rev B, 19 (4): 2030-2033

Norris A N (2006a) Extreme values of Poisson's ratio and other engineering moduli in anisotropic manterials. J Mech Mater Struct, 1(4): 793-812

Norris A N (2006b) Poisson's ratio in cubic materials. Proc R Soc A, 462(2075): 3385-3405

Nye J (1957) Physical properties of crystals. Oxford University Press, Oxford

Rovati M (2004) Directions of auxeticity for monoclinic crystals. Scr Mater, 51(11): 1087-1091

Rusch K C (1969) Load-compression behaviour of flexible foams. J Appl Polym Sci, 13(11): 2297-2311

Scarpa F L, Remillat C, Tomlinson G R (1999) Microstructural modelization of viscoelastic auxetic polymers. Proc SPIE, 3672: 275-285

Scott N H (2007) The incremental bulk modulus, Young's modulus and Poisson's ratio in nonlinear isotropic elasticity: physically reasonable response. Math Mech Solids, 12(5): 526-542

Thomson W (1856) Elements of a mathematical theory of elasticity. Philos Trans R Soc 146: 269-275

Ting T C T, Barnett DM (2005) Negative Poisson's ratios in anisotropic linear elastic media. ASME J Appl Mech, 72(6): 929-931

Ting T C T, Chen T (2005) Poisson's ratio for anisotropic elastic materials can have no bounds. Q J Mech Appl Mech, 58(1): 73-82

Tretiakov K V, Wojciechowski K W (2005) Poisson's ratio of the fcc hard sphere crystal at high densities. J Chem Phys, 123(7): 074509

Warren W E, Kraynik A M (1994) The elastic behavior of low-density cellular plastics. In: Hilyard NC, Cunningham A (eds) Low density cellular plastics, Chapman & Hall, London, pp 187-225

Wheeler L (2009) Extreme Lamé compliance in crystals of trigonal symmetry: The case of α-quartz. Math Mech Solids, 14(1-2): 135-147

Wheeler L, Guo C Y (2007) Symmetry analysis of extreme areal Poisson's ratio in anisotropic crystals. J Mech Mater Struct, 2(8): 1471-1499

Wojciechowski K W (2005) Poisson's ratio of anisotropic systems. Comput Methods Sci Technol, 11(1): 73-79

Zhu H X, Knott J F, Mills N J (1997) Analysis of the elastic properties of open-cell foams with tetrakaidecahedral cells. J Mech Phys Solids, 45(3): 319-343

第 4 章　拉胀材料的应力集中、断裂和破坏

摘要: 本章讨论拉胀固体的破坏性能。在对因孔洞和刚性夹杂引起的拉胀固体和平板的应力集中系数分析中，大部分情况下，拥有负泊松比的固体，其应力集中最小。在三种无量纲拉胀固体断裂模式的讨论中，大多数曲线在拉胀区和常规区之间均有明确的界限。基于 Lemaitre 和 Baptiste 用于热力学分析的破坏准则 (关于破坏和断裂力学的 NSF[①]研讨会, 1982) 表明，作为一种从常规到拉胀的各向同性固体，其破坏准则亦从高度依赖于冯·米塞斯等效应力变化为高度依赖于静水压力。在此基础上，给出了拉胀材料疲劳失效的研究进展。

关键词: 破坏准则；疲劳；断裂；应力集中

4.1　引　　言

当截面面积 (如裂纹) 减小时将会导致局部应力增大, 出现应力集中。因此, 当集中应力超过材料强度时, 固体面临断裂失效, 即裂纹扩展。应力集中系数 (SCF) 定义为最大应力与名义应力的比值, 即

$$K = \frac{\sigma_{\max}}{\sigma_{\text{nom}}} \tag{4.1.1}$$

其中最大应力通常由弹性理论导出, 而名义应力假定应力呈均匀分布。因此, SCF 对于因裂纹、沟槽、孔洞、凹口、刚性夹杂物和尖角等引起截面突然变化而产生的峰应力导致的材料和结构的抗失效设计是有用的。

本章采用正体符号 K 来表示应力集中系数, 与用于表征体积模量的斜体 K 相区别；μ 用来表示剪切模量, G 用来表示断裂力学领域的能量释放率。

4.2　带孔洞拉胀固体的应力集中

Goodier (1933) 给出了在均匀各向同性固体中孔洞周围的应力集中。在球腔单轴拉伸过程中, 球形空腔的极点处出现应力集中, 其 SCF 为

$$K_{\text{uni,pole}}^{\text{sph cav}} = -\frac{3}{2}\left(\frac{1+5\nu}{7-5\nu}\right) \tag{4.2.1}$$

[①] NSF: 美国国家科学基金。

而球形空腔圆周线沿加载方向上的 SCF 为

$$K_{uni,\parallel}^{sph\ cav} = \frac{3}{2}\left(\frac{9-5\nu}{7-5\nu}\right) \tag{4.2.2}$$

正交于加载方向上的 SCF 为

$$K_{uni,\perp}^{sph\ cav} = -\frac{3}{2}\left(\frac{1-5\nu}{7-5\nu}\right) \tag{4.2.3}$$

在双轴拉伸过程中，球形空腔周围出现应力集中的 SCF 为

$$K_{biaxial}^{sph\ cav} = \frac{12}{7-5\nu} \tag{4.2.4}$$

而在纯剪时，其为

$$K_{shear}^{sph\ cav} = 15\frac{1-\nu}{7-5\nu} \tag{4.2.5}$$

上述关系如图 4.2.1 所示。

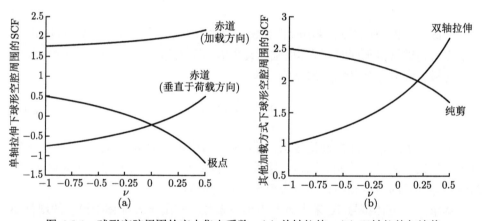

图 4.2.1　球形空腔周围的应力集中系数：(a) 单轴拉伸；(b) 双轴拉伸与纯剪

Lakes (1993) 通过观察得到，负泊松比对于一些涉及孔洞的情况可减少其应力集中，而对其他情况则会增加应力集中。椭球形空腔比球形空腔产生更大的应力集中系数。Sadowsky 和 Sternberg (1949) 及 Chiang (2008) 发现在椭球腔中将出现常规的应力集中，Sadowsky 和 Sternberg (1947) 给出了围绕长椭球腔产生的应力集中系数和围绕扁椭球腔产生的应力集中系数 (Neuber，1937；Chiang，2011)。Lakes (1993) 计算并讨论了在 $-1 \leqslant \nu \leqslant 0.5$ 范围内的无限大固体的长椭球空腔 (Sadowsky and Sternberg，1947) 和扁椭球空腔 (Neuber，1937) 周围应力集中的情况。

4.3　带刚性夹杂拉胀固体的应力集中

Goodier (1933) 给出了刚性夹杂体周围的应力集中。在夹杂刚性圆柱的情况下，由于单轴拉伸而产生的 SCF，在极点处的计算式为

$$K_{uni,pole}^{rig\ cyl} = \frac{1}{2}\left(3 - 2\nu + \frac{1}{3 - 4\nu}\right) \tag{4.3.1}$$

而在中间轴线上，其计算式为

$$K_{uni,equator}^{rig\ cyl} = \frac{1}{2}\left(1 + 2\nu - \frac{3}{3 - 4\nu}\right) \tag{4.3.2}$$

对于夹杂刚性球体的情况，由于单轴拉伸而产生的 SCF，在极点处的计算式为

$$K_{uni,pole}^{rig\ sphere} = \frac{2}{1 + \nu} + \frac{1}{4 - 5\nu} \tag{4.3.3}$$

而在中间轴线上，其计算式为

$$K_{uni,equator}^{rig\ sphere} = \frac{\nu}{1 + \nu} - \frac{5}{2}\left(\frac{\nu}{4 - 5\nu}\right) \tag{4.3.4}$$

在静水压力下，径向方向的 SCF 计算式为

$$K_{hyd,radial}^{rig\ sph} = 3\frac{1 - \nu}{1 + \nu} \tag{4.3.5}$$

以上关系如图 4.3.1 所示。

　　Lakes (1993) 发现，对于刚性夹杂体，当 $\nu \to -1$ 时，应力集中系数将变大。在 4.2 节和 4.3 节中有关孔洞和刚性夹杂体的应力集中研究是采用连续介质的经典理论来开展的。Lakes (1993) 声明说，在 Cosserat 固体中 (Cosserat and Cosserat 1909; Mindlin，1965)，如果不均匀介质的不均匀尺寸和材料的特征长度是相当的，其应力集中系数将与经典理论所得结果不同。拉胀材料是非均匀性材料，其具体的拉胀系统的长度尺度可以从分子尺度如硬环六聚体 (Wojciechowski，1987，1989)、α-方石英 (Alderson and Evans，2001)、网格化的花萼 [4] 芳烃 (Grima et al.，2005)、THO 分子筛 (Grima et al.，2007)、液晶聚合物 (He et al.，1998，2005)，到微观尺度如泡沫 (Lakes，1987a，1987b; Smith et al.，2000)、结节-纤维聚合物 (Alderson and Evans，1995，1997; Gaspar et al.，2011)，再到如 Spadoni 和 Ruzzene (2012)、Taylor 等 (2013)、Chen 等 (2013) 制备的大块尺度物品。因此，当非均匀性尺寸顺次地比腔体和夹杂物的尺寸小时，使用经典连续体理论是合理的。

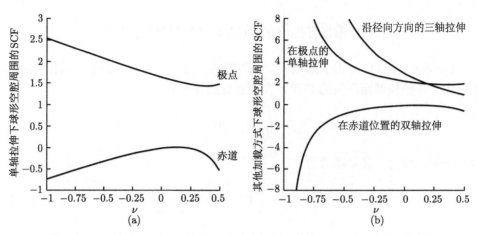

图 4.3.1　夹杂刚性体周围的应力集中系数：(a) 圆柱体夹杂；(b) 球体夹杂

4.4　拉胀固体平板的应力集中

如图 4.4.1 所示，对于等弯矩分布的足够大薄板，$M_x = M_0$，$M_y = 0$，沿圆孔边缘的圆周矩为 (Goodier，1936)

$$M_\theta = M_0 \left[1 - \frac{2\,(1+\nu)}{3+\nu} \cos 2\theta \right] \tag{4.4.1}$$

而圆形夹杂物周边的径向力矩为 (Goland，1943)

$$M_r = M_0 \left(\frac{1}{1+\nu} + \frac{2}{1-\nu} \cos 2\theta \right) \tag{4.4.2}$$

因此，对圆孔情况，最大弯矩发生在 $\theta = \pi/2$ 和 $3\pi/2$ 时；而对于夹杂圆形刚性物，最大弯矩发生在 $\theta = 0$ 和 $\theta = \pi$ 时。

由于最大应力出现在平板表面，其表达式为

$$\sigma_{\max} = \pm \frac{6M}{h^2} \tag{4.4.3}$$

其中，h 为板厚。因而对于圆孔情况，应力集中系数为

$$K_{\text{hole}} = \frac{\sigma_{\theta\max}}{\sigma_{\theta\text{nom}}} = \frac{M_{\theta\max}}{M_0} = \frac{5+3\nu}{3+\nu} \tag{4.4.4}$$

而对于夹杂圆形刚性物，应力集中系数为

$$K_{\text{inc}} = \frac{\sigma_{r\text{max}}}{\sigma_{r\text{nom}}} = \frac{M_{r\text{max}}}{M_0} = \frac{3+\nu}{1-\nu^2} \qquad (4.4.5)$$

这两项的应力集中系数如图 4.4.2 所示。

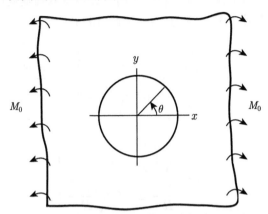

图 4.4.1　带有圆形孔或包体的无限大板的示意图

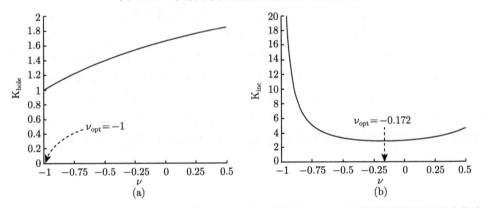

图 4.4.2　力矩 $M_x = M_0$，$M_y = 0$ 情况下出现 (a) 圆孔和 (b) 夹杂圆形刚性物时的应力集中系数

　　结果表明，最优的泊松比对应最低的潜在的应力集中系数，发生在拉胀区。特别地，对于圆形孔洞的平板，最优的泊松比为其下限值 ($\nu = -1$)。另一方面，将下式代入式 (4.4.5)

$$\frac{dK_{\text{inc}}}{d\nu} = 0 \qquad (4.4.6)$$

可知，当夹杂圆形刚性体时，推荐选择一个中等程度的拉胀平板的泊松比值，以获得最小化的应力集中 (Lim，2013)，表达式如下：

$$\nu_{\text{opt}} = -3 + 2\sqrt{2} \approx -0.172 \qquad (4.4.7)$$

4.5　拉胀圆杆的应力集中

对于承受如图 4.5.1 所示轴向载荷作用下开设有双曲周向凹槽的圆杆，轴向和周向的切向应力集中系数分别为 (Neuber，1958)

$$K_{tx} = \frac{\dfrac{r}{R}\left(\nu + \dfrac{1}{2} + \sqrt{\dfrac{r}{R}+1}\right) + (1+\nu)\left(1+\sqrt{\dfrac{r}{R}+1}\right)}{\dfrac{r}{R} + 2 + 2\nu\sqrt{\dfrac{r}{R}+1}} \tag{4.5.1}$$

和

$$K_{t\theta} = \frac{\dfrac{r}{R}\left(\dfrac{1}{2} + \nu\sqrt{\dfrac{r}{R}+1}\right)}{\dfrac{r}{R} + 2 + 2\nu\sqrt{\dfrac{r}{R}+1}} \tag{4.5.2}$$

对于各种类型不同无量纲锐度 r/R 的开槽圆杆，可通过理论观察来分析拉胀性对应力集中系数的影响。基于式 (4.5.1) 的相应结果而绘制的图 4.5.2(a) 表明，通常情况下，拉胀圆杆的轴向应力集中系数遵循与常规圆杆相同的趋势。然而，不同的是，其在高拉胀区会出现拐点，如图 4.5.2(b) 所示，其趋势在泊松比 $\nu \approx -0.99$ 附近出现转折。轴向应力集中系数在泊松比的下限处 ($\nu = -1$) 是最低的，因而所推荐的材料不应该是拉胀圆杆，而应该是常规的圆杆，更倾向于泊松比在其上限处，即 $\nu = 0.5$。显而易见，当凹槽变得非常浅时，或 $R \to \infty$，无论泊松比是多少，轴向方向的应力集中系数变为 $K_{tx} = 1$，此即为理想的无应力集中情况。

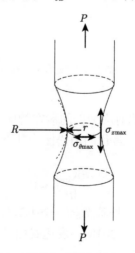

图 4.5.1　开设有双曲周向凹槽的拉胀圆杆的应力集中系数求值示意图

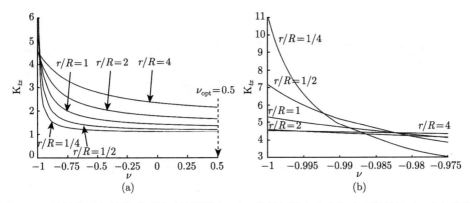

图 4.5.2 泊松比对各种类型不同无量纲锐度 r/R 的圆杆轴向应力集中系数的影响：(a) 总体上的；(b) 在应力集中拐点位置的局部放大

基于式 (4.5.2)，图 4.5.3(a) 描绘了应力集中系数沿周向方向的变化趋势。这种情况下的趋势与在轴向方向时的情况相反；与轴向一样，周向应力的拐点也发生在 $\nu \approx -0.99$ 附近，如图 4.5.3(b) 所示。

特别有趣的是，当泊松比降至一定值以下时，周向应力集中系数的符号将变成负值。换言之，如果名义周向应力是张应力，则当泊松比小于阈值时，最大周向应力为压应力。这意味着存在一个最优的泊松比，在此泊松比值，周向应力修正系数及最大周向应力均为零。图 4.5.3(c) 为考虑各种 r/R 比值情况下的最优泊松比。

将 $\mathrm{K}_{t\theta} = 0$ 代入式 (4.5.2) 可得到关于 r/R 的最优泊松比的表达式

$$\nu_{\mathrm{opt}} = -\frac{1}{2\sqrt{1+r/R}} \tag{4.5.3}$$

对上式取当 $r/R \to 0$ 时的极值，可得到常规的无凹槽圆杆的最优泊松比

$$\lim_{\frac{r}{R} \to 0} \nu_{\mathrm{opt}} = -\frac{1}{2} \tag{4.5.4}$$

以及开有深凹槽的圆杆最优泊松比为

$$\lim_{\frac{r}{R} \to \infty} \nu_{\mathrm{opt}} = 0 \tag{4.5.5}$$

因此，最优泊松比落在 $-0.5 \leqslant \nu_{\mathrm{opt}} \leqslant 0$ 范围内 (Lim，2013)，正如图 4.5.3(d) 所示。

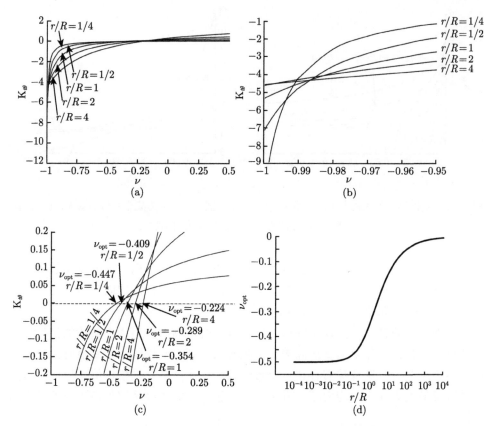

图 4.5.3   泊松比对各种类型不同无量纲锐度 r/R 的开槽圆杆的周向应力集中系数的影响：
(a) 总体上的；(b) 应力集中拐点处局部放大；(c) 考虑 r/R 的最优泊松比；(d) 更宽 r/R
范围的最优泊松比

4.6   拉胀固体的断裂特征

前面几节讨论的应力集中系数有助于预测断裂的发生。另一个非常重要的断裂分析的参数是能量释放率，定义为 (Irwin，1957)

$$G = \frac{\partial U_{\mathrm{E}}}{\partial A} \tag{4.6.1}$$

式中，U_{E} 为应变能；对于边缘开裂构件，$A = a \cdot h$，对中心开裂构件，$A = 2a \cdot h$，
(图 4.6.1)。

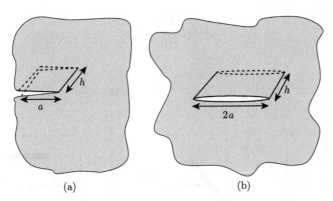

图 4.6.1 穿透厚度为 h 的板的裂纹的示意图：(a) 边缘裂纹；(b) 中心裂纹

在图 4.6.2 中，下标 I、II 和 III 分别代表面内拉伸加载模式 (模式 I)、面内剪切加载模式 (模式 II) 和面外剪切加载模式 (模式 III)。在平面应力条件下，能量释放率与应力强度系数之间的关系为

$$\left\{ \begin{array}{c} G_{\mathrm{I}} \\ G_{\mathrm{II}} \\ G_{\mathrm{III}} \end{array} \right\} = \frac{1}{E} \left\{ \begin{array}{c} \mathrm{K}_{\mathrm{I}}^2 \\ \mathrm{K}_{\mathrm{II}}^2 \\ (1+\nu)\,\mathrm{K}_{\mathrm{III}}^2 \end{array} \right\} \tag{4.6.2}$$

而在平面应变条件下，其关系为

$$\left\{ \begin{array}{c} G_{\mathrm{I}} \\ G_{\mathrm{II}} \\ G_{\mathrm{III}} \end{array} \right\} = \frac{1+\nu}{E} \left\{ \begin{array}{c} (1-\nu)\,\mathrm{K}_{\mathrm{I}}^2 \\ (1-\nu)\,\mathrm{K}_{\mathrm{II}}^2 \\ \mathrm{K}_{\mathrm{III}}^2 \end{array} \right\} \tag{4.6.3}$$

尽管如式 (4.6.4) 所示

$$\frac{EG_{\mathrm{I}}}{\mathrm{K}_{\mathrm{I}}^2} = \frac{EG_{\mathrm{II}}}{\mathrm{K}_{\mathrm{II}}^2} = 1 \tag{4.6.4}$$

与平面应力条件下的泊松比无关，对拉胀固体，可得其正数范围

$$0 < \frac{\partial}{\partial \nu}\left(\frac{EG_{\mathrm{I}}}{\mathrm{K}_{\mathrm{I}}^2}\right) = \frac{\partial}{\partial \nu}\left(\frac{EG_{\mathrm{II}}}{\mathrm{K}_{\mathrm{II}}^2}\right) \leqslant 2 \tag{4.6.5}$$

在平面应变条件下，对常规材料相应的负数范围

$$-1 \leqslant \frac{\partial}{\partial \nu}\left(\frac{EG_{\mathrm{I}}}{\mathrm{K}_{\mathrm{I}}^2}\right) = \frac{\partial}{\partial \nu}\left(\frac{EG_{\mathrm{II}}}{\mathrm{K}_{\mathrm{II}}^2}\right) \leqslant 0 \tag{4.6.6}$$

在平面应变、平面应力两种情况下，拉胀固体的无量纲比值 $EG_{\mathrm{II}}/\mathrm{K}_{\mathrm{II}}^2$ 均与常规固体的比值明显不同。对于拉胀固体，其值为

$$0 \leqslant \frac{EG_{\mathrm{III}}}{\mathrm{K}_{\mathrm{III}}^2} < 1 \tag{4.6.7}$$

而对于常规固体，其值为

$$1 \leqslant \frac{EG_{\mathrm{III}}}{\mathrm{K}_{\mathrm{III}}^2} \leqslant \frac{3}{2} \tag{4.6.8}$$

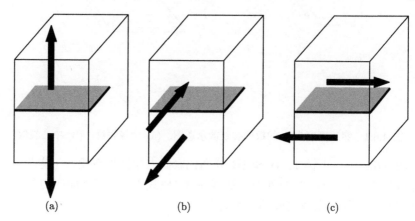

图 4.6.2　关于裂纹的三种加载模式示意图：(a) 面内拉伸 (模式 I)；(b) 面内剪切 (模式 II)；(c) 面外剪切 (模式 III)

4.7　拉胀固体切口周围的应力和位移场

应力场和位移场见图 4.7.1。

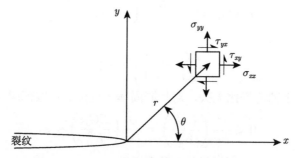

图 4.7.1　裂纹尖端附近坐标轴

对模式 I，在面内的应力场关系式如下：

$$\sigma_{xx} = \frac{\mathrm{K}_{\mathrm{I}}}{\sqrt{2\pi r}}\cos\frac{\theta}{2}\left(1 - \sin\frac{\theta}{2}\sin\frac{3\theta}{2}\right) \tag{4.7.1}$$

$$\sigma_{yy} = \frac{\mathrm{K}_{\mathrm{I}}}{\sqrt{2\pi r}}\cos\frac{\theta}{2}\left(1 + \sin\frac{\theta}{2}\sin\frac{3\theta}{2}\right) \tag{4.7.2}$$

$$\tau_{xy} = \frac{K_I}{\sqrt{2\pi r}}\cos\frac{\theta}{2}\sin\frac{\theta}{2}\cos\frac{3\theta}{2} \tag{4.7.3}$$

对模式 II, 在面内的应力场关系式如下:

$$\sigma_{xx} = -\frac{K_{II}}{\sqrt{2\pi r}}\sin\frac{\theta}{2}\left(2 + \cos\frac{\theta}{2}\cos\frac{3\theta}{2}\right) \tag{4.7.4}$$

$$\sigma_{yy} = \frac{K_{II}}{\sqrt{2\pi r}}\sin\frac{\theta}{2}\cos\frac{\theta}{2}\cos\frac{3\theta}{2} \tag{4.7.5}$$

$$\tau_{xy} = \frac{K_{II}}{\sqrt{2\pi r}}\cos\left(\frac{\theta}{2}\right)\left[1 - \sin\left(\frac{\theta}{2}\right)\sin\left(\frac{3\theta}{2}\right)\right] \tag{4.7.6}$$

它们均与泊松比无关。对于模式 I 和模式 II, 在平面应力条件下满足

$$\sigma_{zz} = \tau_{yz} = \tau_{zx} = 0 \tag{4.7.7}$$

而在平面应变情况下满足

$$\sigma_{zz} = \nu\left(\sigma_{xx} + \sigma_{yy}\right) \tag{4.7.8}$$

由此, 在平面应变情况下, 对模式 I,

$$\sigma_{zz} = \nu K_I\sqrt{\frac{2}{\pi r}}\cos\frac{\theta}{2} \tag{4.7.9}$$

而对模式 II,

$$\sigma_{zz} = -\nu K_{II}\sqrt{\frac{2}{\pi r}}\sin\frac{\theta}{2} \tag{4.7.10}$$

在断裂的情况下 (模式 III), 面外剪切应力场为

$$\tau_{xz} = -\frac{K_{III}}{\sqrt{2\pi r}}\sin\frac{\theta}{2} \tag{4.7.11}$$

$$\tau_{yz} = \frac{K_{III}}{\sqrt{2\pi r}}\cos\frac{\theta}{2} \tag{4.7.12}$$

它们均与泊松比无关。由于 σ_{zz} 在 $\nu = 0$ 时最小, 式 (4.7.9) 和式 (4.7.10) 意味着正泊松比材料和负泊松比材料是不利的。

另一方面, 位移场也极大地受到裂纹固体的泊松比的影响。例如, 对模式 I, 位移场为

$$u_x = \frac{K_I}{2\mu}\sqrt{\frac{r}{2\pi}}\cos\frac{\theta}{2}\left(\kappa - 1 + 2\sin^2\frac{\theta}{2}\right) \tag{4.7.13}$$

$$u_y = \frac{K_I}{2\mu}\sqrt{\frac{r}{2\pi}}\sin\frac{\theta}{2}\left(\kappa + 1 - 2\cos^2\frac{\theta}{2}\right) \tag{4.7.14}$$

对模式 II，位移场为

$$u_x = \frac{K_{II}}{2\mu}\sqrt{\frac{r}{2\pi}}\sin\frac{\theta}{2}\left(\kappa + 1 + 2\cos^2\frac{\theta}{2}\right) \tag{4.7.15}$$

$$u_y = -\frac{K_{II}}{2\mu}\sqrt{\frac{r}{2\pi}}\cos\frac{\theta}{2}\left(\kappa - 1 - 2\sin^2\frac{\theta}{2}\right) \tag{4.7.16}$$

它们均受泊松比的影响。对平面应变问题

$$\kappa = 3 - 4\nu \tag{4.7.17}$$

对平面应力问题

$$\kappa = \frac{3 - \nu}{1 + \nu} \tag{4.7.18}$$

而对模式 III 的位移场为

$$u_z = \frac{2K_{III}}{\mu}\sqrt{\frac{r}{2\pi}}\sin\frac{\theta}{2} \tag{4.7.19}$$

此外，剪切模量可采用杨氏模量和泊松比的形式来表示

$$\mu = \frac{E}{2(1+\nu)} \tag{4.7.20}$$

因此，可以对应力强度因子 (K_I、K_{II} 和 K_{III}) 进行无量纲化，为了方便起见，对裂纹尖端 (r) 相对于 π 的距离无量纲化。由此，无量纲位移可表示为 ν 和 θ 的函数，并且必须针对一个杨氏模量进行无量纲化。在无量纲化过程中，当消除杨氏模量这一参数时，式 (4.7.20) 必须代入式 (4.7.13) ~ 式 (4.7.16) 与式 (4.7.19) 中，因而

$$u^* = u\frac{E}{K}\sqrt{\frac{2\pi}{r}} \tag{4.7.21}$$

当无量纲化使得剪切模量消除时，无须将式 (4.7.20) 代入位移场，无量纲位移可直接从式 (4.7.13) ~ 式 (4.7.16) 和式 (4.7.19) 得到

$$u^{**} = u\frac{\mu}{K}\sqrt{\frac{2\pi}{r}} \tag{4.7.22}$$

4.8 模式 I 的无量纲位移场

在平面应变条件下，式 (4.7.21) 定义的无量纲化表达式给出了模式 I 情况下断裂的位移场为

$$u_x^* = 2\left(1 + \nu\right)\cos\frac{\theta}{2}\left(1 - 2\nu + \sin^2\frac{\theta}{2}\right) \tag{4.8.1}$$

$$u_y^* = 2(1 + \nu)\sin\frac{\theta}{2}\left[2\left(1 - \nu\right) - \cos^2\frac{\theta}{2}\right] \tag{4.8.2}$$

而由式 (4.7.22) 得到的位移场为

$$u_x^{**} = \cos\frac{\theta}{2}\left(1 - 2\nu + \sin^2\frac{\theta}{2}\right) \tag{4.8.3}$$

$$u_y^{**} = \sin\frac{\theta}{2}\left[2\left(1 - \nu\right) - \cos^2\frac{\theta}{2}\right] \tag{4.8.4}$$

图 4.8.1 以图形形式表示上述位移关系。结果表明，在模式 I 情况下，如果泊松比的变化是在杨氏模量为常数的情况下发生的，则选取高度拉胀固体 ($\nu = -1$) 可得到最佳的尺寸稳定性；但如果泊松比的变化是在剪切模量为常数的情况下发生的，则选取不可压缩材料 ($\nu = 0.5$) 可得到最佳的尺寸稳定性。

在平面应力条件下，当对杨氏模量无量纲化时，模式 I 型裂纹的位移场为

$$u_x^* = 2\cos\frac{\theta}{2}\left[1 - \nu + (1 + \nu)\sin^2\frac{\theta}{2}\right] \tag{4.8.5}$$

$$u_y^* = 2\sin\frac{\theta}{2}\left[2 - (1 + \nu)\cos^2\frac{\theta}{2}\right] \tag{4.8.6}$$

对剪切模量无量纲化时，模式 I 型裂纹的位移场为

$$u_x^{**} = \cos\frac{\theta}{2}\left(\frac{1 - \nu}{1 + \nu} + \sin^2\frac{\theta}{2}\right) \tag{4.8.7}$$

$$u_y^{**} = \sin\frac{\theta}{2}\left(\frac{2}{1 + \nu} - \cos^2\frac{\theta}{2}\right) \tag{4.8.8}$$

图 4.8.2 描绘了这些无量纲位移场。结果表明，在平面应力情况下拉胀固体并未给出最佳的尺寸稳定性条件。

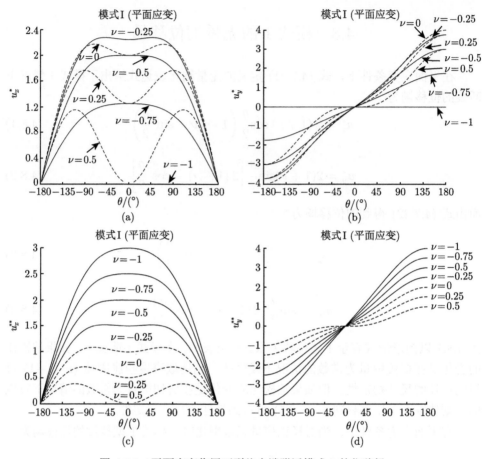

图 4.8.1　平面应变作用下裂纹尖端附近模式 I 的位移场

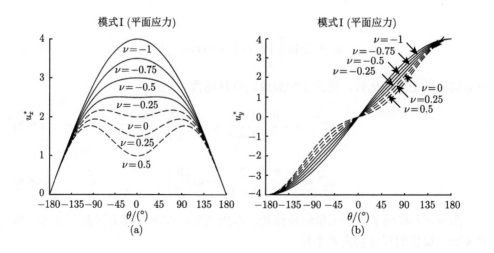

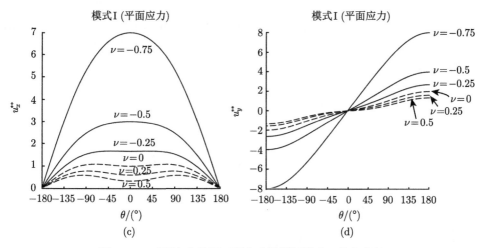

图 4.8.2 平面应力作用下裂纹尖端附近模式 I 的位移场

4.9 模式 II 的无量纲位移场

在平面应变条件下，式 (4.7.21) 定义的无量纲表达式给出了模式 II 断裂的位移场为

$$u_x^* = 2\left(1+\nu\right)\sin\frac{\theta}{2}\left[2\left(1-\nu\right)+\cos^2\frac{\theta}{2}\right] \tag{4.9.1}$$

$$u_y^* = -2\left(1+\nu\right)\cos\frac{\theta}{2}\left(1-2\nu-\sin^2\frac{\theta}{2}\right) \tag{4.9.2}$$

而由式 (4.7.22) 得到的位移场为

$$u_x^{**} = \sin\frac{\theta}{2}\left[2\left(1-\nu\right)+\cos^2\frac{\theta}{2}\right] \tag{4.9.3}$$

$$u_y^{**} = -\cos\frac{\theta}{2}\left(1-2\nu-\sin^2\frac{\theta}{2}\right) \tag{4.9.4}$$

方程 (4.9.1) ∼ (4.9.4) 的变化趋势曲线如图 4.9.1 所示。

结果表明，在模式 II 情况下，如果泊松比的变化是在杨氏模量为常数的情况下发生的，则选择高度拉胀固体 ($\nu = -1$) 可得到最佳的尺寸稳定性；但如果泊松比的变化是在剪切模量为常数的情况下发生的，则选取不可压缩材料 ($\nu = 0.25 \sim 0.5$) 可得到最佳的尺寸稳定性。

在平面应力条件下，对杨氏模量无量纲化时，模式 II 型裂纹的位移场为

$$u_x^* = 2\sin\frac{\theta}{2}\left[2+\left(1+\nu\right)\cos^2\frac{\theta}{2}\right] \tag{4.9.5}$$

$$u_y^* = -2\cos\frac{\theta}{2}\left[1 - \nu - (1+\nu)\sin^2\frac{\theta}{2}\right] \qquad (4.9.6)$$

对剪切模量无量纲化时，模式 II 型裂纹的位移场为

$$u_x^{**} = \sin\frac{\theta}{2}\left(\frac{2}{1+\nu} + \cos^2\frac{\theta}{2}\right) \qquad (4.9.7)$$

$$u_y^{**} = -\cos\frac{\theta}{2}\left(\frac{1-\nu}{1+\nu} - \sin^2\frac{\theta}{2}\right) \qquad (4.9.8)$$

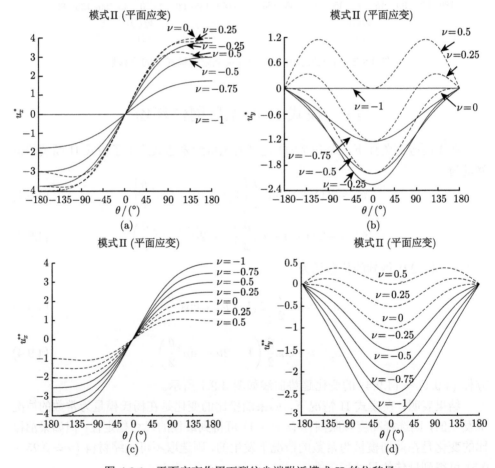

图 4.9.1　平面应变作用下裂纹尖端附近模式 II 的位移场

图 4.9.2 描绘了这些无量纲位移场。结果表明，在平面应力情况下拉胀固体并未给出最佳的尺寸稳定性条件。

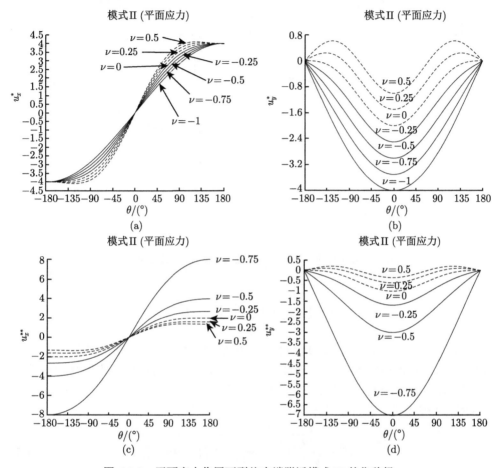

图 4.9.2 平面应力作用下裂纹尖端附近模式 II 的位移场

4.10 模式 III 的无量纲位移场

将式 (4.7.21) 和式 (4.7.22) 代入式 (4.7.19)，可分别获得

$$u_z^* = 4\left(1 + \nu\right)\sin\frac{\theta}{2} \tag{4.10.1}$$

和

$$u_z^{**} = 2\sin\frac{\theta}{2} \tag{4.10.2}$$

结果表明，在恒定的剪切模量情况下，面外位移与泊松比无关。在恒定的杨氏模量情况下，当 $\nu = -1$ 时，其位移最小 (图 4.10.1(a))；当 $\nu = -0.5$ 时 (即在拉胀区域的中点处) 的常值面外位移场与 ν 在整个范围内的面外位移场是相似的，如图 4.10.1(b) 所示。

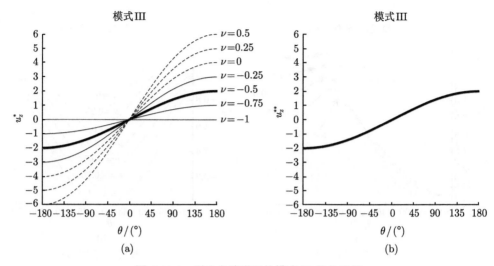

图 4.10.1　裂纹尖端附近的模式 II 的位移场

4.11　拉胀固体的破坏

Voyiadjis 和 Kattan (2005) 确定了 6 个破坏变量：(a) 破坏当量应力，(b) 冯·米塞斯累积塑性应变，(c) 塑性应变能，(d) 孔洞相对体积的孔隙度，(e) 孔洞半径，(f) 微裂纹和孔洞平面内交点的相对面积。其中，由 Lemaitre 和 Baptiste (1982) 从破坏热力学方法推导出的破坏当量应力为

$$\sigma^* = \sqrt{\frac{2}{3}\left(1+\nu\right)\sigma_{\mathrm{eq}}^2 + 3\left(1-2\nu\right)\sigma_{\mathrm{H}}^2} \tag{4.11.1}$$

它显式地受到材料的泊松比的影响。其中，σ_{eq} 为冯·米塞斯等效应力，σ_{H} 为静水压力。对于这个标准，当破坏当量应力达到临界应力水平时，裂纹萌生。可以清楚地看到，这种损伤判据不仅极大地受泊松比影响，同时，当泊松比取其极限值时，该式可大大地简化，即不可压材料的破坏准则仅由冯·米塞斯等效应力来表征：

$$\sigma^* = \sigma_{\mathrm{eq}}, \quad \nu = 0.5 \tag{4.11.2}$$

而仅用泊松比取其下限时，破坏准则仅由静水压力来描述：

$$\sigma^* = 3\sigma_{\mathrm{H}}, \quad \nu = -1 \tag{4.11.3}$$

在解释 Lemaitre 和 Baptiste (1982) 的损伤等效应力的物理意义时，必须记住，一般来说，材料的临界应力的大小随泊松比的变化而变化。

4.12　拉胀固体的疲劳

关于拉胀材料的疲劳行为，Bezazi 和 Scarpa (2007) 研究了常规泡沫、各向等密度非拉胀泡沫和拉胀热塑性聚氨酯 (PU) 泡沫的循环压缩加载行为；虽然这三种泡沫有相同的基体材料，即开孔的硬质的 PU，采用涉及铸模和暴露在特定温度下、以获得稳定的微结构转变的特殊制造工艺，将一批硬质聚氨酯转化为拉胀发泡材料。试件在正弦波形位移控制模式下循环压缩。静态实验结果表明，该拉胀热塑性泡沫具有特定的应力-应变压缩力学行为，与常规的和其他类似的已公开的数据相反。Bezazi 和 Scarpa (2007) 讨论了不同加载水平下，载荷损失、刚度退化、动力刚度演化和能量耗散累积的影响。分析结果表明，在循环载荷作用下，失效发生前的疲劳行为发生在两个阶段，这取决于加载水平。迟滞回线以关于循环次数 N 的函数的形式趋近于闭环，而动刚度的斜率随着 N 的增加、能量耗散的降低而减小。Bezazi 和 Scarpa (2007) 发现在每次循环和各加载水平上，拉胀泡沫的能量耗散显著高于常规的母材和各向等密度泡沫。

参 考 文 献

Alderson A, Evans K E (1995) Microstructural modelling of auxetic microporous polymers. J Mater Sci, 30(13): 3319-3332

Alderson A, Evans K E (1997) Modelling concurrent deformation mechanisms in auxetic microporous polymers. J Mater Sci, 32(11): 2797-2809

Alderson A, Evans K E (2001) Rotation and dilation deformation mechanisms for auxetic behaviour in the α-cristobalite tetrahedral framework structure. Phys Chem Miner, 28(10): 711-718

Bezazi A, Scarpa F (2007) Mechanical behavior of conventional and negative Poisson's ratio thermoplastic foams under compressive cyclic loading. Int J Fatigue, 29(5): 922-930

Chen Y J, Scarpa F, Liu Y J, Leng J S (2013) Elasticity of antitetrachiral anisotropic lattices. Int J Solids Struct 50(6): 996-1004

Chiang C R (2008) Stress concentration factors of a general triaxial ellipsoidal cavity. Fatigue Fract Eng Mater Struct, 31(12): 1039-1046

Chiang C R (2011) A design equation for the stress concentration factor of an oblate ellipsoidal cavity. J Strain Anal Eng Des, 46(2): 87-94

Cosserat E, Cosserat F (1909) Théorie des Corps deformables. Hermann et Fils, Paris

Gaspar N, Smith C W, Alderson A, Grima J N, Evans K E (2011) A generalised three-dimensional tethered-nodule model for auxetic materials. J Mater Sci, 46(2): 372-384

Goland M (1943) The Influence of the shape and rigidity of an elastic inclusion on the transverse flexure of thin plates. ASME J Appl Mech, 10: A69-A75

Goodier J N (1936) The influence of circular and elliptical openings on the transverse flexure of elastic plate. Philos Mag, 22(4): 69-80

Goodier J N (1933) Concentration of stress around spherical and cylindrical inclusions and flaws. Trans ASME, 55: 39-44

Grima J N, Williams J J, Evans K E (2005) Networked calix [4] arene polymers with unusual mechanical properties. Chem Commun, 32: 4065-4067

Grima J N, Zammit V, Gatt R, Alderson A, Evans K E (2007) Auxetic behaviour from rotating semi-rigid units. Phys Status Solidi B, 244(3): 866-882

He C B, Liu P W, Griffin A C (1998) Toward negative Poisson ratio polymers through molecular design. Macromolecules, 31(9): 3145-3147

He C B, Liu P W, McMullan P J, Griffin A C (2005) Toward molecular auxetics: Main chain liquid crystalline polymers consisting of laterally attached para-quaterphenyls. Phys Status Solidi B, 242(3): 576-584

Irwin G (1957) Analysis of stresses and strains near the end of a crack traversing a plate. ASME J Appl Mech, 24: 361-364

Lakes R (1987a) Foam structures with negative Poisson's ratio. Science, 235(4792): 1038-1040

Lakes R (1987b) Negative Poisson's ratio materials. Science, 238(4826): 551

Lakes R S (1993) Design considerations for negative Poisson's ratio materials. ASME J Mech Des, 115: 696-700

Lemaitre J, Baptiste D (1982) On damage criteria. Proceedings of NSF workshop on mechanics of damage and fracture, Atlanta, Georgia

Lim T C (2013) Stress concentration factors in auxetic rods and plates. Appl Mech Mater, 394: 134-139

Mindlin R D (1965) Stress functions for a Cosserat continuum. Int J Solids Struct, 1(3): 265-271

Neuber H (1937) Kerbspannungslehre. Springer, Berlin

Neuber H (1958) Theory of Notch Stresses. Springer, Berlin

Sadowsky M A, Sternberg E (1947) Stress concentration around an ellipsoidal cavity in an infinite body under arbitrary plane stress perpendicular to the axis of revolution of cavity. ASME J Appl Mech, 14: 191-201

Sadowsky M A, Sternberg E (1949) Stress concentration around a triaxial ellipsoidal cavity. ASME J Appl Mech, 16: 149-157

Smith C W, Grima J N, Evans K E (2000) A novel mechanism for generating auxetic behaviour in reticulated foams: missing rib foam model. Acta Mater, 48(17): 4349-4356

Spadoni A, Ruzzene M (2012) Elasto-static micro polar behavior of a chiral auxetic lattice. J Mech Phys Solids, 60(1): 156-171

Taylor M, Francesconi L, Gerendas M, Shanian A, Carson C, Bertoldi K (2013) Low poros-
    ity metallic periodic structures with negative Poisson's ratio. Adv Mater, 26(15):
    2365-2370

Voyiadjis G Z, Kattan P I (2005) Damage Mechanics. CRC Press, Boca Raton

Wojciechowski K W (1987) Constant thermodynamic tension Monte-Carlo studies of elastic
    properties of a two-dimensional system of hard cyclic hexamers. Mol Phys, 61(5):
    1247-1258

Wojciechowski K W (1989) Two-dimensional isotropic system with a negative Poisson ratio.
    Phys Lett A, 137(1&2): 60-64

第 5 章　拉胀材料的接触和压痕力学

摘要： 描述接触力学及其应力场和位移场具有重要的实际意义。本章首先从位移场和应力场两方面分析了拉胀材料相比于常规材料在半空间上线接触和点接触的独特性；接着研究压头形状对拉胀材料的影响，发现：当两个泊松比均为 −1 的各向同性弹性球体接触时，切线柔度与法向柔度的比值最小；最后总结拉胀复合材料接触和拉胀泡沫材料压痕的相关研究工作。

关键词： 压痕；压头形状；线接触；点接触；球接触

5.1　引　　言

顾名思义，接触力学研究的是两个固体接触时产生的应力和变形。形状不同 (即不一致) 的固体，会在一点 (点接触) 或沿一条线 (线接触) 接触。因此，不一致的固体间的接触面积相对较小，应力集中在接触区域附近。本章讨论拉胀材料的接触力学，概述负泊松比对接触应力和变形的影响。

5.2　拉胀材料的线接触

对于图 5.2.1 所示的直线接触，极坐标中下的应力分量为

$$\sigma_r = -\frac{2P}{\pi}\frac{\cos\theta}{r}, \quad \sigma_\theta = \tau_{r\theta} = 0 \tag{5.2.1}$$

或在笛卡儿坐标下的应力分量为

$$\left\{\begin{array}{c} \sigma_x \\ \sigma_y \\ \tau_{zx} \end{array}\right\} = \sigma_r \left\{\begin{array}{c} \sin^2\theta \\ \cos^2\theta \\ \sin\theta\cos\theta \end{array}\right\} = -\frac{2P}{\pi}\frac{z}{(x^2+z^2)^2}\left\{\begin{array}{c} x^2 \\ z^2 \\ xz \end{array}\right\} \tag{5.2.2}$$

这两种坐标下的应力分量均与泊松比无关 (Johnson，1985)。但后续研究证明泊松比对位移场影响显著。根据本构关系，应力可以用应变来表示；而根据协调性，

应变可以用位移来表示，即

$$\begin{cases} \dfrac{\partial u_r}{\partial r} = \varepsilon_r = \dfrac{1-\nu^2}{E}\dfrac{2P\cos\theta}{\pi r} \\[3mm] \dfrac{u_r}{r} + \dfrac{1}{r}\dfrac{\partial u_\theta}{\partial \theta} = \varepsilon_\theta = \dfrac{\nu\left(1+\nu\right)}{E}\dfrac{2P\cos\theta}{\pi r} \\[3mm] \dfrac{1}{r}\dfrac{\partial u_r}{\partial \theta} + \dfrac{\partial u_\theta}{\partial r} - \dfrac{u_\theta}{r} = \gamma_{r\theta} = \dfrac{\tau_{r\theta}}{G} \end{cases} \qquad (5.2.3)$$

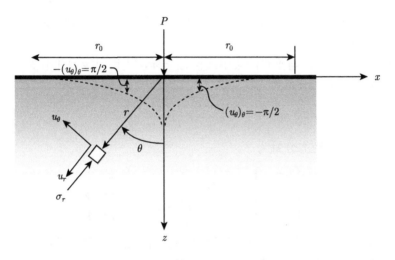

图 5.2.1 集中法向线接触示意图

在表面上，选取距离为 r_0 的一点为法向位移的基准，可得到

$$\left(u_r\right)_{\theta=\frac{\pi}{2}} = \left(u_r\right)_{\theta=-\frac{\pi}{2}} = -\frac{\left(1-2\nu\right)\left(1+\nu\right)}{2}\frac{P}{E} \qquad (5.2.4)$$

$$-\left(u_\theta\right)_{\theta=\frac{\pi}{2}} = \left(u_\theta\right)_{\theta=-\frac{\pi}{2}} = \frac{2\left(1-\nu^2\right)}{\pi E}P\ln\frac{r_0}{r}, \quad r < r_0 \qquad (5.2.5)$$

式 (5.2.4) 中的负号为朝向压头方向的表面上的水平位移分量。在直角坐标系中，平面应变为 $(\varepsilon_y = 0)$，利用三维胡克定律可以得到应变场

$$\left\{\begin{array}{c} \varepsilon_x \\ \varepsilon_z \\ \tau_{zx} \end{array}\right\} = -\frac{2P}{\pi}\left(\frac{1+\nu}{E}\right)\frac{1}{\left(x^2+z^2\right)^2}\left\{\begin{array}{c} \left(1-\nu\right)x^2z - \nu z^3 \\ \left(1-\nu\right)z^3 - \nu x^2 z \\ 2xz^2 \end{array}\right\} \qquad (5.2.6)$$

从式 (5.2.4) ∼ 式 (5.2.6) 可以观察到，当 $\nu \to -1$ 时，表面位移在理论上逐渐减小，表明高度拉胀的材料对压痕的回弹性比常规的等杨氏模量的材料要好。

以剪切模量代替杨氏模量，式 (5.2.4) ~ 式 (5.2.6) 可改写为

$$(u_r)_{\theta=\frac{\pi}{2}} = (u_r)_{\theta=-\frac{\pi}{2}} = -\frac{1-2\nu}{4}\frac{P}{G} \tag{5.2.7}$$

$$-(u_\theta)_{\theta=\frac{\pi}{2}} = (u_\theta)_{\theta=-\frac{\pi}{2}} = \frac{1-\nu}{\pi}\frac{P}{G}\ln\left(\frac{r_0}{r}\right), \quad r < r_0 \tag{5.2.8}$$

$$\left\{ \begin{array}{c} \varepsilon_x \\ \varepsilon_z \\ \tau_{zx} \end{array} \right\} = -\frac{1}{\pi}\left(\frac{P}{G}\right)\frac{1}{(x^2+z^2)^2}\left\{ \begin{array}{c} (1-\nu)\,x^2z - \nu z^3 \\ (1-\nu)\,z^3 - \nu x^2 z \\ 2xz^2 \end{array} \right\} \tag{5.2.9}$$

这意味着，与等剪切模量的常规材料相比，使用高度拉胀材料 (如 $\nu \to -1$)，其变形不一定会减小。

如图 5.2.2 所示，与垂直的集中线接触一样，线切向接触并不依赖于泊松比，即在极坐标下，应力分量为

$$\sigma_r = -\frac{2Q}{\pi}\frac{\cos\theta}{r}, \quad \sigma_\theta = \tau_{r\theta} = 0 \tag{5.2.10}$$

在笛卡儿坐标下，应力分量为

$$\left\{ \begin{array}{c} \sigma_x \\ \sigma_z \\ \tau_{zx} \end{array} \right\} = -\frac{2Q}{\pi}\frac{x}{(x^2+z^2)^2}\left\{ \begin{array}{c} x^2 \\ z^2 \\ xz \end{array} \right\} \tag{5.2.11}$$

注意，图 5.2.2 中的 θ 角是从表面测量的，这与图 5.2.1 不同。另一方面，位移场受泊松比的影响较大。对于表面位移，可得

$$-(u_r)_{\theta=\pi} = (u_r)_{\theta=0} = \frac{2(1-\nu^2)}{\pi E}Q\ln\left(\frac{r_0}{r}\right), \quad r < r_0 \tag{5.2.12}$$

$$(u_\theta)_{\theta=\pi} = (u_\theta)_{\theta=0} = \frac{(1-2\nu)(1+\nu)}{2}\frac{Q}{E} \tag{5.2.13}$$

其中，r_0 是距离加载点一定距离的表面位置，其不发生位移。在笛卡儿坐标系中，假定平面应变为

$$\left\{ \begin{array}{c} \varepsilon_x \\ \varepsilon_z \\ \tau_{zx} \end{array} \right\} = -\frac{2Q}{\pi}\frac{1+\nu}{E}\frac{1}{(x^2+z^2)^2}\left\{ \begin{array}{c} (1-\nu)\,x^3 - \nu xz^2 \\ (1-\nu)\,xz^2 - \nu x^3 \\ 2x^2 z \end{array} \right\} \tag{5.2.14}$$

可以看出，当 $\nu \to -1$ 时，位移分量减小。因此，高度拉胀材料对切向牵拉的回弹性比相同杨氏模量的常规材料大。当采用剪切模量而不是杨氏模量来表示时，式 (5.2.12) ~ 式 (5.2.14) 改写为

$$-(u_r)_{\theta=\pi} = (u_r)_{\theta=0} = \frac{1-\nu}{\pi}\frac{Q}{G}\ln\left(\frac{r_0}{r}\right), \quad r < r_0 \tag{5.2.15}$$

$$(u_\theta)_{\theta=\pi} = (u_\theta)_{\theta=0} = \frac{1-2\nu}{4}\frac{Q}{G} \tag{5.2.16}$$

$$\left\{\begin{array}{c} \varepsilon_x \\ \varepsilon_z \\ \tau_{zx} \end{array}\right\} = -\frac{1}{\pi}\left(\frac{Q}{G}\right)\frac{1}{(x^2+z^2)^2}\left\{\begin{array}{c} (1-\nu)\,x^3 - \nu x z^2 \\ (1-\nu)\,x z^2 - \nu x^3 \\ 2x^2 z \end{array}\right\} \tag{5.2.17}$$

亦即，与等剪切模量的常规材料相比，高度拉胀材料的变形不一定能减小。

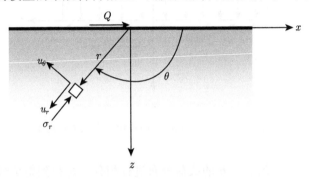

图 5.2.2 集中切向线接触示意图

对于集中的法线载荷和切线载荷，如果法线载荷和切线载荷作用在同一条线上，式 (5.2.2) 和式 (5.2.11) 中所分别描述的应力分量可组合为

$$\left\{\begin{array}{l} \sigma_x = -\dfrac{2z}{\pi}\dfrac{Px^2}{(x^2+z^2)^2} - \dfrac{2}{\pi}\dfrac{Qx^3}{(x^2+z^2)^2} \\[3mm] \sigma_z = -\dfrac{2z^3}{\pi}\dfrac{P}{(x^2+z^2)^2} - \dfrac{2z^2}{\pi}\dfrac{Qx}{(x^2+z^2)^2} \\[3mm] \tau_{xz} = -\dfrac{2z^2}{\pi}\dfrac{Px}{(x^2+z^2)^2} - \dfrac{2z}{\pi}\dfrac{Qx^2}{(x^2+z^2)^2} \end{array}\right. \tag{5.2.18}$$

如图 5.2.3 所示，式 (5.2.18) 适用于扩展任意法线 $p(x)$ 和任意切向载荷分布 $q(x)$ 的情况。考虑与 z 轴距离为 x_1 的单元带 $\mathrm{d}x$，在 x_1 和 $x_1 + \mathrm{d}x$ 范围内对应沿法向和切向载荷作用的单元应力，通过式 (5.2.18) 可得

$$\left\{\begin{array}{l} \mathrm{d}\sigma_x = -\dfrac{2z}{\pi}\dfrac{p\left(x_1\right)\left(x-x_1\right)^2}{\left[\left(x-x_1\right)^2+z^2\right]^2} - \dfrac{2}{\pi}\dfrac{q\left(x_1\right)\left(x-x_1\right)^3}{\left[\left(x-x_1\right)^2+z^2\right]^2} \\[4mm] \mathrm{d}\sigma_z = -\dfrac{2z^3}{\pi}\dfrac{p\left(x_1\right)}{\left[\left(x-x_1\right)^2+z^2\right]^2} - \dfrac{2z^2}{\pi}\dfrac{q\left(x_1\right)\left(x-x_1\right)}{\left[\left(x-x_1\right)^2+z^2\right]^2} \\[4mm] \mathrm{d}\tau_{xz} = -\dfrac{2z^2}{\pi}\dfrac{p\left(x_1\right)\left(x-x_1\right)}{\left[\left(x-x_1\right)^2+z^2\right]^2} - \dfrac{2z}{\pi}\dfrac{q\left(x_1\right)\left(x-x_1\right)^2}{\left[\left(x-x_1\right)^2+z^2\right]^2} \end{array}\right. \tag{5.2.19}$$

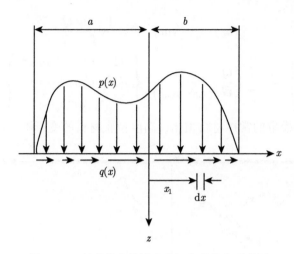

图 5.2.3   任意分布的法向和切向牵拉力示意图

通过对 $x = -a$ 到 $x = b$ 的载荷分布进行积分，可得到整个载荷分布对应的应力分量为

$$\begin{cases} \sigma_x = -\dfrac{2z}{\pi} \displaystyle\int_{-a}^{b} \dfrac{p\left(x_1\right)\left(x-x_1\right)^2}{\left[\left(x-x_1\right)^2 + z^2\right]^2}\mathrm{d}x - \dfrac{2}{\pi}\displaystyle\int_{-a}^{b}\dfrac{q\left(x_1\right)\left(x-x_1\right)^3}{\left[\left(x-x_1\right)^2 + z^2\right]^2}\mathrm{d}x \\[4mm] \sigma_z = -\dfrac{2z^3}{\pi}\displaystyle\int_{-a}^{b}\dfrac{p\left(x_1\right)}{\left[\left(x-x_1\right)^2 + z^2\right]^2}\mathrm{d}x - \dfrac{2z^2}{\pi}\displaystyle\int_{-a}^{b}\dfrac{q\left(x_1\right)\left(x-x_1\right)}{\left[\left(x-x_1\right)^2 + z^2\right]^2}\mathrm{d}x \\[4mm] \tau_{xz} = -\dfrac{2z^2}{\pi}\displaystyle\int_{-a}^{b}\dfrac{p\left(x_1\right)\left(x-x_1\right)}{\left[\left(x-x_1\right)^2 + z^2\right]^2}\mathrm{d}x - \dfrac{2z}{\pi}\displaystyle\int_{-a}^{b}\dfrac{q\left(x_1\right)\left(x-x_1\right)^2}{\left[\left(x-x_1\right)^2 + z^2\right]^2}\mathrm{d}x \end{cases} \quad (5.2.20)$$

其对应的表面位移分量为

$$(u_x)_{z=0} = -\frac{\left(1-2\nu\right)\left(1+\nu\right)}{2E}\left[\int_{-a}^{x}p\left(x\right)\mathrm{d}x - \int_{x}^{b}p\left(x\right)\mathrm{d}x\right]$$
$$\qquad - \frac{2\left(1-\nu^2\right)}{\pi E}\int_{-a}^{b}q\left(x\right)\ln|x-x_1|\,\mathrm{d}x + C_1 \qquad (5.2.21)$$
$$(u_z)_{z=0} = \frac{\left(1-2\nu\right)\left(1+\nu\right)}{2E}\left[\int_{-a}^{x}q\left(x\right)\mathrm{d}x - \int_{x}^{b}q\left(x\right)\mathrm{d}x\right]$$

$$-\frac{2\left(1-\nu^2\right)}{\pi E}\int_{-a}^{b}p\left(x\right)\ln|x-x_1|\,\mathrm{d}x+C_2 \tag{5.2.22}$$

其中，常数 C_1 和 C_2 由位移基准确定。式 (5.2.4) 和式 (5.2.13) 中 $x=0$ 处相反的位移方向迫使式 (5.2.21) 和式 (5.2.22) 的积分拆分。因此，可通过将表面位移表示为关于 x 的梯度来去除常数 C_1 和 C_2，即

$$\left(\frac{\partial u_x}{\partial x}\right)_{z=0}=-\frac{\left(1-2\nu\right)\left(1+\nu\right)}{E}p\left(x\right)-\frac{2\left(1-\nu^2\right)}{\pi E}\int_{-a}^{b}\frac{q\left(x\right)}{x-x_1}\mathrm{d}x \tag{5.2.23}$$

$$\left(\frac{\partial u_z}{\partial x}\right)_{z=0}=\frac{\left(1-2\nu\right)\left(1+\nu\right)}{E}q\left(x\right)-\frac{2\left(1-\nu^2\right)}{\pi E}\int_{-a}^{b}\frac{p\left(x\right)}{x-x_1}\mathrm{d}x \tag{5.2.24}$$

在理论上，当杨氏模量保持恒定时，应变随 $\nu\to-1$ 逐渐减小，而当剪切模量保持恒定时，情况并非如此，即

$$\left(\frac{\partial u_x}{\partial x}\right)_{z=0}=-\frac{1-2\nu}{2G}p\left(x\right)-\frac{1-\nu}{\pi G}\int_{-a}^{b}\frac{q\left(x\right)}{x-x_1}\mathrm{d}x \tag{5.2.25}$$

$$\left(\frac{\partial u_z}{\partial x}\right)_{z=0}=\frac{1-2\nu}{2G}q\left(x\right)-\frac{1-\nu}{\pi G}\int_{-a}^{b}\frac{p\left(x\right)}{x-x_1}\mathrm{d}x \tag{5.2.26}$$

图 5.2.4 描绘了一个弹性半空间上的广义压痕，该压痕由宽度为 $2a$ 的刚性扁平压头构成，分别沿 x 和 y 方向承受法向载荷 P 和剪切载荷 Q。如前所述，可以认为压头的长度和在 y 方向上的弹性半空间要远远大于 $2a$，因此平面应变的假设是成立的。

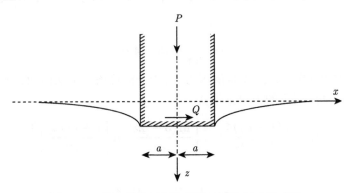

图 5.2.4　具有刚性平压头的弹性固体压痕示意图

对于无摩擦压痕, 整个接触面均无剪切应力 $(q_1 = 0)$, 只存在压力分布

$$p_1\left(x\right) = \frac{P}{\pi\sqrt{a^2 - x^2}} \tag{5.2.27}$$

为便于以图形方式表示此压头无量纲宽度方向的无量纲压力 (图 5.2.5), 无量纲压力的表达式为

$$p^* = \frac{\pi a}{P}p\left(x\right) \tag{5.2.28}$$

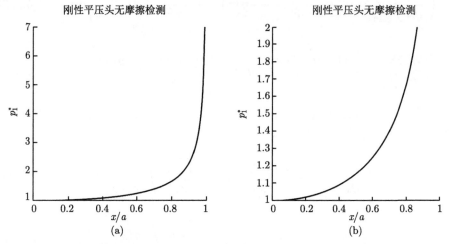

图 5.2.5   无摩擦条件下刚性平压头与弹性半空间无量纲压力曲线图: (a) 总体; (b) 近景

在另一种极端情况下, 由于完全摩擦, 半空间的表面完全黏附在压头上, 压力和剪切力的分布为 (Johnson, 1985)

$$p_2\left(x\right) + \mathrm{i}q_2\left(x\right) = \frac{2\left(1 - \nu\right)}{\sqrt{3 - 4\nu}}\frac{P + \mathrm{i}Q}{\pi\sqrt{a^2 - x^2}}\left\{\cos\left[\eta\ln\left(\frac{a+x}{a-x}\right)\right] + \mathrm{i}\sin\left[\eta\ln\left(\frac{a+x}{a-x}\right)\right]\right\} \tag{5.2.29}$$

其中

$$\eta = \frac{1}{2\pi}\ln\left(3 - 4\nu\right) \tag{5.2.30}$$

根据式 (5.2.28) 描述的无量纲压力, 对于非滑移条件下法向加载模式 $(Q = 0)$ 可得到式 (5.2.29) 所示的无量纲形式

$$p_2^* = \frac{2\left(1 - \nu\right)p_1^*}{\sqrt{3 - 4\nu}}\cos\left\{\frac{\ln\left(3 - 4\nu\right)}{2\pi}\ln\left[\frac{1 + \left(x/a\right)}{1 - \left(x/a\right)}\right]\right\} \tag{5.2.31}$$

其中

$$p_1^* = \left[1 - \left(x/a\right)^2\right]^{-\frac{1}{2}} \tag{5.2.32}$$

它是无摩擦条件下的无量纲压力分布。图 5.2.6(a) 给出了从 $\nu = 0.5$ 至 $\nu = -1$ 时，p_2^* 关于 x/a 的变化关系，图中显示了在弹性半空间内与压头角接触的已知的压力奇异点。然而，随着半空间的泊松比变得越来越负，压头角处的极高的压力集中迅速降低，以至压头拐角处的压力降低将重新分布到压头的整个平坦部分。图 5.2.6 (b) 描绘了泊松比从 $\nu = -0.6$ 到 $\nu = -1$ 的高度拉胀区域内更详细的压力重分配。对于无滑动的法向压痕，拉胀的半空间使压力分布更加均匀，从而有助于增加压头和半空间材料的使用寿命。

如果压头在固体表面的滑动速度与弹性波的速度相比微不足道,惯性力 $p_3(x)$ 则可以被忽略 (Johnson，1985)：

$$p_3(x) = \frac{P\cos(\pi\gamma)}{\pi\sqrt{a^2-x^2}}\left(\frac{a+x}{a-x}\right)^{\gamma} \tag{5.2.33}$$

其中

$$\cos(\pi\gamma) = -\frac{2}{\mu}\frac{1-\nu}{1-2\nu} \tag{5.2.34}$$

式中，μ 为滑动压头与弹性半空间之间的动摩擦系数。利用式 (5.2.28) 中描述的无量纲压力，可得到式 (5.2.33) 的无量纲形式

$$p_3^* = \frac{2(1-\nu)p_1^*}{\sqrt{4(1-\nu)^2+\mu^2(1-2\nu)^2}}\left[\frac{1+(x/a)}{1-(x/a)}\right]^{\frac{1}{\pi}\arctan\left(-\frac{\mu}{2}\frac{1-2\nu}{1-\nu}\right)} \tag{5.2.35}$$

式中，p_1^* 的定义如式 (5.2.32) 所示。

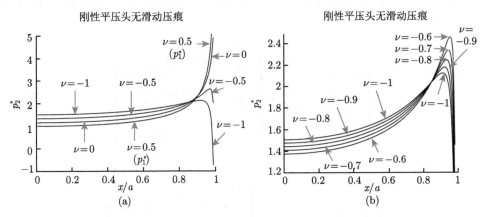

图 5.2.6 无滑动压痕：(a) 常规和拉胀固体；(b) 高度拉胀固体

图 5.2.7 (a)、(b) 分别为滑动摩擦系数 $\mu = 0.2$，$\mu = 0.8$ 时，p_3^* 随 x/a 变化的曲线簇。当 $\nu \neq 0.5$ 时，压力分布变得不对称，压头前半部分的压力减小，后

半部分的压力增大。随着摩擦系数和半空间泊松比的增大 (负向增大), 这种不对称性更加明显。因此, 在滑动压头情况下, 具有更大负泊松比 (值越负) 的半空间材料将更大的压力从压头的前部转移到后部, 从而促进更平滑的滑动。

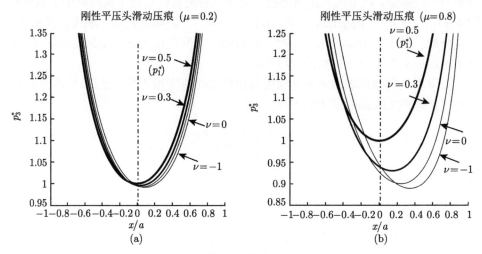

图 5.2.7　常规固体和拉胀固体的滑动压痕: (a) $\mu = 0.2$; (b) $\mu = 0.8$

5.3　拉胀材料的点接触

在集中法向力 P 作用于 z 方向的 $(x, y, z) = (0, 0, 0)$ 时, 可得到其位移场为 (Johnson, 1985)

$$\left\{ \begin{array}{c} u_x \\ u_y \\ u_z \end{array} \right\} = \frac{P}{4\pi G \rho} \left\{ \begin{array}{c} \dfrac{xz}{\rho^2} - (1 - 2\nu) \dfrac{x}{\rho + z} \\ \dfrac{yz}{\rho^2} - (1 - 2\nu) \dfrac{y}{\rho + z} \\ \dfrac{z^2}{\rho^2} + (1 - 2\nu) \end{array} \right\} \tag{5.3.1}$$

或者

$$\left\{ \begin{array}{c} u_x \\ u_y \\ u_z \end{array} \right\} = \frac{P(1 + \nu)}{2\pi E \rho} \left\{ \begin{array}{c} \dfrac{xz}{\rho^2} - (1 - 2\nu) \dfrac{x}{\rho + z} \\ \dfrac{yz}{\rho^2} - (1 - 2\nu) \dfrac{y}{\rho + z} \\ \dfrac{z^2}{\rho^2} + (1 - 2\nu) \end{array} \right\} \tag{5.3.2}$$

以及与点载荷正交的应力分量，该应力分量在笛卡儿坐标系中为

$$
\left\{
\begin{array}{c}
\sigma_x \\
\sigma_y \\
\sigma_z
\end{array}
\right\}
=
\frac{P}{2\pi}
\left\{
\begin{array}{c}
\dfrac{1-2\nu}{r^2}\left[\left(1-\dfrac{z}{\rho}\right)\dfrac{x^2-y^2}{r^2}+\dfrac{zy^2}{\rho^3}\right]-\dfrac{3zx^2}{\rho^5} \\[3mm]
\dfrac{1-2\nu}{r^2}\left[\left(1-\dfrac{z}{\rho}\right)\dfrac{y^2-x^2}{r^2}+\dfrac{zx^2}{\rho^3}\right]-\dfrac{3zy^2}{\rho^5} \\[3mm]
\dfrac{1-2\nu}{r^2}\left[\left(1-\dfrac{z}{\rho}\right)\dfrac{xy}{r^2}+\dfrac{xyz}{\rho^3}\right]-\dfrac{3xyz}{\rho^5}
\end{array}
\right\}
\tag{5.3.3}
$$

在极坐标下为

$$
\left\{
\begin{array}{c}
\sigma_r \\
\sigma_\theta
\end{array}
\right\}
=
\frac{P}{2\pi}
\left\{
\begin{array}{c}
+(1-2\nu)\left(\dfrac{1}{r^2}-\dfrac{z}{\rho r^2}\right)-\dfrac{3zr^2}{\rho^5} \\[3mm]
-(1-2\nu)\left(\dfrac{1}{r^2}-\dfrac{z}{\rho r^2}-\dfrac{z}{\rho^3}\right)
\end{array}
\right\}
\tag{5.3.4}
$$

以及其余的应力分量，在笛卡儿坐标系中，它们为

$$
\left\{
\begin{array}{c}
\sigma_z \\
\tau_{xz} \\
\tau_{yz}
\end{array}
\right\}
=
-\frac{3P}{2\pi}\left(\frac{z^2}{\rho^5}\right)
\left\{
\begin{array}{c}
z \\
x \\
y
\end{array}
\right\}
\tag{5.3.5}
$$

或者

$$
\left\{
\begin{array}{c}
\sigma_z \\
\tau_{rz}
\end{array}
\right\}
=
-\frac{3P}{2\pi}\left(\frac{z^2}{\rho^5}\right)
\left\{
\begin{array}{c}
z \\
r
\end{array}
\right\}
\tag{5.3.6}
$$

其中

$$
\left\{
\begin{array}{c}
r \\
\rho
\end{array}
\right\}
=
\left\{
\begin{array}{c}
\sqrt{x^2+y^2} \\
\sqrt{x^2+y^2+z^2}
\end{array}
\right\}
\tag{5.3.7}
$$

从式 (5.3.3) ~ 式 (5.3.6) 可得，三个正交法向应力的总和可以表示为

$$
\sigma_x+\sigma_y+\sigma_z=\sigma_r+\sigma_\theta+\sigma_z=-(1+\nu)\frac{P}{\pi}\left(\frac{z}{\rho^3}\right)
\tag{5.3.8}
$$

式 (5.3.8) 适用于整个半空间材料。图 5.3.1(a) 所示为沿 z 轴 (即 $\rho=z$) 绘制的一系列 $\pi(\sigma_r+\sigma_\theta+\sigma_z)/P$ 曲线簇，与拉胀区域相比，常规区域仅占据了一条很窄的带隙 (图 5.3.1(b))。

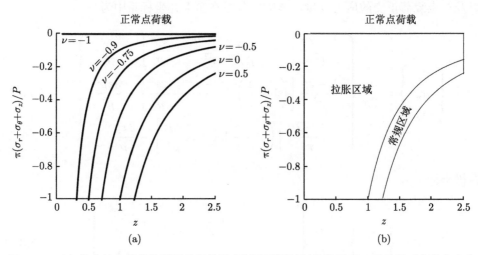

图 5.3.1   (a) 集中法向载荷作用下的弹性半空间的不同泊松比情况下，无量纲正交法向应力
总和随沿载荷方向材料深度的变化曲线；(b) 拉胀区域和常规区域

当均布压力 p 作用于半径为 a 的圆形区域时，可得沿 z 轴的应力关系

$$\sigma_r = \sigma_\theta = -p \left[\frac{1+2\nu}{2} - \frac{(1+\nu)\,z}{\sqrt{a^2+z^2}} + \frac{z^3}{2\,(a^2+z^2)^{3/2}} \right] \tag{5.3.9}$$

$$\sigma_z = 2p\,(1+\nu) \left[\frac{1}{\sqrt{(a/z)^2 - 1}} - 1 \right] \tag{5.3.10}$$

$$\sigma_r + \sigma_\theta + \sigma_z = 2p\,(1+\nu) \left(\frac{z}{\sqrt{a^2+z^2}} - 1 \right) \tag{5.3.11}$$

而将如下式所示的赫兹压力分布

$$p\,(r) = p_0 \sqrt{1 - \left(\frac{r}{a}\right)^2} \tag{5.3.12}$$

作用于半径为 a 的圆形区域时，沿 z 轴的应力关系为

$$\sigma_r = \sigma_\theta = \frac{p_0}{2} \left[1 + \left(\frac{z}{a}\right)^2 \right]^{-1} - p_0\,(1+\nu) \left[1 - \frac{z}{a}\mathrm{arctan}\left(\frac{a}{z}\right) \right] \tag{5.3.13}$$

$$\sigma_z = -p_0 \left[1 + \left(\frac{z}{a}\right)^2 \right]^{-1} \tag{5.3.14}$$

这使得

$$\sigma_r + \sigma_\theta + \sigma_z = -2p_0\,(1+\nu) \left[1 - \frac{z}{a}\mathrm{arctan}\left(\frac{a}{z}\right) \right] \tag{5.3.15}$$

图 5.3.2 和图 5.3.3 分别描绘了一系列 $(\sigma_r + \sigma_\theta + \sigma_z)/2p$ 和 $(\sigma_r + \sigma_\theta + \sigma_z)/2p_0$ 随沿 z 轴无量纲材料深度 (z/a) 变化的曲线簇。

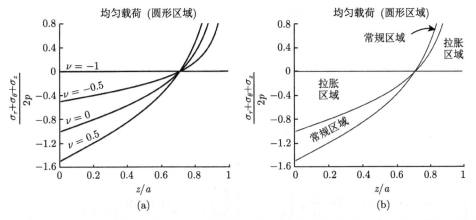

图 5.3.2 (a) 承受圆域均布载荷作用下的弹性半空间的不同泊松比情况下，沿 z 轴的无量纲正交法向应力总和随沿载荷方向无量纲材料深度的变化曲线；(b) 拉胀区域和常规区域

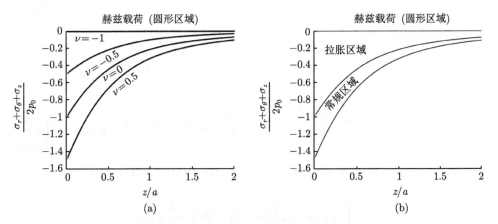

图 5.3.3 (a) 承受圆域赫兹载荷作用下的弹性半空间的不同泊松比情况下，沿 z 轴的无量纲正交法向应力总和随沿载荷方向无量纲材料深度的变化曲线；(b) 拉胀区域和常规区域

值得注意的是，在不改变其他材料性质时 (如杨氏模量或剪切模量)，式 (5.3.8)、式 (5.3.11) 和式 (5.3.15) 中所述的正交法向应力总和的大小随着半空间泊松比变得更负 (未维持杨氏模量或剪切模量不变) 而减小。更有趣的是，当弹性半空间的泊松比接近其下限时，正交法向应力的总和减小，即

$$\lim_{\nu \to -1} (\sigma_r + \sigma_\theta + \sigma_z) = 0 \tag{5.3.16}$$

考虑如式 (5.3.17) 所示的赫兹压力分布

$$p = p_0 \sqrt{1 - \left(\frac{x}{a}\right)^2 - \left(\frac{y}{b}\right)^2} \tag{5.3.17}$$

当其作用于式 (5.3.18) 所示的椭圆区域上时

$$\left(\frac{x}{a}\right)^2 + \left(\frac{y}{b}\right)^2 = 1 \tag{5.3.18}$$

引入偏心距

$$e = \sqrt{1 - \left(\frac{b}{a}\right)^2}, \quad a \geqslant b \tag{5.3.19}$$

则沿 x 轴的表面应力为

$$\begin{cases} \sigma_x = -2\nu p - (1-2\nu)\dfrac{p_0 b}{ae^2}\left\{\left[1 - \dfrac{b}{a}\left(\dfrac{p}{p_0}\right)\right] - \dfrac{x}{ae}\mathrm{arctanh}\left[\dfrac{ex}{a + b\,(p/p_0)}\right]\right\} \\[4mm] \sigma_y = -2\nu p - (1-2\nu)\dfrac{p_0 b}{ae^2}\left\{\left[\dfrac{a}{b}\left(\dfrac{p}{p_0}\right) - 1\right] + \dfrac{x}{ae}\mathrm{arctanh}\left[\dfrac{ex}{a + b\,(p/p_0)}\right]\right\} \end{cases} \tag{5.3.20}$$

沿 y 轴的表面应力为

$$\begin{cases} \sigma_x = -2\nu p - (1-2\nu)\dfrac{p_0 b}{ae^2}\left(\left(1 - \dfrac{b}{a}\dfrac{p}{p_0}\right) - \dfrac{y}{ae}\arctan\left\{\dfrac{a}{b}\left[\dfrac{ey}{a\,(p/p_0) + b}\right]\right\}\right) \\[4mm] \sigma_y = -2\nu p - (1-2\nu)\dfrac{p_0 b}{ae^2}\left(\left(\dfrac{a}{b}\dfrac{p}{p_0} - 1\right) + \dfrac{y}{ae}\arctan\left\{\dfrac{a}{b}\left[\dfrac{ey}{a\,(p/p_0) + b}\right]\right\}\right) \end{cases} \tag{5.3.21}$$

在加载区域中心, 将 $x = y = 0$ 代入式 (5.3.20) 和式 (5.3.21), 可得应力为

$$\begin{cases} \sigma_x = -p_0\left[2\nu + (1-2\nu)\dfrac{b}{a+b}\right] \\[4mm] \sigma_y = -p_0\left[2\nu + (1-2\nu)\dfrac{a}{a+b}\right] \end{cases} \tag{5.3.22}$$

继而得到

$$\sigma_x + \sigma_y = -p_0\,(1 + 2\nu) \tag{5.3.23}$$

　　显然, 式 (5.3.23) 中的应力总和在不可压缩性条件 ($\nu = 0.5$) 时最大, 在 $\nu = -0.5$ 时减小。

　　在集中切向力作用下, 如在 x 方向上, 可得平行于表面的应力为

$$\left\{ \begin{array}{c} \sigma_x \\ \sigma_y \\ \tau_{xy} \end{array} \right\} = \frac{(1-2\nu)\,Q_x}{2\pi} \left\{ \begin{array}{c} \dfrac{x}{\rho^3} - \dfrac{3x}{\rho\,(\rho+z)^2} + \dfrac{x^3}{\rho^3\,(\rho+z)^2} + \dfrac{2x^3}{\rho^2\,(\rho+z)^3} \\[3mm] \dfrac{x}{\rho^3} - \dfrac{x}{\rho\,(\rho+z)^2} + \dfrac{xy^2}{\rho^3\,(\rho+z)^2} + \dfrac{2xy^2}{\rho^2\,(\rho+z)^3} \\[3mm] -\dfrac{y}{\rho\,(\rho+z)^2} + \dfrac{x^2y}{\rho^3\,(\rho+z)^2} + \dfrac{2x^2y}{\rho^2\,(\rho+z)^3} \end{array} \right\}$$

$$-\frac{3Q_x x}{2\pi\rho^5} \left\{ \begin{array}{c} x^2 \\ y^2 \\ xy \end{array} \right\} \tag{5.3.24}$$

以及正交于半空间表面的应力

$$\left\{ \begin{array}{c} \sigma_x \\ \tau_{yz} \\ \tau_{xz} \end{array} \right\} = -\frac{3Q_x xz}{2\pi\rho^5} \left\{ \begin{array}{c} z \\ y \\ x \end{array} \right\} \tag{5.3.25}$$

对三个正交法向应力求和，可得

$$\sigma_x + \sigma_y + \sigma_z = -\left(1+\nu\right) \frac{Q_x}{\pi} \left(\frac{x}{\rho^3} \right) \tag{5.3.26}$$

这意味着正交法向应力的总和可从力学 ($Q_x = 0$)、几何 ($x = 0$) 和材质 ($\nu = -1$) 三个层面减小。

将式 (5.3.26) 中的无量纲应力总和的结果 $\pi(\sigma_x+\sigma_y+\sigma_z)/Q_x$ 沿 x 轴 ($\rho = x$) 相对于材料表面绘制相应曲线，结果如图 5.3.4 所示。图 5.3.4 与图 5.3.1 很类似，但这并不奇怪，因为切向垂直载荷加载时所得的式 (5.3.26) 类似于法向垂直载荷加载时的式 (5.3.8)。

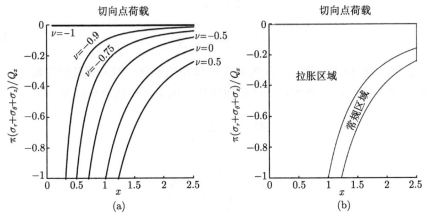

图 5.3.4　(a) 集中切向载荷作用下的弹性半空间的不同泊松比情况下，无量纲正交法向应力总和随沿载荷方向材料深度的变化曲线；(b) 拉胀区域和常规区域

5.4   压头形状对拉胀材料的影响

为了更方便地描述负泊松比对弹性半空间压痕阻抗的影响，以示意图的方式定义了本章所涉及的压头形状的几何特征 (图 5.4.1)，P 和 δ 分别指所施加的载荷和最大压痕深度，a 为圆形接触区域的半径，α 表示圆锥形压头的半角 (图 5.4.1(a))，而 R 为球形压头的半径 (图 5.4.1(b))。圆柱形压头本质上是半径为 a 的平圆形压头，因此压痕面积保持恒定 (图 5.4.1(c))。

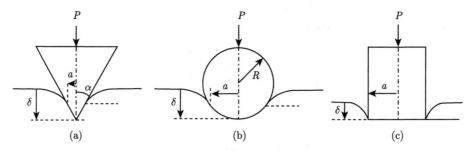

图 5.4.1   圆锥形 (a)、球形 (b) 和圆柱形 (c) 压头

压痕载荷与压痕深度有关，对于圆锥形、球形和圆柱形压头，压痕载荷分别为

$$P = \frac{2}{\pi} \frac{E}{1-\nu^2} \delta^2 \tan\alpha \tag{5.4.1}$$

$$P = \frac{4}{3} \frac{E}{1-\nu^2} \sqrt{R\delta^3} \tag{5.4.2}$$

$$P = 2a \frac{E}{1-\nu^2} \delta \tag{5.4.3}$$

其中，E 和 ν 分别为弹性半空间的杨氏模量和泊松比。引入无量纲压痕深度与实际压痕深度之比，对于圆锥形、球形和圆柱形压头，该比值分别为

$$\frac{\delta^*}{\delta} = \sqrt{\frac{2E}{\pi P} \tan\alpha} \tag{5.4.4}$$

$$\frac{\delta^*}{\delta} = \sqrt[3]{R\left(\frac{4E}{3P}\right)^2} \tag{5.4.5}$$

$$\frac{\delta^*}{\delta} = \frac{2aE}{P} \tag{5.4.6}$$

继而得到一组归一化的压痕深度 (相对于载荷、压头几何形状和杨氏模量的无量纲量)，它们完全由弹性半空间的泊松比来描述。将式 (5.4.4)、式 (5.4.5) 和式 (5.4.6) 分别代入式 (5.4.1)、式 (5.4.2) 和式 (5.4.3) 中，将无量纲压痕深度合并为单一描述量

$$\delta^* = \left(1 - \nu^2\right)^S \tag{5.4.7}$$

其中，指标 $S = 1/2$、$2/3$ 和 1 分别对应于圆锥形、球形和圆柱形压头。

由式 (5.4.7) 可知，当泊松比为 0 时，压痕深度最大；在杨氏模量不变的情况下，随着泊松比的增大，压痕深度减小。由于泊松比在负值范围内的区间大于在正值范围内的区间，因此，高度拉胀范围 ($-1 \leqslant \nu < -0.5$) 所具有的特征相对于常规范围 ($0 \leqslant \nu \leqslant 0.5$) 和轻度拉胀范围 ($-0.5 \leqslant \nu < 0$) 而言是特有的。无量纲压痕深度随泊松比大小变化的方式表明存在一给定的泊松比，无论是正还是负，当 $-0.5 \leqslant \nu \leqslant 0.5$ 时，相应的压痕深度处于有限的百分比偏差范围内。例如，如果泊松比取值 $\nu = 0.3598$，则无量纲压痕深度为 $\delta^* = 0.9330$，该值比 $\nu = 0$ 时的无量纲压痕深度小 7.18%，比 $\nu = \pm 1/2$ 时的无量纲压痕深度大 7.18%，如图 5.4.2 (a) 所示。同理，选择 $\nu = 0.3578$ 可得到 $\delta^* = 0.9127$，该值在 $-0.5 \leqslant \nu \leqslant 0.5$ 范围内，偏差为 $\pm 9.56\%$，如图 5.4.2 (b) 所示。类似地，选择 $\nu = 0.3536$ 可得到 $\delta^* = 0.8750$，在 $-0.5 \leqslant \nu \leqslant 0.5$ 范围内，偏差为 $\pm 14.29\%$，如图 5.4.2 (c) 所示。因此，锐利的压头允许对应压痕深度的一给定的泊松比假设值，以估计弹性半空间宽范围内正泊松比和轻度负泊松比的取值。图 5.4.2 (d) 描绘了弹性半空间恒定杨氏模量下无量纲压痕深度随泊松比变化的整体视图。

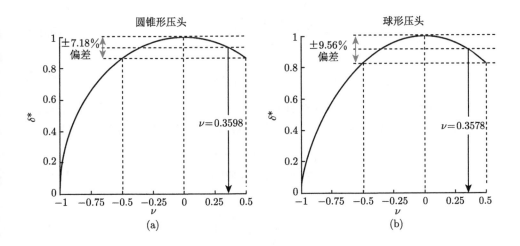

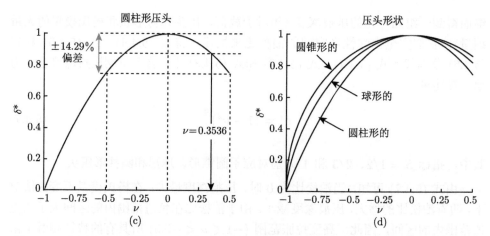

图 5.4.2　在恒定杨氏模量下,无量纲压痕深度随弹性半空间泊松比的变化曲线: (a) 圆锥形压痕、(b) 球形压痕、(c) 圆柱形压痕和 (d) 三种压痕的比较

尽管有此观察,但必须注意的是,无论压头的形状如何,这些假设对于用非常负的泊松比来估计材料的压痕深度是不成立的。更重要的是,这一结果有力地表明,高度拉胀弹性半空间对压痕表现出极高的阻力,特别是当泊松比处于 $\nu = -1$ 的下限时。虽然后一种观察是理论性的,但它通过赫兹理论提供了基本的溯因,即在其他条件固定的情况下,高度拉胀材料是应用于压痕电阻材料的良好选择。后续,在 5.7 节中还将展示,与常规泡沫相比,拉胀泡沫具有更大的压痕回弹性。

根据 $E = 2G(1 + \nu)$,式 (5.4.1) ~ 式 (5.4.3) 可表示为

$$P = \frac{4}{\pi} \frac{G}{1 - \nu} \delta^2 \tan \alpha \tag{5.4.8}$$

$$P = \frac{8}{3} \frac{G}{1 - \nu} \sqrt{R\delta^3} \tag{5.4.9}$$

$$P = 4a \frac{G}{1 - \nu} \delta \tag{5.4.10}$$

上式分别对应于圆锥形、球形和圆柱形压头,其中 G 为弹性半空间的剪切模量。因此,圆锥形、球形和圆柱形压头无量纲压痕深度与实际压痕深度之比分别为

$$\frac{\delta^{**}}{\delta} = 2\sqrt{\frac{G}{\pi P} \tan \alpha} \tag{5.4.11}$$

$$\frac{\delta^{**}}{\delta} = \sqrt[3]{R \left(\frac{8G}{3P} \right)^2} \tag{5.4.12}$$

$$\frac{\delta^{**}}{\delta} = \frac{4aG}{P} \tag{5.4.13}$$

继而得到一组归一化的压痕深度 (相对于载荷、压头几何形状和杨氏模量无量纲的量)，仅根据弹性半空间的泊松比即可给出压痕深度的无量纲描述，把式 (5.4.11)、式 (5.4.12) 和式 (5.4.13) 分别代入式 (5.4.8)、式 (5.4.9) 和式 (5.4.10) 中，无量纲压痕深度可合并为单一的描述量

$$\delta^{**} = (1 - \nu)^S \tag{5.4.14}$$

其中，指标 $S = 1/2$、$2/3$ 和 1 分别对应于圆锥形、球形和圆柱形压头。

将 $E = 3K(1 - 2\nu)$ 代入式 (5.4.1) ~ 式 (5.4.3) 中，得到

$$P = \frac{6K}{\pi} \left(\frac{1 - 2\nu}{1 - \nu^2} \right) \delta^2 \tan \alpha \tag{5.4.15}$$

$$P = 4K \left(\frac{1 - 2\nu}{1 - \nu^2} \right) \sqrt{R\delta^3} \tag{5.4.16}$$

$$P = 6Ka \left(\frac{1 - 2\nu}{1 - \nu^2} \right) \delta \tag{5.4.17}$$

上式分别对应于圆锥形、球形和圆柱形压头，其中 K 为弹性半空间的体积模量。因此，运用圆锥形、球形和圆柱形压头的无量纲压痕深度与实际压痕深度之比的关系式

$$\frac{\delta^{***}}{\delta} = \sqrt{\frac{6K}{\pi P} \tan \alpha} \tag{5.4.18}$$

$$\frac{\delta^{***}}{\delta} = 2\sqrt[3]{2R \left(\frac{K}{P} \right)^2} \tag{5.4.19}$$

$$\frac{\delta^{***}}{\delta} = \frac{6aK}{P} \tag{5.4.20}$$

继而得到一组归一化的压痕深度 (相对于载荷、压头几何形状和杨氏模量无量纲的量)。将式 (5.4.18)、式 (5.4.19) 和式 (5.4.20) 分别代入式 (5.4.15)、式 (5.4.16) 和式 (5.4.17)，无量纲压痕深度可合并为另一个描述量

$$\delta^{***} = \left(\frac{1 - \nu^2}{1 - 2\nu} \right)^S \tag{5.4.21}$$

其中，指标 $S = 1/2$、$2/3$ 和 1 分别对应于圆锥形、球形和圆柱形压头。

与杨氏模量的无量纲化不同，剪切模量和体积模量的归一化对泊松比的影响表现出明显的界限。在拉胀区域，剪切模量对归一化压痕深度的影响，采用圆锥形压头时最小，而圆柱形压头最大，但在常规区域，规律恰恰相反，如图 5.4.3 (a) 所示。标准化压痕深度与体积模量的关系呈现相反的趋势，如图 5.4.3 (b) 所示。

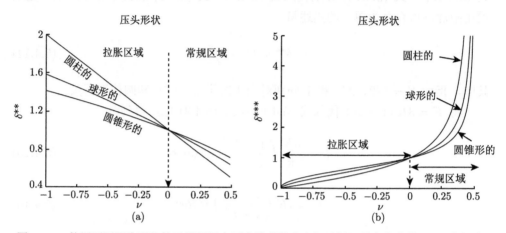

图 5.4.3　使用不同压头形状的无量纲压痕深度随弹性半空间泊松比的变化曲线：(a) 在恒定剪切模量情况下；(b) 在恒定体积模量情况下

5.5　拉胀球之间的接触

如图 5.5.1 所示，在承受赫兹压力分布 $p(r) = p_0 \sqrt{1 - (r/a)^2}$、半径为 R_1 和 R_2 的两球间接触情况下，接触点处的位移为 (Johnson，1985)

$$\delta_z = \left\{ \frac{1}{R} \left(\frac{3P}{4E^*} \right) \right\}^{\frac{1}{3}} \tag{5.5.1}$$

其中，P 为两球间的法向载荷，而 $1/R$ 和 $1/E^*$ 分别为

$$\frac{1}{R} = \frac{1}{R_1} + \frac{1}{R_2} \tag{5.5.2}$$

$$\frac{1}{E^*} = \frac{1 - \nu_1^2}{E_1} + \frac{1 - \nu_2^2}{E_2} \tag{5.5.3}$$

在切向载荷 Q_x 作用下，对应的切向位移为

$$\delta_x = \frac{Q_x}{4a} \left(\frac{1 - \nu_1/2}{G_1} + \frac{1 - \nu_2/2}{G_2} \right) \tag{5.5.4}$$

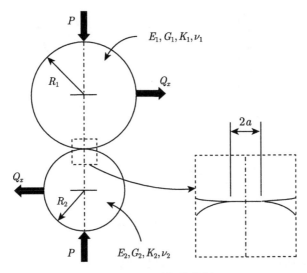

图 5.5.1 两球间的接触

在两种加载方式下，两球的泊松比均在载荷-变形关系中起主要作用。因此，这两个球体的拉胀性将会影响载荷-变形特性。同样有趣的是，不仅要研究两个常规球体和两个拉胀球体接触时的载荷-变形特性，还要研究其中一个球体是拉胀球而另一个为常规球时的载荷-变形特性。

另外，了解其载荷模式也很重要，不仅需要考虑两种载荷的单独加载情况，还需要考虑当法向和切向载荷同时施加的情况。这种情况不仅出现在静载荷作用下，也会出现在斜向冲击作用时。取变形对载荷的导数，即得到法向柔度

$$\frac{\mathrm{d}\delta_z}{\mathrm{d}P} = \frac{1}{2aG}\left(1-\nu\right) \tag{5.5.5}$$

和切向柔度

$$\frac{\mathrm{d}\delta_x}{\mathrm{d}Q_x} = \frac{1}{2aG}\left(1-\frac{\nu}{2}\right) \tag{5.5.6}$$

如果两球是由相同材料制成的 (即 $G_1 = G_2$ 且 $\nu_1 = \nu_2$)，可得到切线与法向柔度的比值

$$\frac{1}{k} = \frac{1-\nu/2}{1-\nu} \tag{5.5.7}$$

图 5.5.2 所示为两同种材质的各向同性球体接触时 $1/k$ 的变化情况。如果两球是由不同材质制成的，则切向与法向的柔度比为

$$\frac{1}{k} = \frac{\dfrac{1-\nu_1/2}{G_1} + \dfrac{1-\nu_2/2}{G_2}}{\dfrac{1-\nu_1}{G_1} + \dfrac{1-\nu_2}{G_2}} \tag{5.5.8}$$

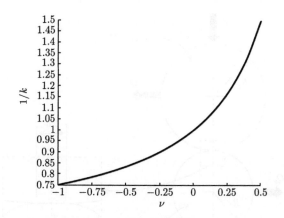

图 5.5.2   两同种材质各向同性球体接触的切向与法向柔度比

对于两球剪切模量相等这一特殊情况，则有

$$\frac{1}{k} = \frac{4 - (\nu_1 + \nu_2)}{4 - 2(\nu_1 + \nu_2)} \tag{5.5.9}$$

图 5.5.3 展示了式 (5.5.9) 的示意图，可以看出 $1/k$ 在 $\nu_1 + \nu_2$ 取固定值时为常数，以及当两球均为不可压缩时 (即 $\nu_1 = \nu_2 = 0.5$)，$1/k$ 具有最大值。

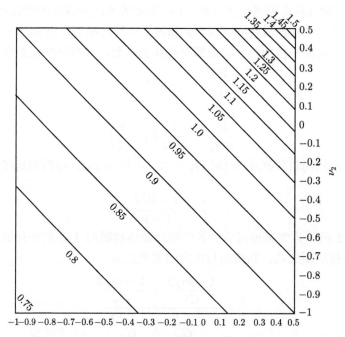

图 5.5.3   相对拉胀性对两个等剪切模量球体切向与法向接触柔度比值的影响

对于两球杨氏模量相等的特殊情况，则有

$$\frac{1}{k} = \frac{(1+\nu_1)(1-\nu_1/2) + (1+\nu_2)(1-\nu_2/2)}{2 - (\nu_1^2 + \nu_2^2)} \tag{5.5.10}$$

图 5.5.4 展示了式 (5.5.10) 的示意图，图中所示的 $1/k$ 峰值不仅出现在两球不可压缩时 (即 $\nu_1 = \nu_2 = 0.5$)，而且出现在各向同性材料的泊松比的相对极限处，即 $\nu_1 = -1$，$\nu_2 = 0.5$ 和 $\nu_1 = 0.5$，$\nu_2 = -1$。

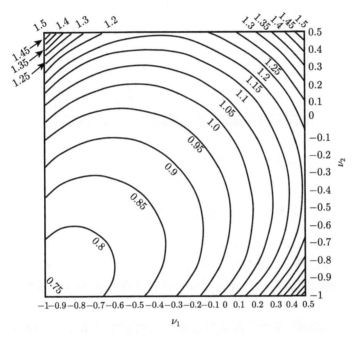

图 5.5.4 相对拉胀性对两个等杨氏模量球体切向与法向接触柔度比值的影响

对于两球体积模量相等的特殊情况，则有

$$\frac{1}{k} = \frac{\dfrac{(1+\nu_1)(1-\nu_1/2)}{1-2\nu_1} + \dfrac{(1+\nu_2)(1-\nu_2/2)}{1-2\nu_2}}{\dfrac{1-\nu_1^2}{1-2\nu_1} + \dfrac{1-\nu_2^2}{1-2\nu_2}} \tag{5.5.11}$$

图 5.5.5 展示了式 (5.5.11) 的示意图，列出了至少一个球体为不可压缩球体时 $1/k$ 的最大值。在所有这三种特定情况下，当两球均为不可压缩球体时，$1/k$ 最大；当两球的泊松比均为 $\nu_1 = \nu_2 = -1$ 时，$1/k$ 最小。

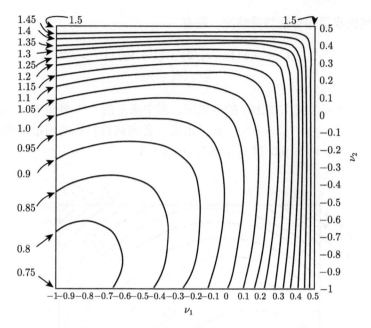

图 5.5.5　相对拉胀性对两个等体积模量球体切向与法向接触柔度比值的影响

5.6　拉胀复合材料的接触变形

由于拉胀材料在纵向拉伸过程中产生横向膨胀,Shilko 等 (2006) 研究了拉胀复合材料的摩擦自锁,如图 5.6.1 (a) 所示,其中复合材料的结构和模型如图 5.6.1 (b) 所示。在他们的研究中,确定了双搭接接头在压缩和压剪条件下的应力状态参数。

Shilko 等 (2006) 基于平面变形假设,采用有限元法分析了拉胀单元 1 与两个对称位置的耦合刚体 2 和 3 之间的相互作用,如图 5.6.1 (a) 所示;因为接触区域出现了黏附区 S_a 和切向位移的滑动区 S_s,其变形具有明显的非线性这一特殊性质。图 5.6.2 给出了等效应力、接触压力和切向 (剪切) 应力的结果,以及节点右侧附近的最大滑移 (Shilko et al., 2006)。

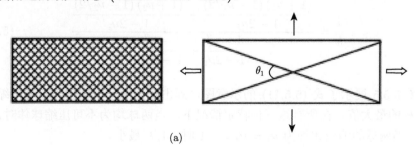

(a)

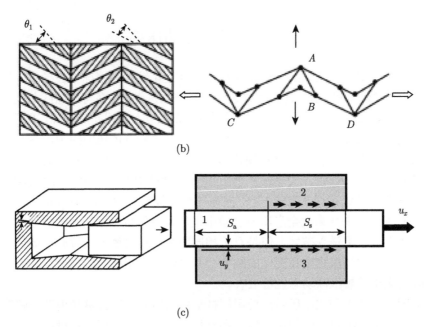

图 5.6.1 (a) 斜纹拉胀复合材料结构；(b) 拉胀型复合材料的结构 (左) 和模型 (右)；(c) 拉胀单元连接视图 (左) 和设计图表 (右) (Shilko et al.，2006)【施普林格惠允复制】

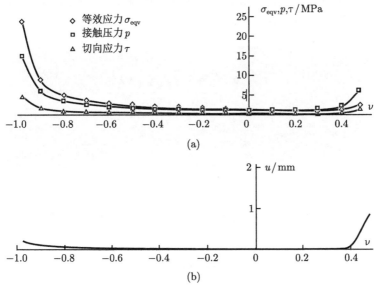

图 5.6.2 等效应力、接触压力和切向应力 (单位: MPa) 的结果：(a) 最大滑移；(b) 关于复合材料泊松比的变化曲线 (Shilko et al.，2006)【施普林格惠允复制】

5.7   拉胀泡沫的压痕

在 3.5 节中已经认识到，泡沫材料在密度变化较大的情况下会导致其模量发生变化。同时还已知，当一种拉胀材料沿一个方向压缩时，在与压缩载荷线正交的平面上会伴随收缩，从而导致比常规材料更大的密实化。因此可以说，除了本章前几节提到的拉胀材料抗压痕外，拉胀材料还会产生额外的压痕阻力，这是由它们的致密性增强及与之相伴的材料硬化造成的。Alderson 等 (1994) 对超高分子量聚乙烯 (UHMWPE) 泡沫的球形压痕阻力 (或硬度) 开展了研究，发现 UHMWPE 拉胀泡沫的硬度比常规 UHMWPE 泡沫的硬度提高了 2 倍。在 Lakes 和 Elms (1993) 对泡沫铜的一系列全息压痕实验中发现，虽然拉胀泡沫和常规泡沫铜都相似地直接在压头下遭受破坏，但是对于相同的原始相对密度，拉胀泡沫铜比常规泡沫具有更大的屈服强度和更低的刚度，并且计算得出的拉胀泡沫的动态冲击能量吸收要大于常规泡沫动态能量吸收。

如图 5.7.1(a) 和 (b) 所示，使用圆柱形压头对六边形蜂窝和内凹形蜂窝的压痕实验展示了压痕过程中的拉胀泡沫和常规泡沫行为，与压头接触的六边形蜂窝胞元发生坍塌，但与压头接触的内凹形蜂窝则并非如此，Chan 和 Evans (1998) 解释说，由于在拉胀泡沫的内部区域 (区域 1) 中受到压缩而产生压力，外部材料 (区域 2) 向内流向区域 1。与常规泡沫不同，这增加了压入的拉胀泡沫的接触表面，从而使接触表面散布在更宽的面积上。

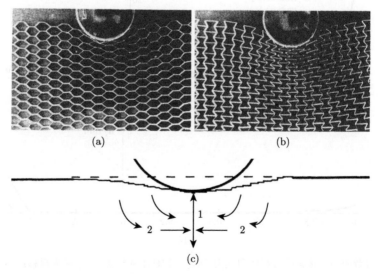

图 5.7.1   圆柱形压头压入时的压缩变形：(a) 常规蜂窝；(b) 拉胀蜂窝；(c) 拉胀情况下的材料流动 (Chan and Evans，1998)【世哲惠允复制】

Alderson 等 (2000) 对 (i) 拉胀、(ii) 压模和 (iii) 烧结的 UHMWPE 量聚乙烯进行了一系列测试，发现拉胀材料由于其复杂的多孔微观结构 (由原纤维相互连接而构成的结节) 而具有负的泊松比特性，而烧结的材料具有正的泊松比和微孔但不包含原纤维。再次发现，在低载荷 (10 ~ 100N) 作用下，拉胀材料比其他材料更难压入，且塑性最小，黏弹性蠕变恢复速度最快；当局部压痕阻力为最大的弹力时，将泊松比从 $\nu \approx 0$ 改变为 $\nu = -0.8$，硬度增加多达 8 倍。图 5.7.2 (a) 展示了 Alderson 等 (2000) 的一些研究结果，分别为烧结成型、压模成型和拉胀材料的球形压痕阻抗值，图 5.7.2(b) 展示了压缩载荷对弹性压痕阻力随泊松比变化的影响。

试验载荷/N	压痕阻抗值/(N/mm²)		
	CM	S	A
5	6±3	3±2	1−6
10	9±4	6±3	2−16
15	10±4	10±4	3−18
25	13±5	13±4	4−23
50	18±5	19±4	9−29
75	23±5	23±4	20−32
100	25±5	27±5	23−36
150	29±5	33±4	34±3
200	30±4	37±3	37±2

(a)   (b)

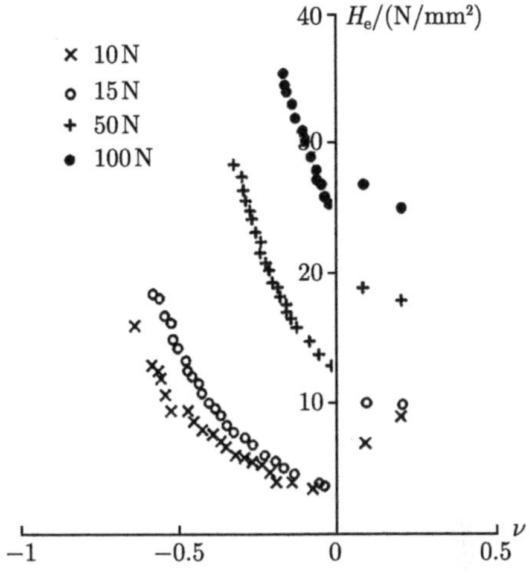

图 5.7.2　(a) 烧结成型 (S)、压模成型 (CM) 和拉胀材料 (A) 的球形压痕阻抗值。对于前两者，使用的是平均值，对于后者，给出所获得值的范围；(b) 在 10N、15N、50N 和 100N 的试验载荷作用下，弹性压痕阻力 (H_e) 随泊松比 (ν_{rzs}) 的变化曲线，为便于比较，绘制了每种载荷作用下烧结成型和压模成型的数据 (Alderson et al.，2000)【施普林格惠允复制】

参 考 文 献

Alderson K L, Pickles A P, Neale P J, Evans K E (1994) Auxetic polyethylene: the effect of a negative Poisson's ratio on hardness. Acta Metall Mater, 42(7): 2261-2266

Alderson K L, Fitzgerald A, Evans K E (2000) The strain dependent indentation resilience of auxetic microporous polyethylene. J Mater Sci, 35(16): 4039-4047

Chan N, Evans K E (1998) Indentation resilience of conventional and auxetic foams. J Cell Plast, 34 (3): 231-260

Johnson K L (1985) Contact Mechanics. Cambridge University Press, Cambridge

Lakes R S, Elms K (1993) Indentability of conventional and negative Poisson's ratio foams. J Compos Mater, 27(12): 1193-1202

Shilko S V, Petrokovets E M, Pleskachevskii Y M (2006) An analysis of contact deformation of auxetic composites. Mech Compos Mater, 42(5): 477-484

第 6 章 拉 胀 梁

摘要: 本章从等截面杆的轴向变形、悬臂梁弯曲和圆杆扭转三个方面探讨了拉胀梁相对于常规梁的特殊性质,在等截面杆轴向变形中,拉胀固体中的密度变化比常规固体更大;讨论了圆形截面和不同长宽比的矩形截面悬臂梁弯曲问题;重点分析了常规、中等和高度拉胀区域的确切范围;分析了截面保持为平面的梁的扭转特殊情况,当梁材料的泊松比为 −1 时,梁的长度不会缩短。

关键词: 轴向载荷;悬臂弯曲;密度变化;扭转

6.1   拉胀梁的拉伸

与常规材料相比,拉胀材料的密度变化幅度更大。根据质量守恒 $V_\rho = V_0 \rho_0$ (下标 0 表示未变形状态),得到

$$(x + \mathrm{d}x)(y + \mathrm{d}y)(z + \mathrm{d}z)\,\rho = (xyz)\,\rho_0 \tag{6.1.1}$$

或者

$$\left(1 + \frac{\mathrm{d}x}{x}\right)\left(1 + \frac{\mathrm{d}y}{y}\right)\left(1 + \frac{\mathrm{d}z}{z}\right)\rho = \rho_0 \tag{6.1.2}$$

根据名义应变和真实应变的定义,式 (6.1.2) 可分别表示为

$$(1 + \varepsilon_x)(1 + \varepsilon_y)(1 + \varepsilon_z)\,\rho = \rho_0 \tag{6.1.3}$$

和

$$\rho \exp\left(\varepsilon_x + \varepsilon_y + \varepsilon_z\right) = \rho_0 \tag{6.1.4}$$

假设有一根杆,在一维载荷 ($\varepsilon_y = \varepsilon_z = -\nu\varepsilon_x$) 作用下,根据名义应变的定义,可得到轴向加载时梁的密度与加载前的密度之比为

$$\frac{\rho}{\rho_0} = \frac{1}{(1 + \varepsilon_x)(1 - \nu\varepsilon_x)^2} \tag{6.1.5}$$

根据真实应变定义,其比值为

$$\frac{\rho}{\rho_0} = \exp\left[\varepsilon_x(2\nu - 1)\right] \tag{6.1.6}$$

图 6.1.1 (a) 展示了基于名义应变和真实应变定义下轴向加载的各种泊松比梁的 ρ/ρ_0 与轴向应变的关系。根据真实应变定义，图 6.1.1 (b) 划分了相应的拉胀区域与常规区式。

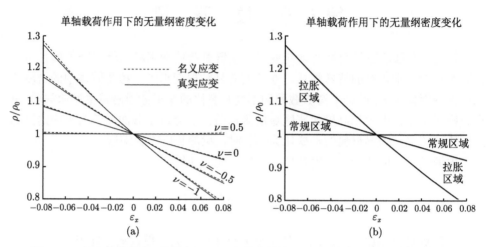

图 6.1.1　轴向加载固体 (比如杆)：(a) 各种泊松比；(b) 相应的拉胀区域和常规区域

当由泡沫制成的梁承受轴向载荷时，回到 3.5 节中 Gibson 和 Ashby (1988) 及 Warren 和 Kraynik (1994) 建立的泡沫和固体材料的模量–密度关系，可以通过移除固体材料的模量和密度来改变泡沫的密度和相关的模量。对于遵循 Gibson 和 Ashby (1988) 及 Warren 和 Kraynik (1994) 给出的关系式的泡沫梁，将式 (3.5.18) 代入式 (6.1.6) 得到

$$\frac{E}{E_0} = \exp\left[2\varepsilon_x\left(2\nu - 1\right)\right] \tag{6.1.7}$$

如果泡沫梁遵循式 (3.5.21) 所描述的更通用的关系，则

$$\frac{E}{E_0} = \exp\left[m\varepsilon_x\left(2\nu - 1\right)\right] \tag{6.1.8}$$

6.2　圆形截面拉胀悬臂梁的弯曲

图 6.2.1 规定了半径为 r 的圆形截面拉胀梁悬臂弯曲的坐标和其他命名方法。当梁自由端受到载荷 P 的作用时，剪应力分布为 (Timoshenko and Goodier, 1970)

$$\tau_{xz} = \frac{P}{8I}\frac{3+2\nu}{1+\nu}\left(r^2 - x^2 - \frac{1-2\nu}{3+2\nu}y^2\right)$$
$$\tau_{yz} = -\frac{Pxy}{4I}\frac{1+2\nu}{1+\nu} \tag{6.2.1}$$

考虑横截面的水平直径 $(x = 0)$，并将圆形截面的

$$I = \frac{\pi}{4} r^4 \tag{6.2.2}$$

代入以下公式中

$$\begin{cases} (\tau_{xz})_{x=0} = \dfrac{P}{8I} \dfrac{3+2\nu}{1+\nu} \left(r^2 - \dfrac{1-2\nu}{3+2\nu} y^2 \right) \\ (\tau_{yz})_{x=0} = 0 \end{cases} \tag{6.2.3}$$

得到无量纲形式的剪应力

$$\frac{2\pi r^2}{P} (\tau_{xz})_{x=0} = \frac{3+2\nu}{1+\nu} - \frac{1-2\nu}{1+\nu} \left(\frac{y}{r} \right)^2 \tag{6.2.4}$$

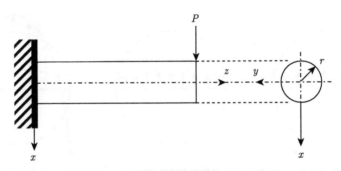

图 6.2.1 圆形截面拉胀悬臂梁弯曲示意图

这样就可以方便地沿着水平轴绘制出式 (6.2.4) 所表达的关系，如图 6.2.2 (a) 所示，以及在图 6.2.2 (b) 划分的拉胀区域和常规区域。可以看出，当 $-0.5 \leqslant \nu < 0.5$ 时，τ_{xz} 沿水平直径方向的最小值出现在表面上，而在 $-1 \leqslant \nu < -0.5$ 的高度拉胀区域内，τ_{xz} 的最小值根据式 (6.2.5) 的关系向面内移动

$$(\tau_{xz})_{x=0} = (\tau_{xz})_{\min} \Leftarrow y = \begin{cases} \pm r\sqrt{(3+2\nu)/(1-2\nu)}, & -1 \leqslant \nu \leqslant -0.5 \\ \pm r, & -0.5 \leqslant \nu \leqslant 0.5 \end{cases} \tag{6.2.5}$$

此外，只有当材料为不可压缩 $(\nu = 0.5)$ 材料时，水平直径方向上的剪应力 τ_{xz} 才是恒定的。由图 6.2.2 还可以看出，与常规区域和中等拉胀区域不同的是，在高度拉胀区域，表面点附近的剪应力方向与总剪应力方向相反 (图 6.2.3)。

正如 Lakes (1993) 所指出的，随泊松比在整个范围内变化，最大剪应力的位置也随之发生改变。

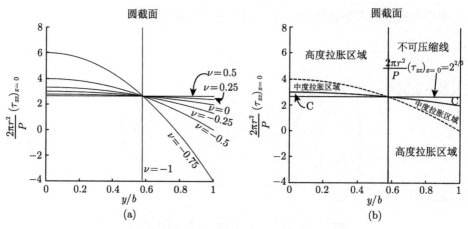

图 6.2.2 端部加载的圆截面悬臂梁沿水平直径方向的无量纲剪应力 τ_{xz}：(a) 泊松比的影响；
(b) 拉胀区域和常规区域 (C 指常规区域)

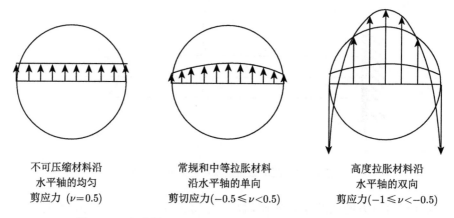

图 6.2.3 拉胀性对沿水平直径方向剪应力 τ_{xz} 分布的影响

6.3 矩形截面拉胀悬臂梁的弯曲

图 6.3.1 为宽度为 $2b$、厚度为 $2a$ 的矩形截面拉胀悬臂梁弯曲时的坐标及其命名术语。当梁自由端受到载荷 P 作用时，沿中性轴的精确的剪应力分布为 (Timoshenko and Goodier，1970)

$$(\tau_{xz})_{x=0} = \frac{a^2}{2}\left(\frac{P}{I}\right) - \frac{\nu}{1+\nu}\left(\frac{P}{I}\right)\frac{8b^2}{\pi^3}\sum_{m=0}^{\infty}\sum_{n=1}^{\infty}\frac{(-1)^{m+n-1}\cos\dfrac{n\pi y}{b}}{(2m+1)\left[(2m+1)^2\left(\dfrac{b}{2a}\right)^2 + n^2\right]}$$

(6.3.1)

可以很容易地看出，该剪应力分布受梁材料泊松比 (拉胀度) 的影响显著。Timoshenko 和 Goodier (1970) 精确地给出了在中心和表面上中性轴的剪应力

$$
\begin{cases}
(\tau_{xz})_{x=y=0} = \dfrac{3P}{2A} - \dfrac{\nu}{1+\nu} \dfrac{3P}{2A} \left(\dfrac{b}{a}\right)^2 \left[\dfrac{1}{3} + \dfrac{4}{\pi^2} \sum_{n=1}^{\infty} \dfrac{(-1)^n}{n^2 \cosh \dfrac{n\pi a}{b}} \right] \\[4mm]
(\tau_{xz})_{x=0,y=b} = \dfrac{3P}{2A} + \dfrac{\nu}{1+\nu} \dfrac{3P}{2A} \left(\dfrac{b}{a}\right)^2 \left[\dfrac{2}{3} - \dfrac{4}{\pi^2} \sum_{n=1}^{\infty} \dfrac{1}{n^2 \cosh \dfrac{n\pi a}{b}} \right]
\end{cases}
\tag{6.3.2}
$$

其中，A 为截面面积。由于精确解需要对级数求和，所以用近似解计算沿中性轴的剪应力分布更为方便。

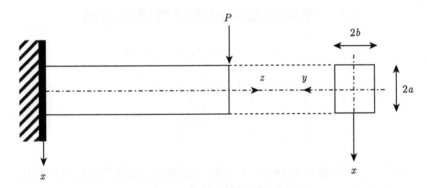

图 6.3.1 矩形截面拉胀悬臂梁弯曲示意图

6.4 窄矩形截面拉胀悬臂梁的弯曲

对于窄矩形截面，即 $a \gg b$，沿中性轴的剪应力可近似为

$$
(\tau_{xz})_{x=0} = \frac{P}{2I} \left[a^2 + \frac{\nu}{1+\nu} \left(y^2 - \frac{b^2}{3} \right) \right]
\tag{6.4.1}
$$

图 6.4.1 给出了以无量纲形式绘制了当 $a/b = 10$ 时的剪应力的例子。

图 6.4.1 中窄矩形横截面的无量纲剪应力曲线与图 6.2.2 所示的圆形截面曲线除了需要高度拉胀的材料 (泊松比为 -1 或非常接近 -1) 以外，存在多个相似之处，因此在表面附近表现出反向的剪切力。

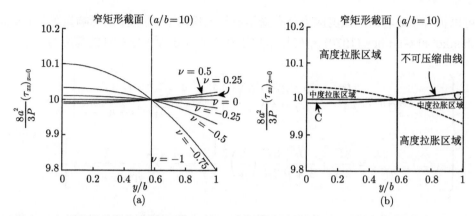

图 6.4.1　端部加载的窄矩形截面 $(a/b = 10)$ 悬臂梁沿中性轴方向的无量纲剪应力 τ_{xz}：

(a) 泊松比的影响；(b) 拉胀区域和常规区域 (C 指常规区域)

6.5　宽矩形截面拉胀悬臂梁的弯曲

对于宽矩形截面，即 $a \ll b$，其剪应力分布可近似为

$$\begin{cases} \tau_{xz} = \dfrac{1}{1+\nu}\left(\dfrac{P}{I}\right)\dfrac{a^2 - x^2}{2} \\[3mm] \tau_{yz} = -\dfrac{\nu}{1+\nu}\left(\dfrac{P}{I}\right)xy \end{cases} \tag{6.5.1}$$

显然，剪应力 τ_{yz} 要么沿 x 轴减小，要么沿 y 轴减小，而且当梁材料泊松比 $\nu = 0$ 时亦减小。将剪应力 τ_{xz} 写成如下无量纲形式：

$$\frac{8ab}{3P}\tau_{xz} = \frac{1}{1+\nu}\left[1 - \left(\frac{x}{a}\right)^2\right] \tag{6.5.2}$$

可以很容易地观察到，正如所预期那样，它的分布沿厚度方向是抛物线，并且由于剪应力的增加，拉胀性对梁是不利的。

6.6　规则矩形截面拉胀悬臂梁的弯曲

对于一般的矩形截面，精确的剪应力 τ_{xz} 为 (Timoshenko and Goodier，1970)

$$\tau_{xz} = \frac{P}{2I}\left(a^2 - x^2\right) + \frac{\partial \phi}{\partial y} \tag{6.6.1}$$

式 (6.6.1) 中的应力函数 $\phi(x, y)$ 为

$$\phi = -\frac{\nu}{1+\nu} \left(\frac{P}{I}\right) \frac{8b^3}{\pi^4} \sum_{m=0}^{\infty} \sum_{n=1}^{\infty} \frac{(-1)^{m+n-1} \sin \dfrac{n\pi y}{b} \cos \dfrac{(2m+1)\pi x}{2a}}{n(2m+1) \left[(2m+1)^2 \left(\dfrac{b}{2a}\right)^2 + n^2\right]} \tag{6.6.2}$$

如果边 a 和边 b 的阶数相等，剪应力的描述就可以大大简化。应力函数可近似为

$$\phi = \left(x^2 - a^2\right)\left(y^2 - b^2\right)\left(my + ny^3\right) \tag{6.6.3}$$

其中，m 和 n 为

$$\left\{\begin{array}{c} m \\ n \end{array}\right\} = -\frac{\nu}{1+\nu}\left(\frac{P}{I}\right)\frac{1}{8b^2}\left\{\left[\frac{1}{7} + \frac{3}{5}\left(\frac{a}{b}\right)^2\right]\left[\frac{1}{11} + 8\left(\frac{a}{b}\right)^2\right]\right.$$
$$\left. + \frac{1}{21} + \frac{9}{35}\left(\frac{a}{b}\right)^2\right\}^{-1} \cdot \left\{\begin{array}{c} \dfrac{1}{11} + 8\left(\dfrac{a}{b}\right)^2 \\ \dfrac{1}{b^2} \end{array}\right\} \tag{6.6.4}$$

Timoshenko 和 Goodier (1970) 给出的在 $(x,y)=(0,0)$ 处和 $(x,y)=(0,b)$ 处的剪应力 τ_{xz}：

$$\left\{\begin{array}{c} (\tau_{xz})_{x=0,y=0} \\ (\tau_{xz})_{x=0,y=b} \end{array}\right\} = \left[\begin{array}{ccc} 1 & 1 & 0 \\ 1 & -2 & -2 \end{array}\right]\left\{\begin{array}{c} \dfrac{0.5Pa^2}{I} \\ a^2b^2m \\ a^2b^4n \end{array}\right\} \tag{6.6.5}$$

为了观察在 $0 \leqslant y \leqslant b$ 的整个范围内 $x=0$ 处的剪应力 τ_{xz}，首先将式 (6.6.3) 代入式 (6.6.1) 中，然后在式 (6.6.6) 中代入 $x=0$，得到

$$\tau_{xy} = \frac{P}{2I}\left(a^2 - x^2\right) + \left(x^2 - a^2\right)\left[2y^2\left(m + ny^2\right) + \left(y^2 - b^2\right)\left(m + 3ny^2\right)\right] \tag{6.6.6}$$

对于方形截面梁 $(a=b)$ 的这一特殊情况，将 $x=0$ 处的剪应力 τ_{xz} 简化为

$$(\tau_{xy})_{x=0} = \frac{3P}{8b^2} - b^4m\left\{2\left(\frac{y}{b}\right)^2\left(1 + \frac{n}{m}y^2\right) + \left[\left(\frac{y}{b}\right)^2 - 1\right]\left(1 + 3\frac{n}{m}y^2\right)\right\} \tag{6.6.7}$$

其中

$$\left\{\begin{array}{c} m \\ n \end{array}\right\} = -\frac{\nu}{1+\nu}\frac{3P}{32b^6}\left\{\begin{array}{c} \dfrac{1335}{1042} \\ \dfrac{1155}{7294}\dfrac{1}{b^2} \end{array}\right\} \tag{6.6.8}$$

将

$$\frac{n}{m} = \frac{11}{89b^2} \tag{6.6.9}$$

和式 (6.6.8) 代入式 (6.6.7) 中，使剪应力 $(\tau_{xz})_{x=0}$ 更方便地以无量纲形式表示为

$$\frac{8b^2}{3P}(\tau_{xz})_{x=0} = 1 + \frac{1335}{4168}\left(\frac{\nu}{1+\nu}\right) \times \left\{ 2\frac{y}{b}\left[1 + \frac{11}{89}\left(\frac{y}{b}\right)^2\right] \right.$$
$$\left. + \left[\left(\frac{y}{b}\right)^2 - 1\right]\left[1 + \frac{33}{89}\left(\frac{y}{b}\right)^2\right]\right\} \tag{6.6.10}$$

图 6.6.1 中的曲线描绘了式 (6.6.10) 的结果。如图 6.4.1 和图 6.6.1 所示，对于圆截面梁，$(\tau_{xz})_{x=0}$ 在 $\nu = 0.5$ 时是恒定的；对于矩形截面梁，$(\tau_{xz})_{x=0}$ 在 $\nu = 0$ 时是恒定的。这种现象不足为奇，式 (6.6.2) 给出了在 $\nu = 0$ 时 $\phi = 0$ 的精确表达式，根据式 (6.6.3) 和式 (6.6.4)，可得 $m = n = 0$，并给出了在 $\nu = 0$ 时 $\phi = 0$ 的近似表达式。特别有趣的是，使得 $(\tau_{xz})_{x=0}$ 最小的路径，如图 6.6.2 所示，路径 $p \to q$ 指的是在常规区中梁截面中心 $(\tau_{xz})_{x=0}$ 的最小值，紧随其后的是在 $\nu = 0$ 处沿 y 轴的路径 $q \to r$。接着是路径 $r \to s$，它表示在中性轴边缘 $(y = b)$ 的点 s 处剪应力会随着 $\nu \to -0.58147$ 而降低至 0。泊松比的进一步降低会改变 $y = b$ 表面及其附近的剪应力的方向，零剪应力 $(\tau_{xz})_{x=0}$ 的位置从 $y = b$ 的点 s 处变化到 $y = 0.42689b$ 的点 t 处 $(\nu = -1)$。换言之，当泊松比在 $-1 \leqslant \nu < -0.58147$ 高度拉胀范围内时，最小剪应力的位置会发生变化。

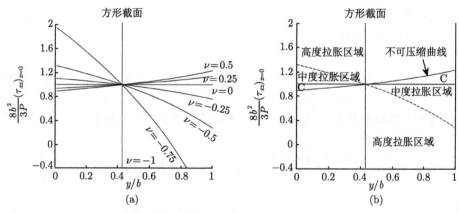

图 6.6.1　端部加载方形截面悬臂梁沿中性轴方向的无量纲剪应力 τ_{xz}：(a) 泊松比的影响；
(b) 拉胀区域和常规区域 (C 指常规区域)

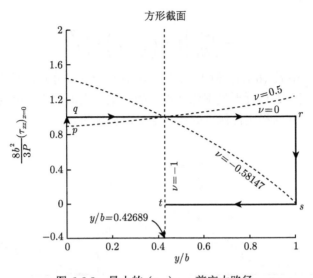

图 6.6.2 最小的 $(\tau_{xz})_{x=0}$ 剪应力路径

6.7 承受均布载荷的窄矩形截面拉胀梁

图 6.7.1 描绘了两端简支、承受均布载荷 p 作用而发生变形的矩形截面梁。假设梁的长度、深度和宽度分别为 $2l$、$2a$ 和 l，则梁的最大挠度 δ 和最大曲率 κ 分别为 (Timoshenko and Goodier，1970)

$$\delta = \frac{5}{24}\frac{pl^4}{EI}\left[1 + \frac{12}{5}\left(\frac{4}{5} + \frac{\nu}{2}\right)\left(\frac{a}{l}\right)^2\right] \tag{6.7.1}$$

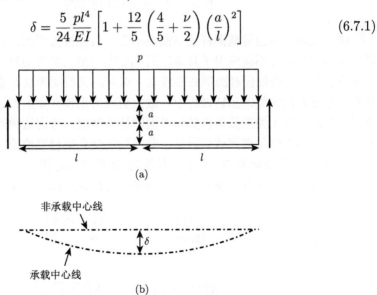

图 6.7.1 示意图：(a) 单位宽度、承受均布载荷作用的简支窄矩形截面梁；(b) 梁中部挠度

和

$$\kappa = \frac{pl^2}{2EI}\left[1 + \left(\frac{8}{5} + \nu\right)\left(\frac{a}{l}\right)^2\right] \tag{6.7.2}$$

绘制在图 6.7.2 中式 (6.7.1) 和式 (6.7.2) 所对应的曲线分别是对均布载荷 p、半长 l 和抗弯刚度 EI 进行无量纲化处理后的结果。当泊松比在恒定弯曲刚度下发生变化时，其对几何稳定性保持的影响是显而易见的。

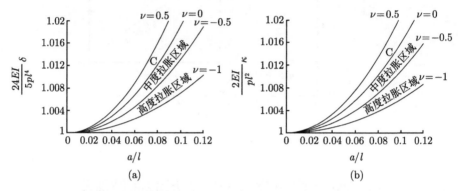

图 6.7.2　拉胀性对均布加载的简支窄梁的影响，图中 C 代表常规区域：(a) 最大挠度；(b) 最大曲率

6.8　拉胀杆的扭转

　　研究发现，因为等截面杆的平截面不会一直保持为平面，而会发生变形，所以圆杆的扭转问题不能应用于其他截面。此外，"最大剪应力发生在离截面形心最远的位置" 这一假设仅对圆形截面成立，但对广义截面形状并非如此。例如，在具有正方形截面的梁的扭转过程中，最大剪应力出现在梁的侧边中间，而非角部位置。然而，对于梁的截面仍然为平面的特殊情况，考虑这种梁的扭转是有意思的。除在工程中偶尔遇到该问题外，此问题还受到梁材料泊松比的显著影响。图 6.8.1 所示为边长分别为 $2a$ 和 $2b$、长度为 $2l$ 的梁示意图。

　　对于 $a \gg b$ 的窄矩形截面梁，扭转角为 (Timoshenko and Goodier，1970)

$$\phi = \frac{3Tl}{16ab^3G}\left[1 - \frac{\sqrt{5\left(1+\nu\right)}}{6}\frac{a}{l}\right] \tag{6.8.1}$$

或者

$$\phi = \frac{3Tl\left(1+\nu\right)}{8ab^3E}\left[1 - \frac{\sqrt{5\left(1+\nu\right)}}{6}\frac{a}{l}\right] \tag{6.8.2}$$

其中 T 为扭矩，当梁材料的泊松比接近其下限时，式 (6.8.1) 和式 (6.8.2) 所表达的分别对应恒定剪切模量和恒定杨氏模量的扭转角可简化为

$$\phi = \frac{3Tl}{16ab^3G} \tag{6.8.3}$$

和

$$\phi = 0 \tag{6.8.4}$$

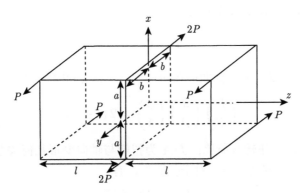

图 6.8.1　中截面保持为平面的梁扭转示意图

图 6.8.2 划分了对模量无量纲化的扭转角的拉胀区域和常规区域。在这种扭转情况下，半长 l 的减少量为

$$\mathrm{d}l = -\frac{a}{6}\sqrt{5\left(1+\nu\right)} \tag{6.8.5}$$

这使得 $\nu = 0.3$ 时 $\mathrm{d}l = -0.425a$。当梁材料的泊松比变得更负时，随着 $\nu \to -1$，长度减少导致 $\mathrm{d}l = 0$。

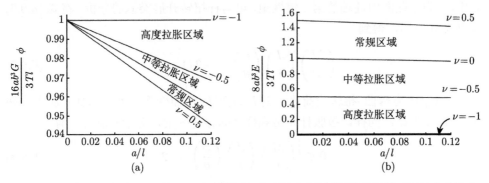

图 6.8.2　长边 $2a$、短边 $2b$、长 $2l$、跨中截面仍为平面的窄矩形梁的拉胀性对扭转角的影响：

(a) 剪切模量；(b) 杨氏模量

6.9 关于圆形截面拉胀梁的说明

与轴向载荷 F 施加到长度为 L 的杆的端部情况类似，可得

$$F = EA\frac{\delta}{L} \tag{6.9.1}$$

其中，E 为杨氏模量；A 为横截面面积。而施加扭转载荷 T 于长度为 L 的杆端时产生的两端扭转角间的关系式为

$$T = GJ\frac{\phi}{L} \tag{6.9.2}$$

其中，G 为剪切模量，J 为截面的极矩面积。将式 (6.9.1) 除以式 (6.9.2) 得

$$\left(\frac{F}{T}\right)\left(\frac{J}{A}\right)\left(\frac{\phi}{\delta}\right) = 2\left(1 + \nu\right) \tag{6.9.3}$$

其中，F/T 为拉伸–扭转载荷比；J/A 为扭转与轴向变形几何关系比；ϕ/δ 为扭转–拉伸变形比。很容易看出，对于拉胀杆，有

$$0 \leqslant \left(\frac{F}{T}\right)\left(\frac{J}{A}\right)\left(\frac{\phi}{\delta}\right) < 2 \tag{6.9.4}$$

对于常规杆，有

$$2 \leqslant \left(\frac{F}{T}\right)\left(\frac{J}{A}\right)\left(\frac{\phi}{\delta}\right) \leqslant 3 \tag{6.9.5}$$

对于纯弯矩 M 作用于长度为 L 的杆两端，产生端到端的弯角 θ，根据

$$M = -EI\frac{\theta}{L} \tag{6.9.6}$$

其中，I 为梁截面中性轴的第二惯性矩，可与杆扭转开展类似的分析。将式 (6.9.6) 除以式 (6.9.2)，得到

$$\left(\frac{M}{T}\right)\left(\frac{J}{I}\right)\left(\frac{\phi}{\theta}\right) = -2\left(1 + \nu\right) \tag{6.9.7}$$

其中，M/T 为弯曲–扭转载荷比；J/I 为扭转–弯曲变形几何关系比；ϕ/θ 为扭转–弯曲变形比。同样，拉胀杆和常规杆之间存在区别，对于拉胀杆，有

$$0 \leqslant \left|\left(\frac{M}{T}\right)\left(\frac{J}{I}\right)\left(\frac{\phi}{\theta}\right)\right| < 2 \tag{6.9.8}$$

对于常规杆，有

$$2 \leqslant \left|\left(\frac{M}{T}\right)\left(\frac{J}{I}\right)\left(\frac{\phi}{\theta}\right)\right| \leqslant 3 \tag{6.9.9}$$

将

$$\left\{\begin{array}{c} A \\ I \\ J \end{array}\right\} = \frac{\pi r^2}{4} \left\{\begin{array}{c} 4 \\ r^2 \\ 2r^2 \end{array}\right\} \tag{6.9.10}$$

分别代入圆形截面的式 (6.9.3) 和式 (6.9.7) 中，得到

$$\frac{Fr^2}{T}\left(\frac{\phi}{\delta}\right) = 4\,(1+\nu) \tag{6.9.11}$$

和

$$\frac{M}{T}\left(\frac{\phi}{\theta}\right) = -\,(1+\nu) \tag{6.9.12}$$

因此，得到了拉胀杆的界限为

$$0 \leqslant \frac{Fr^2}{T}\left(\frac{\phi}{\delta}\right) < 4, \quad 0 \leqslant \left|\left(\frac{M}{T}\right)\left(\frac{\phi}{\theta}\right)\right| < 1 \tag{6.9.13}$$

这与以下所示常规杆的界限截然不同

$$4 \leqslant \frac{Fr^2}{T}\left(\frac{\phi}{\delta}\right) \leqslant 6, \quad 1 \leqslant \left|\left(\frac{M}{T}\right)\left(\frac{\phi}{\theta}\right)\right| \leqslant \frac{3}{2} \tag{6.9.14}$$

参 考 文 献

Gibson L J, Ashby M F (1988) Cellular Solids: Structure and Properties. Pergamon Press, Oxford

Warren W E, Kraynik (1994) The elastic behavior of low-density cellular plastics. In: Hilyard NC, Cunningham A (eds) Low density cellular plastics. Chapman & Hall, London, pp 187-225

Timoshenko S P, Goodier J N (1970) Theory of elasticity, 3rd edn. McGraw-Hill, Auckland

Lakes R S (1993) Design considerations for materials with negative Poisson's ratio. ASME J Appl Mech, 115(4): 696-700

第 7 章 极坐标和球坐标表示的拉胀固体

摘要: 本章讨论以极坐标系或球坐标系表示的拉胀固体, 这两类坐标系推荐采用, 特别考虑了拉胀性对旋转圆盘 (薄圆盘和厚圆盘) 应力的影响, 以及由于内部和外部压力作用引起的厚壁圆柱筒、厚壁球壳的拉胀应力。曲线结果表明, 在内部压力作用下, 拉胀材料制成的厚壁圆柱筒要优于常规材料; 但在外部压力下, 该拉胀材料效果差一些。对于泊松比为 −1/3 的旋转薄圆盘, 周向应力与径向距离无关, 应力在整个圆盘上是均匀的; 而对于有中心孔的旋转圆盘而言, 应力则不是均匀的。在薄的实心圆盘上的最大应力, 以及在有中心孔的薄圆盘上的最大径向应力和最大周向应力, 均随泊松比负向值的增大而线性减小。与旋转薄圆盘相似, 当泊松比为 −1/3 时, 旋转厚圆盘的周向应力与径向距离无关, 不同之处在于, 其圆周应力在整个圆盘上并不均匀, 随圆盘厚度变化而变化。此外, 当泊松比为 0 或 −1 时, 厚壁旋转圆盘的径向和周向应力与厚度方向无关。在厚壁球壳中, 如果泊松比为 0.5, 则径向位移与径向距离的平方成反比; 如果泊松比为 −1, 则径向位移随径向距离线性变化。

关键词: 旋转圆盘; 厚圆盘; 厚圆柱筒; 厚壁球壳; 薄圆盘

7.1 引　言

对于一些诸如厚壁圆柱筒、旋转圆盘、圆板等固体, 采用极坐标系来分析较为方便, 而对于球形固体和壳, 采用球坐标系来分析较为方便。本章考虑了负泊松比对内外压力作用下厚壁圆柱筒、薄圆盘和厚圆盘的旋转及厚壁球壳的影响。尽管极坐标系和球坐标系分别用于圆板和球壳的分析, 但负泊松比对平板和壳的影响将在后续章节中介绍。

7.2 厚壁拉胀圆柱筒

根据图 7.2.1 所示的命名法则, 厚壁圆柱筒的径向和周向应力为 (Timoshenko, 1948)

$$\begin{Bmatrix} \sigma_r \\ \sigma_\theta \end{Bmatrix} = \frac{1}{b^2 - a^2} \begin{bmatrix} 1 & -1 \\ 1 & 1 \end{bmatrix} \begin{Bmatrix} a^2 p_i - b^2 p_0 \\ a^2 b^2 \left(p_i - p_0 \right) / r^2 \end{Bmatrix} \tag{7.2.1}$$

在仅承受内部压力作用时 $(p_0 = 0)$，式 (7.2.1) 可简化为

$$\left\{ \begin{array}{c} \sigma_r \\ \sigma_\theta \end{array} \right\} = \frac{a^2 p_i}{b^2 - a^2} \left[\begin{array}{cc} 1 & -1 \\ 1 & 1 \end{array} \right] \left\{ \begin{array}{c} 1 \\ b^2/r^2 \end{array} \right\} \tag{7.2.2}$$

在仅承受外部压力作用时 $(p_i = 0)$，式 (7.2.1) 可简化为

$$\left\{ \begin{array}{c} \sigma_r \\ \sigma_\theta \end{array} \right\} = \frac{b^2 p_0}{b^2 - a^2} \left[\begin{array}{cc} -1 & +1 \\ -1 & -1 \end{array} \right] \left\{ \begin{array}{c} 1 \\ a^2/r^2 \end{array} \right\} \tag{7.2.3}$$

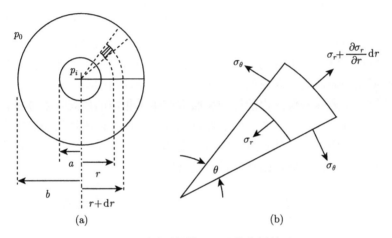

图 7.2.1　厚壁圆柱筒 (a) 及其分析单元 (b)

由于泊松比对受压厚壁圆柱筒的应力状态没有影响，因此必须评估泊松比对圆柱筒尺寸稳定性的影响：尺寸变化越小，圆柱筒的性能越好。在距厚壁圆柱筒中心径向距离为 $r\,(a \leqslant r \leqslant b)$ 的任何点，径向位移为

$$u = \frac{1 - \nu}{E} \frac{a^2 p_i - b^2 p_0}{b^2 - a^2} r + \frac{1 + \nu}{E} \frac{a^2 b^2 \left(p_i - p_0 \right)}{\left(b^2 - a^2 \right) r} \tag{7.2.4}$$

从式 (7.2.4) 可以看出，对于拉胀圆柱筒，第一项优先；而对于常规圆柱筒，第二项优先。当泊松比趋于极限 $(\nu \to -1)$ 时，式 (7.2.4) 简化为

$$u = \frac{2}{E} \frac{a^2 p_i - b^2 p_0}{b^2 - a^2} r \tag{7.2.5}$$

当无外部压力作用时，易得式 (7.2.4) 的无量纲形式为

$$\frac{E}{p_i} \left(\frac{b^2 - a^2}{ba} \right) \frac{u}{a} = (1 - \nu) \frac{r}{b} + (1 + \nu) \frac{b}{r} \tag{7.2.6}$$

当无内部压力作用时，式 (7.2.4) 的无量纲形式为

$$\frac{E}{p_0}\left(\frac{a^2-b^2}{ab}\right)\frac{u}{b}=(1-\nu)\frac{r}{a}+(1+\nu)\frac{a}{r} \tag{7.2.7}$$

以上关系如图 7.2.2 所示，图中分别描绘了高度拉胀区域 $(-1\leqslant\nu\leqslant-0.5)$、中度拉胀区域 $(-1\leqslant\nu\leqslant-0.5)$ 和常规区域 $(0\leqslant\nu\leqslant0.5)$ 三种情况。

　　可以定性地推断出，当无外部压力时，内部的正压力会导致厚壁圆柱筒内的元素向外径向压缩，从而使圆柱筒趋向于膨胀。对于常规的厚壁圆柱筒，这意味着仅向外的径向压缩就产生了相应的周向膨胀分量，从而导致更大的径向膨胀。对于一个拉胀的厚壁圆柱筒，仅向外的径向压缩就产生了相应的周向压缩分量，从本质上减少了整体的径向膨胀。图 7.2.2 (a) 可解释这一推断。拉胀厚壁圆柱筒经历了比常规厚壁圆柱筒更低的无量纲径向位移。通过类似的推断，内部的负压力会导致厚壁圆柱筒内元素向内径向膨胀，从而使圆柱筒的半径缩小。对于常规的厚壁圆柱筒，这意味着仅向内的径向膨胀就产生了相应的周向收缩分量，从而导致更大的径向收缩。对于一个拉胀的厚壁圆柱筒，仅向内的径向膨胀就产生了一个相应的周向拉胀分量，从本质上减少了整体的径向收缩。换言之，作为承受内压的厚壁圆柱筒，拉胀材料比常规材料更具优势。

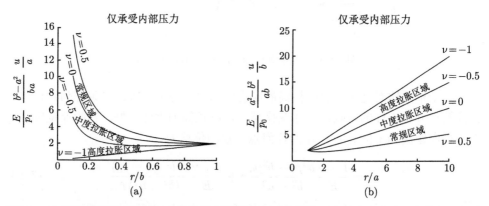

图 7.2.2　厚壁圆柱筒无量纲径向位移随无量纲径向距离变化图中的常规区域、中等拉胀区域和高度拉胀区域的位置：(a) 仅承受内部压力；(b) 仅承受外部压力

　　然而，当受到外部压力作用时，选择拉胀材料作为厚壁圆柱筒的材料比选择常规材料的效果要差一些。对于常规的厚壁圆柱筒，仅向内的径向压缩就产生相应的周向膨胀分量，从而减少了径向收缩。对于拉胀的厚壁圆柱筒，仅向内的径向压缩就产生了相应的周向压缩分量，进一步增加了径向膨胀，图 7.2.2 (b) 可解释这一推断。图中曲线表明，与常规圆柱筒相比，拉胀厚壁圆柱筒经历了更大的

无量纲径向位移。类似地，外部的负压力会导致厚壁圆柱筒内的元素向外径向膨胀，从而倾向于扩大圆柱筒的半径。对于常规的厚壁圆柱筒，仅这种向外的径向拉胀就产生了相应的周向收缩分量，从而限制了径向膨胀。对于拉胀的厚壁圆柱筒，仅向外的径向膨胀就产生了相应的周向拉胀分量，进一步增加了径向膨胀。

现在可以证明，厚壁圆柱筒的泊松比的测量不必仅限于传统方法。在传统方法中，要么将载荷施加到与圆柱筒材质相同的试样上，然后测量加载方向或横向方向的应变；要么将轴向载荷直接施加到圆柱筒上，同时测量轴向和径向方向的应变。对于内压式厚壁圆柱筒，如果可以测量内壁的径向位移，则可以得到圆柱筒材料的泊松比，即将 $r = a$ 代入式 (7.2.6) 中，得到

$$\nu = \frac{E}{p_i}\frac{u_{r=a}}{a} - \frac{a^2 + b^2}{b^2 - a^2} \tag{7.2.8}$$

同样地，对于承受外部压力的厚壁圆柱筒，如果能测量其外壁位移，即将 $r = b$ 代入式 (7.2.7) 中，则可以得到其泊松比

$$\nu = \frac{E}{p_0}\frac{u_{r=b}}{b} + \frac{a^2 + b^2}{b^2 - a^2} \tag{7.2.9}$$

其中第一项为负值，因为 p_0 和 u (包括 $u_{r=b}$) 的符号总是相反的。因此，在仅承受内部压力作用时，若满足以下条件

$$\frac{u_{r=a}}{p_i} < \frac{a}{E}\left(\frac{a^2 + b^2}{b^2 - a^2}\right) \tag{7.2.10}$$

或者，在仅承受外部压力作用时，若满足以下条件

$$\frac{u_{r=b}}{p_0} < -\frac{b}{E}\left(\frac{a^2 + b^2}{b^2 - a^2}\right) \tag{7.2.11}$$

则该厚壁圆柱筒可认定为拉胀圆柱筒。

7.3 旋转的薄拉胀圆盘

如果一个圆盘的厚度小于它的半径，它就被定义为薄圆盘。因此，其径向应力和切向应力沿圆盘厚度的变化可忽略不计。如图 7.3.1 所示，密度为 ρ、以角速度 ω 旋转的薄实心圆盘，其径向和周向应力分布分别为 (Timoshenko, 1948)

$$\sigma_r = \frac{3 + \nu}{8}\rho\omega^2\left(b^2 - r^2\right) \tag{7.3.1}$$

和

$$\sigma_\theta = \frac{3+\nu}{8}\rho\omega^2 b^2 - \frac{1+3\nu}{8}\rho\omega^2 r^2 \tag{7.3.2}$$

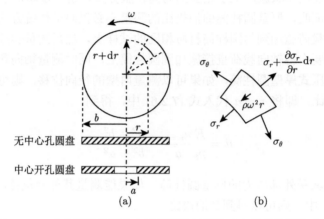

图 7.3.1　中心开孔和无中心孔的薄旋转圆盘 (a) 及其分析单元 (b)

最大应力发生在圆盘的中心, 为

$$(\sigma_r)_{\max} = (\sigma_\theta)_{\max} = \frac{3+\nu}{8}\rho\omega^2 b^2 \tag{7.3.3}$$

需要指出的是, 在拉胀属性值 $\nu = -1/3$ 的特定情况下, 可消去式 (7.3.2) 中周向应力的第二项, 继而获得

$$(\sigma_\theta)_{\nu=-\frac{1}{3}} = \frac{\rho\omega^2 b^2}{3} \tag{7.3.4}$$

这意味着在 $\nu = -1/3$ 这一特定拉胀条件下, 周向应力与径向距离无关, 均匀分布在整个圆盘上。对于有中心圆孔的旋转圆盘, 径向和周向应力分布分别为

$$\sigma_r = \frac{3+\nu}{8}\rho\omega^2\left(b^2 + a^2 - \frac{a^2 b^2}{r^2} - r^2\right) \tag{7.3.5}$$

和

$$\sigma_\theta = \frac{3+\nu}{8}\rho\omega^2\left(b^2 + a^2 + \frac{a^2 b^2}{r^2} - \frac{1+3\nu}{3+\nu}r^2\right) \tag{7.3.6}$$

在拉胀属性为 $\nu = -1/3$ 的特定情况下, 周向应力与径向距离无关, 但可简化为

$$(\sigma_\theta)_{\nu=-\frac{1}{3}} = \frac{\rho\omega^2 b^2}{3}\left[1 + \left(\frac{a}{b}\right)^2 + \left(\frac{a}{r}\right)^2\right] \tag{7.3.7}$$

在式 (7.3.5) 中, 当 $r = \sqrt{ab}$ 时径向应力最大, 为

$$(\sigma_r)_{\max} = \frac{3+\nu}{8}\rho\omega^2(b-a)^2 \tag{7.3.8}$$

而在式 (7.3.6) 中, 当 $r = a$ 时周向应力最大, 为

$$(\sigma_\theta)_{\max} = \frac{3+\nu}{4}\rho\omega^2\left(b^2 + \frac{1-\nu}{3+\nu}a^2\right) \tag{7.3.9}$$

图 7.3.2 所示为对应各种孔与边缘半径比值 a/b 的圆盘的无量纲最大应力 $\sigma_{\max}$ $/\rho\omega^2 b^2$ 随圆盘材料泊松比的变化曲线。

从图 7.3.2 可以看出, 随着泊松比的增大, 薄圆盘的最大应力及中心开孔的薄圆盘的最大径向应力和周向应力均呈线性地减小。因此, 推荐使用拉胀材料代替常规材料来制作薄壁旋转圆盘, 因为它具有其他材料参数 (如密度和强度) 不变的优势 (Lim, 2013)。

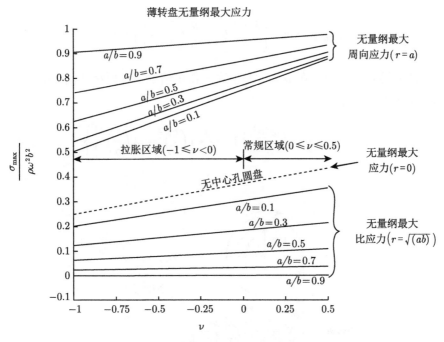

图 7.3.2　负泊松比对中心开孔 (连续线) 和无中心孔 (虚线) 的薄旋转圆盘最大应力降低的影响

7.4　旋转的厚拉胀圆盘

对于图 7.4.1 所示的厚度为 $2c$ 的厚实心圆盘，Timoshenko 和 Goodier (1970) 分别给出了其径向应力分布

$$\sigma_r = \rho\omega^2 \left[\frac{3+\nu}{8} \left(b^2 - r^2\right) + \frac{\nu}{6} \left(\frac{1+\nu}{1-\nu}\right) \left(c^2 - 3z^2\right) \right] \tag{7.4.1}$$

和周向应力分布

$$\sigma_\theta = \rho\omega^2 \left[\frac{3+\nu}{8} b^2 - \frac{1+3\nu}{8} r^2 + \frac{\nu}{6} \left(\frac{1+\nu}{1-\nu}\right) \left(c^2 - 3z^2\right) \right] \tag{7.4.2}$$

很明显，对于厚圆盘而言，最大应力不仅依赖于径向距离 r，还依赖于中性平面距离 z。然而，为了一致性，厚旋转圆盘中最大应力的定义与薄旋转圆盘相似。对于 z 值恒定的固定平面，最大应力出现在中心 $(r=0)$，其计算式为

$$(\sigma_r)_{\max} = (\sigma_\theta)_{\max} = \rho\omega^2 \left[\frac{3+\nu}{8} b^2 + \frac{\nu}{6} \left(\frac{1+\nu}{1-\nu}\right) \left(c^2 - 3z^2\right) \right] \tag{7.4.3}$$

与薄旋转圆盘相似，在 $\nu = -1/3$ 这一特定情况下，厚旋转圆盘的周向应力与径向距离无关，即

$$(\sigma_\theta)_{\nu=-\frac{1}{3}} = \frac{\rho\omega^2 b^2}{3} \left\{ 1 - \frac{1}{12} \left[\left(\frac{c}{b}\right)^2 - 3 \left(\frac{z}{b}\right)^2 \right] \right\} \tag{7.4.4}$$

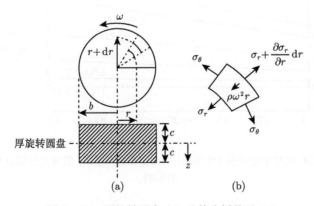

图 7.4.1　厚旋转圆盘 (a) 及其分析单元 (b)

与薄圆盘不同,这种周向应力在整个圆盘上不是均匀的,因为它随着圆盘厚度的变化而变化。更有趣地是,在 $\nu = -1$ 时,可消去式 (7.4.1) 和式 (7.4.2) 描述的径向和周向应力分布中的最后一项,分别得到

$$(\sigma_r)_{\nu=-1} = \frac{\rho\omega^2 b^2}{4}\left[1 - \left(\frac{r}{b}\right)^2\right] \tag{7.4.5}$$

和

$$(\sigma_\theta)_{\nu=-1} = \frac{\rho\omega^2 b^2}{4}\left[1 + \left(\frac{r}{b}\right)^2\right] \tag{7.4.6}$$

式 (7.4.5) 和式 (7.4.6) 也可以通过将 $\nu = -1$ 代入式 (7.3.1) 式 (7.3.2) 得到。当 $\nu = 0$ 时,可消去式 (7.4.1) 和式 (7.4.2) 的最后一项,分别为

$$(\sigma_r)_{\nu=0} = \frac{3}{8}\rho\omega^2 b^2\left[1 - \left(\frac{r}{b}\right)^2\right] \tag{7.4.7}$$

和

$$(\sigma_\theta)_{\nu=0} = \frac{3}{8}\rho\omega^2 b^2\left[1 - \frac{1}{3}\left(\frac{r}{b}\right)^2\right] \tag{7.4.8}$$

式 (7.4.7) 和式 (7.4.8) 也可以通过将 $\nu = 0$ 代入式 (7.3.1) 和式 (7.3.2) 得到。由于 $\nu = -1$ 时的式 (7.3.1) $\sim$ 式 (7.3.3) 与 $\nu = 0$ 时的式 (7.4.1) $\sim$ 式 (7.4.3) 相等,所以如果圆盘材料的泊松比为 $\nu = -1$ 或 $\nu = 0$,则薄圆盘理论适用于厚圆盘。对比式 (7.4.3) 与式 (7.3.3) 明显可知,在 $z = \pm c/\sqrt{3}$ 的两个平面上,薄圆盘的最大应力与厚圆盘的最大应力相等。已有结果表明,对厚板的修正项在 $z = \pm c/\sqrt{3}$ 两个平面上消失了,从式 (7.4.3) 中观察到,使用拉胀圆盘可减小在中性面 ($-c/\sqrt{3} < z < c/\sqrt{3}$) 附近的最大应力,而使用常规圆盘可减小远离中性面 ($-c < z < -c/\sqrt{3}$ 和 $c/\sqrt{3} < z < c$) 的最大应力。因此,根据式 (7.4.3) 可以绘制出两组极值 (图 7.4.2),即中性面的极值为

$$\frac{(\sigma_{\max})_{z=0}}{\rho\omega^2 b^2} = \frac{3+\nu}{8} + \frac{\nu}{6}\left(\frac{1+\nu}{1-\nu}\right)\left(\frac{c}{b}\right)^2 \tag{7.4.9}$$

在顶部和底部表面的极值为

$$\frac{(\sigma_{\max})_{z=\pm c}}{\rho\omega^2 b^2} = \frac{3+\nu}{8} - \frac{\nu}{3}\left(\frac{1+\nu}{1-\nu}\right)\left(\frac{c}{b}\right)^2 \tag{7.4.10}$$

由图 7.4.2 可知,在泊松比 $-1 < \nu < 0$ 范围内,最大应力的变化是非常小的,这意味着对泊松比非常小的厚拉胀圆盘和常规材料制成的圆盘,采用薄圆盘理论是足够精确的 (Lim,2013)。

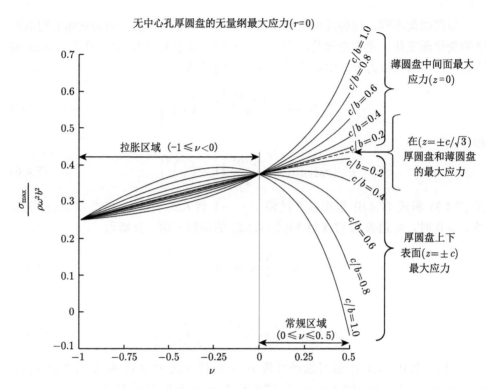

图 7.4.2　负泊松比对厚旋转圆盘最大应力的影响

7.5　厚壁拉胀壳

厚壁球壳问题是厚壁圆柱筒问题的拓展。如图 7.5.1 所示，单元体的应力状态包括法向的径向应力 σ_r 及与法向正交的平面内的切向应力 σ_θ。根据 Timoshenko 和 Goodier(1970) 的径向应力表达式

$$\sigma_r = p_0 \frac{r^3 - a^3}{a^3 - b^3} \left(\frac{b}{r}\right)^3 + p_i \frac{b^3 - r^3}{a^3 - b^3} \left(\frac{a}{r}\right)^3 \tag{7.5.1}$$

和切向应力表达式

$$\sigma_\theta = \frac{p_0}{2} \frac{2r^3 + a^3}{a^3 - b^3} \left(\frac{b}{r}\right)^3 - \frac{p_i}{2} \frac{2r^3 + b^3}{a^3 - b^3} \left(\frac{a}{r}\right)^3 \tag{7.5.2}$$

应用本构关系

$$\varepsilon_r = \frac{\mathrm{d}u}{\mathrm{d}r} = \frac{1}{E} \left[\sigma_r - \nu \left(2\sigma_\theta\right)\right] \tag{7.5.3}$$

或

$$\varepsilon_\theta = \frac{u}{r} = \frac{1}{E}\left[(1-\nu)\sigma_\theta - \nu\sigma_r\right] \tag{7.5.4}$$

可得

$$u = \frac{p_0}{E}\frac{(1-2\nu)r + (1+\nu)\dfrac{a^3}{2r^2}}{\dfrac{a^3}{b^3}-1} - \frac{p_i}{E}\frac{(1-2\nu)r + (1+\nu)\dfrac{b^3}{2r^2}}{1-\dfrac{b^3}{a^3}} \tag{7.5.5}$$

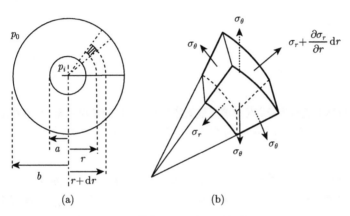

(a)   (b)

图 7.5.1　厚壁球壳 (a) 及其分析单元体 (b)

这意味着, 当球壳材料是不可压缩材料 ($\nu = 0.5$) 时, 径向位移与径向距离的平方成反比, 即

$$(u)_{\nu=\frac{1}{2}} = \frac{3}{4}\frac{p_0 - p_i}{E}\frac{a^3 b^3}{(a^3 - b^3)r^2} \propto \frac{1}{r^2} \tag{7.5.6}$$

如果球壳材料的泊松比为 $\nu = -1$, 则径向位移与径向距离呈线性变化, 即

$$(u)_{\nu=-1} = 3r\frac{b^3 p_0 - a^3 p_i}{(a^3 - b^3)E} \propto r \tag{7.5.7}$$

在无外界压力作用的情况下, 式 (7.5.5) 可用无量纲形式表示为

$$\frac{E}{p_i}\left(\frac{b^3 - a^3}{ba^2}\right)\frac{u}{a} = (1-2\nu)\frac{r}{b} + \frac{1+\nu}{2}\left(\frac{b}{r}\right)^2 \tag{7.5.8}$$

在无内部压力作用的情况下, 式 (7.5.5) 可表示为

$$\frac{E}{p_0}\left(\frac{a^3 - b^3}{ab^2}\right)\frac{u}{b} = (1-2\nu)\frac{r}{a} + \frac{1+\nu}{2}\left(\frac{a}{r}\right)^2 \tag{7.5.9}$$

上述两式的关系曲线绘于图 7.5.2 中，展示了高度拉胀区域 $(-1 \leqslant \nu \leqslant -0.5)$、中度拉胀区域 $(-0.5 \leqslant \nu \leqslant 0)$ 和常规区域 $(0 \leqslant \nu \leqslant 0.5)$ 的结果。

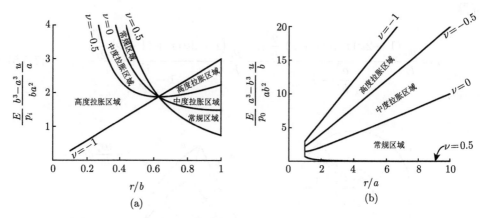

图 7.5.2　厚壁球壳无量纲径向位移随无量纲径向距离变化的常规区域、中等拉胀区域和高度拉胀区域的位置：(a) 仅承受内部压力；(b) 仅承受外部压力

值得注意的是，对厚壁球壳，式 (7.5.8) 和式 (7.5.9) 分别类似于厚壁圆柱筒的表达式 (7.2.6) 和 (7.2.7)。与厚壁圆柱筒一样，厚壁球壳的泊松比及其拉胀特性对应力状态没有影响，但对变形场有影响。从图 7.5.2 可以看出，除了当 $\nu = 0.5$ 时位移 $u \propto r^{-2}$、当 $\nu = -1$ 时位移 $u \propto r$ 外，对于承受外部压力的球壳，在尺寸稳定性方面，使用常规材料优于使用拉胀材料。对于承受内部压力的厚壁球壳，其结果是混合的，即对于 $a \leqslant r \leqslant b/4^{1/3}$ 的球壳内层，拉胀材料表现出更好的尺寸稳定性；对于 $b/4^{1/3} \leqslant r \leqslant b$ 的球壳外层，常规材料表现出更好的尺寸限制。承受内部压力作用的球壳的泊松比对径向距离为 $r = b/4^{1/3}$ 时的球壳的位移没有影响。

无须对相同材料的样品进行常规拉伸实验即可获得厚壁球壳的泊松比。如图 7.5.2 所示，如果事先知道厚壁球壳的尺寸 (a, b) 和杨氏模量 E，则从位移-压力特性曲线可以推断出厚壁球壳材料的泊松比。假设外表面位移 $u_{r=b}$ 可以从内压厚壁球壳中测量，然后将 $r = b$ 代入式 (7.5.8) 得到

$$\nu = 1 - \frac{2}{3} \frac{E}{p_i} \left(\frac{b^3 - a^3}{ba^2} \right) \frac{u_{r=b}}{a} \tag{7.5.10}$$

同样地，如果内表面位移 $u_{r=a}$ 可以从承受外部压力作用的厚壁球壳中测量，然后将 $r = a$ 代入式 (7.5.9) 得到

$$\nu = 1 - \frac{2}{3}\frac{E}{p_0}\left(\frac{a^3 - b^3}{ab^2}\right)\frac{u_{r=a}}{b} \tag{7.5.11}$$

因此，对承受内部压力作用的厚拉胀球壳，如果满足

$$\frac{u_{r=b}}{p_i} > \frac{3a}{2E}\left(\frac{ba^2}{b^3 - a^3}\right) \tag{7.5.12}$$

或者对承受外部压力作用的球壳，满足

$$\frac{u_{r=a}}{p_0} > \frac{3b}{2E}\left(\frac{ab^2}{a^3 - b^3}\right) \tag{7.5.13}$$

则该球壳可认定为拉胀厚壁球壳，其中 $u_{r=a}$ 和 p_0 有相反的符号。需要注意的是，式 (7.5.12)、式 (7.5.13) 与式 (7.2.10)、式 (7.2.11) 并不是一类，因为将 $r = b$ 和 $r = a$ 分别代入式 (7.2.6) 和式 (7.2.7) 无法直接求出泊松比。为求得式 (7.5.10) 和式 (7.5.11) 的泊松比，可将 $r = a$ 代入式 (7.5.8) 中，得到

$$\nu = 2\frac{E}{p_i}\frac{u_{r=a}}{a}\left(\frac{b^3 - a^3}{b^3 - 4a^3}\right) - \frac{2a^3 + b^3}{b^3 - 4a^3} \tag{7.5.14}$$

或将 $r = b$ 入式 (7.5.9) 中，得到

$$\nu = 2\frac{E}{p_0}\frac{u_{r=b}}{b}\left(\frac{b^3 - a^3}{4b^3 - a^3}\right) + \frac{a^3 + 2b^3}{4b^3 - a^3} \tag{7.5.15}$$

如果满足以下条件

$$\frac{u_{r=a}}{p_i} < \frac{a}{2E}\left(\frac{2a^3 + b^3}{b^3 - a^3}\right) \tag{7.5.16}$$

或者

$$\frac{u_{r=b}}{p_0} < -\frac{b}{2E}\left(\frac{a^3 + 2b^3}{b^3 - a^3}\right) \tag{7.5.17}$$

则厚壁球壳可被确定为拉胀的 (其中比值 $u_{r=b}/p_0$ 为负值)。式 (7.5.16)、式 (7.5.17) 与式 (7.2.10)、式 (7.2.11) 类似。

参 考 文 献

Lim T C (2013) Rotating disks made from materials with negative Poisson's ratio. Adv Mater Res, 804:347–352

Timoshenko S P (1948) Strength of Materials, 2nd edn, 10th printing. D. Van Nostrand Company, New York

Timoshenko S P, Goodier J N (1970) Theory of Elasticity, 3rd edn. McGraw-Hill, Auckland

第 8 章 拉胀薄板与薄壳

摘要：本章首先讨论拉胀板相对于常规板的弯曲刚度，然后对圆形拉胀平板进行分析。承受均布载荷的圆形平板所产生的弯矩表明，若板边缘简支，则其最优泊松比为 $-1/3$。对承受正弦载荷作用的矩形板，根据弯矩和扭矩的最小化，方板的最优泊松比为 0，而长宽比为 $1+\sqrt{2}$ 的矩形板的最优泊松比逐渐减小直至 -1。力矩最小化研究表明：当最佳泊松比为 0.115 时，拉胀材料不适用于承受均布载荷作用的简支方板；但当最优泊松比为 -1 时，拉胀材料非常适合于承受中心集中加载的简支方板。通过对拉胀基础上拉胀板的研究，曲线结果表明，除了选择足够强度的材料和降低应力集中的板材力学设计外，泊松比为负的板和/或基础材料的使用有助于抗失效设计。Strek 等 (J Non-Cryst Solids 354 (35–39):4475–4480, 2008) 和 Pozniak 等 (Rev Adv Mat Sci 23 (2):169–174, 2010) 对单轴平面内压力作用下宽度方向约束的平板进行了研究，呈现了令人惊讶的结果：在极负的泊松比下，位移矢量的分量与载荷方向成反向平行。对承受均布载荷作用的球壳，使用拉胀材料可减小最大弯曲应力与膜应力的比值，从而表明，如果壳材料的泊松比足够负，比如 -1，则边界条件允许自由旋转和横向位移，那么即使壳的厚度很大，使用薄壳理论进行分析也是可以的。由于弯曲应力大幅降低，因此建议简支球壳使用拉胀性材料。然而，当壳材料的泊松比变得越来越负时，其弯曲应力急剧增加，因此不建议将拉胀材料用作边缘固支的球壳。

关键词：圆形平板；集中载荷；矩形板；均布载荷；局部载荷

8.1 引 言

本章研究负泊松比对薄板和薄壳特性的影响。本书薄板和薄壳中所涉及的"薄"是指薄到不需要考虑横向剪切变形，但厚到足以承受弯矩，使得薄膜理论假设不再成立。它还包括对厚到没有发生屈曲的板面内压缩的分析。虽然在拉胀板的研究中通常考虑宏观尺度，但最近研究发现某些金属纳米板同样具有负泊松比 (Ho et al., 2014)。

8.2 拉胀板的弯曲刚度

为量化分析负泊松比对材料和结构单元力学性能的影响，以下似乎是合乎逻辑的：(a) 简单对比正泊松比的常规材料和负泊松比拉胀材料的行为；或更合理地, (b) 对比各向同性材料在整个泊松比范围 $(-1 \leqslant \nu \leqslant 0.5)$ 的行为。虽然 (b) 方法更好, 因为它对不同的泊松比的力学响应给出了更详细的描述, 但 (a) 所建议的方法可以将常规材料和负泊松比的力学性能平均值分别取在 $0 \leqslant \nu \leqslant 0.5$ 和 $-1 \leqslant \nu \leqslant 0$ 内。参照式 (3.4.1) 中给出的各向同性固体的模量关系, 如果杨氏模量仍然是有限的, 则当 $G \to \infty$ 时 $\nu \to -1$; 反之, 当剪切模量有限时, 则当 $E \to 0$ 时 $\nu \to -1$。实际上, 两者都不会出现。在试样的制作过程中, 常规试样和拉胀试样几乎不可能保持杨氏模量或剪切模量不变。因此, 任何理论比较都必须附加一个条件, 比如要么保持杨氏模量不变, 要么保持剪切模量不变。从样品生产过程中获得的经验也表明, 两种模量几乎一直随泊松比的变化而同步变化。此外, 根据式 (3.4.2), 随着试样泊松比的变化, 体积模量也会发生变化。因此, 对具有不同泊松比符号的试样的力学性能进行任何有意义的比较时, 都必须考虑杨氏模量、剪切模量和体积模量的同步变化。如果以固体实体的拉胀程度为参考来讨论常规材料和拉胀材料之间的区别, 则必须消除歧义。因此, 需在其他模量条件的框架内讨论由材料泊松比符号引起的结构元件力学性能变化。本节建立了几个模态条件来讨论因泊松比的变化而引起的板弯曲刚度的变化 (Lim, 2014a)。

因为薄板的厚度与平板的其中一个平面尺寸之比在 $0.01 \sim 0.1$ 之间, 而对膜和厚板该比值却在此范围之外。设 m 和 n 为两个垂直的方向, 它们与厚度为 h 的矩形板的平面外方向正交, w 表示在所关注的点处的挠度, 则薄板在该点的最大弯曲应力为

$$\left\{ \begin{array}{c} \sigma_m \\ \sigma_n \end{array} \right\}_{\max} = \pm \frac{6}{h^2} \left\{ \begin{array}{c} M_m \\ M_n \end{array} \right\} \tag{8.2.1}$$

它出现在表面, 其中

$$\left\{ \begin{array}{c} M_m \\ M_n \end{array} \right\} = -D \left[\begin{array}{cc} 1 & \nu \\ \nu & 1 \end{array} \right] \left\{ \begin{array}{c} \dfrac{\partial^2 w}{\partial m^2} \\ \dfrac{\partial^2 w}{\partial n^2} \end{array} \right\} \tag{8.2.2}$$

D 为板的弯曲刚度或抗弯刚度。弯曲刚度是与板厚、两个弹性常数相关的函数:

$$D = \frac{Eh^3}{12(1-\nu^2)} \tag{8.2.3}$$

它不仅适用于任何形状的板材, 也适用于壳体和其他薄壁结构。假设板材的杨氏模量保持不变, 除了各向同性拉胀固体的泊松比范围是常规固体的 2 倍, 泊松比的正负对板的弯曲刚度没有影响。将式 (3.4.1) 和式 (3.4.2) 分别代入式 (8.2.3) 得

到

$$D = \frac{Gh^3}{6(1-\nu)} \tag{8.2.4}$$

和

$$D = \frac{Kh^3}{4}\left(\frac{1-2\nu}{1-\nu^2}\right) \tag{8.2.5}$$

因此，板的弯曲刚度可以用平板材料的泊松比、板的厚度和式 (8.2.3) ~ 式 (8.2.5) 中的一个模量来表述。

不管选择哪种表述方式，泊松比的任意变化会同时影响三个模量的变化。因此，负泊松比对板弯曲刚度的影响只有在至少一个假定模量保持不变时才有意义。例如，式 (8.2.3) 用杨氏模量量化了板的弯曲刚度，这就可以假定杨氏模量不变，从而根据泊松比的变化来评估板的弯曲刚度变化。同样，随着泊松比的变化，式 (8.2.4) 和式 (8.2.5) 中板的弯曲刚度可以分别假定剪切模量和体积模量保持不变来实现。

到目前为止，式 (8.2.3) ~ 式 (8.2.5) 中平板的弯曲刚度仅用了一个模量表示。通过取两板弯曲刚度表达式乘积的平方根，可得到用两个模量表示的板的弯曲刚度，如下：

$$D = \frac{\sqrt{EG}h^3}{12(1-\nu)}\sqrt{\frac{2}{1+\nu}} \tag{8.2.6}$$

$$D = \frac{\sqrt{EK}h^3}{12(1-\nu^2)}\sqrt{3(1-2\nu)} \tag{8.2.7}$$

和

$$D = \frac{\sqrt{GK}h^3}{12(1-\nu)}\sqrt{\frac{6(1-2\nu)}{1+\nu}} \tag{8.2.8}$$

这些表达式表明两个模量同等重要，并提供了一种在改变泊松比时将两个模量的乘积置为常数的方法。式 (8.2.6) ~ 式 (8.2.10) 是很重要的，它们允许所有三个模量在泊松比变化的情况下发生变化，而泊松比的变化应在较少的限制条件下进行，该条件即为两个模量的乘积必须保持恒定。

详细分析式 (8.2.3) ~ 式 (8.2.5) 可知，式 (8.2.6) ~ 式 (8.2.8) 所描述的板弯曲刚度关系式可通过引入权重参数 x、y、z 表达其中间范围，即

$$D = \frac{E^{1-x}G^x h^3}{12}\frac{2^x}{(1-\nu)(1+\nu)^{1-x}} \tag{8.2.9}$$

$$D = \frac{E^{1-y}K^y h^3}{12}\frac{[3(1-2\nu)]^y}{1-\nu^2} \tag{8.2.10}$$

$$D = \frac{G^{1-z}K^zh^3}{12}\frac{2^{1-2z}}{1-\nu}\left[\frac{6\left(1-2\nu\right)}{1+\nu}\right]^z \tag{8.2.11}$$

分别将 $x = 0$、$x = 1$ 和 $x = 0.5$ 代入式 (8.2.9)，可相应地简化为式 (8.2.3)、式 (8.2.4) 和式 (8.2.6)；将 $y = 0$、$y = 1$、$y = 0.5$ 代入式 (8.2.10) 得到式 (8.2.3)、式 (8.2.5) 及式 (8.2.7)。采用相同的方式，将 $z = 0$、$z = 1$、$z = 0.5$ 代入式 (8.2.11) 得到式 (8.2.4)、式 (8.2.5) 和式 (8.2.8)。通过求式 (8.2.3) ~ 式 (8.2.5) 的立方根，可以将弯曲刚度表示为三个模量恒定的乘积：

$$D = \frac{h^3\left[6EGK\left(1-2\nu\right)\right]^{\frac{1}{3}}}{12\left(1-\nu\right)\left(1+\nu\right)^{\frac{2}{3}}} \tag{8.2.12}$$

与式 (8.2.6) ~ 式 (8.2.11) 一样，式 (8.2.12) 中的板的弯曲刚度允许这三个模量随泊松比的变化而变化，但要求三个模量的乘积保持不变。

在介绍了板弯曲刚度的各种形式后，引入无量纲形式。设 M 是一个参数或一个术语，它可以表示单一模量 (如 E、G 或 K)，或两个模量乘积的平方根 (如 $\sqrt{EG}$、$\sqrt{EK}$ 或者 $\sqrt{GK}$)，或三个模量乘积的立方根 (即 $\sqrt[3]{EGK}$)，或模量乘积组合的任何根 (使该单元等效于模量、应力或压力)，则无量纲弯曲刚度为

$$D^* = \frac{12D}{Mh^3} \tag{8.2.13}$$

权重参数 (x, y, z) 与各无量纲弯曲刚度表达式之间的关系如图 8.2.1 所示。基于此无量纲弯曲刚度的定义，可以量化不同条件下拉胀度对平板弯曲刚度的影响。

根据式 (8.2.13) 所述的无量纲形式，式 (8.2.3) ~ 式 (8.2.5) 中平板弯曲刚度如图 8.2.2 所示。图中曲线描绘的是图 8.2.1 中的坐标轴 $x = y = 0$，$x = z+1 = 1$，$y = z = 1$ 时的结果，它是相对于单一模量无量纲化的结果。当杨氏模量恒定时，板的弯曲刚度随板泊松比绝对值的增大而增大；当剪切模量恒定时，板的弯曲刚度随泊松比的增大而增大；当体积模量恒定时，板的弯曲刚度随泊松比的增大而减小。图 8.2.2 表明，当杨氏模量和剪切模量相等时，如果板是拉胀材料，其 $\nu = -1/2$，则板的弯曲刚度也将相等。其他交点出现在 $\nu = 1/8$ 和 $\nu = 1/3$ 的泊松比处 (常规区域)。

图 8.2.3 描绘了三种无量纲板弯曲刚度曲线，该无量纲化是相对于两个模量的乘积进行的，其弯曲刚度随板泊松比的变化而变化。图 8.2.3 (a) ~ (c) 分别描绘的是权重系数取值为 $0 \leqslant x \leqslant 1$、$0 \leqslant y \leqslant 1$ 和 $0 \leqslant z \leqslant 1$ 的结果。图 8.2.2 的交点 ($\nu = -1/2$，$\nu = 1/8$，$\nu = 1/3$) 表明，即使两个模量之比发生变化，只要两个模量的乘积保持恒定，在此交点处的薄板泊松比仍可保持板的弯曲刚度不变。例如，图 8.2.3 (a) 所述的，如果用 $\nu = -0.5$ 的拉胀平板，即便 E/G 的比例改变，

只要 EG 不变，平板的弯曲刚度仍然不变。类似的解释也可用于图 8.2.3 (b) 所描述的 $\nu = 1/3$ 的常规平板，其 EK 乘积不变，E/K 比值变化，以及图 8.2.3 (c) 所描述的 $\nu = 1/8$ 的常规平板，其 GK 乘积不变，G/K 比值变化的情况。

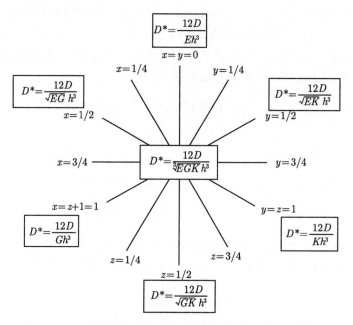

图 8.2.1　不同模量表达式组合情况的无量纲平板弯曲刚度

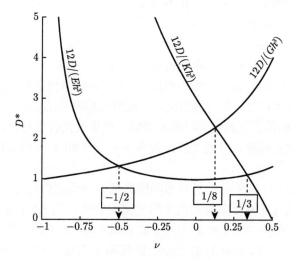

图 8.2.2　相对于杨氏模量、剪切模量和体积模量无量纲化情况下无量纲平板弯曲刚度随泊松比的变化曲线

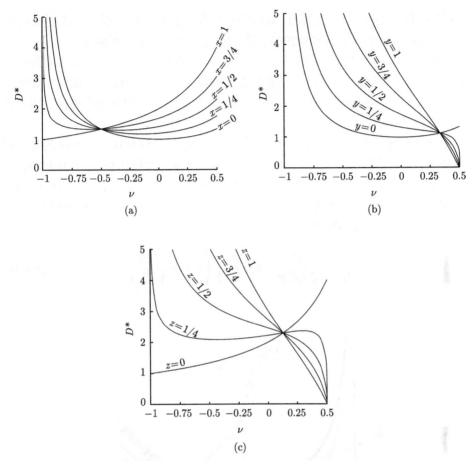

图 8.2.3　相对于以下量的无量纲化平板弯曲刚度：(a) 杨氏模量和剪切模量；(b) 杨氏模量
和体积模量；(c) 剪切模量和体积模量

特别要留意图 8.2.3 (c) 中 $z = 1/4$ 这一特定情况，在此权值参数下，无量纲
化的板的弯曲刚度为

$$D^* = \frac{12D}{G^{3/4}K^{1/4}h^3} = \frac{\sqrt{2}}{1-\nu}\left[\frac{6\,(1-2\nu)}{1+\nu}\right]^{\frac{1}{4}} \tag{8.2.14}$$

它在 ν 取以下值时

$$\frac{\mathrm{d}}{\mathrm{d}\nu}\left(\frac{12D}{G^{3/4}K^{1/4}h^3}\right) = 0 \Rightarrow \nu = \frac{-1 \pm \sqrt{33}}{16} \tag{8.2.15}$$

或 $\nu = 0.29654$ 和 $\nu = -0.42154$ 时分别得到最大值和最小值。这意味着，当

$\sqrt{G\sqrt{GK}}$ 保持不变时，在泊松比取高的正值和低的负值时，板的弯曲刚度减小，而在中间值 $-0.42154 \leqslant \nu \leqslant 0.29654$ 时，刚度随泊松比增大而增大。

因此，当 $\nu \to -1(G \gg K)$ 和 $\nu \to 1/2(G \ll K)$ 时，可以发现许多有趣的物理性质。例如，回想一下，对于扭曲平面波的波速，$c_T = \sqrt{G/p}$；而对于膨胀平面波的波速 $c_D = c_T = \sqrt{2(1-\nu)/(1-2\nu)}$。显然，剪切模量是有限的，因此波速 c_T 和 c_D 分别在 $\nu \to -1$ 和 $\nu \to 1/2$ 时迅速上升。

图 8.2.4 所示为三个模量之积保持不变与只有一个模量保持不变时的无量纲板弯曲刚度的对比。有趣的是，如式 (8.2.16) 计算的泊松比在 $\nu = 0.44222$ 和 $\nu = -0.94222$ 时 (这两个数值非常接近各向同性固体泊松比范围的上限 $\nu = 0.5$ 和下限 $\nu = -1$)。常数 EGK 乘积保持不变情况下的无量纲板的弯曲刚度与 E 保持不变时的无量纲板的弯曲刚度相交。

$$\frac{D}{E} = \frac{D}{\sqrt[3]{EGK}} \Rightarrow \nu = \frac{1}{4}\left(-1 \pm \sqrt{\frac{23}{3}}\right) \tag{8.2.16}$$

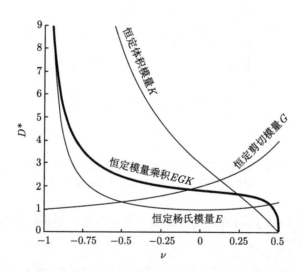

图 8.2.4   相对于三个模量乘积保持不变和相对于单一模量保持不变无量纲化的平板弯曲刚度比较

如式 (8.2.17) 计算的泊松比在 $\nu = -0.07295$ 时 (该值接近拉胀材料和常规材料的分界点 $\nu = 0$)，EGK 乘积保持不变情况下的无量纲板的弯曲刚度与 G 保持不变时的无量纲板的弯曲刚度相交

$$\frac{D}{G} = \frac{D}{\sqrt[3]{EGK}} \Longrightarrow \nu = \frac{1}{4}\left(-7 + 3\sqrt{5}\right) \tag{8.2.17}$$

最后，如式 (8.2.18) 计算的泊松比在 $\nu = 0.23777$ 时 (典型常规材料的泊松比)，EGK 乘积保持不变情况下的无量纲板弯曲刚度与无量纲板弯曲刚度在 K 保持不变无量纲板弯曲刚度的交叉点为

$$\frac{D}{K} = \frac{D}{\sqrt[3]{EGK}} \Longrightarrow \nu = \frac{19 - \sqrt{109}}{36} \tag{8.2.18}$$

并且，在三个模量乘积下保持不变的情况下的无量纲板弯曲刚度的拐点出现在 $\nu = 0.07566 \approx 0$ 处。这意味着，当三个模量的乘积保持不变时，如果板为拉胀平板，那么板的弯曲刚度随拉胀度的增大而增大 (增量加大)；如果板为常规材料制成的平板，那么其弯曲刚度将随拉胀度的增大而减小 (降幅加大)。表 8.2.1 总结了不同条件下拉胀性对板弯曲刚度的影响。

板在笛卡儿坐标系下的弯曲应力为

$$\sigma_i = \frac{Ez}{1 - \nu^2} \left(\frac{1}{r_i} + \frac{\nu}{r_j} \right), \quad i, j = x, y \tag{8.2.19}$$

其中，r_x 和 r_y 分别为平行于 xz 和 yz 平面的板中性截面的曲率半径。弯曲应力最小时的泊松比定义为最优的泊松比，即

$$\nu_{\text{opt}} = -\frac{r_y}{r_x} \Longleftrightarrow \sigma_x = 0 \tag{8.2.20}$$

式 (8.2.19) 和式 (8.2.20) 表明，如果拉胀平板弯曲成一个球壳 (即 $r_x = r_y$)，则当 $\nu = -1$ 时，弯曲应力 σ_x 和 σ_y 最小。在这种情况下，由图 8.2.4 可以看出，在恒定剪切模量情况下，平板弯曲成同向曲面壳 (类似球形) 的过程中，通过降低平板的弯曲刚度、增加平面拉胀度至 $\nu = -1$ 是降低弯曲应力的理想方法。

表 8.2.1   在特定条件下负泊松对平板弯曲刚度的影响

模量保持不变的情况	对常规平板的影响	对拉胀平板的影响	备注
G 保持不变	平板弯曲刚度大	平板弯曲刚度小	平板弯曲刚度随泊松比绝对值增大而增大
E 或 $\sqrt{EG}$ 保持不变	平板弯曲刚度随泊松比增大而增大	平板弯曲刚度随拉胀性增大而增大	平板弯曲刚度随泊松比绝对值增大而增大
K、$\sqrt{EK}$、$\sqrt{GK}$ 或 $\sqrt[3]{EGK}$ 保持不变	平板弯曲刚度小	平板弯曲刚度大	平板弯曲刚度随泊松比绝对值增大而减小
$\sqrt{G\sqrt{GK}}$ 为常数	平板弯曲刚度总体上小	平板弯曲刚度总体上大	平板弯曲刚度随泊松比绝对值增大而总体上减小

式 (8.2.20) 表明，如果板弯曲成圆柱壳 ($r_x \to \infty$)，则当 $\nu = 0$ 时，弯曲应力

σ_x 最小。从图 8.2.4 可以看出，在恒定的杨氏模量情况下，将平板弯曲成圆柱壳时，弯曲刚度可最小化。因此，建议将泊松比调整为零，以最小化弯曲应力。

式 (8.2.20) 也表明，如果板弯曲成鞍状壳 ($r_x = -2r_y$，负号表示弯板的曲率半径相反的两个方向)，平板为非拉胀板时 ($\nu = 0.5$)，弯曲应力 σ_x 最小。在图 8.2.4 中，如果板弯曲成互反曲面 (鞍状) 壳，在恒定体积模量下，泊松比增加到 $\nu = 0.5$ 时，平板的弯曲刚度及弯曲应力显著降低。当三个模量的乘积在泊松比增加的情况下保持恒定时，会发现几乎类似的效果。不同的是，在所有三个模量的乘积保持不变的情况下，弯曲应力随泊松比的增加而下降，见表 8.2.2。

上述基于图 8.2.4 的讨论，强调将平板弯曲为各种形状的壳体时应降低弯曲应力，而使用图 8.2.4 则可以尽量减小挠度。无量纲板的弯曲刚度变化曲线表明，在 (a) 恒定的杨氏模量、(b) 恒定的体积模量和 (c) 三种模量之积恒定的情况下，增加板的拉胀度，可增加板的弯曲刚度，从而减小板的挠度。另外，在恒定的剪切模量情况下增加板的泊松比可提高板的尺寸稳定性。

表 8.2.2   在特定条件下负泊松对平板弯曲刚度的影响

弯的形状	载荷描述	从 $\nu = 1/3$ 变化至 $\nu = -1/3$，最大应力的变化比例	应力最小化对应的泊松比
	板弯曲成鞍状壳	如果 $r_x = -2r_y$，则 $\Delta\sigma_{\max} = +400\%$ (应力增大)	如果 $r_x = -2r_y$，当 $\nu = 1/2$ 时 σ_x 最小
	板弯曲成圆柱壳	$\Delta\sigma_{\max} = 0\%$ (应力无变化)	$\nu = 0$
	板弯曲成球壳	$\Delta\sigma_{\max} = -50\%$ (应力减小)	$\nu = -1$

8.3 拉 胀 圆 板

图 8.3.1 中圆板单位长度的径向弯矩 M_r 和切向弯矩 M_t 与泊松比 ν 及离中心径向距离 r 处的挠度 w 有关 (Reddy，2006)，M_r 为

$$M_r = -D\left(\frac{\mathrm{d}^2 w}{\mathrm{d}r^2} + \frac{\nu}{r}\frac{\mathrm{d}w}{\mathrm{d}r}\right) \tag{8.3.1}$$

而 M_t 为

$$M_t = -D\left(\frac{1}{r}\frac{\mathrm{d}w}{\mathrm{d}r} + \nu\frac{\mathrm{d}^2 w}{\mathrm{d}r^2}\right) \tag{8.3.2}$$

平板的弯曲刚度如式 (8.2.3) 所示。

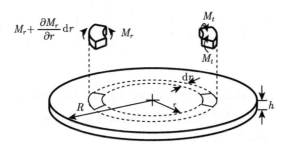

图 8.3.1　圆板上的弯矩示意图

最大弯曲应力出现在平板的下表面和上表面

$$\left\{ \begin{array}{c} \sigma_r \\ \sigma_t \end{array} \right\}_{\max} = \pm \frac{6}{h^2} \left\{ \begin{array}{c} M_r \\ M_t \end{array} \right\} \tag{8.3.3}$$

因此，这意味着如果要降低弯曲应力，就必须降低弯矩。采用笛卡儿坐标系，弯曲应力可表示为

$$\left\{ \begin{array}{c} \sigma_x \\ \sigma_y \end{array} \right\} = \frac{Ez}{1-\nu^2} \left[\begin{array}{cc} 1 & \nu \\ \nu & 1 \end{array} \right] \left\{ \begin{array}{c} r_x^{-1} \\ r_y^{-1} \end{array} \right\} \tag{8.3.4}$$

其中，r_x 和 r_y 分别表示平行于 xz 和 yz 平面的截面中性截面曲率半径。结果表明，平板材料的最优泊松比为

$$\nu_{\mathrm{opt}} = -\frac{r_y}{r_x} \Longleftrightarrow \sigma_x = (\sigma_x)_{\min} \tag{8.3.5}$$

此时弯曲应力 σ_x 最小。Reddy (2006) 给出的内嵌式均匀加载圆板单位长度的径向弯矩和切向弯矩为

$$\left\{ \begin{array}{c} M_r \\ M_t \end{array} \right\} = \frac{q}{16} \left[\begin{array}{cc} 1+\nu & 3+\nu \\ 1+\nu & 1+3\nu \end{array} \right] \left\{ \begin{array}{c} +R^2 \\ -r^2 \end{array} \right\} \tag{8.3.6}$$

其中，R 为圆形板的半径；q 为单位面积上的加载强度。引入无量纲参数

$$M^* = \frac{16}{qR^2} M \tag{8.3.7}$$

和 (r/R)，得到

$$\left\{ \begin{array}{c} M_r^* \\ M_t^* \end{array} \right\} = (1+\nu) \left[\begin{array}{cc} 1 & \dfrac{3+\nu}{1+\nu} \\ 1 & \dfrac{1+3\nu}{1+\nu} \end{array} \right] \left\{ \begin{array}{c} 1 \\ -(r/R)^2 \end{array} \right\} \tag{8.3.8}$$

因为任何一个最大径向弯曲应力和切向弯曲应力的无量纲化都会得到类似于式 (8.3.8) 的表达式，因此使用径向弯矩和切向弯矩或其无量纲形式就足够了。这是因为应力的无量纲参数的实现

$$\sigma^{(*)} = \frac{8\sigma}{3q} \left(\frac{h}{R} \right)^2 \tag{8.3.9}$$

给出了最大的无量纲弯曲应力

$$\left\{ \begin{array}{c} \sigma_r^{(*)} \\ \sigma_t^{(*)} \end{array} \right\}_{\max} = \frac{8\sigma}{3q} \left(\frac{h}{R} \right)^2 \left\{ \begin{array}{c} \sigma_r \\ \sigma_t \end{array} \right\}_{\max} = (1+\nu) \left[\begin{array}{cc} 1 & \dfrac{3+\nu}{1+\nu} \\ 1 & \dfrac{1+3\nu}{1+\nu} \end{array} \right] \left\{ \begin{array}{c} 1 \\ -(r/R)^2 \end{array} \right\} \tag{8.3.10}$$

这与式 (8.3.8) 类似。尽管如此，应力的无量纲参数对于有效应力 σ_{eff} 的无量纲化还是很有用的

$$\sigma_{\text{eff}} = \frac{1}{\sqrt{2}} \sqrt{(\sigma_r - \sigma_t)^2 + (\sigma_t - \sigma_z)^2 + (\sigma_z - \sigma_r)^2 + 6\left(\tau_{tz}^2 + \tau_{zr}^2 + \tau_{rt}^2\right)} \tag{8.3.11}$$

由于弯曲应力在距板中性面最远的距离处 (在表面) 最大，值得注意的是，$\sigma_z = 0$ 在非加载表面上，而 $\sigma_z = -q$ 在加载表面。对于后者，$|\sigma_z| = q \ll (\sigma_r)_{\max}, (\sigma_t)_{\max}$。对于如图 8.3.1 中方向一致的单元体，其面内剪应力 (τ_{rt}) 和两个面外剪应力之一 (τ_{tz}) 为零。另一个面外剪应力 $(\tau_{tr} = \tau_{rt})$ 沿板的厚度呈抛物线分布，以使其在表面为零，在板中间平面取最大值。这样式 (8.3.11) 可简化为

$$\sigma_{\text{eff}} = \sqrt{\sigma_r^2 + \sigma_t^2 - \sigma_r \sigma_t} \tag{8.3.12}$$

基于式 (8.3.3) 和式 (8.3.6)，可得有效应力分布

$$\sigma_{\text{eff}} = \frac{3qR^2}{8h^2} \sqrt{(1+\nu)^2 \left[1 - 4\left(\frac{r}{R}\right)^2\right] + (7 + 2\nu + 7\nu^2)\left(\frac{r}{R}\right)^4} \tag{8.3.13}$$

或者根据式 (8.3.9) 的优势，得到它的无量纲形式

$$\sigma_{\text{eff}}^{(*)} = \sqrt{(1+\nu)^2 \left[1 - 4\left(\frac{r}{R}\right)^2\right] + (7 + 2\nu + 7\nu^2)\left(\frac{r}{R}\right)^4} \tag{8.3.14}$$

对于承受均布载荷作用、边缘约束的平板，其最大剪应力位于板的中性面 (即弯曲应力为零的中性轴处) 和离平板轴线最远的径向距离处，并沿板厚方向呈抛物线分布

$$(\tau_{rt})_{\max} = \frac{3qr}{4h} = \frac{3qR}{4h}\left(\frac{r}{R}\right) \tag{8.3.15}$$

把它与下式的板表面的弯曲应力相比较

$$\left\{\begin{array}{c} \sigma_r \\ \sigma_t \end{array}\right\}_{\max} = \pm\frac{3qR^2}{8h^2}\left[\begin{array}{cc} 1+\nu & 3+\nu \\ 1+\nu & 1+3\nu \end{array}\right]\left\{\begin{array}{c} 1 \\ -(r/R)^2 \end{array}\right\} \tag{8.3.16}$$

由于 $R \gg h$，在板的中性面的最大剪应力通常低于板表面的弯曲应力

$$\frac{(\tau_{rt})_{\max}}{(\sigma)_{\max}} \approx \frac{\dfrac{3qR}{4h}}{\dfrac{3qR^2}{8h^2}} = \frac{2h}{R} \tag{8.3.17}$$

因此，有效应力是在表面而不是在中性面，这是因为表面的最大弯曲应力 (无面外剪切) 大于中性面的最大剪应力 (弯曲应力为零)。板的挠度为

$$w = \frac{q}{64D}\left(R^2 - r^2\right)^2 \tag{8.3.18}$$

在板的中心取最大值

$$w_{\max} = \frac{qR^4}{64D} \tag{8.3.19}$$

尽管最大挠度看起来似乎与板的泊松比无关，但事实并非如此。由式 (8.2.3) 可知，板的弯曲刚度受板材料泊松比的影响。将板的弯曲刚度代入板的最大挠度方程，得到

$$w_{\max} = \frac{3qR^4}{16h^3E}\left(1 - \nu^2\right) \tag{8.3.20}$$

考虑式 (3.4.1) 给出的各向同性材料的模量关系，平板的最大挠度也可以表示为

$$w_{\max} = \frac{3qR^4}{16h^3G}\left(\frac{1-\nu}{2}\right) \tag{8.3.21}$$

这意味着任何材料的泊松比的变化都伴随着恒定剪切模量情况下的杨氏模量变化或恒定杨氏模量情况下的剪切模量变化。这些是极端的情况，因为两个模量也可能同时改变。对两个最大挠度的乘积取平方根得到

$$w_{\max} = \frac{3qR^4}{16h^3\sqrt{EG}}(1-\nu)\sqrt{\frac{1+\nu}{2}} \tag{8.3.22}$$

此最大挠度允许两种模量同时随泊松比变化而变化，条件是两种模量的乘积保持不变。为了研究板的泊松比对板最大挠度产生的影响，引入以下无量纲参数：

$$w_{\max}^{(E*)} = \frac{16w_{\max}h^3E}{3qR^4} \tag{8.3.23}$$

$$w_{\max}^{(G*)} = \frac{16w_{\max}h^3G}{3qR^4} \tag{8.3.24}$$

$$w_{\max}^{(\sqrt{EG}*)} = \frac{16w_{\max}h^3\sqrt{EG}}{3qR^4} \tag{8.3.25}$$

基于恒定的杨氏模量、恒定的剪切模量和恒定的两个模量的乘积，当板材的泊松比发生变化时，则有最大的平板挠度

$$w_{\max}^{(E*)} = 1 - \nu^2 \tag{8.3.26}$$

$$w_{\max}^{(G*)} = \frac{1-\nu}{2} \tag{8.3.27}$$

$$w_{\max}^{(\sqrt{EG}*)} = (1-\nu)\sqrt{\frac{1+\nu}{2}} \tag{8.3.28}$$

图 8.3.2 (a)、(b) 分别为承受均布载荷作用的完全固支圆板的无量纲弯矩和无量纲有效应力与无量纲半径的变化关系图，图 8.3.2 (c) 为无量纲最大挠度随板材拉胀度的变化曲线图。

图 8.3.2 (a) 的结果显示，最大的弯矩，也就是最大的弯曲应力，出现在板的边缘处，该位置的无量纲径向弯矩 $|M_r^*|_{r=R} = 2$，它与平板的泊松比无关。边缘处的无量纲切向弯矩一般小于无量纲径向弯矩，但当板的泊松比为 $\nu = -1$ 时例外，此时在板边缘处 $|M_r^*|_{r=R} = |M_t^*|_{r=R}$。在均布载荷作用和固支情况下，以弯矩为物理量，可以比较边界处的弯曲应力，即当 $-1 < \nu < 0.5$ 时，$(M_r)_{r=R} > (M_t)_{r=R}$ 或 $|\sigma_r|_{r=R,z=\pm h/2} = 0.75q\,(R/h)^2 > 0.75\nu q\,(R/h)^2 = |\sigma_t|_{r=R,z=\pm h/2}$，当 $\nu = -1$ 时，$(M_r)_{r=R} = (M_t)_{r=R}$ 或 $|\sigma_r|_{r=R,z=\pm h/2} = 0.75q\,(R/h)^2 = |\sigma_t|_{r=R,z=\pm h/2}$。这

意味着在均布载荷作用下,如果板是高度拉胀型的 ($\nu = -1$),边缘固支的最大弯曲应力不再仅仅局限于径向,还包括切向。还有两点很有趣:① 如果板材的泊松比 $\nu = 0$,则切向弯矩及切向弯曲应力在板边缘处为零;② 当板的材料的泊松比接近 $\nu = -1$ 时,板中心的弯矩和弯曲应力为零。图 8.3.2 (b) 表明,在有效应力的基础上,对于边缘固支的圆板,采用拉胀材料是不合适的,因为拉胀性会使有效应力的分布向板边缘转移。图 8.3.2 (c) 说明了泊松比对板最大挠度的影响。特别地,通过在固定杨氏模量或固定模量乘积情况下使用高度拉胀材料 ($\nu = -1$),或在固定剪切模量情况下使用高泊松比材料 ($\nu = 0.5$),可以有效地减小挠度。

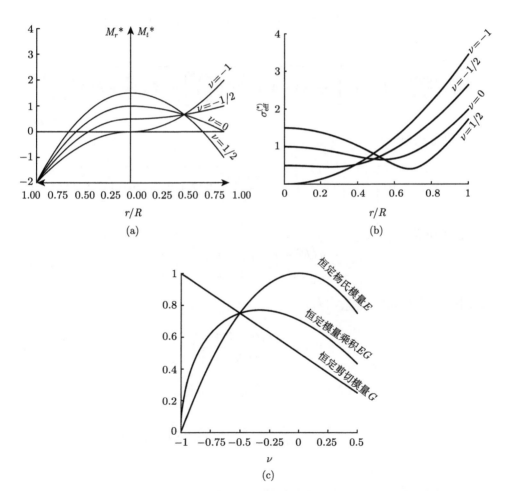

图 8.3.2 均布载荷作用下的固支圆板: (a) 无量纲弯矩分布, (b) 无量纲有效应力分布; (c) 无量纲最大挠度

Reddy (2006) 给出了承受均布载荷作用、边缘简支的圆板的弯矩:

$$\left\{ \begin{array}{c} M_r \\ M_t \end{array} \right\} = \frac{q}{16} \left[\begin{array}{cc} 3+\nu & 3+\nu \\ 3+\nu & 1+3\nu \end{array} \right] \left\{ \begin{array}{c} +R^2 \\ -r^2 \end{array} \right\} \tag{8.3.29}$$

其无量纲形式为

$$\left\{ \begin{array}{c} M_r^* \\ M_t^* \end{array} \right\} = (3+\nu) \left[\begin{array}{cc} 1 & 1 \\ 1 & \dfrac{1+3\nu}{3+\nu} \end{array} \right] \left\{ \begin{array}{c} 1 \\ -(r/R)^2 \end{array} \right\} \tag{8.3.30}$$

将式 (8.3.29) 代入式 (8.3.3),利用式 (8.3.9) 的无量纲应力参数,得到式 (8.3.12) 的有效应力为

$$\sigma_{\text{eff}} = \frac{3qR^2}{8h^2} \sqrt{(3+\nu)\left[(3+\nu) - 4(1+\nu)\left(\frac{r}{R}\right)^2\right] + (7+2\nu+7\nu^2)\left(\frac{r}{R}\right)^4} \tag{8.3.31}$$

其无量纲形式为

$$\sigma_{\text{eff}}^{(*)} = \sqrt{(3+\nu)\left[(3+\nu) - 4(1+\nu)\left(\frac{r}{R}\right)^2\right] + (7+2\nu+7\nu^2)\left(\frac{r}{R}\right)^4} \tag{8.3.32}$$

板的挠度 w 为

$$w = \frac{q\left(R^2 - r^2\right)}{64D} \left(\frac{5+\nu}{1+\nu}R^2 - r^2\right) \tag{8.3.33}$$

在板中心处有最大值 $w_{\max}$,为

$$w_{\max} = \frac{qR^4}{64D} \left(\frac{5+\nu}{1+\nu}\right) \tag{8.3.34}$$

将平板弯曲刚度表达式代入板的最大挠度方程,可得

$$w_{\max} = \frac{3qR^4}{16h^3E} (5+\nu)(1-\nu) \tag{8.3.35}$$

利用式 (3.4.1),可得

$$w_{\max} = \frac{3qR^4}{16h^3G} \frac{(5+\nu)(1-\nu)}{2(1+\nu)} \tag{8.3.36}$$

对两个最大挠度的乘积取平方根得到

$$w_{\max} = \frac{3qR^4}{16h^3\sqrt{EG}} \frac{(5+\nu)(1-\nu)}{\sqrt{2(1+\nu)}} \tag{8.3.37}$$

利用式 (8.3.23) ~ 式 (8.3.25) 中的无量纲参数，基于恒定的杨氏模量、恒定的剪切模量和恒定的两个模量的乘积，当板材的泊松比发生变化时，则有最大的平板挠度

$$w_{\max}^{(E*)} = (5+\nu)(1-\nu) \tag{8.3.38}$$

$$w_{\max}^{(G*)} = \frac{(5+\nu)(1-\nu)}{2(1+\nu)} \tag{8.3.39}$$

$$w_{\max}^{(\sqrt{EG}*)} = \frac{(5+\nu)(1-\nu)}{\sqrt{2(1+\nu)}} \tag{8.3.40}$$

图 8.3.3 (a)、(b) 为承受均布载荷作用的简支圆板的无量纲弯矩和无量纲有效应力随无量纲半径的变化曲线，图 8.3.3 (c) 为无量纲最大挠度随板材拉胀度的变化曲线图。

众所周知，由于自由面与简支相关，在平板边缘处的径向弯矩为零。图 8.3.3 (a) 中的曲线结果进一步表明，随着板材料的泊松比从 $\nu = 0.5$ 降至 $\nu = -1$，板中心的弯矩及由此产生的弯曲应力逐渐减小。板中心处的切向弯矩随泊松比减小而减小，而板边缘处却与之相反。这表明，在 $\nu = 0.5$ 时，板中心的最大切向弯

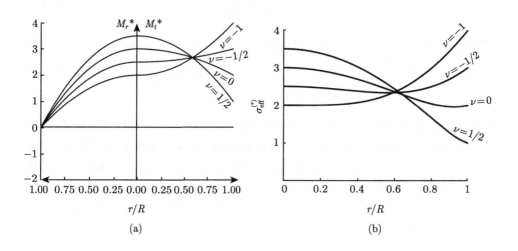

(a)   (b)

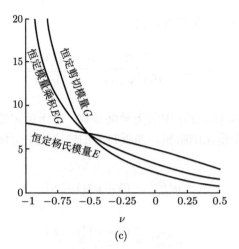

(c)

图 8.3.3　　均布载荷作用下的简支圆板：(a) 无量纲弯矩分布；(b) 无量纲有效应力分布；
(c) 无量纲最大挠度

曲应力随泊松比减小到负值而逐渐减小。然后，最大切向弯曲应力转移到板边缘
位置。该最大应力随板材料泊松比的减小而增大。由图 8.3.3 (a)、(b) 可知，在
承受均布载荷作用下，边缘简支板的最优泊松比位于 $\nu = 0$ 和 $\nu = 1/2$ 之间。由
图 8.3.3 (a)，通过求解以下关系式

$$\frac{\mathrm{d}M_t^*}{\mathrm{d}\,(r/R)} = 0 \tag{8.3.41}$$

得到最优泊松比为

$$\nu_{\mathrm{opt}} = -\frac{1}{3} \tag{8.3.42}$$

由图 8.3.3 (b) 可获得类似的最优泊松比。从图 8.3.3 (b) 可见，当 $\nu = -1/3$ 时，
$\left(\sigma_{\mathrm{eff}}^{(*)}\right)_{r=0} = \left(\sigma_{\mathrm{eff}}^{(*)}\right)_{r=R} = 8/3$；当 $\nu > -1/3$ 时，$\left(\sigma_{\mathrm{eff}}^{(*)}\right)_{r=0} > 8/3$；当 $\nu < -1/3$
时，$\left(\sigma_{\mathrm{eff}}^{(*)}\right)_{r=R} > 8/3$，这是最优的情况了。从图 8.3.3(c) 可以看出，当使用常规
材料而非拉胀材料时，最大挠度会降低。特别地，在恒定剪切模量或杨氏模量和
剪切模量的乘积保持不变的情况下，使用高度拉胀材料会导致挠度非常大。但是，
如果恒定的杨氏模量时泊松比减小，则使用高度拉胀材料会使板的挠度小幅增加。
为了了解使用最优泊松比 $\nu_{\mathrm{opt}} = -1/3$ 时最大应力降低的程度，将其与常规区域
对应的泊松比 $\nu = 1/3$ 进行比较。图 8.3.4 给出了无量纲弯矩和无量纲有效应力
随无量纲半径变化的关系曲线。

从图 8.3.4 (a) 可明显看出，使用泊松比为 $\nu = -1/3$ 的板可保留无量纲切向弯矩，在 $M_t^* = 8/3$ 时大于无量纲径向弯矩，在整个圆盘内对应着 $M_t = qR^2/6$ 或 $(\sigma_t)_{\max} = q\,(R/h)^2$。另外，使用泊松比为 $\nu = 1/3$ 的常规平板使得无量纲弯矩最大为 $M_r^* = M_t^* = 10/3$，对应圆盘中心的 $M_r = M_t = 1.25qR^2/6$ 或 $(\sigma_r)_{\max} = (\sigma_t)_{\max} = 1.5q\,(R/h)^2$。与图 8.3.4 (b) 类似，最大无量纲有效应力为当 $\nu = 1/3$ 时 $\sigma_{\mathrm{eff}}^{(*)} = 10/3$ 和当 $\nu = -1/3$ 时 $\sigma_{\mathrm{eff}}^{(*)} = 8/3$。在均布载荷作用下的简支圆板，若不合理选取其材料的泊松比，弯曲应力就非完全分布在圆板上，从而造成浪费。板材的泊松比由 $\nu = 1/3$ 变化到 $\nu = -1/3$，通过切向弯矩的重新分配，最大弯曲应力降低了 20%。

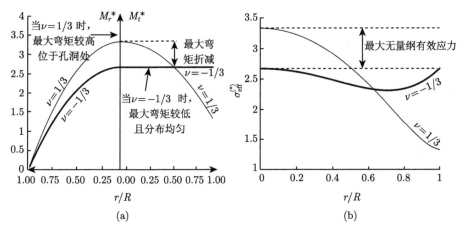

图 8.3.4　具有最优泊松比 ($\nu = -1/3$) 和相应的常规泊松比 ($\nu = 1/3$) 承受均布载荷作用的简支圆板：(a) 无量纲弯矩分布；(b) 无量纲有效应力分布

对边缘固支、中心施加集中载荷 P 的圆板，Timoshenko 和 Woinowsky-Krieger (1964) 给出其弯矩为

$$\left\{ \begin{array}{c} M_r \\ M_t \end{array} \right\} = \frac{P}{4\pi} \left[\begin{array}{cc} 1+\nu & 1 \\ 1+\nu & \nu \end{array} \right] \left\{ \begin{array}{c} \ln\,(R/r) \\ -1 \end{array} \right\} \tag{8.3.43}$$

采用另一个无量纲参数

$$M^{**} = \frac{4\pi}{P} M \tag{8.3.44}$$

和 r/R，式 (8.3.43) 可简化为

$$\left\{ \begin{array}{c} M_r^{**} \\ M_t^{**} \end{array} \right\} = \left[\begin{array}{cc} 1+\nu & 1 \\ 1+\nu & \nu \end{array} \right] \left\{ \begin{array}{c} \ln\,(R/r) \\ -1 \end{array} \right\} \tag{8.3.45}$$

将式 (8.3.43) 代入式 (8.3.3)，使用无量纲应力参数

$$\sigma^{(**)} = \frac{2\pi h^2 \sigma}{3P} \tag{8.3.46}$$

式 (8.3.12) 的有效应力可以写为

$$\sigma_{\text{eff}} = \frac{3P}{2\pi h^2} \sqrt{(1+\nu)^2 \ln\left(\frac{R}{r}\right)\left[\ln\left(\frac{R}{r}\right) - 1\right] + 1 + \nu + \nu^2} \tag{8.3.47}$$

或以无量纲形式表达为

$$\sigma_{\text{eff}}^{(**)} = \sqrt{(1+\nu)^2 \ln\left(\frac{R}{r}\right)\left[\ln\left(\frac{R}{r}\right) - 1\right] + 1 + \nu + \nu^2} \tag{8.3.48}$$

板的挠度 w 为

$$w = \frac{Pr^2}{8\pi D} \ln\left(\frac{r}{R}\right) + \frac{P}{16\pi D}\left(R^2 - r^2\right) \tag{8.3.49}$$

在中心处取最大值 w_{max}，为

$$w_{\text{max}} = \frac{PR^2}{16\pi D} \tag{8.3.50}$$

将板的弯曲刚度表达式代入板的最大挠度表达式，可得

$$w_{\text{max}} = \frac{3PR^2}{4\pi h^3 E}\left(1 - \nu^2\right) \tag{8.3.51}$$

或者利用式 (3.4.1)，可得

$$w_{\text{max}} = \frac{3PR^2}{4\pi h^3 G}\left(\frac{1-\nu}{2}\right) \tag{8.3.52}$$

对两个最大挠度的乘积取平方根，得到

$$w_{\text{max}} = \frac{3PR^2}{4\pi h^3 \sqrt{EG}}\left(1 - \nu\right)\sqrt{\frac{1+\nu}{2}} \tag{8.3.53}$$

引入无量纲参数

$$w_{\text{max}}^{(E**)} = \frac{4\pi h^3 w_{\text{max}} E}{3PR^2} \tag{8.3.54}$$

$$w_{\max}^{(G**)} = \frac{4\pi h^3 w_{\max} G}{3PR^2} \qquad (8.3.55)$$

$$w_{\max}^{(\sqrt{EG}**)} = \frac{4\pi h^3 w_{\max} \sqrt{EG}}{3PR^2} \qquad (8.3.56)$$

基于恒定的杨氏模量、恒定的剪切模量和恒定的两个模量的乘积，当板材的泊松比发生变化时，则有无量纲形式的最大平板挠度为

$$w_{\max}^{(E**)} = 1 - \nu^2 \qquad (8.3.57)$$

$$w_{\max}^{(G**)} = \frac{1 - \nu}{2} \qquad (8.3.58)$$

$$w_{\max}^{(\sqrt{EG}**)} = (1 - \nu)\sqrt{\frac{1 + \nu}{2}} \qquad (8.3.59)$$

通过选择式 (8.3.54) ~ 式 (8.3.56) 中的无量纲参数，如式 (8.3.57) ~ 式 (8.3.59) 所描述的边缘固支、中心集中载荷作用下平板的无量纲最大挠度与具有相似边界条件、承受均布载荷作用的平板类似，即式 (8.3.26) ~ 式 (8.3.28)。图 8.3.5 (a)、(b) 分别展示了边缘固支、中心集中载荷作用的无量纲弯矩、无量纲有效应力随无量纲半径的变化曲线图，图 8.3.5 (c) 为无量纲最大挠度随板材拉胀度的变化曲线图。

对中心承受集中载荷作用的圆板，一个已知的特征是，在加载点处存在大的弯矩，如图 8.3.5(a) 所示。在 $\nu = -1$ 的拉胀板中，发现了一个例外，整个板中恒定无量纲弯矩为 $|M_r^{**}| = |M_t^{**}| = 1$。在 $e^{-4/3} \leqslant (r/R) \leqslant 1$ 范围内，当 $-1 \leqslant \nu \leqslant 0.5$ 时，无量纲径向弯矩有界，范围为 $-1 \leqslant M_r^{**} \leqslant 1$ 或 $0 \leqslant M_r^{**} \leqslant 1$。在 $e^{-1} \leqslant (r/R) \leqslant 1$ 内，当 $-1 \leqslant \nu \leqslant 0.5$ 时，无量纲径向弯矩有界，范围为 $-1 \leqslant M_t^{**} \leqslant 1$ 或 $0 \leqslant M_t^{**} \leqslant 1$。当板材料的泊松比 $\nu = -1$ 时，这些边界意味着非最优情况。但是，当 $0 \leqslant (r/R) \leqslant e^{-1}$ 时，$M_t^{**} > 1$，$M_t^{**} > M_r^{**}$，使得泊松比增加后，相应的无量纲切向弯矩也增大。因此，确定了最大弯曲应力的区域，从而表明，根据整个板的弯矩分布，在中心集中横向载荷作用下，各向同性的固支圆板，其泊松比 $\nu = -1$ 是合适的。同样地，从图 8.3.5 (b) 可以看出，加载点处的有效应力最大，增加拉胀度有助于减小有效应力。图 8.3.5 (c) 表明，如果杨氏模量或杨氏模量与剪切模量之积保持恒定，将板的材料的泊松比降低至拉胀范围以内是有利的，但如果泊松比降低发生在剪切模量保持不变情况下，则并非如此。换句话说，在恒定的杨氏模量情况下，泊松比的减小导致了更小的弯矩、更小的有效应力和更小的变形，特别是在板的中心。

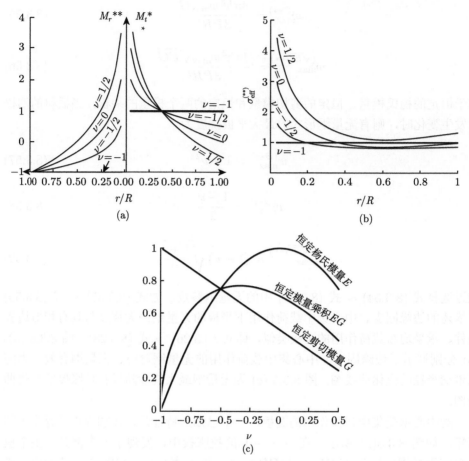

图 8.3.5　　中心集中载荷作用下的固支圆板：(a) 无量纲弯矩分布；(b) 无量纲有效应力分布；
(c) 无量纲最大挠度

由于式 (8.3.43) 或式 (8.3.45) 不适合描述弯矩及弯曲应力，因此当 $r \to 0$ 时，根据弹性理论 (Woinowsky-Krieger，1933)，考虑下式所量化的最大拉应力为

$$\sigma_{\max} = \frac{P}{h^2}\,(1+\nu)\left[0.485\ln\left(\frac{R}{h}\right) + 0.52\right] \tag{8.3.60}$$

与单元模型不同的是，Woinowsky-Krieger (1933) 的研究表明，在顶部施加载荷情况下，板底部的最大拉应力比板顶部的最大压应力具有更高的量级。与单元模型一样，剪应力在两个表面上均为零。这一关系表明，当使用拉胀度 $\nu = -1$ 的平板时，平板中心的最大拉应力最小。为了与 8.2 中承受均布载荷作用的简支板的情况进行比较，对于完全中心加载的固支平板，当板的泊松比从 $\nu = 1/3$ 减小

到 $\nu = -1/3$ 时，还用式 (8.3.60) 可得，最大拉伸应力降低 50%。

承受中心集中载荷 P 作用的简支圆板的弯矩为 (Timoshenko and Woinowsky-Krieger，1964)

$$\left\{ \begin{matrix} M_r \\ M_t \end{matrix} \right\} = \frac{P}{4\pi} \left[\begin{matrix} 1+\nu & 0 \\ 1+\nu & 1-\nu \end{matrix} \right] \left\{ \begin{matrix} \ln(R/r) \\ 1 \end{matrix} \right\} \tag{8.3.61}$$

如前所述，引入无量纲参数，可得

$$\left\{ \begin{matrix} M_r^{**} \\ M_t^{**} \end{matrix} \right\} = (1+\nu) \left[\begin{matrix} 1 & 0 \\ 1 & \dfrac{1-\nu}{1+\nu} \end{matrix} \right] \left\{ \begin{matrix} \ln(R/r) \\ 1 \end{matrix} \right\} \tag{8.3.62}$$

将式 (8.3.61) 代入式 (8.3.3)，采用式 (8.3.46) 中的无量纲应力参数，则式 (8.3.12) 的有效应力为

$$\sigma_{\text{eff}} = \frac{3P}{2\pi h^2} \sqrt{\left[(1+\nu) \ln\left(\frac{R}{r}\right) \right]^2 + (1-\nu^2) \ln\left(\frac{R}{r}\right) + (1-\nu)^2} \tag{8.3.63}$$

或采用无量纲形式，表达为

$$\sigma_{\text{eff}}^{(**)} = \sqrt{\left[(1+\nu) \ln\left(\frac{R}{r}\right) \right]^2 + (1-\nu)^2 \ln\left(\frac{R}{r}\right) + (1-\nu)^2} \tag{8.3.64}$$

板的挠度 w 为

$$w = \frac{P}{16\pi D} \left[\frac{3+\nu}{1+\nu} (R^2 - r^2) + 2r^2 \ln\left(\frac{r}{R}\right) \right] \tag{8.3.65}$$

在中心处有最大值 $w_{\max}$，为

$$w_{\max} = \frac{PR^2}{16\pi D} \frac{3+\nu}{1+\nu} \tag{8.3.66}$$

将板的弯曲刚度表达式代入板的最大挠度，得到

$$w_{\max} = \frac{3PR^2}{4\pi h^3 E} (3+\nu)(1-\nu) \tag{8.3.67}$$

或利用式 (3.4.1)，可得

$$w_{\max} = \frac{3PR^2}{4\pi h^3 G} \frac{(3+\nu)(1-\nu)}{2(1+\nu)} \tag{8.3.68}$$

对两个最大挠度的乘积取平方根, 得到

$$w_{\max} = \frac{3PR^2}{4\pi h^3 \sqrt{EG}} \frac{(3+\nu)(1-\nu)}{\sqrt{2(1+\nu)}} \tag{8.3.69}$$

采用式 (8.3.54) ∼ 式 (8.3.56) 中列出的无量纲参数, 基于恒定的杨氏模量、恒定的剪切模量和恒定的两个模量的乘积, 当板材的泊松比发生变化时, 则有无量纲形式的最大平板挠度为

$$w_{\max}^{(E**)} = (3+\nu)(1-\nu) \tag{8.3.70}$$

$$w_{\max}^{(G**)} = \frac{(3+\nu)(1-\nu)}{2(1+\nu)} \tag{8.3.71}$$

$$w_{\max}^{(\sqrt{EG}**)} = \frac{(3+\nu)(1-\nu)}{\sqrt{2(1+\nu)}} \tag{8.3.72}$$

图 8.3.6 (a)、(b) 为中心集中载荷作用、边缘固支平板的无量纲弯矩和无量纲有效应力相对于无量纲半径的变化, 图 8.3.6 (c) 为无量纲最大挠度随平板材料拉胀度的变化曲线。

　　与固支板的情况相同的是, 当 $r \to 0$ 时, 式 (8.3.61) 或式 (8.3.62) 的弯矩趋近于无穷。与之不同的是, 图 8.3.6 (a) 表明, 当 $\nu = -1$ 时, 整个板的无量纲弯矩为 $M_r^{**} = 0$ 和 $M_t^{**} = 2$。在无量纲径向弯矩下, $M_r^{**} \geqslant 0$, 使得 M_r^{**} 随着拉胀度和径向距离的增大而减小。在无量纲切向弯矩情况下, 当 $-1 \leqslant \nu \leqslant 0.5$ 时, 在 $e^{-1} \leqslant (r/R) \leqslant 1$ 的范围内 $0.5 \leqslant M_t^{**} \leqslant 2$。在此半径范围内, 弯曲应力随泊松比的增大而减小。然而, 当半径和泊松比相等时, 在 $0 \leqslant (r/R) \leqslant e^{-1}$ 范围内, $M_t^{**} > 2$ 且大于 M_r^{**}。由于在该范围内, 切向弯曲应力随泊松比的增大而增大, 因此在此半径范围内可确定其最大弯曲应力, 从而建议使用 $\nu = -1$ 来实现理想的应力最小化。与使用常规材料相反, 使用高度拉胀材料有助于有效应力的分布, 如图 8.3.6 (b) 所示。另一方面, 使用常规材料往往会降低板中心的挠度, 如图 8.3.6 (c) 所示, 在恒定的剪切模量和恒定的杨氏模量与剪切模量的乘积下, 泊松比的减小往往会在板中心产生很大的挠度。因此, 如果恒定的杨氏模量情况下泊松比的减小可以限制板的挠度, 那么使用高度拉胀板来减小弯矩和有效应力可以达到最佳效果。

　　由于式 (8.3.61) 和式 (8.3.62) 不适合描述板中心的弯矩及弯曲应力,

Woinowsky-Krieger(1933) 推导出以下方程

$$\sigma_{\max} = \frac{P}{h^2}\left[(1+\nu)\left(0.485\ln\left(\frac{R}{h}\right)+0.52\right)+0.48\right] \tag{8.3.73}$$

这一关系再次表明了 $\nu=-1$ 的拉胀平板在板中心弯曲应力最小化是适用的。为了与 8.2 节中的受均布载荷作用的简支板进行比较，对于承受中心集中载荷作用的简支平板，分别根据 $(R/h)=1$ 和 $(R/h)\to\infty$ 的极限半径与厚度之比，泊松比从 $\nu=1/3$ 变为 $\nu=-1/3$ 时，最大拉应力减小 30% 到 50% 之间。一些特殊情况下的板弯曲的载荷边界条件、常规板 $(\nu=1/3)$ 与拉胀板 $(\nu=-1/3)$ 最大应力误差的百分比，以及应力最小化的最优泊松比汇总于表 8.3.1 中 (Lim，2013a)。

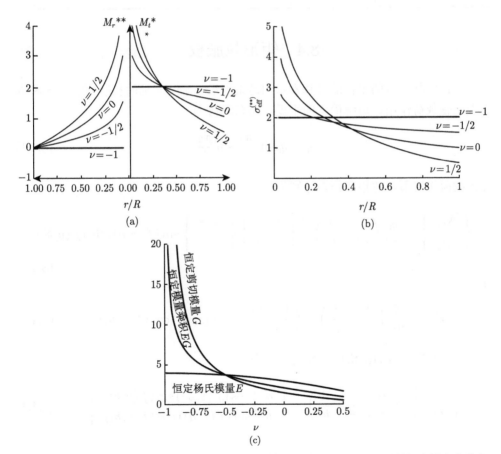

图 8.3.6　中心集中载荷作用下的简支圆板：(a) 无量纲弯矩分布；(b) 无量纲有效应力分布；(c) 无量纲最大挠度

表 8.3.1 作用在平板上的载荷与边界条件及负泊松比对弯曲应力的影响

加载分布和边界条件	分布情况	从 $\nu = 1/3$ 到 $\nu = -1/3$ 最小应力的变化百分比	使得应力最小所得的优化的 ν
(固支圆板均布载荷图)	固支圆板承受均布载荷作用	$\Delta\sigma_{\max} = 0$(无变化)	N.A.
(简支圆板均布载荷图)	简支圆板承受均布载荷作用	$\Delta\sigma_{\max} = -20\%$ (应力减小)	$\nu = -1/3$
(固支圆板集中载荷图)	固支圆板承受集中载荷作用	$\Delta\sigma_{\max} = -50\%$ (应力减小)	$\nu = -1$
(简支圆板均布载荷图)	简支圆板承受均布载荷作用	$\Delta\sigma_{\max} = -40\%$ (应力减小)	$\nu = -1$

8.4 矩形拉胀板

分析面外加载的平板的最基本示例是采用沿 x 轴、y 轴的长度分别为 a 和 b，承受正弦载荷作用、边缘简支的平板。均布载荷为

$$q = q_0 \sin \frac{\pi x}{a} \sin \frac{\pi y}{b} \tag{8.4.1}$$

在此载荷作用下，弯矩和扭矩分别为

$$\left\{ \begin{array}{c} M_x \\ M_y \end{array} \right\} = \frac{q_0}{\pi^2} \left(\frac{1}{a^2} + \frac{1}{b^2} \right)^{-2} \left[\begin{array}{cc} 1 & \nu \\ \nu & 1 \end{array} \right] \left\{ \begin{array}{c} a^{-2} \\ b^{-2} \end{array} \right\} \sin\left(f\left(x,a\right)\right) \sin\left(f\left(y,b\right)\right) \tag{8.4.2}$$

和

$$M_{xy} = \frac{q_0}{\pi^2} \left(\frac{1}{a^2} + \frac{1}{b^2} \right)^{-2} \left(\frac{1-\nu}{ab} \right) \cos\left(f\left(x,a\right)\right) \cos\left(f\left(y,b\right)\right) \tag{8.4.3}$$

其中，ν 为板材料的泊松比。而剪切力为

$$\left\{ \begin{array}{c} Q_x \\ Q_y \end{array} \right\} = \frac{q_0}{\pi} \left(\frac{1}{a^2} + \frac{1}{b^2} \right)^{-1} \left\{ \begin{array}{c} a^{-1} \cos\left(f\left(x,a\right)\right) \sin\left(f\left(y,b\right)\right) \\ b^{-1} \sin\left(f\left(x,a\right)\right) \cos\left(f\left(y,b\right)\right) \end{array} \right\} \tag{8.4.4}$$

其中

$$\left(f\left(\phi,\psi\right)\right) = \frac{\pi\phi}{\psi} \tag{8.4.5}$$

最大弯曲应力出现在板中心，而最大剪应力出现在板面外方向的长边中部。假设 $a < b$，可得 $(M_x)_{\max} > (M_y)_{\max}$，因此最大弯曲应力为

$$(\sigma_x)_{\max} = \frac{6\,(M_x)_{\max}}{h^2} = \frac{6q_0}{\pi^2 h^2}\left(\frac{1}{a^2} + \frac{1}{b^2}\right)^{-2}\left(\frac{1}{a^2} + \frac{\nu}{b^2}\right) \tag{8.4.6}$$

其中，h 为板厚。由于横向力沿板厚度方向呈抛物线分布

$$V_x = \left(Q_x - \frac{\partial M_{xy}}{\partial y}\right)_{x=a} \tag{8.4.7}$$

可得最大剪应力为

$$(\tau_{xz})_{\max} = \frac{3q_0}{2\pi a h^2}\left(\frac{1}{a^2} + \frac{1}{b^2}\right)^{-2}\left(\frac{1}{a^2} + \frac{2-\nu}{b^2}\right) \tag{8.4.8}$$

可以看出，随着板材料拉胀度的增大，最大弯曲应力逐渐减小，而最大剪应力增大。这表明，随着泊松比的增大，剪应力因弯曲应力增大而减小。同样地，弯曲应力的降低是以剪应力随拉胀度增大而增加为代价的。因此，存在最优的泊松比，使得应力最小。最大弯曲应力和最大剪应力相等时，可以得到最优的泊松比。对于 $a = b = L$ 的正方形板，最大弯曲应力和最大剪应力为

$$(\sigma_x)_{\max} = \frac{3q_0}{2}\,(1+\nu)\left(\frac{L}{\pi h}\right)^2 \tag{8.4.9}$$

$$(\tau_{xz})_{\max} = \frac{3q_0}{2}\left(\frac{3-\nu}{4}\right)\left(\frac{L}{\pi h}\right) \tag{8.4.10}$$

在应力最小的基础上，得到了最优的泊松比

$$\nu_{\mathrm{opt}} = -\frac{4L - 3\pi h}{4L + \pi h} \tag{8.4.11}$$

由式 (8.4.11) 可知，对于薄板，最优泊松比为负值，随着薄板无量纲厚度 h/L 的减小，最优泊松比变得更负。该结果可以通过以下事实来阐明：正泊松比方形板在相对的两侧面弯曲会产生鞍形壳，而负泊松比时产生同向曲面壳。由于在简支方板上施加横向载荷会产生同向曲面壳，因此使用拉胀材料比使用常规材料更有利于降低应力。该最优泊松比随长厚比变化的分布曲线如图 8.4.1 所示。为了与薄板一致 (即不包括厚板和厚膜)，板的长厚比为 $10 \leqslant L/h \leqslant 100$。

当四边均简支时，对来自板表面的任何类型的横向载荷，都会导致同向曲面形式的变形。因此，建议在减少弯曲和剪切模式最大应力的基础上，推荐选择拉

胀材料。从图 8.4.1 可明显看出，板的厚长比 h/L 影响很大。然而，稍后将说明，基于力矩最小化的最佳泊松比与相对板厚无关。表 8.4.1 给出了在式 (8.4.9) 和式 (8.4.10) 的基础上，从常规板转换到拉胀板如何降低最大应力的一些数值例子，特别是当泊松比减少 1，并且包括各向同性固体的泊松比上限 $(\nu = 1/2)$ 经简单反号后得 $\nu = -1/2$，以及满足柯西关系 $\nu = -3/4$ 时，弹性常数张量相对于指数置换 $(\nu = 1/4)$ 完全对称的情况，以及软木状材料 $(\nu = 0)$ 达到各向同性固体的下限泊松比 $\nu = -1$ 的情况。如果无量纲最大弯曲应力 $(\sigma_x)_{\max}/q_0$ 和无量纲最大剪应力 $(\tau_x)_{\max}/q_0$ 相对于无量纲的平板宽度 $[L/(\pi h)]^2$ 和 $[L/(\pi h)]$ 进行归一化，即得归一化基础上的最优泊松比为 $\nu = -1/5$，这是轻度拉胀的情况。

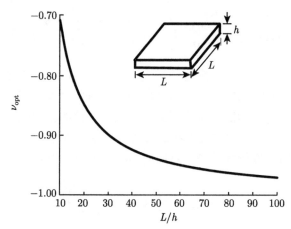

图 8.4.1　基于应力最小化的方板材料的最优泊松比 (L/h)，表明最优泊松比出现在高度拉胀区

应力最小化实质上是使弯曲应力和面外剪应力最小，而弯矩和扭矩最小化实质上是使弯曲应力和面内剪应力最小。力矩最小化是对应力最小化的补充。再次考虑简支和正弦载荷作用下的矩形板，其最大弯矩出现在板的中心，为

$$\left\{ \begin{array}{c} M_x \\ M_y \end{array} \right\}_{\max} = \frac{q_0}{\pi^2} \left(\frac{1}{a^2} + \frac{1}{b^2} \right)^{-2} \left[\begin{array}{cc} 1 & \nu \\ \nu & 1 \end{array} \right] \left\{ \begin{array}{c} a^{-2} \\ b^{-2} \end{array} \right\} \tag{8.4.12}$$

而最大的扭矩发生在转角处，为

$$|M_{xy}|_{\max} = \frac{q_0}{\pi^2} \left(\frac{1}{a^2} + \frac{1}{b^2} \right)^{-2} \left(\frac{1-\nu}{ab} \right) \tag{8.4.13}$$

表 8.4.1 承受正弦变化载荷的矩形平板的拉胀性对其最大应力的影响

平板长厚比	$\dfrac{L}{h} = 10$		$\dfrac{L}{h} = 100$	
泊松比	最大弯曲和 最大剪应力	当 $\Delta\nu = -1$ 时的最大应力 变化量	最大弯曲和 最大剪应力	当 $\Delta\nu = -1$ 时的最大应力 变化量
$\nu = +1/2$	$(\sigma_x)_{\max} = 22.797q_0$ $(\tau_{xz})_{\max} = 2.984q_0$	从 $\nu = 1/2$ 到 $\nu = -1/2$, 最大应力减小 了 67%	$(\sigma_x)_{\max} = 2279.7q_0$ $(\tau_{xz})_{\max} = 29.84q_0$	从 $\nu = 1/2$ 到 $\nu = -1/2$, 最大应力减小 了 67%
$\nu = -1/2$	$(\sigma_x)_{\max} = 7.599q_0$ $(\tau_{xz})_{\max} = 4.178q_0$		$(\sigma_x)_{\max} = 759.9q_0$ $(\tau_{xz})_{\max} = 41.78q_0$	
$\nu = +1/4$	$(\sigma_x)_{\max} = 18.998q_0$ $(\tau_{xz})_{\max} = 3.283q_0$	从 $\nu = 1/4$ 到 $\nu = -3/4$, 最大应力减小 了 77%	$(\sigma_x)_{\max} = 1,899.8q_0$ $(\tau_{xz})_{\max} = 32.83q_0$	从 $\nu = 1/4$ 到 $\nu = -3/4$, 最大应力减小 了 80%
$\nu = -3/4$	$(\sigma_x)_{\max} = 3.800q_0$ $(\tau_{xz})_{\max} = 4.476q_0$		$(\sigma_x)_{\max} = 380.0q_0$ $(\tau_{xz})_{\max} = 44.76q_0$	
$\nu = 0$	$(\sigma_x)_{\max} = 15.198q_0$ $(\tau_{xz})_{\max} = 3.581q_0$	从 $\nu = 0$ 到 $\nu = -1$, 最大 应力减小了 69%	$(\sigma_x)_{\max} = 1519.8q_0$ $(\tau_{xz})_{\max} = 35.81q_0$	从 $\nu = 0$ 到 $\nu = -1$, 最大 应力减小了 97%
$\nu = -1$	$(\sigma_x)_{\max} = 0$ $(\tau_{xz})_{\max} = 4.775q_0$		$(\sigma_x)_{\max} = 0$ $(\tau_{xz})_{\max} = 47.75q_0$	

假设 $a < b$,则有 $(M_x)_{\max} > (M_y)_{\max}$。因此,选择 $(M_x)_{\max}$ 和 $|M_{xy}|_{\max}$ 作为最大弯矩和最大扭矩,它们同时取最小值时对应平板材料的最优泊松比。从式 (8.4.12) 和式 (8.4.13) 可以看出,随板材拉胀度的增加,最大弯矩增大,最大扭矩却减小。这意味着,随着泊松比的增大,扭矩会一定程度地下降,而这是以增加弯矩为代价的。同样地,泊松比的减小会减小弯矩,但以增加扭矩为代价。因此存在一个最优泊松比,使力矩最小。最优泊松比可以通过使最大弯矩和扭矩相等来计算。对于矩形板,基于力矩最小,可得到用长宽比 b/a 表示的最优泊松比,其形式为

$$\nu_{\text{opt}} = \frac{b}{a}\left(\frac{a-b}{a+b}\right) \tag{8.4.14}$$

由于 $a < b$,所以 $\nu_{\text{opt}} < 0$。最佳的泊松比为负值,因此建议平板使用拉胀材料。特别地,对于长宽比 $b/a = 1$ 的矩形板,$\nu_{\text{opt}} = 0$;对于 $b/a = 1 + \sqrt{2}$ 的矩形板,$\nu_{\text{opt}} = -1$。表 8.4.2 列举了一些从常规板转换到拉胀板,最大弯矩是如何减小的

例子。

表 8.4.2　承受正弦变化载荷的矩形平板的拉胀性对其最大力矩的影响

板几何尺寸	板的泊松比	最大弯矩和最大扭矩	最大力矩	备注
$\dfrac{b}{a}=1.8$	$\nu=+1/2$	$(M_x)_{\max}=0.0211q_0b^2$ $(M_{xy})_{\max}=0.0051q_0b^2$	$0.0211q_0b^2$	最大矩减小 27%
	$\nu=-1/2$	$(M_x)_{\max}=0.00154q_0b^2$ $(M_{xy})_{\max}=0.0152q_0b^2$	$0.00154q_0b^2$	
$\dfrac{b}{a}=2.1$	$\nu=+1/4$	$(M_x)_{\max}=0.00161q_0b^2$ $(M_{xy})_{\max}=0.0055q_0b^2$	$0.00161q_0b^2$	最大矩减小 21%
	$\nu=-3/4$	$(M_x)_{\max}=0.0127q_0b^2$ $(M_{xy})_{\max}=0.0127q_0b^2$	$0.0127q_0b^2$	
$\dfrac{b}{a}=2.4$	$\nu=0$	$(M_x)_{\max}=0.0128q_0b^2$ $(M_{xy})_{\max}=0.0053q_0b^2$	$0.0128q_0b^2$	最大矩减小 17%
	$\nu=-1$	$(M_x)_{\max}=0.0106q_0b^2$ $(M_{xy})_{\max}=0.0106q_0b^2$	$0.0106q_0b^2$	

　　图 8.4.2 所示为通过弯矩最小化得到的最优泊松比随板长宽比的变化曲线。因此，对于长宽比在 $1\leqslant b/a \leqslant 1+\sqrt{2}$ 范围内的矩形板，建议采用拉胀材料，使其泊松比符合式 (8.4.14) 中所述的最优值。式 (8.4.14) 不适用于各向同性拉胀材料长宽比 $b/a > 1+\sqrt{2}$ 的板材。因此，对于 $b/a > 1+\sqrt{2}$，建议采用泊松比 $\nu=-1$。对于方板，可系统地用图解的方法加以说明，推荐其采用零泊松比材料。

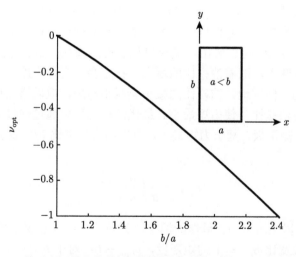

图 8.4.2　基于弯矩最小化的矩形板材料的最优泊松比与长宽比的关系

为了说明方板中最大弯矩和最大扭矩的变化，引入无量纲力矩

$$M^* = \left(\frac{2\pi}{L}\right)^2 \frac{M}{q_0} \tag{8.4.15}$$

因此

$$\left\{ \begin{array}{c} M_x^* \\ M_{xy}^* \end{array} \right\}_{\max} = \frac{1}{q_0}\left(\frac{2\pi}{L}\right)^2 \left\{ \begin{array}{c} M_x \\ M_{xy} \end{array} \right\}_{\max} = \left[\begin{array}{cc} +1 & +1 \\ +1 & -1 \end{array} \right] \left\{ \begin{array}{c} 1 \\ \nu \end{array} \right\} \tag{8.4.16}$$

无量纲弯矩 M_x^* 和无量纲扭矩 $|M_x^*|$ 在方板上的分布如图 8.4.3 所示，分别对应左右两列。图 8.4.3 (a) ∼ (c) 分别展示的是具有代表性的 $\nu = 0.5$ 时的常规材料、$\nu = 0$ 的材料和 $\nu = -0.5$ 时的拉胀材料。

由于最大弯矩出现在板的中心和最大扭矩出现在板角上，因此从设计角度出发，只考虑这些位置。从图 8.4.3 中可以看出，对于常规板材料和拉胀板材料，最大力矩分别定义为弯矩和扭矩。换言之，无论是拉胀材料还是常规材料，对承受正弦载荷作用的简支方板都不是最优的。下面将说明最优泊松比取决于载荷分布。为了方便起见，这里只考虑分别出现在板中心的最大弯矩和出现在板角处的最大扭

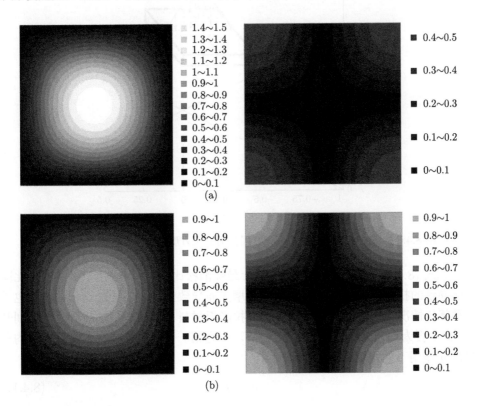

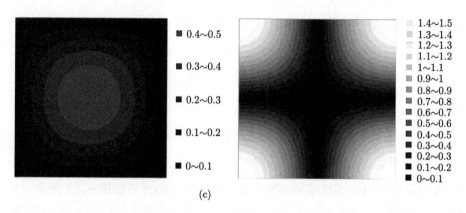

(c)

图 8.4.3   简支正方形板的无量纲弯矩场 (左) 和无量纲扭矩场 (右): (a) $\nu = 0.5$; (b) $\nu = 0$;
(c) $\nu = -0.5$

矩。这样,可以使用式 (8.4.16) 将这些力矩与平板材料的泊松比作图,如图 8.4.4 所示。

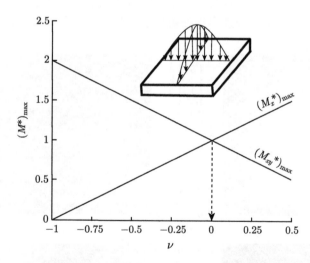

图 8.4.4   泊松比对承受正弦载荷作用的简支正方形板最大弯矩和扭矩的影响

从式 (8.4.16) 和图 8.4.4 可观察到,最优泊松比 $\nu_{\text{opt}} = 0$,由于板的泊松比减小而导致的扭矩的增加等于等量泊松比增大而导致的弯矩的增加。正弦载荷也是一种阈值情况,它将推荐使用常规的或拉胀板材料与其他类型的载荷分布区别开来 (如是否为均匀分布或更集中的分布)。作为第一个例子,考虑边缘简支、均布载荷 q 作用下的矩形板的特殊情况。

$$q = q_0 \tag{8.4.17}$$

假设 $a < b$ 使 $(M_x)_{\max} > (M_y)_{\max}$,然后将下式挠度 (Timoshenko and Woinowsky-Krieger,1964)

$$w = \frac{16q_0}{\pi^6 D} \sum_{m=1}^{\infty} \sum_{n=1}^{\infty} \frac{\sin \dfrac{m\pi x}{a} \sin \dfrac{n\pi y}{b}}{mn \left(\dfrac{m^2}{a^2} + \dfrac{n^2}{b^2} \right)^2} \tag{8.4.18}$$

其中,$m, n = 1, 3, 5, \cdots, \infty$,代入式 (8.4.19) $\sim$ 式 (8.4.21) 中

$$M_x = -D \left(\frac{\partial^2 w}{\partial x^2} + \nu \frac{\partial^2 w}{\partial y^2} \right) \tag{8.4.19}$$

$$M_{xy} = -M_{yx} = D \left(1 - \nu \right) \left(\frac{\partial^2 w}{\partial x \partial y} \right) \tag{8.4.20}$$

并使用以下关系式:

$$\sin \frac{k\pi}{2} = (-1)^{\frac{k-1}{2}}, \quad k = m, n \tag{8.4.21}$$

可得在面板中心的最大弯矩为

$$(M_x)_{\max} = \frac{16q_0}{\pi^4} \left[\frac{1}{a^2} \sum_{m=1}^{\infty} \sum_{n=1}^{\infty} \left(\frac{m}{n} \right) \frac{(-1)^{\frac{m+n}{2}-1}}{\left(\dfrac{m^2}{a^2} + \dfrac{n^2}{b^2} \right)^2} \frac{\nu}{b^2} + \sum_{m=1}^{\infty} \sum_{n=1}^{\infty} \left(\frac{n}{m} \right) \frac{(-1)^{\frac{m+n}{2}-1}}{\left(\dfrac{m^2}{a^2} + \dfrac{n^2}{b^2} \right)^2} \right] \tag{8.4.22}$$

在面板角位置的最大扭矩为

$$|M_{xy}|_{\max} = \frac{16q_0}{\pi^4} \left[\frac{1}{ab} \sum_{m=1}^{\infty} \sum_{n=1}^{\infty} \frac{1}{\left(\dfrac{m^2}{a^2} + \dfrac{n^2}{b^2} \right)^2} - \frac{\nu}{ab} \sum_{m=1}^{\infty} \sum_{n=1}^{\infty} \frac{1}{\left(\dfrac{m^2}{a^2} + \dfrac{n^2}{b^2} \right)^2} \right] \tag{8.4.23}$$

最优泊松比可通过式 (8.4.22) 和式 (8.4.23) 解得

$$\nu_{\text{opt}} = \frac{\displaystyle\sum_{m=1}^{\infty} \sum_{n=1}^{\infty} \left(\dfrac{m^2}{a^2} + \dfrac{n^2}{b^2} \right)^{-2} - \dfrac{b}{a} \sum_{m=1}^{\infty} \sum_{n=1}^{\infty} (-1)^{\frac{m+n}{2}-1} \left(\dfrac{m}{n} \right) \left(\dfrac{m^2}{a^2} + \dfrac{n^2}{b^2} \right)^{-2}}{\displaystyle\sum_{m=1}^{\infty} \sum_{n=1}^{\infty} \left(\dfrac{m^2}{a^2} + \dfrac{n^2}{b^2} \right)^{-2} + \dfrac{a}{b} \sum_{m=1}^{\infty} \sum_{n=1}^{\infty} (-1)^{\frac{m+n}{2}-1} \left(\dfrac{n}{m} \right) \left(\dfrac{m^2}{a^2} + \dfrac{n^2}{b^2} \right)^{-2}} \tag{8.4.24}$$

对方板，式 (8.4.24) 可简化为

$$\nu_{\text{opt}} = \frac{\displaystyle\sum_{m=1}^{\infty}\sum_{n=1}^{\infty}\frac{1}{(m^2+n^2)^2} - \sum_{m=1}^{\infty}\sum_{n=1}^{\infty}\left(\frac{m}{n}\right)\frac{(-1)^{\frac{m+n}{2}-1}}{(m^2+n^2)^2}}{\displaystyle\sum_{m=1}^{\infty}\sum_{n=1}^{\infty}\frac{1}{(m^2+n^2)^2} + \sum_{m=1}^{\infty}\sum_{n=1}^{\infty}\left(\frac{n}{m}\right)\frac{(-1)^{\frac{m+n}{2}-1}}{(m^2+n^2)^2}} \tag{8.4.25}$$

将以下式 (8.4.26) 和式 (8.4.27)

$$\sum_{m=1}^{\infty}\sum_{n=1}^{\infty}\frac{1}{(m^2+n^2)^2} = 0.282 \tag{8.4.26}$$

$$\sum_{m=1}^{\infty}\sum_{n=1}^{\infty}\left(\frac{m}{n}\right)\frac{(-1)^{\frac{m+n}{2}-1}}{(m^2+n^2)^2} = \sum_{m=1}^{\infty}\sum_{n=1}^{\infty}\left(\frac{n}{m}\right)\frac{(-1)^{\frac{m+n}{2}-1}}{(m^2+n^2)^2} = 0.224 \tag{8.4.27}$$

代入式 (8.4.23) 中，得到 $\nu_{\text{opt}} = +0.115$。这表明基于力矩最小，对于承受均布载荷的简支方板，基于力矩最小化原则，建议使用常规材料，而非拉胀材料。表 8.4.3 给出了承受均布载荷作用的方形平板的拉胀性对其最大力矩的影响的数值算例。

表 8.4.3 承受均布载荷的方形平板的拉胀性对其最大力矩的影响

平板泊松比	最大弯矩和扭矩	最大力矩	备注
$\nu_{\text{opt}} = +0.115$	$(M_x)_{\max} = 0.0410q_0L^2$ $(M_{xy})_{\max} = 0.0410q_0L^2$	$0.0410q_0L^2$	从 $\nu_{\text{opt}} = +0.11$ 到 $\nu = -0.115$，最大力矩增加 26%
$\nu = -\nu_{\text{opt}}$ $= -0.115$	$(M_x)_{\max} = 0.0326q_0L^2$ $(M_{xy})_{\max} = 0.0517q_0L^2$	$0.0517q_0L^2$	

为了展示最大弯矩和扭矩的变化与板材料的泊松比的关系，引入无量纲力矩

$$M_*^* = \left(\frac{\pi^2}{4L}\right)^2\frac{M}{q_0} \tag{8.4.28}$$

因而可得

$$\left\{\begin{matrix} M_x^{**} \\ M_{xy}^{**} \end{matrix}\right\}_{\max} = \frac{1}{q_0}\left(\frac{\pi^2}{4L}\right)^2\left\{\begin{matrix} M_x \\ M_{xy} \end{matrix}\right\}_{\max} = \begin{bmatrix} +0.224 & +0.224 \\ +0.282 & -0.282 \end{bmatrix}\left\{\begin{matrix} 1 \\ \nu \end{matrix}\right\} \tag{8.4.29}$$

图 8.4.5 描绘了无量纲弯矩和扭矩随板材泊松比的变化关系图。

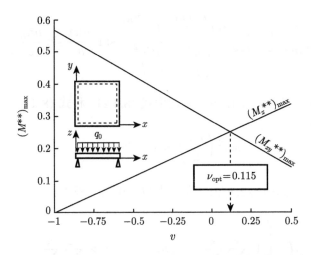

图 8.4.5　泊松比对承受均布载荷作用的简支方板最大弯矩和扭矩的影响

从式 (8.4.29) 可以看出，从最优情况 $\nu_{\text{opt}} = +0.115$ 开始，由于板的泊松比减小而导致的扭矩的增加要略大于因其相等幅度增大而导致的弯矩的增加。然而，力矩变化的差异并不明显，如图 8.4.5 所示。这在集中载荷作用时却并非如此。

如图 8.4.6 所示，在边长为 a 和 b 的平板上的点 (x_1, y_1) 处施加载荷 P 时，将挠度方程 (Timoshenko and Woinowsky-Krieger，1964)

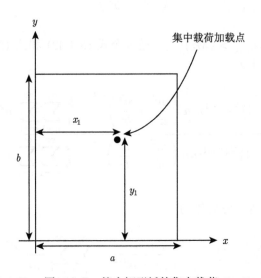

图 8.4.6　简支矩形板的集中载荷

$$w = \frac{4P}{\pi^4 abD} \sum_{m=1}^{\infty} \sum_{n=1}^{\infty} \frac{\sin \frac{m\pi x_1}{a} \sin \frac{n\pi y_1}{b}}{\left(\frac{m^2}{a^2} + \frac{n^2}{b^2}\right)^2} \sin \frac{m\pi x}{a} \sin \frac{n\pi y}{b} \tag{8.4.30}$$

代入式 (8.4.19) 和式 (8.4.20) 中，并运用式 (8.4.21) 和式 (8.4.31)

$$\sin^2\left(\frac{k\pi}{2}\right) = 1, \quad k = m, n \tag{8.4.31}$$

在面板中心 $(x_1, y_1) = (a/2, b/2)$，在集中载荷作用下板中心的最大弯矩为

$$(M_x)_{\max} = \frac{4P}{\pi^2 ab}\left[\frac{1}{a^2} \sum_{m=1}^{\infty} \sum_{n=1}^{\infty} \frac{m^2}{\left(\frac{m^2}{a^2} + \frac{n^2}{b^2}\right)^2} + \frac{\nu}{b^2} \sum_{m=1}^{\infty} \sum_{n=1}^{\infty} \frac{n^2}{\left(\frac{m^2}{a^2} + \frac{n^2}{b^2}\right)^2}\right] \tag{8.4.32}$$

在板角处所产生的最大扭矩为

$$(M_{xy})_{\max} = \frac{4P}{\pi^2 ab}\left[\frac{1}{ab} \sum_{m=1}^{\infty} \sum_{n=1}^{\infty} \frac{mn(-1)^{\frac{m+n}{2}-1}}{\left(\frac{m^2}{a^2} + \frac{n^2}{b^2}\right)^2} - \frac{\nu}{ab} \sum_{m=1}^{\infty} \sum_{n=1}^{\infty} \frac{mn(-1)^{\frac{m+n}{2}-1}}{\left(\frac{m^2}{a^2} + \frac{n^2}{b^2}\right)^2}\right] \tag{8.4.33}$$

其中 $a < b$ 使 $(M_x)_{\max} > (M_y)_{\max}$。通过令式 (8.4.32) 和式 (8.4.33) 相等，可得到该板的最优泊松比为

$$\nu_{\text{opt}} = \frac{\sum_{m=1}^{\infty} \sum_{n=1}^{\infty} (-1)^{\frac{m+n}{2}-1} mn \left(\frac{m^2}{a^2} + \frac{n^2}{b^2}\right)^{-2} - \frac{b}{a} \sum_{m=1}^{\infty} \sum_{n=1}^{\infty} m^2 \left(\frac{m^2}{a^2} + \frac{n^2}{b^2}\right)^{-2}}{\sum_{m=1}^{\infty} \sum_{n=1}^{\infty} (-1)^{\frac{m+n}{2}-1} mn \left(\frac{m^2}{a^2} + \frac{n^2}{b^2}\right)^{-2} + \frac{a}{b} \sum_{m=1}^{\infty} \sum_{n=1}^{\infty} n^2 \left(\frac{m^2}{a^2} + \frac{n^2}{b^2}\right)^{-2}} \tag{8.4.34}$$

对于方板，这个表达式可简化为

$$\nu_{\text{opt}} = \frac{\sum_{m=1}^{\infty} \sum_{n=1}^{\infty} (-1)^{\frac{m+n}{2}-1} \frac{mn}{(m^2+n^2)^2} - \sum_{m=1}^{\infty} \sum_{n=1}^{\infty} \frac{m^2}{(m^2+n^2)^2}}{\sum_{m=1}^{\infty} \sum_{n=1}^{\infty} (-1)^{\frac{m+n}{2}-1} \frac{mn}{(m^2+n^2)^2} + \sum_{m=1}^{\infty} \sum_{n=1}^{\infty} \frac{n^2}{(m^2+n^2)^2}} \tag{8.4.35}$$

尽管

$$\sum_{m=1}^{\infty}\sum_{n=1}^{\infty}(-1)^{\frac{m+n}{2}-1}\frac{mn}{(m^2+n^2)^2}=0.215 \tag{8.4.36}$$

是收敛的, 当 $m, n \to \infty$ 时, 其他两项发散, 但其仍然相等 (见附录 A), 可得

$$\sum_{m=1}^{\infty}\sum_{n=1}^{\infty}\frac{m^2}{(m^2+n^2)^2}=\sum_{m=1}^{\infty}\sum_{n=1}^{\infty}\frac{n^2}{(m^2+n^2)^2} \tag{8.4.37}$$

因此, 最优泊松比为

$$\nu_{\mathrm{opt}}=\frac{-\displaystyle\sum_{m=1}^{\infty}\sum_{n=1}^{\infty}\frac{m^2}{(m^2+n^2)^2}}{+\displaystyle\sum_{m=1}^{\infty}\sum_{n=1}^{\infty}\frac{n^2}{(m^2+n^2)^2}}=-1 \tag{8.4.38}$$

该结果表明, 对边缘简支、中心承受集中载荷作用的方板, 基于弯矩最小化 (Lim, 2013b), 推荐使用拉胀材料, 而非常规材料。式 (8.4.37) 中的发散项进一步表明, 对于集中加载的方板, 其最大力矩为最大弯矩, 而非最大扭矩。将 $a=b$ 代入式 (8.4.32) 可得方板的最大弯矩

$$(M_x)_{\max}=\frac{4P}{\pi^2}(1+\nu)\sum_{m=1}^{\infty}\sum_{n=1}^{\infty}\frac{m^2}{(m^2+n^2)^2} \tag{8.4.39}$$

如果载荷线缩小为理论上的一点, 且其面积为 0, 则该表达式趋于无穷, 继而使得该点处的弯矩趋于无穷。实际上, 一个载荷点即可覆盖一个非常小的区域, 因此会产生一个大的但有限的力矩。无论是理论上的集中载荷还是实际上的集中载荷, 泊松比对最大弯矩的影响满足比例关系 $(M_x)_{\max}\propto(1+\nu)$, 使得板的泊松比从 $\nu=1/2$ 改变至 $\nu=-1/2$ 时, 最大力矩减小了 2/3。

在确定了常规材料和拉胀材料分别适用于简支方板上的均布载荷和集中载荷情况之后, 考虑图 8.4.7 中所示的更通常情况下的局部载荷。可以将这种类型的载荷简化为当 $(x_2,y_2)=2(x_1,y_1)$ 时的均布载荷和 $(x_2,y_2)\to(0,0)$ 时的集中载荷的特殊情况。此外, 存在一给定的局部区域, 其最佳泊松比为零。因此, 局部区域面积增加将导致最佳泊松比为正, 面积减小将导致最佳泊松比为负。

对于给定的载荷 P, 它均匀分布在边长为 a 和 b 的矩形板上长为 x_2 和宽为 y_2 的局部矩形区域中, 使得该局部区域的中心位于 $(x,y)=(x_1,y_1)$, 如图 8.4.7

所示，板的挠度由 Timoshenko 和 Woinowsky-Krieger (1964) 给出

$$w = \frac{16P}{\pi^6 x_2 y_2 D} \sum_{m=1}^{\infty} \sum_{n=1}^{\infty} \frac{\sin\frac{m\pi x_1}{a} \sin\frac{n\pi y_1}{b} \sin\frac{m\pi x_2}{2a} \sin\frac{n\pi y_2}{2b}}{mn\left(\frac{m^2}{a^2} + \frac{n^2}{b^2}\right)^2} \sin\frac{m\pi x}{a} \sin\frac{n\pi y}{b}$$

(8.4.40)

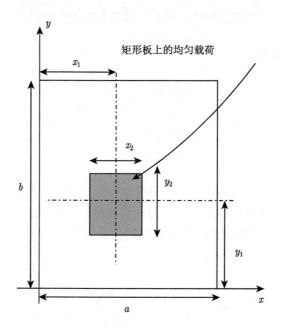

图 8.4.7　承受局部载荷作用的简支矩形板

假设 $a < b$ 使 $(M_x)_{\max} > (M_y)_{\max}$，并借助式 (8.4.19) ～ 式 (8.4.21) 和式 (8.4.31)，则在局部 $(x_1, y_1) = (a/2, b/2)$ 加载时的最大弯矩出现在板中心 $(x, y) = (a/2, b/2)$，其为

$$(M_x)_{\max} = \frac{16P}{\pi^4 x_2 y_2}$$

$$\left[\frac{1}{a^2} \sum_{m=1}^{\infty} \sum_{n=1}^{\infty} \left(\frac{m}{n}\right) \frac{\sin\frac{m\pi x_2}{2a} \sin\frac{n\pi y_2}{2b}}{\left(\frac{m^2}{a^2} + \frac{n^2}{b^2}\right)^2} + \frac{\nu}{b^2} \sum_{m=1}^{\infty} \sum_{n=1}^{\infty} \left(\frac{n}{m}\right) \frac{\sin\frac{m\pi x_2}{2a} \sin\frac{n\pi y_2}{2b}}{\left(\frac{m^2}{a^2} + \frac{n^2}{b^2}\right)^2} \right]$$

(8.4.41)

而发生在板角处的最大扭矩为

$$(M_{xy})_{\max} = \frac{16P}{\pi^4 x_2 y_2}\left(\frac{1-\nu}{ab}\right)\sum_{m=1}^{\infty}\sum_{n=1}^{\infty}\frac{(-1)^{\frac{m+n}{2}-1}\sin\dfrac{m\pi x_2}{2a}\sin\dfrac{n\pi y_2}{2b}}{\left(\dfrac{m^2}{a^2}+\dfrac{n^2}{b^2}\right)^2} \qquad (8.4.42)$$

令式 (8.4.41) 和式 (8.4.42) 相等，得到最优的泊松比为

$$\nu_{\mathrm{opt}}$$
$$=\frac{\displaystyle\sum_{m=1}^{\infty}\sum_{n=1}^{\infty}\frac{(-1)^{\frac{m+n}{2}-1}\sin\dfrac{m\pi x_2}{2a}\sin\dfrac{n\pi y_2}{2b}}{\left(\dfrac{m^2}{a^2}+\dfrac{n^2}{b^2}\right)^2}-\dfrac{b}{a}\displaystyle\sum_{m=1}^{\infty}\sum_{n=1}^{\infty}\frac{\left(\dfrac{m}{n}\right)\sin\dfrac{m\pi x_2}{2a}\sin\dfrac{n\pi y_2}{2b}}{\left(\dfrac{m^2}{a^2}+\dfrac{n^2}{b^2}\right)^2}}{\displaystyle\sum_{m=1}^{\infty}\sum_{n=1}^{\infty}\frac{(-1)^{\frac{m+n}{2}-1}\sin\dfrac{m\pi x_2}{2a}\sin\dfrac{n\pi y_2}{2b}}{\left(\dfrac{m^2}{a^2}+\dfrac{n^2}{b^2}\right)^2}+\dfrac{a}{b}\displaystyle\sum_{m=1}^{\infty}\sum_{n=1}^{\infty}\frac{\left(\dfrac{n}{m}\right)\sin\dfrac{m\pi x_2}{2a}\sin\dfrac{n\pi y_2}{2b}}{\left(\dfrac{m^2}{a^2}+\dfrac{n^2}{b^2}\right)^2}}$$
$$(8.4.43)$$

对于正方形板 ($a=b=L$) 的 $x_2=y_2=l$ 的局部区域，其位于板中心 ($x_1=y_1=L/2$) 加载时，式 (8.4.43) 简化为

$$\nu_{\mathrm{opt}}=\frac{\displaystyle\sum_{m=1}^{\infty}\sum_{n=1}^{\infty}\frac{(-1)^{\frac{m+n}{2}-1}\sin\dfrac{m\pi l}{2L}\sin\dfrac{n\pi l}{2L}}{(m^2+n^2)^2}-\displaystyle\sum_{m=1}^{\infty}\sum_{n=1}^{\infty}\frac{\left(\dfrac{m}{n}\right)\sin\dfrac{m\pi l}{2L}\sin\dfrac{n\pi l}{2L}}{(m^2+n^2)^2}}{\displaystyle\sum_{m=1}^{\infty}\sum_{n=1}^{\infty}\frac{(-1)^{\frac{m+n}{2}-1}\sin\dfrac{m\pi l}{2L}\sin\dfrac{n\pi l}{2L}}{(m^2+n^2)^2}+\displaystyle\sum_{m=1}^{\infty}\sum_{n=1}^{\infty}\frac{\left(\dfrac{n}{m}\right)\sin\dfrac{m\pi l}{2L}\sin\dfrac{n\pi l}{2L}}{(m^2+n^2)^2}}$$
$$(8.4.44)$$

可以看出，对于均布加载，将 $l/L=1$ 代入式 (8.4.44) 可简化得到式 (8.4.25)。而当 $l/L\to 0$ 时，对于集中加载情况，将式 (8.4.25) 代入式 (8.4.44)，

$$\sin\left(\frac{k\pi l}{2L}\right)=\frac{k\pi l}{2L} \qquad (8.4.45)$$

式 (8.4.44) 可简化为式 (8.4.35)。图 8.4.8 所示为最优泊松比随局部受载位置相对于板的大小而变化的情况。

计算结果表明，相对比为 $l/L=0.657$ 和 $l/L=0.658$ 的区域对应的最优泊松比分别为 $\nu_{\mathrm{opt}}=-0.00028849$ 和 $\nu_{\mathrm{opt}}=0.00020086$。因此，对于 $l/L\leqslant 0.657$ 和 $l/L\geqslant 0.658$ 的情况，分别推荐使用拉胀材料和常规材料。

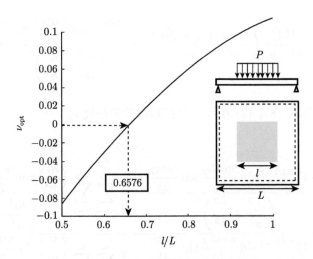

图 8.4.8 中心承受方形局部载荷作用的简支方板的最优泊松比

对简支矩形板的研究结果表明,在以下条件下更倾向于使用拉胀度更高的材料: (a) 更大的长宽比, (b) 相对较小的板厚, (c) 较集中的载荷分布 (Lim, 2013b)。表 8.4.4 汇总了本节中考虑的板横向加载的情况。

表 8.4.4 对于侧向载荷作用下简支矩形板推荐的泊松比汇总

载荷分布	泊松比广义优化	泊松比的特定优化	备注
正弦型载荷	$\nu_{opt} = -\dfrac{4L - 3\pi h}{4L + \pi h}$ 基于应力最小化	基于应力最小化,对于非常薄的平板 $\nu_{opt} \approx -1$	推荐拉胀材料
正弦型载荷	$\nu_{opt} = \dfrac{b}{a}\left(\dfrac{a-b}{a+b}\right)$ 基于力矩最小化	基于应力最小化, $\nu_{opt} = \begin{cases} 0, & b/a = 1 \\ -1, & b/a \geqslant 1 + \sqrt{2} \end{cases}$	推荐矩形平板使用拉胀材料,方板使用零泊松比或近零泊松比材料
均布载荷	基于力矩最小化,对矩形板采用式 (8.4.24)	对方板,基于应力最小化, $\nu_{opt} = 0.115$	推荐方板使用常规材料
集中载荷	基于力矩最小化,对矩形板采用式 (8.4.34)	对中心承受集中载荷的方板,基于应力最小化, $\nu_{opt} = -1$	推荐使用拉胀材料
矩形区域内的均布载荷	基于力矩最小化,对矩形板采用式 (8.4.43)	基于应力最小化,对中心承受方形局部载荷的方板,采用式 (8.4.44)	如果 $0 \leqslant l \leqslant 0.657L$,推荐使用拉胀材料 如果 $0.657L \leqslant l \leqslant 0.658L$,推荐使用零或非常小的泊松比材料 如果 $0.658L \leqslant l \leqslant L$,推荐使用常规材料

　　图 8.4.9 给出了基于力矩最小的一些载荷分布与最优泊松比间关系的示意图。由于泊松比与板厚无关,此处的最优泊松比大多是基于力矩最小得到的。因而此处建议,在基于力矩最小确定泊松比后,可以基于力矩对应力实施进一步检查,如本章附录 B 所示。需要将通过改变泊松比而使应力最小与泊松比改变导致的材料强度变化 (失效应力) 进行比较。

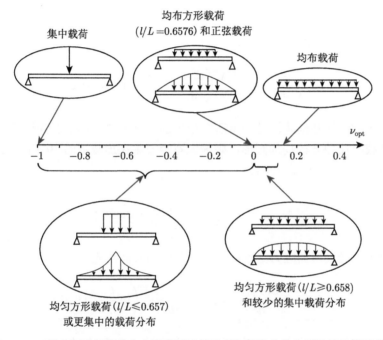

图 8.4.9　简支矩形板载荷分布示意图及基于弯矩最小化的方板泊松比推荐范围

8.5　拉胀基础上的拉胀板

　　本节描述了拉胀基础上的拉胀板相对于常规基础上的传统板的弯曲应力。为了完整性,本节还包括了常规基础上的拉胀板和拉胀基础上的常规板。众所周知,圆板在距离轴对称载荷分布 q 中心 r 处的挠度 w 的微分方程可以写成 (Timoshenko and Woinowsky-Krieger, 1964)

$$\left(\frac{\mathrm{d}^2}{\mathrm{d}r^2} + \frac{1}{r}\frac{\mathrm{d}}{\mathrm{d}r}\right)\left(\frac{\mathrm{d}^2 w}{\mathrm{d}r^2} + \frac{1}{r}\frac{\mathrm{d}w}{\mathrm{d}r}\right) = \frac{q - kw}{D} \tag{8.5.1}$$

k 为单位挠度的载荷 / 面积的 "基础模量"，板的弯曲刚度定义如式 (8.2.3)，$-kw$ 项是基础在与板上横向载荷相反方向上的反作用力，因此有效的载荷分布为

$$q_{\text{eff}} = q - kw \tag{8.5.2}$$

引入

$$l^4 = \frac{D}{k} \tag{8.5.3}$$

将式 (8.5.1) 中的微分方程简化为

$$l^4 \left(\frac{\mathrm{d}^2}{\mathrm{d}r^2} + \frac{1}{r}\frac{\mathrm{d}}{\mathrm{d}r} \right) \left(\frac{\mathrm{d}^2 w}{\mathrm{d}r^2} + \frac{1}{r}\frac{\mathrm{d}w}{\mathrm{d}r} \right) + w = 0 \tag{8.5.4}$$

这是对大多数弹性基础薄板进一步研究分析的一种形式。如果在弹性基座的薄板上均匀加载半径为 c 的局部圆形，则最大弯矩发生在加载圆的中心 (Timoshenko and Woinowsky-Krieger, 1964)。

$$M_{\max} = \frac{(1+\nu)P}{4\pi} \left(\ln \frac{l}{c} + 0.616 \right) \tag{8.5.5}$$

在此情况下，最大弯曲应力出现在相应的顶面和底面，为

$$\sigma_{\max} = \pm \frac{6M_{\max}}{h^2} = \pm \frac{3P(1+\nu)}{2\pi h^2} \left(\ln \frac{l}{c} + 0.616 \right) \tag{8.5.6}$$

这意味着最大弯曲应力随板材料泊松比的减小而减小，特别是当板的泊松比进入负值范围时。各向同性固体的泊松比为 $-1 \leqslant \nu \leqslant 0.5$，这进一步表明，当平板材料的泊松比在其下限 $\nu = -1$ 时，最大弯曲应力降为零。但是，薄板模型不适用于量化点载荷下的应力，$c \to 0$ 是固定总载荷为 P 时最坏的情况，通常在抗失效设计中采用。因此，考虑了作用在弹性基础的厚板上的点载荷。在弹性基础上的无限板上施加总载荷为 P 的均布圆形载荷，厚板理论给出板底最大弯曲应力为 (Timoshenko and Woinowsky-Krieger，1964)

$$\sigma_{\max} = 0.366(1+\nu)\frac{P}{h^2} \left[\log_{10} \left(\frac{Eh^3}{k_0 b^3} \right) - 0.266 \right] \tag{8.5.7}$$

其中，"基础模量" 为

$$k_0 = \frac{E_0}{2(1-\nu_0^2)} \tag{8.5.8}$$

它表示为基础的杨氏模量 E_0 和泊松比 ν_0 的形式, 而 b 为

$$b = \begin{cases} \sqrt{1.6c^2 + h^2} - 0.675h, & c < 1.724h \\ c, & c > 1.724h \end{cases} \tag{8.5.9}$$

对于点载荷, $c \to 0$, 因此 $b = 0.325h$。所以, 在点载荷作用情况下, 式 (8.5.7) 可以写成板的杨氏模量与基础的杨氏模量之比

$$\sigma_{\max} = 0.366 \, (1 + \nu) \, \frac{P}{h^2} \left\{ \log_{10} \left[58.26 \, (1 - \nu_0^2) \, \frac{E}{E_0} \right] - 0.266 \right\} \tag{8.5.10}$$

这种最大应力为研究在固定的板–基础杨氏模量比 E/E_0 下板的泊松比 (ν) 和基础材料的泊松比 (ν_0) 的影响提供了途径。为了研究剪切模量比 G/G_0 和体积模量比 K/K_0 的影响, 回顾式 (3.4.1) 和式 (3.4.2) 中的弹性关系, 将其合并为

$$E = 2G \, (1 + \nu) = 3K \, (1 - 2\nu) \tag{8.5.11}$$

因此, 结合板和基础的泊松比, 杨氏模量的比值用剪切模量比和体积模量比的形式来表示

$$\frac{E}{E_0} = \frac{G \, (1 + \nu)}{G_0 \, (1 + \nu_0)} = \frac{K \, (1 - 2\nu)}{K_0 \, (1 - 2\nu_0)} \tag{8.5.12}$$

将式 (8.5.12) 代入式 (8.5.10), 得到

$$\sigma_{\max} = 0.366 \, (1 + \nu) \, \frac{P}{h^2} \left\{ \log_{10} \left[58.26 \, (1 + \nu) \, (1 - \nu_0) \, \frac{G}{G_0} \right] - 0.266 \right\} \tag{8.5.13}$$

和

$$\sigma_{\max} = 0.366 \, (1 + \nu) \, \frac{P}{h^2} \left\{ \log_{10} \left[58.26 \frac{(1 - \nu_0^2) \, (1 - 2\nu)}{(1 - 2\nu_0)} \, \frac{K}{K_0} \right] - 0.266 \right\} \tag{8.5.14}$$

保持 E/E_0、G/G_0 和 K/K_0 的模比不变 (这是一个严格的限制), 采用式 (8.5.10)、式 (8.5.13) 和式 (8.5.14) 可计算包括拉胀区域在内的不同泊松比的基础和平板的最大弯曲应力。实际上, 所有模的比值都随泊松比的变化而变化, 如 8.2 节所述。为了实现更大的灵活性, 允许在只有模积比 $(EGK) / (E_0 G_0 K_0)$ 保持不变的宽松限制条件下改变这些模的比值。对于式 (8.5.12), E/E_0 可以用 ν、ν_0 和

$(EGK)/(E_0 G_0 K_0)$ 表示

$$\frac{E}{E_0} = \sqrt[3]{\frac{E}{E_0}}\sqrt[3]{\frac{E}{E_0}}\sqrt[3]{\frac{E}{E_0}} = \sqrt[3]{\frac{E}{E_0}}\left(\sqrt[3]{\frac{G}{G_0}}\sqrt[3]{\frac{1+\nu}{1+\nu_0}}\right)\left(\sqrt[3]{\frac{K}{K_0}}\sqrt[3]{\frac{1-2\nu}{1-2\nu_0}}\right)$$

$$= \sqrt[3]{\frac{EGK}{E_0 G_0 K_0}}\sqrt[3]{\frac{(1+\nu)(1-2\nu)}{(1+\nu_0)(1-2\nu_0)}} \tag{8.5.15}$$

因此将式 (8.5.15) 代入式 (8.5.10) 可得

$$\sigma_{\max} = 0.366\,(1+\nu)$$
$$\cdot\frac{P}{h^2}\left(\log_{10}\left\{58.26\,(1-\nu_0^2)\left[\frac{(1+\nu)(1-2\nu)}{(1+\nu_0)(1-2\nu_0)}\right]^{\frac{1}{3}}\sqrt[3]{\frac{EGK}{E_0 G_0 K_0}}\right\} - 0.266\right) \tag{8.5.16}$$

为了方便起见，介绍了如下式所示的无量纲形式的最大弯曲应力：

$$\sigma_{\max}^* = \frac{\sigma_{\max}h^2}{0.366P} \tag{8.5.17}$$

因此，式 (8.5.10)、式 (8.5.13)、式 (8.5.14) 和式 (8.5.16) 可分别归一化为

$$\sigma_{\max}^{**} = (1+\nu)\left\{\log_{10}\left[58.26\,(1-\nu_0^2)\frac{E}{E_0}\right] - 0.266\right\} \tag{8.5.18}$$

$$\sigma_{\max}^* = (1+\nu)\left\{\log_{10}\left[58.26\,(1+\nu)(1-\nu_0)\frac{G}{G_0}\right] - 0.266\right\} \tag{8.5.19}$$

$$\sigma_{\max}^* = (1+\nu)\left\{\log_{10}\left[58.26\frac{(1-\nu_0^2)(1-2\nu)}{(1-2\nu_0)}\frac{K}{K_0}\right] - 0.266\right\} \tag{8.5.20}$$

$$\sigma_{\max}^* = (1+\nu)\left(\log_{10}\left\{58.26\,(1-\nu_0^2)\left[\frac{(1+\nu)(1-2\nu)}{(1+\nu_0)(1-2\nu_0)}\right]^{\frac{1}{3}}\sqrt[3]{\frac{EGK}{E_0 G_0 K_0}}\right\} - 0.266\right) \tag{8.5.21}$$

很明显，最大弯曲应力随着板–基础模量的比值增大而增大。然而，不太清楚的是 ν 和 ν_0 间的相互作用关系对最大弯曲应力的影响。这可以通过映射来可视化。为了反映 ν 和 ν_0 的共同作用，特别是当板和基础均为拉胀材料的时候，保持板-基础模量的比值不变是很方便的。此处，杨氏模量、剪切模量和体积模量之比保持

不变, 均为 1, 这三种模量之积也是如此。将 $E/E_0 = 1$, $G/G_0 = 1$, $K/K_0 = 1$, $EGK/E_0 G_0 K_0 = 1$ 代入式 (8.5.18) ~ 式 (8.5.21) 为 (Lim, 2014b)

$$\sigma_{(E)} = (\sigma^*_{\max})_{E=E_0} = (1 + \nu) \left\{ \log_{10} \left[58.26 \left(1 - \nu_0^2 \right) \right] - 0.266 \right\} \tag{8.5.22}$$

$$\sigma_{(G)} = (\sigma^*_{\max})_{G=G_0} = (1 + \nu) \left\{ \log_{10} \left[58.26 \left(1 + \nu \right) \left(1 - \nu_0 \right) \right] - 0.266 \right\} \tag{8.5.23}$$

$$\sigma_{(K)} = (\sigma^*_{\max})_{K=K_0} = (1 + \nu) \left\{ \log_{10} \left[58.26 \frac{\left(1 - \nu_0^2 \right) \left(1 - 2\nu \right)}{\left(1 - 2\nu_0 \right)} \right] - 0.266 \right\} \tag{8.5.24}$$

$$\sigma_{(EGK)} = (\sigma^*_{\max})_{EGK=E_0 G_0 K_0}$$

$$= (1 + \nu) \left(\log_{10} \left\{ 58.26 \left(1 - \nu_0^2 \right) \left[\frac{\left(1 + \nu \right) \left(1 - 2\nu \right)}{\left(1 + \nu_0 \right) \left(1 - 2\nu_0 \right)} \right]^{\frac{1}{3}} \right\} - 0.266 \right) \tag{8.5.25}$$

这些简化的模型在泊松比 $-1 \leqslant \nu \leqslant 0.5$ 和 $-1 \leqslant \nu_0 \leqslant 0.5$ 范围内, 允许相应的最大弯曲应力绘制在 2D 图中, 如图 8.5.1 (a) 所示, 可以将其大致分为 4 个不同的部分, 包括平板与基础的拉胀、常规特性。由于奇异点的出现, 在图 8.5.1 (b) 所示的泊松比范围内绘制了简化的最大弯曲应力。

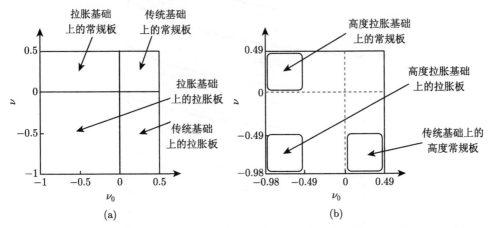

图 8.5.1 绘制弹性地基上无限厚板上点载荷引起的最大弯曲应力的泊松比范围: (a) 板和基础材料的常规区域和拉胀区域; (b) 高度拉胀区域

图 8.5.2 ～ 图 8.5.5 给出了弹性基础板和基础泊松比对无量纲最大弯曲应力的影响。图 8.5.1 (b) 中虚线分隔了常规材料区域和拉胀材料区域。从图 8.5.2 可以看出，在等杨氏模量 ($E = E_0$) 情况下，随板的泊松比越来越负且基础泊松比越来越大，板的弯曲应力逐渐减小。因此，在高度拉胀基础上的高度拉胀平板的弯曲应力最小。

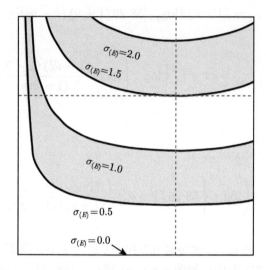

图 8.5.2   弹性地基上各板在 $E = E_0$ 情况下的无量纲最大弯曲应力等值线图

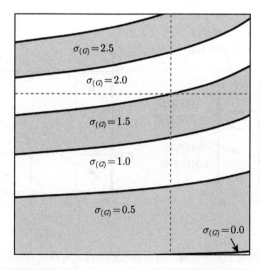

图 8.5.3   弹性地基上各板在 $G = G_0$ 处的无量纲最大弯曲应力等值线图

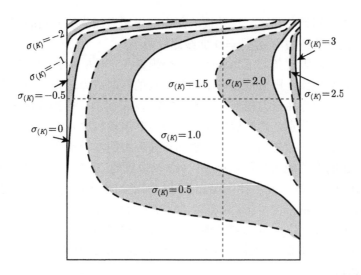

图 8.5.4　弹性地基板在 $K = K_0$ 处的无量纲最大弯曲应力等值线图

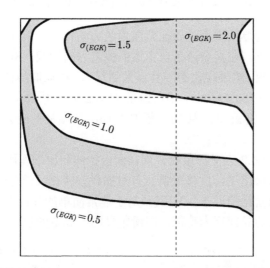

图 8.5.5　弹性地基板在 $EGK = E_0G_0K_0$ 处的无量纲最大弯曲应力等值线图

在等剪切模量 $(G = G_0)$ 条件下,如图 8.5.3 所示,板的弯曲应力随着泊松比变得越负而逐渐减小。影响板弯曲应力的次要因素是基础泊松比,当基础泊松比增大时,基础弯曲应力通常会减小。

在体积模量相等 $(K = K_0)$ 的情况下,如图 8.5.4 所示,常规板在常规基础上的弯曲应力最大,特别是在基础不可压的情况下 $(\nu_0 = 0.5)$。值得注意的是,对于在高度拉胀基础上的高度常规板,其平板底部弯曲应力为负,即平板顶部和底部的弯曲应力分别为负和正。这是板的面内膨胀和沿加载线方向的基础径向压缩的结果。该板弯曲应力沿 $\sigma_{(K)} = 0$ 曲线路径最小。

如果在较小的限制条件下允许所有三个模量在 $EGK = E_0 G_0 K_0$ 下变化，以改变板和基础泊松比，则常规基础上的常规板的弯曲应力较高，而高度拉胀基础上的高度拉胀板的弯曲应力较低，如图 8.5.5 所示。此外，等高线图表明，板的泊松比和基础泊松比分别是影响板弯曲应力的主要因素和次要因素。

曲线结果表明，通常情况下，平板的弯曲应力随泊松比变得越负而减小。结果还表明，板的弯曲应力也可以减小：(a) 以恒定的 E/E_0 比率增加基础材料的泊松比，(b) 以恒定的 G/G_0 比率增加基础材料的泊松比，(c) 以恒定的 K/K_0 比率降低基础材料的泊松比，(d) 以恒定 $(EGK)/(E_0 G_0 K_0)$ 的比率降低基础材料的泊松比 (Lim，2014b)。本章结果表明，除了选择具有足够强度的材料，以及对板进行力学设计以降低应力集中以外，具有负泊松比的板和/或基础材料还可用于抗失效设计。

8.6　受约束拉胀平板的面内压缩

在弹性各向同性厚板整个泊松比范围内的力学行为有限元模拟中，厚板的两个相对侧面表面固支，在其余两条自由边的面内方向加载，Strek 等 (2008) 发现拉胀板并不像常规板，将表现出有趣且反常的行为。在他们的仿真中，用到了以下力学性能：密度 $\rho = 7850 \text{kg/m}^3$，杨氏模量 $E = 2.1 \times 10^{11} \text{Pa}$，泊松比 -0.999999、-0.9、0、0.499999。方板边长为 1m、板厚 0.1m，所施加的应力为 $\pm 10^4 \text{N/m}^2$ (即拉伸和压力)。

图 8.6.1 和图 8.6.2 为受约束板分别在面内拉伸和压缩作用下的变形情况。结果表明，在极负泊松比下，位移矢量具有与加载方向相反的分量。换言之，如果一个稳定系统的泊松比趋近于 -1，甚至对于非常简单的几何形状的样品，也可以观察到负刚度材料的局部行为特征，即所定义的不稳定的现象。

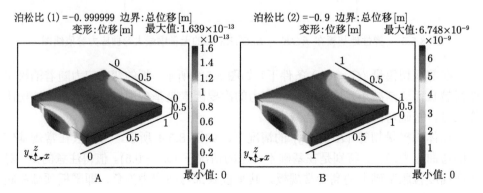

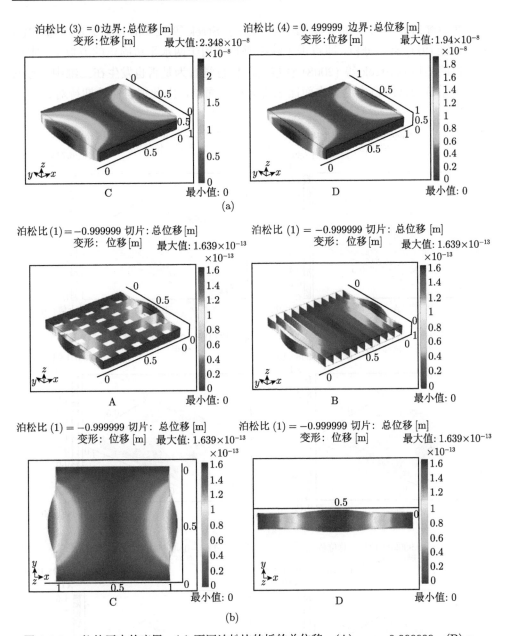

图 8.6.1　拉伸压力的应用。(a) 不同泊松比的板的总位移：(A) $\nu = -0.999999$，(B) $\nu = -0.9$，(C) $\nu = 0$，(D)$\nu = 0.499999$。板的初始形状由一条连续的细线标示；(b) 泊松比 $\nu = -0.999999$ 的平板总位移的不同视角：(A) x 和 y 方向上的切片，(B) x 方向上的切片，(C) x-y 平面视角，(D) y-z 平面视角，板的初始形状由一条细的连续线标示 (Strek et al., 2008)【爱思唯尔惠允复制】

在后续研究中，Pozniak 等 (2010) 考虑了 Strek 等 (2008) 所研究的三维 (3D) 板的二维 (2D) 类似分析，即将水平载荷垂直作用于两水平边固定的方板上。本研究的目的是检验 Strek 等 (2008) 观察到的反直觉行为是否也发生在二维中。考虑到二维系统通常因自由度更少而比三维系统更简单，因此很自然地期待对二维系

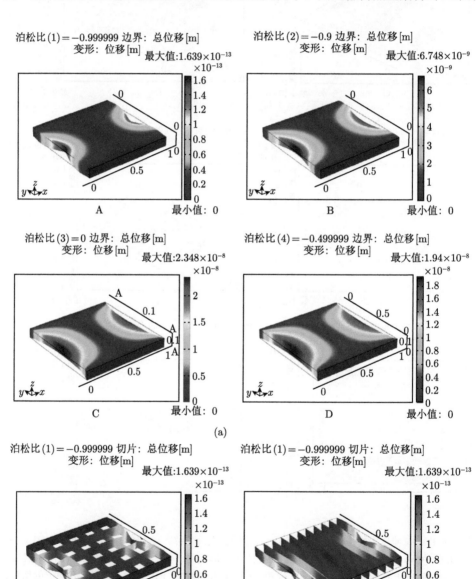

泊松比 (1) = −0.999999 边界：总位移 [m]
变形：位移 [m]　最大值：1.639×10^{-13}

泊松比 (2) = −0.9 边界：总位移 [m]
变形：位移 [m]　最大值：6.748×10^{-9}

泊松比 (3) = 0 边界：总位移 [m]
变形：位移 [m]　最大值：2.348×10^{-8}

泊松比 (4) = −0.499999 边界：总位移 [m]
变形：位移 [m]　最大值：1.94×10^{-8}

(a)

泊松比 (1) = −0.999999 切片：总位移 [m]
变形：位移 [m]　最大值：1.639×10^{-13}

泊松比 (1) = −0.999999 切片：总位移 [m]
变形：位移 [m]　最大值：1.639×10^{-13}

泊松比 (1) = −0.999999 切片: 总位移[m]
　　变形: 位移[m]　　最大值:1.639×10^{-13}

泊松比 (1) = −0.999999 切片: 总位移[m]
　　变形: 位移[m]　　最大值:1.639×10^{-13}

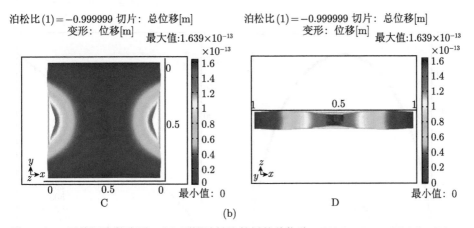

(b)

图 8.6.2　压缩压力的应用。(a) 不同泊松比的板的总位移: (A) $\nu = -0.999999$, (B) $\nu = -0.9$, (C) $\nu = 0$, (D) $\nu = 0.499999$。板的初始形状由一条连续的细线标示; (b) 泊松比为 $\nu = -0.999999$ 的平板总位移的不同视角: (A) x 和 y 方向上的切片, (B) x 方向上的切片, (C) x-y 平面视角, (D) y-z 平面视角, 板的初始形状由一条细的连续线标示 (Strek et al., 2008)【爱思唯尔惠允复制】

统的研究需要更少的计算代价, 并且可能更好地洞察所讨论的现象。对于图 8.6.3, Pozniak 等 (2010) 的数值研究不仅报道了先前在三维对象中观察到的反平行位移 (Strek et al., 2008), 在二维模式下也会发生这种情况, 但可以得出这样的结论: 与三维模式下观察到的情况相比, 发生此情况所对应的泊松比要高得多。提醒读者注意, Pozniak 等 (2010) 使用 $\nu = 0.7$ 是可以的, 因为二维情况下泊松比的界限为 $-1 \leqslant \nu \leqslant 1$, 如 3.2 节所述。

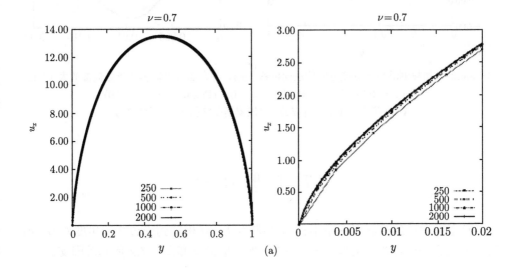

(a)

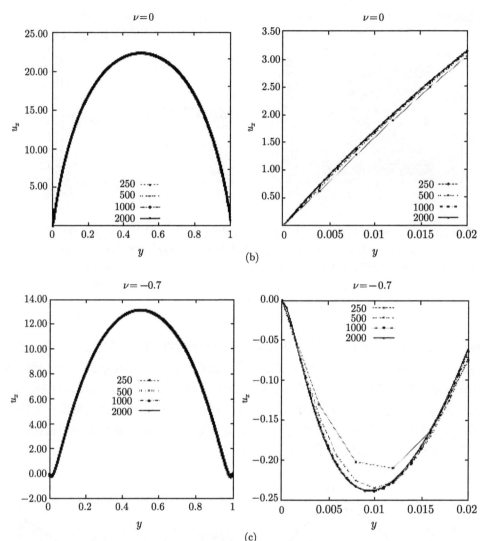

图 8.6.3　加载侧沿整个宽度方向的法向位移 (左)，并在靠近坐标轴交点处局部放大 (右)：
(a) $\nu = 0.7$；(b) $\nu = 0$；(c) $\nu = -0.7$ (Pozniak et al., 2010)
【"高等研究中心" 有限公司 (俄罗斯圣彼得堡) 惠允复制】

8.7　拉 胀 球 壳

这里考虑的球壳具有曲率半径 R 和厚度 h，从极轴到壳边缘的角度为 α。所研究的边界条件有两种类型，即图 8.7.1 所示的简支和图 8.7.2 所示的固支。

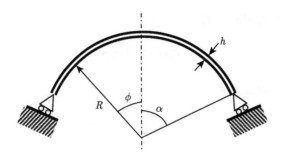

图 8.7.1 边缘简支球壳应力分析示意图

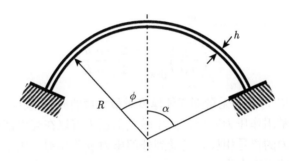

图 8.7.2 边缘固支球壳应力分析示意图

由于边缘有泄漏风险,简支球壳通常不用作压力容器,而常用于承载,并且常见的受载条件为承受均布载荷 q 的作用。在这种情况下,子午线方向单位长度的法向力为

$$N_\phi = -\frac{qR}{1 + \cos\phi} \tag{8.7.1}$$

由于膜应力与单位长度法向力有关,即

$$\sigma_M = \frac{N}{h} \tag{8.7.2}$$

作用于径向方向的相应膜应力为

$$\sigma_M = -\frac{q}{1 + \cos\phi}\left(\frac{R}{h}\right) \tag{8.7.3}$$

壳的任意部分的弯矩为

$$M = \frac{qh^2}{12}\left(\frac{2 + \nu}{1 - \nu}\right)\cos\phi \tag{8.7.4}$$

最大弯曲应力发生在表面，为

$$\sigma_{\max} = \pm \frac{6M}{h^2} \tag{8.7.5}$$

与其对应的最大弯曲应力为

$$\sigma_B = \pm \frac{q}{2} \frac{2+\nu}{1-\nu} \cos\phi \tag{8.7.6}$$

因此，表面弯曲应力与膜应力大小之比为

$$\frac{\sigma_B}{\sigma_M} = \frac{2+\nu}{1-\nu} \frac{h}{R} \frac{(1+\cos\phi)\cos\phi}{2} \tag{8.7.7}$$

该比率在极点处最大 ($\phi = 0$)，即

$$\left(\frac{\sigma_B}{\sigma_M}\right)_{\phi=0} = \frac{2+\nu}{1-\nu} \frac{h}{R} \tag{8.7.8}$$

除泊松比外，(h/R) 形式的无量纲壳体厚度对最大弯曲应力–膜应力之比亦有影响。

固支球壳通常用作压力容器，其中较高的压力可以在壳内部或壳外部，差别在于弯矩和法向力的符号相反。当受到外部压力 p 作用时，由平衡关系，可得子午线方向和周向的膜应力为

$$\sigma_M = -\frac{pR}{2h} \tag{8.7.9}$$

而固支处的弯矩为

$$M_\alpha = -\frac{pRh}{4} \sqrt{\frac{1}{3} \frac{1-\nu}{1+\nu}} \tag{8.7.10}$$

根据式 (8.7.5)，对应的表面弯曲应力为

$$\sigma_B = -\frac{3pR}{2h} \sqrt{\frac{1}{3} \frac{1-\nu}{1+\nu}} \tag{8.7.11}$$

因此，最大弯曲应力与固支处的膜应力之比为

$$\left(\frac{\sigma_B}{\sigma_M}\right)_{\phi=\alpha} = \sqrt{3\frac{1-\nu}{1+\nu}} \tag{8.7.12}$$

这与壳材料的泊松比密切相关，但与无量纲壳厚度无关。

图 8.7.3 为均布载荷作用下简支球壳最大弯曲应力与膜应力之比随泊松比的变化曲线，如式 (8.7.8) 所示。如所预期的那样，最大弯曲应力与膜应力之比对于更大的壳厚度具有重要意义。有趣的是，使用拉胀材料可降低相对于膜应力的最

大弯曲应力。换言之，在几何层面，厚壳在力学上等同于薄壳或膜。这意味着如果壳材料的泊松比足够负，例如 $\nu = -1$，并且边界条件允许其自由旋转和横向位移，那么即使壳很厚，膜理论的应用也是充分成立的。这可以从图 8.7.3 推断出来，其中泊松比为非常大的负值的壳的弯曲应力与膜应力相比微不足道。强烈建议简支球壳使用拉胀材料，因为其弯曲应力将显著降低。另外，不建议将拉胀材料用作固支球壳。这是因为随壳材料泊松比越来越负，弯曲应力急剧上升，如式 (8.7.12) 所述和图 8.7.4 所示。因此，在壳设计过程中，特别是在拉胀材料的使用上，一个非常重要的材料选择标准就是球壳所处的边界条件 (Lim，2013c)。

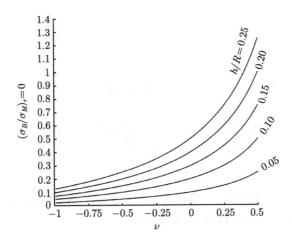

图 8.7.3   均布载荷作用下边缘简支球壳极点处的弯曲应力与膜应力之比

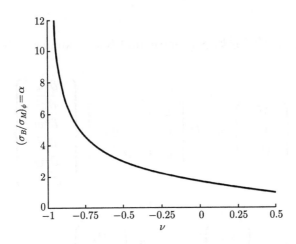

图 8.7.4   均布载荷作用下边缘固支球壳弯曲应力与膜应力之比

附　录　A

将式 (8.4.37) 的 LHS【译者注：方程左边的项】写成

$$\sum_{m=1}^{\infty}\sum_{n=1}^{\infty}\frac{m^2}{(m^2+n^2)^2}=\sum_{m=1}^{\infty}\sum_{n=1}^{\infty}\frac{1}{\left(m+\dfrac{n^2}{m}\right)^2}$$

$$=\sum_{m=1}^{\infty}\sum_{f=1}^{\infty}\frac{1}{(m+f)^2}=\sum_{m=1}^{\infty}\sum_{g}^{\infty}\frac{1}{(m+g)^2} \tag{A.1}$$

其中，f 和 g 分别是 n^2/m 的正整数和非正整数，可以得到

$$\sum_{m=1}^{\infty}\sum_{n=1}^{\infty}\frac{m^2}{(m^2+n^2)^2}>\sum_{m=1}^{\infty}\sum_{f=1}^{\infty}\frac{1}{(m+f)^2} \tag{A.2}$$

由于式 (A.2) 的 RHS【译者注：方程右边的项】是发散的 (Ghorpade and Limaye, 2010)，通过比较可以看出 LHS 也是发散的。

附　录　B

弯矩和应力之间的关系如下 (Ventsel and Krauthammer, 2001)

$$\left\{\begin{array}{c} M_x \\ M_y \\ M_{xy} \end{array}\right\}=-D\left[\begin{array}{ccc} 1 & \nu & 0 \\ \nu & 1 & 0 \\ 0 & 0 & \nu-1 \end{array}\right]\left\{\begin{array}{c} \dfrac{\partial^2 w}{\partial x^2} \\[2mm] \dfrac{\partial^2 w}{\partial y^2} \\[2mm] \dfrac{\partial^2 w}{\partial x \partial y} \end{array}\right\} \tag{B.1}$$

$$\left\{\begin{array}{c} \sigma_x \\ \sigma_y \\ \tau_{xy} \end{array}\right\}_{\max}=\pm\frac{6}{h^2}\left\{\begin{array}{c} M_x \\ M_y \\ M_{xy} \end{array}\right\}_{\max} \tag{B.2}$$

$$\left\{ \begin{array}{c} \tau_{xz} \\ \tau_{yz} \end{array} \right\} = - \left\{ \begin{array}{c} \int_{-h/2}^{+h/2} \left(\dfrac{\partial \sigma_x}{\partial x} + \dfrac{\partial \tau_{xy}}{\partial y} \right) \mathrm{d}z \\ \int_{-h/2}^{+h/2} \left(\dfrac{\partial \sigma_y}{\partial y} + \dfrac{\partial \tau_{yx}}{\partial x} \right) \mathrm{d}z \end{array} \right\} = \dfrac{E \left(z^2 - \dfrac{h^2}{4} \right)}{2 \left(1 - \nu^2 \right)} \left\{ \begin{array}{c} \dfrac{\partial}{\partial x} \nabla^2 w \\ \dfrac{\partial}{\partial y} \nabla^2 w \end{array} \right\}$$

$$(B.3)$$

参 考 文 献

Ghorpade S R, Limaye B V (2010) A Course in Multivariable Calculus and Analysis. Springer, New York

Ho D T, Park S D, Kwon S Y, Park K, Kim S Y (2014) Negative Poisson's ratio in metal nanoplates. Nat Commun, 5: 3255

Lim T C (2013a) Circular auxetic plates. J Mech, 29(1): 121-133

Lim T C (2013b) Optimal Poisson's ratio for laterally loaded rectangular plates. IMechE J Mat Des Appl, 227(2): 111-123

Lim T C (2013c) Spherical auxetic shells. Adv Mater Res, 804: 146-150

Lim T C (2014a) Flexural rigidity of thin auxetic plates. Int J Appl Mech, 6(2): 1450012

Lim T C (2014b) Auxetic plates on auxetic foundation. Adv Mater Res, 974: 398-401

Pozniak A A, Kaminski H, Kedziora P, Maruszewski B, Strek T, Wojciechowski K W (2010) Anomalous deformation of constrained auxetic square. Rev Adv Mat Sci, 23(2): 169-174

Reddy J N (2006) Theory and Analysis of Elastic Plates and Shells, 2nd edn. CRC Press, New York

Strek T, Maruszewski B, Narojczyk J W, Wojciechowski K W (2008) Finite element analysis of auxetic plate deformation. J Non-Cryst Solids, 354(35-39): 4475-4480

Timoshenko S P, Woinowsky-Krieger S (1964) Theory of Plates and Shells, 2nd edn. McGraw-Hill, New York

Ventsel E, Krauthammer T (2001) Thin Plates and Shells: Theory, Analysis, and Applications. Marcel Dekker, New York

Woinowsky-Krieger S (1933) Der spannungszustand in dickey elastischen platen II (the state of stress in thick elastic plates-part 2). Ing Arch, 4: 305-331

第 9 章　拉胀固体的热应力

摘要：本章首先介绍拉胀固体热弹性的一般性考虑，继而介绍具有几何约束的三维拉胀固体的热弹性，此后展示了给定温度关系曲线引起的梁和板的热弹性。基于一系列用于拉胀板和壳的无量纲热应力，发现在恒定的杨氏模量 (E) 和恒定的剪切模量 (G) 情况下，随着材料拉胀度增大，热应力会降低，但当体积模量 (K) 恒定时，随材料拉胀度增大，热应力会增加。在 EGK 保持不变的情况下，当泊松比为 0.303 时，热应力最大；而当泊松比为 −1 和 0.5 时，热应力减小。在本章考虑的大多数固体中，在拉胀区其热应力最小。最后总结了由 Innocenti 和 Scarpa (J Compos Mater 43 (21):2419–2439, 2009) 给出的多内凹角蜂窝的导热系数，结果表明，在蜂窝板的底面和顶面之间进行热传递时，拉胀蜂窝结构表现出较高的面外传导性、强的面内热各向异性和最低的峰值温度。

关键词：温度变化；导热系数；热应力；热弹性

9.1　引　　言

长期以来，人们一直确信，不受约束的固体会随温度变化而发生变形，并且由于边界条件或固体形状而引起的任何部分的或全部的几何约束都会导致热应力。本章重点介绍具有负泊松比的固体的热应力。

9.2　拉胀固体的一般热弹性

考虑温度 T 的变化，具有热拉胀系数 α 的线性三维各向同性固体的法向分量应力-应变关系可写成

$$\left\{\begin{array}{c} \varepsilon_{xx} \\ \varepsilon_{yy} \\ \varepsilon_{zz} \end{array}\right\} = \frac{1}{E}\left[\begin{array}{ccc} 1 & -\nu & -\nu \\ -\nu & 1 & -\nu \\ -\nu & -\nu & 1 \end{array}\right]\left\{\begin{array}{c} \sigma_{xx} \\ \sigma_{yy} \\ \sigma_{zz} \end{array}\right\} + \alpha T\left\{\begin{array}{c} 1 \\ 1 \\ 1 \end{array}\right\} \tag{9.2.1}$$

而剪切分量不受温度影响。膨胀度

$$\sum \varepsilon_{ii} = \varepsilon_{xx} + \varepsilon_{yy} + \varepsilon_{zz} \tag{9.2.2}$$

和法向应力之和

$$\sum \sigma_{ii} = \sigma_{xx} + \sigma_{yy} + \sigma_{zz} \tag{9.2.3}$$

之间的关系可以由式 (9.2.1) 计算得到，为

$$\sum \varepsilon_{ii} = 3\alpha T + \frac{1-2\nu}{E} \sum \sigma_{ii} \tag{9.2.4}$$

有时，用应变的法向分量来描述应力更为方便，即

$$\left\{ \begin{array}{c} \sigma_{xx} \\ \sigma_{yy} \\ \sigma_{zz} \end{array} \right\} = \left[\lambda \sum \varepsilon_{ii} - (3\lambda + 2\mu)\,\alpha T \right] \left\{ \begin{array}{c} 1 \\ 1 \\ 1 \end{array} \right\} + 2\mu \left\{ \begin{array}{c} \varepsilon_{xx} \\ \varepsilon_{yy} \\ \varepsilon_{zz} \end{array} \right\} \tag{9.2.5}$$

其中，Lame 常数 λ 和 $\mu = G$ 已在 3.4 节中给出。三维笛卡儿坐标系中各向等温弹性的平衡关系采用以下形式：

$$\left\{ \begin{array}{l} \dfrac{\partial \sigma_{xx}}{\partial x} + \dfrac{\partial \sigma_{xy}}{\partial y} + \dfrac{\partial \sigma_{xz}}{\partial z} + F_x = 0 \\[3mm] \dfrac{\partial \sigma_{xy}}{\partial x} + \dfrac{\partial \sigma_{yy}}{\partial y} + \dfrac{\partial \sigma_{yz}}{\partial z} + F_y = 0 \\[3mm] \dfrac{\partial \sigma_{xz}}{\partial x} + \dfrac{\partial \sigma_{yz}}{\partial y} + \dfrac{\partial \sigma_{zz}}{\partial z} + F_z = 0 \end{array} \right. \tag{9.2.6}$$

其中，F_x、F_y 和 F_z 分别是物体在 x、y 和 z 方向上的体力。对于无穷小的位移，这些力可以写成

$$\left\{ \begin{array}{c} F_x \\ F_y \\ F_z \end{array} \right\} = -\rho \frac{\partial^2}{\partial t^2} \left\{ \begin{array}{c} u_x \\ u_y \\ u_z \end{array} \right\} \tag{9.2.7}$$

其中，ρ 为密度；u_x、u_y、u_z 分别为 x、y 和 z 方向上的位移。其余场方程的相容性关系以压力分量的形式表示为 (Boley and Weiner，1997)：

$$
\begin{cases}
(1+\nu)\nabla^2\sigma_{xx} + \dfrac{\partial^2}{\partial x^2}\sum\sigma_{ii} + \alpha E\left(\dfrac{1+\nu}{1-\nu}\nabla^2 T + \dfrac{\partial^2 T}{\partial x^2}\right) = 0 \\[3mm]
(1+\nu)\nabla^2\sigma_{yy} + \dfrac{\partial^2}{\partial y^2}\sum\sigma_{ii} + \alpha E\left(\dfrac{1+\nu}{1-\nu}\nabla^2 T + \dfrac{\partial^2 T}{\partial y^2}\right) = 0 \\[3mm]
(1+\nu)\nabla^2\sigma_{zz} + \dfrac{\partial^2}{\partial z^2}\sum\sigma_{ii} + \alpha E\left(\dfrac{1+\nu}{1-\nu}\nabla^2 T + \dfrac{\partial^2 T}{\partial z^2}\right) = 0 \\[3mm]
(1+\nu)\nabla^2\sigma_{xy} + \dfrac{\partial^2}{\partial x\partial y}\sum\sigma_{ii} + \alpha E\dfrac{\partial^2 T}{\partial x\partial y} = 0 \\[3mm]
(1+\nu)\nabla^2\sigma_{yz} + \dfrac{\partial^2}{\partial y\partial z}\sum\sigma_{ii} + \alpha E\dfrac{\partial^2 T}{\partial y\partial z} = 0 \\[3mm]
(1+\nu)\nabla^2\sigma_{zx} + \dfrac{\partial^2}{\partial z\partial x}\sum\sigma_{ii} + \alpha E\dfrac{\partial^2 T}{\partial z\partial x} = 0
\end{cases} \tag{9.2.8}
$$

其中三维拉普拉斯算子为

$$
\nabla^2 = \frac{\partial^2}{\partial x^2} + \frac{\partial^2}{\partial y^2} + \frac{\partial^2}{\partial z^2} \tag{9.2.9}
$$

在各向同性拉胀材料泊松比的上限 $\nu = 0$ 处，场方程可简化为

$$
\begin{cases}
\nabla^2\sigma_{xx} + \dfrac{\partial^2}{\partial x^2}\sum\sigma_{ii} + \alpha E\left(\nabla^2 T + \dfrac{\partial^2 T}{\partial x^2}\right) = 0 \\[3mm]
\nabla^2\sigma_{yy} + \dfrac{\partial^2}{\partial y^2}\sum\sigma_{ii} + \alpha E\left(\nabla^2 T + \dfrac{\partial^2 T}{\partial y^2}\right) = 0 \\[3mm]
\nabla^2\sigma_{zz} + \dfrac{\partial^2}{\partial z^2}\sum\sigma_{ii} + \alpha E\left(\nabla^2 T + \dfrac{\partial^2 T}{\partial z^2}\right) = 0 \\[3mm]
\nabla^2\sigma_{xy} + \dfrac{\partial^2}{\partial x\partial y}\sum\sigma_{ii} + \alpha E\dfrac{\partial^2 T}{\partial x\partial y} = 0 \\[3mm]
\nabla^2\sigma_{yz} + \dfrac{\partial^2}{\partial y\partial z}\sum\sigma_{ii} + \alpha E\dfrac{\partial^2 T}{\partial y\partial z} = 0 \\[3mm]
\nabla^2\sigma_{zx} + \dfrac{\partial^2}{\partial z\partial x}\sum\sigma_{ii} + \alpha E\dfrac{\partial^2 T}{\partial z\partial x} = 0
\end{cases} \tag{9.2.10}
$$

在各向同性材料的泊松比的下限值 $\nu = -1$ 处，场方程可进一步简化为

$$\begin{cases} \dfrac{\partial^2}{\partial x^2} \sum \sigma_{ii} + \alpha E \dfrac{\partial^2 T}{\partial x^2} = 0 \\[2mm] \dfrac{\partial^2}{\partial y^2} \sum \sigma_{ii} + \alpha E \dfrac{\partial^2 T}{\partial y^2} = 0 \\[2mm] \dfrac{\partial^2}{\partial z^2} \sum \sigma_{ii} + \alpha E \dfrac{\partial^2 T}{\partial z^2} = 0 \\[2mm] \dfrac{\partial^2}{\partial x \partial y} \sum \sigma_{ii} + \alpha E \dfrac{\partial^2 T}{\partial x \partial y} = 0 \\[2mm] \dfrac{\partial^2}{\partial y \partial z} \sum \sigma_{ii} + \alpha E \dfrac{\partial^2 T}{\partial y \partial z} = 0 \\[2mm] \dfrac{\partial^2}{\partial z \partial x} \sum \sigma_{ii} + \alpha E \dfrac{\partial^2 T}{\partial z \partial x} = 0 \end{cases} \tag{9.2.11}$$

除了三维公式外, 二维公式也很有用, 因为后者在某些实际问题中会遇到。二维公式有两种类型: (a) 平面应力和 (b) 平面应变。对于平面应力, $\sigma_{zz} = \sigma_{xz} = \sigma_{yz} = 0$, 面外法向应变分量为

$$\varepsilon_{zz} = \alpha T - \frac{\nu}{E} \left(\sigma_{xx} + \sigma_{yy} \right) \tag{9.2.12}$$

对于平面应变, $\varepsilon_{zz} = \varepsilon_{xz} = \varepsilon_{yz} = 0$, 面外法向应力分量为

$$\sigma_{zz} = \nu \left(\sigma_{xx} + \sigma_{yy} \right) - E \alpha T \tag{9.2.13}$$

平面应力情况下的位移公式的关系为

$$\begin{cases} \dfrac{E}{2(1-\nu)} \dfrac{\partial}{\partial x} \left(\dfrac{\partial u_x}{\partial x} + \dfrac{\partial u_y}{\partial y} \right) + \dfrac{E}{2(1+\nu)} \nabla^2 u_x - \dfrac{\alpha E}{1-\nu} \dfrac{\partial T}{\partial x} + F_x = 0 \\[3mm] \dfrac{E}{2(1-\nu)} \dfrac{\partial}{\partial y} \left(\dfrac{\partial u_x}{\partial x} + \dfrac{\partial u_y}{\partial y} \right) + \dfrac{E}{2(1+\nu)} \nabla^2 u_y - \dfrac{\alpha E}{1-\nu} \dfrac{\partial T}{\partial y} + F_y = 0 \end{cases} \tag{9.2.14}$$

其中二维拉普拉斯算子为

$$\nabla^2 = \frac{\partial^2}{\partial x^2} + \frac{\partial^2}{\partial y^2} \tag{9.2.15}$$

为获取当 $\nu = -1$ 时的特定关系, 首先将式 (9.2.14) 两边乘以 $(1+\nu)$, 因此, 当 $\nu \to -1$ 时, 式 (9.2.14) 简化为

$$\nabla^2 u_x = \nabla^2 u_y = 0 \tag{9.2.16}$$

在平面应变情况下，亦可得到类似的位移关系

$$
\begin{cases}
\dfrac{E_1}{2\left(1-\nu_1\right)}\dfrac{\partial}{\partial x}\left(\dfrac{\partial u_x}{\partial x}+\dfrac{\partial u_y}{\partial y}\right)+\dfrac{E_1}{2\left(1+\nu_1\right)}\nabla^2 u_x-\dfrac{\alpha_1 E_1}{1-\nu_1}\dfrac{\partial T}{\partial x}+F_x=0\\[4mm]
\dfrac{E_1}{2\left(1-\nu_1\right)}\dfrac{\partial}{\partial y}\left(\dfrac{\partial u_x}{\partial x}+\dfrac{\partial u_y}{\partial y}\right)+\dfrac{E_1}{2\left(1+\nu_1\right)}\nabla^2 u_y-\dfrac{\alpha_1 E_1}{1-\nu_1}\dfrac{\partial T}{\partial y}+F_y=0
\end{cases}
\tag{9.2.17}
$$

其中

$$
E_1=\frac{E}{1-\nu^2},\ \nu_1=\frac{\nu}{1-\nu},\ \alpha_1=\alpha\left(1+\nu\right)
\tag{9.2.18}
$$

将式 (9.2.18) 所描述的关系代入式 (9.2.17) 中，可得

$$
\begin{cases}
\dfrac{E}{2\left(1+\nu\right)\left(1-2\nu\right)}\dfrac{\partial}{\partial x}\left(\dfrac{\partial u_x}{\partial x}+\dfrac{\partial u_y}{\partial y}\right)+\dfrac{E}{2\left(1+\nu\right)}\nabla^2 u_x-\dfrac{\alpha E}{1-2\nu}\dfrac{\partial T}{\partial x}+F_x=0\\[4mm]
\dfrac{E}{2\left(1+\nu\right)\left(1-2\nu\right)}\dfrac{\partial}{\partial y}\left(\dfrac{\partial u_x}{\partial x}+\dfrac{\partial u_y}{\partial y}\right)+\dfrac{E}{2\left(1+\nu\right)}\nabla^2 u_y-\dfrac{\alpha E}{1-2\nu}\dfrac{\partial T}{\partial y}+F_y=0
\end{cases}
\tag{9.2.19}
$$

同样，可通过在式 (9.2.14) 的两边乘以 $(1+\nu)$ 获得当 $\nu=-1$ 时的特定关系。从而，当 $\nu\to-1$ 时，式 (9.2.19) 简化为

$$
\begin{cases}
\dfrac{\partial}{\partial x}\left(\dfrac{\partial u_x}{\partial x}+\dfrac{\partial u_y}{\partial y}\right)+3\nabla^2 u_x=0\\[4mm]
\dfrac{\partial}{\partial y}\left(\dfrac{\partial u_x}{\partial x}+\dfrac{\partial u_y}{\partial y}\right)+3\nabla^2 u_y=0
\end{cases}
\tag{9.2.20}
$$

或者

$$
\begin{cases}
4\dfrac{\partial^2 u_x}{\partial x^2}+\dfrac{\partial^2 u_x}{\partial x\partial y}+3\dfrac{\partial^2 u_x}{\partial y^2}=0\\[4mm]
3\dfrac{\partial^2 u_x}{\partial x^2}+\dfrac{\partial^2 u_x}{\partial x\partial y}+4\dfrac{\partial^2 u_x}{\partial y^2}=0
\end{cases}
\tag{9.2.21}
$$

在平面应力和平面应变条件下，随着 $\nu\to-1$，温度变化的影响在位移关系中不再存在。二维问题中的相容性关系可用应变表示为

$$
\frac{\partial^2 \varepsilon_{xx}}{\partial y^2}-2\frac{\partial^2 \varepsilon_{xy}}{\partial x\partial y}+\frac{\partial^2 \varepsilon_{xy}}{\partial x^2}=0
\tag{9.2.22}
$$

而采用应力形式，可表示为

$$\nabla^2 \left(\sigma_{xx} + \sigma_{yy} + E\alpha T \right) + (1+\nu) \left(\frac{\partial F_x}{\partial x} + \frac{\partial F_y}{\partial y} \right) = 0 \tag{9.2.23}$$

很容易看出，随着 $\nu \to -1$，体积力的影响逐渐削弱，当 $\nu = -1$ 时，式 (9.2.23) 简化为

$$\nabla^2 \left(\sigma_{xx} + \sigma_{yy} \right) + E\alpha \nabla^2 T = 0 \tag{9.2.24}$$

换言之，拉胀度降低了体力的影响，而且当 $\nu = -1$ 时，体力的影响完全消除。因此，采用应力表达的相容方程与无体力时的情况类似。

9.3 全几何约束三维拉胀材料的热弹性

考虑温度均匀地升高 T 且位移为零 $(u_x = u_y = u_z = 0)$ 的三维各向同性固体，满足

$$\begin{cases} \varepsilon_{ii} = \varepsilon_{ij} = \sigma_{ij} = 0 \\ \sigma_{ii} = -3K\alpha T = -\dfrac{E\alpha T}{1-2\nu} \end{cases} \tag{9.3.1}$$

其中 $i, j = x, y, z$。因此，在这种情况下，法向热应力的大小会随泊松比变得越来越负而逐渐减小。

9.4 温度沿厚度方向变化的板的热弹性

对于厚度为 $2h$ 的各向同性自由平板，即在 $z = \pm h$ 的顶部和底部表面，温度仅随厚度变化，Boley 和 Weiner (1997) 给出的应力、应变和位移分量为

$$\begin{cases} \sigma_{xx} = \sigma_{yy} = \dfrac{1}{1-\nu} \left(-E\alpha T + \dfrac{1}{2h}N_T + \dfrac{3z}{2h^3}M_T \right) \\ \sigma_{zz} = \sigma_{xy} = \sigma_{yz} = \sigma_{zx} = 0 \\ \varepsilon_{xx} = \varepsilon_{yy} = \dfrac{1}{E} \left(\dfrac{1}{2h}N_T + \dfrac{3z}{2h^3}M_T \right) \\ \varepsilon_{zz} = -\dfrac{2\nu}{(1-\nu)E} \left(\dfrac{1}{2h}N_T + \dfrac{3z}{2h^3}M_T \right) + \dfrac{1+\nu}{1-\nu}\alpha T \\ \varepsilon_{xy} = \varepsilon_{yz} = \varepsilon_{zx} = 0 \\ \left\{ \begin{array}{c} u_x \\ u_y \end{array} \right\} = \dfrac{1}{E} \left(\dfrac{1}{2h}N_T + \dfrac{3z}{2h^3}M_T \right) \left\{ \begin{array}{c} x \\ y \end{array} \right\} \\ u_z = -\dfrac{3M_T(x^2+y^2)}{4h^3E} + \dfrac{1}{1-\nu} \left[(1+\nu)\alpha \int_0^z T\mathrm{d}z - \nu\dfrac{zN_T}{hE} - \nu\dfrac{3z^2M_T}{2h^3E} \right] \end{cases} \tag{9.4.1}$$

其中

$$\left\{ \begin{array}{c} N_T \\ M_T \end{array} \right\} = \alpha E \left\{ \begin{array}{c} \displaystyle\int_{-h}^{h} T \mathrm{d}z \\ \displaystyle\int_{-h}^{h} T z \mathrm{d}z \end{array} \right\} \tag{9.4.2}$$

对于各向同性固体拉胀行为的两个极限，当处于拉胀上限 $\nu = 0$ 时，这些应力、应变和位移分量被简化为

$$\left\{ \begin{array}{l} \sigma_{xx} = \sigma_{yy} = -E\alpha T + \dfrac{1}{2h} N_T + \dfrac{3z}{2h^3} M_T \\[2mm] \sigma_{zz} = \sigma_{xy} = \sigma_{yz} = \sigma_{zx} = 0 \\[2mm] \varepsilon_{xx} = \varepsilon_{yy} = \dfrac{1}{E} \left(\dfrac{1}{2h} N_T + \dfrac{3z}{2h^3} M_T \right) \\[2mm] \varepsilon_{zz} = \alpha T \\[2mm] \varepsilon_{xy} = \varepsilon_{yz} = \varepsilon_{zx} = 0 \\[2mm] \left\{ \begin{array}{c} u_x \\ u_y \end{array} \right\} = \dfrac{1}{E} \left(\dfrac{1}{2h} N_T + \dfrac{3z}{2h^3} M_T \right) \left\{ \begin{array}{c} x \\ y \end{array} \right\} \\[4mm] u_z = -\dfrac{3M_T (x^2 + y^2)}{4h^3 E} + \alpha \displaystyle\int_0^z T \mathrm{d}z \end{array} \right. \tag{9.4.3}$$

当处于拉胀下限 $\nu = -1$ 时，这些应力、应变和位移分量被简化为

$$\left\{ \begin{array}{l} \sigma_{xx} = \sigma_{yy} = \dfrac{1}{2} \left(-E\alpha T + \dfrac{1}{2h} N_T + \dfrac{3z}{2h^3} M_T \right) \\[2mm] \sigma_{zz} = \sigma_{xy} = \sigma_{yz} = \sigma_{zx} = 0 \\[2mm] \varepsilon_{xx} = \varepsilon_{yy} = \dfrac{1}{E} \left(\dfrac{1}{2h} N_T + \dfrac{3z}{2h^3} M_T \right) \\[2mm] \varepsilon_{zz} = \dfrac{1}{E} \left(\dfrac{1}{2h} N_T + \dfrac{3z}{2h^3} M_T \right) \\[2mm] \varepsilon_{xy} = \varepsilon_{yz} = \varepsilon_{zx} = 0 \\[2mm] \left\{ \begin{array}{c} u_x \\ u_y \end{array} \right\} = \dfrac{1}{E} \left(\dfrac{1}{2h} N_T + \dfrac{3z}{2h^3} M_T \right) \left\{ \begin{array}{c} x \\ y \end{array} \right\} \\[4mm] u_z = -\dfrac{3M_T (x^2 + y^2)}{4h^3 E} + \dfrac{1}{2} \left(\dfrac{z N_T}{hE} + \dfrac{3z^2 M_T}{2h^3 E} \right) \end{array} \right. \tag{9.4.4}$$

值得注意的是，在拉胀阈值处，平面外法向应变与杨氏模量无关，并且仅受热膨胀系数的影响。

9.5 温度沿厚度方向变化的梁的热弹性

考虑截面宽度为 b、厚度为 $2h$、长度为 L 的各向同性矩形梁，截面被定义为 $x = \pm L/2$、$y = \pm b/2$ 和 $x = \pm h$，则沿梁厚度方向的温度变化引起的应力、应变和位移分量为

$$
\begin{cases}
\sigma_{xx} = -E\alpha T + \dfrac{b}{A}N_T + \dfrac{z}{I}bM_T \\[2mm]
\sigma_{yy} = \sigma_{zz} = \sigma_{xy} = \sigma_{yz} = \sigma_{zx} = 0 \\[2mm]
\varepsilon_{xx} = \dfrac{1}{E}\left(\dfrac{b}{A}N_T + \dfrac{z}{I}bM_T\right) \\[3mm]
\varepsilon_{zz} = -\dfrac{\nu}{E}\left(\dfrac{b}{A}N_T + \dfrac{z}{I}bM_T\right) + \dfrac{1+\nu}{E}\alpha T \\[3mm]
\varepsilon_{xy} = \varepsilon_{yz} = \varepsilon_{zx} = 0 \\[2mm]
u_x = \dfrac{x}{E}\left(\dfrac{bN_T}{A} + \dfrac{zbM_T}{I}\right) \\[3mm]
u_y = 0 \\[2mm]
u_z = -\dfrac{x^2 bM_T}{2EI} + \dfrac{1}{E}(1+\nu)\alpha \int_0^z T\mathrm{d}z - \dfrac{1}{E}\left(\nu\dfrac{zbN_T}{A} - \nu\dfrac{z^2 bM_T}{2I}\right)
\end{cases}
\tag{9.5.1}
$$

其中梁的横截面面积 A 和第二惯性矩 I 为

$$
A = 2bh, \quad I = \frac{2}{3}bh^3
\tag{9.5.2}
$$

对于各向同性固体拉胀范围的两个极限，在拉胀界值 $\nu = 0$ 时，应力、应变和位移分量简化为

$$
\begin{cases}
\sigma_{xx} = -E\alpha T + \dfrac{b}{A}N_T + \dfrac{z}{I}bM_T \\[2mm]
\sigma_{yy} = \sigma_{zz} = \sigma_{xy} = \sigma_{yz} = \sigma_{zx} = 0 \\[2mm]
\varepsilon_{xx} = \dfrac{1}{E}\left(\dfrac{b}{A}N_T + \dfrac{z}{I}bM_T\right) \\[3mm]
\varepsilon_{zz} = -\dfrac{\nu}{E}\left(\dfrac{b}{A}N_T + \dfrac{z}{I}bM_T\right) \\[3mm]
\varepsilon_{xy} = \varepsilon_{yz} = \varepsilon_{zx} = 0 \\[2mm]
u_x = \dfrac{x}{E}\left(\dfrac{bN_T}{A} + \dfrac{zbM_T}{I}\right) \\[3mm]
u_y = 0 \\[2mm]
u_z = -\dfrac{x^2 bM_T}{2EI} + \dfrac{1}{E}\alpha \int_0^z T\mathrm{d}z
\end{cases}
\tag{9.5.3}
$$

在泊松比的下限 $\nu = -1$ 时，应力、应变和位移分量简化为

$$
\begin{cases}
\sigma_{xx} = -E\alpha T + \dfrac{b}{A}N_T + \dfrac{z}{I}bM_T \\[2mm]
\sigma_{yy} = \sigma_{zz} = \sigma_{xy} = \sigma_{yz} = \sigma_{zx} = 0 \\[2mm]
\varepsilon_{xx} = \dfrac{1}{E}\left(\dfrac{b}{A}N_T + \dfrac{z}{I}bM_T\right) \\[2mm]
\varepsilon_{zz} = \dfrac{1}{E}\left(\dfrac{b}{A}N_T + \dfrac{z}{I}bM_T\right) \\[2mm]
\varepsilon_{xy} = \varepsilon_{yz} = \varepsilon_{zx} = 0 \\[2mm]
u_x = \dfrac{x}{E}\left(\dfrac{bN_T}{A} + \dfrac{zbM_T}{I}\right) \\[2mm]
u_y = 0 \\[2mm]
u_z = -\dfrac{x^2 bM_T}{2EI} + \dfrac{1}{E}\left(\dfrac{bN_T}{A} + \dfrac{zbM_T}{I}\right)
\end{cases}
\tag{9.5.4}
$$

9.6　拉胀板和壳的无量纲热应力

即使拉胀性对各向同性板中热应力的影响貌似简单，即仅仅通过将泊松比从上限 $\nu = 0.5$ 降低至下限 $\nu = -1$ 来观察热应力的变化，但有一点必须牢记，热应力至少涉及一个模量，即

$$
\sigma_T = f\left(\alpha, \Delta T, \nu, M\right)
\tag{9.6.1}
$$

其中，M 为各形式的模量。泊松比的变化通常伴随着所有三个模量的变化，这已经在第 8 章中提及。利用式 (3.4.1) 和式 (3.4.2) 所描述的模量关系，对固支平板，承受整个表面 ΔT 温差，考虑到杨氏模量、剪切模量和体积模量随泊松比变化而变化的情况，其热应力可以表示为

$$
\sigma_T = \frac{1}{2}\frac{1}{1-\nu}E\alpha\Delta T
\tag{9.6.2}
$$

$$
\sigma_T = \frac{1+\nu}{1-\nu}G\alpha\Delta T
\tag{9.6.3}
$$

$$
\sigma_T = \frac{3}{2}\frac{1-2\nu}{1-\nu}G\alpha\Delta T
\tag{9.6.4}
$$

这些模型允许在泊松比变化时其中的一个模量保持不变。还有另一个获取以上表达式的方法，通过对式 (9.6.2) ~ 式 (9.6.4) 两个热应力的乘积取平方根，得到

$$
\sigma_T = \frac{1}{1-\nu}\sqrt{\frac{1+\nu}{2}}\sqrt{EG}\alpha\Delta T
\tag{9.6.5}
$$

$$\sigma_T = \frac{\sqrt{3\,(1-2\nu)}}{2\,(1-\nu)}\sqrt{EK}\alpha\Delta T \tag{9.6.6}$$

$$\sigma_T = \frac{1}{1-\nu}\sqrt{\frac{3}{2}\,(1+\nu)\,(1-2\nu)}\sqrt{GK}\alpha\Delta T \tag{9.6.7}$$

与式 (9.6.2) $\sim$ 式 (9.6.4) 不同，即便在泊松比变化时也必须假定乘积本身不变，式 (9.6.5) $\sim$ 式 (9.6.7) 提供了两个模量变化的灵活性。可以推断出对式 (9.6.2) $\sim$ 式 (9.6.7) 概括性的表达式为

$$\sigma_T = \frac{1}{1-\nu}\frac{(1+\nu)^x}{2^{1-x}}E^{1-x}G^x\alpha\Delta T \tag{9.6.8}$$

$$\sigma_T = \frac{[3\,(1-2\nu)]^y}{2\,(1-\nu)}E^{1-y}K^y\alpha\Delta T \tag{9.6.9}$$

$$\sigma_T = \frac{1}{1-\nu}\,(1+\nu)^{1-z}\left[\frac{3}{2}\,(1-2\nu)\right]^z G^{1-z}K^z\alpha\Delta T \tag{9.6.10}$$

其中，权重指数 x、y 和 z 的取值范围为 0$\sim$1。可以看出，将 $x=0,0.5,1$ 分别代入式 (9.6.8)，可得式 (9.6.2)、式 (9.6.5) 和式 (9.6.3)。同样地，将 $y=0,0.5,1$ 分别代入式 (9.6.9) 可得式 (9.6.2)、式 (9.6.6) 和式 (9.6.4)，将 $z=0,0.5,1$ 分别代入式 (9.6.10) 可得式 (9.6.3)、式 (9.6.7) 和式 (9.6.4)。尽管这些形式的参数具有灵活性，但两个模量的出现要求其中一个模量与另一个模量成反比。通过从式 (9.6.2)、式 (9.6.3) 及式 (9.6.4) 中取立方根得到热应力表达式，可实现更大的灵活性。得到的结果为 (Lim，2013)

$$\sigma_T = \frac{1}{1-\nu}\sqrt[3]{\frac{3}{4}\,(1+\nu)\,(1-2\nu)}\sqrt[3]{EGK}\alpha\Delta T \tag{9.6.11}$$

它可以使其中一个因泊松比所产生的变化而变化的模量与其他两个模量抵消。在无量纲热应力框架内，拉胀性对各向同性板内热应力的影响可表达为

$$\sigma^* = \frac{\sigma_T}{M\alpha\Delta T} \tag{9.6.12}$$

其中，M 可以是一个模量 (E，G 或 K)，两个模量乘积的平方根 ($\sqrt{EG}$，$\sqrt{EK}$ 或 $\sqrt{GK}$) 或更广义的形式 ($E^{1-x}G^x$，$E^{1-y}K^y$ 或 $G^{1-z}K^z$)，三个模量乘积的立方根 ($\sqrt[3]{EGK}$) 或提供与单一模量单位相同的任何组合。在恒定杨氏模量、恒定剪切模量和恒定体积模量的条件下，泊松比对各向同性板热应力的影响如图 9.6.1 所示。

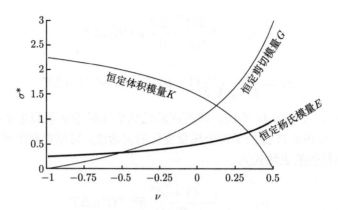

图 9.6.1   当一个模量保持不变时，拉胀度 (即泊松比) 对板内热应力的影响

　　对于杨氏模量恒定的情况，在拉胀度增加之后，热应力会下降。值得注意的是，当剪切模量恒定时，常规材料的热应力要高得多，但随着泊松比变得越来越负，热应力会迅速减小。在恒定杨氏模量和恒定剪切模量情况下，热应力随拉胀度的增加而下降，而在体积模量恒定时，热应力随拉胀度的增加而增加。这种行为意味着，如果要通过工艺使得常规材料向基材相同的负泊松比材料转变，则至少要保留杨氏模量或者最好是剪切模量不变，以降低其热应力。在恒定剪切模量下的热应力低于在恒定杨氏模量下的热应力，转变发生在 $\nu = -0.5$。由于在恒定的杨氏模量和剪切模量下，热应力与泊松比的关系曲线表明随拉胀度的增加，热应力减小。因此，对于 $0 < x < 1$ 来说，式 (9.6.8) 的曲线将呈现出相同的趋势。从式 (9.6.8) 的无量纲形式确实可以看出类似的趋势，如图 9.6.2 所示。这里，注意到当 $\nu = -1$ 时，热应力在 $0 \leqslant x \leqslant 1$ 时减小，而对于 $x = 0$ 却并非如此。

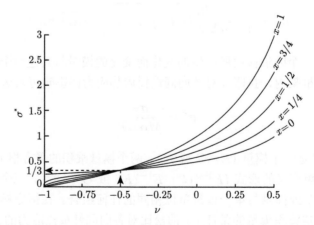

图 9.6.2   当 $E^{1-x}G^x$ 保持不变时，拉胀度对板内热应力的影响

图 9.6.3 表明，当 $E^{1-y}K^y$ 保持恒定时，热应力在 $\nu = -1$ 处不会减少；相反，当泊松比处于其上限时 ($\nu = 0.5$)，对于 $0 \leqslant y \leqslant 1$，热应力会减小，而对于 $y = 0$ 的热应力则不会。图 9.6.3 还表明，当 $E^{1-y}K^y$ 在不同的泊松比下保持恒定时，热应力随着其接近不可压缩条件而迅速变化，而在接近泊松比下限时渐渐变化。

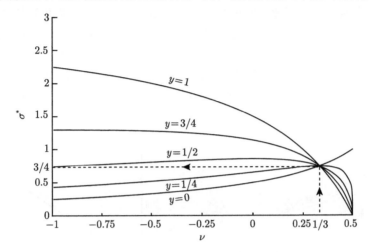

图 9.6.3　当 $E^{1-y}K^y$ 保持不变时，拉胀性对板内热应力的影响

由于剪切模量保持恒定和体积模量保持恒定时表现出明显的相反趋势，在恒定 $G^{1-z}K^z$ 情况下的热应力引起了人们的极大兴趣。当 $0 < z < 1$、板的泊松比接近上限和下限时，热应力均会减小。尽管可以分别将泊松比增大至其上限或减小至其下限来减小热应力，但正如图 9.6.4 所示，建议在拉胀范围内实施更优的控制。

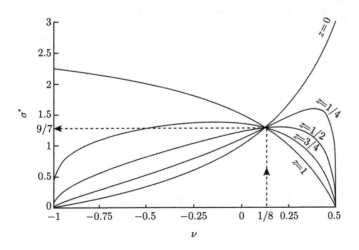

图 9.6.4　当 $G^{1-z}K^z$ 保持不变时，拉胀性对板内热应力的影响

　　当三个模量的乘积保持恒定而泊松比进入负值范围时，热应力通常低于剪切模量或体积模量保持恒定时的热应力，但比杨氏模量保持恒定的热应力稍高，如图 9.6.5(a) 所示。在三个模量乘积保持恒定的情况下泊松比发生变化，最大的热应力出现在 $\nu = 0.303$ 处 (图 9.6.5(b))，这与大多数固体普遍假定的泊松比 ($\nu = 0.3$) 非常接近。因此，通过拉胀的方法减小热应力，可提供更好的控制。这可从图 9.6.5(c) 中看出，在拉胀范围 $-1 < \nu < 0$ 内，热应力随泊松比减小而逐渐减小；而在常规区域，类似的趋势出现在 $0.438 \leqslant \nu \leqslant 0.5$ 范围内。然而，该范围太窄而不具有可操作性。在降低泊松比的情况下保持 EGK 乘积不变具有另一个优势。图 9.6.5(d) 表明，在 $-0.7 < \nu < 0.2$ 范围内的热应力与泊松比几乎呈线性关系。

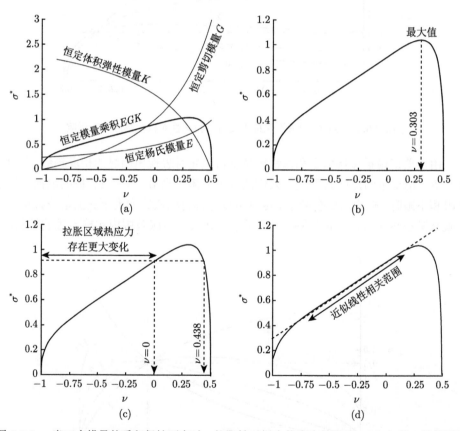

图 9.6.5　当三个模量的乘积保持不变时，拉胀性对板内热应力的影响：(a) 与单一模量不变时的结果比较；(b) 当泊松比接近 $\nu = 0.3$ 时的最高热应力；(c) 在拉胀范围内更好的热应力控制稳定性；(d) 当 $-0.7 < \nu < 0.2$ 时，泊松比与热应力间近似为线性关系

由于泊松比通常假定为 $\nu = 0.3$，因此可以通过考虑取泊松比 $\nu = -0.3$ 来与一般性的拉胀材料进行比较。表 9.6.1 所示的总共 7 种特殊情况中有 5 种表现出拉胀材料 ($\nu = -0.3$) 比常规材料 ($\nu = 0.3$) 更具有优越性。

通常，拉胀性趋向于降低热应力，因而拉胀固体可能成为抗热载荷工程应用的更优选择。因此，除选择较低模量和低热膨胀系数的材料以外，使用拉胀材料也为减小板中的热应力提供了另一种选择。

表 9.6.1　当平板材料的泊松比从 $\nu = 0.3$ 变化至 $\nu = -0.3$ 时热应力比例变化

工况	热应力百分比/%	使用拉胀材料 ($\nu = -0.3$) 相对于使用常规材料 ($\nu = 0.3$) 时的优劣比较
杨氏模量 E 保持不变	-46.15	较低的热应力，优势
剪切模量 G 保持不变	-71.01	较低的热应力，优势
体积模量 K 保持不变	$+115.38$	更高的热应力，劣势
$(EG)^{1/2}$ 保持不变	-60.49	较低的热应力，优势
$(EK)^{1/2}$ 保持不变	$+7.69$	稍高的热应力，不明显
$(GK)^{1/2}$ 保持不变	-20.39	较低的热应力，优势
$(EGK)^{1/3}$ 保持不变	-30.46	较低的热应力，优势

9.7　拉胀板和壳的热应力

研究表明，在整个厚度方向上具有线性温度梯度、边缘固支的圆板和球壳的最大热应力为 (Timoshenko and Woinowsky-Krieger，1964)

$$\sigma_{\max} = \pm \frac{E\alpha\Delta T}{2\left(1 - \nu\right)} \tag{9.7.1}$$

显然，与常规材料相比，使用拉胀材料产生的最大应力更低。例如，使用 $\nu = 1/3$ 的常规材料时，最大应力为 $0.75E\alpha\Delta T$，而使用泊松比大小相同的拉胀材料时 $\nu = -1/3$，则最大应力为 $0.375E\alpha\Delta T$。换言之，这种特定的符号反向与使杨氏模量减半或热膨胀系数减半具有相同的效果，都可以将最大热应力减半。因此，使用拉胀材料为减小固支圆板和球壳的热应力提供了一种替代方法。此时，需要指出的是，式 (9.7.1) 用于表达圆柱壳距边缘一定距离的部分的热应力是适用的。此外，热应力与 $(1 - \nu)$ 项之间的反比例关系继续适用于球壳和圆柱筒结构，如表 9.7.1 (Timoshenko and Goodier，1970) 所示。

表 9.7.1　温度沿厚度方向变化的热应力描述

类型	热应力	名义化的最大热应力
固支圆板	$\sigma_{\max} = \pm \dfrac{E\alpha\Delta T}{2(1-\nu)}$	$\sigma_{\max}^* = \pm \dfrac{1}{2(1-\nu)}$
固支球壳	$(\sigma_\varphi)_{\max} = (\sigma_x)_{\max} = \pm \dfrac{E\alpha\Delta T}{2(1-\nu)}$	$\sigma_{\max}^* = \pm \dfrac{1}{2(1-\nu)}$
球壳远端部分	$(\sigma_\varphi)_{\max} = (\sigma_x)_{\max} = \pm \dfrac{E\alpha\Delta T}{2(1-\nu)}$	$\sigma_{\max}^* = \pm \dfrac{1}{2(1-\nu)}$
$0 \leqslant r \leqslant a$ 范围内温度梯度变化的球壳	$\sigma_r = -\dfrac{2}{3}\dfrac{E\alpha\Delta T}{1-\nu}\left(\dfrac{a}{r}\right)^3$ $\sigma_t = \dfrac{1}{3}\dfrac{E\alpha\Delta T}{1-\nu}\left(\dfrac{a}{r}\right)^3$	$\sigma_r^* = -\dfrac{2}{3}\dfrac{1}{(1-\nu)}\left(\dfrac{a}{r}\right)^3$ $\sigma_t^* = \dfrac{1}{3}\dfrac{1}{(1-\nu)}\left(\dfrac{a}{r}\right)^3$
外表面温度为零的带中心孔的球壳	$(\sigma_r)_{r=a} = -\dfrac{E\alpha T_i}{2(1-\nu)}\dfrac{b(b-a)(a+2b)}{b^3-a^3}$ $(\sigma_t)_{r=b} = \dfrac{E\alpha T_i}{2(1-\nu)}\dfrac{a(b-a)(2a+b)}{b^3-a^3}$ 内径位置温度为 $T_{r=a}=T_i$ 外径位置温度为 $T_{r=b}=0$	$(\sigma_t^{**})_{r=a} = -\dfrac{b(b-a)(a+2b)}{2(1-\nu)(b^3-a^3)}$ $(\sigma_t^{**})_{r=b} = \dfrac{a(b-a)(2a+b)}{2(1-\nu)(b^3-a^3)}$ 另一种标准化最大热应力定义为 $\sigma^{**} = \dfrac{1}{\alpha T_i}\left(\dfrac{\sigma}{E}\right)$
外表面温度为零的带中心圆孔的圆柱筒	$(\sigma_\theta)_{r=a} = (\sigma_x)_{r=a}$ $= \dfrac{E\alpha T_i}{2(1-\nu)}\dfrac{1-\dfrac{2b^2}{b^2-a^2}\ln\dfrac{b}{a}}{\ln\dfrac{b}{a}}$ $(\sigma_\theta)_{r=b} = (\sigma_x)_{r=b}$ $= \dfrac{E\alpha T_i}{2(1-\nu)}\dfrac{1-\dfrac{2a^2}{b^2-a^2}\ln\dfrac{b}{a}}{\ln\dfrac{b}{a}}$ 周向和轴向应力分量使得圆柱筒的内外表面具有最大的值	$(\sigma^{**})_{r=a} = \dfrac{1-\dfrac{2b^2}{b^2-a^2}\ln\dfrac{b}{a}}{2(1-\nu)\ln\dfrac{b}{a}}$ $(\sigma^{**})_{r=b} = \dfrac{1-\dfrac{2a^2}{b^2-a^2}\ln\dfrac{b}{a}}{2(1-\nu)\ln\dfrac{b}{a}}$ 另一种标准化最大热应力定义为 $\sigma^{**} = \dfrac{1}{\alpha T_i}\left(\dfrac{\sigma}{E}\right)$

在展示了热应力与 $(1-\nu)$ 成反比的一些例子后，为量化仅材料的拉胀性 (负泊松比程度) 对上述固体热应力的影响，归一化的最大热应力为

$$\sigma^* = \frac{1}{\alpha\Delta T}\frac{\sigma}{E} \tag{9.7.2}$$

它的定义是将热拉胀系数和温度差归为无量纲项 $\alpha\Delta T$ 的一组，而将最大热应力和杨氏模量归为无量纲比值 σ/E 的一组。因此，式 (9.7.2) 中定义的归一化最大热应力本身是无量纲的，从而能更方便地绘制归一化最大热应力与泊松比的曲线。根据式 (9.7.2) 定义的归一化最大应力，可以绘制式 (9.7.1) 中的归一化最大热应

力，如图 9.7.1 所示。

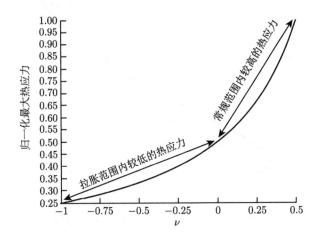

图 9.7.1 表 9.7.1 所列的大部分固体的归一化最大热应力

图 9.7.1 表明，在各向同性固体的泊松比范围内，当泊松比最高时，归一化的最大应力最高，即 $\nu = 0.5$ 时 $\sigma^* = 1$。泊松比减小后，最大热应力逐渐减小，且降幅渐缓，直到当 $\nu = -1$ 时 $\sigma^* = 0.25$。

由于线性径向温度梯度的作用，圆柱壳自由端的最大热应力出现在圆周方向上 (Timoshenko and Woinowsky-Krieger，1964)，其为

$$(\sigma_\theta)_{\max} = \frac{E\alpha\Delta T_R}{2(1-\nu)}\left(1 - \nu + \sqrt{\frac{1-\nu^2}{3}}\right) \tag{9.7.3}$$

其中，ΔT_R 是内表面和外表面之间的温度差。运用式 (9.7.2)，这种情况下的归一化最大热应力为

$$(\sigma_\theta^*)_{\max} = \frac{1}{2}\left[1 + \sqrt{\frac{1}{3}\left(\frac{1+\nu}{1-\nu}\right)}\right] \tag{9.7.4}$$

图 9.7.2 描绘了径向温度梯度情况下圆柱壳的归一化最大热应力。可以看出，常规材料中的最大热应力高于拉胀材料中的最大热应力。特别是，当 $0 \leqslant \nu \leqslant 0.5$ 时，$0.5\left(1 + \sqrt{1/3}\right) \leqslant \sigma^* \leqslant 1$；当 $-1 \leqslant \nu \leqslant 0$ 时，$0.5 \leqslant \sigma^* \leqslant 0.5\left(1 + \sqrt{1/3}\right)$。另外，在 $-0.5 < \nu < 0.5$ 的范围内，热应力随泊松比以减幅减小的趋势逐渐降低，而在 $-1 < \nu < -0.5$ 的范围内，热应力随泊松比以减幅增大的趋势逐渐减小。

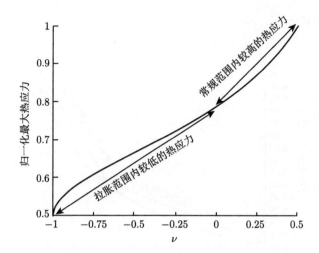

图 9.7.2　线性径向温差的圆柱壳自由端归一化最大热应力

正如 Timoshenko 和 Woinowsky-Krieger (1964) 以及 Timoshenko 和 Lessells (1925) 所指出的，由于线性轴向温度梯度的影响，端部自由的圆柱壳的最大热应力出现在纵向方向，假设 $\nu = 0.3$，最大热应力为

$$(\sigma_x)_{\max} = 0.353 E \alpha \Delta T_A \frac{\sqrt{ah}}{b} \qquad (9.7.5)$$

其中，a 和 h 分别为圆柱壳的平均半径和厚度。ΔT_A 为在自由端和距该自由端位移为 b 的两处的轴向温度差，在此范围之外温度恒定，如图 9.7.3 所示。

更一般地，最大热应力可表示为

$$(\sigma_x)_{\max} = E \alpha \Delta T_A \frac{\sqrt{ah}}{b} \frac{\left[3\left(1-\nu^2\right)\right]^{\frac{1}{4}}}{4\left(1-\nu^2\right)} \qquad (9.7.6)$$

或者以它的归一化形式表达为

$$(\sigma_x^*)_{\max} = f(a,b,h) \frac{3^{\frac{1}{4}}}{4\left(1-\nu^2\right)^{\frac{3}{4}}} \qquad (9.7.7)$$

其中几何函数 f 为

$$f(a,b,h) = \frac{\sqrt{ah}}{b} \qquad (9.7.8)$$

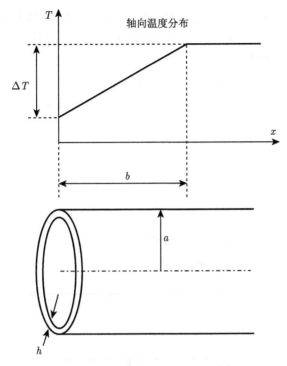

图 9.7.3 用于分析的端部自由圆柱壳的轴向温度特性曲线

图 9.7.4 展示了一组随泊松比变化的归一化最大热应力曲线。与完全固支的板、固支球壳和具有径向温度梯度、边界自由的圆柱壳的情况不同，拉胀性不会

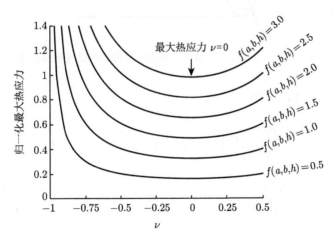

图 9.7.4 泊松比大小和几何函数对具有线性轴向温度梯度的自由圆柱壳的归一化最大热应力的影响

降低具有轴向温度梯度、边界自由的圆柱壳的热应力。具体来说，当 $\nu = 0$ 时，热应力最低，并且热应力随泊松比增大而增大。另外，在这种情况下，热应力随 $f(a, b, h)$ 的增大而增大。

当圆柱壳的自由边缘同时存在如图 9.7.5 所示的径向和轴向温度梯度时，由于径向温度梯度而存在最大周向热应力，而由于轴向温度梯度而存在最大纵向热应力。因此，两种较大的应力即为总体的最大热应力。

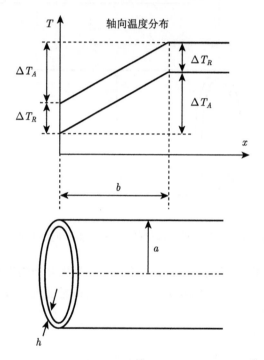

图 9.7.5　用于分析的端部自由圆柱壳的径向温度特性曲线

假设 $\Delta T_R = \Delta T_A$，则

$$
\sigma_{\max} = \begin{cases} \dfrac{1}{2}\left(1 + \sqrt{\dfrac{1}{3}\dfrac{1+\nu}{1-\nu}}\right), & f(a, b, h) \leqslant \dfrac{2(1-\nu^2)^{\frac{3}{4}}}{3^{\frac{1}{4}}}\left(1 + \sqrt{\dfrac{1}{3}\dfrac{1+\nu}{1-\nu}}\right) \\[4mm] \dfrac{3^{\frac{1}{4}} f(a, b, h)}{4(1-\nu^2)^{\frac{3}{4}}}, & f(a, b, h) \leqslant \dfrac{2(1-\nu^2)^{\frac{3}{4}}}{3^{\frac{1}{4}}}\left(1 + \sqrt{\dfrac{1}{3}\dfrac{1+\nu}{1-\nu}}\right) \end{cases}
$$

$$(9.7.9)$$

当 $f(a, b, h) = 2$ 时，轴向和径向温度差相等的圆柱壳的热应力示意图如图 9.7.6 所示，其中两个最大热应力分量在 $\nu = -0.309$ 处具有相等的值。

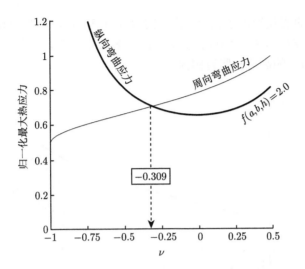

图 9.7.6　当 $f(a,b,h) = 2$ 时，最大热应力分量和最优泊松比的确定

因此，当 $f(a,b,h) = 2$、使用常规的或泊松比 $\nu \geqslant -0.309$ 的轻度拉胀材料作为圆柱壳材料时，沿周向的热弯曲应力更为关键；而使用 $\nu \leqslant -0.309$ 的高度拉胀材料作为壳材料时，沿纵向的热弯曲应力更为关键。在两条曲线的交点处，总的最大弯曲应力最小。因此，当 $f(a,b,h) = 2$ 时，相应的泊松比 $\nu = -0.309$ 是最优的。从图 9.7.4 可以看出，随着 $f(a,b,h)$ 的减小，纵向的最大热弯曲应力逐渐减小。

由此可见，随着 $f(a,b,h)$ 的减小，交叉点出现在最大应力最小且泊松比更负的位置，如图 9.7.7 所示。这只有当交叉点出现在拉胀范围内时，即壳材料的泊松比为负时才成立。然而，当壳材料为常规材料时，即壳材料具有正泊松比，则弯曲应力的最低值由最大纵向热弯曲应力确定，如图 9.7.8 所示。因此，$\nu = 0$，是最优的泊松比。如图 9.7.7 和图 9.7.8 所描述的分隔点，可令式 (9.7.4) 和式 (9.7.7) 相等，代入 $\nu = 0$ 来求解 $f(a,b,h)$，其为

$$f(a,b,h) = \frac{2\left(1+\sqrt{3}\right)}{3^{\frac{3}{4}}} = 2.397 \tag{9.7.10}$$

因此，当 $f(a,b,h) < 2.397$ 时，最优的泊松比落在拉胀范围内，且与泊松比相关。然而当 $f(a,b,h) \geqslant 2.397$ 时，最优的泊松比 $\nu = 0$。为了用一个数值示例来说明 $f(a,b,h)$ 的典型值，回顾之前面内尺度与厚度之比小于 10^1 的厚壳、$10^1 \sim 10^2$ 的薄壳及大于 10^2 的膜 (Ventsel and Krauthammer，2001)，为了找到 $f(a,b,h)$ 的一系列实用值，采用了一些实际中不存在的极限值 b/a 和 h/a 值。假设 $b/a = 100$ 且 $h/a = 0.01$，则 $f(a,b,h)$ 可以低至 0.001，而 $b/a = 0.5$

且 $h/a = 0.1$ 的假设给出了相对 "高" 的 $f(a, b, h)$ 值，约为 0.6。这一实际的范围 $(0.001 < f(a, b, h) < 0.6)$ 表明，在大多数情况下，最优的泊松比将落在 $-1 < \nu_{\text{opt}} < -0.8$ 的高度拉胀范围内。

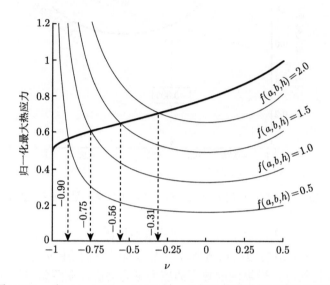

图 9.7.7   当 $f(a, b, h) < 2.397$ 时，几何函数对最优泊松比的影响

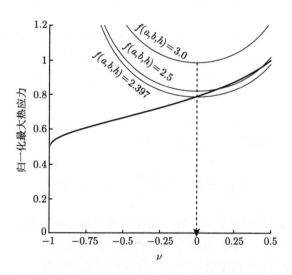

图 9.7.8   当 $f(a, b, h) \geqslant 2.397$ 时，几何函数对最优泊松比的影响

9.8 拉胀板和壳的热应力的总结

在线性径向或整个厚度存在温度梯度情况下，最大热应力随拉胀性增大而降低，即通过选择 $\nu = -1$，最大热应力最小。对于圆柱壳中的线性轴向温度梯度，建议使用零泊松比材料，以最大程度地减小热应力。当圆柱壳的自由端同时存在径向和轴向温度梯度时，较高强度的应力分量将作为其最大热应力。在薄圆柱壳的几何形状和温度梯度的实际范围内，最小热应力所对应的泊松比通常为 $-1 \sim -0.8$ (Lim，2014)，见表 9.8.1。因此，除了降低杨氏模量和热拉胀系数外，还可以通过选择具有负泊松比的材料来有效地降低热应力。换言之，在需要高模量以承受载荷的工程应用中，为降低板和壳遇到的热应力，可选用热膨胀系数低的材料，也可选择拉胀材料。

表 9.8.1 拉胀性对热应力的影响汇总

类型	温度梯度 (线性)	最大热应力和材料泊松比之间的关系	最优的泊松比
中心升温的球壳	径向	$\sigma_{\max} \propto (1-\nu)^{-1}$	$\nu_{\mathrm{opt}} = -1$
空心球壳			
空心圆柱筒			
固支圆板	贯穿厚度方向		
固支球壳			
距端部一定距离的圆柱壳	径向 (即贯穿厚度方向)	$\sigma_{\max} \propto 1 + \sqrt{\dfrac{1}{3}\dfrac{1+\nu}{1-\nu}}$	
端部自由的圆柱壳	轴向	$\sigma_{\max} \propto \left(1-\nu^2\right)^{-3/4}$	$\nu_{\mathrm{opt}} = 0$
	径向和轴向的混合	如果 $f(a,b,h) < \dfrac{2\left(1-\nu^2\right)^{3/4}}{3^{1/4}}\left[1+\sqrt{\dfrac{1}{3}\dfrac{1+\nu}{1-\nu}}\right]$，则 $\sigma_{\max} \propto 1 + \sqrt{\dfrac{1}{3}\dfrac{1+\nu}{1-\nu}}$	如果 $f(a,b,h) < 2.397$，则 $-1 \leqslant \nu_{\mathrm{opt}} < 0$
		如果 $f(a,b,h) \geqslant \dfrac{2\left(1-\nu^2\right)^{3/4}}{3^{1/4}}\left[1+\sqrt{\dfrac{1}{3}\dfrac{1+\nu}{1-\nu}}\right]$，则 $\sigma_{\max} \propto \dfrac{1}{\left(1-\nu^2\right)^{3/4}}$	如果 $f(a,b,h) \geqslant 2.397$，则 $\nu_{\mathrm{opt}} = 0$

9.9 多内凹蜂窝结构的热导率

固体中的热应力不仅是由温度梯度引起的, 而且还会在热传递过程中产生, 其中一种模式即热传导。Innocenti 和 Scarpa (2009) 研究了多内凹拉胀蜂窝结构的导热性能和热传递。图 9.9.1 (a) 为多内凹拉胀蜂窝结构的示意图, 图 9.9.1 (b) 为用于分析的单胞元的几何形状。

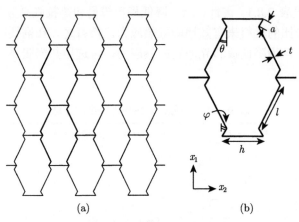

图 9.9.1   用于分析的: (a) 多内凹蜂拉胀窝状结构示意图; (b) 单胞元几何的形状
(Innocenti and Scarpa, 2009)

基于图 9.9.1(b) 所示的几何形状, Innocenti 和 Scarpa (2009) 建立了 x_1、x_2 和 x_3 方向的热导率。它相对基础材料的热导率 k_{mat} 的比值为

$$\frac{k_1}{k_{\text{mat}}} = \beta \frac{2\gamma \cos\varphi + \cos\theta}{(2\gamma + 1)(\sin\theta + \alpha + 2\gamma \sin\varphi)} \tag{9.9.1}$$

$$\frac{k_2}{k_{\text{mat}}} = \beta \frac{\alpha + 2\gamma \sin\varphi + \sin\theta}{(2\alpha + 2\gamma + 1)(\cos\theta + 2\gamma \cos\varphi)} \tag{9.9.2}$$

$$\frac{k_3}{k_{\text{mat}}} = \beta \frac{4\gamma + 2 + \alpha}{2(2\gamma \cos\varphi + \cos\theta)(\sin\theta + \alpha + 2\gamma \sin\varphi)} \tag{9.9.3}$$

其中的无量纲参数定义为

$$\left\{ \begin{array}{c} \alpha \\ \beta \\ \gamma \end{array} \right\} = \frac{1}{l} \left\{ \begin{array}{c} h \\ t \\ a \end{array} \right\} \tag{9.9.4}$$

角度 φ 和 θ 如图 9.9.1(b) 所示。Innocenti 和 Scarpa (2009) 获得的部分结果如图 9.9.2 所示，表明拉胀蜂窝结构显示出较高的面外电导率、较强的面内热各向异性，以及在蜂窝板底面和顶面间传热过程中出现最低峰值温度。除导热性外，值得一提的是，Stepanov (2013) 还探究了关于拉胀材料的热力学第一定律。

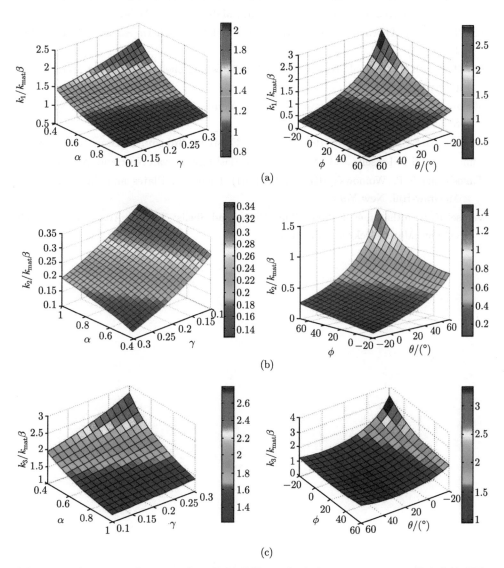

图 9.9.2　在 $\phi = -30°$、$\theta = 20°$、不同比值情况下相对于 $\alpha = h/l, \gamma = a/l$ 的变化关系图 (左) 和在 $\alpha = 0.8, \gamma = 0.2$、不同比值情况下相对于 ϕ, θ 变化关系图 (右)：(a) $k_1/(k_{\mathrm{mat}}\beta)$；(b) $k_2/(k_{\mathrm{mat}}\beta)$；(c) $k_3/(k_{\mathrm{mat}}\beta)$ (Innocenti and Scarpa, 2009)【世哲惠允复制】

参 考 文 献

Boley B A, Weiner J H (1997) Theory of Thermal Stresses. Dover Publication, New York

Innocenti P, Scarpa F (2009) properties and heat transfer analysis of multi-re-entrant auxetic honeycombs structures. J Compos Mater, 43(21): 2419-2439

Lim T C (2013) Thermal stresses in thin auxetic plates. J Therm Stresses, 36(11): 1131-1140

Lim T C (2014) Thermal stresses in auxetic plates and shells. Mech Adv Mater Struct (accepted)

Stepanov I A (2013) The first law of thermodynamics for auxetic materials. J Non-Cryst Solids, 367: 51-52

Timoshenko S P, Goodier J N (1970) Theory of Elasticity, 3rd edn. McGraw-Hill, Auckland

Timoshenko S P, Lessells J M (1925) Applied Elasticity. D. van Nostrand, New Jersey

Timoshenko S P, Woinowsky-Krieger S (1964) Theory of Plates and Shells, 2nd edn. McGraw-Hill, New York

Ventsel E, Krauthammer T (2001) Thin Plates and Shells: Theory, Analysis, and Applications. Marcel Dekker, New York

第 10 章　拉胀固体的弹性稳定性

摘要：本章所述内容为具有负泊松比的圆柱、圆板、矩形板、圆柱壳和球壳的弹性稳定性研究奠定了基础。结果表明，当临界屈曲载荷以板的弯曲刚度表示时，板的泊松比对面内双轴载荷作用下的矩形板的弹性稳定性没有影响，对圆板屈曲起着更大的作用。在球壳的弹性稳定性研究中，当泊松比为 0 时，临界屈曲应力与壳厚度直接成正比；当泊松比接近 −1 时，临界屈曲应力与壳厚度的平方成正比。此后，总结了 Miller 等 (Compos Sci Technol, 70:1049–1056，2010) 开展的六手性和四手性蜂窝的平面屈曲优化结果。最后，给出了带有穿孔阵列的方板的示例，穿孔阵列在承受单轴压缩时的屈曲会导致二维拉胀产生。

关键词：圆板屈曲；圆柱屈曲；圆柱壳屈曲；矩形板屈曲；球壳屈曲

10.1　引　言

本章考虑了泊松比对足够细长的圆柱和足够薄的平板 (其横向剪切变形影响可忽略) 的临界屈曲载荷的影响。后续有关剪切变形的内容表明，泊松比 (亦即拉胀度) 在临界屈曲载荷中起着更大的作用。尽管临界屈曲强度通常在足够细长圆柱和薄板中发挥的作用较小，但本章分析表明，在拉胀薄圆板上的临界屈曲载荷明显不同于常规圆板。

10.2　拉胀柱的屈曲

如图 10.2.1 所示，对于两端铰支的圆柱，临界屈曲载荷为

$$P_{\mathrm{E}} = \frac{\pi^2 EI}{l^2} \tag{10.2.1}$$

对于一端自由、一端固支的圆柱，临界屈曲载荷为

$$P_{\mathrm{E}} = \frac{1}{4} \frac{\pi^2 EI}{l^2} \tag{10.2.2}$$

对于两端固支的圆柱，临界屈曲载荷为

$$P_{\mathrm{E}} = 4 \frac{\pi^2 EI}{l^2} \tag{10.2.3}$$

对于一端铰支、一端固支的圆柱，临界屈曲载荷为

$$P_{\mathrm{E}} = 20.19 \frac{EI}{l^2} \qquad (10.2.4)$$

一般来说，

$$P_{\mathrm{E}} \propto \frac{EI}{l^2} \qquad (10.2.5)$$

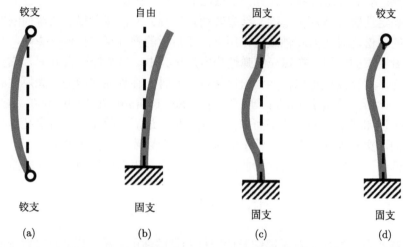

图 10.2.1　此处考虑的圆柱屈曲示意图：(a) 两端铰支；(b) 一端自由、一端固支；
(c) 两端固支；(d) 一端铰支、一端固支

这意味着，如果泊松比的变化发生在杨氏模量恒定的情况下，则拉胀度对临界屈曲载荷没有影响。由式 (3.4.1) 和式 (3.4.2) 可知

$$P_{\mathrm{E}} \propto (1+\nu) \frac{GI}{l^2} \qquad (10.2.6)$$

和

$$P_{\mathrm{E}} \propto (1-2\nu) \frac{KI}{l^2} \qquad (10.2.7)$$

如果泊松比进入负值范围是在剪切模量相等且优于等体积模量的情况下，则不宜使用拉胀圆柱。正如 8.2 节所指出的，泊松比的变化很可能发生，使得所有模量同时变化。然而，如果泊松比的变化发生在乘积 EG 或 EK 恒定的情况下，则分别可得

$$P_{\mathrm{E}} \propto \sqrt{1+\nu} \frac{\sqrt{EGI}}{l^2} \qquad (10.2.8)$$

和

$$P_{\mathrm{E}} \propto \sqrt{1-2\nu} \frac{\sqrt{EKI}}{l^2} \qquad (10.2.9)$$

即如果泊松比的变化发生在杨氏模量和剪切模量的乘积相等且优于杨氏模量和体积模量乘积的情况下，则不宜使用拉胀圆柱。另一方面，如果泊松比的变化发生在乘积 GK 保持恒定的情况下，则可得

$$P_{\mathrm{E}} \propto \sqrt{1+\nu}\sqrt{1-2\nu}\frac{\sqrt{GKI}}{l^2} \tag{10.2.10}$$

这意味着无论是常规材料还是拉胀材料都不可取，因为此时临界屈曲载荷随泊松比的降低而降低。因此，在 GK 恒定的情况下，当泊松比等于零时，对应最大的临界屈曲载荷。在所有三个模量随泊松比变化而乘积 EGK 保持恒定的情况下，即

$$P_{\mathrm{E}} \propto \sqrt[3]{(1+\nu)(1-2\nu)}\frac{\sqrt[3]{EGKI}}{l^2} \tag{10.2.11}$$

同样可得最优的条件 $(\nu = 0)$。

10.3 拉胀矩形平板的屈曲

图 10.3.1 展示了面内压缩载荷作用下边长为 a、b，厚为 h 的矩形板的示意图。在单轴压缩情况下，其临界屈曲载荷为 (Timoshenko and Gere，1961)

$$N_{\mathrm{cr}} = \frac{\pi^2 D}{b^2}\left(\frac{a}{b}+\frac{b}{a}\right)^2 \tag{10.3.1}$$

在双轴压缩情况下，其临界屈曲载荷为 (Reddy，2007)

$$N_{\mathrm{cr}} = \pi^2 D\left(\frac{1}{a^2}+\frac{1}{b^2}\right) \tag{10.3.2}$$

对于 $a=b=l$ 的方板，式 (10.3.1) 和式 (10.3.2) 可分别简化为

$$N_{\mathrm{cr}} = \frac{4\pi^2 D}{l^2} \tag{10.3.3}$$

和

$$N_{\mathrm{cr}} = \frac{2\pi^2 D}{l^2} \tag{10.3.4}$$

更常见的是，沿 $x=0,a$ 方向承受均布压缩载荷作用、沿 $y=0$ 承受均布拉伸载荷作用的矩形薄板，其临界屈曲载荷 (Reddy，2007) 为

$$N_{\mathrm{cr}} = \frac{\pi^2 D}{b^2}\frac{\left[\left(\dfrac{b}{a}\right)^2+1\right]^2}{\left(\dfrac{b}{a}\right)^2-\gamma} \tag{10.3.5}$$

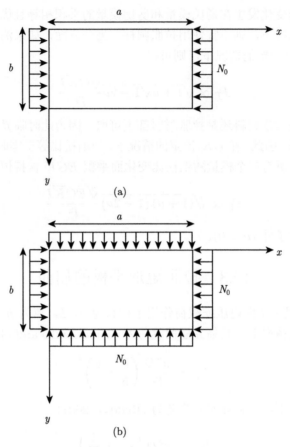

图 10.3.1   面内加载的薄矩形平板屈曲：(a) 单轴压缩；(b) 等轴压缩

对于 $a = b = l$ 的方板，简化为

$$N_{cr} = \frac{4}{1 - \gamma} \frac{2\pi^2 D}{l^2} \tag{10.3.6}$$

在单轴压缩时，将 $\gamma = 0$ 代入式 (10.3.5) 和式 (10.3.6)，这两式可分别简化为式 (10.3.1) 及式 (10.3.3)。类似地，当将 $\gamma = -1$ 代入式 (10.3.5) 和式 (10.3.6) 时，将再次得到式 (10.3.2) 和式 (10.3.4)。可以看出，矩形板的所有临界屈曲载荷表达式均与板的弯曲刚度成正比，即

$$N_{cr} \propto D \tag{10.3.7}$$

参照 8.2 节所表述的，泊松比在某些条件下起着重要作用，即在恒定的杨氏模量下

$$N_{cr} \propto \frac{1}{1 - \nu^2} \tag{10.3.8}$$

在恒定的剪切模量下

$$N_{\mathrm{cr}} \propto \frac{1}{1-\nu} \tag{10.3.9}$$

在恒定的体积模量下

$$N_{\mathrm{cr}} \propto \frac{1-2\nu}{1-\nu^2} \tag{10.3.10}$$

放宽一些条件使得泊松比的变化不需要在一个特定的模数上保持不变，对于杨氏模量和剪切模量的乘积恒定的情况，可得

$$N_{\mathrm{cr}} \propto \frac{1}{(1-\nu)\sqrt{1+\nu}} \tag{10.3.11}$$

对于杨氏模量与体积模量乘积恒定的情况，可得

$$N_{\mathrm{cr}} \propto \frac{\sqrt{1-2\nu}}{1-\nu^2} \tag{10.3.12}$$

对于剪切模量和体积模量乘积恒定的情况，可得

$$N_{\mathrm{cr}} \propto \frac{1}{1-\nu}\sqrt{\frac{1-2\nu}{1+\nu}} \tag{10.3.13}$$

对于杨氏模量、剪切模量和体积模量三者乘积恒定的情况，可得

$$N_{\mathrm{cr}} \propto \frac{(1-2\nu)^{1/3}}{(1-\nu)(1+\nu)^{2/3}} \tag{10.3.14}$$

换言之，除了矩形板的长宽比之外，8.2 节还说明了泊松比及由此引起的拉胀性对临界屈曲载荷的影响。

因此必须指出，采用板的弯曲刚度表示临界屈曲载荷时，在图 10.3.1 和图 10.3.2

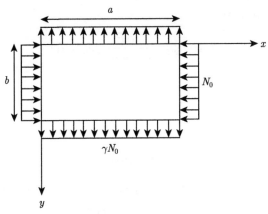

图 10.3.2 两对边承受均布压缩载荷和另两对边承受均布拉伸载荷作用的矩形薄板屈曲

所示的平面内双轴载荷作用下, 泊松比对矩形板的弹性稳定性没有影响。但是, 在 10.4 节中将发现, 泊松比在圆板屈曲中起着更大的作用, 其临界屈曲载荷系数 (即针对屈曲刚度未定尺寸的临界屈曲载荷) 受板材泊松比的影响。

10.4　拉胀圆板的屈曲

在薄圆板的弹性稳定性分析中, 自变数 x 的 n 阶第一类贝塞尔函数为

$$J_n(x) = \sum_{m=0}^{\infty} \frac{(-1)^m}{m!(m+n)!} \left(\frac{x}{2}\right)^{2m+n} \tag{10.4.1}$$

具体来说, 零阶 $(n=0)$ 和一阶 $(n=1)$ 的第一类贝塞尔函数用于确定临界屈曲载荷, 并且在这些阶数下, 从贝塞尔函数的前 8 个项中可以获得足够的精度, 即

$$J_0(x) = 1 - \left(\frac{x}{2}\right)^2 + \frac{1}{4}\left(\frac{x}{2}\right)^4 - \frac{1}{36}\left(\frac{x}{2}\right)^6 + \frac{1}{576}\left(\frac{x}{2}\right)^8 - \frac{1}{14400}\left(\frac{x}{2}\right)^{10}$$
$$+ \frac{1}{518400}\left(\frac{x}{2}\right)^{12} - \frac{1}{25401600}\left(\frac{x}{2}\right)^{14} \tag{10.4.2}$$

和

$$J_1(x) = \frac{x}{2} - \frac{1}{2}\left(\frac{x}{2}\right)^3 + \frac{1}{12}\left(\frac{x}{2}\right)^5 - \frac{1}{144}\left(\frac{x}{2}\right)^7 + \frac{1}{2880}\left(\frac{x}{2}\right)^9 - \frac{1}{86400}\left(\frac{x}{2}\right)^{11}$$
$$+ \frac{1}{3628800}\left(\frac{x}{2}\right)^{13} - \frac{1}{203212800}\left(\frac{x}{2}\right)^{15} \tag{10.4.3}$$

其中, 阶数 n 表示节点直径的数量。图 10.4.1 展示了作用于平板边缘、方向朝向平板中心的圆形平板。

Reismann (1952) 和 Kerr (1962) 给出了边缘具有旋转刚度的圆板临界屈曲载荷 N_{cr} 的通解, 如下所示:

$$J_1(\alpha R) = \frac{\alpha R}{1-\nu-\beta} J_0(\alpha R) \tag{10.4.4}$$

其中

$$\alpha = \sqrt{\frac{N}{D}} \tag{10.4.5}$$

和

$$\beta = k\frac{R}{D} \tag{10.4.6}$$

其中, k 是转动刚度。式 (10.4.4) 的最小根 αR 对应临界屈曲载荷, 通常表示为

$$N_{cr} = \alpha R^2 \frac{D}{R^2} \tag{10.4.7}$$

αR^2 也被称为临界屈曲载荷系数 $\bar{N}$，并定义为

$$\bar{N} = N_{\text{cr}} \frac{R^2}{D} = (\alpha R)^2 \tag{10.4.8}$$

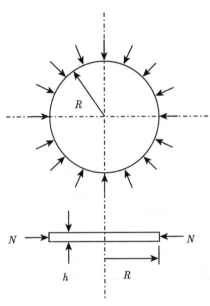

图 10.4.1 圆形平板轴对称屈曲示意图

通过结合旋转刚度，解决方案一般包括边缘固支的两种极端情况：$\beta \to \infty$ 和无旋转刚度的边缘简支 $(\beta = 0)$。迄今为止，几乎所有 $\bar{N}$ 的计算数据都是基于正泊松比，通常在 $1/4 < \nu < 1/3$ 范围内，与 $\nu = 0.3$ 对应的值是应用最广泛的，直到 Lim (2014) 的工作。在固支情况下，$\bar{N}$ 的值是恒定的，即与泊松比无关。

为了验证，取 $\nu = 0.3$ 时求得 $\bar{N}$，以 Reddy (2007) 获得的结果进行基准测试，如表 10.4.1 所示。

表 10.4.1　以 Reddy (2007) 结果为参考计算的 $\nu = 0.3$ 时的临界屈曲载荷系数验证

	旋转约束 β							
	0	0.1	0.5	1	5	10	100	∞
本研究	4.1978	4.4487	5.3690	6.3532	10.4616	12.1725	14.3922	14.6819
Reddy (2007)	4.198	4.449	5.369	6.353	10.462	12.173	14.392	14.682

根据 Reddy (2007)，使用式 (10.4.2) 和式 (10.4.3) 中的贝赛尔函数前 8 项对 $\nu = 0.3$ 时验证的临界屈曲载荷系数，计算了整个泊松比范围内 $\bar{N}$ 的数值结

果，并列于表 10.4.2 中。图 10.4.2 描绘了在一系列旋转约束条件下临界屈曲载荷系数与泊松比的变化关系图。

表 10.4.2　转动约束条件下各向同性固体临界屈曲载荷系数在整个泊松比范围内的计算结果

范围	ν	旋转约束, β								
		0	0.1	0.5	1	2	5	10	100	∞
拉胀区	-1	0.0000	0.3934	1.8404	3.3900	5.7832	9.6062	11.8713	14.3884	
	-0.95	0.1983	0.5852	2.0077	3.5306	5.8823	9.6419	11.8842	14.3885	
	-0.9	0.3934	0.7738	2.1722	3.6687	5.9798	9.6802	11.8969	14.3887	
	-0.8	0.7738	1.1415	2.4927	3.9379	6.1697	9.7551	11.9221	14.3890	
	-0.7	1.1415	1.4969	2.8023	4.1978	6.3532	9.8280	11.9469	14.3893	
	-0.6	1.4969	1.8404	3.1013	4.4487	6.5306	8.8990	11.9712	14.3896	14.6819
	-0.5	1.8404	2.1722	3.3900	4.6910	6.7020	9.9682	11.9951	14.3899	
	-0.4	2.1722	2.4927	3.6687	4.9249	6.8678	10.0355	12.0186	14.3901	
	-0.3	2.4927	2.8023	3.9379	5.1508	7.0281	10.1011	12.0417	14.3904	
	-0.2	2.8023	3.1013	4.1978	5.3690	7.1831	10.1651	12.0644	14.3907	
	-0.1	3.1013	3.3900	4.4487	5.5797	7.3331	10.2274	12.0867	14.3910	
常规区	0	3.3900	3.6687	4.6910	5.7832	7.4782	10.2882	12.1087	14.3913	
	0.1	3.6687	3.9379	4.9249	5.9798	7.6186	10.3474	12.1303	14.3916	
	0.2	3.9379	4.1978	5.1508	6.1697	7.7545	10.4052	12.1516	14.3919	
	0.3	4.1978	4.4487	5.3690	6.3532	7.8862	10.4616	12.1725	14.3922	
	0.4	4.4487	4.6910	5.5797	6.5306	8.0137	10.5167	12.1931	14.3924	
	0.5	4.6910	4.9249	5.7832	6.7020	8.1372	10.5704	12.2134	14.3927	

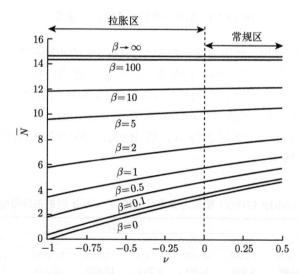

图 10.4.2　各种转动约束条件下圆板临界屈曲载荷系数关于泊松比的变化

　　尽管如式 (10.4.4) 所示，旋转约束和泊松比对临界屈曲载荷系数具有同等影响，但事实上，与旋转约束的范围 $(0 \leqslant \beta \leqslant \infty)$ 相比，各向同性固体的泊松比的

范围 ($-1 \leqslant \nu \leqslant 0.5$) 非常有限。这意味着实际情况下，相对于旋转约束，泊松比作用更为次要。尽管如此，可以观察到，具有负泊松比的圆板由于其较低的屈曲载荷而具有较低的弹性稳定性，尤其是当边界条件为简支时。另一方面，近期研究表明，板材在 $\nu = -1/3$ 时承受侧向均布载荷的简支板和在拉胀 ($\nu = -1$) 时中心承受垂直载荷作用的简支板所受的弯曲应力最小 (Lim，2013)。在由拉胀材料制成的圆板力学设计中，必须分别考虑承受组合的横向载荷作用的有利条件和承受轴对称屈曲载荷的不利条件。为方便应用，对临界屈曲载荷系数进行表面拟合，以给出半经验模型 (Lim，2014)：

$$\bar{N} = \bar{n}_0 + \bar{n}_1 \nu - \bar{n}_2 \nu^2 \tag{10.4.9}$$

其中

$$\left\{ \begin{array}{c} \bar{n}_0 \\ \bar{n}_1 \\ \bar{n}_2 \end{array} \right\} = \left[\begin{array}{ccccc} 5.7842 & 12.288 & 9.2057 & -0.5676 & 3.4502 \\ 0.8968 & 3.3373 & 2.9802 & 1.7714 & 2.8683 \\ 0.3556 & 1.1454 & 0.9659 & 0.4226 & 0.5476 \end{array} \right] \left\{ \begin{array}{c} +(\arctan\beta)^4 \\ -(\arctan\beta)^3 \\ +(\arctan\beta)^2 \\ -(\arctan\beta)^1 \\ +(\arctan\beta)^0 \end{array} \right\} \tag{10.4.10}$$

临界屈曲载荷系数的精确模型和半经验模型之间的比较如图 10.4.3 所示。

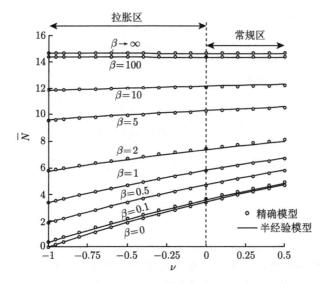

图 10.4.3　各种转动约束条件下圆板临界屈曲载荷系数关于泊松比的变化曲线簇：精确模型 (离散点) 和半经验模型 (连续线)

10.5　拉胀圆柱壳的屈曲

圆柱壳的屈曲有多种类型，在此仅考虑其中三种。第一种类型是由轴向压缩引起的，如图 10.5.1 所示。

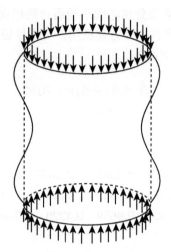

图 10.5.1　轴向压缩条件下圆柱壳的屈曲

其临界屈曲载荷为

$$N_{\mathrm{cr}} = \frac{Eh^2}{R\sqrt{3\left(1-\nu^2\right)}} \tag{10.5.1}$$

或以临界轴向屈曲应力的形式表示为

$$\sigma_{\mathrm{cr}} = \frac{N_{\mathrm{cr}}}{h} = \frac{Eh}{R\sqrt{3\left(1-\nu^2\right)}} \tag{10.5.2}$$

其中，h 和 R 分别为圆柱壳的壁厚和半径。当采用杨氏模量进行标准化时，可得

$$\frac{\sigma_{\mathrm{cr}}}{E} = \frac{h}{R\sqrt{3\left(1-\nu^2\right)}} \tag{10.5.3}$$

图 10.5.2 给出了式 (10.5.3) 的代表性的图形。从式 (10.5.1) ~ 式 (10.5.3) 可以很明显看出，临界屈曲载荷关于 $\nu = 0$ 是对称的。值得注意的是，对各向同性固体，$-1 \leqslant \nu < -0.5$ 的范围在常规区是无法对应的。因此，在杨氏模量保持不变的情况下，使用 $-1 < \nu < -0.5$ 的高度拉胀固体有助于防止屈曲破坏进一步发展。

Timoshenko 和 Gere (1961) 给出了由于不稳定性而导致的圆柱壳弯曲的扩

展形式，圆柱壳的横截面变平，成为椭圆形

$$\sigma_{\mathrm{cr}} = \frac{N_{\mathrm{cr}}}{h} = \frac{2D}{R^4 h}\frac{9}{5}\left[\frac{4}{3}l^2 + 2\left(1-\nu\right)R^2\right] = \frac{3Eh^2}{10\left(1-\nu^2\right)R^2}\left[\frac{4}{3}\frac{l^2}{R^2} + 2\left(1-\nu\right)\right] \tag{10.5.4}$$

其中，D 为弯曲刚度；l 为圆柱体的长度。使用与式 (10.5.3) 相同的无量纲临界屈曲载荷定义，从式 (10.5.4) 可得

$$\frac{\sigma_{\mathrm{cr}}}{E} = \frac{0.4}{1-\nu^2}\left(\frac{h}{R}\right)^2\left[\left(\frac{l}{R}\right)^2 + \frac{3}{2}\left(1-\nu\right)\right] \tag{10.5.5}$$

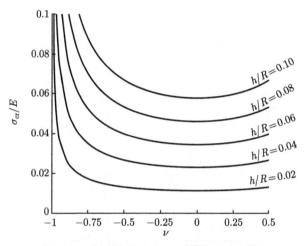

图 10.5.2　轴向压缩条件下圆柱壳的屈曲行为

在各种无量纲长度 (l/R) 和无量纲厚度 (h/R) 情况下，对于此种类型的不稳定性，拉胀度对无量纲临界屈曲应力的影响分别如图 10.5.3 和图 10.5.4 所示。

临界屈曲应力的变化看起来近乎与 $\nu = 0$ 对称，因为对于非常长的圆柱壳，式 (10.5.5) 变为

$$\frac{\sigma_{\mathrm{cr}}}{E} \approx \frac{0.4}{1-\nu^2}\left(\frac{hl}{R^2}\right)^2 \propto \frac{1}{1-\nu^2} \tag{10.5.6}$$

最后考虑一种由外部侧向压力引起的圆柱壳屈曲类型，von Mises (1914) 用临界屈曲压力 q_{cr} 表示为

$$\frac{\left(1-\nu^2\right)q_{\mathrm{cr}}R}{Eh} = \frac{1-\nu^2}{\left(n^2-1\right)\left(1+\dfrac{n^2 l^2}{\pi^2 R^2}\right)} + \frac{h^2}{12R^2}\left(n^2-1+\frac{2n^2-1-\nu}{1+\dfrac{n^2 l^2}{\pi^2 R^2}}\right) \tag{10.5.7}$$

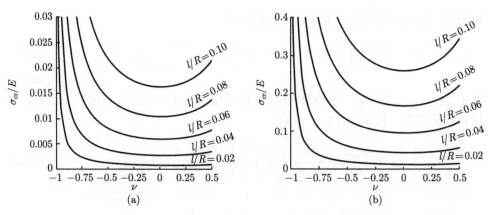

图 10.5.3　各种无量纲长度 l/R 情况下，不同的无量纲壁厚圆柱筒的拉胀度对无量纲临界
屈曲应力的影响：(a) $h/R = 0.02$；(b) $h/R = 0.08$

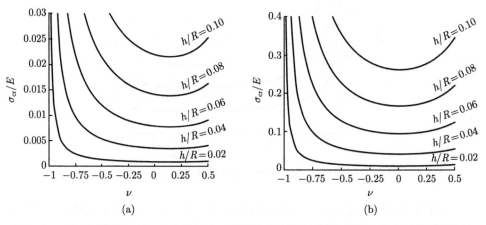

图 10.5.4　各种无量纲厚度 h/R 情况下，不同的无量纲壁厚圆柱筒的拉胀度对无量纲临界
屈曲应力的影响：(a) $l/R = 2$；(b) $l/R = 8$

当 $n = 2$ 时，使用与前述相同的无量纲临界屈曲应力的定义，得到

$$
\begin{aligned}
\frac{\sigma_{\mathrm{cr}}}{E} &= \frac{q_{\mathrm{cr}}R}{Eh} \\
&= \frac{1}{3}\left[1 + \left(\frac{2l}{\pi R}\right)^2\right]^{-1} + \frac{1}{12\left(1 - \nu^2\right)}\left(\frac{h}{R}\right)^2\left\{3 + (7 - \nu)\left[1 + \left(\frac{2l}{\pi R}\right)^2\right]^{-1}\right\}
\end{aligned}
$$

$$(10.5.8)$$

在图 10.5.5 和图 10.5.6 中进行了示意性表示。

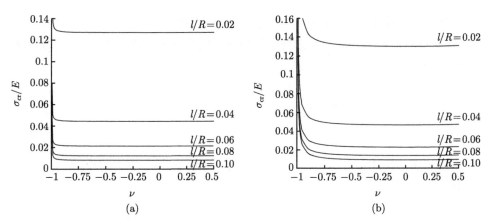

图 10.5.5 各种无量纲长度 l/R 情况下，受侧压作用的不同无量纲壁厚圆柱筒的拉胀度对无量纲临界屈曲应力的影响：(a) $h/R = 0.02$；(b) $h/R = 0.08$

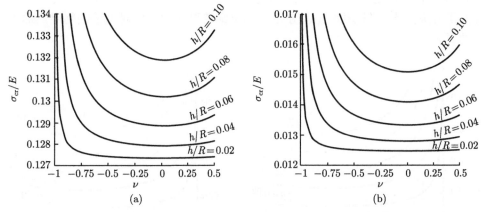

图 10.5.6 各种无量纲厚度 h/R 情况下，受侧压作用的不同无量纲壁厚圆柱筒的拉胀度对无量纲临界屈曲应力的影响：(a) $l/R = 2$；(b) $l/R = 8$

10.6 拉胀球壳的屈曲

壳体屈曲的基本问题是由均布压力引起的。对于半径为 R、壁厚为 h 的球壳，临界屈曲压力为

$$q_{\text{cr}} = \frac{2Eh}{R\left(1 - \nu^2\right)} \left[\sqrt{\frac{1 - \nu^2}{3}} \left(\frac{h}{R}\right) - \frac{\nu}{2} \left(\frac{h}{R}\right)^2 \right] \tag{10.6.1}$$

括号中的第二项可以忽略不计 (Timoshenko and Gere，1961)，则有

$$q_{\text{cr}} = \frac{2E}{\sqrt{3\left(1 - \nu^2\right)}} \left(\frac{h}{R}\right)^2 \propto \left(\frac{h}{R}\right)^2 \tag{10.6.2}$$

　　这种假设不仅适用于 $h \ll R$ 的极薄情况, 而且适用于泊松比很小的情况。这样, 当 $\nu \to 0$ 时, 临界屈曲压力与无量纲壁厚的平方成正比。然而, 如果壳层材料是高度拉胀材料 $(\nu \to -1)$, 则

$$\lim_{\nu \to -1} q_{\mathrm{cr}} = -\frac{\nu E}{1-\nu^2}\left(\frac{h}{R}\right)^2 \propto \left(\frac{h}{R}\right)^2 \tag{10.6.3}$$

即当 $\nu \to -1$ 时, 临界屈曲压力与无量纲壁厚的立方成正比。因此, 为了在均匀各向同性材料的泊松比的整个范围内绘制均匀压缩下球壳的临界屈曲应力, 使用式 (10.6.1) 更为合适, 即

$$\frac{\sigma_{\mathrm{cr}}}{E} = \frac{q_{\mathrm{cr}} R}{2Eh} = \frac{1}{1-\nu^2}\frac{1}{1-\nu^2}\left(\frac{h}{R}\right)\left[\sqrt{\frac{1-\nu^2}{3}} - \frac{\nu}{2}\left(\frac{h}{R}\right)\right] \tag{10.6.4}$$

这表明临界屈曲应力在 $\nu \to 0$ 时与无量纲厚度成正比, 在 $\nu \to -1$ 时与无量纲厚度的平方成正比。图 10.6.1(a) 显示了无量纲壁厚和泊松比对无量纲临界屈曲应力的影响。

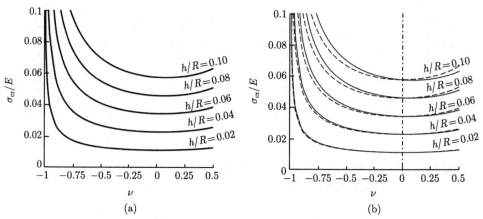

图 10.6.1　无量纲壁厚和泊松比对无量纲临界屈曲应力的影响: (a) 均布压力作用下的球壳; (b) 均布压力作用下的球壳 (连续线) 与轴压作用下的圆柱壳的比较

　　由于图 10.6.1(a) 和图 10.5.2 非常相似, 所以将其合并于图 10.6.1(b) 中进行比较。两组曲线之间的接近度是显而易见的, 因为当忽略了方程 (10.6.4) 中的第二项时, 可再次得到式 (10.5.3)。与式 (10.5.3) 不同, 式 (10.6.4) 关于 $\nu = 0$ 并不对称。从图 10.6.1(b) 可以进一步看出, 对于正泊松比, 在均布压力作用下球壳的无量纲临界屈曲应力要比在轴向压缩载荷作用下的圆柱壳的无量纲临界屈曲应力小, 但在拉胀区, 趋势恰恰相反。

10.7 拉胀材料和结构失稳的最新进展

有关失稳的一些近期工作，读者可参考 Miller 等 (2010) 的六手性和四手性蜂窝平面屈曲优化，如图 10.7.1(a) 所示。为便于比较，图 10.7.1(b) 显示了四点和六点连接结构对蜂窝密度标准化的应力随应变的变化曲线，图 10.7.1(c) 所示为平面压缩手性蜂窝阵列的圆柱体胞元和一个等效圆柱体的屈曲形状。

另一方面，Haghpanah 等 (2014) 获得了规则的、手性的和层级的蜂窝在横荡模式、非横荡模式和长波模式下的屈曲特性。Karnessis 和 Burriesci (2013) 研究了拉胀多胞管的单轴和屈曲力学响应。Bertoldi 等 (2010) 证明，具有方形孔阵列的板在失稳时表现出拉胀行为。图 10.7.2 展示了这种失稳现象，图 10.7.3 给出了部分结果。

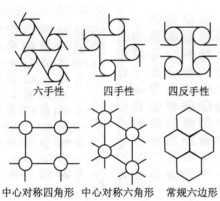

六手性　　　四手性　　　四反手性

中心对称四角形　中心对称六角形　常规六边形

(a)

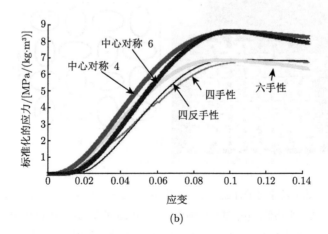

(b)

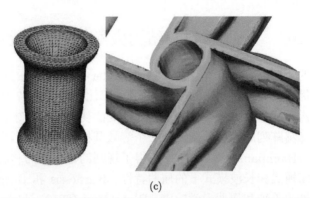

(c)

图 10.7.1　(a) 手性、反手性和常规中心对称结构、六边形结构的多孔几何形状；(b) 四点和六点连接结构对蜂窝密度标准化的应力随应变的变化曲线；(c) 平面压缩手性蜂窝阵列的圆柱体胞元 (左) 和一个等效圆柱体的屈曲形状 (右) (Miller et al.，2010)【爱思唯尔惠允复制】

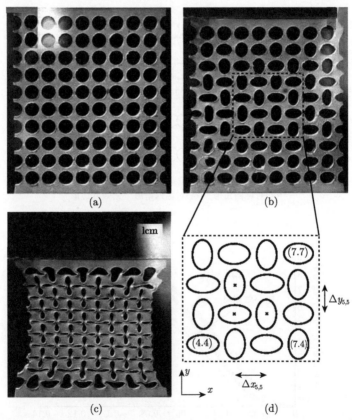

图 10.7.2　(a) 初始无约束时的样品；(b) 试样压缩至 $\varepsilon = -0.06$ 的状态，矩形虚线框为代表性的含 16 孔区域的平均值；(c) 试样压缩至 $\varepsilon = -0.25$ 的状态；(d) 包含 16 孔的中心区域示意图 (Bertoldi et al.，2010)【约翰威利惠允复制】

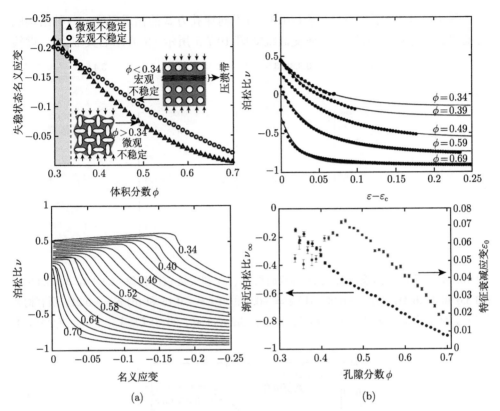

图 10.7.3 (a) 弹性基材制作的无限周期方形孔阵列的孔隙体积分数效应的数值分析结果，它表示失稳状态所对应的名义应变关于体积分数的函数。小图展示了 $\phi < 0.34$ 时的局部的失稳类型和 $\phi > 0.34$ 时 (上) 的转换形式在所研究的整个体积分数范围内，泊松比关于所施加的轴向名义应变的函数的演变过程。(b) 上图为 RVE 单元模拟，表明泊松比与在失稳应变以上的名义应变间的相关性 (圆圈为 RVE 模拟结果，实线为指数分布结果)，每一组曲线对应不同的体积分数，分别为 0.34、0.39、0.49、0.59、0.69；下图是以指数形式拟合的关于孔隙分数的参数，圆圈表示不同泊松比渐近值 ν_∞ 的结果 (左纵坐标轴)，方框表示特征衰减应变 ε_0 的结果 (右纵坐标轴)，实线是通过式 (10.7.1) 的实验数据以指数形式拟合的结果 (Bertoldi et al., 2010)【约翰威利惠允复制】

Bertoldi 等 (2010) 发现，RVE 模拟 (圆) 的结果可通过以下指数形式精确地拟合 (实线)：

$$\nu = \nu_\infty + (\nu_{\mathrm{C}} - \nu_\infty) \exp\left(-\frac{\varepsilon - \varepsilon_{\mathrm{C}}}{\varepsilon_0}\right) \qquad (10.7.1)$$

其中，ν_∞ 是渐近泊松比；ν_{C} 是名义应变 ε_{C} 处出现失稳时对应的泊松比；ε_0 为特征衰减应变，它用于衡量达到渐近值的快慢。

　　图 10.7.4 提供了 Shim 等 (2013) 对不同穿孔方式的拓展研究。四种结构的实验和数值仿真所得的应力–应变曲线如图 10.7.5 所示 (S 表示名义应力)，虚线

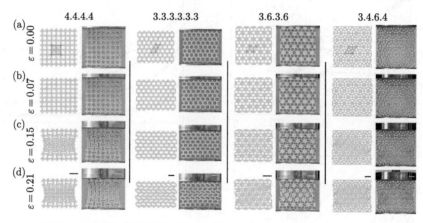

图 10.7.4　不同变形程度情况的四种结构的数值 (左) 和实验 (右) 图像 (4.4.4.4，3.3.3.3.3.3，3.6.3.6 和 3.4.6.4)：(a) $\varepsilon = 0.00$; (b) $\varepsilon = -0.07$; (c) $\varepsilon = -0.15$ 和 (d) $\varepsilon = -0.21$。所有构型特征均为孔隙体积分数等于 0.5。标尺：20mm (Shim et al.，2013)【皇家化学学会惠允复制】

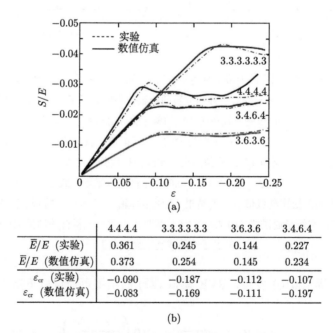

(a)

	4.4.4.4	3.3.3.3.3.3	3.6.3.6	3.4.6.4
$\bar{E}/E$ (实验)	0.361	0.245	0.144	0.227
$\bar{E}/E$ (数值仿真)	0.373	0.254	0.145	0.234
ε_{cr} (实验)	−0.090	−0.187	−0.112	−0.107
ε_{cr} (数值仿真)	−0.083	−0.169	−0.111	−0.197

(b)

图 10.7.5　四种结构的实验和数值仿真应力–应变曲线 (a) 及结果汇总表 (b) (Shim et al.，2013)【皇家化学学会惠允复制】

为实验结果, 实线为数值模拟结果。Shim 等 (2013) 观察到, 对于 $\varepsilon < -0.2$ 的多孔结构 4.4.4.4, 由于结构密实而表现出强化行为, 并且对于其他 3 种结构也观察到相似的响应, 但施加的应变 ε 值更大。

对于每个平行四边形, Shim (2013) 等计算了工程应变的局部值

$$\varepsilon_{xx}(t) = \frac{[x_4(t) - x_3(t)] + [x_2(t) - x_1(t)]}{2\,|L_{34}^0|} - 1 \tag{10.7.2}$$

和

$$\varepsilon_{yy}(t) = \frac{\{[y_4(t) - y_3(t)] + [y_2(t) - y_1(t)]\}}{2\,|L_{13}^0|\cos\theta} - 1 \tag{10.7.3}$$

其中, (x_i, y_i) 指平行四边形第 i 个顶点的坐标; $|L_{34}^0|$ 和 $|L_{13}^0|$ 是在未变形构型时跨越平行四边形的晶格矢量范数 (图 10.7.6(a)), 并且

$$\theta = \arccos\left(\frac{L_{34}^0 \cdot L_{13}^0}{|L_{34}^0|\,|L_{13}^0|}\right) \tag{10.7.4}$$

因此, Shim 等 (2013) 根据初始或未变形构型获得了泊松比

$$\nu(t) = -\frac{\varepsilon_{xx}(t)}{\varepsilon_{yy}(t)} \tag{10.7.5}$$

和泊松比的增量

$$\nu_{\mathrm{inc}}(t) = -\frac{\varepsilon_{xx}(t + \Delta t) - \varepsilon_{xx}(t)}{\varepsilon_{yy}(t + \Delta t) - \varepsilon_{yy}(t)} \tag{10.7.6}$$

后者量化了由所施加应变增量 $\Delta\varepsilon$ 引起的相对于变形构型的泊松比, 因此可以从预先变形的状态开始描述材料的泊松比。图 10.7.6(b) 显示了 $\bar{\nu}$ 和 $\bar{\nu}_{\mathrm{inc}}$ 的平均泊松比的结果, 分别对应于式 (10.7.5) 和式 (10.7.6)。Shim (2013) 等从所有四个结构的失稳前泊松比 $\bar{\nu}_{\mathrm{inc}} \approx 0.4$ 得出, 失稳后结构在 $\bar{\nu}_{\mathrm{inc},4.4.4.4} \approx -0.95$, $\bar{\nu}_{\mathrm{inc},3.3.3.3.3.3} \approx -0.39$, $\bar{\nu}_{\mathrm{inc},3.6.3.6} \approx -0.78$ 和 $\bar{\nu}_{\mathrm{inc},3.4.6.4} \approx -0.75$ 时表现出拉胀性。

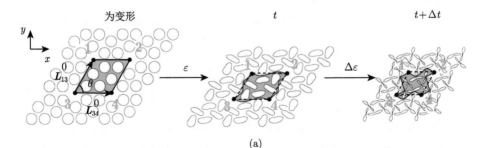

(a)

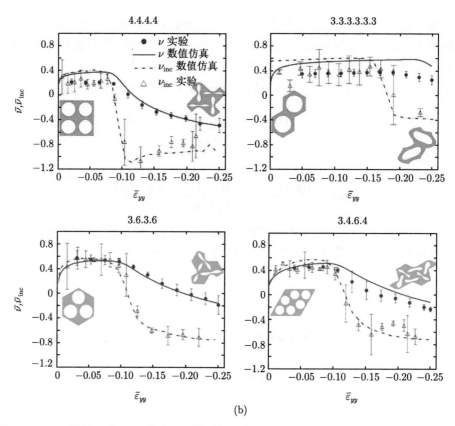

图 10.7.6　(a) 用以 $\bar{\nu}$ 和 $\bar{\nu}_{\rm inc}$ 的中心区域平行四边形示意图；(b) 宏观的 $\bar{\nu}$ 和 $\bar{\nu}_{\rm inc}$ 作为 $\bar{\varepsilon}_{yy}$ 的函数 (Shim et al.，2013)【皇家化学学会惠允复制】

参 考 文 献

Bertoldi K, Reis P M, Willshaw S, Mullin T (2010) Negative Poisson's ratio behavior induced byan elastic instability. Adv Mater, 22(3):361-366

Haghpanah B, Papadopoulos J, Mousanezhad D, Nayeb-Hashemi H, Vaziri A (2014) Buckling ofregular, chiral and hierarchical honeycombs under a general macroscopic stress state. Proc RoySoc A, 470(2167):20130856

Karnessis N, Burriesci G (2013) Uniaxial and buckling mechanical response of auxetic cellular tubes. Smart Mater Struct, 22(8):084008

Kerr A D (1962) On the stability of circular plates. J Aerosp Sci, 29(4):486-487

Lim T C (2013) Circular auxetic plates. J Mech, 29(1):121-133

Lim T C (2014) Buckling and vibration of circular auxetic plates. ASME J Eng Mater Technol, 136 (2):021007

Miller W, Smith C W, Scarpa F, Evans K E (2010) Flatwise buckling optimization of hexachiral and tetrachiral honeycombs. Compos Sci Technol, 70(7):1049-1056

von Mises R V (1914) The critical external pressure of cylindrical tubes. Zeitschrift des
    Vereines Deutscher Ingenieurs, 58(19):750

Reddy J N (2007) Theory and Analysis of Elastic Plates and Shells, 2nd edn, Chap. 5.
    CRC Press, Boca Raton

Reismann H (1952) Bending and buckling of an elastically restrained circular plate. ASME
    J Appl Mech, 19:167-172

Shim J, Shan S, Kosmrlj A, Kang S H, Chen E R, Weaver J C, Bertoldi K (2013) Harnessing
    instabilities for design of soft reconfigurable auxetic/chiral materials. Soft Matter,
    9(34):8198–8202

Timoshenko S P, Gere J M (1961) Theory of Elastic Stability, 2nd edn. McGraw-Hill, New
    York

第 11 章   拉胀固体的振动

摘要: 因为受约束连续系统的振动承受循环应力和不可避免的疲劳损伤,所以振动研究具有重大的现实意义。关于振动的内容构成了拉胀固体弹性动力学的第一部分,特别着重于板 (圆形和矩形) 及壳 (圆柱形和球形)。对于边界自由圆板和简支圆板,在拉胀区的频率参数比在常规区变化更快。因此,通过选择拉胀材料可以有效地降低这些板的固有振动频率。对于矩形板,四周简支和两边简支情况下板的负泊松比效应得到评估,还包括一些三边简支的矩形板的例子。对于边缘简支的圆柱壳,其频率研究结果表明,以弯曲刚度表示时,对各向同性极限拉胀行为,频率与圆柱壳半径无关。对各向同性球壳,当壳材料的泊松比在恒定弯曲刚度和恒定剪切模量情况下接近 -1 时,固有频率会减小。最后,简要概述有关振动阻尼、振动传递和拉胀固体与结构声学的前沿话题。

关键词: 圆板振动;圆柱壳振动;矩形板振动;球壳振动

11.1   引   言

本章先考虑了负泊松比对拉胀平板、壳横向振动特性的影响,并特别强调了基本的圆周频率;然后,对相关的前沿话题进行简要概况,如振动阻尼、振动传递和拉胀固体与结构声学。

11.2   拉胀圆板的振动

与圆板的弹性稳定性分析一样,圆板的振动需采用式 (10.4.1) 在阶数分别 $n=0$ (由式 (10.4.2) 描述) 和 $n=1$ (由式 (10.4.2) 描述) 时表示的第一类 Bessel 函数来分析。并且,对自变量 x 修正后的第一类 Bessel 函数为

$$I_n(x) = \sum_{m=0}^{\infty} \frac{1}{m!\,(m+n)!} \left(\frac{x}{2}\right)^{2m+n} \tag{11.2.1}$$

该函数在 $n=0$ 和 $n=1$ 的振动分析也是需要的。当阶数 $n=0$ 和 $n=1$ 时,修正的第一类 Bessel 函数可分别展开为

$$I_0 = 1 + \left(\frac{x}{2}\right)^2 + \frac{1}{4}\left(\frac{x}{2}\right)^4 + \frac{1}{36}\left(\frac{x}{2}\right)^6 + \frac{1}{576}\left(\frac{x}{2}\right)^8 + \frac{1}{14400}\left(\frac{x}{2}\right)^{10}$$

$$+ \frac{1}{518400} \left(\frac{x}{2}\right)^{12} + \frac{1}{25401600} \left(\frac{x}{2}\right)^{14} \tag{11.2.2}$$

和

$$I_0 = \frac{x}{2} + \frac{1}{2} \left(\frac{x}{2}\right)^3 + \frac{1}{12} \left(\frac{x}{2}\right)^5 + \frac{1}{144} \left(\frac{x}{2}\right)^7 + \frac{1}{2880} \left(\frac{x}{2}\right)^9 + \frac{1}{86400} \left(\frac{x}{2}\right)^{11}$$

$$+ \frac{1}{3628800} \left(\frac{x}{2}\right)^{13} + \frac{1}{203212800} \left(\frac{x}{2}\right)^{15} \tag{11.2.3}$$

阶数 n 表示节点直径的数量，如图 11.2.1 所示。

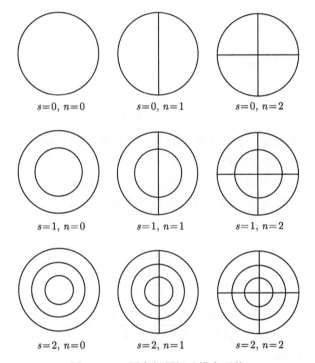

$s=0, n=0$ $s=0, n=1$ $s=0, n=2$

$s=1, n=0$ $s=1, n=1$ $s=1, n=2$

$s=2, n=0$ $s=2, n=1$ $s=2, n=2$

图 11.2.1 圆盘低频振动模态形状

在固支情况下，圆板的频率方程为 (Reddy，2007；Rao，2007；Chakraverty，2008；Wang and Wang，2013)

$$\frac{J_{n+1}(\lambda)}{J_n(\lambda)} + \frac{I_{n+1}(\lambda)}{I_n(\lambda)} = 0 \tag{11.2.4}$$

在简支情况下，其频率方程为

$$\frac{J_{n+1}(\lambda)}{J_n(\lambda)} + \frac{I_{n+1}(\lambda)}{I_n(\lambda)} = \frac{2\lambda}{1-\nu} \tag{11.2.5}$$

在自由边界情况下，圆板的频率方程为

$$\frac{\lambda^2 J_n(\lambda) + (1-\nu)\left[\lambda J_n'(\lambda) - n^2 J_n(\lambda)\right]}{\lambda^2 I_n(\lambda) - (1-\nu)\left[\lambda J_n'(\lambda) - n^2 J_n(\lambda)\right]}$$

$$= \frac{\lambda^3 J_n'(\lambda) + (1-\nu)\,n^2\left[\lambda J_n'(\lambda) - J_n(\lambda)\right]}{\lambda^3 I_n'(\lambda) - (1-\nu)\,n^2\left[\lambda J_n'(\lambda) - I_n(\lambda)\right]} \tag{11.2.6}$$

其中

$$J_n'(\lambda) = \frac{n}{\lambda} J_n(\lambda) - J_{n+1}(\lambda) \tag{11.2.7}$$

和

$$I_n'(\lambda) = \frac{n}{\lambda} I_n(\lambda) + I_{n+1}(\lambda) \tag{11.2.8}$$

上式中的特征值 λ 是频率参量，定义为

$$\lambda^2 = R^2 \omega \sqrt{\frac{\rho h}{D}} \tag{11.2.9}$$

其中，ρ 为板材的密度；ω 为平板振动的周向频率。在对应轴对称变形模式的最低频率下可获得负泊松比的影响。由于 n 表示节点直径的数量，在边缘固支和简支情况下，$n=0$。对于边界自由的圆板，基本频率出现在 $n=2$ 且无节点圆。为了与轴对称模态形状保持一致，对边界自由的圆板施加 $n=0$ 的条件，以表示轴对称变形的最低频率，将 $n=0$ 代入式 (11.2.4) ~ 式 (11.2.6)，对于固支板有

$$\frac{J_1(\lambda)}{J_0(\lambda)} + \frac{I_1(\lambda)}{I_0(\lambda)} = 0 \tag{11.2.10}$$

对于简支平板，可得

$$\frac{J_1(\lambda)}{J_0(\lambda)} + \frac{I_1(\lambda)}{I_0(\lambda)} - 2\frac{\lambda}{1-\nu} = 0 \tag{11.2.11}$$

对于自由平板，可得

$$\frac{J_0(\lambda)}{J_1(\lambda)} + \frac{I_0(\lambda)}{I_1(\lambda)} - 2\frac{1-\nu}{\lambda} = 0 \tag{11.2.12}$$

为了验证公式，使用式 (11.2.10) ~ 式 (11.2.12) 来获得 $0.25 \leqslant \nu \leqslant 0.333$ 内的 λ^2 值，以便与早期 Wang 和 Wang (2013)、Liew 等 (1998)、Carrington (1925)、Prescott (1961)、Gontkevich (1964)、Bodine (1959)、Airey (1911)，以及 Colwell 和 Hardy (1937) 的结果进行比较，如表 11.2.1 所示。

表 11.2.1 常规平板 λ^2 的值与先前结果比照验证

		固支	简支			边界自由		
			$\nu = 0.25$	$\nu = 0.3$	$\nu = 0.333$	$\nu = 0.25$	$\nu = 0.3$	$\nu = 0.33$
式 (11.2.10)~式 (11.2.12)		10.2161	4.8601	4.9351	4.9833	8.8899	9.0031	9.0689
过去的结果	近期	10.216 Wang 和 Wang (2013) 与 Liew 等 (1998)	Nil	4.9351 Wang 和 Wang (2013); 4.935 Liew 等 (1998)	Nil	Nil	9.0031 Wang 和 Wang (2013); 9.003 Liew 等 (1998)	Nil
	久远过去	10.2158 Carrington (1925)	4.8576 Prescott (1961)	4.977 Gontkevich (1964)	4.9640 Bodine (1959)	8.892 Airey (1911)	Nil	9.084 Colwell 和 Hardy (1937)

式 (10.4.2)、式 (10.4.3)、式 (11.2.2) 和式 (11.2.3) 已经表明，使用 Bessel 函数的前 8 项使得式 (11.2.10) ∼ 式 (11.2.12) 与表 11.2.1 中所示的近期结果吻合得很好，尤其是 Wang 和 Wang (2013) 以及 Liew (1998) 等的最新可靠结果，针对泊松比 $-1 \leqslant \nu \leqslant 0.5$ 的全范围计算了 λ^2 的其他结果。表 11.2.2 和图 11.2.2 分别提供了数值模拟和示意性的结果 (Lim，2014)。

表 11.2.2　拉胀和常规范围内 λ^2 的值

	泊松比 ν	各种不同边界条件下 λ^2 的值		
		边缘简支	边缘自由	边缘固支
范围	−1.000000	0	0	
	−0.999999	0.0049	0.0098	
	−0.999990	0.0155	0.0310	
	−0.999900	0.0490	0.0980	
	−0.999000	0.1549	0.3098	
	−0.990000	0.4894	0.9778	
	−0.950000	1.0987	2.1693	
拉胀的	−0.900000	1.5330	3.0380	
	−0.800000	2.1466	4.2151	
	−0.700000	2.6013	5.0678	10.2161
	−0.600000	2.9738	5.7477	
	−0.500000	3.2924	6.3151	
	−0.400000	3.5719	6.8017	
	−0.300000	3.8217	7.2269	
	−0.200000	4.0476	7.6034	
	−0.100000	4.2539	7.9401	
	0.000000	4.4436	8.2439	
	0.100000	4.6192	8.5198	
常规的	0.200000	4.7826	8.7718	
	0.300000	4.9351	9.0031	
	0.400000	5.0782	9.2164	
	0.5	5.2127	9.4137	

对于固支圆板，λ^2 显然是恒定的，因为式 (10.2.10) 与板的泊松比无关。在简支和边界自由情况下，λ^2 的几乎所有可用数据都是基于 $\nu = 0.3$ 的。考虑到大多数材料的泊松比都在 $0.2 < \nu < 0.4$ 的范围内，当 $\nu = 0.3$ 时使用 λ^2，意味着对于 $0.2 \leqslant \nu \leqslant 0.4$，$\lambda^2$ 的百分比误差小于 $\pm 3\%$。即使 λ^2 参数是基于 $\nu = 0.25$，对于常规各向同性材料的整个泊松比范围 $(0 \leqslant \nu \leqslant 0.5)$，百分比误差也小于 $\pm 10\%$。然而，由于泊松比接近下限时基础频率快速下降，该近似不适用于拉胀板。

因此, 当处理非固支边界条件的拉胀板时, 必须针对相应的泊松比专门计算 λ^2。从图 11.2.2 可进一步看出, 通过选择适当的泊松比可以有效地定制平板的固有振动频率。图 11.2.2 还表明, 自由圆板的基本频率在泊松比为较大正值时接近于固支圆板的基本频率, 在高度拉胀情况下接近于简支板的基本频率。具体而言, 当 $\nu \geqslant -0.37$ 时, 自由板的基本频率更接近固支板的基本频率, 而 $\nu < -0.37$ 时更接近简支板的基本频率。作为式 (11.2.10) ～ 式 (11.2.12) 描述的精确模型的替代方案, 半经验模型可以通过曲线拟合获得

$$\lambda^2 = \lambda^2 = \sqrt{a_0 + a_1\nu + a_2\nu^2 + a_3\nu^3} \tag{11.2.13}$$

表 11.2.3 列出了系数 $a_i \, (i = 0, 1, 2, 3)$。

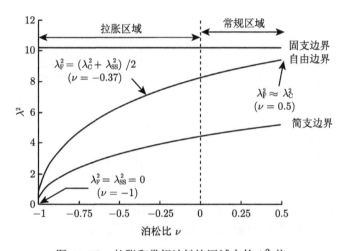

图 11.2.2　拉胀和常规泊松比区域内的 λ^2 值

图 11.2.3 证明了经验模型对 λ^2 的适用性, 该模型与精确模型吻合得很好, 从而表明其对设计工程师的便利性、可用性 (Lim, 2014)。

表 11.2.3　圆板经验模型中 λ^2 的系数

边界条件	系数			
	a_0	a_1	a_2	a_3
固支	104.3685	0	0	0
简支	19.805	16.29	-3.4841	0
自由	67.959	47.296	-14.633	6.0046

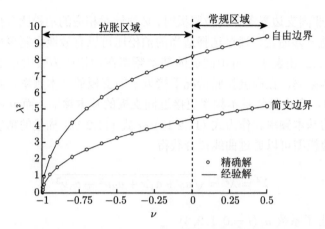

图 11.2.3　简支和自由圆板的 λ^2 随泊松比变化关系的精确解 (圆) 与经验解 (曲线) 对比

11.3　拉胀矩形板的振动

本节考虑边长为 a、b，厚为 h 的矩形板。Leissa (1969) 的研究涵盖了 21 个简单边界条件的组合，即简支 (SS)、固支 (C) 和自由 (F) 三种情况。最简单的分析是所有边均简支的情况 (因此称为 SS-SS-SS-SS)。密度为 ρ 和弯曲刚度为 D 的平板的圆周频率为

$$\omega_{mn} = \pi^2 \left(\frac{m^2}{a^2} + \frac{n^2}{b^2} \right) \sqrt{\frac{D}{\rho h}} \tag{11.3.1}$$

其中，m 和 n 定义了振动模态形状，如图 11.3.1 所示。

对于所有边均简支的方板 $(a = b = l)$，圆周频率为

$$\omega_{mn} = \left(\frac{\pi}{l} \right)^2 (m^2 + n^2) \sqrt{\frac{D}{\rho h}} \tag{11.3.2}$$

其一阶模态为

$$\omega_{11} = 2 \left(\frac{\pi}{l} \right)^2 \sqrt{\frac{D}{\rho h}} \tag{11.3.3}$$

引入频率参数 λ 是有用的，定义为

$$\lambda = \omega a^2 \sqrt{\frac{\rho h}{D}} \tag{11.3.4}$$

或者以另一个参数表示为

$$\lambda = \omega b^2 \sqrt{\frac{\rho h}{D}} \tag{11.3.5}$$

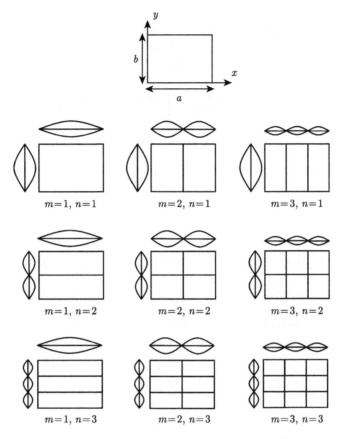

图 11.3.1 简支矩形平板横向振动的部分模态形状

当了解拉胀性对板振动特性的影响时，将振动的矩形板的边界条件分为两大类是非常有用的。在第一类中，除非弯曲刚度是用模量来表示的，频率参数表示为式 (11.3.4) 或式 (11.3.5) 的形式，它与泊松比无关，但不适用于频率取决于泊松比的第二类情况。

对于两平行边简支的矩形板，模态形状以如下形式表示：

$$w\left(x,y\right)=W_{n}\left(x\right)\sin\frac{n\pi y}{b} \tag{11.3.6}$$

如果仅在 $y=0$、b 边简支，将式 (11.3.6) 代入

$$\nabla^{4}w\left(x,y\right)-k^{2}w\left(x,y\right)=0 \tag{11.3.7}$$

其中

$$k=\omega\sqrt{\frac{\rho h}{D}} \tag{11.3.8}$$

可得

$$\frac{\mathrm{d}^4 W_n}{\mathrm{d}x^4} - 2\left(\frac{n\pi}{b}\right)^2 \frac{\mathrm{d}^2 W_n}{\mathrm{d}x^2} + \left\{\left(\frac{n\pi}{b}\right)^4 - k^2\right\} W_n = 0 \tag{11.3.9}$$

该四阶常微分方程的解采用以下形式:

$$\lambda^4 - 2\left(\frac{n\pi}{b}\right)^2 \lambda^2 + \left\{\left(\frac{n\pi}{b}\right)^4 - k^2\right\} = 0$$

而通解为

$$W_n(x) = C_1 \cosh(\lambda_1 x) + C_2 \sinh(\lambda_1 x) + C_3 \cos(\lambda_2 x) + C_4 \sin(\lambda_2 x), \quad k^2 \geqslant \left(\frac{n\pi}{b}\right)^4 \tag{11.3.10}$$

和

$$W_n(x) = C_1 \cosh(\lambda_1 x) + C_2 \sinh(\lambda_1 x) + C_3 \cos(\lambda_2 x) + C_4 \sin(\lambda_2 x), \quad k^2 < \left(\frac{n\pi}{b}\right)^4 \tag{11.3.11}$$

其中, $C_i\,(i=1,2,3,4)$ 是积分常数, 而 λ_1 和 λ_2 分别为

$$\lambda_1^2 = k + \left(\frac{n\pi}{b}\right)^2 \tag{11.3.12}$$

和

$$\lambda_2^2 = \left| k - \left(\frac{n\pi}{b}\right)^2 \right| \tag{11.3.13}$$

这里仅考虑两种特殊情况, 其中一个为三边简支情况, 如图 11.3.2 所示。对于图 11.3.2(a) 所述的矩形板, 其特征方程为

$$\lambda_1 \cosh(\lambda_1 a) \sin(\lambda_2 a) = \lambda_2 \sinh(\lambda_1 a) \cos(\lambda_2 a), \quad k^2 \geqslant \left(\frac{n\pi}{b}\right)^4 \tag{11.3.14}$$

和

$$\lambda_1 \cosh(\lambda_1 a) \sinh(\lambda_2 a) = \lambda_2 \sinh(\lambda_1 a) \cosh(\lambda_2 a), \quad k^2 < \left(\frac{n\pi}{b}\right)^4 \tag{11.3.15}$$

即特征方程与泊松比无关, 因此与拉胀度无关。为了与下一种情况进行比较, 式 (11.3.14) 和式 (11.3.15) 也可以写成

$$\frac{\lambda_1 \cosh(\lambda_1 a) \sin(\lambda_2 a)}{\lambda_2 \sinh(\lambda_1 a) \cos(\lambda_2 a)} = 1, \quad k^2 \geqslant \left(\frac{n\pi}{b}\right)^4 \tag{11.3.16}$$

和

$$\frac{\lambda_1 \cosh(\lambda_1 a) \sinh(\lambda_{2a})}{\lambda_2 \sinh(\lambda_1 a) \cosh(\lambda_{2a})} = 1, \quad k^2 < \left(\frac{n\pi}{b}\right)^4 \tag{11.3.17}$$

图 11.3.2(b) 所示板的特征方程为

$$\lambda_1\left[k-(1-\nu)\left(\frac{n\pi}{b}\right)^2\right]^2\cosh(\lambda_1 a)\sin(\lambda_2 a)$$

$$=\lambda_2\left[k+(1-\nu)\left(\frac{n\pi}{b}\right)^2\right]^2\sinh(\lambda_1 a)\cos(\lambda_2 a),\quad k^2\geqslant\left(\frac{n\pi}{b}\right)^4 \qquad (11.3.18)$$

和

$$\lambda_1\left[k-(1-\nu)\left(\frac{n\pi}{b}\right)^2\right]^2\cosh(\lambda_1 a)\sinh(\lambda_2 a)$$

$$=\lambda_2\left[k+(1-\nu)\left(\frac{n\pi}{b}\right)^2\right]^2\sinh(\lambda_1 a)\cosh(\lambda_2 a),\quad k^2<\left(\frac{n\pi}{b}\right)^4 \qquad (11.3.19)$$

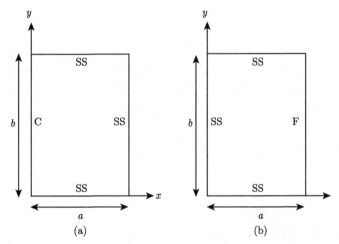

图 11.3.2 矩形平板：(a) 三边简支、一边固支；(b) 三边简支、一边自由

按照与式 (11.3.16) 和式 (11.3.17) 类似的形式重新排列式 (11.3.18) 和式 (11.3.19)，分别得到

$$\frac{\lambda_1\cosh(\lambda_1 a)\sin(\lambda_2 a)}{\lambda_2\sinh(\lambda_1 a)\cos(\lambda_2 a)}=\left[\frac{k+(1-\nu)(n\pi/b)^2}{k-(1-\nu)(n\pi/b)^2}\right]^2,\quad k^2\geqslant\left(\frac{n\pi}{b}\right)^4 \qquad (11.3.20)$$

和

$$\frac{\lambda_1\cosh(\lambda_1 a)\sinh(\lambda_2 a)}{\lambda_2\sinh(\lambda_1 a)\cosh(\lambda_2 a)}=\left[\frac{k+(1-\nu)(n\pi/b)^2}{k-(1-\nu)(n\pi/b)^2}\right]^2,\quad k^2<\left(\frac{n\pi}{b}\right)^4 \qquad (11.3.21)$$

与 SS-SS-SS-C 的情况不同，对于 SS-SS-SS-F 的情况，泊松比的影响显而易见。表 11.3.1 总结了三边简支矩形板的特性，并特别强调了采用拉胀材料和常规材料的区别。

表 11.3.1　三边简支矩形板的特征

边界条件	常规平板	拉胀平板
SS-SS-SS-F $k^2 \geqslant \left(\dfrac{n\pi}{b}\right)^4$	$\dfrac{\lambda_1 \cosh(\lambda_1 a) \sin(\lambda_2 a)}{\lambda_2 \sinh(\lambda_1 a) \cos(\lambda_2 a)}$ $< \left[\dfrac{k+(n\pi/b)^2}{k-(n\pi/b)^2}\right]^2$	$\dfrac{\lambda_1 \cosh(\lambda_1 a) \sin(\lambda_2 a)}{\lambda_2 \sinh(\lambda_1 a) \cos(\lambda_2 a)}$ $> \left[\dfrac{k+(n\pi/b)^2}{k-(n\pi/b)^2}\right]^2$
SS-SS-SS-F $k^2 < \left(\dfrac{n\pi}{b}\right)^4$	$\dfrac{\lambda_1 \cosh(\lambda_1 a) \sinh(\lambda_2 a)}{\lambda_2 \sinh(\lambda_1 a) \cosh(\lambda_2 a)}$ $< \left[\dfrac{k+(n\pi/b)^2}{k-(n\pi/b)^2}\right]^2$	$\dfrac{\lambda_1 \cosh(\lambda_1 a) \sinh(\lambda_2 a)}{\lambda_2 \sinh(\lambda_1 a) \cosh(\lambda_2 a)}$ $> \left[\dfrac{k+(n\pi/b)^2}{k-(n\pi/b)^2}\right]^2$
SS-SS-SS-C	$\dfrac{\lambda_1 \cosh(\lambda_1 a) \sin(\lambda_2 a)}{\lambda_2 \sinh(\lambda_1 a) \cos(\lambda_2 a)} = \dfrac{\lambda_1 \cosh(\lambda_1 a) \sinh(\lambda_2 a)}{\lambda_2 \sinh(\lambda_1 a) \cosh(\lambda_2 a)} = 1$	

图 11.3.3 描绘了 SS-SS-SS-C 情况下式 (11.3.22) 相对于 $kb^2/(n\pi)^2$ 和 SS-SS-SS-F 情况下式 (11.3.23) 相对于 $kb^2/(n\pi)^2$ 的一簇变化曲线, 表明了 $f(\lambda_1, \lambda_2, a)$ 特性在不同边界条件情况下的泊松比 (亦即拉胀性) 的影响, 图 11.3.3(a)、(b) 分别为 $kb^2/(n\pi)^2$ 在相对大的范围和相对小的范围的结果。

$$f(\lambda_1, \lambda_2, a) = \frac{\lambda_1 \cosh(\lambda_1 a) \sin(\lambda_2 a)}{\lambda_2 \sinh(\lambda_1 a) \cos(\lambda_2 a)}, \quad k^2 \geqslant \left(\frac{n\pi}{b}\right)^4 \tag{11.3.22}$$

和

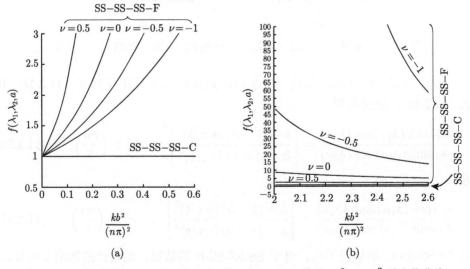

图 11.3.3　SS-SS-SS-C 和 SS-SS-SS-F 的 $f(\lambda_1, \lambda_2, a)$ 关于 $kb^2/(n\pi)^2$ 的变化曲线:
(a)$kb^2/(n\pi)^2$ 较小时; (b) $kb^2/(n\pi)^2$ 较大时

$$f(\lambda_1, \lambda_2, a) = \frac{\lambda_1 \cosh(\lambda_1 a) \sinh(\lambda_2 a)}{\lambda_2 \sinh(\lambda_1 a) \cosh(\lambda_2 a)}, \quad k^2 < \left(\frac{n\pi}{b}\right)^4 \tag{11.3.23}$$

如图 11.3.4(a) 所示，$f(\lambda_1, \lambda_2, a)$ 的渐近值出现在

$$k\left(\frac{b}{n\pi}\right)^2 = 1 - \nu \tag{11.3.24}$$

当泊松比为负数时，$f(\lambda_1, \lambda_2, a)$ 的渐近值在 $kb^2/(n\pi)^2$ 的较大值处发生。另外，图 11.3.4 说明，如果泊松比变得更负，则渐近间隙变得更宽。

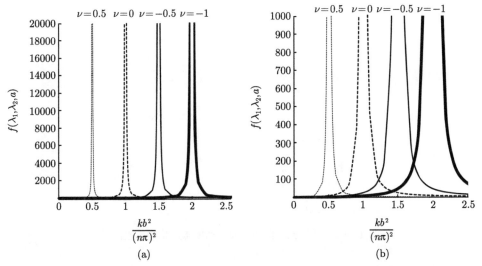

图 11.3.4 SS-SS-SS-F 的 $f(\lambda_1, \lambda_2, a)$ 关于 $kb^2/(n\pi)^2$ 的变化曲线，表明拉胀性: (a) 渐近的 $f(\lambda_1, \lambda_2, a)$ 的 $kb^2/(n\pi)^2$ 值; (b) 相对宽的渐进值

11.4 拉胀圆柱壳的振动

图 11.4.1 展示了一些圆柱壳的周向和纵向振动模态形状。本节中将考虑负泊松比对半径为 R、长度为 L、边界简支、对称挠曲的自由振动圆柱壳频率的影响，模态阶数 $n = 0, 1, 2$，如图 11.4.2 所示。

Ventsel 和 Krauthammer (2001) 给出了密度为 ρ、厚度为 h 的圆柱壳的固有频率 ω，并采用各种模量关系来说明泊松比的影响，用杨氏模量表示为

$$\omega^2 = \frac{E}{\rho R^2}\left[1 + \frac{n^4\pi^4 h^2 R^2}{12(1-\nu^2)L^4}\right] \tag{11.4.1}$$

周向模态阶数　　　　　　　纵向模态阶数

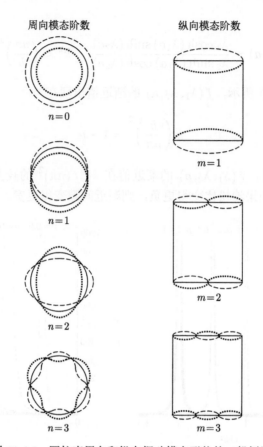

图 11.4.1　圆柱壳周向和纵向振动模态形状的一般例子

也可用剪切模量表示为

$$\omega^2 = \frac{2G}{\rho R^2}\left[1+\nu+\frac{n^4\pi^4 h^2 R^2}{12\left(1-\nu\right)L^4}\right] \tag{11.4.2}$$

用体积模量表示为

$$\omega^2 = \frac{3K}{\rho R^2}\left(1-2\nu+\frac{n^4\pi^4 h^2 R^2}{12 L^4}\frac{1-2\nu}{1-\nu^2}\right) \tag{11.4.3}$$

用弯曲刚度表示为

$$\omega^2 = \frac{D}{\rho R^2 h}\left[\frac{12\left(1-\nu^2\right)}{h^2}+\frac{n^4\pi^4 R^2}{L^4}\right] \tag{11.4.4}$$

在常规区域和拉胀区域的交界处 $(\nu=0)$，有

$$\omega^2 = \frac{E}{\rho R^2}\left(1 + \frac{n^4\pi^4 h^2 R^2}{12L^4}\right) \tag{11.4.5}$$

$$\omega^2 = \frac{2G}{\rho R^2}\left(1 + \frac{n^4\pi^4 h^2 R^2}{12L^4}\right) \tag{11.4.6}$$

$$\omega^2 = \frac{3K}{\rho R^2}\left(1 + \frac{n^4\pi^4 h^2 R^2}{12L^4}\right) \tag{11.4.7}$$

$$\omega^2 = \frac{D}{\rho R^2 h}\left(\frac{12}{h^2} + \frac{n^4\pi^4 R^2}{L^4}\right) \tag{11.4.8}$$

在式 (11.4.5) ~ 式 (11.4.7) 中显示出共同的特征。当 $\nu \to -1$ 时，式 (11.4.4) 大大简化为

$$\omega^2 = \frac{D}{\rho h}\left(\frac{n\pi}{L}\right)^4 \tag{11.4.9}$$

从而表明，当用弯曲刚度表示时，对于在各向同性情况下的极限拉胀行为，频率与圆柱壳半径无关。

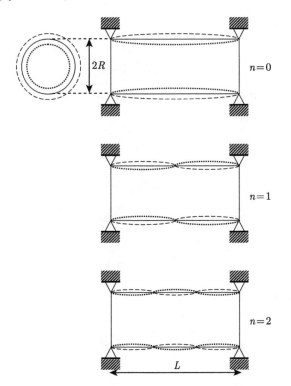

图 11.4.2　边缘简支轴对称弯曲形式的圆柱壳自由振动前三阶模态

11.5　拉胀球壳的振动

Soedel (2004) 给出振动球壳的固有频率 ω 为

$$\omega^2 = \frac{E}{\rho R^2} \Omega^2 \tag{11.5.1}$$

其中，ρ 为壳材料密度；R 为球壳半径，且满足

$$\Omega^2 = \frac{1}{2(1-\nu^2)} \left\{ n(n+1) + 1 + 3\nu \right.$$

$$\left. \pm \sqrt{[n(n+1)+1+3\nu]^2 - 4(1-\nu^2)[n(n+1)-2]} \right\} \tag{11.5.2}$$

对于 $n = 0$ 的 "呼吸模态"，其固有频率为

$$\omega^2 = \frac{2E}{\rho R^2 (1-\nu)} \tag{11.5.3}$$

当 $n = 1$ 时，其固有频率为

$$\omega^2 = \frac{3E}{\rho R^2 (1-\nu)} \tag{11.5.4}$$

对于这两种模态，泊松比对频率的影响如下式所示

$$\omega^2 \propto \frac{E}{1-\nu} \tag{11.5.5}$$

$$\omega^2 \propto G \frac{1+\nu}{1-\nu} \tag{11.5.6}$$

$$\omega^2 \propto K \frac{1-2\nu}{1-\nu} \tag{11.5.7}$$

$$\omega^2 \propto D(1+\nu) \tag{11.5.8}$$

对各向同性拉胀固体，泊松比接近其下极限 $\nu \to -1$ 时，可得

$$\lim_{\nu \to -1} \frac{\omega^2}{G} = \lim_{\nu \to -1} \frac{\omega^2}{D} = 0 \tag{11.5.9}$$

11.6 拉胀固体与结构的振动和声学前沿主题

Scarpa 和 Tomlinson (2000) 研究了内凹角蜂窝的振动特性，其面外剪切模量受胞元几何形状的影响，并且在某些范围内有可能获得比常规六边形蜂窝更大的剪切模量。他们应用一阶夹芯板理论获得了三明治层合板在圆柱弯曲和简支情况下的基本频率，并计算了单位质量频率与几何单元参数的灵敏度。结果表明，通过适当设计蜂窝胞元形状，可显著改善夹芯结构的动力学性能，特别是，内凹型胞元的芯层可改善特定细胞参数范围的弯曲刚度能力 (Scarpa and Tomlinson, 2000)。

Bianchi 和 Scarpa (2013) 描述了低振幅的常规泡沫情况下和高振幅的拉胀泡沫情况下的振动传递特性，使用传统的开孔 PU-PE 的砌块来加工拉胀泡沫垫，并使用标定激振质量的基础激励技术，在 5~500Hz 带宽范围内评估了常规多孔材料和拉胀多孔材料的动力学行为。Bianchi 和 Scarpa (2013) 在低动态应变下使泡沫垫受到白噪声宽带激励，然后围绕泡沫–质量系统的共振进行正弦扫描。实验数据已用于单自由度多孔弹性振动模型泡沫渗透率与激励幅度和频率变化的非线性相关性反演分析。拉胀泡沫表现出更高的动态刚度和增强的黏性耗散特性，尤其是在承受非线性振动载荷时表现得更为明显 (Bianchi and Scarpa, 2013)。

关于拉胀系统的阻尼特性，Ma 等 (2013) 描述了基于拉胀多孔结构的金属橡胶颗粒 (MRP) 阻尼器设计的力学性能。拉胀阻尼器的结构由反手性蜂窝构成，圆柱中填充了 MRP 材料。通过 MRP 样品准静态加载实验所得的静态迟滞曲线测量了刚度和损耗因子，进行了参数化实验分析，以评估相对密度和填充百分比对 MRP 静态性能的影响，并确定了 MRP 设备最合理使用的设计准则。通过静态和动态力学响应技术，对集成的 MRP 阻尼器概念进行了实验评估，发现当 MRP 加入到拉胀结构中时，它具有阻尼能力 (Ma et al., 2013)。

Maruszewski 等 (2013a) 描述了一种扩展的热力学模型，用于表示连续介质中具有负泊松比的耦合热力学相互作用，尤其考虑了自由振动拉胀板的齐纳热弹性阻尼效应。扩展的热力学模型的特征在于热迟滞时间，防止热波以无限的速度传播。此项工作中使用的热迟滞时间不是齐纳的特征时间常数。Maruszewski 等 (2013a) 观察到热弹性阻尼对拉胀结构、各种板厚和环境温度的强相关性。Maruszewski 等 (2013a) 分析了拉胀矩形热弹性板的受迫振动，与现有的经典研究相比，考虑了两个重要的现象：热弹性阻尼和第二声场。因此，Maruszewski 等 (2013b) 提出的模型为有限度 "负" 的材料中的热力学过程提供了更好的描述。

Scarpa 等 (2003a) 进行关于拉胀型开孔聚氨酯灰色泡沫声学性能的早期实验研究，该型泡沫原主要用于动态碰撞载荷。其中，声吸收系数及特定声阻抗的实部和虚部是使用透射技术经 ASTM(American Society of Testing Material) 标准阻抗管测量的。与等效的常规开孔泡沫相比，该泡沫在低频范围内的吸声性能显著提高，并且使用描述其结构特征的经验模型确定了泡沫的声学特性 (Scarpa et al.，2003a)。另外，Scarpa 等 (2003b) 还提出了用磁流变液生长拉胀泡沫的测量方法。结果表明，当施加集中磁场时，籽晶泡沫能够在给定的频率带宽内抬升峰值吸声系数。Chekkal 等 (2010) 从数值和实验的角度描述了拉胀泡沫的力学和声学特性，从而使用专门的制造工艺生产了具有负泊松比的开孔 PU-PE 泡沫样品，并进行了准静态拉伸和循环加载，以及基于 ISO 10-534-2 标准的吸声测量。Chekkal 等 (2010) 推导了基于 Biot 理论的均质化模型，用于泡沫的孔隙弹性参数计算。Gravade 等 (2012) 着眼于吸收性泡沫的分析，该型泡沫依赖于其特定的成型工艺而具有拉胀性。他们首先使用实验结果说明了与三聚氰胺样品相比拉胀泡沫的效率，随后进行了一项研究，以改进考虑横向各向同性的泡沫力学和耦合建模参数识别。该方法将初步参数敏感性分析与优化研究相关联，在该研究中，使用 Fast 技术对目标输出进行了全局敏感性分析，以便估算模型众多参数的一阶效应和总效应。然后，通过实验数据重新调整有限元分析结果，将分析结果用于对参数进行最佳识别，发现拉胀泡沫具有很高的效率，可以使用有限元分析来识别其参数 (Gravade et al.，2012)。

Teodorescu 等 (2009) 对拉胀纳米板的声学抑制进行了研究，以分析拉胀组件对消声和消减频带宽度的影响。声衰减结果表明，拉胀芯对面板的声衰减性能有显著影响，从而清楚地表明，高于 3500Hz 的高频噪声得到抑制，而对低于 2500Hz 的低频噪声抑制也相应地降低 (Teodorescu et al.，2009)。在具有可独立控制的声带隙和准静态杨氏模量的三维拉胀微晶格中，Krödel 等 (2014) 使用数值方法探索了微晶格结构的准静态和波传播时的转变点，验证了通过适当放置微惯性单元来独立改变材料的杨氏模量和分散性能的能力，与此同时，他们还提出了用于该研究的数值方法。

参 考 文 献

Airey J (1911) The vibrations of circular plates and their relation to Bessel functions. Proc Phys Soc (London), 23:225-232

Bianchi M, Scarpa F (2013) Vibration transmissibility and damping behaviour for auxetic and conventional foams under linear and nonlinear regimes. Smart Mater Struct, 22(8):084010

Bodine R Y (1959) The fundamental frequencies of a thin flat circular plate simply supported along a circle of arbitrary radius. ASME J Appl Mech, 26:666-668

Carrington H (1925) The frequencies of vibration of flat circular plates fixed at the circumference. Phil Mag, 50(6):1261-1264

Chakraverty S (2008) Vibration of Plates, Chap. 4. CRC Press, Boca Raton

Chekkal I, Bianchi M, Remillat C, Becot F X, Jaouen L, Scarpa F (2010) Vibro-acoustic properties of auxetic open cell foam: Model and experimental results. Acta Acustica Unit Acustica, 96 (2):266-274

Colwell R C, Hardy R C (1937) The frequencies and nodal systems of circular plates. Philos Mag (ser 7), 24(165):1041-1055

Gontkevich V S (1964) Natural vibration of shells. In: Filippov AP (ed) Nauk Dumka (Kiev)

Gravade M, Ouisse M, Collet M, Scarpa F, Bianchi M, Ichchou (2012) Auxetic transverse isotropic foams: from experimental efficiency to model correlation. In: Proceedings of the ascoustics 2012 Nantes conference, 23-27 April 2012, Nantes, France, pp 3053-3058

Krödel S, Delpero T, Bergamini A, Ermanni P, Kochmann D M (2014) 3D auxetic microlattices with independently controllable acoustic band gaps and quasi-static elastic moduli. Adv Eng Mater, 16(4):357-363

Leissa A W (1969) Vibration of plates. National Aeronautics and Space Administration, NASA SP-160, Washington DC

Liew K M, Wang C M, Xiang Y, Kitipornchai S (1998) Vibration of Mindlin Plates, Chap. 3. Elsevier, Oxford

Lim T C (2014) Buckling and vibration of circular auxetic plates. ASME J Eng Mat Technol 136(2):021007

Ma Y, Scarpa F, Zhang D, Zhu B, Chan L, Hong J (2013) A nonlinear auxetic structural vibration damper with metal rubber particles. Smart Mater Struct, 22(8):084012

Maruszewski B T, Drzewiecki A, Starosta R (2013a) Thermoelastic damping in an auxetic rectangular plate with thermal relaxation—free vibrations. Smart Mat Struct 22(8):084003

Maruszewski B T, Drzewiecki A, Starosta R, Restuccia L (2013b) Thermoelastic damping in an auxetic rectangular plate with thermal relaxation: forced vibrations. J Mech Mat Struct, 8 (8–10):403-413

Prescott T (1961) Applied Elasticity. Dover Publisher, New York

Rao S S (2007) Vibration of Continuous Systems, Chap. 14. Wiley, Hoboken

Reddy J N (2007) Theory and Analysis of Elastic Plates and Shells, Chap. 5. 2nd edn. CRC Press, Boca Raton

Scarpa F, Tomlinson G (2000) Theoretical characteristics of the vibration of sandwich plates with in-plane negative Poisson's ratio values. J Sound Vib 230(1):45-67

Scarpa F L, Dallocchio F, Ruzzene M (2003a) Identification of acoustic properties of auxetic foams. Proc SPIE, 5052:468-474

Scarpa F, Bullough W A, Ruzzene M (2003b) Acoustic properties of auxetic foams with MR fluids. In: Proceedings of ASME international mechanical engineering congress and exposition, IMECE'03, Washington, DC, 15-21 Nov 2003. Paper No. IMECE2003-43846, pp 189-196

Soedel W (2004) Vibrations of Shells and Plates. Marcel Dekker, New York

Teodorescu P P, Chiroiu V, Munteanu L, Delsanto P P, Gliozzi A (2009) On the acoustic auxetic nanopanels. Rom J Acoust Vibr, 6(1):9-14

Ventsel E, Krauthammer T (2001) Thin Plates and Shells: Theory, Analysis, and Applications. Marcel Dekker, New York

Wang C Y, Wang C M (2013) Structural Vibrations: Exact Solutions for Strings, Membranes, Beams, and Plates, Chap. 5. CRC Press, Boca Raton

第 12 章　拉胀固体中的波传播

摘要: 本章所述的波传播构成了拉胀固体的弹性动力学的第二部分,特别强调负泊松比对棱柱杆内纵波波速 c_0、膨胀平面波波速 c_1、畸形平面波波速及扭转波波速 c_2 和瑞利波波速 c_3 的影响。引入了一组无量纲波速,以便在拉胀区域和常规区域绘制无量纲波速。作为无量纲化的一种替代方法,可以将所有波速相对于膨胀平面波的波速进行归一化。由此表明,不同类型波的某些速度在非正泊松比下相等,即当 $\nu = 0$ 时,$c_0 = c_1$,当 $\nu = -0.5$ 时,$c_0 = c_2$,当 $\nu = -0.733$ 时,$c_0 = c_3$。Kołat 等 (J Non-Cryst Solids, 356:2001–2009, 2010) 的结果表明,如果是板中的孤立波,振幅和速度近似与泊松比的大小有关,而初始脉冲的宽度与传播的孤立脉冲数目有关。

关键词: 膨胀波;纵波;剪切波;孤立波;表面波;扭转波

12.1　引　言

本章考虑了拉胀性对各种弹性波的影响。由于动态应力的波动相比于静态和准静态应力具有某些独特性,与常规固体相比,研究拉胀材料中的波传播是有意义的。图 12.1.1 (a)、(b) 分别展示了常规杆和拉胀杆在纵向振动应力作用下放大的横向应变,其中 c_0 是波速,λ 是相应的波长。与常规杆中的纵波不同,在拉胀杆中,密度变化更大,这是因为纵向压缩区域也会经历横向压缩,而纵向膨胀区域也会经历横向膨胀。常规杆的密度变化不那么明显,特别是在 $\nu = 0.5$ 的情况下,密度没有改变。膨胀波涉及传播介质的体积变化,但只传播不旋转,而扭转波引起剪切,体积却不会改变。表 12.1.1 中列出了本章考虑的四种波的几何形状。

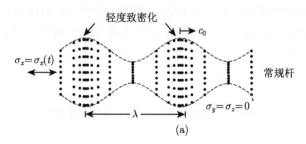

(a)

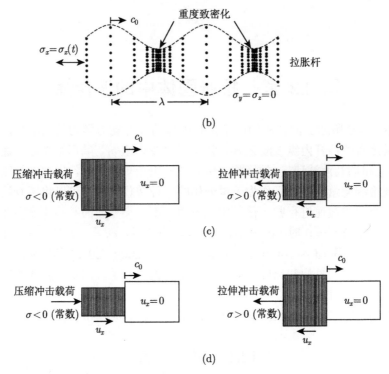

图 12.1.1　单端振荡激励下棱柱杆的纵向应力波特征：(a) 常规杆；(b) 拉胀杆；(c) 承受持续应力的常规杆；(d) 承受持续应力的拉胀杆

表 12.1.1　本书考虑的四种波的几何形状和其他条件

	棱柱杆内纵波	膨胀平面波	畸形平面波	瑞利表面波
几何描述	有限的	无限的	无限的	半无限的
边界条件	$\sigma_y = \sigma_z = 0$	$\varepsilon_y = \varepsilon_z = 0$	$u_x = u_z = 0$	—

　　为了完整起见，以下部分简要概述了这四种波的波速推导，下标 0、1、2 和 3 分别表示棱柱杆内的纵波、膨胀平面波、畸形平面波 (及扭转波) 和瑞利表面波。本章采用的理论涉及幅值、速度和频率沿波传播方向保持恒定时波传播由负到正无限大的情况。本章中，x 表示波的纵向和波传播方向，y 表示波的横向和扭转波的剪切方向，z 表示波的垂向。

12.2　拉胀棱柱杆内的纵波

　　由于棱柱的宽度和厚度与其长度相比微不足道，所以其横向应力可以忽略不计，即 $\sigma_y = \sigma_z = 0$。因此，除了泊松比为零，其横向位移 $u_y \neq 0$ 和 $u_z \neq 0$。换言之，棱柱杆内的纵波运动为一维应力状态 (或三维变形)，如图 12.2.1 所示。

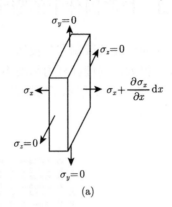

(a)

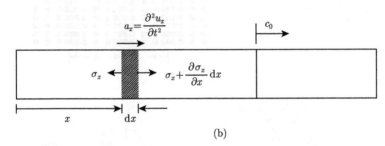

(b)

图 12.2.1 棱柱杆中的纵波：(a) 单元厚度的应力状态；(b) 运动分析的阴影单元

对于如图 12.2.1 (b) 所示的横截面为 A、承受内部轴向力作用的棱柱，厚度为 $\mathrm{d}x$、单位质量为 $\mathrm{d}m$ 的单元在时间 t 内纵向方向的运动方程为

$$A\left(\sigma_x + \frac{\partial \sigma_x}{\partial x}\mathrm{d}x\right) - A\sigma_x = \mathrm{d}m\frac{\partial^2 u_x}{\partial t^2} \tag{12.2.1}$$

代入

$$\sigma_x = E\varepsilon_x = E\frac{\partial u_x}{\partial x} \tag{12.2.2}$$

和

$$\mathrm{d}m = \rho A\mathrm{d}x \tag{12.2.3}$$

得到

$$\frac{\partial^2 u_x}{\partial t^2} = c_0^2\frac{\partial^2 u_x}{\partial x^2} \tag{12.2.4}$$

其中棱柱杆中的纵向波速为

$$c_0 = \sqrt{\frac{E}{\rho}} \tag{12.2.5}$$

12.3   拉胀固体中的膨胀平面波

对于膨胀平面波，法向应变被限制在与波运动方向正交的平面中，使得与波运动方向正交的应力通常很大。与棱柱杆内纵波不同，膨胀平面波是三维应力状态 (或一维变形) 的情况。图 12.3.1 展示了膨胀波一个示例，其中 c_1 是膨胀平面波的速度，而 λ 是相应的波长。

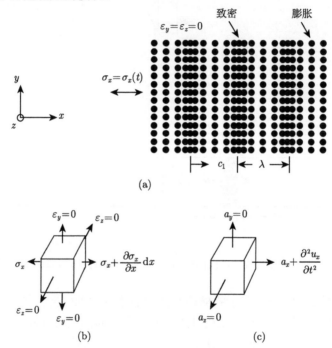

图 12.3.1   膨胀平面波，表明：(a) 粒子运动和应变仅发生在波传播方向；(b) 沿纵波传播方向承受平行与反平行载荷的自由体；(c) 对该自由体的加速

如图 12.3.1(b) 所示，将 $\varepsilon_y = \varepsilon_z = 0$ 代入下式所示法向应力–应变状态的三维本构关系：

$$\left\{ \begin{array}{c} \varepsilon_x \\ \varepsilon_y \\ \varepsilon_z \end{array} \right\} = \frac{1}{E} \left[\begin{array}{ccc} 1 & -\nu & -\nu \\ -\nu & 1 & -\nu \\ -\nu & -\nu & 1 \end{array} \right] \left\{ \begin{array}{c} \sigma_x \\ \sigma_y \\ \sigma_z \end{array} \right\} \tag{12.3.1}$$

对于各向同性固体，将 $\sigma_y = \sigma_z$ 应用于第二行和第三行，得到

$$\sigma_y = \sigma_z = \frac{\nu}{1 - \nu} \sigma_x \tag{12.3.2}$$

将这种关系代入三维胡克定律的第一行，可以得到有效杨氏模量

$$E' = \frac{\sigma_x}{\varepsilon_x} = \frac{E(1-\nu)}{(1+\nu)(1-2\nu)} \tag{12.3.3}$$

在纵向运动方程中采用有效杨氏模量表达，可得膨胀平面波波速

$$c_1 = \sqrt{\frac{E'}{\rho}} = \sqrt{\frac{E(1-\nu)}{\rho(1+\nu)(1-2\nu)}} \tag{12.3.4}$$

12.4 拉胀固体中的畸形平面波

对于畸形平面波，位移仅限制在一个横向方向 u_y 上，因而纵向和另一个横向上的位移为零，即 $u_x = u_z = 0$，见图 12.4.1(a)。

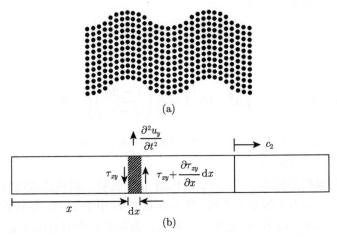

图 12.4.1 (a) 平面波失真；(b) 体现单位厚度的分析

承受内部剪力作用、厚度为 dx、单位质量为 dm 的单元在时间 t 内横向 y 方向的运动方程为

$$A\left(\tau_{xy} + \frac{\partial \tau_{xy}}{\partial x}dx\right) - A\tau_{xy} = dm\frac{\partial^2 u_y}{\partial t^2} \tag{12.4.1}$$

将式 (12.2.3) 及

$$\tau_{xy} = G\gamma_{xy} = G\left(\frac{\partial u_x}{\partial y} + \frac{\partial u_y}{\partial x}\right) \tag{12.4.2}$$

和常数表达式

$$u_x = \frac{\partial u_x}{\partial y} = 0 \tag{12.4.3}$$

代入式 (12.4.1) 得到

$$\frac{\partial^2 u_y}{\partial t^2} = c_2^2 \frac{\partial^2 u_y}{\partial x^2} \tag{12.4.4}$$

从而可得畸形平面波波速

$$c_2 = \sqrt{\frac{G}{\rho}} \tag{12.4.5}$$

圆柱杆的扭转波传播也获得了类似的表达式。

12.5　拉胀固体中的瑞利波

图 12.5.1 比较了常规固体和拉胀固体中的瑞利波，在这种情况下，对于常规固体，压缩部分将鼓出；而对于拉胀固体，压缩部分将向内收缩。瑞利波的速度与畸形平面波波速有关，即

$$c_3 = \alpha c_2 \tag{12.5.1}$$

其中

$$\alpha^6 - 8\alpha^4 + 8\left(3 - \frac{1-2\nu}{1-\nu}\right)\alpha^2 - 16\left[1 - \frac{1}{2}\left(\frac{1-2\nu}{1-\nu}\right)\right] = 0, \quad 0 < \alpha < 1 \tag{12.5.2}$$

它已被 Timoshenko 和 Goodier (1970) 解出；当 $\nu = 0.5$ 时，$c_3 = 0.9553c_2$；当 $\nu = 0.25$ 时，$c_3 = 0.9194c_2$。

在这些常规的泊松比下，c_3/c_2 的比值 (α) 表明，瑞利波波速与畸形平面波波速的偏差在 $\nu = 0.5$ 时小于 5%，在 $\nu = 0.25$ 时小于 10%。尽管偏差很小，但随着泊松比的减小，c_3 和 c_2 之间差异增大。为观察整个泊松比范围内 α 的变化，已获得 $-1 \leqslant \nu \leqslant 0.5$ 时的 α 值，如图 12.5.2 所示。

根据 α 与 ν 之间的精确关系，对于 $\nu \leqslant 0.1375$，c_3 与 c_2 的偏差超过 10%。此外，当泊松比为零 (即考虑到拉胀材料) 时，c_3 与 c_2 的偏差超过 12.6%。在另一种极值情况下，即 $\nu = -1$，c_3 与 c_2 的偏差超过 30%。这些结果说明泊松比 (特别是在拉胀段) 对表面波行为非常重要。对于大多数常规材料，表面波波速可近似为畸形平面波波速；但对于拉胀固体，必须考虑泊松比。除了精确的关系以外，还可以使用 Bergmann (1948) 的近似值来计算比率 α，即

$$\alpha = \frac{0.87 + 1.21\nu}{1 + \nu}, \quad 0 < \nu \leqslant 0.5 \tag{12.5.3}$$

对于有限范围的泊松比，Sinclair [如 Scruby (1986) 等所报道的] 给出的结果为

$$\alpha = \frac{1}{1.14418 - 0.25771\nu + 0.12661\nu^2}, \quad -0.4 < \nu \leqslant 0.5 \qquad (12.5.4)$$

对于各向同性固体在整个范围内的泊松比, Malischewsky (2005) 给出的比率 α 为

$$\alpha = 0.874 + 0.196\nu - 0.043\nu^2 - 0.055\nu^3, \quad -1 \leqslant \nu \leqslant 0.5 \qquad (12.5.5)$$

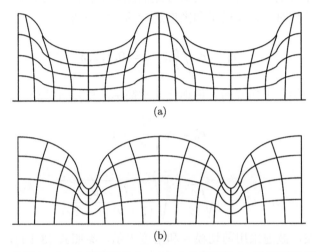

(a)

(b)

图 12.5.1 瑞利波: (a) 在常规固体中; (b) 在拉胀固体中 (注意不同的表面特征)

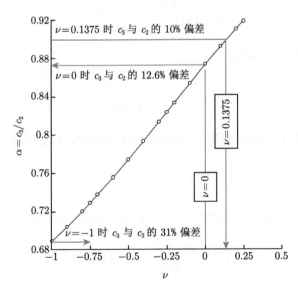

图 12.5.2 对于 $-1 < \nu \leqslant 0.5$ 的 c_3/c_2 比值 [采纳于 (Vinh and Malischewsky, 2007),
(Scarpa and Malischewsky, 2008)]

12.6　波速的无量纲化

为清楚地观察拉胀性对各种应力波的影响，有必要引入三种类型的无量纲化 (Lim et al.，2014)。采用单星号、双星号和三星号分别表示杨氏模量、剪切模量和体积模量的无量纲化。另外，所有波速的无量纲化都是相对于密度进行的。第一种无量纲化是相对于杨氏模量和密度进行的，如下所示：

$$c_i^* = c_i\sqrt{\frac{\rho}{E}}, \quad i = 0, 1, 2, 3 \tag{12.6.1}$$

棱柱杆内纵波和膨胀平面波的无量纲化非常简单，可以直接获得，分别为

$$c_0^* = c_0\sqrt{\frac{\rho}{E}} = 1 \tag{12.6.2}$$

和

$$c_1^* = c_1\sqrt{\frac{\rho}{E}} = \sqrt{\frac{(1-\nu)}{(1+\nu)(1-2\nu)}} \tag{12.6.3}$$

对于畸形平面波，波速采用剪切模量和密度表示。参照式 (3.4.1)，其无量纲波速可写为

$$c_2^* = c_2\sqrt{\frac{\rho}{E}} = \sqrt{\frac{1}{2(1+\nu)}} \tag{12.6.4}$$

因此，表面波的无量纲波速为

$$c_3^* = \alpha c_2^* = \alpha\sqrt{\frac{1}{2(1+\nu)}} \tag{12.6.5}$$

第二种形式是相对于剪切模量和密度进行的无量纲化，可通过令

$$c_i^{**} = c_i\sqrt{\frac{\rho}{G}}, \quad i = 0, 1, 2, 3 \tag{12.6.6}$$

将方程 (3.4.1) 代入棱柱杆内纵波和平面波波速公式，分别得到

$$c_0^{**} = c_0\sqrt{\frac{\rho}{G}} = \sqrt{2(1+\nu)} \tag{12.6.7}$$

和

$$c_1^{**} = c_1\sqrt{\frac{\rho}{G}} = \sqrt{2\left(\frac{1-\nu}{1-2\nu}\right)} \tag{12.6.8}$$

使用以下公式可分别获得畸形平面波和表面波的无量纲速度:

$$c_2^{**} = c_2 \sqrt{\frac{\rho}{G}} = 1 \tag{12.6.9}$$

和

$$c_3^{**} = \alpha c_2^{**} = \alpha \tag{12.6.10}$$

最后一种是相对于体积模量和密度进行的无量纲化:

$$c_i^{***} = c_i \sqrt{\frac{\rho}{K}}, \quad i = 0, 1, 2, 3 \tag{12.6.11}$$

利用式 (3.4.2),可得

$$c_0^{***} = c_0 \sqrt{\frac{\rho}{K}} = \sqrt{3(1-2\nu)} \tag{12.6.12}$$

和

$$c_1^{***} = c_1 \sqrt{\frac{\rho}{K}} = \sqrt{3 \frac{1-\nu}{1+\nu}} \tag{12.6.13}$$

使用式 (3.4.1) 和式 (3.4.2),得到

$$c_2^{***} = c_2 \sqrt{\frac{\rho}{K}} = \sqrt{\frac{3}{2} \frac{1-2\nu}{1+\nu}} \tag{12.6.14}$$

和

$$c_3^{***} = \alpha c_2^{***} = \alpha \sqrt{\frac{3}{2} \frac{1-2\nu}{1+\nu}} \tag{12.6.15}$$

这些无量纲波速的变化绘制于图 12.6.1、图 12.6.2、图 12.6.3 和图 12.6.4 中,它们反映了泊松比的影响,特别是反映了负泊松比对无量纲波速的影响。例如,图 12.6.1 表明,随着棱柱体的泊松比变得更负,纵波波速在恒定剪切模量情况下逐渐减小,在恒定体积模量情况下逐渐增加。但如果泊松比的变化发生在恒定杨氏模量情况下,波速则没有变化。

对于膨胀平面波,也表现出类似的趋势,其中波速随泊松比在恒定剪切模量时减小,在恒定体积模量时迅速增加。与棱柱杆内纵波不同,膨胀平面波波速在恒定杨氏模量时随泊松比增加而增加,如图 12.6.2 所示。

对于畸形平面波,在恒定杨氏模量和体积模量情况下,随泊松比的增加变得越来越负,波速迅速增加,如图 12.6.3 所示。此外,如果泊松比的变化发生在恒定剪切模量情况下,则波速与泊松比 (亦即拉胀度) 无关。

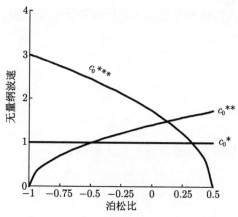

图 12.6.1   棱柱杆中纵波的无量纲波速

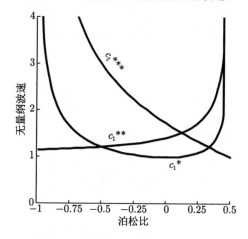

图 12.6.2   膨胀平面波的无量纲波速

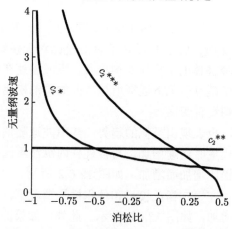

图 12.6.3   畸形和扭转平面波的无量纲波速

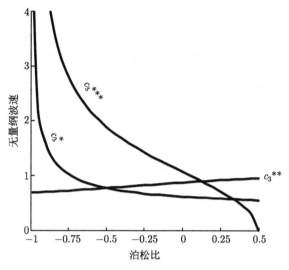

图 12.6.4　瑞利表面波的无量纲波速

对于瑞利波，在恒定杨氏模量和体积模量情况下，当泊松比变得更负时，会观察到与畸形平面波相似的趋势，如图 12.6.4 所示。然而，在恒定剪切模量情况下，由 α 引起的半空间的泊松比变得越来越负时，瑞利波的速度逐渐降低。

图 12.6.5 描绘了当泊松比为负时出现的许多有趣的现象，而这些现象没有出现在泊松比为正的范围内。例如，如果两个固体的材料相同，则在拉胀区域和常规

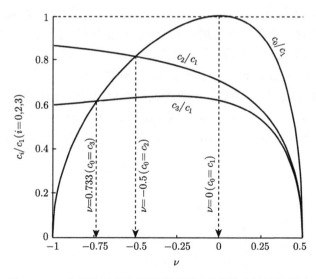

图 12.6.5　拉胀性对相对于膨胀平面波的标准化波速的影响

区域的交界处 ($\nu = 0$) 时,棱柱杆内纵波波速等于膨胀平面波波速。对于相同的材料,当拉胀值 $\nu = -0.5$ 时,棱柱杆内纵波波速等于畸形平面波波速;当 $\nu = -0.733$ 时,棱柱杆内纵波波速等于瑞利波波速。表 12.6.1 中列出了其他关于拉胀区域与常规区域固体独特的观察结果。

表 12.6.1　拉胀和常规固体内波速的比较

	棱柱杆内纵波	膨胀平面波	畸形平面波	瑞利表面波
常规和轻度拉胀固体 $-0.5 < \nu < 0.5$	高	最高	低	最低
中度拉胀固体 $-0.5 < \nu < 0.5$	低	最高	高	最低
高度拉胀固体 $-0.5 < \nu < 0.5$	最低	最高	高	低

12.7　拉胀固体波动研究进展

除了 12.1 节 ~ 12.6 节中涉及的关于拉胀固体中波动的基本内容之外,读者还可参考更多的内容。在早期,Lipsett 和 Beltzer (1988) 研究了拉胀固体中的弹性波动,他们重新查证了动态弹性问题,比如拉胀固体自由表面的反射、瑞利波的传播,以及拉胀梁和板的横向振动。另一个较早的分析工作是 Chen 和 Lakes (1989) 开展的,他们比较了常规泡沫塑料和拉胀泡沫塑料的波散射和损耗特性。Ruzzene 等 (2002) 研究了芯材由拉胀材料制成的夹芯板芯层的波传播,随后 Ruzzene 和 Scarpa (2003) 对夹芯梁进行了研究,分析了波在拉胀芯层中的传播。Remillat 等 (2008) 研究了 Lamb 波在拉胀复合材料中的传播,Spadoni 等 (2009) 研究了六边形手性晶格的声子特性,随后 Scarpa 等 (2013) 研究了波在 Kirigami (带切割形式的折纸) 拉胀金字塔核中的传播。关于粒状拉胀材料,Koenders (2009) 对穿越这种介质的波传播进行了建模。为阐明孤波的运动,对拉胀板 (Kołat et al.,2010) 和拉胀杆 (Kołat et al.,2011;Dinh et al.,2012) 进行了最重要的模拟计算。在 Kołat 等 (2010) 的工作中,考虑了弹性各向同性板,其几何形状为 $-\infty < x < +\infty$,$-\infty < y < +\infty$, $-h < z < +h$,根据 Winkler-Pasternak 模型,在 $z = -h$, $z = h$ 的平面施加载荷。Kołat 等 (2010) 采用有限差分法计算了以下初始条件的孤波

$$f(x) = \mathrm{e}^{-0.5(x-X/2)^2} \tag{12.7.1}$$

$$f(x) = \mathrm{e}^{-0.2(x-X/2)^2} \tag{12.7.2}$$

$$f(x) = \begin{cases} 1, & L/2 - 1 \leqslant X \leqslant L/2 + 1 \\ 0, & x \in \langle 0, L/2 - 1 \rangle \cup \langle L/2 + 1, L \rangle \end{cases} \tag{12.7.3}$$

图 12.7.1 和图 12.7.2 总结了式 (12.7.2) 描述的初始条件得出的结果。

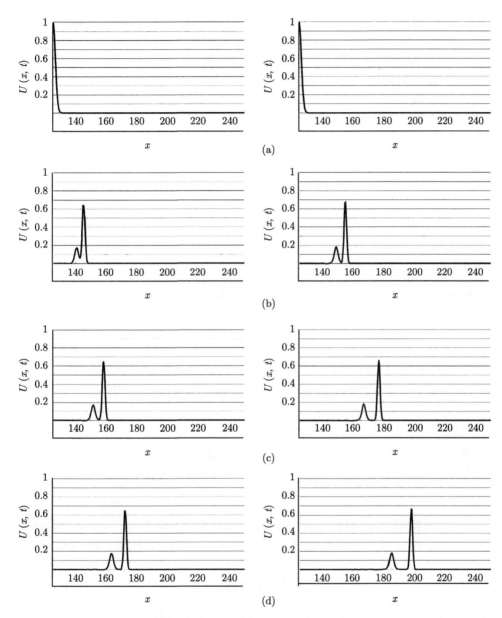

图 12.7.1　如式 (12.7.2) 描述的带初始脉冲的孤波分别在正泊松比 $\nu = 0.4$ (左) 和负泊松比 $\nu = -0.8$ (右) 平板中传播时不同步长情况: (a) $n = 0$; (b) $n = 100$; (c) $n = 175$; (d) $n = 250$ (Kołat et al., 2010) 【爱思唯尔惠允复制】

Kołat 等 (2010) 基于对四个初始脉冲的仿真得出以下结论:

(a) 单脉冲和多脉冲的振幅和速度在泊松比 $\nu = -1$ 和 $\nu = 0.5$ 的极限值附

近最大;

　(b) 每个脉冲的振幅在泊松比 $\nu = -0.2$ 附近达到最小值;

　(c) 每个脉冲的速度在 $\nu = 0$ 附近达到最小值;

　(d) 初始脉冲的宽度会显著影响孤立脉冲的数量, 即脉冲宽度越大, 序列中的脉冲数就越大。

$$f(x) = \begin{cases} 1, & L/2 - 4 \leqslant X \leqslant L/2 + 4 \\ 0, & x \in \langle 0, L/2 - 4 \rangle \cup \langle L/2 + 4, L \rangle \end{cases} \tag{12.7.4}$$

关于拉胀固体中的表面波, 请读者参考 Vinh 和 Malischewsky (2007, 2008)、Scarpa 和 Malischewsky (2008)、Zieliński 等 (2009)、Trzupek 等 (2009)、Trzupek 和 Zieliński (2009)、Maruszewski 等 (2010)、Malischewsky 等 (2012)。以及 Drzewiecki 等 (2012) 的工作。还需要引起关注的是, Goldstein 等 (2014) 在各向同性常规和拉胀介质中比较了瑞利表面波和 Love 表面波的一阶模态。

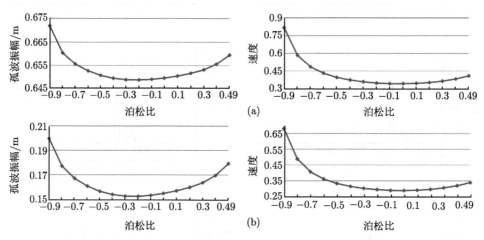

图 12.7.2　孤波振幅 (左) 和速度 (右) 与式 (12.7.2) 所描述泊松比的关系: (a) 首个脉冲高振幅情况和 (b) 第二个脉冲低振幅情况 (Kołat et al., 2010)【爱思唯尔惠允复制】

参 考 文 献

Bergmann L (1948) Ultrasonics and their Scientific and Technical Applications. George Bell & Sons, London

Chen C P, Lakes R S (1989) Dynamic wave dispersion and loss properties of conventional and negative Poisson's ratio polymer cellular materials. Cell Polym, 8(5):343-369

Dinh T B, Long V C, Xuan K D, Wojciechowski K W (2012) Computer simulation of solitary waves in a common or auxetic elastic rod with both quadratic and cubic nonlinearities. Phys Status Solidi B, 249(7):1386-1392

Drzewiecki A (2012) Rayleigh-type wave propagation in an auxetic dielectric. J Mech Mater Struct, 7(3):277-284

Goldsteain R V, Goroddtsov V A, Lisovenko D S (2014) Rayleigh and love surface waves in isotropic media with negative Poisson's ratio. Mech Solids, 49(4):422-434

Koenders M A (2009) Wave propagation through elastic granular and granular auxetic materials. Phys Status Solidi B, 246(9):2083-2088

Kołat P, Maruszewski B T, Wojciechowski K W (2010) Solitary waves in auxetic plates. J Non-Cryst Solids, 356(37–40):2001-2009

Kołat P, Maruszewski B T, Tretiakov K V, Wojciechowski K W (2011) Solitary waves in auxetic rods. Phys Status Solidi B, 248(1):148-157

Lim T C, Cheang P, Scarpa F (2014) Wave motion in auxetic solids. Phys Status Solidi B, 251 (2):388-396

Lipsett W, Beltzer A I (1988) Reexamination of dynamic problems of elasticity for negative Poisson's ratio. J Acoust Soc Am, 84(6):2179-2186

Malischewsky P G (2005) Comparison of approximated solutions for the phase velocity of Rayleigh waves (Comment on 'Characterization of surface damage via surface acoustic waves'). Nanotechnol, 16(6):995-996

Malischewsky P G, Lorato A, Scarpa F, Ruzzene M (2012) Unusual behaviour of wave propagation in auxetic structures: P-waves on free surface and S-waves in chiral lattices with piezoelectrics. Phys Status Solidi B, 249(7):1339-1346

Maruszewski B, Drzewiecki A, Starosta R (2010) Magnetoelastic surface waves in auxetic structure. In: IOP conference series: Materials science and engineering, vol 10, p 012160

Porubov A V, Maugin G A, Mareev V V (2004) Localization of two-dimensional non-linear strain waves in a plate. Int J Non-Linear Mech, 39(8):1359-1370

Remillat C, Wilcox P, Scarpa F (2008) Lamb wave propagation in negative Poisson's ratio composites. Proceedings of SPIE, 6935, 69350C

Ruzzene M, Scarpa F (2003) Control of wave propagation in sandwich beams with auxetic core. J Intell Mater Syst Struct, 14(7):443-453

Ruzzene M, Mazzarella L, Tsopelas P, Scarpa F (2002) Wave propagation in sandwich plates with periodic auxetic core. J Intell Mater Syst Struct, 13(9):587-597

Scarpa F, Malischewsky P G (2008) Some new considerations concerning the Rayleigh-wave velocity in auxetic materials. Phys Status Solidi B, 245(3):578-583

Scarpa F, Ouisse M, Collet M, Saito K (2013) Kirigami auxetic pyramidal core: mechanical properties and wave propagation analysis in damped lattice. ASME J Vib Acoust, 135 (4):041001

Scruby C B, Jones K R, Antoniazzi L (1986) Diffraction of elastic waves by defects in plates: Calculated arrival strengths for point force and thermodynamic sources of ultrasound. J Nondestruct Eval, 5(3/4):145-156

Spadoni A, Ruzzene M, Gonella S, Scarpa F (2009) Phononic properties of hexagonal chiral
　　lattices. Wave Motion, 46(7):435-450

Timoshenko S P, Goodier J N (1970) Theory of Elasticity, 3rd edn. McGraw-Hill, Auckland

Trzupek D, Zieliński P (2009) Isolated true surface wave in a radiative band on a surface
　　of a stressed auxetic. Phys Rev Lett, 103(7):075504

Trzupek D, Twarog D, Zieliński P (2009) Stress induced phononic properties and surface
　　waves in 2D model of auxetic crystal. Acta Physica Polonica, 115(2):576-578

Vinh P C, Malischewsky P G (2007) An approach for obtaining approximate formulas for
　　the Rayleigh wave velocity. Wave Motion，44(7):549-562

Vinh P C, Malischewsky P G (2008) Improved approximations for the Rayleigh wave
　　velocity in [−1, 0.5]. Vietnam J Mech 30(4):347-358

Zieliński P, Twarog D, Trzupek D (2009) On surface waves in materials with negative
　　Poisson's ratio. Acta Physica Polonica, 115(2):513-515

第 13 章　拉胀固体中的波透射和波反射

摘要：本章探讨不同泊松比的各向同性固体间入射应力波的透射和反射，尤其侧重于其中至少一种固体为拉胀固体的情况。以透射应力与入射应力之比的形式研究了无量纲透射应力，包括棱柱杆内纵向应力 (一维应力)、宽度方向约束平板的纵向应力 (二维应力或二维应变)、膨胀平面波 (一维应变)、扭转波 (剪切波) 和瑞利 (表面) 波。每项有关波传递的研究都是在三种特殊情况下进行的，即 (i) 两种固体的密度和杨氏模量乘积相等时，(ii) 两种固体的密度和剪切模量乘积相等时，(iii) 两种固体的密度和体积模量乘积相等时。结果表明，在这些特定条件下，当各向同性固体的泊松比处于极值时，应力传递可以高效地加倍或消除。

关键词：弹性半空间；棱柱杆；波反射；波透射；宽度约束的平板

13.1　引　　言

第 12 章关于拉胀固体中的波涉及拉胀材料本身内部的传播特性，而不是拉胀与常规固体之间的传播特性。现实生活中的波传播毫无疑问会涉及跨连接的固体/结构部件的波传播，因此几乎总是在具有不同力学性能的结构中。假设将拉胀组件用作结构的一部分，则穿过该组件传播的任何应力波都不可避免地透射到相邻的常规固体，同时从相邻的常规固体反射。

尽管刚度不同的固体之间的波透射和反射并不是新事物，但对相反泊松比符号的固体间的波透射和反射研究却很少。由于缺乏此内容，本章考虑了涉及两种泊松比的不同固体的应力波透射和反射，特别着重于泊松比为 -1 和 0.5 的固体的波透射和反射 (-1 与 0.5 分别对应各向同性固体泊松比的下限和上限)。

因此，本章的目标有两个：(a) 建立由相反泊松比符号相互连接的固体间的波的透射和反射特性；(b) 根据获得的结果提出可能的应用，着重于 $\nu = -1$ 和 $\nu = 0.5$ 的极限泊松比之间的波传播。

本章中，在无限接触缓冲情况下，忽略了来自两种固体界面的散射。当前工作中产生的结果可能与动态冲击载荷和力学性能不同的界面上的能量耗散有关，尤其是泊松比的较大差异，例如以下示例性的拉胀材料和常规材料之间的应力传递：(a) 在拉胀芯层和常规材料面板组成的夹芯结构内的波传播；(b) 在常规和拉胀区材料制成的周期性阵列芯层内的波传播，以及 (c) 在拉胀材料翼结构和常规材料翼结构间的波传输。图 13.1.1 显示了在一维应力状态 (即忽略横向应力，两杆都经历三维变形) 的情况下，从拉胀固体到常规固体的振荡波传播。由于其泊松比为负值，拉胀杆在纵向压缩时将经历一系列的三轴膨胀和压缩，而常规材料的杆由于泊松比为正，在纵向延展时将经历一系列的横向膨胀和收缩。

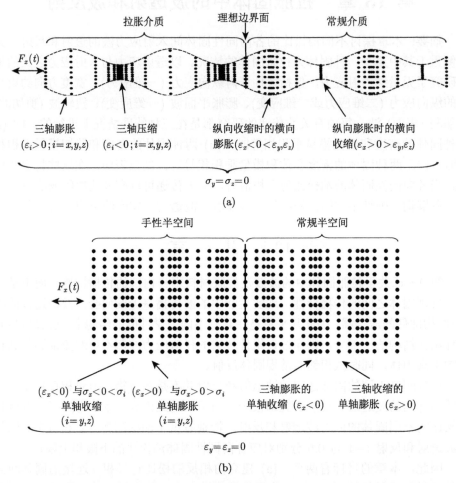

图 13.1.1　应力波从拉胀介质向常规介质传播的理想化示意图：(a) 在一维应力状态下 (或三维变形，为清晰表述，取高度夸张情况)；(b) 三维应力状态 (或一维变形)

13.2　分　　析

表 13.2.1 归纳了与常规情况进行比较的应力波的相互作用类型。下标 1 表示入射波和反射波穿过的固体，下标 2 表示透射波穿过的固体。在这个接合位置，必须弄清楚 AC 和 CA 两种类型的泊松比符号的交替顺序。例如，在 AC 两

种材料相互作用中，波从拉胀固体透射到常规固体，但反射是从常规固体透射到拉胀固体。在 CA 两种材料相互作用情况下，此符号序列相反。为了直观起见，表 13.2.1 可以采用二维图形式进行描述，如图 13.2.1 所示，有助于结果的图形化显示和讨论，其泊松比的范围为 −1 ∼ 0.5(符合各向同性固体)。

表 13.2.1　本章所研究的不同的应力波相互作用的各种组合

类型	应力波传递	应力波反射	备注
CC	常规 (ν_1) 到常规 (ν_2) + → +	常规 (ν_2) 到常规 (ν_1) + → +	$\nu_1 > 0, \nu_2 > 0$
AA	拉胀 (ν_1) 到拉胀 (ν_2) − → −	拉胀 (ν_2) 到拉胀 (ν_1) − → −	$\nu_1 < 0, \nu_2 < 0$
AC	拉胀 (ν_1) 到常规 (ν_2) − → +	常规 (ν_2) 到拉胀 (ν_1) + → −	$\nu_1 < 0, \nu_2 > 0$
CA	常规 (ν_1) 到拉胀 (ν_2) + → −	拉胀 (ν_2) 到常规 (ν_1) − → +	$\nu_1 > 0, \nu_2 < 0$

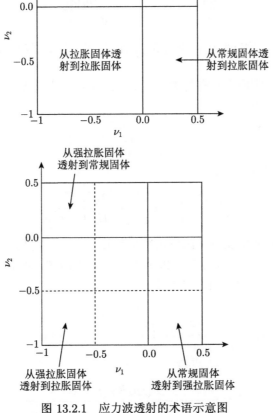

图 13.2.1　应力波透射的术语示意图

由于泊松比的变化伴随着至少一个模量的变化，因此本章考虑了不同泊松比的固体之间的相互作用，但是在曲线结果中至少有一个模量相等。相等的模量为杨氏模量 E、剪切模量 G 和体积模量 K，它们通过如式 (3.4.1) 和式 (3.4.2) 所述的泊松比相互关联。在随后的分析中，研究了相似横截面几何形状的实体之间的相互作用。其几何形状为：(a) 棱柱杆 (用于一维纵波)；(b) 宽度受约束的板 (用于二维纵波)；(c) 三维无限固体 (用于一维变形应力波)；(d) 圆杆 (用于扭转波)；(e) 单层固体 (用于瑞利波)。由两个固体的界面处的力平衡和速度连续性可得透射应力 (Graff，1975)

$$\sigma_{\mathrm{T}} = \frac{2A_1\rho_2 c_2}{A_2\rho_2 c_2 + A_1\rho_1 c_1}\sigma_{\mathrm{I}} \tag{13.2.1}$$

和反射应力

$$\sigma_{\mathrm{R}} = \frac{A_2\rho_2 c_2 - A_1\rho_1 c_1}{A_2\rho_2 c_2 + A_1\rho_1 c_1}\sigma_{\mathrm{I}} \tag{13.2.2}$$

其中, ρ 为材料的密度, 而 σ_{I} 和 c 分别为入射应力和波速。为了在等截面 ($A_1 = A_2$) 固体间传播，可将透射波和反射波合并为

$$\frac{\sigma_{\mathrm{T}}}{\sigma_{\mathrm{I}}} = \frac{\sigma_{\mathrm{R}}}{\sigma_{\mathrm{I}}} + 1 = \frac{2\rho_2 c_2}{\rho_2 c_2 + \rho_1 c_1} \tag{13.2.3}$$

13.3　纵波 (一维应力状态或三维应变状态)

本节考虑的一维应力状态与 Pochhammer-Chree 杆理论有关。对于这种一维应力状态，其波速为

$$c = \sqrt{\frac{E}{\rho}} \tag{13.3.1}$$

将其代入式 (13.2.3)，得到

$$\frac{\sigma_{\mathrm{T}}}{\sigma_{\mathrm{I}}} = \frac{\sigma_{\mathrm{R}}}{\sigma_{\mathrm{I}}} + 1 = \frac{2\sqrt{\rho_2 E_2}}{\sqrt{\rho_2 E_2} + \sqrt{\rho_1 E_1}} \tag{13.3.2}$$

该方程适用于两杆间密度与杨氏模量乘积相等 ($\rho_1 E_1 = \rho_2 E_2$) 这一特定情况，包括两杆等密度 ($\rho_1 = \rho_2$) 和等杨氏模量 ($E_1 = E_2$) 两种情况。为了研究其他特殊情况，将式 (3.4.1) 代入式 (13.3.2) 得到

$$\frac{\sigma_{\mathrm{T}}}{\sigma_{\mathrm{I}}} = \frac{\sigma_{\mathrm{R}}}{\sigma_{\mathrm{I}}} + 1 = \frac{2\sqrt{\rho_2 G_2 \left(1 + \nu_2\right)}}{\sqrt{\rho_2 G_2 \left(1 + \nu_2\right)} + \sqrt{\rho_1 G_1 \left(1 + \nu_1\right)}} \tag{13.3.3}$$

将式 (3.4.2) 代入式 (13.3.2) 可得

$$\frac{\sigma_{\mathrm{T}}}{\sigma_{\mathrm{I}}} = \frac{\sigma_{\mathrm{R}}}{\sigma_{\mathrm{I}}} + 1 = \frac{2\sqrt{\rho_2 K_2 \left(1 - 2\nu_2\right)}}{\sqrt{\rho_2 K_2 \left(1 - 2\nu_2\right)} + \sqrt{\rho_1 K_1 \left(1 - 2\nu_1\right)}} \tag{13.3.4}$$

式 (13.3.3) 和式 (13.3.4) 为分别考虑 $\rho_1 G_1 = \rho_2 G_2$ 和 $\rho_1 K_1 = \rho_2 K_2$ 的特定情况提供了途径。

13.4 纵波 (宽度方向约束的平板)

这是一种二维应力状态 (应力沿波的方向和板宽度方向) 或二维变形状态 (应力沿波的方向和板厚度方向)。板中平面波的传播速度由 Kolsky (1953) 给出

$$c = \sqrt{\frac{E}{\rho\left(1-\nu^2\right)}} \tag{13.4.1}$$

将其代入式 (13.2.3)，得到

$$\frac{\sigma_{\mathrm{T}}}{\sigma_{\mathrm{I}}} = \frac{\sigma_{\mathrm{R}}}{\sigma_{\mathrm{I}}} + 1 = \frac{2\sqrt{\dfrac{\rho_2 E_2}{1-\nu_2^2}}}{\sqrt{\dfrac{\rho_2 E_2}{1-\nu_2^2}} + \sqrt{\dfrac{\rho_1 E_1}{1-\nu_1^2}}} \tag{13.4.2}$$

式 (3.4.1) 和式 (3.4.2) 允许将式 (13.4.2) 分别变为

$$\frac{\sigma_{\mathrm{T}}}{\sigma_{\mathrm{I}}} = \frac{\sigma_{\mathrm{R}}}{\sigma_{\mathrm{I}}} + 1 = \frac{2\sqrt{\dfrac{\rho_2 G_2}{1-\nu_2}}}{\sqrt{\dfrac{\rho_2 G_2}{1-\nu_2}} + \sqrt{\dfrac{\rho_1 G_1}{1-\nu_1}}} \tag{13.4.3}$$

和

$$\frac{\sigma_{\mathrm{T}}}{\sigma_{\mathrm{I}}} = \frac{\sigma_{\mathrm{R}}}{\sigma_{\mathrm{I}}} + 1 = \frac{2\sqrt{\rho_2 K_2 \dfrac{1-2\nu_2}{1-\nu_2^2}}}{\sqrt{\rho_2 K_2 \dfrac{1-2\nu_2}{1-\nu_2^2}} + \sqrt{\rho_1 K_1 \dfrac{1-2\nu_1}{1-\nu_1^2}}} \tag{13.4.4}$$

13.5 膨胀平面波 (一维应变或三维应力状态)

膨胀平面波的传播速度为 (Timoshenko and Goodier，1970)

$$c = \sqrt{\frac{E\left(1-\nu\right)}{\rho\left(1+\nu\right)\left(1-2\nu\right)}} \tag{13.5.1}$$

将其代入式 (13.2.3)，得到

$$\frac{\sigma_{\mathrm{T}}}{\sigma_{\mathrm{I}}} = \frac{\sigma_{\mathrm{R}}}{\sigma_{\mathrm{I}}} + 1 = \frac{2\sqrt{\dfrac{\rho_2 E_2\left(1-\nu_2\right)}{\left(1+\nu_2\right)\left(1-2\nu_2\right)}}}{\sqrt{\dfrac{\rho_2 E_2\left(1-\nu_2\right)}{\left(1+\nu_2\right)\left(1-2\nu_2\right)}} + \sqrt{\dfrac{\rho_1 E_1\left(1-\nu_1\right)}{\left(1+\nu_1\right)\left(1-2\nu_1\right)}}} \tag{13.5.2}$$

和以前一样，使用式 (3.4.1) 和式 (3.4.2) 可将式 (13.5.2) 分别以剪切模量和体积模量的形式表示为

$$\frac{\sigma_{\mathrm{T}}}{\sigma_{\mathrm{I}}} = \frac{\sigma_{\mathrm{R}}}{\sigma_{\mathrm{I}}} + 1 = \frac{2\sqrt{\rho_2 G_2 \dfrac{1-\nu_2}{1-2\nu_2}}}{\sqrt{\rho_2 G_2 \dfrac{1-\nu_2}{1-2\nu_2}} + \sqrt{\rho_1 G_1 \dfrac{1-\nu_1}{1-2\nu_1}}} \tag{13.5.3}$$

和

$$\frac{\sigma_{\mathrm{T}}}{\sigma_{\mathrm{I}}} = \frac{\sigma_{\mathrm{R}}}{\sigma_{\mathrm{I}}} + 1 = \frac{2\sqrt{\rho_2 K_2 \dfrac{1-\nu_2}{1+\nu_2}}}{\sqrt{\rho_2 K_2 \dfrac{1-\nu_2}{1+\nu_2}} + \sqrt{\rho_1 K_1 \dfrac{1-\nu_1}{1+\nu_1}}} \tag{13.5.4}$$

13.6　扭　转　波

圆柱杆中的扭转波波速为 (Sadd，1990)

$$c = \sqrt{\frac{G}{\rho}} \tag{13.6.1}$$

将其代入式 (13.2.3)，得到

$$\frac{\sigma_{\mathrm{T}}}{\sigma_{\mathrm{I}}} = \frac{\sigma_{\mathrm{R}}}{\sigma_{\mathrm{I}}} + 1 = \frac{2\sqrt{\rho_2 G_2}}{\sqrt{\rho_2 G_2} + \sqrt{\rho_1 G_1}} \tag{13.6.2}$$

如前所述，使用式 (3.4.1) 和式 (3.4.2)，分别得

$$\frac{\sigma_{\mathrm{T}}}{\sigma_{\mathrm{I}}} = \frac{\sigma_{\mathrm{R}}}{\sigma_{\mathrm{I}}} + 1 = \frac{2\sqrt{\dfrac{\rho_2 E_2}{1+\nu_2}}}{\sqrt{\dfrac{\rho_2 E_2}{1+\nu_2}} + \sqrt{\dfrac{\rho_1 E_1}{1+\nu_1}}} \tag{13.6.3}$$

和

$$\frac{\sigma_{\mathrm{T}}}{\sigma_{\mathrm{I}}} = \frac{\sigma_{\mathrm{R}}}{\sigma_{\mathrm{I}}} + 1 = \frac{2\sqrt{\rho_2 K_2 \dfrac{1-2\nu_2}{1+\nu_2}}}{\sqrt{\rho_2 K_2 \dfrac{1-2\nu_2}{1+\nu_2}} + \sqrt{\rho_1 K_1 \dfrac{1-2\nu_1}{1+\nu_1}}} \tag{13.6.4}$$

13.7　瑞　利　波

Timoshenko 和 Goodier (1970) 给出了瑞利波波速，为

$$c = \alpha \sqrt{\frac{G}{\rho}} \tag{13.7.1}$$

其中，α 由式 (12.5.2) 描述，并可由式 (12.5.5) 很好地近似得到。使用与以前相同的方法，得到以下关系：

$$\frac{\sigma_{\rm T}}{\sigma_{\rm I}} = \frac{\sigma_{\rm R}}{\sigma_{\rm I}} + 1 = \frac{2\alpha_2 \sqrt{\rho_2 G_2}}{\alpha_2 \sqrt{\rho_2 G_2} + \alpha_1 \sqrt{\rho_1 G_1}} \tag{13.7.2}$$

$$\frac{\sigma_{\rm T}}{\sigma_{\rm I}} = \frac{\sigma_{\rm R}}{\sigma_{\rm I}} + 1 = \frac{2\alpha_2 \sqrt{\dfrac{\rho_2 E_2}{1 + \nu_2}}}{\alpha_2 \sqrt{\dfrac{\rho_2 E_2}{1 + \nu_2}} + \alpha_1 \sqrt{\dfrac{\rho_1 E_1}{1 + \nu_1}}} \tag{13.7.3}$$

$$\frac{\sigma_{\rm T}}{\sigma_{\rm I}} = \frac{\sigma_{\rm R}}{\sigma_{\rm I}} + 1 = \frac{2\alpha_2 \sqrt{\rho_2 K_2 \dfrac{1 - 2\nu_2}{1 + \nu_2}}}{\alpha_2 \sqrt{\rho_2 K_2 \dfrac{1 - 2\nu_2}{1 + \nu_2}} + \alpha_1 \sqrt{\rho_1 K_1 \dfrac{1 - 2\nu_1}{1 + \nu_1}}} \tag{13.7.4}$$

13.8 透射应力和反射应力的无量纲化

由于当 $A_1 = A_2$ 时无量纲的透射应力 $\sigma_{\rm T}/\sigma_{\rm I}$ 和无量纲的反射应力 $\sigma_{\rm R}/\sigma_{\rm I}$ 均与 $\sigma_{\rm T}/\sigma_{\rm I} = \sigma_{\rm T}/\sigma_{\rm I} + 1$ 相关，且可以很容易地从透射应力推断出无量纲的反射应力，所以只需绘制无量纲的透射应力即可。绘制的无量纲透射应力波的曲线与材料的密度和模量无关，以便将 $\sigma_{\rm T}/\sigma_{\rm I}$ 的等高线图限制为仅是两个实体的泊松比的函数，即 ν_1 和 ν_2。在本节中，这种无关性是通过 $\rho_1 M_1 = \rho_2 M_2$ 实现的，其中广义模量 M 指的是杨氏模量、剪切模量或体积模量。消除此材料模量的乘积将简化为如表 13.8.1 所示的无量纲透射应力波。为了完整起见，表 13.8.2 中列出了相应的无量纲反射应力波。

本质上，可将表 13.8.1 和表 13.8.2 中所列的无量纲透射应力波和反射应力波分别缩简为 (Lim，2013)

$$\frac{\sigma_{\rm T}}{\sigma_{\rm I}} = \frac{2f(\nu_2)}{f(\nu_2) + f(\nu_1)} \tag{13.8.1}$$

和

$$\frac{\sigma_{\rm R}}{\sigma_{\rm I}} = \frac{f(\nu_2) - f(\nu_1)}{f(\nu_2) + f(\nu_1)} \tag{13.8.2}$$

表 13.8.1 和表 13.8.2 中列出了各种函数 $f(\nu)$，以下结果和讨论均以 $\rho_1 M_1 = \rho_2 M_2$ 为前提。

表 13.8.1　无量纲透射应力波汇总

	$\rho_1 E_1 = \rho_2 E_2$	$\rho_1 G_1 = \rho_2 G_2$	$\rho_1 K_1 = \rho_2 K_2$
纵波 (一维应力状态)	1	$\dfrac{2\sqrt{1+\nu_2}}{\sqrt{1+\nu_2}+\sqrt{1+\nu_1}}$	$\dfrac{2\sqrt{1-2\nu_2}}{\sqrt{1-2\nu_2}+\sqrt{1-2\nu_1}}$
纵波 (宽度方向约束的平板)	$\dfrac{2\sqrt{\dfrac{1}{1-\nu_2^2}}}{\sqrt{\dfrac{1}{1-\nu_2^2}}+\sqrt{\dfrac{1}{1-\nu_1^2}}}$	$\dfrac{2\sqrt{\dfrac{1}{1-\nu_2}}}{\sqrt{\dfrac{1}{1-\nu_2}}+\sqrt{\dfrac{1}{1-\nu_1}}}$	$\dfrac{2\sqrt{\dfrac{1-2\nu_2}{1-\nu_2^2}}}{\sqrt{\dfrac{1-2\nu_2}{1-\nu_2^2}}+\sqrt{\dfrac{1-2\nu_1}{1-\nu_1^2}}}$
膨胀平面波	$\dfrac{2\sqrt{\dfrac{1-\nu_2}{(1+\nu_2)(1-2\nu_2)}}}{\sqrt{\dfrac{1-\nu_2}{(1+\nu_2)(1-2\nu_2)}}+\sqrt{\dfrac{1-\nu_1}{(1+\nu_1)(1-2\nu_1)}}}$	$\dfrac{2\sqrt{\dfrac{1-\nu_2}{1-2\nu_2}}}{\sqrt{\dfrac{1-\nu_2}{1-2\nu_2}}+\sqrt{\dfrac{1-\nu_1}{1-2\nu_1}}}$	$\dfrac{2\sqrt{\dfrac{1-\nu_2}{1+\nu_2}}}{\sqrt{\dfrac{1-2\nu_2}{1+\nu_2}}+\sqrt{\dfrac{1-2\nu_1}{1+\nu_1}}}$
圆柱杆内的扭转波	$\dfrac{2\sqrt{\dfrac{1}{1+\nu_2}}}{\sqrt{\dfrac{1}{1+\nu_2}}+\sqrt{\dfrac{1}{1+\nu_1}}}$	1	$\dfrac{2\sqrt{\dfrac{1-2\nu_2}{1+\nu_2}}}{\sqrt{\dfrac{1-2\nu_2}{1+\nu_2}}+\sqrt{\dfrac{1-2\nu_1}{1+\nu_1}}}$
瑞利表面波	$\dfrac{2\alpha_2\sqrt{\dfrac{1}{1+\nu_2}}}{\alpha_2\sqrt{\dfrac{1}{1+\nu_2}}+\alpha_1\sqrt{\dfrac{1}{1+\nu_1}}}$	$\dfrac{2\alpha_2}{\alpha_2+\alpha_1}$	$\dfrac{2\alpha_2\sqrt{\dfrac{1-2\nu_2}{1+\nu_2}}}{\alpha_2\sqrt{\dfrac{1-2\nu_2}{1+\nu_2}}+\alpha_1\sqrt{\dfrac{1-2\nu_1}{1+\nu_1}}}$

表 13.8.2　无量纲反射应力波汇总

	$\rho_1 E_1 = \rho_2 E_2$	$\rho_1 G_1 = \rho_2 G_2$	$\rho_1 K_1 = \rho_2 K_2$
纵波（一维应力状态）	0	$\dfrac{\sqrt{1+\nu_2}-\sqrt{1+\nu_1}}{\sqrt{1+\nu_2}+\sqrt{1+\nu_1}}$	$\dfrac{\sqrt{1-2\nu_2}-\sqrt{1-2\nu_1}}{\sqrt{1-2\nu_2}+\sqrt{1-2\nu_1}}$
纵波（宽度方向约束的平板）	$\dfrac{\sqrt{\frac{1}{1-\nu_2^2}}-\sqrt{\frac{1}{1-\nu_1^2}}}{\sqrt{\frac{1}{1-\nu_2^2}}+\sqrt{\frac{1}{1-\nu_1^2}}}$	$\dfrac{\sqrt{\frac{1}{1-\nu_2}}-\sqrt{\frac{1}{1-\nu_1}}}{\sqrt{\frac{1}{1-\nu_2}}+\sqrt{\frac{1}{1-\nu_1}}}$	$\dfrac{\sqrt{\frac{1-2\nu_2}{1-\nu_2^2}}-\sqrt{\frac{1-2\nu_1}{1-\nu_1^2}}}{\sqrt{\frac{1-2\nu_2}{1-\nu_2^2}}+\sqrt{\frac{1-2\nu_1}{1-\nu_1^2}}}$
膨胀平面波	$\dfrac{\sqrt{\frac{1-\nu_2}{(1+\nu_2)(1-2\nu_2)}}-\sqrt{\frac{1-\nu_1}{(1+\nu_1)(1-2\nu_1)}}}{\sqrt{\frac{1-\nu_2}{(1+\nu_2)(1-2\nu_2)}}+\sqrt{\frac{1-\nu_1}{(1+\nu_1)(1-2\nu_1)}}}$	$\dfrac{\sqrt{\frac{1-\nu_2}{1-2\nu_2}}-\sqrt{\frac{1-\nu_1}{1-2\nu_1}}}{\sqrt{\frac{1-\nu_2}{1-2\nu_2}}+\sqrt{\frac{1-\nu_1}{1-2\nu_1}}}$	$\dfrac{\sqrt{\frac{1-\nu_2}{1+\nu_2}}-\sqrt{\frac{1-\nu_1}{1+\nu_1}}}{\sqrt{\frac{1-\nu_2}{1+\nu_2}}+\sqrt{\frac{1-\nu_1}{1+\nu_1}}}$
圆柱杆杆内的扭转波	$\dfrac{\sqrt{\frac{1}{1+\nu_2}}-\sqrt{\frac{1}{1+\nu_1}}}{\sqrt{\frac{1}{1+\nu_2}}+\sqrt{\frac{1}{1+\nu_1}}}$	0	$\dfrac{\sqrt{\frac{1-2\nu_2}{1+\nu_2}}-\sqrt{\frac{1-2\nu_1}{1+\nu_1}}}{\sqrt{\frac{1-2\nu_2}{1+\nu_2}}+\sqrt{\frac{1-2\nu_1}{1+\nu_1}}}$
瑞利表面波	$\dfrac{\alpha_2\sqrt{\frac{1}{1+\nu_2}}-\alpha_1\sqrt{\frac{1}{1+\nu_1}}}{\alpha_2\sqrt{\frac{1}{1+\nu_2}}+\alpha_1\sqrt{\frac{1}{1+\nu_1}}}$	$\dfrac{\alpha_2-\alpha_1}{\alpha_2+\alpha_1}$	$\dfrac{\alpha_2\sqrt{\frac{1-2\nu_2}{1+\nu_2}}-\alpha_1\sqrt{\frac{1-2\nu_1}{1+\nu_1}}}{\alpha_2\sqrt{\frac{1-2\nu_2}{1+\nu_2}}+\alpha_1\sqrt{\frac{1-2\nu_1}{1+\nu_1}}}$

13.9　纵波中的无量纲透射应力 (一维应力状态)

对于 $\rho_1 E_1 = \rho_2 E_2$ 的特定情况，透射应力 $\sigma_T = \sigma_I$，反射应力 $\sigma_R = 0$。因此，这种情况类似于在界面处完全结合且无不连续性的杆的情况。

对于 $\rho_1 G_1 = \rho_2 G_2$，得到了图 13.9.1 中描绘的无量纲透射应力图。如果第二根杆的泊松比 $\nu_2 = -1$，则不会透射应力。换言之，如果第二根杆的泊松比 $\nu_2 = -1$，则入射应力波以相反的符号完全反射，即压缩应力波以拉伸应力波的形式等幅反射，反之亦然。这与自由端反射的波相似。另一方面，如果第一根杆的泊松比为 $\nu_1 = -1$，则透射应力是入射应力的 2 倍。这意味着，第一杆使用 $\nu_1 = -1$ 的拉胀杆可以使应力波在传输到第二根杆时加倍。这预示着反射波等于入射应力，因此类似于从固定端反射的波。

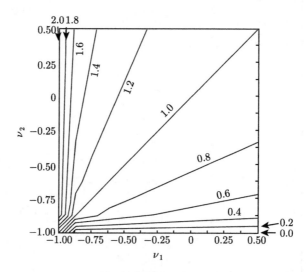

图 13.9.1　$\rho_1 G_1 = \rho_2 G_2$ 情况下纵波 (一维应力状态) 的无量纲透射应力

与 $\rho_1 G_1 = \rho_2 G_2$ 对比，如图 13.9.2 所示，在 $\rho_1 K_1 = \rho_2 K_2$ 的特定情况下，趋势相反。这里，如果第二根杆是不可压缩的，则不透射应力，并且反射应力的符号在等应力量级处反号。这也可从表 13.8.1"一维"行和"$\rho_1 K_1 = \rho_2 K_2$"列推断，其中 $\sigma_T \propto (1 - 2\nu_2)$，使得当 $\nu_2 = 0.5$ 时 $\sigma_T = 0$。另一方面，对第一根杆使用 $\nu_1 = 0.5$ 会使透射的应力加倍，反射应力类似于从固定端反射的情况。在这两种特定情况下，如果两杆泊松比相等，无论两杆是常规杆还是拉胀杆，入射应力完全透射，即无反射应力。一般来说，在 $\rho_1 G_1 = \rho_2 G_2$ 的特定情况下，泊松比 $\nu_1 > \nu_2$ 的范围是应力衰减区，即透射应力小于入射应力，而 $\nu_1 < \nu_2$ 的范围是应

力增强区, 透射应力大于入射应力 (图 13.9.1)。对于 $\rho_1 K_1 = \rho_2 K_2$ 的特殊情况, 区域恰恰相反 (图 13.9.2)。

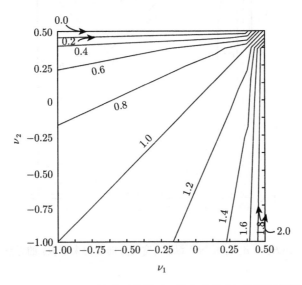

图 13.9.2　$\rho_1 K_1 = \rho_2 K_2$ 情况下纵波 (一维应力状态) 的无量纲透射应力

13.10　纵波中的无量纲透射应力 (宽度方向约束的平板)

对于 $\rho_1 E_1 = \rho_2 E_2$ 的特定情况, 如果第一块板是高度拉胀的平板, 当 $\nu_1 = -1$ 时, 不会透射应力, 如图 13.10.1 所示。当第一块板的泊松比为此值时, 反射应力波与入射应力波大小相等, 但符号相反, 类似于波从自由端反射。当第二块板具有较高的拉胀值 $\nu_2 = -1$ 时, 透射应力加倍, 反射的应力波等于入射波, 这类似于波从固定端的反射。完全应力透射或零应力反射的情况, 不仅出现在两块板的泊松比相等 ($\nu_1/\nu_2 = 1$) 的时候, 还可出现在两块板的泊松比大小相等且符号相反 ($\nu_1/\nu_2 = -1$) 的时候。$\sigma_{\mathrm{T}}/\sigma_{\mathrm{I}}$ 曲线的一个例子是在 $\nu_1 = \nu_2 = 0$ 时的鞍点, 从而将 $\rho_1 E_1 = \rho_2 E_2$ 和 $\nu_1 = \nu_2 = 0$ 代入式 (13.4.2) 得到 $\sigma_{\mathrm{T}} = \sigma_{\mathrm{R}} + \sigma_{\mathrm{I}} = \sigma_{\mathrm{I}}$, 它转化为零反射 ($\sigma_{\mathrm{R}} = 0$) 和 100% 应力透射 ($\sigma_{\mathrm{T}} = \sigma_{\mathrm{R}}$)。

在 $\rho_1 G_1 = \rho_2 G_2$ 的特定情况下, 如图 13.10.2 所示, 随两块板的泊松比的变化, 透射应力和反射应力变化非常小。当 $\nu_1 = -1$, $\nu_2 = 0.5$ 时, 透射应力为入射应力的 4/3; 当 $\nu_1 = 0.5$, $\nu_2 = -1$ 时, 透射应力为入射应力的 2/3。这意味着两种泊松比条件下的反射应力大小相同, 但符号相反, 即当 $\nu_1 = -1$, $\nu_2 = 0.5$ 时, 反射应力为入射应力的 1/3, 但当 $\nu_1 = 0.5$, $\nu_2 = -1$ 时, 反射应力为入射应力的 $-1/3$。

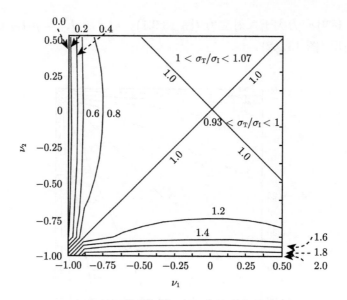

图 13.10.1　$\rho_1 E_1 = \rho_2 E_2$ 情况下纵波 (宽度方向受约束平板) 的无量纲透射应力

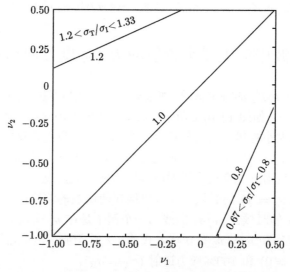

图 13.10.2　$\rho_1 G_1 = \rho_2 G_2$ 情况下纵波 (宽度方向受约束平板) 的无量纲透射应力

在 $\rho_1 K_1 = \rho_2 K_2$ 的特定条件下，如图 13.10.3 所示，在 $\nu_1 = 0.5$，$\nu_2 = -1$ 时，透射应力是入射应力的 2 倍。因此，对于上述泊松比情况，反射应力等于入射应力，类似于波从固定端反射。当 $\nu_1 = -1$，$\nu_2 = 0.5$ 时，不透射应力，波以相反的应力符号反射回来，类似于波从自由端反射。与前述的特定情况一样，当

$\nu_1 = \nu_2$ 时, 无应力反射 (即 100% 应力透射).

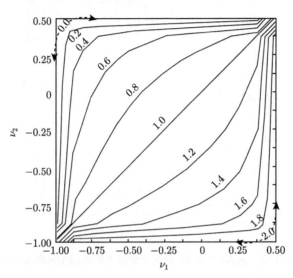

图 13.10.3 $\rho_1 K = \rho_2 K_2$ 情况下纵波 (宽度方向受约束平板) 的无量纲透射应力

13.11 膨胀平面波中的无量纲透射应力

在 $\rho_1 E_1 = \rho_2 E_2$ 的特定情况下, 当第二个固体具有极限泊松比 $\nu_2 = -1$ 和 $\nu_2 = 0.5$ 时, 入射应力以两倍大小透射, 如图 13.11.1 所示. 然而, 当第一个固体具有极限泊松比 $\nu_1 = -1$ 和 $\nu_1 = 0.5$ 时, 无应力透射. 有趣的是, 当满足以下条件时, 透射应力等于入射应力 (即零反射应力), 即

$$\frac{(1+\nu_1)(1-2\nu_1)}{(1+\nu_2)(1-2\nu_2)} = \frac{1-\nu_1}{1-\nu_2} \tag{13.11.1}$$

它包括 $\nu_1 = \nu_2$ 的情况. 可以在无量纲透射应力 $\sigma_{\mathrm{T}}/\sigma_{\mathrm{I}}$ 曲线图中观察到一个例子, 其鞍点在 $\nu_1 = \nu_2 = 0$ 处. 将 $\rho_1 E_1 = \rho_2 E_2$ 和 $\nu_1 = \nu_2 = 0$ 代入式 (13.5.2), 得到 $\sigma_{\mathrm{T}} = \sigma_{\mathrm{R}} + \sigma_{\mathrm{I}} = \sigma_{\mathrm{I}}$, 这样就可以解释入射应力 ($\sigma_{\mathrm{T}} = \sigma_{\mathrm{I}}$) 100% 透射和零反射 ($\sigma_{\mathrm{R}} = 0$) 的现象.

对于 $\rho_1 G_1 = \rho_2 G_2$, 当第二个固体具有高的泊松比 $\nu_2 = 0.5$ 时, 透射应力是入射应力的 2 倍; 当第一个固体具有高的泊松比 $\nu_1 = 0.5$ 时, 透射应力为零, 见图 13.11.2. 当两种固体均为拉胀固体时, 透射应力变化不明显. 因此, 可以假设当两种固体均为拉胀固体时, 透射应力近似等于入射应力, 反射应力相比于入射应力可以忽略不计.

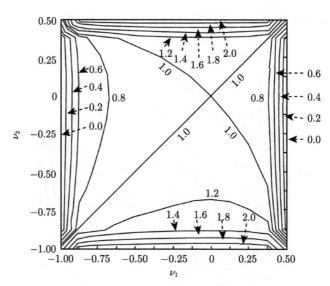

图 13.11.1　$\rho_1 E_1 = \rho_2 E_2$ 情况下膨胀平面波的无量纲透射应力

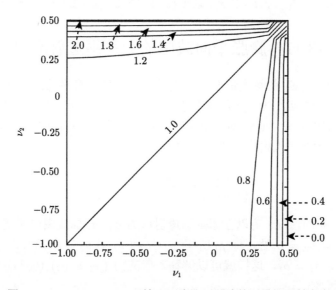

图 13.11.2　$\rho_1 G_1 = \rho_2 G_2$ 情况下膨胀平面波的无量纲透射应力

当 $\rho_1 K_1 = \rho_2 K_2$，第二个固体具有 $\nu_1 = -1$ 的高度拉胀值时 (图 13.11.3)，可得到透射应力为入射应力的 2 倍所对应的条件。当第一个固体具有高度拉胀值 $\nu_2 = -1$ 时，无透射应力。与之前的所有特定情况一样，当两种固体的泊松比相等时，透射应力等于入射应力 (或零反射应力)。

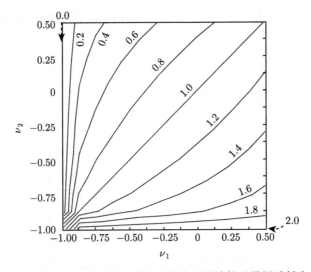

图 13.11.3 $\rho_1 K_1 = \rho_2 K_2$ 情况下膨胀平面波的无量纲透射应力

13.12 扭转波中的无量纲透射应力

对于 $\rho_1 E_1 = \rho_2 E_2$ 的特定情况,当第二根杆为高度拉胀时 ($\nu_2 = -1$),应力透射加倍 (即 100% 应力反射),但当第一根杆为高度拉胀时 ($\nu_1 = -1$),无应力透射,即反射应力大小相等、符号相反,类似于波从自由端反射。显然,当 $\nu_1 = \nu_2$ 时,入射应力完全透射到第二根杆,就好像两根杆基本上都是一根杆一样。有意思的是,将图 13.12.1 中的等高线图与图 13.9.1 和图 13.9.2 中的等高线图进行比较。具体地说,在 $\rho_1 E_1 = \rho_2 E_2$ 情况下扭转波的透射情况与 $\rho_1 G_1 = \rho_2 G_2$ 情况下纵波 (一维应力) 的透射情况类似。

对于 $\rho_1 G_1 = \rho_2 G_2$ 的特定情况,不管两杆的泊松比如何,入射应力完全透射到第二杆 (即无反射);在这种情况下,$\rho_1 G_1 = \rho_2 G_2$ 情况下的扭转波类似于 $\rho_1 E_1 = \rho_2 E_2$ 情况下的纵波 (一维应力),其中 $\sigma_T/\sigma_I = 1$。对于 $\rho_1 K_1 = \rho_2 K_2$ 的特殊情况,当透射杆不可压缩或透射杆具有 $\nu_2 = -1$ 时,透射应力加倍 (类似于固定端)。然而,当透射杆的泊松比为 $\nu_1 = -1$ 或当透射杆不可压缩时,不会透射应力 (类似于自由端)。还值得注意的是,可观察到图 13.12.2 与图 13.10.3 之间的高度相似性,在这两种情况下,在 $\nu_1 = -1$、0.5 和 $\nu_2 = -1$、0.5 的取值范围内沿相同路径时其透射应力完全相等。这是因为式 (13.4.4) 和式 (13.6.4) 均可概括为

$$\frac{\sigma_T}{\sigma_I} = \frac{\sigma_R}{\sigma_I} + 1 = \frac{2\sqrt{\rho_2 K_2 \dfrac{1 - 2\nu_2}{(1 + \nu_2)\, g\,(\nu_2)}}}{\sqrt{\rho_2 K_2 \dfrac{1 - 2\nu_2}{(1 + \nu_2)\, g\,(\nu_2)}} + \sqrt{\rho_1 K_1 \dfrac{1 - 2\nu_1}{(1 + \nu_1)\, g\,(\nu_1)}}} \qquad (13.12.1)$$

分别将 $g(\nu) = 1 - \nu$ 和 $g(\nu) = 1$ 代入式 (13.12.1) 后可再次得到式 (13.4.4) 和式 (13.6.4)。

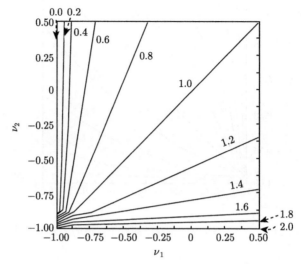

图 13.12.1 $\rho_1 E_1 = \rho_2 E_2$ 情况下圆杆扭转波的无量纲透射应力

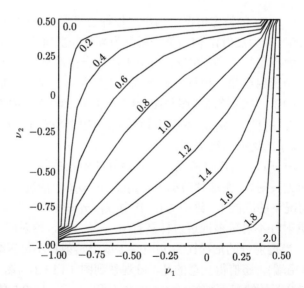

图 13.12.2 $\rho_1 K = \rho_2 K_2$ 情况下圆杆扭转波的无量纲透射应力

13.13 瑞利波中的无量纲透射应力

图 13.13.1 给出了在 $\rho_1 E_1 = \rho_2 E_2$ 情况下透射的瑞利波的等值线图。该图与图 13.12.1 类似，除了当透射材料和被透射材料均为常规材料时透射应力的变

化更小以外。如果至少有一种材料是高度拉胀的，即当 $-1 \leqslant \nu_1 \leqslant -0.9$ 或当 $-1 \leqslant \nu_2 \leqslant -0.9$ 时，透射波和反射波的变化变得非常迅速。

对于 $\rho_1 G_1 = \rho_2 G_2$ 的情况，如图 13.13.2 所示，透射应力的变化不明显。然而可以观察到，当 $\nu_1 < \nu_2$ 时应力透射增加，而当 $\nu_1 > \nu_2$ 时透射应力减小。换言之，当两种材料都是常规材料或拉胀材料时，应力透射的调节是无效的，但当一种是拉胀材料而另一种是常规材料时，应力透射的调节是有效的。

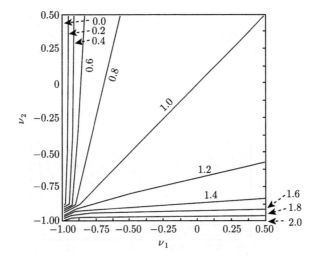

图 13.13.1　$\rho_1 E_1 = \rho_2 E_2$ 情况下瑞利波的无量纲透射应力

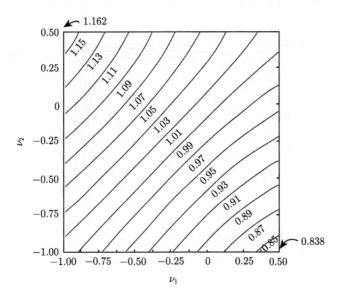

图 13.13.2　$\rho_1 G_1 = \rho_2 G_2$ 情况下瑞利波的无量纲透射应力

最后，图 13.13.3 给出了对于 $\rho_1 K_1 = \rho_2 K_2$ 情况下瑞利波中的无量纲透射应力曲线，这与 $\rho_1 K_1 = \rho_2 K_2$ 情况下扭转波中无量纲透射应力相似，只是在两种材料的大多数泊松比组合下，瑞利波中透射应力的变化比扭转波中的变化更为缓慢。在接近极限泊松比 $\nu_1 = -1$，0.5 和 $\nu_2 = -1$，0.5 的情况下出现了例外，其中，瑞利波中透射应力的变化比扭转波中更快。如图 13.13.4 所示，为便于比较，对其中扭转波和瑞利波的等高线图进行了叠分。

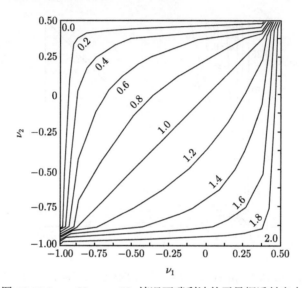

图 13.13.3　$\rho_1 K_1 = \rho_2 K_2$ 情况下瑞利波的无量纲透射应力

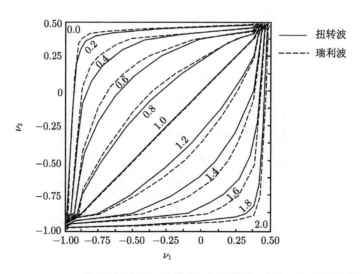

图 13.13.4　$\rho_1 K_1 = \rho_2 K_2$ 情况下扭转波 (连续线) 和瑞利波 (虚线) 的无量纲透射应力比较

13.14 拉胀固体的应力波透射总结

从入射应力波传递获得更大的力是应该的,在 $F_T > F_I$ 的条件下可实现这种力的倍增。将 $\sigma_T = F_T/A_2$ 和 $\sigma_I = F_I/A_1$ 代入式 (13.2.1) 中,给出了当 $A_2\rho_2 c_2 > A_1\rho_1 c_1$ 时力倍增的条件。对于要抑制的载荷,则将该条件逆转为 $A_2\rho_2 c_2 < A_1\rho_1 c_1$。为了观察拉胀性如何控制力的倍增和削减,先前计算过横截面积相等 ($A_1 = A_2$) 且密度和模量乘积相等 ($\rho_1 M_1 = \rho_2 M_2$) 的固体的波传播,其中广义模量 M 可以是杨氏模量、剪切模量或体积模量。在这些特殊条件下,在表 13.14.1(Lim, 2013) 所示的极限泊松比下,透射应力 (亦即透射力) 是入射应力波的 2 倍。

透射应力的倍增对应于与入射应力相等的反射应力波。因此,这些条件类似于波从固定端反射的情况。各种特定情况下消除透射应力的条件见表 13.14.1。在这些条件下,反射应力波与入射应力波具有相同的量级,但符号相反。因此,这些条件类似于波从自由端反射的情况。最后,表 13.14.1 还显示了应力透射的守恒条件,即透射应力等于入射应力,无反射应力波。该情况类似于当两种固体在材料性质上相似并且完全结合在一起而没有界面时的情况。

参 考 文 献

Graff K F (1975) Wave Motion in Elastic Solids. Oxford University Press, Oxford

Kolsky H (1953) Stress Waves in Solids. Clarendon Press, Oxford

Lim T C (2013) Stress wave transmission and reflection through auxetic solids. Smart Mater Struct, 22(8):084002

Sadd M H (1990) Wave Motion and Vibration in Continuous Media. University of Rhodes Island, Kingston, Rhodes Island

Timoshenko S P, Goodier J N (1970) Theory of Elasticity, 3rd edn. McGraw-Hill, Auckland

表 13.14.1 考虑特定情况的极限泊松比的应力波透射倍增和消减汇总

波的类型	特定情况	加倍的应力透射	消减的应力透射	等值应力透射
纵波 (一维应力状态)	$\rho_1 E_1 = \rho_2 E_2$	nil	nil	$-1 \leqslant \nu_1, \nu_2 \leqslant 0.5$
	$\rho_1 G_1 = \rho_2 G_2$	$\nu_1 = -1$	$\nu_2 = -1$	$\nu_1 = \nu_2$
	$\rho_1 K_1 = \rho_2 K_2$	$\nu_1 = 0.5$	$\nu_2 = 0.5$	$\nu_1 = \nu_2$
纵波 (宽度方向受约束平板)	$\rho_1 E_1 = \rho_2 E_2$	$\nu_2 = -1$	$\nu_1 = -1$	$\nu_1 = \pm \nu_2$
	$\rho_1 G_1 = \rho_2 G_2$	nil	nil	$\nu_1 = \nu_2$
	$\rho_1 K_1 = \rho_2 K_2$	$\nu_1 = 0.5, \nu_2 = -1$	$\nu_1 = -1, \nu_2 = 0.5$	$\nu_1 = \nu_2$
膨胀平面波	$\rho_1 E_1 = \rho_2 E_2$	$\nu_2 = -1, 0.5$	$\nu_1 = -1, 0.5$	$\dfrac{(1+\nu_1)(1-2\nu_1)}{(1+\nu_2)(1-2\nu_2)} = \dfrac{1-\nu_1}{1-\nu_2}$
	$\rho_1 G_1 = \rho_2 G_2$	$\nu_2 = 0.5$	$\nu_1 = 0.5$	$\nu_1 = \nu_2$
	$\rho_1 K_1 = \rho_2 K_2$	$\nu_2 = -1$	$\nu_1 = -1$	$\nu_1 = \nu_2$
圆柱杆内的扭转波	$\rho_1 E_1 = \rho_2 E_2$	$\nu_2 = -1$	$\nu_1 = -1$	$\nu_1 = \nu_2$
	$\rho_1 G_1 = \rho_2 G_2$	nil	nil	$-1 \leqslant \nu_1, \nu_2 \leqslant 0.5$
	$\rho_1 K_1 = \rho_2 K_2$	$\nu_1 = 0.5, \nu_2 = -1$	$\nu_1 = -1, \nu_2 = 0.5$	$\nu_1 = \nu_2$
瑞利表面波	$\rho_1 E_1 = \rho_2 E_2$	$\nu_2 = -1$	$\nu_1 = -1$	$\nu_1 = \nu_2$
	$\rho_1 G_1 = \rho_2 G_2$	$\nu_2 = -1$	$\nu_1 = -1$	$\nu_1 = \nu_2$
	$\rho_1 K_1 = \rho_2 K_2$	$\nu_1 = 0.5, \nu_2 = -1$	$\nu_1 = -1, \nu_2 = 0.5$	$\nu_1 = \nu_2$

第 14 章   拉胀固体中的纵波

摘要：本章考虑泊松比对棱柱杆内纵波引起的横向变形的影响，以及由此引起的密度的变化。采用无量纲化手段，使纵波的无量纲速度随泊松比保持恒定。基于这种无量纲化，结合密度修正和/或使用材料强度方法的横向惯性，本章给出了拉伸载荷作用下无量纲波速随泊松比减小的变化和压缩载荷作用下无量纲波速随泊松比增大的变化，因而枢轴条件发生在仅考虑密度修正的 $\nu = 0.5$ 处、仅考虑横向惯性的 $\nu = 0$ 处，以及同时考虑两种修正的 $\nu = 0.25$ 处，然后类比推广到只需密度修正的膨胀平面波情形。此后，重新研究了 Love 杆的横向惯性，得到了密度、杨氏模量、泊松比、极回转半径和波数对 Love 杆中纵波速度的综合影响。

关键词：密度修正；横向惯性；Love 杆；波数

14.1   引   言

本章主要涉及拉胀棱柱杆内的纵向弹性波。其动机来自于纵波速度与杆材料的密度平方根成反比，而材料密度在 $\nu = 0.5$ 时为常数，但各向同性固体的泊松比范围为 $-1 \leqslant \nu \leqslant 0.5$，这意味着，随着泊松比变得更负，密度保持不变的假设不再成立。图 14.1.1(a)~(d) 描述了拉胀固体中的体积变化大于常规固体中的体积变化，因此导致拉胀材料中密度的显著变化。在概述了 14.2 节中的基本分析和14.3 节中关于质量守恒密度修正之后，14.4 节和 14.5 节从力平衡法、14.7 节和14.8 节从能量法的角度考虑横向变形。为了完整起见，将力平衡法扩展到 14.6 节中膨胀平面波的密度修正情况。

虽然中等拉胀范围 $(-0.5 \leqslant \nu < 0)$ 的横向变形与常规范围内 $(0 \leqslant \nu \leqslant 0.5)$ 的横向变形相当，但对于高度拉胀固体 $(-1 \leqslant \nu < 0.5)$，横向大变形意味着横向尺寸保持不变的假设不再成立。举例来说，图 14.1.2 将横截面积分为三种类型。第一种是无应力状态下的横截面积，用 A_0 表示。对棱柱杆纵波传播的基本分析假定杆的横截面积保持不变。当考虑横向惯性时，所伴随的横向变形需指定为可变化的量，从而导致分别对应于 x 的纵向位置的横截面积 A 和对应于纵向位置 $x + \mathrm{d}x$ 的横截面积 $A + \mathrm{d}A$，单元厚度 $\mathrm{d}x$ 内的平均横截面积 $\bar{A}$ 由 A 和 $A + \mathrm{d}A$限定。本章所述的运动方程所指坐标系如图 14.1.2 所示。因此，本章中的术语不同于 12.2 节，12.2 节的 A 表示恒定横截面积，而本章中的 A 表示可变横截面积。

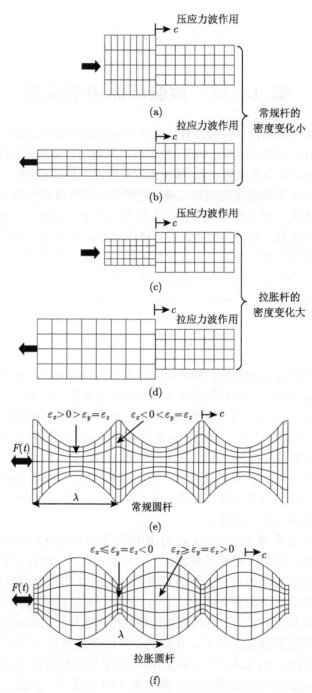

图 14.1.1　常规杆在 (a) 压应力波、(b) 拉应力波作用下，拉胀杆在 (c) 压应力波、(d) 拉应
力波作用下，以及在循环轴向载荷作用下 (e) 常规圆杆、(f) 拉胀圆杆的侧向变形简化示意图

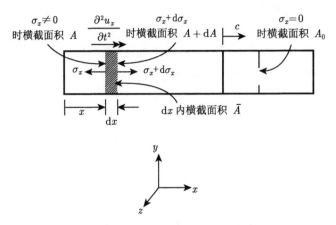

图 14.1.2　用于分析考虑横向惯性的纵波运动的示意图及术语

14.2　基本分析概述

众所周知，棱柱杆内纵波的基本运动方程为

$$A_0\left(\sigma_x + d\sigma_x\right) - A_0\sigma_x = \rho_0 A_0 dx \frac{\partial^2 u_x}{\partial t^2} \tag{14.2.1}$$

其中，A_0 (横截面积) 和 ρ_0 (杆密度) 均假定为常数，因而易得基本的相位速度为

$$c_{\mathrm{e}} = \sqrt{\frac{\dfrac{\partial^2 u_x}{\partial t^2}}{\dfrac{\partial^2 u_x}{\partial x^2}}} = \sqrt{\frac{E}{\rho_0}} \tag{14.2.2}$$

对于拉胀固体，可以看到，施加的拉应力导致正三轴应变；施加的压应力导致负三轴应变，从而引起密度的较大改变。由于密度影响相位速度，通过允许密度随应变变化，可得到修正后密度与基本相位速度间的关系。14.2 节将考虑密度修正。

14.3　密 度 修 正

如果式 (14.2.1) 中的恒定密度 ρ_0 放宽，以适应可变密度 ρ，即

$$A_0\left(\sigma_x + \mathrm{d}\sigma_x\right) - A_0\sigma_x = \rho A_0 \mathrm{d}x \frac{\partial^2 u_x}{\partial t^2} \tag{14.3.1}$$

然后在质量守恒的基础上

$$\rho_0\left(xyz\right) = \rho\left(x + \mathrm{d}x\right)\left(y + \mathrm{d}y\right)\left(z + \mathrm{d}z\right) \tag{14.3.2}$$

可变密度可以用应变来表示

$$\rho = \frac{\rho_0}{\left(1 + \varepsilon_x\right)\left(1 + \varepsilon_y\right)\left(1 + \varepsilon_z\right)} \qquad (14.3.3)$$

对于各向同性固体，式 (14.3.3) 可简化为

$$\rho = \frac{\rho_0}{\left(1 + \varepsilon_x\right)\left(1 - \nu\varepsilon_x\right)^2} \qquad (14.3.4)$$

根据式 (14.2.2)，可得采用密度修正表示的相位速度为

$$c_{\mathrm{d}} = \sqrt{\frac{E}{\rho}} = \left(1 - \nu\varepsilon_x\right)\sqrt{\left(1 + \varepsilon_x\right)\frac{E}{\rho_0}} \qquad (14.3.5)$$

虽然密度修正模型是对基本模型的改进，但由于密度修正必须伴随着横向变形，因此存在不一致性。14.4 节仅讨论横向变形的影响。

14.4　横　向　惯　性

现在重新定义 A_0 为杆无应力部分的横截面积，并引入 A 作为应力 σ_x 的横截面积，那么运动方程变成

$$\left(A + \mathrm{d}A\right)\left(\sigma_x + \mathrm{d}\sigma_x\right) - A\sigma_x = \rho_0 \bar{A}\mathrm{d}s = \frac{\partial^2 u_x}{\partial t^2} \qquad (14.4.1)$$

其中，$A + \mathrm{d}A$ 是对应于应力 $\sigma_x + \mathrm{d}\sigma_x$ 处的横截面积。限制在 $\mathrm{d}x$ 长度的基本体积内的杆的平均横截面积被认为是 x 和 $x + \mathrm{d}x$ 处横截面积的简单平均值，

$$\bar{A} = \frac{(A)_x + (A)_{x+\mathrm{d}x}}{2} = \frac{A + (A + \mathrm{d}A)}{2} = A + \frac{1}{2}\mathrm{d}A \qquad (14.4.2)$$

假设杆有一个边长分别为 y 和 z 的矩形截面，那么

$$A_0 = yz \qquad (14.4.3)$$

而

$$A = \left(y + \mathrm{d}y\right)\left(z + \mathrm{d}z\right) = yz + z\mathrm{d}y + y\mathrm{d}z + \mathrm{d}y\mathrm{d}z \qquad (14.4.4)$$

或以应变的形式表示为

$$\frac{A}{A_0} = 1 + \frac{\mathrm{d}y}{y} + \frac{\mathrm{d}z}{z} + \frac{\mathrm{d}y}{y}\frac{\mathrm{d}z}{z} = 1 + \varepsilon_y + \varepsilon_z + \varepsilon_y\varepsilon_z \qquad (14.4.5)$$

对于各向同性的杆，可简化为

$$\frac{A}{A_0} = 1 - 2\nu\varepsilon_x + \nu^2\varepsilon_x^2 \qquad (14.4.6)$$

把 $x \sim x + \mathrm{d}x$ 的应力、应变和横截面积的变化写成

$$\left\{ \begin{array}{c} \sigma_x \\ \varepsilon_x \\ A \end{array} \right\}_x \to \left\{ \begin{array}{c} \sigma_x + \mathrm{d}\sigma_x \\ \varepsilon_x + \mathrm{d}\varepsilon_x \\ A + \mathrm{d}A \end{array} \right\}_{x=\mathrm{d}x} \tag{14.4.7}$$

由式 (14.4.6) 可得

$$\frac{A + \mathrm{d}A}{A_0} = 1 - 2\nu \left(\varepsilon_x + \mathrm{d}\varepsilon_x \right) + \nu^2 \left(\varepsilon_x + \mathrm{d}\varepsilon_x \right)^2 \tag{14.4.8}$$

或者得到它的展开形式

$$\frac{A + \mathrm{d}A}{A_0} = 1 - 2\nu \left(\varepsilon_x + \frac{\partial \varepsilon_x}{\partial x} \mathrm{d}x \right) + \nu^2 \left[\varepsilon_x^2 + 2\varepsilon_x \frac{\partial \varepsilon_x}{\partial x} \mathrm{d}x + \left(\frac{\partial \varepsilon_x}{\partial x} \mathrm{d}x \right)^2 \right] \tag{14.4.9}$$

然后，可由式 (14.4.9) 减去式 (14.4.6) 提取横截面积增量 $\mathrm{d}A$ 沿无穷小厚度 $\mathrm{d}x$ 的变化，从而得出

$$\frac{\mathrm{d}A}{A_0} = -2\nu \frac{\partial \varepsilon_x}{\partial x} \mathrm{d}x + 2\nu^2 \varepsilon_x \frac{\partial \varepsilon_x}{\partial x} \mathrm{d}x + \nu^2 \left(\frac{\partial \varepsilon_x}{\partial x} \mathrm{d}x \right)^2 \tag{14.4.10}$$

将式 (14.4.6) 和式 (14.4.10) 代入式 (14.4.2)，可将 $\mathrm{d}x$ 内的平均横截面积用纵向应变写成

$$\frac{\bar{A}}{A_0} = 1 - 2\nu\varepsilon_x + \nu^2\varepsilon_x^2 - \nu \frac{\partial \varepsilon_x}{\partial x} \mathrm{d}x + \nu^2 \varepsilon_x \frac{\partial \varepsilon_x}{\partial x} \mathrm{d}x + \frac{\nu^2}{2} \left(\frac{\partial \varepsilon_x}{\partial x} \mathrm{d}x \right)^2 \tag{14.4.11}$$

最后，将式 (14.4.6)、式 (14.4.10)、式 (14.4.11) 和

$$\left\{ \begin{array}{c} \sigma_x \\ \mathrm{d}\sigma_x \end{array} \right\} = E \left\{ \begin{array}{c} \varepsilon_x \\ \dfrac{\partial \varepsilon_x}{\partial x} \mathrm{d}x \end{array} \right\} \tag{14.4.12}$$

代入式 (14.4.1) 得到

$$\left(1 - 2\nu\varepsilon_x + \nu^2\varepsilon_x^2 \right) E \frac{\partial \varepsilon_x}{\partial x} \mathrm{d}x$$

$$+ E\varepsilon_x \left[-2\nu \frac{\partial \varepsilon_x}{\partial x} \mathrm{d}x + 2\nu^2 \varepsilon_x \frac{\partial \varepsilon_x}{\partial x} \mathrm{d}x + \nu^2 \left(\frac{\partial \varepsilon_x}{\partial x} \mathrm{d}x \right)^2 \right]$$

$$+ \left[-2\nu \frac{\partial \varepsilon_x}{\partial x} \mathrm{d}x + 2\nu^2 \varepsilon_x \frac{\partial \varepsilon_x}{\partial x} \mathrm{d}x + \nu^2 \left(\frac{\partial \varepsilon_x}{\partial x} \mathrm{d}x \right)^2 \right] E \frac{\partial \varepsilon_x}{\partial x} \mathrm{d}x$$

$$= \rho_0 \left[1 - 2\nu\varepsilon_x + \nu^2\varepsilon_x^2 - \nu \frac{\partial\varepsilon_x}{\partial x}\mathrm{d}x + \nu^2\varepsilon_x\frac{\partial\varepsilon_x}{\partial x}\mathrm{d}x + \frac{\nu^2}{2}\left(\frac{\partial\varepsilon_x}{\partial x}\mathrm{d}x\right)^2 \right]\mathrm{d}x\frac{\partial^2 u_x}{\partial t^2}$$

$$(14.4.13)$$

除以 $E\mathrm{d}x$，并代入 $\varepsilon_x = \partial u_x/\partial x$，可得到以下微分方程：

$$\left(1 - 2\nu\frac{\partial u_x}{\partial x} + \nu^2\frac{\partial u_x}{\partial x}^2\right)\frac{\partial^2 u_x}{\partial x^2}$$

$$+ \frac{\partial u_x}{\partial x}\left[-2\nu\frac{\partial^2 u_x}{\partial x^2} + 2\nu^2\frac{\partial u_x}{\partial x}\frac{\partial^2 u_x}{\partial x^2} + \nu^2\left(\frac{\partial^2 u_x}{\partial x^2}\right)^2\mathrm{d}x\right]$$

$$+ \left[-2\nu\frac{\partial^2 u_x}{\partial x^2} + 2\nu^2\frac{\partial u_x}{\partial x}\frac{\partial^2 u_x}{\partial x^2} + \nu^2\left(\frac{\partial^2 u_x}{\partial x^2}\right)^2\mathrm{d}x\right]\frac{\partial^2 u_x}{\partial x^2}\mathrm{d}x$$

$$= \frac{\rho_0}{E}\left[1 - 2\nu\frac{\partial u_x}{\partial x} + \nu^2\left(\frac{\partial^2 u_x}{\partial x^2}\right)^2 - \nu\frac{\partial^2 u_x}{\partial x^2}\mathrm{d}x + \nu^2\frac{\partial u_x}{\partial x}\frac{\partial^2 u_x}{\partial x^2}\mathrm{d}x\right.$$

$$\left. + \frac{\nu^2}{2}\left(\frac{\partial^2 u_x}{\partial x^2}\mathrm{d}x\right)^2\right]\frac{\partial^2 u_x}{\partial t^2} \qquad (14.4.14)$$

该式用于描述具有横向惯性的棱柱杆内的纵波运动。在泊松比为零时，式 (14.4.14) 缩简为式 (12.2.4)，即基于基本模型的弹性杆内的纵波方程。忽略 $\mathrm{d}x$ 和 $(\mathrm{d}x)^2$ 项，式 (14.4.14) 可缩简为

$$\left[1 - 4\nu\frac{\partial u_x}{\partial x} + 3\nu^2\left(\frac{\partial u_x}{\partial x}\right)^2\right]\frac{\partial^2 u_x}{\partial x^2} = \frac{\rho_0}{E}\left[1 - 2\nu\frac{\partial u_x}{\partial x} + \nu^2\left(\frac{\partial u_x}{\partial x}\right)^2\right]\frac{\partial^2 u_x}{\partial t^2}$$

$$(14.4.15)$$

代入 $\partial u_x/\partial x = \varepsilon_x$，具有横向惯性的相位速度可采用应变表示为

$$c_l = \sqrt{\frac{\dfrac{\partial^2 u_x}{\partial t^2}}{\dfrac{\partial^2 u_x}{\partial x^2}}} = \sqrt{\frac{1 - 3\nu\varepsilon_x}{1 - \nu\varepsilon_x}\frac{E}{\rho_0}} \qquad (14.4.16)$$

14.5　密度修正和横向惯性

本节将前述提出的密度修正和横向惯性模型结合在一起。本质上，所用的运动方程是相似的，即

$$(A + \mathrm{d}A)(\sigma_x + \mathrm{d}\sigma_x) - A\sigma_x = \rho\bar{A}\mathrm{d}x\frac{\partial^2 u_x}{\partial t^2} \qquad (14.5.1)$$

使用 14.3 节的密度和 14.4 节中横截面积的定义，将式 (14.3.4) 中描述的密度变化与式 (14.5.1) 中表示的横向惯性相位速度结合，可得

$$c_{\mathrm{dl}} = \sqrt{\frac{1 - 3\nu\varepsilon_x}{1 - \nu\varepsilon_x}\frac{E}{\rho}} = \sqrt{(1 + \varepsilon_x)(1 - \nu\varepsilon_x)(1 - 3\nu\varepsilon_x)\frac{E}{\rho_0}} \qquad (14.5.2)$$

这里可观察到三种特定情况，其中两种最明显的情况是在拉胀范围内的极限泊松比，即

$$c_{\mathrm{dl}} = \sqrt{(1 + \varepsilon_x)\frac{E}{\rho_0}}, \quad \nu = 0 \qquad (14.5.3)$$

和

$$c_{\mathrm{dl}} = (1 + \varepsilon_x)\sqrt{(1 + 3\varepsilon_x)\frac{E}{\rho_0}}, \quad \nu = -1 \qquad (14.5.4)$$

另一个特例发生在柯西关系条件下，给出以下近似:

$$c_{\mathrm{dl}} = \sqrt{\left(1 - \frac{13}{16}\varepsilon_x^2 + \frac{3}{16}\varepsilon_x^2\right)\frac{E}{\rho_0}} \approx \sqrt{\frac{E}{\rho_0}}, \quad \nu = \frac{1}{4} \qquad (14.5.5)$$

表 14.5.1 总结了各种方法的相位速度。

表 14.5.1　不同方法所得的相位速度的比较

	无密度修正	密度修正
无横向惯性	$c_{\mathrm{e}} = \sqrt{\dfrac{E}{\rho_0}}$	$c_{\mathrm{d}} = (1 - \nu\varepsilon_x)\sqrt{(1 + \varepsilon_x)\dfrac{E}{\rho_0}}$
横向惯性	$c_{\mathrm{l}} = \sqrt{\dfrac{1 - 3\nu\varepsilon_x}{1 - \nu\varepsilon_x}\dfrac{E}{\rho_0}}$	$c_{\mathrm{dl}} = \sqrt{(1 + \varepsilon_x)(1 - \nu\varepsilon_x)(1 - 3\nu\varepsilon_x)\dfrac{E}{\rho_0}}$

因此，采用基本方法所表示的波速 (c_{e})、密度修正方法所表示的波速 (c_{d})、横向惯性方法所表示的波速 (c_{l}) 和横向惯性且密度修正方法所表示的波速 (c_{dl}) 之间的关系可以写成

$$c_{\mathrm{e}}\sqrt{(1 + \varepsilon_x)(1 - \nu\varepsilon_x)(1 - 3\nu\varepsilon_x)} = c_{\mathrm{d}}\sqrt{\frac{1 - 3\nu\varepsilon_x}{1 - \nu\varepsilon_x}} = c_{\mathrm{l}}(1 - \nu\varepsilon_x)\sqrt{1 + \varepsilon_x} = c_{\mathrm{dl}}$$

$$(14.5.6)$$

为比较此处所述四种方法的纵波波速，特别是拉胀杆，将无量纲波速定义为

$$c^* = c\sqrt{\frac{\rho_0}{E}} \qquad (14.5.7)$$

因此式 (14.2.2)、式 (14.3.5)、式 (14.4.16) 和式 (14.5.2) 均是无量纲的, 如下所示:

$$\left\{\begin{array}{c} c_e^* \\ c_d^* \\ c_l^* \\ c_{dl}^* \end{array}\right\} = \left\{\begin{array}{c} 1 \\ (1-\nu\varepsilon_x)\sqrt{1+\varepsilon_x} \\ \sqrt{(1-3\nu\varepsilon_x)/(1-\nu\varepsilon_x)} \\ \sqrt{(1+\varepsilon_x)(1-\nu\varepsilon_x)(1-3\nu\varepsilon_x)} \end{array}\right\} \qquad (14.5.8)$$

　　图 14.5.1 描绘了基于 5% 恒定应变幅度的拉伸和压缩应力情况下式 (14.5.8) 对应的曲线图。

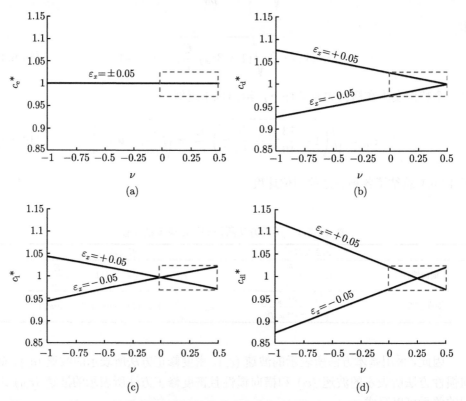

图 14.5.1　基于 5% 恒定应变幅度的拉伸和压缩应力波比较: (a) 无修正; (b) 密度修正; (c) 横向惯性修正; (d) 密度修正且横向惯性修正

　　虽然微不足道, 但为完整起见, 图 14.5.1(a) 中提供了通过基本方法得到的无量纲波速。插图为 $0 \leqslant \nu \leqslant 0.5$ 和 $0.975 \leqslant c^* \leqslant 1.025$ 定义的虚线矩形, 以便通过不同的方法与无量纲波速进行比较。进行密度修正时, 除泊松比为 $\nu = 0.5$ (体积保持不变) 的情况以外, 波速随拉伸应变增大、随压缩应变减小, 如图 14.5.1(b)

所示。这种观测并不意外，因为在 $\nu = 0.5$ 时密度未发生变化，所以密度修正曲线在 $\nu = 0.5$ 时收敛，与采用基本方法所得波速一致。根据以下变化趋势

$$\varepsilon_x > 0 \Rightarrow \frac{\partial c_{\mathrm{dl}}^*}{\partial \nu} < 0 \tag{14.5.9}$$

或者

$$\varepsilon_x < 0 \Rightarrow \frac{\partial c_{\mathrm{dl}}^*}{\partial \nu} > 0 \tag{14.5.10}$$

速度的变化随着杆泊松比变得更负而逐渐增加。

当考虑横向惯性修正时，除在交叉点 $\nu = 0$ 处，可观察到与式 (14.5.9) 和式 (14.5.10) 类似的趋势，如图 14.5.1(c) 所示。这个观察结果并不意外，因为在 $\nu = 0$ 时横向尺寸没有变化。当同时考虑密度修正和横向惯性修正时，式 (14.5.9) 和 (14.5.10) 中描述的趋势变得更加明显。此外，交叉点出现在如式 (14.5.5) 所述的柯西关系 ($\nu = 0.25$) 附近。因此，在常规区域，$\varepsilon_x = \pm 5\%$ 的无量纲波速变化在 3% 以内，而当 $\nu \to -1$ 时，无量纲波速变化超过 12%。

为进一步清楚地描绘拉胀性和应变对纵波波速的综合影响，图 14.5.2 描绘了 $\varepsilon_x = 0$、± 0.025、± 0.05 的一系列 c_{dl}^* 随 ν 的变化曲线。这些结果表明，如式 (14.2.2) 所述的那样，仅当杆由各向同性的常规材料制成时，才可使用基本波速来表述。然而，如果杆是由各向同性的拉胀材料制成的，则必须同时考虑泊松比和应变，以考虑它们对波速的影响。由于密度修正模型或单独的横向惯性模型的不一致性，所以不建议使用拉胀材料。但为了比较，本书将其包括在内。

由于无量纲波速随杆泊松比的变化关系曲线几乎是线性的，为了达到设计的目的，需要引入一个简化模型。展开式 (14.5.2) 的平方根项，得到

$$c_{\mathrm{dl}}^* = \sqrt{1 + (1 - 4\nu)\,\varepsilon_x + (3\nu - 4)\,\nu\varepsilon_x^2 + 3\nu^2\varepsilon_x^3} \tag{14.5.11}$$

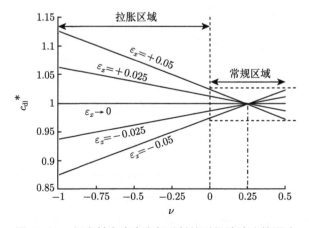

图 14.5.2　恒定轴向应变和杆泊松比对纵波波速的影响

通过泰勒级数展开

$$\sqrt{1+\psi} = \sum_{n=0}^{\infty} \frac{(-1)^n (2n)!}{4^n (n!)^2 (1-2n)} \psi^n \qquad (14.5.12)$$

其中

$$\psi = (1-4\nu)\varepsilon_x + (3\nu-4)\nu\varepsilon_x^2 + 3\nu^2\varepsilon_x^3 \qquad (14.5.13)$$

展开后为

$$\sqrt{1+\psi} = 1 + \frac{1}{2}\psi - \frac{1}{8}\psi^2 + \frac{1}{16}\psi^3 - \frac{5}{128}\psi^4 + \frac{7}{256}\psi^5 - \frac{21}{1024}\psi^6 + \cdots \quad (14.5.14)$$

忽略 ε_x 高阶项, 可得

$$c_{\mathrm{dl}}^* \approx 1 + \frac{1-4\nu}{2}\varepsilon_x \qquad (14.5.15)$$

与式 (14.5.8) 最后一行描述的理论方法相比, 该设计方程绘制的一组纵波波速曲线如图 14.5.3 所示。可以看出, 设计方程给出了一个非常好的近似值, 特别是对于 $|\varepsilon_x| < 5\%$, 甚至在相当大的应变量级 $|\varepsilon_x| = 10\%$ 的情况下, 仅在 $\nu \leqslant -0.2$ 时有轻微的低估和在 $\nu > -0.1$ 时有轻微的高估。

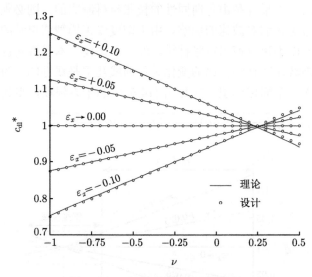

图 14.5.3 理论和设计方程的比较

表 14.5.2 列出了基本模型相对于修正模型的误差百分比的有效范围。假设施加一个严格的准则, 使得误差仅允许为 1%, 那么使得基本模型有效的纵向应变范围非常窄。在该有效范围之外, 为提高精度, 应该使用修正模型。

表 14.5.2 通过单元模型相对于修正模型的误差百分比来验证波速的范围

棱柱杆的泊松比	误差在 ±1% 以内	误差在 ±2% 以内	误差在 ±5% 以内
$\nu = -1$	$-0.4\% < \varepsilon_x < 0.4\%$	$-0.8\% < \varepsilon_x < 0.8\%$	$-2.01\% < \varepsilon_x < 1.99\%$
$\nu = -0.75$	$-0.5\% < \varepsilon_x < 0.5\%$	$-1\% < \varepsilon_x < 1\%$	$-2.51\% < \varepsilon_x < 2.49\%$
$\nu = -0.5$	$-0.67\% < \varepsilon_x < 0.67\%$	$-1.33\% < \varepsilon_x < 0.133\%$	$-3.35\% < \varepsilon_x < 3.32\%$
$\nu = -0.25$	$-1\% < \varepsilon_x < 1\%$	$-2\% < \varepsilon_x < 2\%$	$-5.02\% < \varepsilon_x < 4.98\%$

14.6 类似于膨胀平面波

因为膨胀平面波本质上是一种在正交于波动方向平面上变形使得横向应力通常更为显著的纵波，所以有必要对棱柱杆内纵波和膨胀平面波进行比较。与杆的情况不同，膨胀平面波是一种三维应力状态或一维变形情况，故不允许横向惯性。因此，只有密度修正适用于膨胀平面波。式 (12.3.4) 中给出了膨胀平面波的波速，其中系数 $(1-\nu)/[(1+\nu)(1-2\nu)]$ 是通过将零横向应变代入三维胡克定律得来的，而不是由于密度的任何变化。与 12.3 节不同，将膨胀平面波的基本速度重写为

$$c_\mathrm{p} = \sqrt{\frac{E(1-\nu)}{\rho_0(1+\nu)(1-2\nu)}} \tag{14.6.1}$$

其中，ρ_0 是指恒定的密度。因此，密度的变化可以通过用可变密度 ρ 代替恒定密度 ρ_0 来表示，即

$$c_\mathrm{pd} = \sqrt{\frac{E(1-\nu)}{\rho(1+\nu)(1-2\nu)}} \tag{14.6.2}$$

通过零横向变形时 $(\mathrm{d}y=\mathrm{d}z=0)$ 的质量守恒关系，即

$$\rho_0(xyz) = \rho(x+\mathrm{d}x)(yz) \tag{14.6.3}$$

可得以纵向应变形式表述的可变密度为

$$\rho = \frac{\rho_0}{1+\varepsilon_x} \tag{14.6.4}$$

将式 (14.6.4) 代入式 (14.6.2) 得出

$$c_\mathrm{pd} = \sqrt{\frac{E(1-\nu)(1+\varepsilon_x)}{\rho_0(1+\nu)(1-2\nu)}} \tag{14.6.5}$$

或其等效的无量纲形式

$$c_\mathrm{pd}^* = c_\mathrm{pd}\sqrt{\frac{\rho_0}{E}} = \sqrt{\frac{(1-\nu)(1+\varepsilon_x)}{(1+\nu)(1-2\nu)}} \tag{14.6.6}$$

图 14.6.1 所示为各种恒定纵向应变的 c_{pd}^* 随 ν 变化的曲线簇,以便与图 14.5.2 所示杆中的无量纲波速进行比较。不同于杆在柯西关系中 $\nu = 1/4$ 处发生相对速度反向的情况,在整个 $-1 \leqslant \nu \leqslant 0.5$ 的泊松比范围内,在高应变处膨胀平面波速度更大。为便于更好地与图 14.5.2 比较,需将图 14.5.2 中所有曲线相对于 $\varepsilon_x = 0$ 的 c_{pd}^* 曲线进行标准化。对图 14.6.2 所示曲线,它是通过以下比率来实现的:

$$\frac{c_{\mathrm{pd}}^*}{c_{\mathrm{p}}^*} = \frac{c_{\mathrm{pd}}}{c_{\mathrm{p}}} = \sqrt{1 + \varepsilon_x} \tag{14.6.7}$$

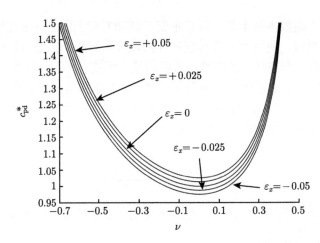

图 14.6.1　恒定的纵向应变与材料拉胀性对相对于图 14.5.2 描绘的密度修正的膨胀平面波无量纲波速的影响

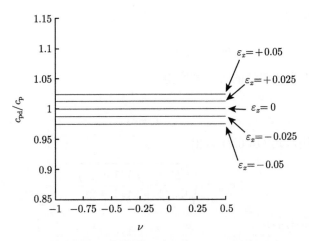

图 14.6.2　恒定的轴向应变与材料拉胀性对相对于图 14.5.2 描绘的密度修正的膨胀平面波在 $\varepsilon_x = 0$ 时的 c_{pd} 标准化后的无量纲波速的影响

图 14.6.2 的纵坐标轴刻度与图 14.5.2 相似，由此可以看出，在整个泊松比范围内图 14.6.2 中的标准化 c_{pd}^* 的范围与在常规区图 14.5.2 中的无量纲 c_{dl} 的范围相当。这一发现并不奇怪，因为

$$(c_{dl}^*)_{\nu=0} = \sqrt{1+\varepsilon_x} \tag{14.6.8}$$

即当杆的泊松比为零时，其无量纲纵波速度近似于膨胀平面波的标准化速度。这意味着出于设计的目的，无论其泊松比符号如何，并不需要对固体进行密度修正。图 14.6.3 示意性地表示了基本模型和修正模型之间的关系，以及此处所考虑的杆的情况与其膨胀平面波间的关系。众所周知，固体中的拉胀性是由微结构局部非均匀变形引起的，因此弹性理论不能完全捕捉非均匀效应。然而，当杆的长度尺度比微结构单元的长度尺度高多个数量级时，弹性理论是可用的。到目前为止，本章中提出的模型均假定波前后的应变保持不变。

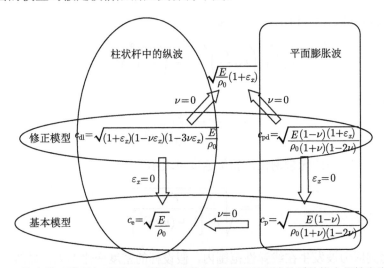

图 14.6.3 基本单元模型与采用/未采用密度修正的膨胀平面波关系的横向惯性和密度修正纵波波速示意图

14.7 拉胀 Love 杆的横向惯性

本节基于能量方法 (Graff，1975) 展示了横向惯性对纵波在杆中传播的相位速度的影响，特别强调了拉胀材料相对于常规材料的相位速度。考虑到横向惯性，可以将 Love 杆的运动方程写为 (Love，2013)

$$\frac{\partial^2 u}{\partial x^2} + \left(\frac{\nu k}{c_0}\right)^2 \frac{\partial^4 u}{\partial x^2 \partial t^2} = \frac{1}{c_0^2} \frac{\partial^2 u}{\partial t^2} \tag{14.7.1}$$

其中，k^2 是横截面回转极半径。此运动方程可简化为棱柱杆内基本纵波方程的一个特例，即通过将 $\nu = 0$ 代入式 (14.7.1) 所得到的式 (12.2.4)。另一种特定情况可通过将 $\nu = -1$ 代入式 (14.7.1) 得出

$$\frac{\partial^2 u}{\partial x^2} = \frac{1}{c_0^2}\left(\frac{\partial^2 u}{\partial t^2} - k^2 \frac{\partial^4 u}{\partial x^2 \partial t^2}\right) \tag{14.7.2}$$

式 (14.7.1) 并不区分正泊松比和负泊松比。例如，对于 $\nu = 0.5$ 的不可压缩固体及 $\nu = -0.5$ 的拉胀固体，它均为

$$\frac{\partial^2 u}{\partial x^2} = \frac{1}{c_0^2}\left(\frac{\partial^2 u}{\partial t^2} - \frac{k^2}{4} \frac{\partial^4 u}{\partial x^2 \partial t^2}\right) \tag{14.7.3}$$

考虑以下形式的解

$$u = A\exp\left[i\gamma\left(x - ct\right)\right] \tag{14.7.4}$$

其中，γ 为波数，式 (14.7.1) 可写为

$$-\gamma^2 + \left(\nu\kappa\frac{c}{c_0}\right)^2 \gamma^4 + \left(\frac{c}{c_0}\right)^2 \gamma^2 = 0 \tag{14.7.5}$$

则相位速度为

$$c = \frac{c_0}{\sqrt{1 + (\nu k\gamma)^2}} \tag{14.7.6}$$

通过式 (12.6.1) 中的无量纲化，相位速度可表示为

$$c = \sqrt{\frac{E}{\rho_0\left[1 + (\nu k\gamma)^2\right]}} \tag{14.7.7}$$

　　考虑到应力波发生在线弹性范围内，假设杆的密度变化不大，显然，Love 杆的相位速度受杆材料泊松比的影响。对于各向同性杆，$-1 \leqslant \nu \leqslant 0.5$，因此相位速度在 $\nu = 0$ 时最大，但在 $\nu = -1$ 时最小。尽管式 (14.7.7) 中描述的相位速度对于 $\nu = 0.5$ 和 $\nu = -0.5$ 是相同的，但必须记住，对于 $\nu = 0.5$，密度没有变化，但对于 $\nu = -0.5$，却并非如此。

　　如式 (14.7.6) 或式 (14.7.7) 所述，Love 杆中的相位速度随杆的回转半径、波数和杆的泊松比增大而减小。因此，它表明拉胀性本身并不影响相位速度，因为它是由 $-0.5 \leqslant \nu \leqslant 0.5$ 范围内的泊松比大小决定的。然而，在 $-1 \leqslant \nu < -0.5$ 范围内，高度拉胀性的影响是明显的，这不是由于拉胀性本身，而是由于各向同性固体不存在泊松比大于 0.5。图 14.7.1(a) 描绘了在不同泊松比情况下 Love 杆中无量纲相位速度相对于无量纲积 $k\gamma$ 的变化，而图 14.7.1(b) 则划清了高拉胀区与

常规拉胀区、低拉胀区之间的界限。图 14.7.1 表明，杆的泊松比的大小在延缓相位速度方面是有效的，在各向同性杆的情况下，当 $\nu = -1$ 时，可以实现最有效的延缓。另一方面，在需要快速透射应力波的工程应用中，零泊松比的固体是有用的。

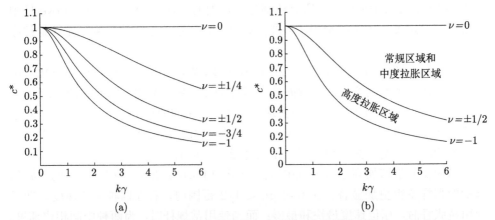

图 14.7.1　无量纲乘积 $k\gamma$ 对考虑横向惯性的杆中无量纲相位速度的影响：(a) 在 $-0.5 \leqslant \nu \leqslant 0.5$ 范围内各向同性杆的不同泊松比的曲线；(b) 常规区域、中度拉胀区域与高度拉胀区域 $(-1 \leqslant \nu \leqslant -0.5)$ 之间的比较

14.8　拉胀 Love 杆的横向惯性和密度修正

如图 14.1.1 所示，即使杆密度的变化对于常规固体而言微不足道，但对于拉胀固体，则必须将其考虑在内。基于质量守恒，在小应变基础上，可得名义 (工程) 应变的定义，如式 (14.3.4)。从质量守恒方程 (14.3.2) 出发，基于对数 (真) 应变的定义，对于整个应变范围，可得

$$\rho_0 = \rho \exp \left(\varepsilon_x + \varepsilon_y + \varepsilon_z \right) \tag{14.8.1}$$

对工程应力和工程应变，将 $\sigma_y = \sigma_z = 0$ 代入法向应力-应变状态的三维本构关系，可得 $\varepsilon_y = \varepsilon_z = -\nu\varepsilon_x$，这可推导出基于真应变定义的表达式，为

$$\frac{\rho}{\rho_0} = \exp \left[\varepsilon_x \left(2\nu - 1 \right) \right] \tag{14.8.2}$$

为了以无量纲形式表示，采用式 (12.6.1) 中描述的无量纲波速，以便根据名义和真实应变的定义给出 Love 杆中的相位速度，分别如下：

$$c^* = (1 - \nu\varepsilon_x) \sqrt{\frac{1 + \varepsilon_x}{1 + \nu^2 \left(k\gamma \right)^2}} \tag{14.8.3}$$

和

$$c^* = \frac{1}{\sqrt{1 + \nu^2 \left(k\gamma\right)^2}} \exp\left[\varepsilon_x \left(\frac{1}{2} - \nu\right)\right] \qquad (14.8.4)$$

显然，除了回转半径 k (尺寸 = 长度) 和波数 γ (尺寸 $= 1/$长度) 外，式 (14.8.3) 和式 (14.8.4) 的 RHS 形式的所有项都是无量纲的。为此，14.9 节中将 Love 杆中无量纲相位速度与无量纲乘积 $k\gamma$ 进行对比，以观察泊松比的影响，尤其是拉胀区的影响。

用于绘制图 14.7.1 的式 (14.7.6) 或式 (14.7.7)，并未考虑杆密度的变化。由于拉胀固体中密度的变化比常规固体中密度的变化更为显著，因此在图 14.8.1(a) 中绘制了 $\varepsilon_x = \pm 0.01$ 时无量纲相位速度随 $k\gamma$ 变化的曲线簇。可以观察到，对于这样的应变量级，尽管拉伸载荷下的相位速度略高于压缩载荷下的相位速度，拉伸应变和压缩应变之间的相位速度差也是微不足道的。

当应变幅值增加到 $\varepsilon_x = \pm 0.05$ 时，如图 14.8.1(b) 所示，相位速度的差异如预期的那样变得更加显著。在 $0 < |\nu| < 1/2$ 范围内，存在四种相位速度，即当使用拉胀杆时，相位速度最快和最慢；而当使用常规杆时，为两种中间相位速度。图 14.8.1(b) 给出了 $\nu = \pm 1/4$ 时的例子。当 $\nu = \pm 1/2$ 时，对应于常规杆的两个中间相位速度重合，因此存在三种相位速度。表 14.8.1 总结了固定的杆回转半径和波数情况下的泊松比和纵向应变对相位速度的综合影响。

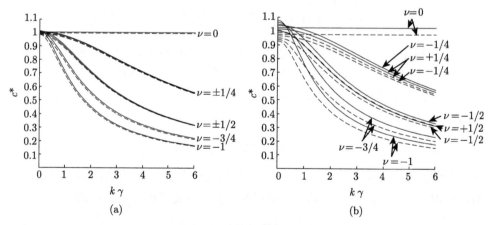

图 14.8.1　无量纲乘积 $k\gamma$ 对考虑横向惯性的密度变化 (连续实线为拉伸应变、虚线为压缩应变) 杆中无量纲相位速度的影响：(a) $|\varepsilon_x| = 0.01$；(b) $|\varepsilon_x| = 0.05$

为了对比横向惯性和密度修正的效果，图 14.8.2 绘制了在轴向应变为 $\varepsilon_x = \pm 0.05$，$\nu = -1$ 的拉胀杆中的相位速度。可见，对于大波数，横向惯性起主要作用，密度修正起次要作用；对于小波数，密度修正对相位速度的影响大于横向惯性。本章中的力平衡法和能量法均未考虑杨氏模量随应变的变化、由应变率引起的波速的任何影响及黏弹性阻尼效应。因此,下一步建议对考虑上述变量的开展深入研究。

表 14.8.1 恒定的 $k\gamma$ 情况下泊松比和纵向应变对 Love 杆相位速度的影响

	拉伸应力波		压缩应力波	
	拉胀杆	常规杆	常规杆	拉胀杆
$\nu = 0$	高 c		低 c	
$0 < |\nu| < 1/2$	最高 c	高 c	低 c	最低 c
$|\nu| = 1/2$	最高 c	中 c		最低 c
$-1 \leqslant \nu < -1/2$	高 c	—		低 c

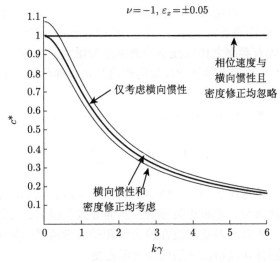

图 14.8.2 泊松比为 $\nu = -1$,纵向应变为 $\varepsilon_x = \pm 0.05$ 的拉胀杆中无量纲相位速度与横向惯性且密度修正均忽略的 (水平直线)、仅考虑横向惯性 (中间粗体曲线)、横向惯性和密度修正均考虑 (顶部曲线为拉伸应变、底部曲线为压缩应变) 之间的比较

参 考 文 献

Graff K F (1975) Wave Motion in Elastic Solids. Oxford University Press, Oxford

Love A E H (2013) A Treatise on the Mathematical Theory of Elasticity. Cambridge University Press, New York

第 15 章　拉胀固体的剪切变形

摘要： 本章讨论了在横向受载的厚梁、横向受载的厚圆板/多边形板/矩形板、厚的圆柱管和板的屈曲以及厚板振动的拉胀效应对剪切变形的影响。结果表明，当负泊松比足够负时，剪切变形随着泊松比的值越负而逐渐减小，从而说明几何上的厚梁在力学上为薄梁、厚板在力学上为薄板。换句话说，当泊松比接近 −1 时，Timoshenko 梁的挠度与 Euler-Bernoulli 梁的挠度结果近似，而 Mindlin 平板挠度和 Kirchhoff 平板挠度结果近似。在各向同性圆柱结构屈曲研究中发现，当泊松比接近 −1 时，拉胀性增加了屈曲载荷，致使 Timoshenko 柱管的屈曲载荷与 Euler-Bernoulli 柱管的近似。在各向同性厚板振动中，随着泊松比变得更负，Mindlin-Kirchhoff 固有频率之比以减小的速率逐渐增大。此外，对于泊松比为正的板，恒定剪切修正系数和去除转动惯量的假设是可以简化的，而对于拉胀板，该假设将导致固有频率过高。

关键词： 弯曲；弹性稳定性；剪切变形；Timoshenko 梁；Mindlin 板；振动

15.1　引　　言

经典的梁、板理论考虑了由于弯曲引起的横向变形。已知厚梁、厚板在横向加载下的剪切变形比薄梁、薄板更为显著，从而导致其横向挠度比经典的梁、厚板理论预测值更大。本章涉及梁和板在静力学和动力学两类问题中的横向剪切现象，尤其注重拉胀固体在此情况下的剪切变形程度。

15.2　侧向加载的拉胀厚梁

对于杨氏模量为 E、中性轴第二惯性矩为 I、沿梁长为 L 施加有均布载荷 $q(x)$ 的梁，其挠度 w 可以表示为

$$\frac{\mathrm{d}}{\mathrm{d}x^2}\left(EI\frac{\mathrm{d}^2 w_{\mathrm{EB}}}{\mathrm{d}x^2}\right) = q(x) \tag{15.2.1}$$

其中，下标 EB 指 Euler-Bernoulli 梁。对于恒定的抗弯刚度 EI，式 (15.2.1) 可简化为

$$EI\frac{\mathrm{d}^4 w_{\mathrm{EB}}}{\mathrm{d}x^4} = q(x) \tag{15.2.2}$$

通过在式 (15.2.2) 的 RHS 中加入剪切修正系数以考虑其横向剪切变形

$$EI\frac{\mathrm{d}^4 w_{\mathrm{T}}}{\mathrm{d}x^4} = q(x) - \frac{EI}{\kappa AG}\frac{\mathrm{d}^2 q}{\mathrm{d}x^2} \tag{15.2.3}$$

其中，下标 T 为 Timoshenko 梁；A、G 分别为梁的截面面积和剪切模量。参考式 (3.4.1)，式 (15.2.3) 可采用如下形式表示 (Lim，2012)

$$EI\frac{\mathrm{d}^4 w_{\mathrm{T}}}{\mathrm{d}x^4} = q(x) - \frac{2(1+\nu)I}{\kappa A}\frac{\mathrm{d}^2 q}{\mathrm{d}x^2} \tag{15.2.4}$$

用杨氏模量和泊松比来表示剪切模量，可方便地比较弯曲和剪切变形 (Lim，2012)。因此，剪切变形的程度可通过从 Timoshenko 梁挠度中扣除 Euler-Bernoulli 梁挠度分量来进行评估。

Wang (1995) 证明了 Timoshenko 梁挠度与 Euler-Bernoulli 梁挠度之间的关系为

$$w_{\mathrm{T}} = w_{\mathrm{EB}} + \frac{M_{\mathrm{EB},x}}{\kappa AG} + C_1\left(\frac{x}{\kappa AG} - \frac{x^3}{6EI}\right) - \frac{1}{EI}\left(\frac{1}{2}C_2 x^2 + C_3 x + C_4\right) \tag{15.2.5}$$

其中积分常数 $(C_1; C_2; C_3; C_4)$ 根据特定的梁的边界条件确定。由式 (3.4.1) 可知，此 Timoshenko 梁的挠度为

$$w_{\mathrm{T}} = w_{\mathrm{EB}} + \frac{2(1+\nu)}{\kappa AE}(M_{\mathrm{EB},x} + C_1 x) - \frac{1}{EI}\left(\frac{1}{6}C_1 x^3 + \frac{1}{2}C_2 x^2 + C_3 x + C_4\right) \tag{15.2.6}$$

这样所有项均可写成杨氏模量而非剪切模量的形式。尽管式 (15.2.6) 表明，当泊松比接近其下限，即 $\nu = -1$ 时，有关 RHS 的第二项消失了，但它却并非如此。其原因可从表 15.2.1 看出，表中列出了各种柱形梁截面形状的剪切修正系数。

表 15.2.1　Cowper 提出的适用于静态加载的各种不同形状梁截面的剪切修正系数

梁截面形状	剪切修正系数 κ
实心矩形	$\kappa = \dfrac{1+\nu}{1.2 + 1.1\nu}$
实心圆形	$\kappa = \dfrac{1+\nu}{7/6 + \nu}$
薄壁方管	$\kappa = \dfrac{1+\nu}{2.4 + 1.95\nu}$
薄壁圆柱筒	$\kappa = \dfrac{1+\nu}{2 + 1.5\nu}$

表 15.2.1 表明 $k \propto (1+\nu)$，所以将表 15.2.1 中的剪切修正系数代入式

(15.2.6)，得到

$$w_{\mathrm{T}} = w_{\mathrm{EB}} + \frac{2f(\nu)}{AE}\left(M_{\mathrm{EB},x} + C_1 x\right) - \frac{1}{EI}\left(\frac{1}{6}C_1 x^3 + \frac{1}{2}C_2 x^2 + C_3 x + C_4\right)$$

(15.2.7)

其中，对于实心矩形截面

$$f(\nu) = 1.2 + 1.1\nu \tag{15.2.8}$$

对于实心圆形截面

$$f(\nu) = 7/6 + \nu \tag{15.2.9}$$

对于薄壁方管

$$f(\nu) = 2.4 + 1.95\nu \tag{15.2.10}$$

对于薄壁圆柱筒

$$f(\nu) = 2 + 1.5\nu \tag{15.2.11}$$

因为当泊松比趋近于 -1 时，$f(-1) = 0.1 \approx 0$，只有在考虑实心矩形截面情况下，令 $f(\nu) \approx 0$ 才成立，即

$$w_{\mathrm{T}} \approx w_{\mathrm{EB}} - \frac{1}{EI}\left(\frac{1}{6}C_1 x^3 + \frac{1}{2}C_2 x^2 + C_3 x + C_4\right)$$

(15.2.12)

对于其他横截面，$f(-1) > 0.1$，因此式 (15.2.12) 的简化表达式对其他截面情况是不成立的。从式 (15.2.7) ～ 式 (15.2.12) 可清楚地看出，除非指定梁上的载荷分布和边界条件，否则无法获得 $w_{\mathrm{T}}/w_{\mathrm{EB}}$ 的数值，因此不允许两种梁理论所得的挠度之间任何有明显差异。

为了观察负泊松比效应对剪切修正系数的影响，阐述清楚当不同截面形状的梁材料的泊松比从 0.5 降至 -1 时该系数是如何变化的是有必要的，正如图 15.2.1 所示。

通常，剪切修正系数在常规泊松比范围内变化不大，但在拉胀泊松比范围内变化显著，特别是在高度拉胀范围内。值得注意的是，薄壁截面的剪切修正系数的变化要小于实心截面。由图 15.2.1 还可以看出，与实心圆形截面相比，实心矩形截面的剪切修正系数在常规泊松比范围内几乎是恒定的，但在高度拉胀泊松比范围内快速变化，如图 15.2.2 所示。尽管在 $\nu \leqslant 0.75$ 时剪切修正系数快速变化，从式 (15.2.7) 易知，在泊松比为 $-1 \leqslant \nu \leqslant 0.5$ 的整个范围，拉胀性的增加对剪切变形影响呈线性相关。

各种梁截面形状

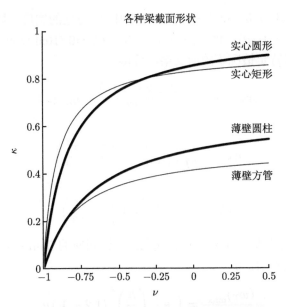

图 15.2.1 各截面梁剪切修正系数随泊松比的变化

实心矩形截面

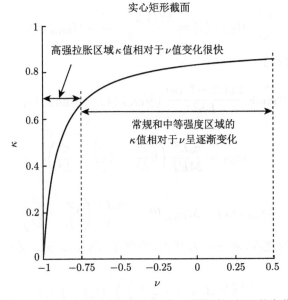

图 15.2.2 实心矩形截面梁剪切修正系数随泊松比的变化

以方形截面梁两种类型边界条件的情形作为例子: (a) 简支梁 (即 $x = 0$ 和 $x = L$ 两端简支) 和 (b) 悬臂梁 (即 $x = 0$ 固支且 $x = L$ 处自由)。在这两种情况下，运用 $A = h^2$ 和 $I = h^4/12$，其中 h 为梁的宽度，同时为梁的厚度，$\kappa = (1 + \nu)/(1.2 + 1.1\nu)$。将 $C_1 = C_2 = C_3 = C_4 = 0$ (Reddy et al., 2000) 代入式 (15.2.7)，则对特定情况下的简支梁，可得

$$w_{\mathrm{T}} = w_{\mathrm{EB}} + \frac{2(1.2 + 1.1\nu)}{Eh^2} M_{\mathrm{EB},x}(x) \tag{15.2.13}$$

其中

$$w_{\mathrm{EB}} = \frac{q_0 L^4}{2Eh^4} \left(\frac{x}{L} - 2\frac{x^3}{L^3} + \frac{x^4}{L^4} \right) \tag{15.2.14}$$

而

$$M_{\mathrm{EB},x}(x) = \frac{q_0 L^2}{2} \left(\frac{x}{L} - \frac{x^2}{L^2} \right) \tag{15.2.15}$$

为计算最大的挠度，将 $x = L/2$ 代入，得到相应的 Timoshenko 梁与 Euler-Bernoulli 梁的挠度之比为

$$\frac{(w_{\mathrm{T}})_{\max}}{(w_{\mathrm{EB}})_{\max}} = 1 + \frac{8}{5} \left(\frac{h}{L} \right)^2 (1.2 + 1.1\nu) \tag{15.2.16}$$

对于特定情况下的悬臂梁，将 $C_1 = C_2 = C_3 = 0$ (Reddy et al., 2000) 和

$$C_4 = \frac{EI}{\kappa AG} M_{\mathrm{EB},x}(0) = \frac{h^2(1.2 + 1.1\nu)}{6} M_{\mathrm{EB},x}(0) \tag{15.2.17}$$

代入式 (15.2.7) 得到

$$w_{\mathrm{T}} = w_{\mathrm{EB}} + \frac{2(1.2 + 1.1\nu)}{Eh^2} [M_{\mathrm{EB},x}(x) - M_{\mathrm{EB},x}(0)] \tag{15.2.18}$$

其中

$$w_{\mathrm{EB}} = \frac{q_0 L^4}{24EI} \left(6\frac{x^2}{L^2} - 4\frac{x^3}{L^3} + \frac{x^4}{L^4} \right) \tag{15.2.19}$$

而

$$M_{\mathrm{EB},x}(x) - M_{\mathrm{EB},x}(0) = \frac{q_0 L^2}{2} \left(2\frac{x}{L} - \frac{x^2}{L^2} \right) \tag{15.2.20}$$

为计算最大的挠度，将 $x = L$ 代入，得到了 Timoshenko 梁与 Euler-Bernoulli 梁的挠度之比为

$$\frac{(w_{\mathrm{T}})_{\max}}{(w_{\mathrm{EB}})_{\max}} = 1 + \frac{2}{3} \left(\frac{h}{L} \right)^2 (1.2 + 1.1\nu) \tag{15.2.21}$$

剪切变形相对于梁材料泊松比的线性变化，通常采用方程 (15.2.7) ～ (15.2.11) 来表示，如图 15.2.3 和图 15.2.4 所示，分别描绘了特定情况下不同厚长比 (h/L) 的简支梁和悬臂梁的结果。正如所料，较大的厚长比 (h/L) 可获得更大的横向

剪切变形。为简化具有矩形截面和最低负泊松比 ($\nu = -1$) 的各向同性实心梁的 Timoshenko 挠度的一般表达式，图 15.2.3 和图 15.2.4 也验证了式 (15.2.12) 的有效性。在本节所考虑泊松比 $\nu = -1$ 时的特定情况下，对于简支梁，Timoshenko 梁的最大挠度与 Euler-Bernoulli 梁的最大挠度之比为 $(w_{\mathrm{T}})_{\max} / (w_{\mathrm{EB}})_{\max} = 1 + 0.16\,(h/L)^2$；对于悬臂梁，该比值为 $(w_{\mathrm{T}})_{\max} / (w_{\mathrm{EB}})_{\max} = 1 + 0.0667\,(h/L)^2$。由于 $0 < (h/L) < 1$，当 $\nu = -1$ 时，对这两种特定情况而言，$(w_{\mathrm{T}})_{\max} \approx (w_{\mathrm{EB}})_{\max}$ 这一近似是成立的。图示结果表明，厚梁的挠度仍然可通过剪切–弯曲变形比值的减少量进行计算。

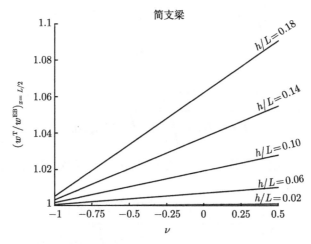

图 15.2.3 不同截面长宽比方形简支梁的 $(w_{\mathrm{T}})_{\max} / (w_{\mathrm{EB}})_{\max}$ 随泊松比的变化关系图

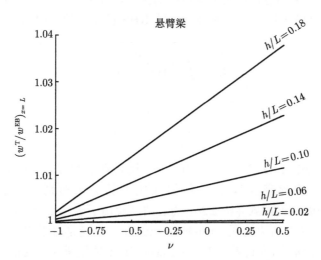

图 15.2.4 不同截面长宽比方形悬臂梁的 $(w_{\mathrm{T}})_{\max} / (w_{\mathrm{EB}})_{\max}$ 随泊松比的变化关系图

　　在确定拉胀性降低了剪切变形与弯曲变形的比值以后，在合理地使用 Euler-Bernoulli 梁理论来描述承受横向剪切应力的厚梁挠度的条件下进行设计考虑是有实际意义的。毋庸置疑，存在剪切变形时，Euler-Bernoulli 梁理论的应用是合理的，前提条件是两种理论的最大挠度之差的百分比在许可范围内，即

$$\frac{(w_{\mathrm{T}})_{\max}}{(w_{\mathrm{EB}})_{\max}} \leqslant (100 + \delta)\,\% = 1 + \frac{\delta}{100} \tag{15.2.22}$$

其中，δ 为两组最大梁挠度间的百分比容差，将 Euler-Bernoulli 梁的广义挠度

$$w_{\mathrm{EB}} = \frac{1}{EI}\left(B_1 x + B_2 + \int_0^x \mathrm{d}x \int_0^x M_{\mathrm{EB},x}\mathrm{d}x\right) \tag{15.2.23}$$

代入式 (15.2.6)，与式 (15.2.22) 对比，得到

$$\frac{\delta}{100} = \frac{\dfrac{2\,(1+\nu)\,I}{\kappa AE}\left(M_{\mathrm{EB},x} + C_1 x\right) - \left(\dfrac{1}{6}C_1 x^3 + \dfrac{1}{2}C_2 x^2 + C_3 x + C_4\right)}{B_1 x + B_2 + \displaystyle\int_0^x \mathrm{d}x \int_0^x M_{\mathrm{EB},x}\mathrm{d}x} \tag{15.2.24}$$

其中，B_1 和 B_2 是积分常数。对于泊松比为 $\nu = -1$ 的矩形截面梁，式 (15.2.24) 可近似为

$$\frac{\delta}{100} = -\frac{\dfrac{1}{6}C_1 x^3 + \dfrac{1}{2}C_2 x^2 + C_3 x + C_4}{B_1 x + B_2 + \displaystyle\int_0^x \mathrm{d}x \int_0^x M_{\mathrm{EB},x}\mathrm{d}x} \tag{15.2.25}$$

　　通过对简支梁和悬臂梁的特殊情况的例子，分别比较了式 (15.2.22) 的 RHS 的第二项和式 (15.2.16) 及式 (15.2.21) 的 RHS 的第二项，得到

$$\frac{h}{L} \leqslant \sqrt{\frac{\delta}{160\,(1.2 + 1.1\nu)}} \tag{15.2.26}$$

和

$$\frac{h}{L} \leqslant \sqrt{\frac{3\delta}{200\,(1.2 + 1.1\nu)}} \tag{15.2.27}$$

式 (15.2.26) 和式 (15.2.27) 表明，对于基于两种理论的最大变形量与方形截面梁的泊松比间的百分比容差 δ，如果梁截面的厚长比 h/L 分别小于用于表达承受均布载荷作用的简支梁的式 (15.2.26) 的右边项及用于表达承受均布载荷作用的悬臂梁的式 (15.2.27) 右边的项，Euler-Bernoulli 梁理论是可用的。

　　在百分比容差下，允许使用 Euler-Bernoulli 梁理论所对应的最大的厚长比，如图 15.2.5 和图 15.2.6 所示。这些曲线表明，对于每个百分比容差，Euler-Bernoulli

理论是适用的, 只要梁的厚长比的坐标和梁材料的泊松比低于规定的百分比容差曲线即可。因此, 如果这些坐标在曲线之上, 则在规定的百分比容差下可以使用 Timoshenko 梁理论。

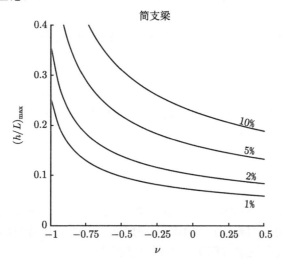

图 15.2.5   承受均布载荷作用的方形简支梁的两种梁理论百分比容差对应的最大厚长比 h/L 随泊松比的下降曲线

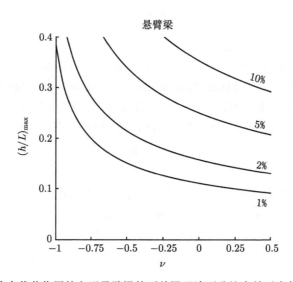

图 15.2.6   承受均布载荷作用的方形悬臂梁的两种梁理论百分比容差对应的最大厚长比 h/L 随泊松比的下降曲线

可以得出结论, 如果梁材料的泊松比为负, 则使用 Euler-Bernoulli 梁理论产生的梁挠度误差会减小，并且对于方形截面梁，当泊松比接近 −1 时，该误差会消失 (Lim，2015)。Lim (2015) 还提出一组考虑载荷分布和边界条件的设计方程，在给定的百分比容差下允许使用 Euler-Bernoulli 梁理论。

15.3　−1 ⩽ ν ⩽ 0.5 范围内各向同性板的剪切修正系数

　　Mindlin (1951) 建立了剪切修正系数与平板材料泊松比的关系，比如泊松比为 0 时剪切修正系数为 0.76，泊松比为 0.5 时剪切修正系数为 0.91。按照 Mindlin 提出的"根据准确的三维理论得到的厚度–剪切振动一阶反对称模态的角频率与根据该理论得到的频率相等"，证明了剪切修正系数是一个三次方程 (Liew et al.，1998)

$$\kappa^3 - 8\kappa^2 + 8\left(\frac{2-\nu}{1-\nu}\right)\kappa - \frac{8}{1-\nu} = 0 \tag{15.3.1}$$

然而，这个表达式未直接提供剪切修正系数关于厚板材料的泊松比的函数关系。换句话说，这个精确的表达式并不能方便地从给定的 ν 中计算出 κ，而且对于每一个 ν，必须对这个三次方程进行求解以获得 k。

　　将 Mindlin 本构剪切力与 Reissner (1944, 1945, 1947) 提出的剪切力进行匹配比对，可推断得到 Reissner 的隐式剪切修正系数为

$$k = \frac{5}{6} \tag{15.3.2}$$

虽然 Reissner 剪切修正系数不依赖于泊松比，但其应用已相当广泛。这可以从它通过将层合板还原为单一各向同性层来验证层合板剪切修正系数的应用 (Birman，1991; Pai，1995; Madabhusi-Raman and Davalos，1996) 和对壳的分析 (Chróscielewski et al.，2010) 中看出。通过与 Rayleigh-Lamb 理论 (Rayleigh，1888; Lamb，1917) 比对，Hutchinson (1984) 得到的剪切修正系数为

$$\kappa = \frac{5}{6-\nu} \tag{15.3.3}$$

Wittrick (1987) 和 Stephen (1997) 也得到了式 (15.3.3)。Stephen (1997) 通过比较 Mindlin 剪切修正系数和泊松比为 0.0、0.25、0.3 和 0.5 时的式 (15.3.3)，发现这两个剪切修正系数均由式 (15.3.1) 与式 (15.3.3) 描述，随着泊松比的减小而减小，且随着泊松比的减小，两者之间的差距逐渐拉大。Babuska 等 (1993) 提出了剪切修正系数，为

$$\kappa = \frac{10}{12-7\nu} \tag{15.3.4}$$

它是平均挠度误差的最优解。Rössle (1999) 基于渐近修正推导方法获得了相同的剪切修正系数。

由此易知，将 $\nu = 0$ 代入式 (15.3.3) 和式 (15.3.4)，可简化得到式 (15.3.2)。这三种形式的剪切修正系数可以合并为

$$\kappa = \frac{10}{12 - C\nu} \tag{15.3.5}$$

其中，Reissner、Hutchinson 和 Babuska 剪切修正系数可分别通过将 C 取为 0、2 和 7 计算得到。对于各向同性材料，式 (15.3.2) ~ 式 (15.3.4) 的有效性可参照 Mindlin 提出的如式 (15.3.1) 所示的表达式，通过在 $-1 \leqslant \nu \leqslant 0.5$ 范围内绘制剪切修正系数随泊松比的变化曲线来验证，如图 15.3.1 所示。

图 15.3.1 表明，Reissner 剪切修正系数仅在泊松比常规区的有限范围内成立。虽然 Hutchinson 剪切修正系数与 Mindlin 剪切修正系数表现出略微相似的趋势，但总体上的偏高导致其有效性限制在泊松比取大值的范围内，与 Reissner 模型一样，其泊松比也被限制在常规区的一个小范围内。因此，对于由拉胀材料制成的厚板，Reissner 和 Hutchinson 剪切修正系数均不适用。相反地，Babuska 的剪切修正模型则表现出更好的趋势。然而，Babuska 的剪切修正系数模型总是偏高于 Mindlin 的精确剪切修正系数。

从直观来看，以泊松比形式表达的剪切修正系数的解析解，即 $k = k(\nu)$，可通过求解方程 (15.3.1) 得到。在数学上，对三次方程有三个根，其中要么 (a) 三个根都是实数，要么 (b) 只有一个是实数、其余两个根是复数。考虑常规材料与拉胀材料的界点 (即 $\nu = 0$) 这一特殊情况，式 (15.3.1) 简化为

$$\kappa^3 - 8\kappa^2 + 16\kappa - 8 = 0 \tag{15.3.6}$$

它的三个实根为 $\kappa = 2$ 和 $\kappa = 3 \pm \sqrt{5}$。为了确定各向同性板剪切修正系数的界限，需要将各向同性材料的泊松比界限代入式 (15.3.1)。取泊松比的下限 (即 $\nu = -1$)，式 (15.3.1) 可简化为

$$\kappa^3 - 8\kappa^2 + 12\kappa - 4 = 0 \tag{15.3.7}$$

它的根为

$$\kappa = \begin{cases} 0.4746 \\ 1.3691 \\ 6.1563 \end{cases}, \quad \nu = -1 \tag{15.3.8}$$

取泊松比上限 (即 $\nu = 0.5$)，式 (15.3.1) 变成

$$\kappa^3 - 8\kappa^2 + 24\kappa - 16 = 0 \tag{15.3.9}$$

其根为

$$\kappa = \begin{cases} 0.9126 \\ 3.5437 \pm \sqrt{-4.9742} \end{cases}, \quad \nu = \frac{1}{2} \tag{15.3.10}$$

　　不难发现，剪切修正系数处在 $0.4746 \leqslant \kappa \leqslant 0.9126$ 范围内，上界是基于泊松比没有虚部来确定的，下界是基于剪切修正系数不大于 1 来确定的。

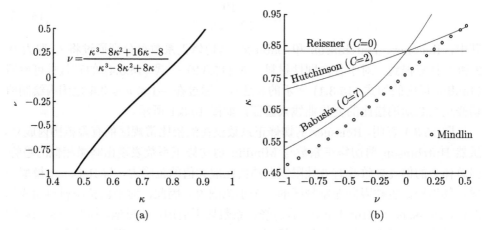

图 15.3.1　(a) 各向同性板基于式 (15.3.11) 的泊松比关于剪切修正系数的关系；(b) Mindlin 的剪切修正系数 (白色圆圈) 与 $\kappa = 10/(12 - C\nu)$ 的对比，其中，$C = 0$ (Reissner)、$C = 2$ (Hutchinson) 和 $C = 7$ (Babuska)

　　尽管对应每一个泊松比只有一个物理解，而 $\kappa = \kappa(\nu)$ 形式的三次方程将得到三个数学解。因此取代 $\kappa = \kappa(\nu)$，更优解的范围可通过 $\nu = \nu(\kappa)$ 获得，即

$$\nu = \frac{\kappa^3 - 8\kappa^2 + 16\kappa - 8}{\kappa^3 - 8\kappa^2 + 8\kappa} \tag{15.3.11}$$

对于式 (15.3.8) 和式 (15.3.10)，通过将 $\kappa = 0.4746$ 和 $\kappa = 0.9126$ 分别代入式 (15.3.11)，可再次得到泊松比极值 $\nu = -1$ 和 $\nu = 0.5$，因此剪切修正系数范围 $0.4746 \leqslant \kappa \leqslant 0.9126$ 与各向同性泊松比范围 $-1 \leqslant \nu \leqslant 0.5$ 相对应。三次多项式拟合可得到 (Lim，2013)

$$\kappa = \frac{76.37 + 33.39\nu - 2.66\nu^2 - 7.48\nu^3}{100} \tag{15.3.12}$$

通过这个三次多项式拟合，既保持了类似于式 (15.3.2) ～ 式 (15.3.4) 的剪切修正系数的简单性，同时还获得了较高的准确度。式 (15.3.12) 中的拟合系数也可以用解析方法求得。从图 15.3.1 可以看出，Babuska 模型表达的剪切修正系数与 Mindlin 的精确表达在拉胀范围内形状相同。因此，通过对式 (15.3.4) 进行小的修改来拟合式 (15.3.1)，提出了一种改进的模型。通过向下移动 1/20，可得修正后的 Babuska 模型，即

$$k = \frac{10}{12 - 7\nu} - \frac{1}{20} \tag{15.3.13}$$

通过与式 (15.3.1) 进行比较验证，可证明用以描述厚板泊松比的剪切修正系数的式 (15.3.12) 和式 (15.3.13) 是成立的，如图 15.3.2 所示。不仅三次拟合模型与精确表达式之间的偏差可忽略不计，而且三次拟合模型的一个明显优势是其有效性和准确性落在更大的泊松比范围内 (Lim，2013)。

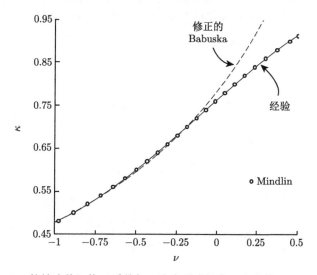

图 15.3.2 Mindlin 的精确剪切修正系数与三次多项式拟合、改进的 Babuska 模型的对比

15.4 侧向加载的拉胀厚圆板

为说明负泊松比通过剪切修正系数对板挠度的影响，展示了完全固支和简支、承受均布载荷作用的圆板的例子。Kirchhoff 理论给出了均布载荷作用的薄板的挠度分布 (Timoshenko and Woinowsky-Krieger，1964)，对于边缘固支情况

$$w_{\mathrm{K}} = \frac{qR^4}{64D}\left[1 - \left(\frac{r}{R}\right)^2\right]^2 \tag{15.4.1}$$

对于边缘简支情况

$$w_{\mathrm{K}} = \frac{qR^4}{64D}\left[1 - \left(\frac{r}{R}\right)^2\right]\left[\frac{5+\nu}{1+\nu} - \left(\frac{r}{R}\right)^2\right] \tag{15.4.2}$$

其中，q 为均布载荷；R 为板的半径；r 为计算挠度时距板中心的径向距离；D 为式 (8.2.3) 中所述的板的抗弯刚度。厚板的 Mindlin 板理论给出了承受均布载荷作用的板的挠度分布 (Reddy et al.，2000)，为

$$w_{\mathrm{M}} = w_{\mathrm{K}} + \frac{qR^2}{4hG\kappa}\left[1 - \left(\frac{r}{R}\right)^2\right] \tag{15.4.3}$$

最大的挠度发生在板的中心 $(r = 0)$，即

$$(w_\mathrm{M})_{\max} = (w_\mathrm{K})_{\max} + \frac{qR^2}{4hG\kappa} \tag{15.4.4}$$

为获得 Mindlin 反理论计算的最大挠度与 Kirchhoff 板的最大挠度之比，需要对式 (15.4.4) 右侧的两项进行标准化。这可通过将剪切模量写成板的弯曲刚度的形式来实现。根据式 (8.2.3) 和式 (3.4.1)，将式 (8.2.4) 中给定的关系代入式 (15.4.4) 得到

$$(w_\mathrm{M})_{\max} = (w_\mathrm{K})_{\max} + \frac{qR^4}{64D} \left\{ \frac{8}{3} \left(\frac{h}{R} \right)^2 \frac{1}{(1-\nu)\kappa} \right\} \tag{15.4.5}$$

其中，对于边缘固支情况

$$(w_\mathrm{K})_{\max} = \frac{qR^4}{64D} \tag{15.4.6}$$

对于边缘简支情况，可得

$$(w_\mathrm{M})_{\max} = (w_\mathrm{K})_{\max} + \frac{qR^4}{64D} \left\{ \frac{8}{3} \left(\frac{h}{R} \right)^2 \frac{1}{(1-\nu)\kappa} \right\} \tag{15.4.7}$$

其中

$$(w_\mathrm{K})_{\max} = \frac{qR^4}{64D} \left(\frac{5+\nu}{1+\nu} \right) \tag{15.4.8}$$

因此，对于边缘固支情况，Mindlin 板理论获得的最大挠度与 Kirchhoff 板的最大挠度之比为

$$\frac{(w_\mathrm{M})_{\max}}{(w_\mathrm{K})_{\max}} = 1 + \frac{8}{3} \left(\frac{h}{R} \right)^2 \frac{1}{(1-\nu)\kappa} \tag{15.4.9}$$

而对于边缘简支情况

$$\frac{(w_\mathrm{M})_{\max}}{(w_\mathrm{K})_{\max}} = 1 + \frac{8}{3} \left(\frac{h}{R} \right)^2 \frac{1+\nu}{(1-\nu)(5+\nu)\kappa} \tag{15.4.10}$$

很明显，式 (15.4.9) 和式 (15.4.10) 右边第二项对于 $-1 \leqslant \nu \leqslant 0.5$ 的各向同性实心板恒正，归功于剪切变形引起的挠度。

为了评估拉胀性对剪切变形的影响，绘制了承受均布载荷作用、泊松比为 $-1 \leqslant \nu \leqslant 0.5$ 的圆板在两种边界条件下的最大 Mindlin 板挠度与最大 Kirchhoff 板挠度之比。采用式 (15.3.12) 中所描述的剪切修正系数，可得式 (15.4.9) 及 (15.4.10) 的挠度比，对于边缘固支情况

$$\frac{(w_\mathrm{M})_{\max}}{(w_\mathrm{K})_{\max}} = 1 + \frac{8}{3} \left(\frac{h}{R} \right)^2 \frac{100}{(1-\nu)(76.37 + 33.39\nu - 2.66\nu^2 - 7.48\nu^3)} \tag{15.4.11}$$

而对于边缘简支情况

$$\frac{(w_{\mathrm{M}})_{\max}}{(w_{\mathrm{K}})_{\max}} = 1 + \frac{8}{3}\left(\frac{h}{R}\right)^2 \frac{100\,(1+\nu)}{(1-\nu)\,(5+\nu)\,(76.37 + 33.39\nu - 2.66\nu^2 - 7.48\nu^3)}$$
$$(15.4.12)$$

图 15.4.1 绘制了均布载荷作用下边缘固支圆板的 $(w_{\mathrm{M}})_{\max}/(w_{\mathrm{K}})_{\max}$ 随泊松比 ν 变化的关系曲线。虽然已知随板厚增加，剪切变形将更加明显，但图 15.4.1 也显示了拉胀性减弱了剪切变形。由图 15.4.1 还可以看出，在常规泊松比区域中，板厚和泊松比对剪切变形的增加作用同等重要。当泊松比接近 0.5 时，泊松比对剪切变形的影响非常重要，在此过程中 $(w_{\mathrm{M}})_{\max}/(w_{\mathrm{K}})_{\max}$ 随泊松比以增幅加大的趋势增加；而在拉胀区域，只有板厚对剪切变形起主要影响作用，对剪切变形量的影响并不明显。

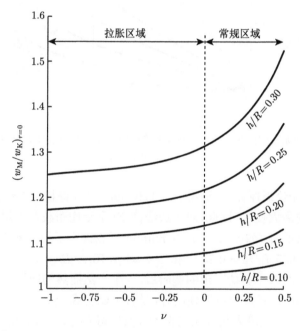

图 15.4.1　各种无量纲板厚、承受均布载荷作用的固支圆板的最大 Mindlin 挠度与最大 Kirchhoff 挠度之比

图 15.4.2 显示了对于均布载荷作用的简支圆板的 $(w_{\mathrm{M}})_{\max}/(w_{\mathrm{K}})_{\max}$ 变化规律。正如预期的那样，随板厚增加，剪切变形增大。与图 15.4.1 变化趋势相似，随板泊松比变得更负，剪切变形程度减小。固支 (图 15.4.1) 和简支 (图 15.4.2) 的主要区别在于，在简支情况下，可得

$$\lim_{\nu \to -1} \left(\frac{(w_{\mathrm{M}})_{\max}}{(w_{\mathrm{K}})_{\max}} \right) = 1 \tag{15.4.13}$$

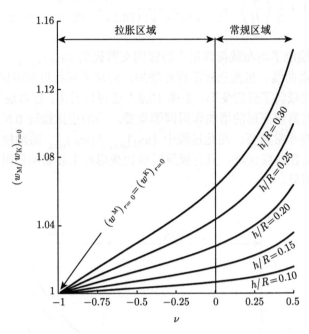

图 15.4.2   各种无量纲板厚、承受均布载荷作用的简支圆板的最大 Mindlin 挠度与最大 Kirchhoff 挠度之比

　　这意味着,无论板厚如何,如果 $\nu = 1$, Kirchhoff 理论精确地给出了与 Mindlin 理论完全相同的最大挠度。因此,对于边缘简支、承受均布载荷作用的圆板,当泊松比为非常大的负值时 (如 $\nu \approx -1$), Kirchhoff 理论提供了很好的板挠度的近似值。例如,当 $\nu = -0.55, h/R = 0.25$ 时和当 $\nu = -0.70, h/R = 0.30$ 时,误差小于 2‰。在证明了拉胀度对减小剪切变形的影响后,一个自然而然的问题就是,如果板的材料是拉胀的, Kirchhoff 理论可以使用时,是否可以生成一个设计方程,以便为设计工程师提供指导。定义最大允许误差为 δ‰,然后将 $(w_{\mathrm{M}})_{\max} / (w_{\mathrm{K}})_{\max} = 1 + \delta / 100$ 和 $\nu = 0$ 代入式 (15.4.11) 及式 (15.4.12),分别得到对应的 h/R,对于边缘固支情况,

$$\frac{h}{R} = \sqrt{0.7637 \left(\frac{3\delta}{800} \right)} \tag{15.4.14}$$

对于边缘简支情况

$$\frac{h}{R} = \sqrt{0.7637 \left(\frac{3\delta}{160} \right)} \tag{15.4.15}$$

这些设计方程表明,如果用于构造承受均布载荷作用的圆板的材料为拉胀固体 (即 $\nu < 0$),对边缘固支、无量纲厚度为 $h/R < 0.17$ 和边缘简支、无量纲厚度为 $h/R < 0.38$ 的平板,根据 Mindlin 理论和 Kirchhoff 理论计算的最大挠度的误差均在 10% 的范围内。

在确定负泊松比可以减少梁和圆板的剪切变形后,现在有兴趣比较具有相似载荷分布和可比边界条件的两种固体的剪切变形减少程度,如表 15.4.1 所示。

表 15.4.1　特定的承受均布载荷作用的简支梁和板剪切变形的减少程度

实体	梁 (15.2 节)	板 (15.4 节)
形状	方形截面的棱柱梁	均匀厚度的圆形平板
厚度	h	h
其他几何尺寸	梁长, L	平板半径, R
无量纲厚度	$\dfrac{h}{L}$	$\dfrac{h}{R}$
边界条件	边缘简支, $x = 0, L$	边缘简支, $r = R$
最大挠度的位置	梁的中部, $x = L/2$	平板中心, $r = 0$
测得的剪切变形对弯曲变形的比值	Timoshenko 理论与 Euler-Bernoulli 理论的最大挠度比 $(w_{\mathrm{T}})_{\max} / (w_{\mathrm{EB}})_{\max}$	Mindlin 理论与 Kirchhoff 理论的最大挠度比 $(w_{\mathrm{T}})_{\max} / (w_{\mathrm{EB}})_{\max}$
通过弯曲率相对于材料泊松比的耦合剪切和弯曲组合变形变化	线性	非线性
剪切变形相对于弯曲变形的程度	更高	更低

图 15.4.3 对比了承受均布载荷作用的简支 (a) 梁和 (b) 圆板包括剪切变形的最大挠度与纯弯曲 (即不受剪切变形) 的最大挠度之比。随着梁材料的泊松比

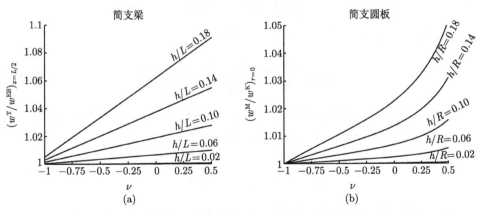

图 15.4.3　均布载荷作用下的边缘简支板的最大挠度比曲线：(a)$(w_{\mathrm{T}})_{\max} / (w_{\mathrm{EB}})_{\max}$ 随不同长宽比方截面梁泊松比的变化曲线；(b) $(w_{\mathrm{M}})_{\max} / (w_{\mathrm{K}})_{\max}$ 随不同厚径比圆截面梁泊松比的变化曲线

变得更负，包含剪切变形的最大挠度与不包含剪切变形的最大挠度之比呈线性减小。这与表现出非线性行为的板的情况不同。此外，当厚度被归一化为无量纲形式时，在指定的载荷和边界条件下，梁的剪切变形相对于弯曲变形的程度要高于板。

因此，可以得出结论，在一定程度上，拉胀性减小了剪切变形，并且允许使用简单的 Kirchhoff 理论代替 Mindlin 理论来预测厚拉胀平板的挠度 (Lim，2013)。

15.5　侧向加载的拉胀多边形厚板

对于 x-y 平面边缘简支、厚度为 h、剪切模量为 G 的多边形板，Mindlin 理论计算、在 z 轴方向的横向挠度 (w_M) 与 Kirchhoff 理论计算的横向挠度 (w_K) 间的关系为 (Reddy et al.，2000)

$$w_\mathrm{M} = w_\mathrm{K} + \frac{M_\mathrm{K}}{\kappa G h} \tag{15.5.1}$$

其中弯矩的总和，或称马可斯弯矩，定义为

$$M_\mathrm{K} = \frac{M_{\mathrm{K},x} + M_{\mathrm{K},y}}{1+\nu} = -D\left(\frac{\partial^2 w_\mathrm{K}}{\partial x^2} + \frac{\partial^2 w_\mathrm{K}}{\partial y^2}\right) \tag{15.5.2}$$

剪切修正系数 κ 已经在 15.3 节中讨论过。因此，将式 (15.5.2) 和式 (8.2.4) 代入式 (15.5.1) 可得

$$\frac{w_\mathrm{M}}{w_\mathrm{K}} = 1 - \frac{h^2}{6\kappa(1-\nu)w_\mathrm{K}}\left(\frac{\partial^2 w_\mathrm{K}}{\partial x^2} + \frac{\partial^2 w_\mathrm{K}}{\partial y^2}\right) \tag{15.5.3}$$

式 (15.5.3) 中隐含的是 $\nabla^2 w_\mathrm{K}$ 与 w_K 之比为

$$\frac{1}{w_\mathrm{K}}\left(\frac{\partial^2 w_\mathrm{K}}{\partial x^2} + \frac{\partial^2 w_\mathrm{K}}{\partial y^2}\right) = \frac{f(x,y)}{L^2} \tag{15.5.4}$$

其中，$f(x,y)$ 是关于面内板坐标 $\mathrm{d}x$ 的无量纲函数形式，而 L 是基于板的面内尺寸之一的特征长度。因此，对于简支多边形板，可得 Mindlin-Kirchhoff 挠度比为

$$\frac{w_\mathrm{M}}{w_\mathrm{K}} = 1 - \frac{f(x,y)}{6\kappa(1-\nu)}\left(\frac{h}{L}\right)^2 \tag{15.5.5}$$

对于 $\kappa = 5/6$，简支多边形板的 Mindlin-Kirchhoff 挠度比为

$$\frac{w_\mathrm{M}}{w_\mathrm{K}} = 1 - \frac{f(x,y)}{5(1-\nu)}\left(\frac{h}{L}\right)^2 \tag{15.5.6}$$

对于 $\kappa = 5/(6 - \nu)$，挠度比为

$$\frac{w_{\mathrm{M}}}{w_{\mathrm{K}}} = 1 - \frac{f(x,y)}{30} \frac{6 - \nu}{1 - \nu} \left(\frac{h}{L}\right)^2 \tag{15.5.7}$$

相对于 Kirchhoff 平板挠度，Mindlin 平板挠度的相差率为

$$\frac{w_{\mathrm{M}} - w_{\mathrm{K}}}{w_{\mathrm{K}}} = \frac{w_{\mathrm{M}}}{w_{\mathrm{K}}} - 1 = -\frac{f(x,y)}{5(1 - \nu)} \left(\frac{h}{L}\right)^2 \left\{ \begin{array}{c} 1 \\ 1 - \nu/6 \end{array} \right\}, \quad \begin{array}{l} \kappa = 5/6 \\ \kappa = 5/(6 - \nu) \end{array} \tag{15.5.8}$$

函数形式 $f(x,y)$ 取决于平板形状和载荷的分布 (Lim，2014a)。

15.6　侧向加载的拉胀矩形厚板

对于边长分别为 a、b 的矩形板，此处以实例形式对比承受正弦载荷和均布载荷作用的板的 $w_{\mathrm{M}}/w_{\mathrm{K}}$。正弦载荷表达式为

$$q = q_0 \sin\frac{m\pi x}{a} \sin\frac{n\pi y}{b} \tag{15.6.1}$$

相应的 Kirchhoff 板挠度为 (Timoshenko and Woinowsky-Krieger，1964)

$$w_{\mathrm{K}} = \frac{q_0 \sin\dfrac{m\pi x}{a} \sin\dfrac{n\pi y}{b}}{\pi^4 D \left(\dfrac{m^2}{a^2} + \dfrac{n^2}{b^2}\right)^2} \tag{15.6.2}$$

将式 (15.6.2) 和下式

$$\frac{\partial^2 w_{\mathrm{K}}}{\partial x^2} + \frac{\partial^2 w_{\mathrm{K}}}{\partial y^2} = -\frac{q_0 \sin\dfrac{m\pi x}{a} \sin\dfrac{n\pi y}{b}}{\pi^2 D \left(\dfrac{m^2}{a^2} + \dfrac{n^2}{b^2}\right)} \tag{15.6.3}$$

代入式 (15.5.3) 得到

$$\frac{w_{\mathrm{M}}}{w_{\mathrm{K}}} = 1 + \frac{\pi^2 h^2}{6\kappa(1 - \nu)} \left(\frac{m^2}{a^2} + \frac{n^2}{b^2}\right) \tag{15.6.4}$$

$w_{\mathrm{M}}/w_{\mathrm{K}}$ 的值与平板坐标 (x,y) 无关。对于承受半正弦波载荷作用 ($m = n = 1$) 的方板 ($a = b = 1$)，当 $\kappa = 5/6$ 时，可得

$$\frac{w_{\mathrm{M}}}{w_{\mathrm{K}}} = 1 + \frac{2\pi^2}{5(1 - \nu)} \left(\frac{h}{l}\right)^2 \tag{15.6.5}$$

而当 $\kappa = 5/(6 - \nu)$ 时，可得

$$\frac{w_{\text{M}}}{w_{\text{K}}} = 1 + \frac{\pi^2}{15}\left(\frac{6-\nu}{1-\nu}\right)\left(\frac{h}{l}\right)^2 \tag{15.6.6}$$

对于均布载荷 $q = q_0$ 的情况，Kirchhoff 板的挠度为

$$w_{\text{K}} = \frac{16q_0}{\pi^6 D}\sum_{m=1}^{\infty}\sum_{n=1}^{\infty}\frac{\sin\dfrac{m\pi x}{a}\sin\dfrac{n\pi y}{b}}{mn\left(\dfrac{m^2}{a^2}+\dfrac{n^2}{b^2}\right)^2} \tag{15.6.7}$$

其中，$m = 1, 3, 5, \cdots, n = 1, 3, 5, \cdots$，因此将式 (15.6.7) 及

$$\frac{\partial^2 w_{\text{K}}}{\partial x^2} + \frac{\partial^2 w_{\text{K}}}{\partial y^2} = -\frac{16q_0}{\pi^4 D}\sum_{m=1}^{\infty}\sum_{n=1}^{\infty}\frac{\sin\dfrac{m\pi x}{a}\sin\dfrac{n\pi y}{b}}{mn\left(\dfrac{m^2}{a^2}+\dfrac{n^2}{b^2}\right)} \tag{15.6.8}$$

代入式 (15.5.3)，可得

$$\frac{w_{\text{M}}}{w_{\text{K}}} = 1 + \frac{\pi^2 h^2}{6\kappa(1-\nu)}\frac{\displaystyle\sum_{m=1}^{\infty}\sum_{n=1}^{\infty}\frac{\sin\dfrac{m\pi x}{a}\sin\dfrac{n\pi y}{b}}{mn\left(\dfrac{m^2}{a^2}+\dfrac{n^2}{b^2}\right)}}{\displaystyle\sum_{m=1}^{\infty}\sum_{n=1}^{\infty}\frac{\sin\dfrac{m\pi x}{a}\sin\dfrac{n\pi y}{b}}{mn\left(\dfrac{m^2}{a^2}+\dfrac{n^2}{b^2}\right)^2}} \tag{15.6.9}$$

与正弦分布情况所不同的是，均布载荷作用下的比值 $w_{\text{M}}/w_{\text{K}}$ 与板的坐标 (x, y) 相关。对于方板 $(a = b = 1)$，可得

$$\frac{w_{\text{M}}}{w_{\text{K}}} = 1 + \frac{\pi^2}{6\kappa(1-\nu)}\left(\frac{h}{l}\right)^2\frac{S_1}{S_2} \tag{15.6.10}$$

其中

$$S_1 = \sum_{m=1}^{\infty}\sum_{n=1}^{\infty}\frac{\sin\dfrac{m\pi x}{l}\sin\dfrac{n\pi y}{l}}{mn(m^2+n^2)} \tag{15.6.11}$$

和

$$S_2 = \sum_{m=1}^{\infty}\sum_{n=1}^{\infty}\frac{\sin\dfrac{m\pi x}{l}\sin\dfrac{n\pi y}{l}}{mn(m^2+n^2)^2} \tag{15.6.12}$$

在板的中心，式 (15.6.11) 和式 (15.6.12) 可分别简化为

$$S_1 = \sum_{m=1}^{\infty} \sum_{n=1}^{\infty} \frac{\sin \dfrac{m\pi}{2} \sin \dfrac{n\pi}{2}}{mn \left(^2 + n^2\right)} \tag{15.6.13}$$

和

$$S_2 = \sum_{m=1}^{\infty} \sum_{n=1}^{\infty} \frac{\sin \dfrac{m\pi}{2} \sin \dfrac{n\pi}{2}}{mn \left(m^2 + n^2\right)^2} \tag{15.6.14}$$

表 15.6.1 及表 15.6.2 分别列出了由式 (15.6.13) 生成的级数 S_1 和由式 (15.6.14) 生成的级数 S_2。

表 15.6.1　式 (15.6.13) 中 S_1 的系数

	$m=1$	$m=3$	$m=5$	$m=7$	$m=9$
$n=1$	2^{-1}	-30^{-1}	130^{-1}	-350^{-1}	738^{-1}
$n=3$	-30^{-1}	162^{-1}	-510^{-1}	1218^{-1}	$-2,430^{-1}$
$n=5$	130^{-1}	-510^{-1}	1250^{-1}	-2590^{-1}	4770^{-1}
$n=7$	-350^{-1}	1218^{-1}	-2590^{-1}	48022^{-1}	-8190^{-1}
$n=9$	738^{-1}	-2430^{-1}	4770^{-1}	-8190^{-1}	13122^{-1}

表 15.6.2　式 (15.6.14) 中 S_2 的系数

	$m=1$	$m=3$	$m=5$	$m=7$	$m=9$
$n=1$	4^{-1}	-300^{-1}	3380^{-1}	-17500^{-1}	60516^{-1}
$n=3$	-300^{-1}	2916^{-1}	-17340^{-1}	70644^{-1}	-218700^{-1}
$n=5$	3380^{-1}	-17340^{-1}	62500^{-1}	-191660^{-1}	505620^{-1}
$n=7$	-17500^{-1}	70644^{-1}	-191660^{-1}	470596^{-1}	-1064700^{-1}
$n=9$	60516^{-1}	-218700^{-1}	505620^{-1}	-1064700^{-1}	2125764^{-1}

可以观察到，尽管表 15.6.1 和表 15.6.2 中对于沿着 $m=n$ 对角线的系数表现出对称形式，且 S_1 和 S_2 的前三项是一致的，S_1 和 S_2 之间的不同主要是其更高的项数。例如，$m=n=3$ 对应 S_2 的第 4 项但在 S_1 中是第 6 项。基于表 15.6.1 和表 15.6.2 提供的量级递减的系数，表 15.6.3 列出了 S_1 和 S_2 前 10 项的 m 和 n 的组合。

表 15.6.3　式 (15.6.13) 和式 (15.6.14) 中 S_1 和 S_2 前 10 项的 (m, n) 的组合

	第 1 项	第 2 项	第 3 项	第 4 项	第 5 项	第 6 项	第 7 项	第 8 项	第 9 项	第 10 项
S_1	(1,1)	(3,1) = (1,3)		(5,1) = (1,5)		(3,3)	(7,1) = (1,7)		(5,3) = (3,5)	
S_2	(1,1)	(3,1) = (1,3)		(3,3)		(5,1) = (1,5)	(5,3) = (3,5)		(7,1) = (1,7)	

Timoshenko 和 Woinowsky-Krieger (1964) 注意到，当 $\nu = 0.3$ 时，由于只纳入了第一项 $(m = n = 1)$，快速收敛的级数造成正方形板的最大挠度误差 w_K 仅为 2.5%。后续研究表明，仅取第一项，对于 w_M/w_K 来说是不够充分精确的。此外，可以看出，仅取式 (15.6.9) 的第一项，可将其简化为适用于正弦载荷作用的式 (15.6.4)。虽然正弦载荷作用下 $(m = n = 1)$ 的平板挠度 (Kirchhoff 或者 Mindlin) 不同于均布载荷作用下式 (15.6.13) 中仅考虑 S_1 的第一项和式 (15.6.14) 中仅考虑 S_2 的第一项，当仅选取 S_1 和 S_2 级数的第一项时，两种载荷作用下的 w_M/w_K 值是相似的。从表 15.6.3 中可以看到，在式 (15.6.13) 和式 (15.6.14) 中，S_1 和 S_2 级数的前 10 个项可以分别写成

$$S_1 = \frac{1}{2} - \frac{1}{30} - \frac{1}{30} + \frac{1}{130} + \frac{1}{130} + \frac{1}{162} - \frac{1}{350} - \frac{1}{350} - \frac{1}{510} - \frac{1}{510} \quad (15.6.15)$$

和

$$S_2 = \frac{1}{4} - \frac{1}{300} - \frac{1}{300} + \frac{1}{2916} + \frac{1}{3380}$$
$$+ \frac{1}{3380} - \frac{1}{17340} - \frac{1}{17340} - \frac{1}{17500} - \frac{1}{17500} \quad (15.6.16)$$

正弦载荷作用下 $(m = n = 1)$、不同无量纲厚度比 (h/l) 方板的 w_M/w_K 值关于泊松比的变化曲线如图 15.6.1 所示。图中显示，w_M/w_K 随泊松比变得更负而逐渐减小。很明显，这种减小在拉胀情况下没有常规情况明显。剪切修正系数的选择对 Mindlin-Kirchhoff 挠度比略有影响，即在常规情况下，基于 $\kappa = 5/6$ 所得的 w_M/w_K 略低；而在拉胀情况下，基于 $\kappa = 5/(6 - \nu)$ 所得的 w_M/w_K 偏高。

对于均布加载情况，使用 $\kappa = 5/6$ 和 $\kappa = 5/(6 - \nu)$ 时，在 $h/l = 0.2$ 的简支方板中心，也表现出这种趋势，如图 15.6.2(a) 和 (b) 所示。并且从图 15.6.2 可以看出，仅选取 S_1 和 S_2 中的第一项，过高地估计了 w_M/w_K 的值，而选取前 3、6 和 10 项，则提供了一组相互一致的 w_M/w_K。因此，对考虑剪切变形的设计目的来说，选取前 3 项已足够精确了。之前在 15.4 节中已经表明，当 $\nu \to -1$ 时，均布载荷作用下的简支圆板，在板中心 $w_M/w_K = 1$。然而，目前在相同载荷分布和边界条件下的方板的结果表明，当 $\nu \to -1$ 时，方板中心处的 $w_M/w_K > 1$。

图 15.6.3 给出了中心承受集中载荷作用 (使用正弦载荷且 $m = n = 1$) 和均布载荷 (选取 S_1 和 S_2 的前 10 项) 作用下剪切变形程度和弯曲变形程度的比较。该图表明，平板中心承受更大的集中载荷作用时，w_M/w_K 的值更高。这表明均布载荷作用下，$w_M \approx w_K$ 这一假设比集中载荷作用情况下更加可靠。假定只选取 S_1 和 S_2 级数的第一项，则均布载荷下的 $w_M = w_K$ 曲线会过高，从而与正弦载荷 $(m = n = 1)$ 的 $w_M = w_K$ 曲线吻合。

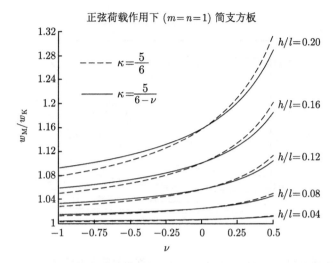

图 15.6.1 正弦载荷作用下简支方板的一组 Mindlin-Kirchhoff 挠度比曲线

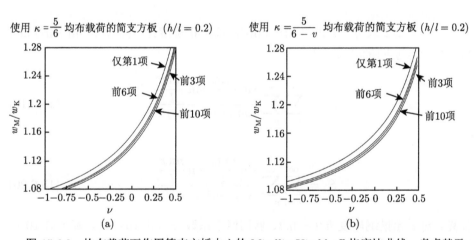

图 15.6.2 均布载荷下作用简支方板中心的 Mindlin-Kirchhoff 挠度比曲线，考虑基于：

(a) $\kappa = 5/6$；(b)$\kappa = 5/(6 - \nu)$

应用式 (15.6.10)，使用

$$S_1 = \sum_{m=1}^{\infty} \sum_{n=1}^{\infty} \frac{(-1)^{\frac{n-1}{2}} \sin \frac{m\pi x}{l}}{mn \left(m^2 + n^2\right)} \tag{15.6.17}$$

和

$$S_2 = \sum_{m=1}^{\infty} \sum_{n=1}^{\infty} \frac{(-1)^{\frac{n-1}{2}} \sin \frac{m\pi x}{l}}{mn \left(m^2 + n^2\right)^2} \tag{15.6.18}$$

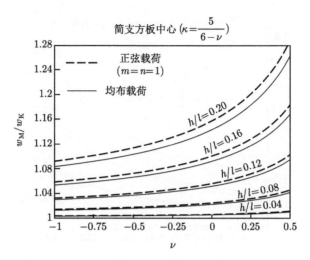

图 15.6.3　正弦载荷和均布载荷作用下，不同无量纲板厚简支方板中心的 Mindlin-Kirchhoff
挠度比随板材料泊松比的变化

可计算沿 $x = l/2$ 或 $y = l/2$ 的 Mindlin-Kirchhoff 挠度比。而 Mindlin-Kirchhoff
沿对角线 $x = y$ 的挠度比可用

$$S_1 = \sum_{m=1}^{\infty} \sum_{n=1}^{\infty} \frac{\sin \dfrac{m\pi x}{l} \sin \dfrac{n\pi x}{l}}{mn \left(m^2 + n^2\right)} \tag{15.6.19}$$

和

$$S_2 = \sum_{m=1}^{\infty} \sum_{n=1}^{\infty} \frac{\sin \dfrac{m\pi x}{l} \sin \dfrac{n\pi x}{l}}{mn \left(m^2 + n^2\right)^2} \tag{15.6.20}$$

来计算。对于无量纲厚度 $h/l = 0.2$、剪切修正系数 $\kappa = 5/(6 - \nu)$，基于前 10 项
（即从 $m + n = 2$ 到 $m + n = 10$），Mindlin-Kirchhoff 挠度比在 $0.5 \leqslant x/l \leqslant 1$ 范
围内沿着 $y = l/2$ 和 $x = y$ 的比值变化曲线如图 15.6.4 所示。图中表明，对于在
两种载荷分布情况下的剪切-弯曲变形率，该相对值存在一个界限范围。在平板中
心，正弦载荷作用下的 Mindlin-Kirchhoff 挠度比大于均布载荷作用下的 Mindlin-
Kirchhoff 挠度比，而在其他部位相反。如图 15.6.5 所示。由此得出，在一给定
的、区分内部和外部边界位置，对于两种载荷分布，Mindlin-Kirchhoff 挠度比是相
等的。

因此，可以得出结论，Mindlin-Kirchhoff 挠度比随着板的泊松比变得更负而
逐渐减小，从而表明用于预测中等厚度拉胀板挠度的经典板块理论是可用的。然
而当 $\nu \to -1$ 时，承受均布载荷作用的平板的剪切-弯曲挠度比在圆板中减小，而

在矩形板中并非如此。在一阶基本正弦载荷作用下，整个简支矩形板的 Mindlin-Kirchhoff 挠度比是恒定的；而在均布载荷作用下，Mindlin-Kirchhoff 挠度比在板的中心偏低、在两侧偏高。这一观察结果表明，均布载荷作用下简支矩形板的中心部分剪切变形很小，当板的泊松比为负时，剪切变形得到进一步抑制 (Lim, 2014a)。

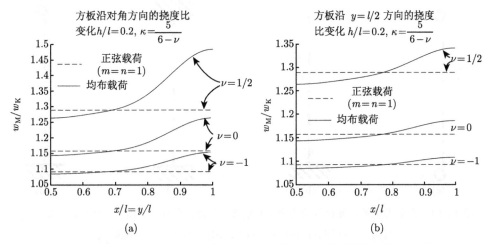

图 15.6.4 正弦载荷 ($m = n = 1$) 和均布载荷作用下，不同无量纲板厚简支方板中心的 Mindlin-Kirchhoff 挠度比随板材料泊松比的变化：(a) 从中心至角的比较；(b) 从中心到板边中点的比较

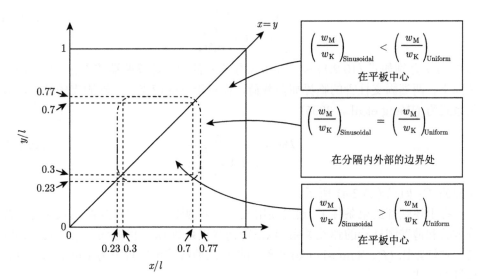

图 15.6.5 两种载荷分布情况下 Mindlin-Kirchhoff 挠度比的相等边界

15.7　拉胀厚柱管的屈曲

本节考虑了两端铰支、一端自由一端固支、两端固支和一端铰支一端固支条件下的拉胀厚柱管的弹性稳定性，如图 15.7.1 所示。

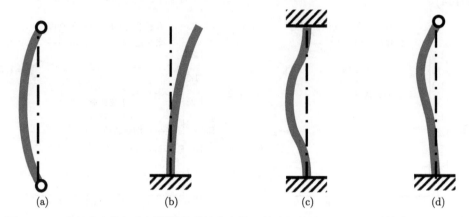

$$\qquad \text{(a)} \qquad\qquad\qquad \text{(b)} \qquad\qquad\qquad \text{(c)} \qquad\qquad\qquad \text{(d)}$$

图 15.7.1　此处考虑的拉胀厚柱管的弹性稳定性，其端部条件为：(a) 两端铰支；(b) 一端
自由、一端固支；(c) 两端固支；(d) 一端铰支、一端固支

Timoshenko 柱管的临界屈曲载荷 (P_{E}) 与 Euler-Bernoulli 柱管的临界屈曲载荷 (P_{T}) 的关系为 (Wang et al.，2005)

$$P_{\mathrm{T}} = \frac{P_{\mathrm{E}}}{1 + \dfrac{P_{\mathrm{E}}}{\kappa AG}} \tag{15.7.1}$$

其中，P_{E} 分别如式 (10.2.1) ~ 式 (10.2.3) 表示的用于计算两端铰支、一端自由一端固支、两端固支柱管的临界屈曲载荷，而对于一端铰支、一端固支的柱管，其关系式为 (Wang et al.，2005)

$$P_{\mathrm{T}} = \frac{P_{\mathrm{E}}}{1 + 1.1 \dfrac{P_{\mathrm{E}}}{\kappa AG}} \tag{15.7.2}$$

相应的 P_{E} 如式 (10.2.4) 所示。

在上述端部约束条件下，通过使用式 (3.4.1) 所描述的实心方管、实心圆管、薄壁方管和薄壁圆柱管的弹性关系，以及剪切修正系数 (κ)、横截面积 (A) 及中性轴第二惯性矩比 (I)，Timoshenko 柱管的临界屈曲载荷可以规范为 Euler-Bernoulli 柱管的形式

$$\frac{P_{\mathrm{T}}}{P_{\mathrm{E}}} = \frac{1}{1 + c_1 \left(1 + c_2 \nu\right) \alpha^2} \tag{15.7.3}$$

其中厚长比定义为 $\alpha = h/l = d/l$，系数 c_1 和 c_2 见表 15.7.1。

表 15.7.1　各种不同截面管在指定的端部条件下的系数 c_1 和 c_2

截面形式	A	I	κ	c_1(一端自由、一端固支)	c_1(两端铰支)	c_1(两端固支)	c_1(一端铰支、一端固支)	c_2
实心方管	h^2	$\dfrac{h^4}{12}$	$\dfrac{10(1+\nu)}{12+11\nu}$	$\dfrac{\pi^2}{20}$	$\dfrac{\pi^2}{5}$	$\dfrac{4\pi^2}{5}$	4.4418	$\dfrac{11}{12}$
实心圆管	$\dfrac{\pi}{4}d^2$	$\dfrac{\pi}{64}d^4$	$\dfrac{6(1+\nu)}{7+6\nu}$	$\dfrac{7\pi^2}{192}$	$\dfrac{7\pi^2}{48}$	$\dfrac{7\pi^2}{12}$	3.2388	$\dfrac{6}{7}$
薄壁方管	$4ht$	$\dfrac{2}{3}h^3t$	$\dfrac{20(1+\nu)}{48+39\nu}$	$\dfrac{\pi^2}{5}$	$\dfrac{4\pi^2}{5}$	$\dfrac{16\pi^2}{5}$	17.7672	$\dfrac{39}{48}$
薄壁圆柱管	πdt	$\dfrac{\pi}{8}d^3t$	$\dfrac{2(1+\nu)}{4+3\nu}$	$\dfrac{\pi^2}{8}$	$\dfrac{\pi^2}{2}$	$2\pi^2$	11.1045	$\dfrac{3}{4}$

　　图 15.7.2 给出了不同截面、厚长比 $\alpha = 0.1$ 两端铰支柱管的一系列 $P_{\mathrm{T}}/P_{\mathrm{E}}$ 随泊松比的关系，这表明几乎在泊松比的整个范围内，实心圆管的 $P_{\mathrm{T}}/P_{\mathrm{E}}$ 的值是最高的，其次是实心方管、薄壁圆柱管，最后是薄壁方管。这种趋势在泊松比为正的柱管中尤为明显。然而，当负泊松比 $\nu = -1$ 时，实心柱管的 $P_{\mathrm{T}}/P_{\mathrm{E}}$ 要高于实心圆柱。

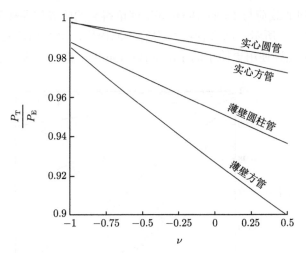

图 15.7.2　考虑剪切变形情况下横截面形状和泊松比对 $\alpha = 0.1$ 的两端铰支柱管屈曲的影响

　　对于不同端部条件组合的情况，一组厚长比 $\alpha = 0.1$ 的实心方柱的 $P_{\mathrm{T}}/P_{\mathrm{E}}$ 随 ν 变化的曲线如图 15.7.3 所示。与图 15.7.2 一样，图 15.7.3 中的趋势表明，在泊松比减小时，基于 Timoshenko 理论的临界屈曲载荷与基于 Euler-Bernoulli 理论的临界屈曲载荷近似,意味着当柱管的泊松比足够负时,Euler-Bernoulli 理论是适用的。

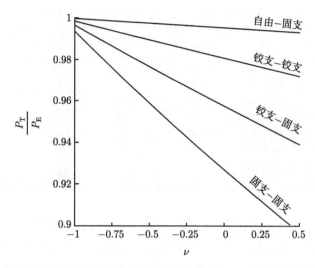

图 15.7.3　考虑剪切变形情况下端部条件及泊松比对 $\alpha = 0.1$ 的实心方柱屈曲的影响

正如预期的那样,细长柱的剪切–弯曲变形率较低,因此根据 Timoshenko 理论得到的临界屈曲载荷与 Euler-Bernoulli 理论得到的临界屈曲载荷,数值上较为接近,如图 15.7.4 所示。结合管柱结构的负泊松比,可得当泊松比 $\nu \to -1$ 时 $P_\mathrm{T} \approx P_\mathrm{E}$。除了允许使用更简单的 Euler-Bernoulli 理论外,这一近似表明,具有

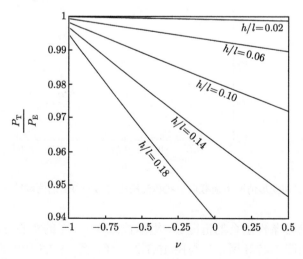

图 15.7.4　考虑剪切变形情况下宽高比 $\alpha = h/l$ 和泊松比对两端铰支的实心方柱屈曲的影响

负泊松比的柱的屈曲载荷强度降幅较小。

结果表明，随着柱管的泊松比变得更负，Timoshenko 理论计算的临界屈曲载荷增大，两种理论计算的临界屈曲载荷之间的差距减小。这一观察结果不仅表明简单的 Euler-Bernoulli 理论对于预测泊松比非常负的柱管的临界屈曲载荷是成立的，而且更重要的是使用拉胀材料将通过减少横向剪切变形来提高柱的屈曲强度。

15.8 拉胀厚板的屈曲

如图 15.8.1(a) 所示，对于杨氏模量为 E、泊松比为 ν、厚度为 h 和半径为 R 的简支圆板，在面内压缩载荷 N_r 作用下，相应的 Kirchhoff 板临界屈曲载荷 N_k 的通解为 (Reddy，2007)

$$J_1\left(\alpha R\right) = \frac{\alpha R}{1-\nu} J_0\left(\alpha R\right) \tag{15.8.1}$$

其中

$$\alpha = \sqrt{\frac{N_{\mathrm{K}}}{D}} \tag{15.8.2}$$

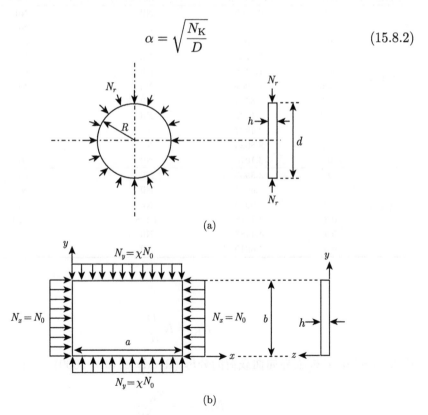

(a)

(b)

图 15.8.1 屈曲示意图：(a) 圆板；(b) 矩形板

板的抗弯刚度由式 (8.2.3) 来描述，第 0 阶和 1 阶贝塞尔函数分别由式 (10.4.2) 与式 (10.4.3) 来描述的，只考虑前 8 项。引入 Kirchhoff 圆板的临界屈曲载荷系数，可得

$$\bar{N} = N_{\text{K}}\frac{R^2}{D} = (\alpha R)^2 \tag{15.8.3}$$

表 15.8.1 描述了各向同性固体整个泊松比范围内 $(-1 \leqslant \nu \leqslant 0.5)$ 的一组完整解。Reddy (2007) 及 Timoshenko 和 Gere (1961) 均报道了 $\nu = 0.3$ 时的临界屈曲载荷系数。根据 $\nu = 0.3$ 时临界屈曲载荷系数的高度吻合性，可以这样说，使用贝塞尔函数的前 8 项，可以提供 $\bar{N}$ 的精确结果，至少可以精确到小数点后四位。

表 15.8.1　在各向同性固体整个泊松比范围内 $(-1 \leqslant \nu \leqslant 0.5)$ 的简支圆板的临界屈曲载荷系数

泊松比范围	泊松比	整个泊松比范围内的 $\bar{N}$	$\bar{N}$(Reddy, 2007)	$\bar{N}$(Timoshenko and Gere, 1961)
	-1	0.0000	Nil	Nil
	-0.95	0.1983	Nil	Nil
	-0.9	0.3934	Nil	Nil
	-0.8	0.7738	Nil	Nil
拉胀的	-0.7	1.1415	Nil	Nil
	-0.6	1.4969	Nil	Nil
	-0.5	1.8404	Nil	Nil
	-0.4	2.1722	Nil	Nil
	-0.3	2.4927	Nil	Nil
	-0.2	2.8023	Nil	Nil
	-0.1	3.1013	Nil	Nil
	0	3.3900	Nil	Nil
	0.1	3.6687	Nil	Nil
常规的	0.2	3.9379	Nil	Nil
	0.3	4.1978	4.198	4.20
	0.4	4.4487	Nil	Nil
	0.5	4.6910	Nil	Nil

将

$$N_{\text{K}} = \bar{N}\frac{D}{R^2} \tag{15.8.4}$$

代入 Mindlin 圆板临界屈曲载荷的分母 (Reddy et al., 2000)，可得

$$N_{\text{M}} = \frac{N_{\text{K}}}{1 + \dfrac{N_{\text{K}}}{\kappa Gh}} \tag{15.8.5}$$

进而求得 Mindlin-Kirchhoff 的临界屈曲载荷比为

$$N_{\mathrm{M}} = \frac{N_{\mathrm{K}}}{1 + \dfrac{\bar{N}D}{\kappa GhR^2}} \tag{15.8.6}$$

基于式 (8.2.4) 中剪切模量与板抗弯刚度的关系, 得到

$$\frac{N_{\mathrm{M}}}{N_{\mathrm{K}}} = \frac{1}{1 + \dfrac{2}{3} \dfrac{\bar{N}}{\kappa(1-\nu)} \left(\dfrac{h}{d}\right)^2} \tag{15.8.7}$$

其中, d 为板的直径; h/d 为无量纲圆板的厚度。式 (15.8.7) 是用圆板 Mindlin 临界屈曲载荷对 Kirchhoff 屈曲载荷进行归一化的一种表达方法。另一种以不同无量纲形式表达 Mindlin 临界屈曲载荷的方法是将式 (15.8.5) 中的 Kirchhoff 临界屈曲载荷项与式 (15.8.4) 联立得到

$$N_{\mathrm{M}} = \frac{\bar{N}\dfrac{D}{R^2}}{1 + \dfrac{\bar{N}D}{\kappa GhR^2}} \tag{15.8.8}$$

利用式 (8.2.4), 采用式 (15.8.3) 所述的圆板临界屈曲载荷的定义, 得到

$$\bar{N}_{\mathrm{M}} = N_{\mathrm{M}} \frac{R^2}{D} = \frac{\bar{N}}{1 + \dfrac{2}{3} \dfrac{\bar{N}}{\kappa(1-\nu)} \left(\dfrac{h}{d}\right)^2} \tag{15.8.9}$$

对于图 15.8.1(b), $\chi = 0$ 和 $\chi = 1$ 分别表示在一个矩形板的单轴和双轴压缩。相应地, 这些矩形 Kirchhoff 板的临界屈曲载荷 (Reddy, 2007) 在单轴压缩时为

$$\bar{N}_{\mathrm{K}} = \frac{\pi^2 D}{b^2} \left(\frac{a}{b} + \frac{b}{a}\right)^2 \tag{15.8.10}$$

而双轴压缩时为

$$N_{\mathrm{K}} = \frac{\pi^2 D}{ab} \left(\frac{a}{b} + \frac{b}{a}\right) \tag{15.8.11}$$

因此, 对于 $a = b = 1$ 的方板, 基于 Kirchhoff 假设下板的临界屈曲载荷, 单轴压缩时为

$$N_{\mathrm{K}} = 4D \left(\frac{\pi}{l}\right)^2, \quad \chi = 0 \tag{15.8.12}$$

双轴压缩时为

$$N_{\mathrm{K}} = 2D \left(\frac{\pi}{l}\right)^2, \quad \chi = 1 \tag{15.8.13}$$

Kirchhoff 板临界屈曲载荷与 Mindlin 板临界屈曲载荷之间的一般关系为 (Reddy et al.，2000)

$$N_M = \frac{N_K}{1 + \dfrac{N_K}{2\kappa G h} \left[1 + \sqrt{1 - \dfrac{4\pi^2 (1 - \chi) D}{N_K l^2}} \right]} \tag{15.8.14}$$

将单轴压缩情况下的式 (15.8.12) 代入，或将双轴压缩情况下的式 (15.8.13) 代入式 (15.8.14) 的分母，得到

$$N_M = \frac{N_K}{1 + \dfrac{2\pi^2 D}{\kappa h l^2 G}} \tag{15.8.15}$$

利用式 (8.2.4)，可得

$$\frac{N_M}{N_K} = \frac{1}{1 + \dfrac{\pi^2}{3\kappa (1 - \nu)} \left(\dfrac{h}{l} \right)^2} \tag{15.8.16}$$

其中，比值 h/l 表示无量纲的方板厚度。式 (15.8.16) 是通过与 Kirchhoff 屈曲载荷进行归一化来表达 Mindlin 方板临界屈曲载荷的一种方法。另一种以无量纲形式表示 Mindlin 临界屈曲载荷的方法是将式 (15.8.14) 中所有 Kirchhoff 临界屈曲载荷项用式 (15.8.12) 或式 (15.8.13) 代入

$$N_M = \frac{C_1 D \left(\dfrac{\pi}{l} \right)^2}{1 + \dfrac{2\pi^2 D}{\kappa G h l^2}} \tag{15.8.17}$$

式中，单轴压缩时 $C_1 = 4 (\chi = 0)$；双轴压缩时 $C_1 = 2 (\chi = 1)$。使用式 (8.2.4)，将式 (15.8.17) 以临界屈曲载荷系数的形式重写为

$$\bar{N}_M = \frac{N_M}{D} \left(\frac{l}{\pi} \right)^2 = \frac{C_1}{1 + \dfrac{\pi^2}{3k(1 - \nu)} \left(\dfrac{h}{l} \right)^2} \tag{15.8.18}$$

无论是圆板还是方板，Mindlin 板理论的临界屈曲载荷相对于 Kirchhoff 板理论的偏差不仅受限于板的无量纲厚度，而且还受到泊松比的影响。因此，可以预计到拉胀板的偏差绝对不同于常规板。根据式 (15.3.1) 给出的三次方程形式，Lim (2014b) 得到了比式 (15.3.12) 更精确的剪切修正系数

$$\kappa = \frac{76.36 + 34.09\nu - 2.2\nu^2 + 11.56\nu^3 - 4.14\nu^4}{100} \tag{15.8.19}$$

它与式 (15.3.1) 几乎完全一致。

　　图 15.8.2 给出了基于式 (15.3.2) 所得的恒定的和由式 (15.8.19) 所得的可变剪切修正系数的各种无量纲厚度圆板的 Mindlin-Kirchhoff 临界屈曲载荷比随泊松比的变化曲线。使用恒定的剪切修正系数 $\kappa = 5/6$，低估了 $\nu > 0.2$ 时的 $N_{\mathrm{M}}/N_{\mathrm{K}}$ 值，而高估了 $\nu \leqslant 0.21$ 时的 $N_{\mathrm{M}}/N_{\mathrm{K}}$ 值。因此，对于负泊松比和低正泊松比范围，采用变剪切修正系数可使临界屈曲载荷更低、更稳定、更准确。众所周知，随着板厚减小，Mindlin 板的临界屈曲载荷接近于 Kirchhoff 板的临界屈曲载荷，即便如此，图 15.8.2 也显示出，当板的泊松比变得更负时，也会出现类似的效应。当 $\nu = -1$ 时，$N_{\mathrm{M}}/N_{\mathrm{K}} = 1$，这并不奇怪，因为临界屈曲载荷系数 $\bar{N}$ 随着泊松比接近下限值而减小 (表 15.8.1)，从而使得式 (15.8.7) 的结果 $N_{\mathrm{M}}/N_{\mathrm{K}} = 1$。当 $\nu \to -1$ 时，观察到 N_{M} 接近 N_{K}，说明这与 15.4 节中有关承受均布载荷作用的简支圆板研究相似，Mindlin 板理论的最大挠度与 Kirchhoff 板理论的最大挠度接近。同样，在圆板屈曲情况下，如果泊松比变得更负，几何层面的厚板在力学层面表现为薄板。由式 (15.8.7) 可知，$\bar{N}/[k(1-\nu)]$ 与 $(h/d)^2$ 对 Mindlin 圆板相对于 Kirchhoff 圆板的临界屈曲载荷的影响是相同的。用三次拟合的方法将表 15.8.1 中的临界屈曲载荷系数以泊松比的形式表示为

$$\bar{N} = 3.39 + 2.8366\nu - 0.4971\nu^2 + 0.0563\nu^3 \tag{15.8.20}$$

利用式 (15.8.19)，则式 (15.8.7) 分母中的以下项可仅采用泊松比表示：

$$\frac{\bar{N}}{\kappa(1-\nu)} = \frac{100}{1-\nu}\frac{3.39 + 2.8366\nu - 0.4971\nu^2 + 0.0563\nu^3}{76.36 + 34.09\nu - 2.2\nu^2 + 11.56\nu^3 - 4.14\nu^4} \tag{15.8.21}$$

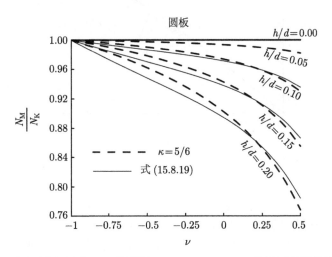

图 15.8.2　不同无量纲厚度 h/d 的圆板 Mindlin-Kirchhoff 临界屈曲载荷比 $N_{\mathrm{M}}/N_{\mathrm{K}}$ 随泊松比 ν 的变化曲线

这一项与圆板无量纲厚度的平方效果等同。例如，将 $\nu = 0.4$、$h/d = 0.04472$ (代表常规薄板) 或 $\nu = -0.9$、$h/d = 0.2$ (代表拉胀厚板) 代入式 (15.8.21) 中，得到一个共同值 $(h/d)^2 \bar{N}/[k(1-\nu)] = 0.0167$ 及共同的 $N_M/N_K = 0.989$。

图 15.8.3 给出了各种无量纲厚度的 Mindlin 圆板的临界屈曲载荷系数随泊松比变化的关系曲线。可以看出，在常规泊松比范围内，在确定圆板临界屈曲载荷系数中，无量纲板厚度起主要作用，泊松比作用较小。另一方面，在拉胀范围内，无量纲板厚的影响变得微不足道，从而使泊松比成为临界屈曲载荷的主要影响因素。图 15.8.3 还表明，剪切变形在高度拉胀板中不太明显，从而为泊松比足够负时采用简单经典板理论预测厚圆板的临界屈曲载荷提供了依据。与临界屈曲载荷比值 N_M/N_K 的比较不同，图 15.8.3 所示的临界屈曲载荷系数 $\bar{N}_M$ 的框架表明，常规厚板表现得与拉胀薄板一样。例如，泊松比 $\nu = 0.06897$、无量纲厚度 $h/d = 0.2$ 的常规厚板和泊松比 $\nu = -0.06897$、无量纲厚度 $h/d = 0.05$ 的拉胀薄板给出了一个共同的临界屈曲载荷系数 $\bar{N}_M = 3.1732$。这种逆转趋势的出现并不奇怪，因为 N_M/N_K 关于泊松比的变化曲线斜率为负、N_M 关于泊松比的变化曲线斜率为正。对于圆板，N_M/N_K 之比最适合用来理解 Mindlin 理论与 Kirchhoff 理论的偏差程度，而 $\bar{N}_M$ 的结果最适合用于设计参考。

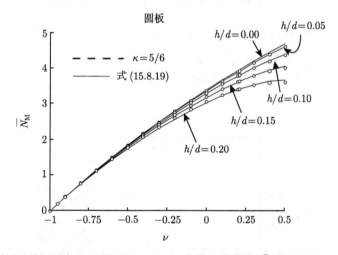

图 15.8.3 不同无量纲厚度 h/d 的圆板 Mindlin 临界屈曲载荷 $\bar{N}_M$ 随泊松比 ν 的变化曲线

图 15.8.4 描绘了基于式 (15.3.2) 所得的恒定的和式 (15.8.19) 所得的可变剪切修正系数的各种无量纲厚度方板的 Mindlin-Kirchhoff 临界屈曲载荷比值随泊松比的变化曲线。与圆板类似，方板的 N_M/N_K 值随泊松比变得更负而逐渐增大。同样地，使用恒定的剪切修正系数 $\kappa = 5/6$，低估了 $\nu > 0.2$ 时的 N_M/N_K 值，而高估了 $\nu \leqslant 0.21$ 时的 N_M/N_K 值，从而表明，使用可变剪切修正系数以在

拉胀范围内给出更为稳定的临界屈曲载荷，并且在常规和拉胀范围内均可给出更精确的结果。与圆板不同，方板的 $N_{\mathrm{M}}/N_{\mathrm{K}}$ 值随泊松比的减小增幅非常有限。如图 15.8.4 所示，在高度正泊松比时 $N_{\mathrm{M}}/N_{\mathrm{K}}$ 突然变化、高度负泊松比时 $N_{\mathrm{M}}/N_{\mathrm{K}}$ 非常有限地变化与承受均布载荷的固支圆板的 Mindlin-Kirchhoff 最大挠度比相似（图 15.4.1）。当 $\nu = -1$ 时，根据式 (15.3.1) 计算得到的剪切修正系数为 0.474572，约为恒定剪切修正系数的一半。使用 $\nu = -1$ 时的这两个剪切修正系数，可得

$$\lim_{\nu \to -1} \frac{N_{\mathrm{M}}}{N_{\mathrm{K}}} = \frac{1}{1 + C_2 \left(h/l \right)^2} \tag{15.8.22}$$

其中，$k = 5/6$ 时，$C_2 = 1.97392$；$k = 0.474572$ 时，$C_2 = 3.46614$。

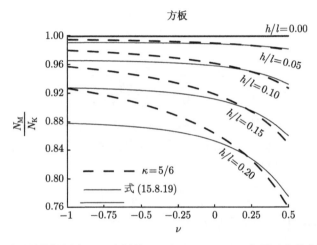

图 15.8.4　不同无量纲厚度 h/l 方板的 Mindlin-Kirchhoff 临界屈曲载荷比 $N_{\mathrm{M}}/N_{\mathrm{K}}$
随泊松比 ν 的变化曲线

虽然方板的临界屈曲载荷在 $\nu = -1$ 时不收敛于 Kirchhoff 板的临界屈曲载荷，但 $N_{\mathrm{M}}/N_{\mathrm{K}}$ 值的上升仍然足以使拉胀厚板在一定的特殊条件下表现得像常规薄板。以无量纲厚度 $h/l = 0.1$ 的拉胀厚板 ($\nu = -1$) 和无量纲厚度 $h/l = 0.06927$ 的常规薄板 ($\nu = 0.5$) 为例，对这两种板均有 $(h/l)^2 / [k(1-\nu)] = 0.0105$，故而均满足 $N_{\mathrm{M}}/N_{\mathrm{K}} = 0.967$。与圆板不同的是，方板的临界屈曲载荷比 $N_{\mathrm{M}}/N_{\mathrm{K}}$ 与 Mindlin 板的临界屈曲载荷系数 $\bar{N}_{\mathrm{M}}$ 趋势相似，仅仅是常值系数不同，即

$$\frac{N_{\mathrm{M}}}{N_{\mathrm{K}}} = \frac{1}{4} \left(\bar{N}_{\mathrm{M}} \right)_{\chi=0} = \frac{1}{2} \left(\bar{N}_{\mathrm{M}} \right)_{\chi=1} \tag{15.8.23}$$

因此，围绕 $N_{\mathrm{M}}/N_{\mathrm{K}}$ 讨论的有关拉胀厚板等同于常规薄板这一结论同样适用于 $\bar{N}_{\mathrm{M}}$。

15.9 拉胀厚板的振动

不考虑转动惯量，多边形 Mindlin 板的圆周固有频率 ω_{M}，与 Kirchhoff 板的圆周频率 ω_{K} 相关 (Reddy et al.，2000)，为

$$\omega_{\mathrm{M}}^2 = \frac{\omega_{\mathrm{K}}^2}{1 + \dfrac{\omega_{\mathrm{K}} h^2}{6\,(1-\nu)\,\kappa}\sqrt{\dfrac{\rho h}{D}}} \tag{15.9.1}$$

其中，h、ν、ρ、D 分别为板厚、泊松比、密度和弯曲刚度。从板的固有频率、密度、厚度和抗弯刚度方面引入无量纲固有频率间的关系为

$$\omega^* = \omega\sqrt{\frac{\rho h^5}{D}} \tag{15.9.2}$$

可得

$$\omega_{\mathrm{M}}^* = \frac{\omega_{\mathrm{K}}^*}{\sqrt{1 + \dfrac{\omega_{\mathrm{K}}^*}{6\,(1-\nu)\,\kappa}}} \tag{15.9.3}$$

通过使用式 (15.9.2) 描述的无量纲频率，ω_{M}^* 关于 ω_{K}^* 的变化曲线与板的形状无关。考虑转动惯量，多边形 Mindlin 板的固有频率与 Kirchhoff 板的固有频率相关 (Reddy et al.，2000)，为

$$\omega_{\mathrm{M}}^* = \frac{6\kappa G}{\rho h^2}\left(1 + \frac{h^2}{12}\omega_{\mathrm{K}}\sqrt{\frac{\rho h}{D}\left[1 + \frac{2}{\kappa\,(1-\nu)}\right]}\right.$$
$$\left. - \sqrt{\left\{1 + \frac{h^2}{12}\omega_{\mathrm{K}}\sqrt{\frac{\rho h}{D}\left[1 + \frac{2}{\kappa\,(1-\nu)}\right]}\right\}^2 - \frac{\rho h^2}{3\kappa G}\omega_{\mathrm{K}}^2}\right) \tag{15.9.4}$$

其中，G 为板材料的剪切模量。由式 (15.9.2) 和式 (8.2.4)，式 (15.9.4) 可表示为

$$\omega_{\mathrm{M}}^* = 6\sqrt{\kappa\,(1-\nu)\left(1 + \frac{\omega_{\mathrm{K}}^*}{12}\left[1 + \frac{2}{\kappa\,(1-\nu)}\right] - \sqrt{\left\{1 + \frac{\omega_{\mathrm{K}}^*}{12}\left[1 + \frac{2}{\kappa\,(1-\nu)}\right]\right\}^2 - \frac{(\omega_{\mathrm{K}}^*)^2}{18\kappa\,(1-\nu)}}\right)}$$

$$\tag{15.9.5}$$

表 15.9.1 给出了由式 (15.3.1) 计算得到的变量 κ。与可变剪切修正系数相比，采用恒定剪切修正系数，当板的泊松比为正时，误差在 10% 以内；但当板的泊松比为负时，误差大于 10%。因此，在处理拉胀板时要使用变化的 κ，而非恒定的 κ (Lim，2014c)。

表 15.9.1 恒定的和变化的平板剪切修正系数间的比较

泊松比范围	泊松比	变化的修正系数 $\kappa = \kappa(\nu)$	恒定的修正系数 $\kappa = 5/6$	$\kappa = 5/6$结果相对于 $\kappa = \kappa(\nu)$ 结果误差	备注
拉胀的	−1	0.474572	5/6	75.6	误差百分比大于 10%
	−0.9	0.496042	5/6	68.0	
	−0.8	0.519175	5/6	60.5	
	−0.7	0.544078	5/6	53.2	
	−0.6	0.570826	5/6	46.0	
	−0.5	0.599446	5/6	39.0	
	−0.4	0.629884	5/6	32.3	
	−0.3	0.661966	5/6	25.9	
	−0.2	0.695367	5/6	19.8	
	−0.1	0.729580	5/6	14.2	
常规的	0	0.763932	5/6	9.1	误差百分比在 10%以内
	0.1	0.797638	5/6	4.5	
	0.2	0.829914	5/6	0.4	
	0.3	0.860094	5/6	−3.1	
	0.4	0.887732	5/6	−6.1	
	0.5	0.912622	5/6	−8.7	

图 15.9.1 为各向同性固体整个泊松比范围内的 ω_M^* 关于 ω_K^* 的变化曲线。当 κ 在整个板材料泊松比范围假定为常数，且转动惯量可忽略时，如图 15.9.1(a) 所示，随着板材料的泊松比变得更负，Mindlin 板的无量纲固有频率与 Kirchhoff 板无量纲固有频率更为接近。但是，从图 15.9.1(b) 可以看出，考虑转动惯量后，同一 Mindlin 板的固有频率一般会降低。在不考虑转动惯量的情况下，使用变量 κ 也会产生类似的效果，如图 15.9.1 (c) 所示。当变量 κ 和转动惯量同时考虑时，Mindlin 板的固有频率进一步降低，如图 15.9.1(d) 所示。在图 15.9.1 所示的四组组合中，Mindlin 板的固有频率随板的泊松比变得更负而以减小的幅度逐渐增加。尤其在使用变化的 κ 以后，ω_M^* 与 ω_K^* 曲线在 $-1 \leqslant \nu \leqslant -0.25$ 时非常接近，即泊松比为高度负值时，它对 ω_M^*/ω_K^* 的增量作用并不明显。

为了评估 ω_M^* 相对于 ω_K^* 的关系是如何随剪切修正系数的选取、转动惯量包含与否而变化，针对平板材料的泊松比固定的情况下上述四种假设的组合，绘制了一组 ω_M^* 关于 ω_K^* 的变化曲线。当板为不可压缩板时，四条曲线非常接近，如图 15.9.2(a) 所示。当 $\nu = 0$ 时，四条曲线离得稍远，但彼此间适度接近，如图 15.9.2(b) 所示。然而，图 15.9.2(c) 描述了 ω_M^* 与 ω_K^* 间的显著差异，这是在 $\nu = -0.5$、恒定的 κ 值且不考虑转动惯量情况下给出的 Mindlin 板固有频率的最高估计。有趣的是，ω_M^* 与 ω_K^* 的关系在假设 κ 不变的情况下几乎等于假设没有转动惯量的情况。随着泊松比变得更负，差异变得更为显著。从图 15.9.2(d) 中可以看到，Mindlin 板的固有频率的最大估计值发生在当 κ 假定为常数且转动惯量被忽略的情况，其次是假定为常数 κ 的情况，再是无转动惯量的情况。

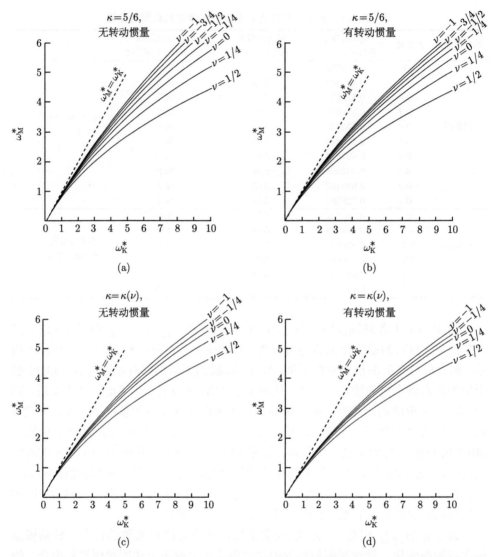

图 15.9.1　在 $-1 \leqslant \nu \leqslant 0.5$ 范围内，ω_M^* 关于 ω_K^* 的变化关系曲线：(a) 不考虑转动惯量、恒定剪切修正系数；(b) 考虑转动惯量、恒定剪切修正系数；(c) 不考虑转动惯量、变化的剪切修正系数；(d) 考虑转动惯量、变化的剪切修正系数

　　为了清楚地观察在整个泊松比范围内 ω_M^* 与 ω_K^* 之间的关系，图 15.9.3 描绘了一组 ω_M^*/ω_K^* 关于泊松比变化的曲线。在非常低的固有频率下，如 $\omega_K^* = 1$，见图 15.9.3(a)，Mindlin 板的固有频率在常规泊松比范围 $(0 \leqslant \nu \leqslant 0.5)$ 主要由转动惯量控制。当泊松比取其下限值时 $(\nu = -1)$，在假设忽略转动惯量、可变剪切

修正系数情况下，Mindlin 板的固有频率几乎等于基于恒定剪切修正系数、考虑转动惯量时的固有频率。在非常高的固有频率下，如 $\omega_K^* = 100$，如图 15.9.3(d) 所示，Mindlin 板的固有频率在 $\nu = 0.2$ 时其值相等。这意味着在非常高的固有频率情况下，只有当板的泊松比为正时，在不考虑 κ 随泊松比的变化和转动惯量的情况下，Mindlin 板的固有频率可足够准确。然而，如果平板是拉胀型的，则 Mindlin 板的固有频率主要受 κ 的影响，因此考虑恒定 κ 情况时的 Mindlin 板的固有频率要高于考虑变化 κ 情况时的 Mindlin 板的固有频率。图 15.93(b) 和 (c) 描述了 ω_M^*/ω_K^* 曲线由低频向高频率过渡。

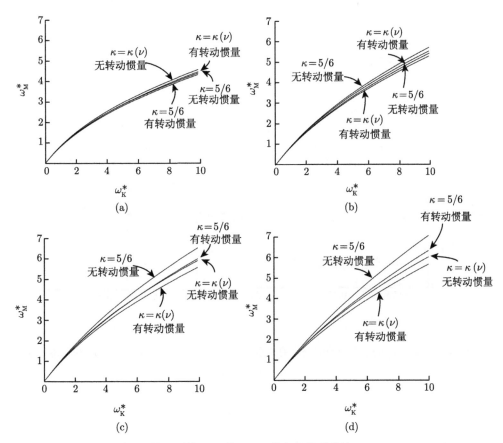

图 15.9.2　不同假设组合情况下的 ω_M^* 关于 ω_K^* 的变化关系曲线：(a) $\nu = 0.5$；(b) $\nu = 0$；(c) $\nu = -0.5$；(d) $\nu = -1$

现在可以得出结论，当以 Mindlin 板理论作为基准时，Kirchhoff 板理论获得了偏高的固有频率，但在较低的频率情况下，当板的泊松比变得更负时，Kirchhoff

板理论是适用的。此外，使用简化条件 (即恒定的剪切修正系数且忽略转动惯量) 的 Mindlin 板理论足以获得与未简化情况 (即剪切修正系数且考虑转动惯量) 的 Mindlin 板理论近似的结果，该近似仅在泊松比为正的情况下成立 (Lim，2014c)。

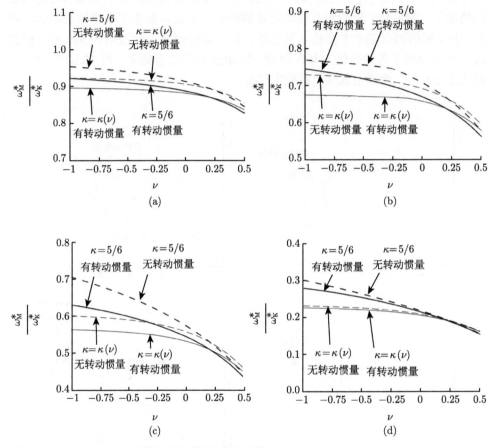

图 15.9.3　$\omega_{\mathrm{M}}^{*}/\omega_{\mathrm{K}}^{*}$ 关于不同的泊松比的关系曲线：(a) $\omega_{\mathrm{K}}^{*} = 1$；(b) $\omega_{\mathrm{K}}^{*} = 5$；(c) $\omega_{\mathrm{K}}^{*} = 10$；(d) $\omega_{\mathrm{K}}^{*} = 100$

参 考 文 献

Babuska I, D'Harcourt J M, Schwab C (1993) Optimal shear correction factors in hierarchical plate modelling. Math Model Sci Comput, 1(1):1-30

Birman V (1991) Temperature effect on shear correction factor. Mech Res Commun, 18 (4):207-212

Chróścielewski J, Pietraszkiewicz W, Witkowski W (2010) On shear correction factors in the nonlinear theory of elastic shells. Int J Solids Struct, 47(25–26):3537-3545

Hutchinson J R (1984) Vibrations of thick free circular plates, exact versus approximate solutions. ASME J Appl Mech, 51(3):581-585

Lamb H (1917) On waves in an elastic plate. Proc R Soc Lond, A93:114-128

Liew K M, Wang C M, Xiang Y, Kitipornchai S (1998) Vibration of Mindlin Plates. Elsevier, Oxford

Lim T C (2012) Auxetic beams as resonant frequency biosensors. J Mech Med Biol, 12(5):1240027

Lim T C (2013) Shear deformation in thick auxetic plates. Smart Mater Struct, 22(8):084001

Lim T C (2014a) Shear deformation in rectangular auxetic plates. ASME J Eng Mater Technol, 136 (3):031007

Lim T C (2014b) Elastic stability of thick auxetic plates. Smart Mater Struct, 23(4):045004

Lim T C (2014c) Vibration of thick auxetic plates. Mech Res Commun, 61:60-66

Lim T C (2015) Shear deformation in beams with negative Poisson's ratio. IMechE J Mater Des Appl (accepted)

Madabhusi-Raman P, Davalos J F (1996) Static shear correction factor for laminated rectangular beams. Compos B, 27(3/4):285-293

Mindlin R D (1951) Influence of rotary inertia and shear on flexural motions of isotropic, elastic plates. ASME J Appl Mech, 18:31-38

Pai P F (1995) A new look at shear correction factors and warping functions of anisotropic laminates. Int J Solids Struct, 32(16):2295-2313

Rayleigh L (1888) On the free vibrations of an infinite plate of homogeneous isotropic elastic matter. Proc Lond Math Soc Ser, 120(1):225-237

Reddy J N (2007) Theory and Analysis of Elastic Plates and Shells, 2nd edn. CRC Press, Boca Raton

Reddy J N, Lee K H, Wang C M (2000) Shear Deformable Beams and Plates: Relationships with Classical Solutions. Elsevier, Oxford

Reissner E (1944) On the theory of bending of elastic plates. J Math Phys (MIT), 23:184-191

Reissner E (1945) The effect of transverse shear deformation on the bending of elastic plates. ASME J Appl Mech, 12:A68-A77

Reissner E (1947) On bending of elastic plates. Q Appl Math, 5:55-68

Rössle A (1999) On the derivation of an asymptotically correct shear correction factor for the Reissner-Mindlin plate model. Comptes Rendus de l'Académie des Sci (serie I—mathematique), 328(3):269-274

Stephen N G (1997) Mindlin plate theory: best shear coefficient and higher spectra validity. J Sound Vib, 202(4):539-553

Timoshenko S P, Gere J M (1961) Theory of Elastic Stability, 2nd edn. McGraw-Hill, New York

Timoshenko S P, Woinowsky-Krieger S (1964) Theory of Plates and Shells, 2nd edn. McGraw- Hill, New York

Wang C M (1995) Timoshenko beam-bending solutions in terms of Euler-Bernoulli solution. ASCE J Eng Mech, 121(6):763-765

Wang C M, Wang C Y, Reddy J N (2005) Exact Solutions for the Buckling of Structural Members. CRC Press, Boca Raton

Wittrick W H (1987) Analytical, three-dimensional elasticity solutions to some plate problems, and some observations on Mindlin's plate theory. Int J Solids Struct, 23(4):441-464

第 16 章　简单半拉胀固体

摘要: 本章在定义两种半拉胀固体,即方向性半拉胀固体和位置性半拉胀固体的基础上,发展了基于六边形和内凹蜂窝结构的方向性半拉胀固体的弹性属性和基于旋转单元的方向性半拉胀固体三维运动特性;进而分析并提出了方向性半拉胀纱线的制备方法;随后分析了从泊松比一端为正向另一端为负过渡的功能梯度梁;最后分析了复合杆和夹层结构形式的位置性半拉胀材料结构力学性能。位置性半拉胀结构的结果表明,拉胀性的程度不仅取决于组成结构的拉胀性和相对体积分数,还与变形模式有关,即这些结构在一种加载模式下表现出总体常规特性,但是在另一种加载模式下表现出总体拉胀特性。

关边界词: 各向异性;复合杆;夹层结构;半拉胀;纱线

16.1　引　　言

半拉胀固体有两大类。第一类明显是各向异性的,包括在一个平面上表现出常规行为而在另一平面上表现出拉胀行为的固体,因此称之为方向性半拉胀固体。第二类包含至少两个具有相反泊松比符号成分的固体,包括从泊松比一端为正向另一端为负过渡的功能梯度结构,它们通常可以假定为各向异性,因此称为位置性半拉胀固体。尽管在大多数文献中都提到了拉胀行为的优势,但仍然存在这样一个事实,即并非所有应用都需要甚至希望得到拉胀性。

16.2　方向性半拉胀固体的弹性属性

泊松剪切材料是一种在面外方向上加载时显示出明显的面内剪切应变的材料。因此,对于规定的面外应变 (ε_3),满足 $\varepsilon_1 \approx -\varepsilon_2$。为了获得这种特性,例如,泊松剪切材料在 1-3 平面中具有正的泊松比,而在 2-3 平面中应具有负的泊松比,反之亦然,以使其幅度几乎相等。当一种材料在一个平面 (如 2-3 平面) 上具有正泊松比,而在另一个平面 (如 1-3 平面) 上具有负泊松比时,若在第 3 个方向上表现出法向应变,则观察到显著的 1-2 平面的剪切 (Lim,2002a)。

如图 16.2.1 中代表性体积单元 (RVE) 所示,从示意图上可以看出,将不同方向上的常规和拉胀特性相结合可以得到泊松剪切材料,即 1-3 平面上的内凹蜂窝结构和 2-3 平面上的六边形蜂窝结构。可以通过折叠用于分析的图 16.2.2 所示的几何形状的薄片来获得此泊松剪切 RVE 的上半部或下半部。考虑图 16.2.1 或图 16.2.2 中所示的 RVE, 其中 L = 折叠前的主要长度, l = 折叠前的次要长度, b = 基底, 1 和 2 对应于面内主轴。

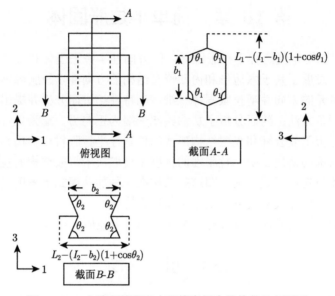

图 16.2.1　六边形蜂窝和内凹蜂窝组合结构的几何图形

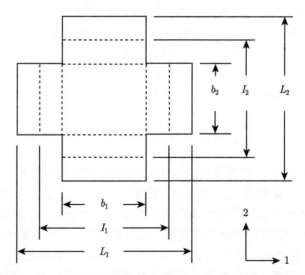

图 16.2.2　RVE 上半部分或下半部分的"开放式"几何图形

为了使 1-3 平面的 $\nu < 0$ 和 2-3 平面的 $\nu > 0$, 令 $0 < \theta_2 < (\pi/2) < \theta_1 < \pi$。通过将变形模式限制为二维运动模式, 已开展了对适用于任一泊松比的广义蜂窝

状结构弹性刚度的统一研究 (Lim，2003)。在本节中，针对泊松剪切材料扩展应用了类似的方法，其中变形发生在第 3 方向上。为了简洁，采用 $\theta_i\,(i=1,2)$ 表示转动。由于对称性，分离出 1/4 的 RVE 进行分析，如图 16.2.3 所示。在下面的分析中，除非另有说明，否则 $i,j=1,2\neq3$。

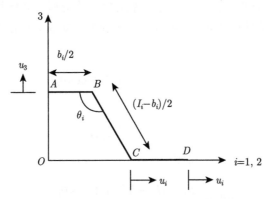

图 16.2.3　用于分析的 1/4 RVE

由 $(OC)=[b_i-(l_i-b_i)\cos\theta_i]/2$ 和 $(OA)=[(l_i-b_i)\sin\theta_i]/2$，可得面内的伸长量

$$u_i=d\,(OC)=\frac{l_i-b_i}{2}\sin\theta_i\mathrm{d}\theta_i \tag{16.2.1}$$

和面外的伸长量

$$u_3=d\,(OA)=\frac{l_i-b_i}{2}\cos\theta_i\mathrm{d}\theta_i \tag{16.2.2}$$

式 (16.2.1) 显示了采用铰的旋转 θ_1 表示的沿轴 1 的伸长率，采用铰的旋转 θ_2 表示的沿轴 2 的伸长率。轴 3 的伸长率可通过 θ_1 或 θ_2 的旋转来描述，如式 (16.2.2) 所示。从式 (16.2.1) 可以很容易地获得以 θ_1 旋转表示的沿轴 1 的伸长率，反之亦然，可以得到

$$u_i=\frac{l_j-b_j}{2}\tan\theta_i\cos\theta_j\mathrm{d}\theta_j \tag{16.2.3}$$

对于无限小的变形，旋转角度 $\delta\theta$ 可考虑为线性变化的，则扭矩 T 为

$$T=k_\theta\delta\theta \tag{16.2.4}$$

其中，k_θ 表示铰的转动刚度。因而每个铰的势能为

$$U_{\text{hinge}}=\frac{1}{2}k_\theta\,(\delta\theta)^2 \tag{16.2.5}$$

假设每个 RVE 在面 1-3 中旋转时有 n_1 个铰，在面 2-3 中旋转时有 n_2 个铰，则每个 RVE 所存储的能量为

$$U=\frac{n_1}{2}k_{\theta1}\,(\delta\theta_1)^2+\frac{n_2}{2}k_{\theta2}\,(\delta\theta_2)^2 \tag{16.2.6}$$

因此，弹性系数 C_{ij} 可通过能量法得到 (Nye，1985)

$$C_{ij} = \frac{1}{V_0}\frac{\partial^2 U}{\partial \varepsilon_i \partial \varepsilon_j} \tag{16.2.7}$$

其中，V_0 为 RVE 变形前的体积。对于无限微小的变形，其体积与初始相比变化很小，因此可方便地使用初始 RVE 体积。由应变的定义，根据 RVE 的几何关系，可得

$$\varepsilon_i = \frac{2u_i}{L_i - (l_i - b_i)\,(1 + \cos\theta_i)} \tag{16.2.8}$$

和

$$\varepsilon_3 = \frac{2u_3}{(l_i - b_i)\sin\theta_i} \tag{16.2.9}$$

将式 (16.2.1) 代入式 (16.2.8) 可得

$$\mathrm{d}\theta_i = \frac{L_i - (l_i - b_i)\,(1 + \cos\theta_i)}{(l_i - b_i)\sin\theta_i}\varepsilon_i \tag{16.2.10}$$

同样地，将式 (16.2.2) 代入式 (16.2.9) 得到

$$\mathrm{d}\theta_i^{**} = \varepsilon_3 \tan\theta_i \tag{16.2.11}$$

为了得到对角项 C_{ij}，就 $i = 1, 2, 3$ 取其二重微分

$$C_{ii} = \frac{1}{V_0}\frac{\partial^2 U}{\partial \varepsilon_i^2} \tag{16.2.12}$$

其中存储的能量以 ε_i 的形式表示。由式 (16.2.6) 可得

$$U = \frac{n_i}{2}k_{\theta i}\,(\delta\theta_i)^2 + \frac{n_j}{2}k_{\theta j}\,(\delta\theta_j^*)^2 \tag{16.2.13}$$

其中，$\delta\theta_j^*$ 是 ε_i 的间接贡献。从式 (16.2.3) 和式 (16.2.8) 可得

$$\delta\theta_j^* = \frac{L_i - (l_i - b_i)\,(1 + \cos\theta_i)}{(l_j - b_j)\tan\theta_i \cos\theta_j}\varepsilon_i \tag{16.2.14}$$

将式 (16.2.10) 和式 (16.2.14) 代入式 (16.2.13)，并取式 (16.2.12) 所述的二重微分，则有

$$C_{ii} = \frac{[L_i - (l_i - b_i)\,(1 + \cos\theta_i)]^2}{V_0}\left[\frac{n_i k_{\theta i}}{(l_i - b_i)^2 \sin^2\theta_i} + \frac{n_j k_{\theta j}}{(l_j - b_j)^2 \tan^2\theta_i \cos^2\theta_j}\right] \tag{16.2.15}$$

为了采用 ε_i 来描述 $\delta\theta_1$ 或 $\delta\theta_2$，将式 (16.2.11) 代入式 (16.2.6)，从而式 (16.2.12) 变为

$$C_{33} = \frac{1}{V_0}\left[n_1 k_{\theta1}\tan^2\theta_1 + n_2 k_{\theta2}\tan^2\theta_2\right] \tag{16.2.16}$$

为了得到 C_{12}，将式 (16.2.6) 改写为

$$U = \frac{n_1}{2}k_{\theta1}\left(\delta\theta_1\right)\left(\delta\theta_1^*\right) + \frac{n_2}{2}k_{\theta2}\left(\delta\theta_2\right)\left(\delta\theta_2^*\right) \tag{16.2.17}$$

其中，$\delta\theta_1^*$ 用 ε_2 描述，$\delta\theta_2^*$ 用 ε_1 表示。将式 (16.2.10) 和式 (16.2.14) 代入式 (16.2.17)，并对式 (16.2.7) 进行微分，得到

$$C_{12} = \frac{\displaystyle\prod_{i=1}^{2}\left[L_i - \left(l_i - b_i\right)\left(1 + \cos\theta_i\right)\right]}{2V_0}$$

$$\times\left[\frac{n_1 k_{\theta1}}{\left(l_1 - b_1\right)^2\sin\theta_1\cos\theta_1\tan\theta_2} + \frac{n_2 k_{\theta2}}{\left(l_2 - b_2\right)^2\sin\theta_2\cos\theta_2\tan\theta_1}\right] \tag{16.2.18}$$

为得到 C_{13} 和 C_{23}，式 (16.2.6) 可写为

$$U = \frac{n_i}{2}k_{\theta i}\left(\delta\theta_i\right)\left(\delta\theta_i^{**}\right) + \frac{n_j}{2}k_{\theta j}\left(\delta\theta_j^*\right)\left(\delta\theta_j^{**}\right) \tag{16.2.19}$$

其中，$\delta\theta_j^*$ 和 $\delta\theta_i$ 与之前一样，分别由式 (16.2.10) 和式 (16.2.14) 采用 ε_i 描述。$\delta\theta_i^{**}$ 和 $\delta\theta_j^{**}$ 均采用如式 (16.2.11) 所示的形式，以便用 ε_3 表示。因此

$$C_{i3} = \frac{L_i - \left(l_i - b_i\right)\left(1 + \cos\theta_i\right)}{2V_0}\left[\frac{n_i k_{\theta i}}{\left(l_i - b_i\right)\cos\theta_i} + \frac{n_j k_{\theta j}}{\left(l_j - b_j\right)\cos\theta_j}\frac{\tan\theta_j}{\tan\theta_i}\right]$$
$$\tag{16.2.20}$$

现在考虑一个特例：

(a) 铰转动刚度相等，即 $k_{\theta1} = k_{\theta2} = k_\theta$；

(b) 对于面外变形，有相等但相反的主伸长量，即 $u_1 = -u_2$；

(c) RVE 的面内尺寸相等，即

$$L_1 - \left(l_1 - b_1\right)\left(1 + \cos\theta_1\right) = L_2 - \left(l_2 - b_2\right)\left(1 + \cos\theta_2\right) = W$$

条件 (b) 和 (c) 意味着 $\varepsilon_1/\varepsilon_2 = -1$，即面外载荷导致纯面内剪切，因此为纯泊松剪切。由于当前考虑的 RVE 几何结构具有相等数量的铰，这些铰绕其平行于轴 1 和 2 的轴旋转，因此 $n_1 = n_2 = n$。同样，假设旋转臂长度相等，则有 $l_1 - b_1 = l_2 - b_2 = a$，则根据式 (16.2.1) 有：(i) 如果 $\mathrm{d}\theta_1 = \mathrm{d}\theta_2$，则 $\sin\theta_1 = \sin\theta_2$；或者 (ii) 假如 $\mathrm{d}\theta_1 = -\mathrm{d}\theta_2$，则 $\sin\theta_1 = \sin\left(\pi - \theta_2\right)$。

如果 $(\pi/2) < \theta_1 = \theta_2 < \pi$，条件 (i) 适用于较大的正泊松比；或者，如果 $0 < \theta_1 = \theta_2 < (\pi/2)$，则条件 (i) 适用于负泊松比。而条件 (ii) 适用于泊松剪切，其中 $\theta_1 = \pi - \theta_2$，$\theta_2 \in [0, (\pi / 2)]$。由此，弹性系数 C_{ij} 可简化为 (Lim，2004)

$$C_{11} = C_{22} = \frac{2K}{\sin^2\theta_2}\left(\frac{W}{a}\right)^2 \tag{16.2.21}$$

$$C_{33} = 2K\tan^2\theta_2 \tag{16.2.22}$$

$$C_{12} = -\frac{K}{\sin^2\theta_2}\left(\frac{W}{a}\right)^2 \tag{16.2.23}$$

$$C_{13} = C_{23} = -\frac{K}{\cos\theta_2}\left(\frac{W}{a}\right) \tag{16.2.24}$$

其中

$$K = \frac{nk_\theta}{V_0} = 8\frac{k_\theta}{V_0} \tag{16.2.25}$$

因为每个 RVE 在 1-3 平面和 2-3 平面中均有 8 个铰，且满足

$$V_0 = W^2 a \sin\theta_2 \tag{16.2.26}$$

正交于加载方向的平面上的剪切分量可以用以下方法求得。从泊松比的定义出发，利用式 (16.2.8) 和式 (16.2.9) 求得

$$\nu_{3i} = -\frac{\varepsilon_i}{\varepsilon_3} = -\frac{u_i}{u_3}\left[\frac{(l_i - b_i)\sin\theta_i}{L_i - (l_i - b_i)(1 + \cos\theta_i)}\right] \tag{16.2.27}$$

将式 (16.2.1) 和式 (16.2.2) 代入式 (16.2.27)，可得

$$\nu_{3i} = -\frac{(l_i - b_i)\sin\theta_i\tan\theta_i}{L_i - (l_i - b_i)(1 + \cos\theta_i)} \tag{16.2.28}$$

由于 $(l_i - b_i)$ 和 $[L_i - (l_i - b_i)(1 + \cos\theta_i)]$ 必须在物理上均为正值，式 (16.2.28) 的符号由 θ_i 确定。对于 $(\pi / 2) < \theta_1 < \pi$，有 $\sin\theta_1 > 0$ 且 $\tan\theta_1 < 0$，因而 $\nu_{23} > 0$。对于 $0 < \theta_2 < (\pi / 2)$，有 $\sin\theta_2 > 0$ 且 $\tan\theta_2 > 0$，从而 $\nu_{31} < 0$。定义最大面内剪切应变与面外法向应变的 "泊松剪切比"(ν_{shear})，得到

$$\nu_{\text{shear}} = \frac{\gamma_{12}}{\varepsilon_3} = \frac{\varepsilon_1 - \varepsilon_2}{\varepsilon_3} = -\nu_{31} + \nu_{32} \tag{16.2.29}$$

对于 $L_1 - (l_1 - b_1)(1 + \cos\theta_1) = L_2 - (l_2 - b_2)(1 + \cos\theta_2)$，$l_1 - b_1 = l_2 - b_2$ 以及 $\theta_1 = \pi - \theta_2$ 的特定情况，将其代入式 (16.2.28)，则式 (16.2.29) 变为

$$\nu_{\text{shear}} = -2\nu_{31} = 2\nu_{32} \tag{16.2.30}$$

例如, 如果 $b_1 = b_2 = 1.5$ 个单位, $l_1 = l_2 = 3.5$ 个单位, $L_1 = 3.5$ 个单位, $L_2 = 5.5$ 个单位, $\theta_1 = 2\pi/3$ 弧度, $\theta_1 = \pi/3$ 弧度, 那么 $\nu_{32} = -\nu_{31} = 1.2$, 即 $\nu_{\text{shear}} = 2.4$ (Lim, 2004), 值得注意的是, 泊松比在各向异性系统中没有界限。

16.3 基于旋转的半拉胀性运动学研究

本节分析一个典型的拉胀结构的半拉胀性, 它表现出 (a) 平面特异性的半拉胀性和 (b) 应变相关的拉胀性, 与完全常规材料和完全拉胀的材料不同 (图 16.3.1)。图 16.3.2(a) 为一个面相关的半拉胀材料, 在两个正交的平面同时存在拉胀行为和常规材料行为, 如图 16.3.2(b) 和 (c) 所示, 以及如图 16.3.2(d) 所示的在第三个正交平面内的常规材料行为。

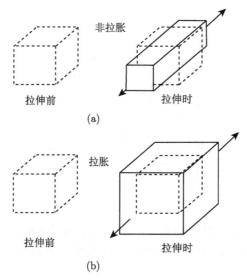

图 16.3.1 单轴拉伸时非拉胀 (常规) 和拉胀材料之间的变形比较

换句话说, 沿轴-1 的拉伸引起沿轴-2 膨胀、轴-3 收缩; 而沿轴-2 的拉伸引起沿轴-1 膨胀、轴-3 收缩。像常规材料一样, 轴-3 的拉伸会引起轴-2 和轴-3 方向的收缩。并不是所有的旋转装置都表现出拉胀性。图 16.3.3 给出了一个典型的面相关拉胀特性示意图, 其中 (a) 绕轴-3 旋转在面 1-2 表现出拉胀特性, (b) 绕轴-1 和轴-2 旋转分别在面 2-3 和面 3-1 表现出常规特性。

为建立一般旋转半拉胀材料的泊松比与分子几何构型之间的解析关系, 此处尝试从边界几何与轴应变角度建立泊松比的封闭解。作为一个预先的步骤, 引入长度为 l 的虚拟连接作为实际键长 r 的函数, 如图 16.3.3(c) 所示。对于四角形结构有同样的键长 r 和键角 Ω, 满足 $l = r\sqrt{2(1 - \cos\Omega)}$, 这里 $\Omega = 109.5°$。下面的分析分别指定了虚拟链路 OA、OB 和 OC 的长度 l_1、l_2 和 l_3，以满足中心原子与一种以上原子成键时非精确四边形结构的需要，即不同的键长和键角。

如图 16.3.4(a) 分析面相关拉胀性，设刚性连接为局部笛卡儿坐标系的原点，仅考虑三个虚拟连杆 (OA、OB、OC) 进行分析。除了虚拟长度外，也需要指定键角，有两种方法：第一种方法是指定刚性角 AOB、BOC 和 COA 的符号；第二种方法是将 OA、OB、OC 分别在轴-1、轴-2、轴-3 进行角度赋值。由于第二种方法易于分析，故选择此方法。

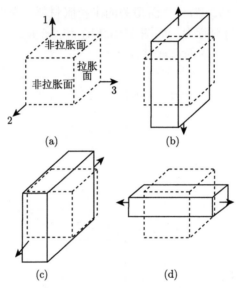

图 16.3.2　面相关半拉胀材料示意图：(a) 仅在平面 1-2 中表现出拉胀特性的样品材料；
(b) 沿轴-1 方向拉伸；(c) 沿轴-2 方向拉伸；(d) 沿轴-3 方向拉伸

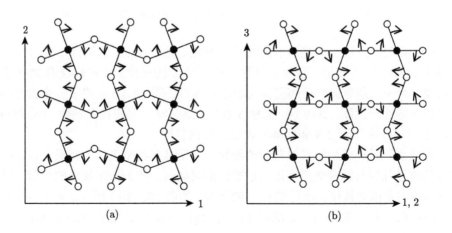

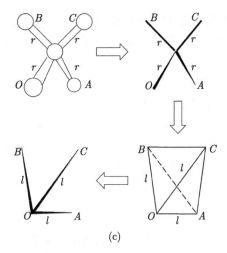

(c)

图 16.3.3 用于分析的类沸石结构例子：(a) 在平面 1-2 中表现出拉胀特性；(b) 在面 3-1 和面 2-3 中表现出常规特性；(c) 虚拟连接概念

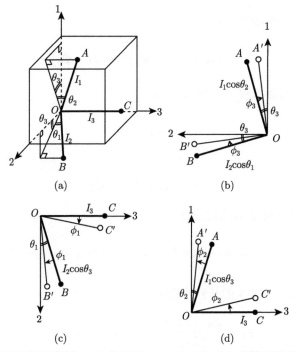

图 16.3.4 面相关拉胀性示意图：(a) 虚拟键 OA、OB 和 OC 的等距视图，长度分别为 l_1、l_2 和 l_3，粗体为未变形状态；(b) OA 和 OB 在面 1-2 上的投影长度 $l_i \cos \theta_j$ ($i, j = 1, 2$)；(c)、(d) OA 和 OB 的在其他两个正交平面上的投影长度 $l_i \cos \theta_3$ ($i = 1, 2$)

在 (i) 当投影在平面 1-2 时，$\angle AOB$ 为 90°；(ii) 连接边 OC 位于轴-3 两个几何假定下，在平面 1-2、平面 2-3 和平面 3-1 的投影长度和角度分别如图 16.3.4(b)~(d) 所示。

应用几何假设可以优化正、负泊松比的大小，除几何假设外，还引入了运动学假设。首先假设拉伸的 OA (或 OB) 在方向-1 (或方向-2) 诱发下旋转：(a) OA 沿轴-2 旋转 ϕ_2，沿轴 3 旋转 Φ_3，(b) OB 沿轴-1 旋转 Φ_1，沿轴-3 旋转 Φ_3，(c) OC 旋转沿轴-1 旋转 Φ_1，沿轴-2 旋转 Φ_2。其次，假设键长和四边形的角度不变，使得 OA、OB 和 OC 的虚拟链路长度及 $\angle AOB$、$\angle BOC$ 和 $\angle COA$ 的角度均不变。因此

$$\Phi_1 : \Phi_2 : \Phi_3 = \theta_1 : \theta_2 : \theta_3 \tag{16.3.1}$$

通过与几乎刚性的四面体结构比较，证明了高柔性转动铰的运动学假设是成立的。在变形前，OA 在轴-1 上的投影长度和 OB 在轴-2 上的投影长度为

$$(L_i)_0 = l_i \cos\theta_j \cos\theta_3 \tag{16.3.2}$$

式中，$i,j=1,2$。在变形过程中

$$L_i = l_i \cos(\theta_j - \Phi_j) \cos(\theta_3 - \Phi_3) \tag{16.3.3}$$

OC 在轴-3 上的投影长度，在变形前为

$$(L_3)_0 = l_3 \tag{16.3.4}$$

变形后为

$$L_3 = l_3 \cos\Phi_1 \cos\Phi_2 \tag{16.3.5}$$

因此，方向-1 和方向-2 的法向应变为

$$\varepsilon_i = \frac{L_i - (L_i)_0}{(L_i)_0} = (\cos\Phi_j + \tan\theta_j \sin\Phi_j)(\cos\Phi_3 + \tan\theta_3 \sin\Phi_3) - 1 \tag{16.3.6}$$

式中，$i,j=1,2$。方向-3 的法向应变为

$$\varepsilon_3 = \frac{L_3 - (L_3)_0}{(L_3)_0} = \cos\Phi_1 \cos\Phi_2 - 1 \tag{16.3.7}$$

因此得到泊松比为 (Lim，2007a)

$$\nu_{ij} = \frac{1}{\nu_{ji}} = -\frac{\varepsilon_j}{\varepsilon_i} = \frac{(\cos\Phi_i + \tan\theta_i \sin\Phi_i)(\cos\Phi_3 + \tan\theta_3 \sin\Phi_3) - 1}{1 - (\cos\Phi_j + \tan\theta_j \sin\Phi_j)(\cos\Phi_3 + \tan\theta_3 \sin\Phi_3)} \tag{16.3.8}$$

式中，$i, j = 1, 2$。而

$$\nu_{3i} = \frac{1}{\nu_{i3}} = -\frac{\varepsilon_i}{\varepsilon_3} = \frac{(\cos \Phi_j + \tan \theta_j \sin \Phi_j)(\cos \Phi_3 + \tan \theta_3 \sin \Phi_3) - 1}{1 - \cos \Phi_i \cos \Phi_j} \quad (16.3.9)$$

回想一下，第一个几何假设将投影到面 1-2 时的 $\angle AOB$ 设为 90°。在分析应变相关的拉胀性时，放宽了此限制，以研究 $\angle AOB$ 对面内泊松比的影响。假设边 OA 位于平面 1-2 上相对于轴-1 的角度为 α，OB 位于平面 1-2 上相对于轴-2 的角度为 β，如图 16.3.5 所示。下面的分析采用了前述面相关拉胀性分析的所有假设和方法。

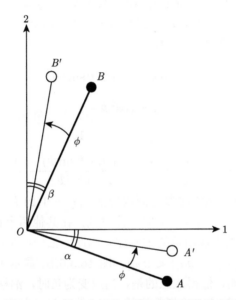

图 16.3.5 用于分析的应变相关拉胀性示意图

在轴-1 方向上的 A 点施加力 F 的作用，AOB 旋转了一个角度 Φ，满足

$$\left\{ \begin{array}{c} \varepsilon_A \\ \varepsilon_B \end{array} \right\} = \left[\begin{array}{cc} 1 & \tan \alpha \\ 1 & \tan \beta \end{array} \right] \left\{ \begin{array}{c} \cos \Phi \\ \sin \Phi \end{array} \right\} - \left\{ \begin{array}{c} 1 \\ 1 \end{array} \right\} \quad (16.3.10)$$

从而给出平面 1-2 的泊松比为 (Lim，2007a)

$$\nu_{AB} = -\frac{\varepsilon_B}{\varepsilon_A} = \frac{(\cos \Phi + \tan \beta \sin \Phi) - 1}{1 - (\cos \Phi + \tan \alpha \sin \Phi)} \quad (16.3.11)$$

由于力 F 的作用使 $\angle OAB$ 旋转了 Φ（图 16.3.5），从而使 OA 与轴-1 成一条直线，那么拉胀性的大小取决于 β 相对于 α 的角度。确定了三种情况：

(i) $0 < \alpha < \beta$，(ii) $\beta < \alpha < \beta$ 和 (iii) $2\beta < \alpha < \dfrac{\pi}{4}$。

在第一种情况下 $\alpha < \beta$，即使一个完整的旋转 ($\varPhi = \alpha$) 使得 OA 在轴-1 上，OB 仍在其象限。这确保了在整个拉伸过程中完全的拉胀性。在第二种情况下，当 $\alpha \in [\beta, 2\beta]$ 时，部分旋转 ($\varPhi = \beta$) 使得 OB 与轴-2 对齐，而 OA 仍在原来的象限，随后的旋转迫使 OB 进入相邻象限，从而减小了横向应变。尽管量级较低，但总体的泊松比仍然是负的。在第三种情况下 $\alpha > 2\beta$，部分旋转 $\varPhi = 2\beta$ 将 OB 推到轴-2 的另一边，新形成的镜像位置是从同轴的原位置获得的，此时泊松比为零。随后的旋转导致整体负的横向应变或正的泊松比，不再呈现拉胀性。

为了举例说明，考虑一个特定的情况，其中 $\theta_1 = \theta_2 = \theta_3 \equiv \theta$。由如式 (16.3.1) 所示的第二个运动学描述的假设，可得 $\varPhi_1 = \varPhi_2 = \varPhi_3 \equiv \varPhi$，因此对于 $i, j = 1, 2$，式 (16.3.6) $\sim$ 式 (16.3.9) 可简化为

$$\varepsilon_i = (\cos\varPhi + \tan\theta \sin\varPhi)^2 \tag{16.3.12}$$

$$\varepsilon_3 = \cos^2\varPhi - 1 \tag{16.3.13}$$

$$\nu_{ij} = \nu_{ji} = -1 \tag{16.3.14}$$

$$\nu_{3i} = \frac{1}{\nu_{i3}} = \frac{(\cos\varPhi + \tan\theta \sin\varPhi)^2 - 1}{1 - \cos^2\varPhi} \tag{16.3.15}$$

图 16.3.6(a) 为 $\theta = 20°$ 时参考面内应变 $\varepsilon_i (i = 1, 2)$ 的三个正交轴泊松比的变化。很明显，当 $\nu_{12} = \nu_{21} = -1$ 时，注意到，在其他两个正交平面下的拉伸表现为正的泊松比，压缩表现出负的泊松比。因此，泊松比是面相关和加载方向相关的。从量化来看，$|\nu_{i3}| < |\nu_{ij}| < |\nu_{3i}|$。图 16.3.6(b) 显示了 θ 和正的面内应变对 $\nu_{i3} (i = 1, 2)$ 的影响，值得注意的是，当应变为负时，泊松比的符号发生转变。可以看出，(i) 泊松比随应变呈指数增长；(ii) 偏移角 θ 越大，泊松比越小。

图 16.3.7 给出了各种 α 与 $\beta (\alpha + \beta = 30°)$ 组合情况下面内泊松比随 ε_A 的变化。为便于说明，将组合中 α 的增加与 β 的减少量设为 2.5°，即 $(\alpha, \beta) = (12.5°, 17.5°)$，$(15.0°, 15.0°)$，$(17.5°, 12.5°)$，$(20.0°, 10.0°)$ 和 $(22.5°, 7.5°)$。第一、第三和第五组合对应 $0 < \alpha < \beta$、$\beta < \alpha < 2\beta$ 和 $2\beta < \alpha < 90°$；第二和第四组合对应 $\alpha = \beta$ 和 $\alpha = 2\beta$ 的边界条件。结果表明，在这个拉胀的系统中，(i) 泊松比随着 (α/β) 减小而增加；(2) 负泊松比的可能性降至零，当 $\alpha \geqslant 2\beta$ 时进入正泊松比区。

从以上分析可以得出结论，对于面相关的半拉胀材料，在压缩载荷作用下三个正交平面均表现出拉胀行为，但在拉伸载荷作用下，两个平面表现出正泊松比。对于应变相关的半拉胀材料，未变形的几何形状和应变的大小均对泊松比有很大的影响。

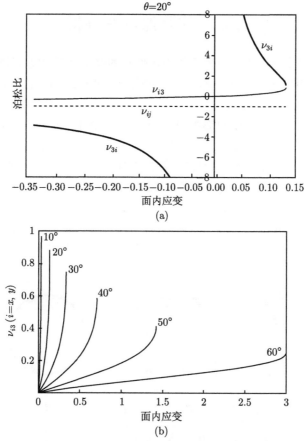

图 16.3.6 (a) $\theta = 20°$ 时，三个正交平面中的泊松比相对于面内应变的变化；(b) 不同 θ 情况下，三个正交平面中的泊松比相对于面内应变的变化

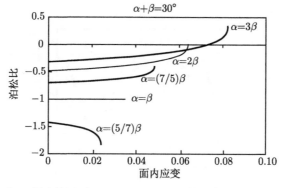

图 16.3.7 各种 α 和 β 组合情况下 $(\alpha + \beta = 30°)$，面内泊松比相对于加载方向应变的变化

16.4　半拉胀纱线分析

在拉胀型螺旋纱线中，一根细的不可伸长的绳以螺旋的方式缠绕在一根直的弹性粗绳上，如图 16.4.1(a) 所示，通过纱线的拉伸将细绳拉直，同时将直的粗绳变成螺旋状。

纱线的纵向延伸导致横向膨胀 (Wright et al., 2010, 2012; Sloan et al., 2011)。Miller 等 (2009) 对这种螺旋拉胀纱线的制造和特性进行了全面的描述。另一方面，半拉胀纱线是由一根有弹性的粗绳制成的，在粗绳中缝入一根不能伸长的粗绳，使粗绳处于一个平面上，称为拉胀平面，如图 16.4.1(b) 所示。在纱线的拉伸过程中，细绳拉直，粗绳变形，成为波长一致的弯曲绳，从而在拉胀平面上横向展开，而在常规平面上横向收缩。拉胀平面和常规平面以 90° 角围绕纱线纵轴旋转，如图 16.4.1(c) 所示。图 16.4.2 所示为实际的半拉胀纱线，图 16.4.3 所示为从两个平面观察到的应变从零到最大的纱线示意图。

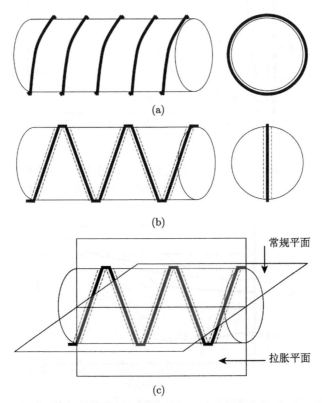

图 16.4.1　(a) 由螺旋缠绕制成的拉胀纱线；(b) 缝制而成的半拉胀纱线；(c) 半拉胀纱的
常规平面和拉胀平面

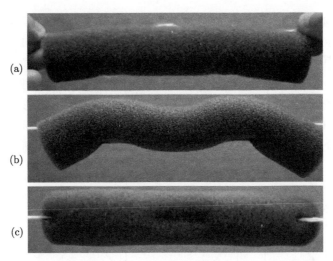

图 16.4.2 拉伸前 (a) 和拉伸过程中 (b) 半拉胀纱线的侧视图，以及拉伸期间 (c) 的俯视图

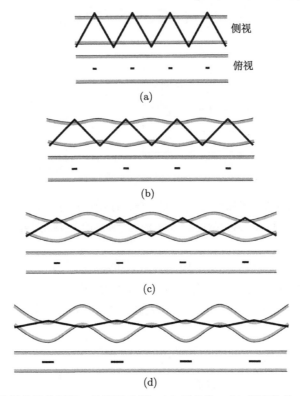

图 16.4.3 半拉胀纱线的侧视、俯视示意图：(a) 无拉伸；(b) 轻度拉伸；(c) 中度拉伸；
(d) 大幅度拉伸

如图 16.4.4(a) 所示，将细绳以波长为 λ 的三角波的形式缝入直径为 d_0 的粗绳中。这样纱线就被完全拉伸，半角 θ 可增加到 $90°$。图 16.4.4(b) 展示了细绳通过两个截面中心的波形的一部分。为简单起见，假设 (i) 在纱线拉伸过程中，细绳不能伸展，完全打开成一条直线；(ii) 期间粗绳仍然是圆形的横截面拉伸，这样最终粗绳的直径变为 d_f，用图 16.4.4(c) 表示；(iii) 由此产生的曲线 $A'B'A'$ 可视为圆弧，见图 16.4.4(d)。在拉伸过程中，粗绳的横截面保持为圆形，在此作为第一近似值进行介绍，从图 16.4.2 可看出，粗绳只在边缘位置处压扁，因此对结果产生的误差并不大。

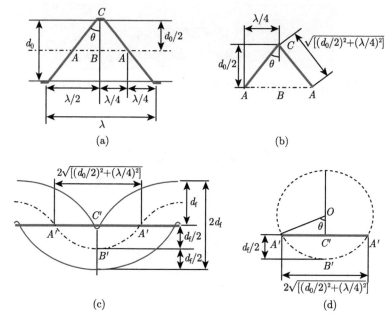

图 16.4.4   (a) 未变形的半拉胀纱线；(b) 用于分析的未变形半拉胀纱线的一部分；(c) 完全拉伸的半拉胀纱线；(d) 用于分析的完全伸展的半拉胀纱线的一部分

根据细绳的不可伸长性，图 16.4.4(b) 中的线 AC 在不改变长度情况下重新定向至图 16.4.4 (d) 中的 $A'C'$ 上，因此 $A'C'$ 可以被描述为 $\sqrt{(d_0/2)^2 + (\lambda/4)^2}$，而矢量 $C'B'$ 被定义为 $d_f/2$。通过几何关系，得到 OA' 曲率半径为

$$\overline{OA'} = \frac{1}{4}\frac{d_0^2}{d_f} + \frac{1}{16}\frac{\lambda^2}{d_f} + \frac{d_f}{4} \tag{16.4.1}$$

因为 $\overline{OC'} = \overline{OA'} - \overline{C'B'}$，所以有

$$\overline{OC'} = \frac{1}{4}\frac{d_0^2}{d_f} + \frac{1}{16}\frac{\lambda^2}{d_f} - \frac{d_f}{4} \tag{16.4.2}$$

这就给出了圆弧 $A'B'$ 的半角为

$$\Phi = \arccos\left[\frac{4 + \left(\dfrac{\lambda}{d_0}\right)^2 - 4\left(\dfrac{d_f}{d_0}\right)^2}{4 + \left(\dfrac{\lambda}{d_0}\right)^2 + 4\left(\dfrac{d_f}{d_0}\right)^2}\right] \tag{16.4.3}$$

继而求得弧长 $A'B'A'$ 为

$$\overline{A'B'A'} = \left(\frac{1}{2}\frac{d_0^2}{d_f} + \frac{1}{8}\frac{\lambda^2}{d_f} + \frac{d_f}{2}\right)\arccos\left[\frac{4 + \left(\dfrac{\lambda}{d_0}\right)^2 - 4\left(\dfrac{d_f}{d_0}\right)^2}{4 + \left(\dfrac{\lambda}{d_0}\right)^2 + 4\left(\dfrac{d_f}{d_0}\right)^2}\right] \tag{16.4.4}$$

由于所涉及的应变较大，采用真实应变或对数应变的定义来代替工程应变或名义应变。因此，粗绳的泊松比可以按如下计算：

$$\nu = -\frac{\ln\left(\dfrac{d_f}{d_0}\right)}{\ln\left(\dfrac{\overline{A'B'A'}}{\overline{ABA}}\right)} \tag{16.4.5}$$

将式 (16.4.4) 和

$$\overline{ABA} = 2\overline{AB} = \frac{\lambda}{2} \tag{16.4.6}$$

代入式 (16.4.5) 中，得到

$$\nu = -\frac{\ln\left(\dfrac{d_f}{d_0}\right)}{\ln\left\{\dfrac{1}{2}\left[\dfrac{1}{\tan\theta}\left(\dfrac{d_f}{d_0} + \dfrac{d_0}{d_f}\right) + \dfrac{d_0}{d_f}\tan\theta\right]\arccos\left[\dfrac{1 + \tan^2\theta - (d_f/d_0)^2}{1 + \tan^2\theta + (d_f/d_0)^2}\right]\right\}} \tag{16.4.7}$$

其中

$$\tan\theta = \frac{\lambda}{2d_0} \tag{16.4.8}$$

常规平面中纱线的整体泊松比考虑了横向收缩，即

$$\nu_{\text{conv-plane}} = -\frac{\ln\left(\dfrac{d_f}{d_0}\right)}{\ln\left(\dfrac{\overline{A'A'}}{\overline{AA}}\right)} \tag{16.4.9}$$

而拉胀平面中考虑了横向膨胀，即

$$\nu_{\text{aux-plane}} = -\frac{\ln\left(2\dfrac{d_{\text{f}}}{d_0}\right)}{\ln\left(\dfrac{\overline{A'A'}}{\overline{AA}}\right)} \tag{16.4.10}$$

将

$$\begin{cases} \overline{A'A'} = \dfrac{1}{2}\sqrt{4d_0^2 + \lambda^2} \\[2mm] \overline{AA} = \dfrac{\lambda}{2} \end{cases} \tag{16.4.11}$$

代入式 (16.4.9) 和式 (16.4.10) 中 (Lim，2014)，则有

$$\nu_{\text{conv-plane}} = -\frac{\ln\left(\dfrac{d_{\text{f}}}{d_0}\right)}{\ln\sqrt{1 + \dfrac{1}{\tan^2\theta}}} \tag{16.4.12}$$

和

$$\nu_{\text{aux-plane}} = -\frac{\ln\left(2\dfrac{d_{\text{f}}}{d_0}\right)}{\ln\sqrt{1 + \dfrac{1}{\tan^2\theta}}} = -\frac{\ln(2) + \ln\left(\dfrac{d_{\text{f}}}{d_0}\right)}{\ln\sqrt{1 + \dfrac{1}{\tan^2\theta}}} \tag{16.4.13}$$

其中

$$\frac{d_{\text{f}}}{d_0} = \left\{\frac{1}{2}\left[\frac{1}{\tan\theta}\left(\frac{d_{\text{f}}}{d_0} + \frac{d_0}{d_{\text{f}}}\right) + \frac{d_0}{d_{\text{f}}}\tan\theta\right]\arccos\left[\frac{1 + \tan^2\theta - (d_{\text{f}}/d_0)^2}{1 + \tan^2\theta + (d_{\text{f}}/d_0)^2}\right]\right\}^{-\nu} \tag{16.4.14}$$

它从式 (16.4.7) 计算得到。

可以看出整个泊松比在常规和拉胀的平面内是一个关于以下 3 个变量的函数：(a) 粗绳最终状态与最初状态的直径比 d_{f}/d_0；(b) 不能伸长的细绳的半角 $\theta = \theta(\lambda, d_0)$，它是一个关于细绳波长和粗绳直径的函数；(c) 粗绳的泊松比 ν。细绳半角和粗绳泊松比可在纱线拉伸前确定，仅需求解 d_{f}/d_0 即可获得整体的泊松比。此比值可通过采用式 (16.4.7) 或式 (16.4.14) 对给定的细绳初始半角和粗绳泊松比进行数值计算得到。表 16.4.1 列出了各种细绳初始半角和粗绳泊松比情况下的 d_{f}/d_0 结果。

表 16.4.1 各种细绳初始半角和粗绳泊松比情况下最终状态和
初始状态直径的比值 d_f/d_0 的结果

$\theta/(°)$	$\nu = 0.5$	$\nu = 0.4$	$\nu = 0.3$	$\nu = 0.2$	$\nu = 0.1$	$\nu = 0.0$
30	0.646242	0.698050	0.756857	0.824623	0.904211	1.000000
35	0.690937	0.737520	0.789869	0.849476	0.918469	1.000000
40	0.732440	0.773915	0.820061	0.871988	0.931233	1.000000
45	0.771528	0.807956	0.848075	0.892676	0.942825	1.000000
50	0.808681	0.840078	0.874287	0.911839	0.953433	1.000000
55	0.844127	0.870482	0.898868	0.929617	0.963148	1.000000
60	0.877831	0.899134	0.921797	0.946004	0.971980	1.000000

根据计算结果，可以计算出半拉胀纱线的总体泊松比。利用式 (16.4.12)，可以绘制常规平面上的半拉胀纱线的泊松比随细绳初始半角和粗绳泊松比的变化关系，如图 16.4.5(a) 和 (b) 所示。结果表明，半拉胀纱线的泊松比在常规平面上随细绳初始半角增大而逐渐增大，随粗绳泊松比的增大而快速增加。

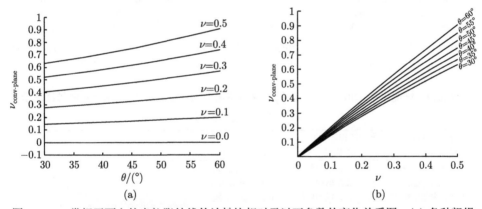

图 16.4.5 常规平面上的半拉胀纱线的泊松比相对于以下参数的变化关系图：(a) 各种粗绳泊松比情况下的细绳初始半角；(b) 各种细绳初始半角情况下的粗绳泊松比

图 16.4.6(a) 和 (b) 分别展示了在拉胀平面上半拉胀纱线的泊松比相对于细绳初始半角和粗绳泊松比的变化。从图中可以看出，常规平面上半拉胀纱线的泊松比随初始半角的增大以幅度增加的趋势减小，而随粗绳泊松比的增大平稳地增大。在拉胀平面上，细绳初始半角 ($30° \leqslant \theta \leqslant 60°$) 对半拉胀纱线泊松比的影响大于粗绳泊松比 ($0 \leqslant \nu \leqslant 0.5$) 对其的影响 (表 16.4.2)。

可以得出结论，半拉胀纱线的泊松比在常规平面上主要受到粗绳泊松比的影响，在拉胀平面上主要受到细绳初始半角的影响。使用半拉胀纱线可以获得非常大的正泊松比和负泊松比。例如，使用大的初始半角 $\theta = 60°$，(a) 在常规平面上，如果粗绳泊松比为 0.5，半拉胀纱线的泊松比可高达 0.906；(b) 在拉胀平面上，如果粗绳泊松比为 0，半拉胀纱线的泊松比可高达 −4.82。因此，半拉胀纱线可同时表现为常规性和拉胀性，并允许泊松比的范围在两个平面上调节。在常规和拉胀平面上，考虑迄今为止尚未考虑到的其他因素，包括细绳厚度和模量，以反映粗绳截面从圆形横截面到更平坦的截面的变化，以及细绳相对于粗绳的压痕变化等，可进一步细化有效泊松比的模型。

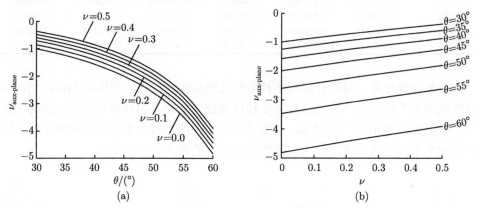

图 16.4.6 拉胀平面上的半拉胀纱线的泊松比相对于以下参数的变化关系图：(a) 各种粗绳泊松比情况下的细绳初始半角；(b) 各种细绳初始半角情况下的粗绳泊松比

表 16.4.2 细绳半角 ($30° \leqslant \theta \leqslant 60°$) 和粗绳泊松比 ($0 \leqslant \nu \leqslant 0.5$) 对半拉胀纱线泊松比的影响汇总

半拉胀纱线的整体泊松比	薄纱线初始半角的影响 θ	半拉胀纱线泊松比的影响 ν	第一变量	第二变量
常规平面内的泊松比 $\nu_{\text{conv-plane}}$	$\nu_{\text{conv-plane}}$ 随 θ 逐渐增加	$\nu_{\text{conv-plane}}$ 随 ν 快速增加	ν	θ
拉胀平面内的泊松比 $\nu_{\text{aux-plane}}$	$\nu_{\text{aux-plane}}$ 以加快的速度随 θ 逐渐减小	$\nu_{\text{conv-plane}}$ 随 ν 逐渐增加	θ(对于宽范围的 θ)	ν

16.5 半拉胀纱线的加工

在 16.4 节中仅分析了一种类型的半拉胀纱线，还可建立其他类型的半拉胀纱线。图 16.5.1(a) 为缝透的半拉胀纱线，其中不可伸长的细纱呈梯形波形。对于这种结构，其波长为

$$\lambda = 2\left(l + d_0 \tan\theta\right) \tag{16.5.1}$$

其中，l 为半波长中所暴露细绳的长度。当弹性粗绳的横截面如 $\theta = 0°$，形成一个矩形波的时候，如图 16.5.1(b) 所示，缝线过程变得更加方便。对于矩形波形，

波长 $\lambda = 2l$，当 $l = d_0$ 时则可以得到方形波。尽管缝线方便，但矩形波缠绕暴露了大量细绳，当未拉伸及被尖锐物体拉拔时，留下的大量细绳容易滑脱。当 $l = 0$ 时，这种现象最不明显，如图 16.5.1 所示，此时式 (16.5.1) 可以简化为式 (16.4.8)。如图 16.5.1(a)~(c) 所示的半拉胀纱线，其缝入粗绳中的那部分细绳是直的。如果细绳的横截面的最优点在粗绳的外面，如图 16.5.1(d) 所示的缝入部分即为正弦波形，这是类似于二维螺旋纱。如果细线完全在粗绳里面，那么纱线就是一个二维内在纱线的类比，其中螺旋状的包层完全嵌入在芯部。

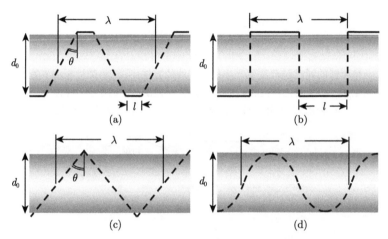

图 16.5.1　各种类型的半拉胀纱，包括：(a) 梯形波；(b) 矩形波；(c) 三角波；(d) 正弦波

　　图 16.5.1(a)~(c) 所示的半拉胀纱线可以由一对半圆柱壳在相邻部件处形成有孔的圆柱来构建。如图 16.5.2(a) 和 (b) 所示，夹紧两壳之间的弹性粗绳，然后如图 16.5.2(c) 所示，在限制两端轴向运动后，缝合过程得以继续进行。波形类型 (梯形、矩形、三角形等) 和波长可以通过调整孔缝来设计，如图 16.5.2(d) 所示。缝合完成后，取出两个半圆柱壳释放半拉胀丝，如图 16.5.2(e) 所示。暴露的松散细绳必须紧固，以防止拉出。使用计算机操控的缝纫机可实现规模化生产；然而，在自动缝制过程中，这种工艺往往会使弹性粗绳变平，且受到其厚度的限制。

　　为了得到一个弯曲的波形，而不是一个分段的线性波形，弹性粗绳首先弯曲成一系列的波，然后在轴向缝合。图 16.5.3(a) 所示为将一根弹性粗绳卷入由两组滚轮和两侧的一对摩擦塞子组成的装置中。为了防止在缝合过程中粗绳向前滚动，在侧向安装了一对摩擦塞子。然后，用一根细的不可伸长的线绳将弯曲的粗绳缝合成一条直线，如图 16.5.3(b) 所示。由于滚轮的旋转特性，夹紧两组滚轮时，弹性粗绳两端之间的距离缩短。滚轮和摩擦塞松开后，弹性粗绳的拉直过程伴随着由直而薄的细绳向弯曲波形转变，如图 16.5.3(c) 所示。

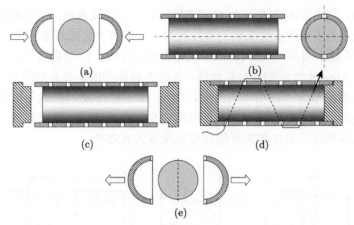

图 16.5.2   一种可能的通过缝合法生产半拉胀纱线的方法：(a) 将弹性粗绳夹在两个带有边界孔的半圆柱壳之间；(b) 圆柱体内粗绳的正视图和侧视图；(c) 固定圆柱体末端以限制粗绳轴向移动；(d) 缝合过程；(e) 打开半圆柱壳释放半拉胀纱线

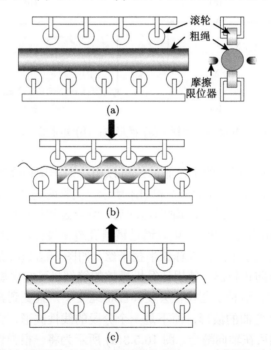

图 16.5.3   一种使用两组滚轮生产半拉胀纱线的方法：(a) 侧视图 (左) 和轴视图 (右)；(b) 受两组滚轮滚压弯曲的粗绳，在缝制不可伸长的细绳之前，摩擦塞子夹紧 (为清晰起见，未示出)；(c) 辊夹的滚轮和摩擦限位器松开

　　另一种生产具有弯曲波形增强的半拉胀纱线的方法是使用一对匹配的模具，如图 16.5.4(a) 所示。在缝制之前，插入弹性粗绳时，上模向下移动至足以使得粗

绳弯曲但不会过度压缩的位置，如图 16.5.4(b) 所示。上模松开后，波浪形芯和直筋分别转化为直芯和波浪形筋，如图 16.5.4(c) 所示。这种方法的一个明显的优点是，与轧辊夹紧相比，如果粗绳材料与模具表面之间有足够的摩擦，就不需要使用摩擦塞，从而减少了每个缝合过程所需的步骤。与模具夹紧方法相比，滚子夹紧技术的一个明显优势是滚子的可用性，而模具首先需要精密制造。这两种夹紧技术的主要区别在于，在模具夹紧方法中，弹性粗绳在夹紧过程中不仅会弯曲，还会因为摩擦而拉伸。

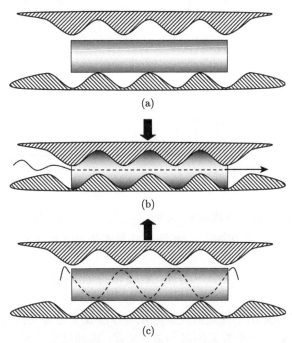

图 16.5.4 使用一对模具生产半拉胀纱线的方法：(a) 将弹性粗绳插入一对匹配的模具间；
(b) 夹紧并迫使粗绳弯曲，然后用一根不可伸长的细绳缝合；(c) 释放夹模

众所周知，从工程的角度来看，将一根不能伸长的细绳缝制成一根弹性粗绳是一项技术难题，特别是在制作连续的纱线时。然而，此技术难题可以通过使用非常坚固、锋利和大刚度的针，以及合理选择由易刺穿的材料制成的粗绳来克服。另一种选择是，粗绳可以编织而成，这样针头就不会穿过粗绳材料，而是穿过纤维之间。

纱线在不同平面上可能同时表现出常规性和拉胀性，这就使得常规纱线或完全拉胀纱线的应用成为可能。可用本节所讨论的半拉胀纱线来构造半拉胀织物。如图 16.5.5 所示，半拉胀纱线的排列方式为：纬纱通过半拉胀纱线的粗绳和细绳之间的开口时，相邻的半拉胀纱线交替排列。这意味着当织物在经纱方向拉伸时，

在纬纱方向有一个良好的尺寸稳定性，而弹性粗绳的弯曲产生凹凸纹理，有助于摩擦。

半拉胀纱线的弯曲形态不仅受单股绳的性能影响，还受内嵌细绳的波形的影响。

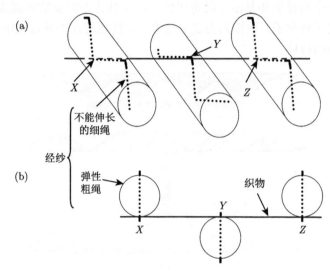

图 16.5.5　由半经纱 (由粗弹性线和细不可伸长的线组成) 在经纱方向上与常规纱在纬纱方向上制成的机织织物的一个实例：(a) 斜视图；(b) 经纱方向视图

16.6　功能梯度半拉胀梁

泊松-曲线结构是由于既定的曲率而使其厚度发生显著变化的结构。当内凹棱筋的分布密度从梁的一个表面的最小值 (或零) 逐渐增大至另一个表面的最大值时，就可以得到这种功能梯度结构。这种功能梯度多孔结构的理想微观示意图如图 16.6.1 所示。该材料在中性轴上方为六边形蜂窝结构，下方为内凹蜂窝结构。

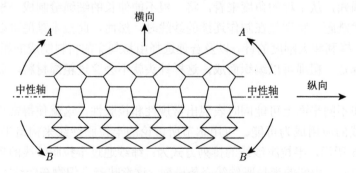

图 16.6.1　表现为泊松–曲线行为的功能梯度梁示意图

当沿方向 A 弯曲时, 中性轴上方的部分会受到压缩, 而中性轴下方的部分会受到拉伸。因此, 六边形和内凹结构都经历横向膨胀, 这转化为梁的厚度显著增加的情况。当沿方向 B 弯曲时, 六边形结构 (轴向拉伸) 和内凹结构 (轴向压缩) 均经历横向收缩, 从而导致梁明显变薄。前者导致梁的体积增加, 而后者导致梁密实, 更重要的是, 弯曲刚度增加。在沿方向 B 弯曲时, 由于非水平棱向梁轴方向倾斜, 所以会出现此特性。这种抗弯性能类似于在拉胀材料中发现的压缩抗性。本节给出了泊松–曲线的量化定义, 并根据此定义分析了厚度变化量。

将泊松–曲线定义为

$$\nu_{\mathrm{cv}} = \frac{\bar{\varepsilon}_{\mathrm{t}}}{\bar{K}} \tag{16.6.1}$$

其中, $\bar{\varepsilon}_{\mathrm{t}}$ 是总的厚度应变; $\bar{K}$ 是既定的梁的曲率,

$$\bar{K} = \frac{1}{\rho} \tag{16.6.2}$$

其中, ρ 为纯弯曲时梁的曲率半径。由于这一定义, 泊松–曲线比率以长度为单位, 这与无量纲的泊松比和泊松剪切比 (16.2 节) 不同。如图 16.6.2(a) 所示, 曲率与纵向 (x 方向) 应变的关系为

$$\varepsilon_x = \frac{(\rho + y)\,\phi - \rho\phi}{\rho\phi} = \frac{y}{\rho} \tag{16.6.3}$$

或

$$\bar{K} = \frac{\varepsilon_x}{y} \tag{16.6.4}$$

将泊松比的定义代入式 (16.6.4), 可得

$$\varepsilon_y = -y\nu_{xy}\bar{K} \tag{16.6.5}$$

使用图 16.6.2(a) 中所示的常规情况作为正曲率, 并假设泊松比的一般分布 (图 16.6.2(b)) 是反对称的, 则 y 和 ν_{xy} 具有相等的符号, 因此横向应变 ε_y 的符号与曲率的符号相反。令 $\mathrm{d}t$ 为初始厚度为 $\mathrm{d}y$ 的单元条带厚度的变化量, 然后从式 (16.6.5) 得出

$$\frac{\mathrm{d}t}{\mathrm{d}y} = -y\nu_{xy}\bar{K} \tag{16.6.6}$$

其中, $\nu_{xy} = \nu\,(y)$。因此, 总厚度变化为

$$\Delta t = -\bar{K} \int_{-(t/2)}^{+(t/2)} y\nu(y)\mathrm{d}y \tag{16.6.7}$$

或者，对于绕矩形截面梁的中性轴呈反对称分布的泊松比，总厚度变化为

$$\Delta t = -2\bar{K} \int_0^{t/2} y\nu(y)\mathrm{d}y \tag{16.6.8}$$

其中，$\nu(y) = -\nu(-y)$，如图 16.6.3(a) 所示。

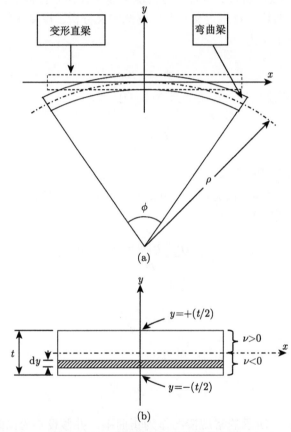

图 16.6.2 功能梯度泊松比梁的分析

因此，总厚度应变可以按如下方式计算：

$$\overline{\varepsilon_\mathrm{t}} = \frac{\Delta t}{t} = -\frac{2\overline{K}}{t} \int_0^{t/2} y\nu(y)\,\mathrm{d}y \tag{16.6.9}$$

故得到泊松–曲线比率 (Lim，2002b)

$$\nu_\mathrm{cv} = \frac{\overline{\varepsilon_\mathrm{t}}}{\overline{K}} = -\frac{2}{t} \int_0^{t/2} y\nu(y)\,\mathrm{d}y \tag{16.6.10}$$

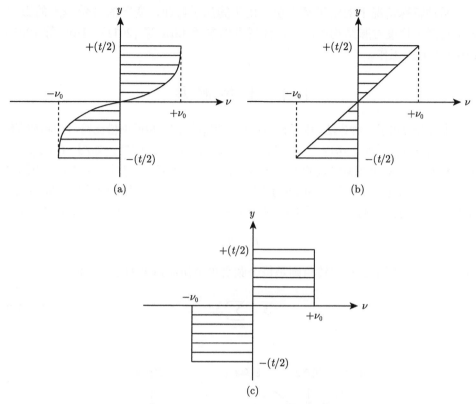

图 16.6.3 (a) 泊松比随梁的厚度反对称分布；(b) 特定情况 I；(c) 特定情况 II

作为说明，考虑两种特殊情况，其中 I 泊松比从梁底面的 $-\nu_0$ 到梁顶表面的 $+\nu_0$；II 分段恒定的泊松比，在梁中性轴的下方为恒定的 $-\nu_0$，在梁中性轴的上方为恒定的 $+\nu_0$。这些特殊情况 I 和 II 的示意图分别如图 16.6.3(b) 和 (c) 所示。将特殊情况 I 时的

$$\nu = \frac{2\nu_0 y}{t} \qquad (16.6.11)$$

和特殊情况 II 时的

$$\nu = \nu_0 \qquad (16.6.12)$$

代入式 (16.6.10)，分别得到

$$\nu_{\mathrm{cv}} = -\frac{\nu_0 t}{6} \qquad (16.6.13)$$

和

$$\nu_{\mathrm{cv}} = -\frac{\nu_0 t}{4} \qquad (16.6.14)$$

两种特殊情况下的结果都表明，由于施加了弯曲，变薄的量受 $\nu_0 t$ 的影响。关于功能上梯度拉胀结构的面积，读者可以参考 Lira 等 (2011)、Hou 等 (2013, 2014) 的有关工作。

16.7　半拉胀杆

本部分提出了一种方法，用于评估由形状相似但具有相反泊松比符号的芯和壳组成的杆的有效泊松比。考虑由 N 个圆盘制成的长度为 L 的杆，如图 16.7.1(a) 所示，另一个由 N 个相似形状的中空杆制成的长度为 L 的杆，如图 16.7.1(b) 所示。

如图 16.7.1(a) 所示，当不同的扭转角呈分段分布时，由不同特性材料串联而成的杆将经历共同的扭转。因此，对于 $n = 1, 2, \cdots, N$，施加单个或恒定扭矩

$$T = T_n \tag{16.7.1}$$

而杆在整个长度上的总扭转角则是每个圆盘单个扭曲角度的总和，即

$$\phi = \sum_{n=1}^{N} \phi_n \tag{16.7.2}$$

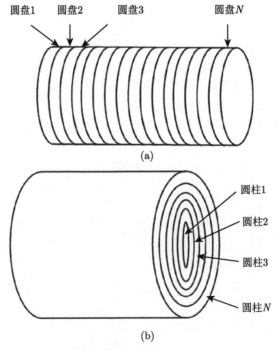

图 16.7.1　由 N 种不同材料制成的杆：(a) 串联布置；(b) 同心布置

相反，如图 16.7.1(b) 所示，由同心相似形状的杆制成的杆的扭转会从一端到另一端产生共同的角度扭曲，而扭转载荷则沿径向分段分布。因此，对于 $n = 1, 2, \cdots, N$，施加单个或恒定的扭转角度

$$\phi = \phi_n \tag{16.7.3}$$

而总扭转载荷则来自每个同心杆的单个扭转载荷的总和，即

$$T = \sum_{n=1}^{N} T_n \tag{16.7.4}$$

进行分析时采用式 (16.7.3) 和式 (16.7.4) 指定的框架。假定该模型可以在相邻圆柱体的界面处进行完美黏结，并且如果其模量与同心圆柱体的模量处于相同数量级且黏结厚度与每个圆柱体的径向尺寸相比要小得多，则黏结胶的弹性特性可忽略不计。施加的扭力、杆的长度、剪切模量、垂直于扭转轴的极矩面积及实心棱柱杆的扭转角之间的关系为

$$\frac{TL}{\phi} = GJ = GCD^4 \tag{16.7.5}$$

其中，实心杆横截面的极矩面积为 $J = CD^4$，D 是杆横截面的特征尺寸，C 是横截面形状相关系数。使用式 (3.4.1) 可得以下关系：

$$1 + \nu = \frac{CD^4 E\phi}{2LT} \tag{16.7.6}$$

因此，式 (16.7.6) 右边的项是一个无量纲组。由于极矩面积为

$$J = C \left(D_o^4 - D_i^4 \right) \tag{16.7.7}$$

则可得到

$$1 + \nu = \frac{CD_o^4 E\phi}{2LT} \left[1 - \left(\frac{D_i}{D_o} \right)^4 \right] \tag{16.7.8}$$

从而式 (10.7.8) 右边的项也为类似的无量纲组。可以看出，在两种情况下，由任意截面的内芯和类似形状的外壳组成的、承受扭转载荷作用的杆的有效泊松比为两无量纲组的函数

$$\nu_{\text{TOR}} = f \left(\frac{CD_o^4 E_n\phi}{2LT}, \frac{D_i}{D_o} \right) \tag{16.7.9}$$

式中，$n = 1, 2$。总体扭转由两个部分组成，而扭转角相同

$$T = T_i + T_o = \frac{\phi}{L} \left(G_i J_i + G_o J_o \right) \tag{16.7.10}$$

这样

$$\frac{TL}{\phi} = \frac{CD_{\mathrm{i}}^4 E_{\mathrm{i}}}{2\left(1+\nu_{\mathrm{i}}\right)} + \frac{C\left(D_{\mathrm{o}}^4 - D_{\mathrm{i}}^4\right)E_{\mathrm{o}}}{2\left(1+\nu_{\mathrm{o}}\right)} \tag{16.7.11}$$

为便于比较和举例说明，对内芯和外壳材料均进行归一化处理。归一化杨氏模量为 $E_{\mathrm{i}} = E_0 = E$，由此可得无量纲组的逆形式

$$\frac{2TL}{CD_{\mathrm{o}}^4 E\phi} = \frac{\left(\dfrac{D_{\mathrm{i}}}{D_{\mathrm{o}}}\right)^4}{1+\nu_{\mathrm{i}}} + \frac{1-\left(\dfrac{D_{\mathrm{i}}}{D_{\mathrm{o}}}\right)^4}{1+\nu_{\mathrm{o}}} \tag{16.7.12}$$

由于有效扭转泊松比为如式 (16.7.6) 描述的、确定的无量纲组函数，可将扭转载荷作用下的有效泊松比推导为

$$1+\nu_{\mathrm{TOR}} = \frac{CD_{\mathrm{o}}^4 E\phi}{2LT} \tag{16.7.13}$$

这样将式 (16.7.12) 代入式 (16.7.13) 得到 (Lim，2011)

$$\nu_{\mathrm{TOR}} = \frac{\left(1+\nu_{\mathrm{o}}\right)\left(1+\nu_{\mathrm{i}}\right)}{\left(1+\nu_{\mathrm{o}}\right)\left(\dfrac{D_{\mathrm{i}}}{D_{\mathrm{o}}}\right)^4 + \left(1+\nu_{\mathrm{i}}\right)\left[1-\left(\dfrac{D_{\mathrm{i}}}{D_{\mathrm{o}}}\right)^4\right]} - 1 \tag{16.7.14}$$

为了与轴向载荷作用下的泊松比进行比较，可得对应的有效泊松比为

$$\nu_{\mathrm{AX}} = \left(\frac{D_{\mathrm{i}}}{D_{\mathrm{o}}}\right)^2 \nu_{\mathrm{i}} + \left[1-\left(\frac{D_{\mathrm{i}}}{D_{\mathrm{o}}}\right)^2\right]\nu_{\mathrm{o}} \tag{16.7.15}$$

　　为说明半拉胀杆总体拉胀性的变化，考虑一个特殊的情况：芯与壳的泊松比大小相同、符号相反。由于各向同性材料的泊松比在 $-1 \leqslant \nu \leqslant 0.5$ 的范围内，因此选择两种情况：(i) 拉胀芯，其中内芯泊松比为 $\nu_{\mathrm{i}} = -0.5$，而外壳的泊松比为 $\nu_{\mathrm{o}} = 0.5$；(ii) 拉胀壳，其中 $\nu_{\mathrm{i}} = 0.5$，$\nu_{\mathrm{o}} = -0.5$。参见图 16.7.2。

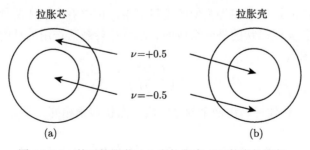

图 16.7.2　基于拉胀芯 (a) 和拉胀壳 (b) 的半拉胀杆

对于拉胀芯这一特殊情况，在轴向加载模式和扭转加载模式下，有效泊松比分别为

$$\nu_{AX} = \frac{1}{2} - \left(\frac{D_i}{D_o}\right)^2 \tag{16.7.16}$$

和

$$\nu_{TOR} = \frac{3}{6\left(\dfrac{D_i}{D_o}\right)^4 + 2\left[1 - \left(\dfrac{D_i}{D_o}\right)^4\right]} - 1 \tag{16.7.17}$$

有效泊松比与内外特征尺寸比 (D_i/D_o) 的关系如图 16.7.3 所示。

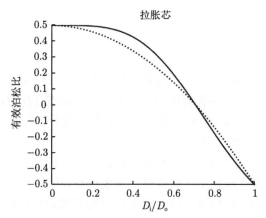

图 16.7.3　在轴向载荷 (虚线) 和扭转载荷 (实线) 作用下，具有拉胀芯的半拉胀杆的有效泊松比

图 16.7.3、式 (16.7.16) 和式 (16.7.17) 表明，这样的杆在 $(D_i/D_o) = 0.5^{0.5}$ 时泊松比为零，因此它们在 $(D_i/D_0) < 0.5^{0.5}$ 时表现出总体常规行为，在 $(D_i/D_o) > 0.5^{0.5}$ 时表现出总体拉胀行为。更为惊人的是，与轴向载荷相比，当杆受到扭转载荷作用时，有效泊松比更大。

对于拉胀壳这一特殊情况，在轴向加载和扭转加载模式下的有效泊松比分别为

$$\nu_{AX} = -\frac{1}{2} + \left(\frac{D_i}{D_o}\right)^2 \tag{16.7.18}$$

和

$$\nu_{TOR} = \frac{3}{2\left(\dfrac{D_i}{D_o}\right)^4 + 6\left[1 - \left(\dfrac{D_i}{D_o}\right)^4\right]} - 1 \tag{16.7.19}$$

有效泊松比与内外特征尺寸比 (D_i/D_o) 的关系如图 16.7.4 所示。

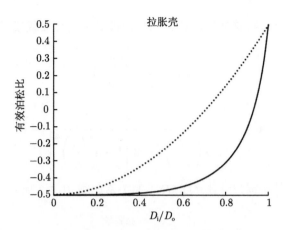

图 16.7.4 在轴向载荷 (虚线) 和扭转载荷 (实线) 作用下，具有拉胀壳的半拉胀杆的
有效泊松比

如前所述，轴向载荷作用下的有效泊松比在 $(D_i/D_o) = 0.5^{0.5}$ 处为零。与前一种情况不同的是，在扭转载荷作用下，有效泊松比在 $(D_i/D_o) = 0.75^{0.25}$ 处为零；结果，杆在 $(D_i/D_o) < 0.5^{0.5}$ 时表现出总体拉胀行为，且无论加载方式如何，在 $(D_i/D_o) > 0.75^{0.25}$ 时表现出总体常规行为。对于 $0.5^{0.5} < (D_i/D_o) < 0.75^{0.25}$ 范围内的杆，表现出混合模式，它与载荷模式相关，即在施加轴向载荷时，其表现与常规杆相同；而在施加扭转载荷时，其表现与拉胀杆相同 (Lim，2011)。

为了对称，图 16.7.3 和图 16.7.4 中组合杆的有效泊松比相对于内外特征尺寸比的二次和四次函数曲线，分别如图 16.7.5 和图 16.7.6 所示。

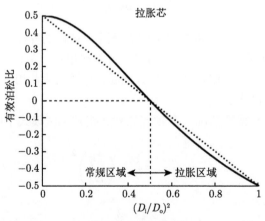

图 16.7.5 在轴向载荷 (虚线) 和扭转载荷 (实线) 的作用下，具有拉胀芯的半拉胀杆的
有效泊松比的对称曲线

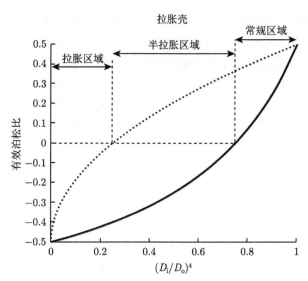

图 16.7.6 在轴向载荷 (虚线) 和扭转载荷 (实线) 的作用下, 具有拉胀壳的半拉胀杆的
有效泊松比的对称曲线

内外特征尺寸比的范围引起不同的拉胀度水平, 即对于拉胀芯的情况

$$\left.\begin{array}{l} 0 < \nu_{\mathrm{AX}} < \nu_{\mathrm{TOR}}; \quad 0.0 < (D_{\mathrm{i}}/D_{\mathrm{o}})^2 < 0.5 \\ \nu_{\mathrm{TOR}} < \nu_{\mathrm{AX}} < 0; \quad 0.5 < (D_{\mathrm{i}}/D_{\mathrm{o}})^2 < 1.0 \end{array}\right\} \Leftrightarrow \left\{\begin{array}{c} \nu_{\mathrm{i}} \\ \nu_{\mathrm{o}} \end{array}\right\} = \frac{1}{2}\left\{\begin{array}{c} -1 \\ +1 \end{array}\right\}$$

(16.7.20)

而对于拉胀壳的情况

$$\left.\begin{array}{l} \nu_{\mathrm{TOR}} < \nu_{\mathrm{AX}} < 0; \quad 0.00 < (D_{\mathrm{i}}/D_{\mathrm{o}})^4 < 0.25 \\ \nu_{\mathrm{TOR}} < 0 < \nu_{\mathrm{AX}}; \quad 0.25 < (D_{\mathrm{i}}/D_{\mathrm{o}})^4 < 0.75 \\ 0 < \nu_{\mathrm{TOR}} < \nu_{\mathrm{AX}}; \quad 0.75 < (D_{\mathrm{i}}/D_{\mathrm{o}})^4 < 1.00 \end{array}\right\} \Leftrightarrow \left\{\begin{array}{c} \nu_{\mathrm{i}} \\ \nu_{\mathrm{o}} \end{array}\right\} = \frac{1}{2}\left\{\begin{array}{c} +1 \\ -1 \end{array}\right\}$$

(16.7.21)

可以用杆横截面的面积进行很好说明。在拉胀壳的情况下, 与轴向载荷模式相比, 在扭转载荷模式下表现出更高的拉胀性, 这主要是因为杆的最外层材料表现出了更大的影响。对于任意 $(D_{\mathrm{i}}/D_{\mathrm{o}})$ 值, 这导致扭转加载的有效泊松比轴向载荷的有效泊松比负得更多。在拉胀芯的情况下, 与相对较小的芯承受的轴向载荷相比, 承受扭转载荷作用时其拉胀系数更低, 这是由于常规壳的影响更为显著所导致的。随着 $(D_{\mathrm{i}}/D_{\mathrm{o}})$ 的增加, 杆在扭转载荷作用下的总体拉胀性会赶上并超过在轴向载荷作用下的总体拉胀性。

在芯和壳具有相等的泊松比大小这一特殊情况中, 绘制的曲线结果表明, 在扭转加载情况下拉胀性不同, 但轴向载荷情况下其拉胀性相同。对于具有拉胀芯和常规壳的同心复合杆, 扭转载荷作用下的有效泊松比的符号与轴向载荷作用下的有效泊松比相同，但幅度稍大。对于具有常规芯和拉胀壳的同心复合杆，存在一定范围的相对体积分数，具有该体积分数的杆，在轴向载荷模式下总体表现为常规性能，在扭转载荷模式下总体表现为拉胀性能。进一步从经受轴向加载模式和扭转加载模式的杆的横截面积特性的角度阐明了此种现象，因此，具有拉胀壳的复合杆比具有拉胀芯的复合杆的拉胀性具有更大程度的加载模式依赖性。目前的结果表明，将具有常规芯和拉胀壳的复合杆用作智能结构，可以根据施加在其上的载荷类型给出不同的响应。进一步的相关工作可参阅 Strek 和 Jopek (2012) 的研究。

16.8　半拉胀夹芯板

考虑如图 16.8.1 所示的三层层合板。基于此铺层，可以通过将面板和芯层部分分配给具有泊松比相反符号的各向同性材料，来获得对称的层合板。因此，可以分为两大类：(i) 正–负–正 (PNP) 布局，其面板泊松比为正、芯层泊松比为负，以及 (ii) 负–正–负 (NPN) 铺层，其面板泊松比为负、芯层泊松比为正。

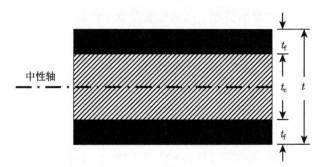

图 16.8.1　用于分析的由面板 (下标 f) 和芯层 (下标 c) 组成的广义三层对称层合板

在铺层中，对于厚度为 t 且平面垂直于 z 轴的 k 层，铺层的力 N_{ij} 和力矩 M_{ij} 可以与 ABD 矩阵、参考平面应变 ε_{ij}^0 及曲率 κ_{ij} 相关：

$$\left\{\begin{array}{c} N_{11} \\ N_{22} \\ N_{12} \\ M_{11} \\ M_{22} \\ M_{12} \end{array}\right\} = \left[\begin{array}{cccccc} A_{11} & A_{12} & A_{16} & B_{11} & B_{12} & B_{16} \\ & A_{22} & A_{26} & B_{12} & B_{22} & B_{26} \\ & & A_{66} & B_{16} & B_{26} & B_{66} \\ & & & D_{11} & D_{12} & D_{16} \\ & \text{sym} & & & D_{22} & D_{26} \\ & & & & & D_{66} \end{array}\right] \left\{\begin{array}{c} \varepsilon_{11}^0 \\ \varepsilon_{22}^0 \\ \gamma_{12}^0 \\ \kappa_{11} \\ \kappa_{22} \\ \kappa_{12} \end{array}\right\} \tag{16.8.1}$$

其中层合板的刚度矩阵可以基于经典层压理论 (CLT) 从变换后的降维刚度矩阵

获得

$$\left\{\begin{array}{c} [A_{ij}] \\ [B_{ij}] \\ [D_{ij}] \end{array}\right\} = \sum_{k=1}^{n} \left[\bar{Q}_{ij}\right]_k \left\{\begin{array}{c} \left(z_k^1 - z_{k-1}^1\right)/1 \\ \left(z_k^2 - z_{k-1}^2\right)/2 \\ \left(z_k^3 - z_{k-1}^3\right)/3 \end{array}\right\} \tag{6.8.2}$$

采用方向-11 和方向-22 表示两个垂直的面内层压轴，而方向-12 则表示面外层压轴。对于此处考虑的各向同性铺层，满足

$$[\bar{Q}_{ij}] = [Q_{ij}] \tag{16.8.3}$$

从而可以采用杨氏模量 E 和泊松比 ν 的形式表示降维的刚度矩阵 $[Q_{ij}]$

$$[Q_{ij}] = \frac{E}{1-\nu^2} \begin{bmatrix} 1 & \nu & 0 \\ \nu & 1 & 0 \\ 0 & 0 & \dfrac{1-\nu}{2} \end{bmatrix} \tag{16.8.4}$$

从降维的刚度矩阵 $[Q_{ij}]$ 可获得绕 z 轴顺时针旋转 θ 时的正交各向异性铺层变换的降维刚度矩阵 $[\bar{Q}_{ij}]$ 为

$$\bar{Q}_{11} = c^4 Q_{11} + s^4 Q_{22} + 2c^2 s^2 \left(Q_{12} + 2Q_{66}\right) \tag{16.8.5}$$

$$\bar{Q}_{22} = s^4 Q_{11} + c^4 Q_{22} + 2c^2 s^2 \left(Q_{12} + 2Q_{66}\right) \tag{16.8.6}$$

$$\bar{Q}_{12} = c^2 s^2 \left(Q_{11} + Q_{22} - 4Q_{66}\right) + \left(c^4 + s^4\right) Q_{12} \tag{16.8.7}$$

$$\bar{Q}_{16} = c^3 s \left(Q_{11} - Q_{22} - 2Q_{66}\right) - cs^3 \left(Q_{22} - Q_{12} - 2Q_{66}\right) \tag{16.8.8}$$

$$\bar{Q}_{26} = cs^3 \left(Q_{11} - Q_{22} - 2Q_{66}\right) - c^3 s \left(Q_{22} - Q_{12} - 2Q_{66}\right) \tag{16.8.9}$$

$$\bar{Q}_{66} = c^2 s^2 \left(Q_{11} + Q_{22} - 2Q_{12}\right) + \left(c^2 - s^2\right)^2 Q_{66} \tag{16.8.10}$$

其中，$c = \cos\theta$，$s = \sin\theta$。由于铺层的对称性，力-应变和弯矩-曲率关系相互独立，因为

$$[B_{ij}] = 0 \tag{16.8.11}$$

基于式 (16.8.2) ~ 式 (16.8.4)，获得了其他两个刚度矩阵

$$[A_{ij}] = \frac{E_{\mathrm{f}}}{1-\nu_{\mathrm{f}}^2} \begin{bmatrix} 1 & \nu_{\mathrm{f}} & 0 \\ \nu_{\mathrm{f}} & 1 & 0 \\ 0 & 0 & \dfrac{1-\nu_{\mathrm{f}}}{2} \end{bmatrix} (t-t_{\mathrm{c}}) + \frac{E_{\mathrm{c}}}{1-\nu_{\mathrm{c}}^2} \begin{bmatrix} 1 & \nu_{\mathrm{c}} & 0 \\ \nu_{\mathrm{c}} & 1 & 0 \\ 0 & 0 & \dfrac{1-\nu_{\mathrm{c}}}{2} \end{bmatrix} (t_{\mathrm{c}}) \tag{16.8.12}$$

$$[D_{ij}] = \frac{E_{\mathrm{f}}}{1-\nu_{\mathrm{f}}^2} \begin{bmatrix} 1 & \nu_{\mathrm{f}} & 0 \\ \nu_{\mathrm{f}} & 1 & 0 \\ 0 & 0 & \dfrac{1-\nu_{\mathrm{f}}}{2} \end{bmatrix} \frac{t^3 - t_{\mathrm{c}}^3}{12} + \frac{E_{\mathrm{c}}}{1-\nu_{\mathrm{c}}^2} \begin{bmatrix} 1 & \nu_{\mathrm{c}} & 0 \\ \nu_{\mathrm{c}} & 1 & 0 \\ 0 & 0 & \dfrac{1-\nu_{\mathrm{c}}}{2} \end{bmatrix} \frac{t_{\mathrm{c}}^3}{12}$$

$$\tag{16.8.13}$$

其中, 下标 f 和 c 分别指面板和芯层的属性。这里考虑面板和芯材的杨氏模量相等、两种材料的泊松比大小相等但符号相反这一特殊情况, 因此有

$$E_{\mathrm{f}} = E_{\mathrm{c}} = E_0 \tag{16.8.14}$$

和

$$|\nu_{\mathrm{f}}| = |\nu_{\mathrm{c}}| = \nu_0 \tag{16.8.15}$$

其中 E_0 和 ν_0 均为正。这样, 得出以下层合板刚度

$$\frac{1-\nu_0^2}{E_0}\left(\frac{1}{t}\right)[A_{ij}]$$

$$= \begin{bmatrix} 1 & \nu_{\mathrm{f}} + \left(\dfrac{t_{\mathrm{c}}}{t}\right)(\nu_{\mathrm{c}} - \nu_{\mathrm{f}}) & 0 \\ \nu_{\mathrm{f}} + \left(\dfrac{t_{\mathrm{c}}}{t}\right)(\nu_{\mathrm{c}} - \nu_{\mathrm{f}}) & 1 & 0 \\ & & \dfrac{1 - \left[\nu_{\mathrm{f}} + \left(\dfrac{t_{\mathrm{c}}}{t}\right)(\nu_{\mathrm{c}} - \nu_{\mathrm{f}})\right]}{2} \\ 0 & 0 & \end{bmatrix}$$

$$\tag{16.8.16}$$

和

$$\frac{1-\nu_0^2}{E_0}\left(\frac{12}{t^3}\right)[D_{ij}]$$

$$= \begin{bmatrix} 1 & \nu_{\mathrm{f}} + \left(\dfrac{t_{\mathrm{c}}}{t}\right)^3(\nu_{\mathrm{c}} - \nu_{\mathrm{f}}) & 0 \\ \nu_{\mathrm{f}} + \left(\dfrac{t_{\mathrm{c}}}{t}\right)^3(\nu_{\mathrm{c}} - \nu_{\mathrm{f}}) & 1 & 0 \\ & & \dfrac{1 - \left[\nu_{\mathrm{f}} + \left(\dfrac{t_{\mathrm{c}}}{t}\right)^3(\nu_{\mathrm{c}} - \nu_{\mathrm{f}})\right]}{2} \\ 0 & 0 & \end{bmatrix}$$

$$\tag{16.8.17}$$

可以很容易地与如下的归一化层合板刚度矩阵进行比较:

$$\left[\bar{A}_{ij}\right] = \begin{bmatrix} 1 & \nu_{\text{eff}}^A & 0 \\ \nu_{\text{eff}}^A & 1 & 0 \\ 0 & 0 & \dfrac{1-\nu_{\text{eff}}^A}{2} \end{bmatrix} \tag{16.8.18}$$

和

$$\left[\bar{D}_{ij}\right] = \begin{bmatrix} 1 & \nu_{\text{eff}}^D & 0 \\ \nu_{\text{eff}}^D & 1 & 0 \\ 0 & 0 & \dfrac{1-\nu_{\text{eff}}^D}{2} \end{bmatrix} \tag{16.8.19}$$

由于分别施加了轴向载荷和弯曲力矩，有效的层合板泊松比分别为 ν_{eff}^A 和 ν_{eff}^D。式 (16.8.16) 和式 (16.8.19) 意味着 (Lim，2007b)

$$\left\{ \begin{array}{c} \nu_{\text{eff}}^A \\ \nu_{\text{eff}}^D \end{array} \right\} = \begin{bmatrix} 1 & \left(\dfrac{t_c}{t}\right)^1 \\ 1 & \left(\dfrac{t_c}{t}\right)^3 \end{bmatrix} \left\{ \begin{array}{c} \nu_f \\ \nu_c - \nu_f \end{array} \right\} \tag{16.8.20}$$

然后，可以通过考虑板的控制方程：(a) 平衡方程和 (b) 边界条件，将获得的 $[A]$ 和 $[D]$ 矩阵扩展应用于板。考虑单位面积的分布表面载荷 p_i $(i=1,2,3)$，平衡方程为 (Timoshenko and Woinowsky-Krieger，1964)

$$\frac{\partial N_{ii}}{\partial x_{ii}} + \frac{\partial N_{ij}}{\partial x_{jj}} = -p_i, \quad i,j = 1,2 \tag{16.8.21}$$

$$\sum_{i=1}^{2} \sum_{j=1}^{2} \frac{\partial^2 M_{ij}}{\partial x_{ii} \partial x_{jj}} = -p_3 \tag{16.8.22}$$

其中，N_{ij} 和 M_{ij} 在式 (16.8.1) 中已经定义，它们可以通过式 (16.8.16) 和式 (16.8.17) 以单个铺层厚度和特性的形式表示。然后，可以调用边界条件，例如边缘固支 (边缘挠度和斜率为零)、边缘自由 (边缘力矩和力为零) 及边缘简支 (边缘挠度和力矩零) 来求解板的平衡方程。

通过代入 PNP 布局情况下的 $\nu_f = -\nu_c = \nu_0$，可得 $t_c/t = 1/2$ 时，$\nu_{\text{eff}}^A = 0$，$\nu_{\text{eff}}^D = 0.75\nu_0 > 0$；$(t_c/t) = (1/2)^{1/3}$ 时，$\nu_{\text{eff}}^A = -0.5874\nu_0 < 0$，$\nu_{\text{eff}}^D = 0$。同样，通过代入 NPN 布局情况下的 $-\nu_f = \nu_c = \nu_0$，可得 $t_c/t = 1/2$ 时，$\nu_{\text{eff}}^D = -0.75\nu_0 < 0$，$\nu_{\text{eff}}^A = 0$；$t_c/t = (1/2)^{1/3}$ 时，$\nu_{\text{eff}}^A = 0.5874\nu_0 > 0$，$\nu_{\text{eff}}^D = 0$。表 16.8.1 描述了这些有效层合板泊松比的含义。如果相对芯层厚度落在 $1/2$ 和 $(1/2)^{1/3}$ 之间，那么人们可能期望其特性也落在与上述相对芯层厚度对应的特性之间。由于零和特

定值之间的中间值与后者之间采用相同的符号，因此可以推断出，对于此处考虑的三层对称层合板类型，有效泊松比的符号由加载类型确定，即轴向载荷或弯矩 (表 16.8.1)。

表 16.8.1　有效层合板的泊松比

相对芯层厚度	加载模式	PNP 铺层	NPN 铺层
$\dfrac{t_c}{t}=\dfrac{1}{2}$	轴向	0	0
	纯弯曲	正	负
$\dfrac{t_c}{t}=\left(\dfrac{1}{2}\right)^{\frac{1}{3}}$	轴向	负	正
	纯弯曲	0	0
$\dfrac{1}{2}<\dfrac{t_c}{t}<\left(\dfrac{1}{2}\right)^{\frac{1}{3}}$	轴向	负	正
	纯弯曲	正	负

为了提供不同芯层厚度的有效泊松比变化的图形视图，图 16.8.2 中绘制了 (a) PNP 和 (b) NPN 的相对有效泊松比 (ν_{eff}/ν_0) 关于芯层厚度 (t_c/t) 的变化曲线。由于 ν_{eff}^A 和 ν_{eff}^D 分别对应于 $[A_{ij}]$ 和 $[D_{ij}]$，因此混合区域中任何相反的符号 (图 16.8.2) 都不会被抵消，而是共存。这意味着组合的加载模式导致了拉胀行为和非拉胀行为。

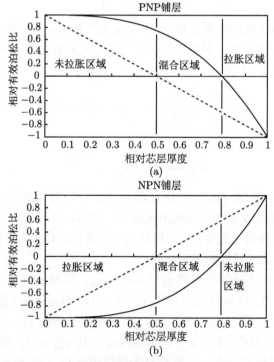

图 16.8.2　轴向载荷 (虚线) 和弯矩载荷 (粗曲线) 作用的 (a) PNP 和 (b) NPN 铺层结构有效泊松比变化

几乎所有复合层合板存在层板间的界面应力,在泊松比不匹配时也不例外。泊松比符号相反的结果如图 16.8.3 所示。CLT 是在假设层合板及其所有层均处于平面应力的情况下制定的, 从而忽略了所有面外应力。该假设在自由边缘的远端区域是成立的。但是在边缘附近,相邻层之间可能会产生剪切应力, 如图 16.8.3(f) 所示。因此, 使用良好的胶结材料对于防止层间分层是很重要的。

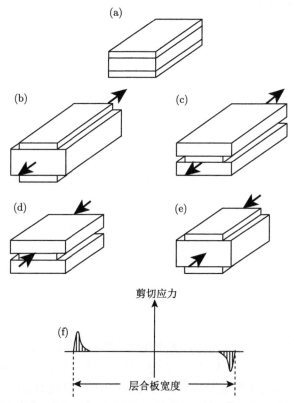

图 16.8.3　无层间黏结时泊松比对面内横向变形的影响:(a) 三层层合板;(b) 承受拉伸的 PNP;(c) 承受拉伸的 NPN;(d) 承受压缩的 PNP;(e) 承受压缩的 NPN;(f) 具有完美层间黏结的典型层间剪切应力分布

可以得出结论, 在所有铺层的杨氏模量均相等且芯层泊松比与面板层泊松比大小相等、符号相反这一特殊情况下, CLT 结果表明存在相对芯层厚度的范围, 在该范围内层合板的有效泊松比表现出与加载模式的依赖性。对于组合载荷 (如拉伸-弯曲) , PNP 层合板表现出横向膨胀 (由于泊松比为负) 和互反曲面的鞍形 (由于泊松比为正),而 NPN 层合板表现出横向收缩 (由于泊松比为正) 和同向曲面形状 (由于泊松比为负) 。因此, 可通过加载模式设计具有正、负有效泊松比或两者兼具的半拉胀结构性 (Lim, 2007b),相关研究可查阅 Strek 等 (2014) 的工作。

16.9　半拉胀夹芯结构的混合拉胀性

轴向加载情况下可通过横向变形来反映总体泊松比，弯曲加载情况下可通过弯曲的形状来反映总体泊松比，如图 16.9.1 所示。与之不同的是，在扭转载荷作用下无法从几何形状的观察中判断有效泊松比。

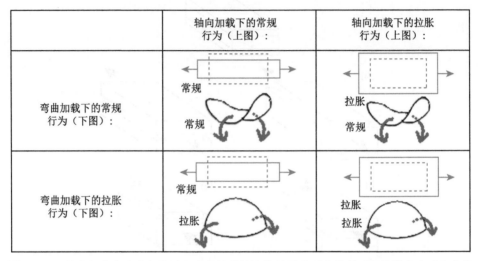

图 16.9.1　轴向加载和弯曲加载过程中总体泊松比的符号分别由其所引起的横向变形和弯曲板的壳形来决定

这可以从图 16.9.2 推断得出，图中单元上的纯剪切状态可看成是具有相等面内拉伸应力和压缩应力的旋转单元的主应力。此处，旋转单元的面外变形 (即径向变形) 被抵消，从而无法从变形后的几何形状确定整体泊松比。与较早的复合杆方法相比，本节提出了一种更加物理的、获得夹层结构的总体泊松比的方法。具体而言，本节考虑了芯层和面板均为各向同性、泊松比符号相反的夹芯结构，用于与相同结构在轴向加载和弯曲加载过程中的总体泊松比进行比较。

基于各向同性固体的弹性关系 (式 (3.4.1))，将 $\nu = 1, 0$ 和 $1/2$ 分别代入，可得 $E/G = 0, 2$ 和 3。因此，以下范围

$$0 < E/G < 2 \Longrightarrow \nu < 0 \qquad (16.9.1)$$

或 $G/E > 1/2$ 意味着拉胀行为，而以下范围

$$2 < E/G < 3 \Longrightarrow \nu > 0 \qquad (16.9.2)$$

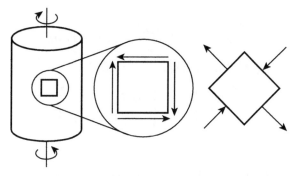

图 16.9.2 常规杆或拉胀杆扭转时其变形尺寸或形状均未显示任何差异

或 $1/3 < G/E < 1/2$ 意味着常规行为。这是推断仅承受扭转载荷夹芯结构总体泊松比的第一个基础。在其他加载模式下，该结果可能有所不同。第二个基础是获得每个扭转角的两组扭转载荷，一组用于均质块，另一组用于具有相似总体几何形状的夹芯结构，以进行比较。这为在扭转载荷作用下获得等效泊松比的夹芯结构提供了思路。为方便起见，宽度为 w、厚度为 t 的矩形截面的极矩面积为

$$J = \frac{wt}{12}\left(w^2 + t^2\right) \tag{16.9.3}$$

它可以作为式 (16.9.30) 所表示的扭转极矩面积的近似值。长度为 L 的均质矩形块上的扭转载荷 T 已在式 (16.7.5) 中给出，其中 ϕ 为角扭曲，G 为矩形块材料的剪切模量。将式 (3.4.1) 和式 (16.9.3) 代入式 (16.7.5)，可得

$$\frac{TL}{\phi} = \frac{E_{\text{equiv}}w^3 t}{24\left(1 + \nu_{\text{equiv}}\right)}\left(1 + \frac{t^2}{w^2}\right) \tag{16.9.4}$$

其中下标 equiv 是指与夹芯结构等效。

对于图 16.9.3 所示的夹芯结构，总扭转载荷由芯层和面板承担

$$T = T_{\text{c}} + T_{\text{f}} \tag{16.9.5}$$

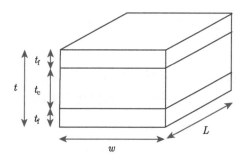

图 16.9.3 芯层和面板厚度分别为 t_{c} 和 t_{f} 的夹芯结构

或者

$$\frac{TL}{\phi} = \frac{T_c L}{\phi} + \frac{T_f L}{\phi} = G_c J_c + G_f J_f \tag{16.9.6}$$

其中, 下标 c 和 f 分别指芯层和面板。将剪切模量

$$\left\{ \begin{array}{c} G_c \\ G_f \end{array} \right\} = \frac{1}{2} \left\{ \begin{array}{c} E_c / (1 + \nu_c) \\ E_f / (1 + \nu_f) \end{array} \right\} \tag{16.9.7}$$

及其相应的简化极矩面积

$$\left\{ \begin{array}{c} J_c \\ J_f \end{array} \right\} = \frac{1}{12} \left\{ \begin{array}{c} wt_c \left(w^2 + t_c^2\right) \\ wt \left(w^2 + t^2\right) - wt_c \left(w^2 + t_c^2\right) \end{array} \right\} \tag{16.9.8}$$

代入式 (16.9.6) 得到

$$\frac{TL}{\phi} = \frac{E_c w^3 t_c}{24(1 + \nu_c)} \left(1 + \frac{t_c^2}{w^2}\right) + \frac{E_f w^3 t}{24(1 + \nu_f)} \left[\left(1 + \frac{t^2}{w^2}\right) - \frac{t_c}{t} \left(1 + \frac{t_c^2}{w^2}\right)\right] \tag{16.9.9}$$

可通过令式 (16.9.4) 与式 (16.9.9) 相等得出夹芯结构的等效 (有效) 泊松比

$$\frac{1}{1 + \nu_{equiv}} = \frac{1}{1 + \nu_f} \left(\frac{E_f}{E_{equiv}}\right) + \frac{t_c}{t} \left(\frac{w^2 + t_c^2}{w^2 + t^2}\right)$$
$$\left[\frac{1}{1 + \nu_c} \left(\frac{E_c}{E_{equiv}}\right) - \frac{1}{1 + \nu_f} \left(\frac{E_f}{E_{equiv}}\right)\right] \tag{16.9.10}$$

为了强调芯层和面板泊松比的影响, 在后续分析中考虑了一种更为宽泛的情况, 即芯层和面板都具有相同的杨氏模量, 即

$$E_c = E_f = E_{equiv} \tag{16.9.11}$$

在这种情况下, 式 (16.9.10) 可简化为

$$\frac{1}{1 + \nu_{equiv}} = \frac{1}{1 + \nu_f} + \frac{t_c}{t} \frac{w^2 + t_c^2}{w^2 + t^2} \left(\frac{1}{1 + \nu_c} - \frac{1}{1 + \nu_f}\right) \tag{16.9.12}$$

或者

$$\nu_{equiv} = -1 + \frac{(1 + \nu_f)(1 + \nu_c)}{(1 + \nu_c) + (\nu_f - \nu_c) \dfrac{t_c}{t} \dfrac{w^2 + t_c^2}{w^2 + t^2}} \tag{16.9.13}$$

在计算芯层和面板具有大小相等、符号相反的泊松比这一特殊情况时, 扭转载荷作用下的泊松比【译者注: 后称扭转泊松比】建议为

$$\nu_T = \frac{1}{2} \left\{ \begin{array}{l} \nu_{equiv} \left(\nu_f = +\nu_0, \nu_c = -\nu_0\right) - \nu_{equiv} \left(\nu_f = -\nu_0, \nu_c = +\nu_0\right), \nu_c < 0 < \nu_f \\ \nu_{equiv} \left(\nu_f = -\nu_0, \nu_c = +\nu_0\right) - \nu_{equiv} \left(\nu_f = +\nu_0, \nu_c = -\nu_0\right), \nu_c > 0 > \nu_f \end{array} \right.$$
$$\tag{16.9.14}$$

其中 $\nu_0 > 0$，即对于拉胀芯层

$$\nu_{\mathrm{T}} = \frac{1 - \nu_0^2}{2}\left[\frac{1}{1 - \nu_0 + 2\nu_0 \dfrac{t_{\mathrm{c}}}{t}\left(\dfrac{w^2 + t_{\mathrm{c}}^2}{w^2 + t^2}\right)} - \frac{1}{1 + \nu_0 - 2\nu_0 \dfrac{t_{\mathrm{c}}}{t}\left(\dfrac{w^2 + t_{\mathrm{c}}^2}{w^2 + t^2}\right)}\right] \tag{16.9.15}$$

对于拉胀面板

$$\nu_{\mathrm{T}} = \frac{1 - \nu_0^2}{2}\left[\frac{1}{1 + \nu_0 - 2\nu_0 \dfrac{t_{\mathrm{c}}}{t}\left(\dfrac{w^2 + t_{\mathrm{c}}^2}{w^2 + t^2}\right)} - \frac{1}{1 - \nu_0 + 2\nu_0 \dfrac{t_{\mathrm{c}}}{t}\left(\dfrac{w^2 + t_{\mathrm{c}}^2}{w^2 + t^2}\right)}\right] \tag{16.9.16}$$

对于正方形横截面 $w = t$, 或者

$$\lim_{\frac{w}{t} \to 1}\left(\frac{w^2 + t_{\mathrm{c}}^2}{w^2 + t^2}\right) = \frac{1}{2}\left(1 + \frac{t_{\mathrm{c}}^2}{t^2}\right) \tag{16.9.17}$$

这样可得，对于拉胀芯层

$$\nu_{\mathrm{T}} = \frac{1 - \nu_0^2}{2}\left[\frac{1}{1 - \nu_0\left[1 - \dfrac{t_{\mathrm{c}}}{t} - \left(\dfrac{t_{\mathrm{c}}}{t}\right)^3\right]} - \frac{1}{1 + \nu_0\left[1 - \dfrac{t_{\mathrm{c}}}{t} - \left(\dfrac{t_{\mathrm{c}}}{t}\right)^3\right]}\right] \tag{16.9.18}$$

对于拉胀面板

$$\nu_{\mathrm{T}} = \frac{1 - \nu_0^2}{2}\left[\frac{1}{1 + \nu_0\left[1 - \dfrac{t_{\mathrm{c}}}{t} - \left(\dfrac{t_{\mathrm{c}}}{t}\right)^3\right]} - \frac{1}{1 - \nu_0\left[1 - \dfrac{t_{\mathrm{c}}}{t} - \left(\dfrac{t_{\mathrm{c}}}{t}\right)^3\right]}\right] \tag{16.9.19}$$

为了与 $E_{\mathrm{f}} = E_{\mathrm{c}}$, $\nu_{\mathrm{f}}/\nu_{\mathrm{c}} = -1$ 的类似情况进行比较，在轴向载荷和弯曲载荷作用下的有效泊松比分别为 (Lim，2007b)

$$\nu_A = \nu_{\mathrm{f}} + \frac{t_{\mathrm{c}}}{t}\left(\nu_{\mathrm{c}} - \nu_{\mathrm{f}}\right) \tag{16.9.20}$$

和

$$\nu_B = \nu_{\mathrm{f}} + \left(\frac{t_{\mathrm{c}}}{t}\right)^3\left(\nu_{\mathrm{c}} - \nu_{\mathrm{f}}\right) \tag{16.9.21}$$

因此，对于拉胀芯层

$$\left\{\begin{array}{c}\nu_A\\\nu_B\end{array}\right\}=\nu_0\left\{\begin{array}{c}1-2\left(t_c/t\right)\\1-2\left(t_c/t\right)^3\end{array}\right\}\tag{16.9.22}$$

对于拉胀面板

$$\left\{\begin{array}{c}\nu_A\\\nu_B\end{array}\right\}=\nu_0\left\{\begin{array}{c}-1+2\left(t_c/t\right)\\-1+2\left(t_c/t\right)^3\end{array}\right\}\tag{16.9.23}$$

图 16.9.4 描绘了不同加载模式对相对芯层厚度的拉胀性的影响，图 16.9.4 (a) 为半拉胀芯层，即 $\nu_c=-\nu_f=-0.5$ 时，使用式 (16.9.18) 和式 (16.9.22) 计算的结果；图 16.9.4 (b) 为拉胀面板，即 $\nu_c=-\nu_f=+0.5$ 时，使用式 (16.9.19) 和式 (16.9.23) 计算的结果。正如所预期的那样，当 $0\leqslant(t_c/t)\leqslant1$ 时，曲线落在 $-0.5\leqslant\nu\leqslant0.5$ 范围内。

根据这些曲线，可确定 4 个等级的拉胀性 (Lim，2012)，分别为：

(a) 如果该结构在所有三种加载模式下均表现出拉胀行为，则为全拉胀性 (FA)；

(b) 如果该结构在两种加载模式下均表现出拉胀行为，则为高拉胀性 (HA)；

(c) 如果该结构仅在一种加载模式下表现出拉胀行为，则为低拉胀性 (LA)；

(d) 如果该结构在所有 3 种加载模式下均表现为常规行为，则不存在拉胀性 (NA)。

在图 16.9.4 中，从一种拉胀水平切换到另一种拉胀水平的相对芯层厚度 t_c/t 分别为 0.5, 0.682328 和 0.793701。如果芯层和面板的泊松比随曲线抬升发生变化，则引起拉胀性水平改变的相对芯层厚度将有所不同。

与轴向加载和弯曲加载不同，扭转加载模式的拉胀性受宽厚比 (w/t) 的影响。为了观察宽厚比 (w/t) 的影响，考虑极限状态

$$\lim_{\frac{w}{t}\to\infty}\left(\frac{w^2+t_c^2}{w^2+t^2}\right)=1\tag{16.9.24}$$

和

$$\lim_{\frac{w}{t}\to0}\left(\frac{w^2+t_c^2}{w^2+t^2}\right)=\left(\frac{t_c}{t}\right)^2\tag{16.9.25}$$

由式 (16.9.24) 描述的极限状态是指非常宽的夹芯板。对拉胀芯层，则有

$$\nu_T=\frac{1-\nu_0^2}{2}\left[\frac{1}{1-\nu_0\left(1-2\dfrac{t_c}{t}\right)}-\frac{1}{1+\nu_0\left(1-2\dfrac{t_c}{t}\right)}\right]\tag{16.9.26}$$

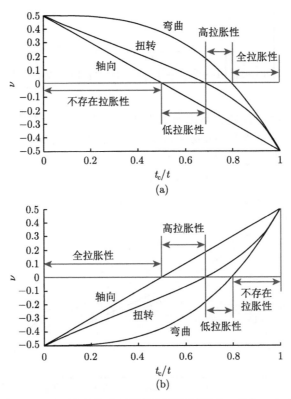

图 16.9.4 加载模式对方形截面半拉胀夹芯结构拉胀性的影响,其中 t_c/t 表示相对芯层厚度:
(a) 半拉胀芯层;(b) 拉胀面板

对拉胀面板,则有

$$\nu_\mathrm{T} = \frac{1-\nu_0^2}{2}\left[\frac{1}{1+\nu_0\left(1-2\dfrac{t_\mathrm{c}}{t}\right)} - \frac{1}{1-\nu_0\left(1-2\dfrac{t_\mathrm{c}}{t}\right)}\right] \tag{16.9.27}$$

而式 (16.9.25) 描述的极限状态是指非常窄的夹芯梁,对于拉胀芯层,则有

$$\nu_\mathrm{T} = \frac{1-\nu_0^2}{2}\left[\frac{1}{1-\nu_0\left[1-2\left(\dfrac{t_\mathrm{c}}{t}\right)^3\right]} - \frac{1}{1+\nu_0\left[1-2\left(\dfrac{t_\mathrm{c}}{t}\right)^3\right]}\right] \tag{16.9.28}$$

对于拉胀面板,则有

$$\nu_{\mathrm{T}} = \frac{1 - \nu_0^2}{2} \left[\frac{1}{1 + \nu_0 \left[1 - 2 \left(\dfrac{t_{\mathrm{c}}}{t} \right)^3 \right]} - \frac{1}{1 - \nu_0 \left[1 - 2 \left(\dfrac{t_{\mathrm{c}}}{t} \right)^3 \right]} \right] \quad (16.9.29)$$

图 16.9.5 描绘了各种宽厚比情况下扭转泊松比随相对芯层厚度的变化曲线, 图 16.9.5 (a) 为半拉胀芯层, 即 $\nu_{\mathrm{c}} = -\nu_{\mathrm{f}} = -0.5$ 时, 使用式 (16.9.18)、式 (16.9.26) 和式 (16.9.28) 计算的结果; 图 16.9.5 (b) 为拉胀面板, 即 $\nu_{\mathrm{c}} = -\nu_{\mathrm{f}} = +0.5$ 时, 使用式 (16.9.19)、式 (16.9.27) 和式 (16.9.29) 计算的结果。正如所预期的那样, 当 $0 \leqslant (t_{\mathrm{c}}/t) \leqslant 1$ 时, 曲线落在 $-0.5 \leqslant \nu \leqslant 0.5$ 范围内。

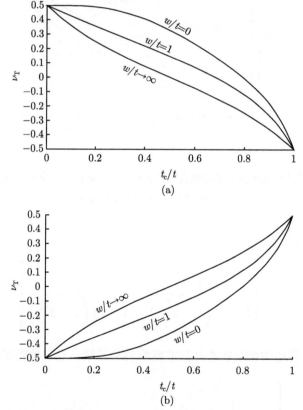

图 16.9.5　横截面宽厚比对半拉胀夹芯结构拉胀性的影响, 其中 t_{c}/t 表示相对芯层厚度:
(a) 半拉胀芯层; (b) 拉胀面板

图 16.9.5 中 $w/t = 0$ 和 $w/t = \infty$ 时的扭转泊松比 ν_{T} 随相对芯层厚度 t_{c}/t 的变化关系图进一步表明, 当横截面宽厚比趋向于极值时, ν_{T} 接近其极值。但是,

当使用其他泊松比的芯层和面板时，曲线会移动。为了说明反对称曲线的两种特殊情况，可以从式 (16.9.15) 或式 (16.9.16) 两式中得出在 $w/t = 1$ 时扭转泊松比为零的相对芯层厚度 $t_c/t = 0.682328$。基于该相对芯层厚度，扭转泊松比相对于横截面宽厚比的变化如图 16.9.6 所示。该图还显示了在 $t_c/t = 0.682328$ 时 ν_T 相对于 w/t 的变化速率。与图 16.9.5 不同，图 16.9.6 中的曲线清楚地表明，在 $10^{-1} < w/t < 10^{+1}$ 的范围内，ν_T 相对于 w/t 迅速变化。在此范围之外，对于 $t_c/t = 0.682328$，ν_T 几乎保持不变。当水平轴采用对数刻度时，两条曲线是反对称的。

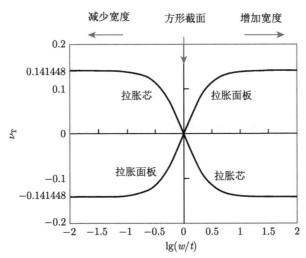

图 16.9.6　相对芯层厚度为 $t_c/t = 0.682328$ 时，横截面宽厚比对半拉胀夹芯结构拉胀性的影响

　　关于非反对称曲线的进一步研究，对于较小的相对芯层厚度，采用拉胀芯层的等效扭转泊松比将为更大的正值，采用拉胀面板的等效扭转泊松比将变得更负。类似地，在较高的相对芯层厚度下，采用拉胀芯层的等效扭转泊松比将变得更负，采用拉胀面板的等效扭转泊松比将为更大的正值。作为一个数值示例，如果 $t_c/t = 0.351146$，则在 $w/t = 1$ 处使用拉胀芯层，等效扭转泊松比 $\nu_T = 1/4$；而使用拉胀面板，等效扭转泊松比 $\nu_T = -1/4$。这就给出了等效扭转泊松比的范围，对于拉胀芯层，$0.114 < \nu < 0.433$；对于拉胀面板，$-0.433 < \nu < -0.114$，如图 16.9.7(a) 所示。同样，如果 $t_c/t = 0.892831$，则在 $w/t = 1$ 处使用拉胀芯层，等效扭转泊松比 $\nu_T = -1/4$；而使用拉胀面板，等效扭转泊松比 $\nu_T = 1/4$。这就给出了等效扭转泊松比的范围：对于拉胀芯层，$-0.348 < \nu < -0.166$；对于拉胀面板，$0.166 < \nu < 0.348$，如图 16.9.7(b) 所示。

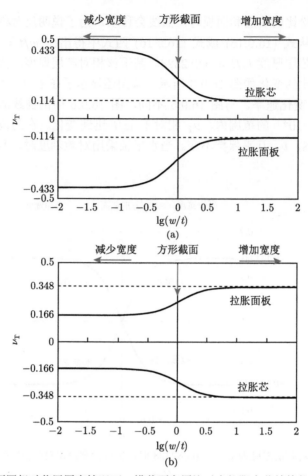

图 16.9.7　不同相对芯层厚度情况下，横截面宽厚比对半拉胀夹芯结构拉胀性的影响：

(a) $t_c/t = 0.351146$；(b) $t_c/t = 0.892831$

　　在考虑半拉胀夹芯结构的三种加载模式时，已确定了四种与加载模式相关的拉胀性，即：(i) 全拉胀性 (FA)；(ii) 高拉胀性 (HA)，(iii) 低拉胀性 (LA) 和 (iv) 无拉胀性 (NA)。已经发现：与轴向载荷和弯曲加载时表现的拉胀性不同，横截面宽厚比会影响扭转加载情况下的拉胀性，并且在 $10^{-1} < w/t < 10^{+1}$ 的范围内扭转泊松比的变化最大。另外，在横截面宽厚比的极值处，扭转拉胀性接近其极限。因此，可以对结构总体泊松比进行设计，以应对不同加载模式，最终实现结构的优化 (Lim，2012)。式 (16.9.3) 中给出的极矩面积极大地简化了计算过程。可通过使用 $w > t$ 情况下的以下表达式 (Young et al.，2011)，进一步完善相应的结果。

$$J = wt^3 \left[\frac{1}{3} - 0.21 \frac{t}{w} \left(1 - \frac{t^4}{12w^4} \right) \right] \tag{16.9.30}$$

参 考 文 献

Hou Y, Tai Y H, Lira C, Scarpa F, Yates J R, Gu B (2013) The bending and failure of sandwich structures with auxetic gradient cellular cores. Compos A, 48:131-191

Hou Y, Neville R, Scarpa F, Remillat C, Gu B, Ruzzene M (2014) Graded conventional-auxetic Kirigami sandwich structures: flatwise compression and edgewise loading. Compos B, 59:33-42

Lim T C (2002a) Material structure for attaining pure Poisson-shearing. J Mater Sci Lett, 21 (20):1595-1597

Lim T C (2002b) Functionally graded beam for attaining Poisson-curving. J Mater Sci Lett, 21 (24):1899-1901

Lim T C (2003) Constitutive relationship of a material with unconventional Poisson's ratio. J Mater Sci Lett, 22(24):1783-1786

Lim T C (2004) Elastic properties of a Poisson-shear material. J Mater Sci, 39(15):4965-4969

Lim T C (2007a) Kinematical studies of rotation-based semi-auxetics. J Mater Sci, 42 (18):7690-7695

Lim T C (2007b) On simultaneous positive and negative Poisson's ratio laminates. Phys Status Solidi B, 244(3):910-918

Lim T C (2011) Torsion of semi-auxetics rods. J Mater Sci, 46(21):6904-6909

Lim T C (2012) Mixed auxeticity of auxetic sandwich structures. Phys Status Solidi B, 249 (7):1366-1372

Lim T C (2014) semi-auxetics yarns. Phys Status Solidi B, 251(2):273-280

Lira C, Scarpa F, Rajasekaran R (2011) A gradient cellular core for aeroengine fan blades based on auxetic configurations. J Intell Mater Syst Struct, 22(9):907-917

Miller W, Hook P B, Smith C W, Wang X, Evans K E (2009) The manufacture and characterisation of a novel, low modulus, negative Poisson's ratio composite. Compos Sci Technol, 69(5):651-655

Nye J (1985) Physical Properties of Crystals. Oxford University Press, Oxford

Sloan M R, Wright J R, Evans K E (2011) The helical auxetic yarn—A novel structure for composites and textiles; geometry, manufacture and mechanical properties. Mech Mater, 43 (9):476-486

Strek T, Jopek H (2012) Effective mechanical properties of concentric cylindrical composites with auxetic phase. Phys Status Solidi B, 249(7):1359-1365

Strek T, Jopek H, Maruszewski B T, Nienartowicz M (2014) Computational analysis of sandwichstructured composites with an auxetic phase. Phys Status Solidi B, 251(2):354-366

Timoshenko S P, Woinowsky-Krieger S (1964) Theory of Plates and Shells, 2nd edn. McGraw-Hill, New York

Wright J R, Sloan M R, Evans K E (2010) Tensile properties of helical auxetic structures: A numerical study. J Appl Phys, 108(4):044905

Wright J R, Burns M K, James E, Sloan M R, Evans K E (2012) On the design and characterization of low-stiffness auxetic yarns and fabrics. Text Res J, 82(7):645-654

Young W C, Budynas R G, Sadegh A M (2011) Roark's Formulas for Stress and Strain, 8th edn. McGraw-Hill, New York

第 17 章 半拉胀层合板和拉胀复合材料

摘要：本章首先讨论了泊松比符号相反的组分对复合材料有效模量的影响，结果表明，连续单向纤维复合材料在纤维方向的有效杨氏模量和各向同性层合板在平面方向的有效杨氏模量均超过了混合定律预测值，特别是当杨氏模量的差别很小、泊松比的差别很大时。对于泊松比符号相反的各向同性层合板，面外方向的有效杨氏模量不仅超过了混合逆定律，而且超过了混合定律，当单层板的杨氏模量相差不大时尤为如此。然后建立了导致进一步反直观特性的条件，即面内层合板模量超过较硬相的模量。接着是一个例子，在这个例子中，当较硬相的体积分数低于较柔相的体积分数时，层合板模量出现最大点。随后，研究了具有泊松比交替符号和热膨胀系数交替符号的各向同性层合板，给出了总体热膨胀系数的极限值。最后，总结了引发拉胀特性的常规复合材料的研究进展。

关键词：异常性质；拉胀复合材料；负刚度；负热膨胀

17.1 引　　言

众所周知，复合材料的性能可以通过调整其组成相的体积分数、选择颗粒形状和尺寸及控制增强体的方向来定制。本章分析至少有一个相为负泊松比而组成的层合板和复合材料。

17.2 半拉胀单向纤维复合材料

连续单向纤维复合材料纵向杨氏模量的一维细观力学模型遵循 Voigt 公式

$$E_{\mathrm{L}} = E_{\mathrm{Lf}} V_{\mathrm{F}} + E_{\mathrm{Lm}} \left(1 - V_{\mathrm{f}}\right) \tag{17.2.1}$$

三维模型合并了各个相的泊松比，因此通过自洽方法给出

$$E_{\mathrm{L}} = E_{\mathrm{Lf}} V_{\mathrm{F}} + E_{\mathrm{Lm}} \left(1 - V_{\mathrm{f}}\right) + \frac{4 \left(\nu_{\mathrm{LTm}} - \nu_{\mathrm{LTf}}\right)^{2} k_{\mathrm{Tf}} k_{\mathrm{Tm}} G_{\mathrm{TTm}} \left(1 - V_{\mathrm{f}}\right) V_{\mathrm{f}}}{\left(k_{\mathrm{Tf}} + G_{\mathrm{TTm}}\right) k_{\mathrm{Tm}} + \left(k_{\mathrm{Tf}} - k_{\mathrm{Tm}}\right) G_{\mathrm{TTm}} V_{\mathrm{f}}} \tag{17.2.2}$$

本节中假设各相各向同性，即 $E_{\mathrm{Lf}} = E_{\mathrm{f}}$，$E_{\mathrm{Lm}} = E_{\mathrm{m}}$，$\nu_{\mathrm{LTm}} = \nu_{\mathrm{m}}$，$\nu_{\mathrm{LTf}} = \nu_{\mathrm{f}}$，$k_{\mathrm{Tf}} = k_{\mathrm{f}}$，$k_{\mathrm{Tm}} = k_{\mathrm{m}}$ 和 $G_{\mathrm{TTm}} = G_{\mathrm{m}}$，考虑两种特定情况：(i) 各组分的泊松比大小相等但符号相反；(ii) 杨氏模量和体积分数均相等。

每个相的泊松比均相等，即

$$|\nu_f| = |\nu_m| = \nu_0 \tag{17.2.3}$$

但其符号相反

$$\nu_m < 0 < \nu_f \tag{17.2.4}$$

由这一特定情况，可得

$$\frac{E_L}{E_m} = 1 + \left(\frac{E_L}{E_m} - 1\right) V_f + \frac{(4\nu_0)^2 (1 - V_f) V_f}{2(1 - \nu_0) + 3(1 + 2\nu_0) V_f + 3(1 - 2\nu_0)(2 - V_f)\dfrac{E_m}{E_f}} \tag{17.2.5}$$

大多数材料的泊松比在以下范围内 (Timoshenko，1983)

$$\frac{1}{4} < \nu < \frac{1}{3} \tag{17.2.6}$$

大部分含有常规纤维和拉胀基体的连续单向纤维复合材料的无量纲纵向杨氏模量 E_L/E_m 可在以下范围内重新计算 (Lim and Acharya，2010)

$$\frac{A_1(1 - V_f) V_f}{B_1 + C_1 V_f + (2 - V_f)(E_m/E_f)} < \frac{E_L}{E_m} - 1 - \left(\frac{E_f}{E_m} - 1\right) V_f$$
$$< \frac{A_2(1 - V_f) V_f}{B_2 + C_2 V_f + (2 - V_f)(E_m/E_f)} \tag{17.2.7}$$

其中

$$\begin{bmatrix} A_1 & A_2 \\ B_1 & B_2 \\ C_1 & C_2 \end{bmatrix} = \begin{bmatrix} 2/3 & (4/3)^2 \\ 1 & 4/3 \\ 3 & 5 \end{bmatrix} \tag{17.2.8}$$

对于各相具有相等杨氏模量的第二种特定情况，有

$$E_f = E_m = E_0 \tag{17.2.9}$$

可得 (Lim and Acharya，2010)

$$\frac{E_L}{E_m} = 1 + \frac{4(\nu_m - \nu_f)^2 (1 - V_f) V_f}{5 + 2(\nu_m - 3\nu_f) + 6(\nu_f - \nu_m) V_f} \tag{17.2.10}$$

为了说明第一种特定情况，选取典型的泊松比 $\nu_0 = 0.3$，则有

$$\frac{E_L}{E_m} = 1 + \left(\frac{E_f}{E_m} - 1\right) V_f + \frac{0.36(1 - V_f) V_f}{1.4 + 4.8 V_f + 1.2(2 - V_f)\dfrac{E_m}{E_f}} \tag{17.2.11}$$

这一实例针对 (a) $E_{\rm f}/E_{\rm m} = 1$，(b) $E_{\rm f}/E_{\rm m} = 1.1$，(c) $E_{\rm f}/E_{\rm m} = 1.25$ 和 (d) $E_{\rm f}/E_{\rm m} = 2$ 进行了说明，如图 17.2.1 所示。

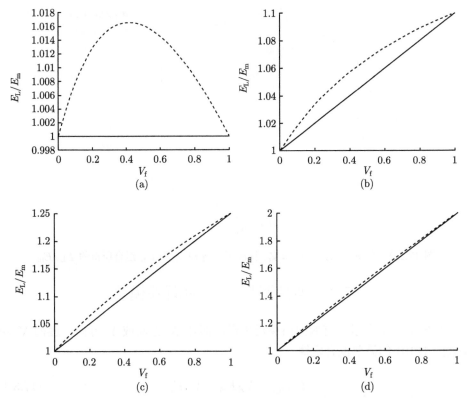

图 17.2.1 考虑组分泊松比 (虚线)、基于混合定律 (直线) 的连续单向性纤维复合材料 (母材泊松比为 -0.3，纤维泊松比为 0.3) 无量纲纵向杨氏模量 $E_{\rm L}/E_{\rm m}$：(a) $E_{\rm f}/E_{\rm m} = 1$；(b) $E_{\rm f}/E_{\rm m} = 1.1$；(c) $E_{\rm f}/E_{\rm m} = 1.25$；(d) $E_{\rm f}/E_{\rm m} = 2$

图 17.2.1 表明，当组分材料的杨氏模量比值为 $0.5 \sim 2$ 时，泊松比的搭配不当不可忽略。特别是当杨氏模量差小于 10% 时，泊松比搭配不当对半拉胀复合材料的影响是显著的，它将导致杨氏模量超出混合定律的值。为了说明第二种特定情况，令每个相的体积分数相等，即 $V_{\rm f} = 0.5$，这样

$$\frac{E_{\rm L}}{E_0} = 1 + \frac{(\nu_{\rm f} - \nu_{\rm m})^2}{5 - (3\nu_{\rm f} + \nu_{\rm m})} \tag{17.2.12}$$

这一实例是对 $-0.5 \leqslant \nu_{\rm f} \leqslant 0.5$ 和 $-0.5 \leqslant \nu_{\rm m} \leqslant 0.5$ 进行的，如图 17.2.2 所示。可以看出，对于完全正泊松比和完全负泊松比的相，即 $\nu_{\rm f}\nu_{\rm m} > 0$，混合定律的超越是不明显的。然而，对于半拉胀复合材料，其 $\nu_{\rm f}\nu_{\rm m} < 0$，杨氏模量超过混合定律将非常明显。结果表明，当各相泊松比符号相反，且相间杨氏模量差异不显著时，

混合定律的超越是明显的。在实际设计中，建议在处理具有正泊松比和负泊松比相的复合材料时，用考虑组分泊松比的其他描述代替混合定律。

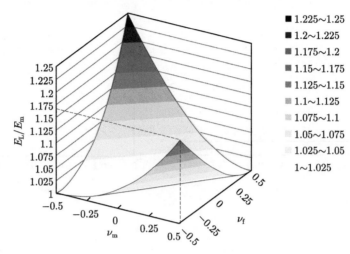

图 17.2.2　在 $E_f = E_m$，$V_f = V_m$ 情况下，各种 ν_f 和 ν_m 组合所得的 E_L/E_m

17.3　半拉胀层合板的面外模量

如图 17.3.1 所示，有效面内杨氏模量，即在 X 方向或 Y 方向，遵循 Voigt (1889，1910) 的简单混合定律

$$E_{\text{Voigt}} = V_A E_A + V_B E_B \tag{17.3.1}$$

而有效的平面外杨氏模量，即在 Z 方向上，则遵循 Reuss (1929) 的混合逆定律

$$\frac{1}{E_{\text{Reuss}}} = \frac{V_A}{E_A} + \frac{V_B}{E_B} \tag{17.3.2}$$

其中材料 A 和 B 的体积分数遵循

$$V_A + V_B = 1 \tag{17.3.3}$$

尽管已知任何泊松比搭配不当都会增加杨氏模量，但是很容易超过混合逆定律

$$E_C > E_{\text{Reuss}} \tag{17.3.4}$$

结果表明，对于半拉胀层合板，其增长幅度超过了简单混合定律

$$E_C > E_{\text{Voigt}} \tag{17.3.5}$$

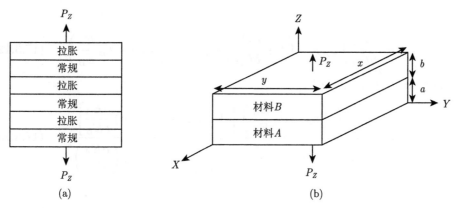

图 17.3.1 (a) 半拉胀层合板示意图；(b) 用于分析的理想化代表性体积单元

采用三维胡克定律，材料 A 和 B 的应力-应变关系分别为

$$\left\{\begin{array}{c} \varepsilon_{AX} \\ \varepsilon_{AY} \\ \varepsilon_{AZ} \end{array}\right\} = \frac{1}{E_A} \left[\begin{array}{ccc} 1 & -\nu_A & -\nu_A \\ -\nu_A & 1 & -\nu_A \\ -\nu_A & -\nu_A & 1 \end{array}\right] \left\{\begin{array}{c} \sigma_{AX} \\ \sigma_{AY} \\ \sigma_{AZ} \end{array}\right\} \tag{17.3.6}$$

和

$$\left\{\begin{array}{c} \varepsilon_{BX} \\ \varepsilon_{BY} \\ \varepsilon_{BZ} \end{array}\right\} = \frac{1}{E_B} \left[\begin{array}{ccc} 1 & -\nu_B & -\nu_B \\ -\nu_B & 1 & -\nu_B \\ -\nu_B & -\nu_B & 1 \end{array}\right] \left\{\begin{array}{c} \sigma_{BX} \\ \sigma_{BY} \\ \sigma_{BZ} \end{array}\right\} \tag{17.3.7}$$

如图 17.3.1 所示，在 Z 面上既定载荷 P_Z，由平衡关系，得

$$\sigma_{AZ} = \sigma_{BZ} = \sigma_Z = \frac{P_Z}{xy} \tag{17.3.8}$$

和

$$\left\{\begin{array}{c} \sigma_{BX} \\ \sigma_{BY} \end{array}\right\} = -\frac{a}{b} \left\{\begin{array}{c} \sigma_{AX} \\ \sigma_{AY} \end{array}\right\} \tag{17.3.9}$$

将式 (17.3.8) 和式 (17.3.9) 代入式 (17.7.6) 和式 (17.3.7)，并施加相同的面内变形，即

$$\left\{\begin{array}{c} \varepsilon_{AX} \\ \varepsilon_{AY} \end{array}\right\} = \left\{\begin{array}{c} \varepsilon_{BX} \\ \varepsilon_{BY} \end{array}\right\} \tag{17.3.10}$$

得到

$$\left(1 + \frac{aE_A}{bE_B}\right)\sigma_{AX} - \left(\nu_A + \nu_B + \frac{aE_A}{bE_B}\right)\sigma_{AY} = \frac{P_Z}{xy}\left(\nu_A - \nu_B + \frac{E_A}{E_B}\right) \tag{17.3.11}$$

和

$$-\left(\nu_A + \nu_B \frac{aE_A}{bE_B}\right)\sigma_{AX} + \left(1 + \frac{aE_A}{bE_B}\right)\sigma_{AY} = \frac{P_Z}{xy}\left(\nu_A - \nu_B \frac{E_A}{E_B}\right) \tag{17.3.12}$$

同时求解 σ_{AX} 和 σ_{AY}，得

$$\sigma_{AX} = \sigma_{AY} = \frac{\dfrac{P_Z}{xy}\left(\nu_A - \nu_B \dfrac{E_A}{E_B}\right)\left[(1+\nu_A) + (1+\nu_B)\dfrac{aE_A}{bE_B}\right]}{(1-\nu_A^2) + 2(1-\nu_A\nu_B)\dfrac{aE_A}{bE_B} + (1-\nu_B^2)\left(\dfrac{aE_A}{bE_B}\right)^2} \tag{17.3.13}$$

将

$$\varepsilon_{AZ} = \frac{1}{E_A}\left[\sigma_{AZ} - \nu_A(\sigma_{AX} + \sigma_{AY})\right] = \frac{1}{E_A}\left(\frac{P_Z}{xy} - 2\nu_A\sigma_{AX}\right) \tag{17.3.14}$$

和

$$\varepsilon_{BZ} = \frac{1}{E_B}\left[\sigma_{BZ} - \nu_B(\sigma_{BX} + \sigma_{BY})\right] = \frac{1}{E_B}\left(\frac{P_Z}{xy} + 2\nu_B\frac{a}{b}\sigma_{AX}\right) \tag{17.3.15}$$

代入

$$\varepsilon_Z = \frac{a}{a+b}\varepsilon_{AZ} + \frac{b}{a+b}\varepsilon_{BZ} \tag{17.3.16}$$

得到

$$\varepsilon_Z = \frac{P_Z}{xy}\left[\frac{a}{a+b}\left(\frac{1}{E_A}\right) + \frac{b}{a+b}\left(\frac{1}{E_B}\right) - C\right] \tag{17.3.17}$$

其中

$$C = \frac{\dfrac{2}{a+b}\left(\dfrac{\nu_A}{E_A} - \dfrac{\nu_B}{E_B}\right)^2\left(\dfrac{1+\nu_A}{aE_A} + \dfrac{1+\nu_B}{bE_B}\right)}{\dfrac{1-\nu_A^2}{(aE_A)^2} + \dfrac{2(1-\nu_A\nu_B)}{(aE_A)(bE_B)} + \dfrac{1-\nu_B^2}{(bE_B)^2}} \tag{17.3.18}$$

因为 $E_C = \sigma_Z/\varepsilon_Z$ 和

$$\left\{\begin{array}{c} V_A \\ V_B \end{array}\right\} = \frac{1}{a+b}\left\{\begin{array}{c} a \\ b \end{array}\right\} \tag{17.3.19}$$

因此

$$\frac{1}{E_C} = \frac{\varepsilon_Z}{P_Z/(xy)} = \frac{V_A}{E_A} + \frac{V_B}{E_B} - C \tag{17.3.20}$$

其中

$$C = \frac{2\left(\dfrac{\nu_A}{E_A} - \dfrac{\nu_B}{E_B}\right)^2\left(\dfrac{1+\nu_A}{V_AE_A} + \dfrac{1+\nu_B}{V_BE_B}\right)}{\dfrac{1-\nu_A^2}{(V_AE_A)^2} + \dfrac{2(1-\nu_A\nu_B)}{(V_AE_A)(V_BE_B)} + \dfrac{1-\nu_B^2}{(V_BE_B)^2}} \tag{17.3.21}$$

当 $\nu_A = \nu_B$ 时, $C = 0$, 因此 $E_C = E_{\text{Reuss}}$; 当 $\nu_A \neq \nu_B$ 时, $C > 0$, 因此 $E_C > E_{\text{Reuss}}$。由此证明了, 当单个层合板的泊松比存在搭配不当时, 面外杨氏模量超过了混合逆定律。

为了观察各个相的泊松比的影响, 考虑两个相的杨氏模量相等这一特定情况, 即 $E_A = E_B \equiv E_0$。在这个条件下, 简单混合定律和混合逆定律都简化为一个与组分体积分数无关的常数。当 $V_A = V_B \equiv 0.5$ 时, 无量纲面外杨氏模量可表示为 (Lim, 2009)

$$\frac{E_C}{E_0} = \left[1 - (2 + \nu_A + \nu_B) \frac{(\nu_A - \nu_B)^2}{4 - (\nu_A + \nu_B)^2} \right]^{-1} \tag{17.3.22}$$

图 17.3.2(a) 给出了各相泊松比在 -0.5 和 $+0.5$ 之间、式 (17.3.22) 计算的曲线 (Lim, 2013)。注意, 单个相的泊松比对常规层合板的平面外杨氏模量 (即 ν_A 和 ν_B 均大于 0) 和全拉胀层合板 (即 ν_A 和 ν_B 均小于 0) 的面外杨氏模量无显著影响, 如图 17.3.2(b) 所示, 这一点可以从关于 $\nu_A = \nu_B$ 的对称模量关系明显看出, 但关于 $\nu_A = -\nu_B$ 的对称模量关系却并非如此。然而, 单个相的泊松比显著地影响半拉胀层合板 (即 $\nu_A \nu_B < 0$) 的面外杨氏模量。这是常规的和完全的拉胀结构具有共同特点而半拉胀结构具有独特行为的例子。

为了研究组分材料的杨氏模量变化的影响, 在 $\nu_A \nu_B = -0.1$ 情况下, 根据式 (17.3.20) 和式 (17.3.21) 绘制 E_C/E_A 的曲线, 其中 ν_A 和 ν_B 大小相同但符号相反。由于大多数材料的泊松比介于 0.3 和 1/3 之间, 因此 $|\nu_A| = |\nu_B| = \sqrt{0.1} = 0.316$ 是合乎实际的。将 $\nu_A \nu_B = -0.1$ 和 $\nu_A^2 = \nu_B^2 = 0.1$ 代入式 (17.3.20) 和式 (17.3.21) 得到 (Lim, 2009)

$$\frac{E_C}{E_A} = \left[V_A (1 - d) + (1 - V_A) \frac{E_A}{E_B} \right]^{-1} \tag{17.3.23}$$

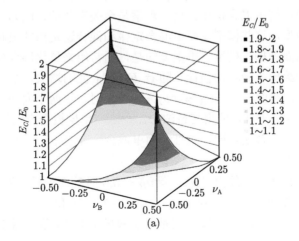

(a)

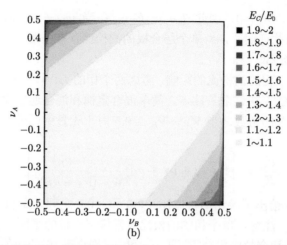

图 17.3.2　等体积分数和等杨氏模量的单层板在 $-0.5 \leqslant \nu \leqslant 0.5$ 范围内的面外杨氏模量分布，其中 $i = A, B$，表明：(a) 当单层板泊松比符号正负交替时可获得大的面外杨氏模量；(b) 当 $\nu_A = \nu_B$ 时表现为对称性但 $\nu_A = -\nu_B$ 无对称性的二维动图

其中

$$d = \frac{0.2\left(1 + \frac{E_A}{E_B}\right)^2 \left[\left(1 \pm \sqrt{0.1}\right) + \left(1 \mp \sqrt{0.1}\right) \frac{V_A E_A}{V_B E_B}\right]}{0.9 + 2.2 \frac{V_A E_A}{V_B E_B} + 0.9 \left(\frac{V_A E_A}{V_B E_B}\right)^2}, \quad \pm\nu_A = \mp\nu_B = \sqrt{0.1} \tag{17.3.24}$$

图 17.3.3 给出了当 $E_B/E_A = 1.2$、1.4、1.6、1.8，$\pm\nu_A = \mp\nu_B = \sqrt{0.1}$ 情况下 (Lim, 2013)，E_C/E_A 随 V_A 的变化关系图。值得注意的是，对于 $E_B/E_A \approx 1$，如图 17.3.3 所示，$\pm\nu_A = \mp\nu_B = \sqrt{0.1}$ 情况下的面外杨氏模量不仅大于混合逆定律，而且明显超过简单混合定律。这一观察是至关重要的，因为它揭示了许多简化的微观力学模型，这些模型受简单混合定律和混合逆定律的限制，明显低估了半拉胀层合板的面外杨氏模量。更重要的是，通常用来量化层合板面外杨氏模量的混合逆定律却给出了最坏的估计。随着 E_B/E_A 值的增大，半拉胀层合板的面外杨氏模量减小；然而，当 $\pm\nu_A = \mp\nu_B = \sqrt{0.1}$ 时，这两个面外杨氏模量仍然明显高于混合逆定律。因此，使用交替泊松比符号的单层板会产生很高的面外模量，该模量不仅超出了混合逆定律，而且在简单混合定律以下，尤其是当层合板的杨氏模量非常接近时。

对于式 (17.3.22)，计算出 $\pm\nu_A = \mp\nu_B = 0.5$ 时的面外模量为 $E_C = 2E_0$，它是单层板模量的 2 倍。当扩展到 $(\nu_A, \nu_B) = (-1, 0.5)$ 和 $(\nu_A, \nu_B) = (0.5, -1)$ 的情况时，计算结果为 $E_C = 10E_0$，或是单层板模量的 10 倍。图 17.3.4 描绘了整

个泊松比范围内的无量纲面外模量 E_C/E_0。

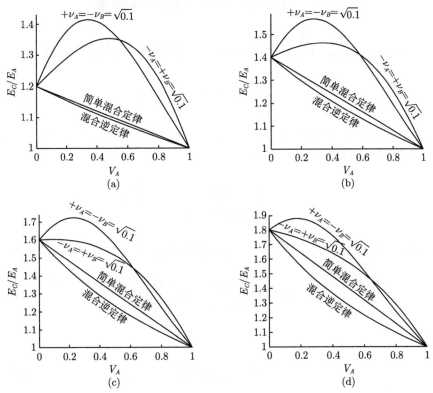

图 17.3.3 $+\nu_A = -\nu_B = \sqrt{0.1}$、$-\nu_A = +\nu_B = \sqrt{0.1}$ 时，无量纲面外杨氏模量相对于材料 A 杨氏模量的比值 E_C/E_A 随材料 A 体积分数 V_A 的变化曲线，以及与简单混合定律和混合逆定律的比较：(a) $E_B/E_A = 1.2$；(b) $E_B/E_A = 1.4$；(c) $E_B/E_A = 1.6$；(d) $E_B/E_A = 1.8$

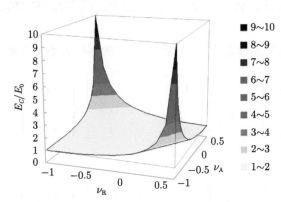

图 17.3.4 等体积分数和等杨氏模量的单层板在 $-1 \leqslant \nu_i \leqslant 0.5$ 范围内的面外杨氏模量分布，其中 $i = A, B$

17.4　半拉胀层合板的面内模量

根据 Voigt (1889，1910) 对 n 个相的杨氏模量进行的扩展，可得

$$E_{\text{Voigt}} = V_1 E_1 + V_2 E_2 + \cdots + V_n E_n \tag{17.4.1}$$

其中，$V_1 + V_2 + \cdots + V_n = 1$，它适用于描述各向同性层合板的面内模量。或者，式 (17.4.1) 可采用无量纲形式重写为

$$\frac{E_C}{E_0} = \frac{V_1 E_1 + V_2 E_2 + \cdots + V_n E_n}{(E_1 E_2 \cdots E_n)^{1/n}} \tag{17.4.2}$$

其中，$E_0 = (E_1 E_2 \cdots E_n)^{1/n}$。对于两相复合材料，无量纲模量形式减少到

$$\frac{E_C}{E_0} = V_A \sqrt{\frac{E_A}{E_B}} + V_B \sqrt{\frac{E_B}{E_A}} \tag{17.4.3}$$

其中

$$E_0 = \sqrt{E_A E_B} \tag{17.4.4}$$

为与考虑泊松比的模型进行比较，表达式为

$$\frac{E_C}{E_0} = V_A \sqrt{\frac{E_A}{E_B}} f_A (V_A, V_B, E_A, E_B, \nu_A, \nu_B) + V_B \sqrt{\frac{E_B}{E_A}} f_B (V_A, V_B, E_A, E_B, \nu_A, \nu_B) \tag{17.4.5}$$

对于图 17.4.1，胡克定律给出了 A 层与 B 层的本构关系，分别为

$$\begin{Bmatrix} \varepsilon_{AX} \\ \varepsilon_{AY} \\ \varepsilon_{AZ} \end{Bmatrix} = \frac{1}{E_A} \begin{bmatrix} 1 & -\nu_A & -\nu_A \\ & 1 & -\nu_A \\ \text{sym} & & 1 \end{bmatrix} \begin{Bmatrix} \sigma_{AX} \\ \sigma_{AY} \\ \sigma_{AZ} \end{Bmatrix} \tag{17.4.6}$$

和

$$\begin{Bmatrix} \varepsilon_{BX} \\ \varepsilon_{BY} \\ \varepsilon_{BZ} \end{Bmatrix} = \frac{1}{E_B} \begin{bmatrix} 1 & -\nu_B & -\nu_B \\ & 1 & -\nu_B \\ \text{sym} & & 1 \end{bmatrix} \begin{Bmatrix} \sigma_{BX} \\ \sigma_{BY} \\ \sigma_{BZ} \end{Bmatrix} \tag{17.4.7}$$

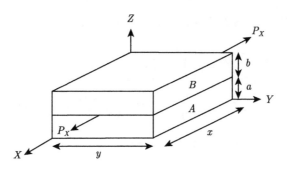

图 17.4.1 双层交替铺叠的代表性体积单元

在 x 表面上施加既定的载荷 P_X，基于 X 方向和 Y 方向的平衡关系，分别得到

$$\sigma_{AX}\,(ay) + \sigma_{BX}\,(by) = P_X \tag{17.4.8}$$

和

$$\sigma_{AY}\,(ax) + \sigma_{BY}\,(bx) = 0 \tag{17.4.9}$$

施加平面应力条件时

$$\sigma_{AZ} = \sigma_{BZ} = 0 \tag{17.4.10}$$

如式 (17.3.10) 所示，面内正应变相等，剪切应变等于零，即

$$\tau_{AXY} = \tau_{AYZ} = \tau_{AZX} = \tau_{BXY} = \tau_{BYZ} = \tau_{BZX} = 0 \tag{17.4.11}$$

由本构关系上的平衡条件，可得

$$\begin{bmatrix} +\sigma_{AX} & -\sigma_{AY} \\ +\sigma_{AY} & -\sigma_{AX} \end{bmatrix} \left\{ \begin{array}{c} \dfrac{E_B}{E_A} + \dfrac{a}{b} \\[2mm] (\nu_A)\,\dfrac{E_B}{E_A} + (\nu_B)\,\dfrac{a}{b} \end{array} \right\} = \dfrac{P_X}{by} \left\{ \begin{array}{c} 1 \\ -\nu_B \end{array} \right\} \tag{17.4.12}$$

由此，可通过式 (17.4.12) 求解应力 σ_{AX} 和 σ_{AY}，得出

$$\left\{ \begin{array}{c} \sigma_{AX} \\ \sigma_{AY} \end{array} \right\} = \dfrac{P_X}{by} \left[\left(\dfrac{E_B}{E_A} + \dfrac{a}{b} \right)^2 - \left(\nu_A \dfrac{E_A}{E_B} + \nu_B \dfrac{a}{b} \right)^2 \right]^{-1}$$

$$\begin{bmatrix} 1 & -\nu_B \\ -\nu_B & 1 \end{bmatrix} \left\{ \begin{array}{c} \dfrac{E_B}{E_A} + \dfrac{a}{b} \\[2mm] \nu_A \dfrac{E_A}{E_B} + \nu_B \dfrac{a}{b} \end{array} \right\} \tag{17.4.13}$$

把式 (17.4.13) 中 σ_{AX} 的表达式代入式 (17.4.8)，得到

$$\sigma_{BX} = \frac{P_X}{by} \left[\left(\frac{E_B}{E_A} + \frac{a}{b} \right)^2 - \left(\nu_A \frac{E_B}{E_A} + \nu_B \frac{a}{b} \right)^2 \right]^{-1}$$

$$\left[\frac{E_B}{E_A} \left(\frac{E_B}{E_A} + \frac{a}{b} \right) - \nu_A \frac{E_B}{E_A} \left(\nu_A \frac{E_B}{E_A} + \nu_B \frac{a}{b} \right) \right] \tag{17.4.14}$$

这三个应力足以计算面内杨氏模量，定义为

$$E_X = \frac{P_X \left[(a+b)\, y \right]^{-1}}{\varepsilon_X} \tag{17.4.15}$$

将式 (17.4.13) 代入式 (17.4.15)，可得 (Lim，2010)

$$\frac{E_C}{E_0} = \frac{a}{a+b} \sqrt{\frac{E_A}{E_B}} \left[\frac{a E_A \left(1 - \nu_B^2 \right) + b E_B \left(1 - \nu_A \nu_B \right)}{a E_A \left(1 - \nu_B^2 \right) + b E_B \left(1 - \nu_A^2 \right)} \right]$$

$$+ \frac{b}{a+b} \sqrt{\frac{E_B}{E_A}} \left[\frac{a E_A \left(1 - \nu_A \nu_B \right) + b E_B \left(1 - \nu_A^2 \right)}{a E_A \left(1 - \nu_B^2 \right) + b E_B \left(1 - \nu_A^2 \right)} \right] \tag{17.4.16}$$

比较式 (17.4.16) 和式 (17.4.5)，意味着

$$\left\{ \begin{array}{c} f_A \\ f_B \end{array} \right\}$$

$$= \frac{1}{V_A E_A \left(1 - \nu_B^2 \right) + V_B E_B \left(1 - \nu_A^2 \right)} \left[\begin{array}{cc} \left(1 - \nu_B^2 \right) & \left(1 - \nu_A \nu_B \right) \\ \left(1 - \nu_A \nu_B \right) & \left(1 - \nu_A^2 \right) \end{array} \right] \left\{ \begin{array}{c} V_A E_A \\ V_B E_B \end{array} \right\} \tag{17.4.17}$$

然后可以推断如下：

(i) 当 $\nu_A = \nu_B$ 时，$f_A = f_B = 1$，因此 $E_C = E_{\text{Voigt}}$；

(ii) 当 $\nu_A \nu_B < 0$ 时，$f_A > 1$，$f_B > 1$，因此 $E_C > E_{\text{Voigt}}$；

(iii) 当 $\nu_A \neq \nu_B = 0$ 时，$f_A > f_B = 1$，因此 $E_C > E_{\text{Voigt}}$；

(iv) 当 $\nu_B \neq \nu_A = 0$ 时，$f_B > f_A = 1$，因此 $E_C > E_{\text{Voigt}}$。

在所考虑的四种特殊情况中，第一种情况将半拉胀层合板的面内杨氏模量降低为混合定律；另外三个条件 ($\nu_A \nu_B < 0, \nu_A \neq \nu_B = 0, \nu_B \neq \nu_A = 0$) 给出了杨氏模量超出混合定律的描述，单独讨论了组分相对体积分数、模量和泊松比的变化。

为研究泊松比乘积的影响，令 $E_A = E_B = E_0$ 和 $(\nu_A / \nu_B) = -1$，以观察两种组分材料具有相同杨氏模量时层合板面内杨氏模量的变化。因此，无量纲杨氏模量简化为

$$\frac{E_C}{E_0} = V_A f_A + V_B f_B \tag{17.4.18}$$

其中

$$\left\{ \begin{array}{c} f_A \\ f_B \end{array} \right\} = \frac{1}{1-\nu_0^2} \left[\begin{array}{cc} 1-\nu_0^2 & 1+\nu_0^2 \\ 1+\nu_0^2 & 1-\nu_0^2 \end{array} \right] \left\{ \begin{array}{c} V_A \\ V_B \end{array} \right\} \tag{17.4.19}$$

式中，ν_0 是非负数，定义为

$$\nu_0 = |\nu_A| = |\nu_B| \tag{17.4.20}$$

图 17.4.2 给出了组分泊松比乘积增量变化情况下 $\nu_A\nu_B = -(n/20)$，$n = 0, 1, 2, 3, 4$，E_C/E_0 随一个组分体积分数的变化曲线。可以看出，由于泊松比的大小相等，E_C/E_0 曲线关系是对称的，并且 E_C/E_0 的增加在 $V_A = V_B = 0.5(V_AV_B = -0.2)$ 时高达 25%。当使用混合定律时，这一主要特征被忽略了。当 $\nu_A\nu_B = -0.1$ 时，评估相对组分模量对 E_C/E_0 的影响。复合材料的面内杨氏模量按式 (17.4.5) 的形式得以保持，式 (17.4.17) 中相关的函数简化为

$$\left\{ \begin{array}{c} f_A \\ f_B \end{array} \right\} = \frac{1}{E_{\text{Voigt}}\left(1-\nu_0^2\right)} \left[\begin{array}{cc} 1 & -\nu_0^2 \\ 1 & +\nu_0^2 \end{array} \right] \left\{ \begin{array}{c} V_AE_A + V_BE_B \\ V_AE_A - V_BE_B \end{array} \right\} \tag{17.4.21}$$

图 17.4.3 显示了在相对组分模量 $E_A/E_B = 2^{2n-1}$，$n = -1, 0, 1, 2$，即几何增量 2^2，且 $\nu_A/\nu_B = -1$，$\nu_A\nu_B = -0.1$ 时的 E_C/E_0 曲线图。连接每条曲线两端的直线为 E_{Voigt}/E_0。

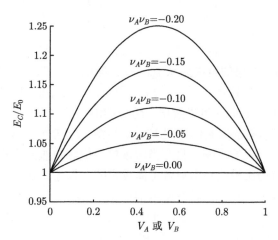

图 17.4.2 不同泊松比乘积 $\nu_A\nu_B$ 情况下 $(V_A = V_B, \nu_A = \nu_B)$，无量纲面内杨氏模量随体积分数的变化

当 $V_A = V_B = 0.5$ 时，考虑了随 ν_A 和 ν_B 变化的 E_C/E_0 关系，观察组分的相对泊松比的影响。在此图中，设各组分的杨氏模量相等。对于这一类，无量纲

面内杨氏模量简化为

$$\frac{E_C}{E_0} = \frac{f_A + f_B}{2} \tag{17.4.22}$$

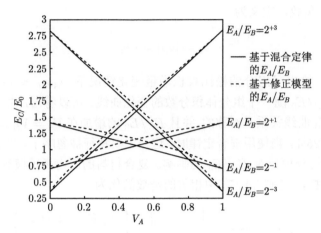

图 17.4.3   当 $\nu_A\nu_B = -0.1$, $\nu_A/\nu_B = -1$ 时, 不同 E_A/E_B 情况下半拉胀复合材料的面内
杨氏模量随材料 A 体积分数的变化

而其中

$$\begin{Bmatrix} f_A \\ f_B \end{Bmatrix} = \frac{1}{2 - (\nu_A^2 + \nu_B^2)} \begin{bmatrix} 1 & 1 - \nu_B^2 \\ 1 & 1 - \nu_A^2 \end{bmatrix} \begin{Bmatrix} (1 - \nu_A\nu_B) \\ 1 \end{Bmatrix} \tag{17.4.23}$$

图 17.4.4 显示了 $-0.5 \leqslant \nu_N \leqslant 0.5 \, (N = A, B)$ 固定的 $E_A/E_B = V_A/V_B = 1$ 时
的 E_C/E_0 曲线图。结果的范围为从 $\nu_A = \nu_B$ 时的 $E_C/E_0 = 1$ 到 $\nu_A\nu_B = -0.25$
时的 $E_C/E_0 = 4/3$, 展现出关于 $\nu_A = \nu_B$ 和 $\nu_A = -\nu_B$ 的对称性。

由图 17.4.4 所示的曲线可以看出, 组分的泊松比之间的代数差 $|\nu_A - \nu_B|$ 对
层合板面内杨氏模量有显著贡献。图 17.4.4 与图 17.4.5 的比较表明, 正泊松比和
负泊松比组合的单层板的影响, 只有当常规层合板和拉胀层合板均用于构成半拉
胀层合板时, 面内杨氏模量超出混合定律设定的上限才是显著的。

基于目前的分析方法, 由具有交替泊松比符号的单层板组成的层合板高于混
合定律, 与有限元法 (Kocer et al., 2009)、Cosserat 弹性和均匀化法 (Donescu,
2009)、自洽法 (Chirima et al., 2009) 和 Liu 等 (2009) 的公式吻合度较好。提高
的有效模量可以解释如下。假设一个 RVE 定义为一层常规材料和一个在 x 方向
拉伸的拉胀材料, 如果两层之间没有黏合, 则对于常规铺层方式, y 方向和 z 方
向的尺寸将收缩; 而对于拉胀铺层方式, y 方向和 z 方向的尺寸将膨胀。由于两
层之间的完美结合, 存在层间剪切应力 (图 16.8.3), 该应力倾向于使得常规铺层

在 y 方向膨胀,而拉胀铺层在 y 方向收缩。这会导致 x 方向的延伸率减小,x 方向的减小应变转化为相同方向增加的模量 (Lim,2010)。

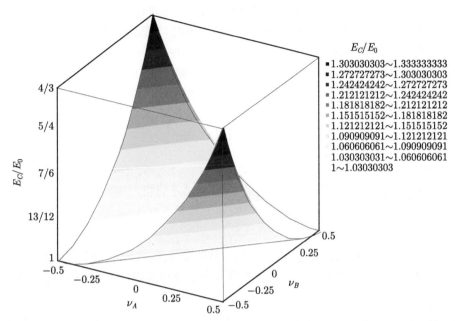

图 17.4.4   等体积分数和 $E_A = E_B$ 情况下,半拉胀复合材料面内杨氏模量随组分泊松比的变化

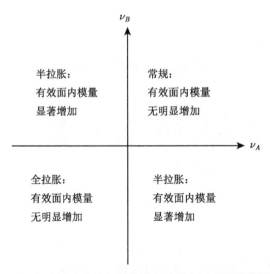

图 17.4.5   超出混合理论规则的层合板面内杨氏模量范围图谱

尽管混合定律通常用于预测层合板的面内模量和连续单向纤维复合材料的纵

向模量，因此在一般意义上称为上限。结果表明，在复合材料层合板面内特性的背景下，混合规律实际上是一个下界。当两个组分材料的泊松比均为零时，对体积分数固定的组分材料，其面内模量降至最小。各向同性单层板制成的层合板具有这样的面内特性：当单层板的泊松比存在差异时，混合定律超出了模量。因此，在常规和全拉胀材料中，尽管并不显著，一般都存在着超越混合定律的特点。然而，对于具有相反泊松比符号的层合板 (按交替顺序排列) 而言，超出混合定律的面内杨氏模量的影响是显著的，因此必须在工程设计中加以考虑。

17.5　半拉胀层合板的进一步反直观模量

紧跟 17.4 节，本节表明，对于这样的一种复合材料，存在一个体积分数范围，在该范围内，面内复合模量 E_C 大于具有更高模量的相，即

$$E_A < E_B < E_C \tag{17.5.1}$$

在给定的情况下，B 相的模量大于 A 相。另请参见图 17.3.3 和图 17.4.2。这是一个反直观的性质，因为通常认为复合模量介于组分相的模量之间，即 $E_A < E_B < E_C$。

第二个违反直观认识的属性是，在有限的情况下，面内复合模量的最大值出现在较硬相体积分数小于另一相体积分数的情况，即

$$\frac{\partial E_C}{\partial V_B} = 0, \quad V_A > V_B, \quad E_A < E_B \tag{17.5.2}$$

这个特性是反直观认识的，因为人们会直觉地预计为，若出现一个最大点，如果 $E_A < E_B$，它将在 $V_A < V_B$ 时发生。记得对于多相复合材料，其基于一维分析的模量在以下范围内

$$\left(\sum_{i=1}^{n} \frac{V_i}{E_i}\right)^{-1} \leqslant E_C \leqslant \sum_{i=1}^{n} V_i E_i, \quad \sum_{i=1}^{n} V_i = 1 \tag{17.5.3}$$

对于两相复合材料，这可以简化为

$$\left(\frac{V_A}{E_A} + \frac{V_B}{E_B}\right)^{-1} \leqslant E_C \leqslant V_A E_A + V_B E_B, \quad V_A + V_B = 1 \tag{17.5.4}$$

其中上限很容易识别为混合定律或直接混合定律，或 Voigt 模型 (1889, 1910)，而下限很容易识别为混合逆定律，或 Reuss 模型 (1929)。17.4 节给出的层合板的面内模量为

$$E_C = V_A E_A f_{AB} + V_B E_B f_{BA} \tag{17.5.5}$$

其中，对于 $i, j = A, B$，满足

$$f_{ij} = \frac{V_i E_i \left(1 - \nu_j^2\right) + V_j E_j \left(1 - \nu_i \nu_j\right)}{V_i E_i \left(1 - \nu_j^2\right) + V_j E_j \left(1 - \nu_i^2\right)} \tag{17.5.6}$$

由于当且仅当 $\nu_i = \nu_j$ 时，$f_{ij} = 1$，所以它满足 $E_C \geqslant V_A E_A + V_B E_B$。当层合板具有交变泊松比时，其面内模量总是超过混合定律。由于式 (17.5.5) 的三维性质且保持其与混合定律的相似性，该式适用于获得一个准则，通过它层合板平面内模量将超过较硬相刚度。为了便于分析，将式 (17.5.5) 和式 (17.5.6) 重写为

$$E_C = \frac{E_A + V_B \left[E_B \left(\dfrac{1 - \nu_A \nu_B}{1 - \nu_B^2}\right) - E_A\right]}{1 + \dfrac{V_B}{1 - V_B} \left(\dfrac{E_B}{E_A}\right) \left(\dfrac{1 - \nu_A^2}{1 - \nu_B^2}\right)}$$
$$+ \frac{E_A \left(\dfrac{1 - \nu_A \nu_B}{1 - \nu_A^2}\right) + V_B \left[E_B - E_A \left(\dfrac{1 - \nu_A \nu_B}{1 - \nu_A^2}\right)\right]}{1 + \dfrac{1 - V_B}{V_B} \left(\dfrac{E_A}{E_B}\right) \left(\dfrac{1 - \nu_B^2}{1 - \nu_A^2}\right)} \tag{17.5.7}$$

从而得到关于较硬相体积分数的一阶导数

$$\frac{\mathrm{d}E_C}{\mathrm{d}V_B} = \frac{(1 - V_B) \left[E_B \left(\dfrac{1 - \nu_A \nu_B}{1 - \nu_B^2}\right) - E_A\right]}{1 - V_B + V_B \dfrac{E_B}{E_A} \left(\dfrac{1 - \nu_A^2}{1 - \nu_B^2}\right)}$$
$$- \frac{\left\{E_A + V_B \left[E_B \left(\dfrac{1 - \nu_A \nu_B}{1 - \nu_B^2}\right) - E_A\right]\right\} \dfrac{E_B}{E_A} \left(\dfrac{1 - \nu_A^2}{1 - \nu_B^2}\right)}{\left[1 - V_B + V_B \dfrac{E_B}{E_A} \left(\dfrac{1 - \nu_A^2}{1 - \nu_B^2}\right)\right]^2}$$
$$+ \frac{V_B \left[E_B - E_A \left(\dfrac{1 - \nu_A \nu_B}{1 - \nu_A^2}\right)\right]}{V_B + (1 - V_B) \dfrac{E_A}{E_B} \left(\dfrac{1 - \nu_B^2}{1 - \nu_A^2}\right)}$$
$$+ \frac{\left\{E_A \left(\dfrac{1 - \nu_A \nu_B}{1 - \nu_A^2}\right) + V_B \left[E_B - E_A \left(\dfrac{1 - \nu_A \nu_B}{1 - \nu_A^2}\right)\right]\right\} \dfrac{E_A}{E_B} \left(\dfrac{1 - \nu_B^2}{1 - \nu_A^2}\right)}{\left[V_B + (1 - V_B) \dfrac{E_A}{E_B} \left(\dfrac{1 - \nu_B^2}{1 - \nu_A^2}\right)\right]^2}$$
$$\tag{17.5.8}$$

施加以下边界条件

$$\frac{\mathrm{d}E_C}{\mathrm{d}V_B} = 0, \quad V_B = 1 \tag{17.5.9}$$

到式 (17.5.8) 中，可得模量比的阈值为

$$\left(\frac{E_B}{E_A}\right)^* = \frac{2\left(1-\nu_A\nu_B\right)-\left(1-\nu_B^2\right)}{1-\nu_A^2} \tag{17.5.10}$$

因此，存在一给定的体积分数范围，在该范围内 $E_C > E_B$，如果 $(E_B/E_A) < (E_B/E_A)^*$，单层板 B 为较硬相。由于 $E_B > E_A$，结合以下条件

$$1 < \frac{E_B}{E_A} < \frac{2\left(1-\nu_A\nu_B\right)-\left(1-\nu_B^2\right)}{1-\nu_A^2} \tag{17.5.11}$$

则体积分数存在一个最大值 (Lim and Acharya，2011)。

为了获得面内层压模量高于较硬单层板模量所对应的体积分数范围，将 $E_B = E_C$ 代入式 (17.5.7) 中，得出

$$V_B^2 - \left[1+g\left(A,B\right)\right]V_B + g\left(A,B\right) = 0 \tag{17.5.12}$$

其中

$$g\left(A,B\right) = \frac{E_A\left(E_A-E_B\right)\left(1-\nu_B^2\right)}{\left(E_A-E_B\right)^2-\left(E_A\nu_B-E_B\nu_A\right)^2} \tag{17.5.13}$$

方程 (17.5.12) 的解为

$$V_B = \frac{1}{2}\left\{\left[1+g\left(A,B\right)\right]\pm\sqrt{\left[1-g\left(A,B\right)\right]^2}\right\} \tag{17.5.14}$$

由于较大的解为

$$V_B^{\text{upp}} = 1 \tag{17.5.15}$$

它不重要，$E_C > E_B$ 的范围由较小的解来定义

$$V_B^{\text{low}} = g\left(A,B\right) \tag{17.5.16}$$

对于 $E_C > E_B > E_A$，即为 (Lim and Acharya，2011)

$$\frac{\left(1-\dfrac{E_B}{E_A}\right)\left(1-\nu_B\right)}{\left(1-\dfrac{E_B}{E_A}\right)^2-\left(\nu_B-\dfrac{E_B}{E_A}\nu_A\right)^2} < V_B < 1 \tag{17.5.17}$$

为了证明面内层合板模量超过较硬相模量的标准，使用 $|\nu_A| = |\nu_B| = 1/3$ 这一典型情况，这样 $\nu_A/\nu_B = -1$。这给出了式 (17.5.10) 所表示的阈值模量比率 $(E_B/E_A)^*$ 为 1.5。如图 17.5.1(a) 所示，根据式 (17.5.7)，给出了 $E_B/E_A = 1.2$ 时无量纲面内模量比 E_C/E_A 随较硬相体积分数 V_B 的变化关系图。图 17.5.1(b) 和 (c) 分别绘制了 $E_B/E_A = 1.5$ 和 $E_B/E_A = 1.8$ 的类似曲线。可以看出，对于如

图 17.5.1(a) 所示的 $E_B/E_A < 1.5$ 的情况，存在一个使得 $E_C > E_B$ 的 V_B 范围，但在图 17.5.1(c) 中，当 $E_B/E_A > 1.5$ 时不存在 V_B 范围，而在图 17.5.1(b) 中可以看到一个阈值，其中 $E_B/E_A = 1.5$。图 17.5.1(d) 综合了图 17.5.1(a)~(c)，将 E_C/E_A 替换为标准化平面内模量 $(E_C - E_A)/(E_B - E_A)$。为了将端点 $(V_B = 1)$ 折叠为一个点，以便更好地进行比较，随后的插图采用此标准化模量，而非无量纲模量。

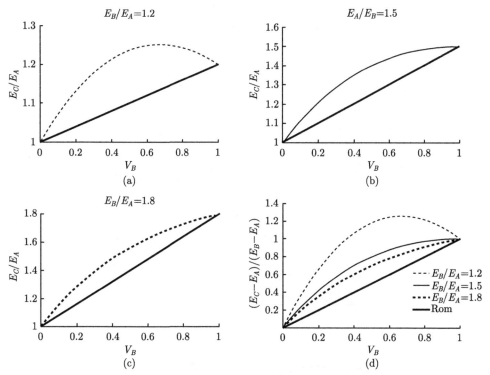

图 17.5.1 $|\nu_A| = |\nu_B| = 1/3$ 和 $\nu_A/\nu_B = -1$ 时，无量纲面内杨氏模量随较强相体积分数的变化：(a) $E_B/E_A = 1.2$; (b) $E_B/E_A = 1.5$; (c) $E_B/E_A = 1.8$; (d) 前 3 幅图的无量纲模量

图 17.5.2 显示了式 (17.5.10) 所描述的阈值模量比的三维曲面图。此图显示了一个 U 形曲面，该曲面确定了平面内模量在 $0 < V_B < 1$ 范围内的最大点的存在。如果模量比 E_B/E_A 介于平面 $E_B/E_A = 1$ 和曲面之间，则对于给定的两相泊松比的组合，面内模量可以超过较硬相的模量。由于 U 形曲面在 $\nu_A = \nu_B$ 处与平面相接触，因此存在两个单独的区域 (在 $\nu_A = \nu_B$ 线的两侧各一个)，通过此两区域，面内模量可以超过较硬相的模量。该表面的性质表明，当两相具有相反符号的泊松比时，面内模量更可能超过较硬相的模量。

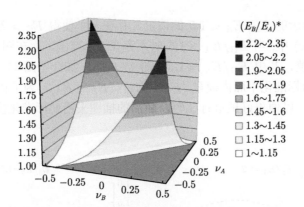

图 17.5.2　$-1 \leqslant \nu \leqslant 0.5$ 泊松比范围内模量比值的阈值分布，其中 $i = A, B$

尽管本模型允许绘制最大泊松比为 0.5 时的面内模量，但它并不满足泊松比精确地等于 -1 的情况，因此，对单层板的泊松比在 0.5 和 -0.99 之间交替的情况进行展示。图 17.5.3(a) 描绘了 $E_B/E_A = 2, 10, 50, 250$，$\nu_A = -0.99$ 和 $\nu_B = 0.5$

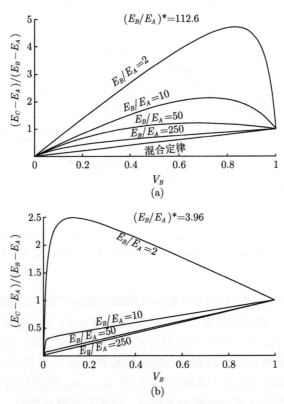

图 17.5.3　标准化面内层合板模量随较硬相体积分数的变化曲线：(a) $\nu_A = -0.99$，$\nu_B = 0.5$；
(b) $\nu_A = 0.5$，$\nu_B = -0.99$

时，标准化面内模量与较硬相体积分数的关系曲线。为了对其进行比较，综合采用了混合定律。由于阈值模量比为 $(E_B/E_A)^* = 112.6$，因此存在一个 V_B 的范围，使得 $E_B/E_A = 2, 10, 50$ 时 $E_C > E_B$，而 $E_B/E_A = 250$ 时却不存在这样的 V_B 范围。如图 17.5.3(b) 所示，当泊松比切换到 $\nu_A = 0.5$ 和 $\nu_B = -0.99$ 时，只有 $E_B/E_A = 2$ 曲线显示出使得 $E_C > E_B$ 的 V_B 范围。这并不奇怪，因为相应的阈值比为 $E_B/E_A = 3.96$。然而，与直观认识相反的是，最大值出现在 $V_B = 0.13$ 处。换言之，即使较柔相的体积分数大于较硬相的体积分数，也可能出现最大模量。

细读图 17.5.3(a)，再次表明，随着模量比从 $E_B/E_A = 2$ 增加到 10，然后增加到 50，最大点所对应的 V_B 分别从 0.83 下降到 0.73，然后下降到 0.67。相应地，模量比的下降扩大了 $E_C > E_B$ 的范围。如图 17.5.3(a) 所示，当 E_B/E_A 分别为 50，10 和 2 时，其范围分别为 $0.37 < V_B < 1$，$0.25 < V_B < 1$ 和 $0.15 < V_B < 1$。在图 17.5.3(b) 中，范围非常宽，即对于 $E_B/E_A = 2$，$0.0067 < V_B < 1$。

面内模量超过较硬相模量所对应的 V_B 范围可从式 (17.5.16) 中形象化显现，式 (17.5.16) 是 $E_C = E_B$ 所对应的 V_B 的最小解，已知最大解为 $V_B = 1$。导致这一性质的模量比 $(E_B/E_A)^{**}$ 与较硬相的相应体积分数

$$V_B^{\text{low}} = \frac{\left[1 - \left(\dfrac{E_B}{E_A}\right)^{**}\right](1 - \nu_B)}{\left[1 - \left(\dfrac{E_B}{E_A}\right)^{**}\right]^2 - \left[\nu_B - \left(\dfrac{E_B}{E_A}\right)^{**}\nu_A\right]^2} \tag{17.5.18}$$

的变化关系如图 17.5.4 所示：(a) 为 $\nu_A = -0.99$，$\nu_B = 0.5$；(b) 为 $\nu_A = 0.5$，$\nu_B = -0.99$ 时的结果。

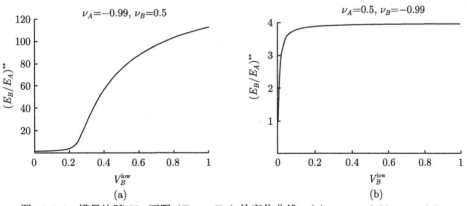

图 17.5.4 模量比随 V_B 下限 $(E_C = E_B)$ 的变化曲线：(a) $\nu_A = -0.99, \nu_B = 0.5$；

(b) $\nu_A = 0.5, \nu_B = -0.99$

在 $\nu_A = -0.99$ 和 $\nu_B = 0.5$ 的极端情况下，$E_C > E_B$ 所对应的 V_B 的范围从 $E_B/E_A = 112.6$ 处对应 $V_B = 1$ 的阈值开始，并且该范围随着模量比的减小

以减缓的幅度逐渐变宽，直到 $E_B/E_A \approx 20$，然后以增加的幅度逐渐减小，直到 $E_B/E_A = 1$。至于 $\nu_A = 0.5$ 和 $\nu_B = -0.99$ 的另一个极端情况，$E_C > E_B$ 所对应的 V_B 的范围从 $E_B/E_A = 3.96$ 处对应的 $V_B = 1$ 的阈值开始，该范围随着模量比率的减小而迅速变宽，直至 $E_B/E_A = 3.5$，此后，在 $E_B/E_A = 1$ 之前，V_B 范围几乎没有变化。

现在可以得出结论，存在给定的条件引发进一步的反直观特性，即层合板的面内模量超过较硬相的模量。使此种现象发生的条件与相应的体积分数范围已经确定。此外，有一种极端情况表明，即使较硬相的体积分数低于较柔相的体积分数，层合板模量的最大点也可能出现 (Lim and Acharya, 2011)。

17.6　半拉胀层合板面内和面外模量的比较

由于大多数材料的泊松比介于 0.3 和 1/3 之间，在 17.3 节中选择了 $|\nu_A| = |\nu_B| = \sqrt{0.1} = 0.316$，因此对式 (17.3.23) 和式 (17.3.24) 采用了 $\nu_A\nu_B = \nu_B^2 = 0.1$。对于 $E_B/E_A = 1.2$，$E_B/E_A = 1.4$，$E_B/E_A = 1.6$，$E_B/E_A = 1.8$ 的层合板模量比，如图 17.3.3 所示，在 $(\nu_A, \nu_B) = (+\sqrt{0.1}, -\sqrt{0.1})$ 处的 E_C/E_A 最大值大于在 $(\nu_A, \nu_B) = (-\sqrt{0.1}, +\sqrt{0.1})$ 处的 E_C/E_A 最大值，当两层板之间的模量差减小时，E_C/E_A 的最大值明显高于较硬材料的模量。当两层板具有相等的杨氏模量时，又会发生什么？

对于这一特殊情况，相同的最大面外模量 $E_C = 1.258E_0$ 出现在 $(\nu_A, \nu_B) = (+\sqrt{0.1}, -\sqrt{0.1})$ 时所对应的 $V_A = 0.42$ 处和 $(\nu_A, \nu_B) = (-\sqrt{0.1}, +\sqrt{0.1})$ 时所对应的 $V_A = 0.58$ 处，如图 17.6.1 所示。图 17.6.1 所示的独特性在于，在等组分杨

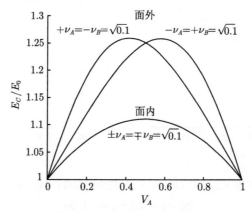

图 17.6.1　面外方向满足 $+\nu_A = -\nu_B = \sqrt{0.1}$，$-\nu_A = +\nu_B = \sqrt{0.1}$，面内方向满足 $\pm\nu_A = \mp\nu_B = \sqrt{0.1}$ 时，无量纲面外杨氏模量相对于材料 A、B 的杨氏模量比值 E_C/E_0 随材料 A 体积分数 V_A 的变化曲线 ($E_A = E_B$)，以及简单混合定律和混合逆定律的比较

氏模量 $E_A = E_B$ 和等泊松比 $\nu_A/\nu_B = -1$ 的条件下，半拉胀层合板的最大面外模量高于最大面内模量。通常，面外模量小于面内模量。因此，可以得出结论，如果层合板是半拉胀的，且在交替层合板中泊松比符号相反，在等杨氏模量条件下，层合板的面外模量大于面内模量。

17.7 半拉胀和交替正负热膨胀层合板

本节中提出了各向同性单层板制成的层合板的热膨胀系数 (CTE) 用于预测有效的面内和面外层合板 CTE，特别强调 (a) 将常规 (正泊松比和正热膨胀) 与非常规 (拉胀和 NTE) 单层板交替，(b) 交替的拉胀 (具有正热膨胀) 和 NTE (具有正泊松比) 单层板。

复合材料的热膨胀系数应用广泛，尤其在工程设计领域。两种各向同性单层板的有效面内 CTE 如下：

$$\alpha_\parallel = \frac{\alpha_{\mathrm{f}} V_{\mathrm{f}} E_{\mathrm{f}} + \alpha_{\mathrm{m}} V_{\mathrm{m}} E_{\mathrm{m}}}{V_{\mathrm{f}} E_{\mathrm{f}} + V_{\mathrm{m}} E_{\mathrm{m}}} \tag{17.7.1}$$

该方程基于一维方法建立，即施加相等应变，使单层板被视为平行单元，而不考虑泊松比。由于大多数工程材料的泊松比范围为 1/4~1/3，因此公式 (17.7.1) 是成立的。基于一维分析，当考虑单向 (UD) 纤维复合材料在纵向上的有效 CTE 时，可以得到一个类似的方程 (Schapery, 1968)。

基于一维方法易得，相同层合板的有效面外 CTE 为

$$\alpha_\perp = V_{\mathrm{f}} \alpha_{\mathrm{f}} + V_{\mathrm{m}} \alpha_{\mathrm{m}} \tag{17.7.2}$$

式 (17.7.2) 是基于单个层合板厚度膨胀的总和，其中单层板被视为系列单位。当两种材料的热膨胀系数之差可忽略不计时，不受约束的面内热变形之差并不明显，该方程的有效性得到了证明。

本节中有修正系数 f_i 和 g_i $(i = A, B)$，其中 A 和 B 代表两种单层板材料，将其与式 (17.7.1) 合并，得到层合板的有效面内 CTE 为

$$\alpha_{\mathrm{in}} = \frac{\alpha_A V_A E_A f_B g_A + \alpha_B V_B E_B f_A g_B}{V_A E_A f_B g_A + V_B E_B f_A g_B} \tag{17.7.3}$$

当两种单层板材料的泊松比和 CTE 均被忽略时，式 (17.7.3) 简化为式 (17.7.1)。这些修正系数及各相的体积分数、模量和单相的 CTE 合并至式 (17.7.2) 中，得到相同层合板的有效平面外 CTE 为

$$\alpha_{\mathrm{out}} = V_A \alpha_A + V_B \alpha_B - 2\left(\alpha_A - \alpha_B\right) \frac{\nu_B E_A g_A - \nu_A E_B g_B}{E_A V_B^{-1} f_B g_A - E_B V_A^{-1} f_A g_B} \tag{17.7.4}$$

因此，当两个相的泊松比和 CTE 均可被忽略时，或两相具有相等的 CTE 时，式 (17.7.4) 简化为式 (17.7.2)。

在面内和面外两个方向上，有效层合板 CTE 的计算经两个阶段实施。在第一阶段中，假设相邻单层板之间不存在黏合，从而允许相邻层合板的接触面在面内方向上相对彼此自由滑动。在第二阶段通过在每个层合板的侧面施加载荷来实现几何兼容性，以便 (a) 使面内尺寸相等，并且 (b) 总载荷为零。该侧向载荷近似于第一阶段无约束热膨胀产生的层间剪应力。图 17.7.1(a) 描绘了一个 RVE，它由两张单层板组成，其材料分别为 A 和 B，具有原始厚度 a_0 和 b_0，原始侧边尺寸均为 l_0。为了清楚起见，让材料 A 具有正 CTE，而材料 B 具有负 CTE，因此，无限制时温度的增加改变了两个单层板的尺寸，如图 17.7.1(b) 所示。

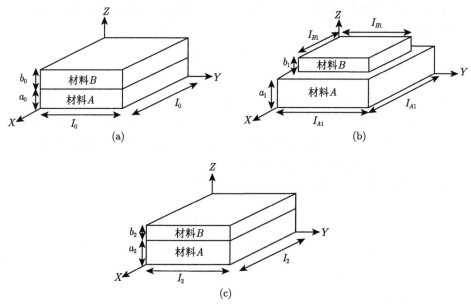

图 17.7.1　层合板的代表性体积单元：(a) 热应变前；(b) 不受约束的热应变；(c) 受约束的热应变

从热应变的定义

$$\varepsilon_{\mathrm{T}} = \alpha \Delta T \equiv \frac{\Delta l}{l_0} = \frac{l_1 - l_0}{l_0} \tag{17.7.5}$$

得到不受约束的尺寸 l_1 关于原始尺寸 l_0 的函数，为

$$l_1 = l_0 \left(1 + \alpha \Delta T\right) \tag{17.7.6}$$

这转变为材料 A 的无约束尺寸

$$\left\{ \begin{array}{c} a_1 \\ l_{A1} \end{array} \right\} = (1 + \alpha_A \Delta T) \left\{ \begin{array}{c} a_0 \\ l_0 \end{array} \right\} \tag{17.7.7}$$

材料 B 的无约束尺寸为

$$\left\{ \begin{array}{c} b_1 \\ l_{B1} \end{array} \right\} = (1 + \alpha_B \Delta T) \left\{ \begin{array}{c} b_0 \\ l_0 \end{array} \right\} \tag{17.7.8}$$

为了使单层板 A 和 B 完美结合，在单层板 A 和 B 的接触面上存在层间剪应力，该剪应力在 Z 面上，对单层板 A 在 x-y 平面朝里，对单层板 B 在 x-y 平面朝外。在该分析中施加了法向力，使单层板 A 和 B 两侧的载荷分别向里和向外，以桥接间隙 $(l_{A1} - l_{B1})$。由于层间剪应力为内应力，因此既定的法向应力由以下平衡方程中的零净力来计算：

$$\sigma_{AX} (a_1 l_{A1}) + \sigma_{BX} (b_1 l_{B1}) = 0 \tag{17.7.9}$$

因而，最终状态的面内尺寸是相等的，即

$$l_{A2} = l_{B2} \equiv l_2 \tag{17.7.10}$$

与此同时引起面外尺寸的进一步变化，如图 17.7.1(c) 所示。

考虑各向同性单层板,材料 A 和 B 的本构关系分别如式 (17.4.6) 和式 (17.4.7) 所示。由于沿 x 轴和 y 轴的面内尺寸已设为相等，且各个单层板是各向同性的，因此通过对称性，每个单层板沿两个轴的面内应力和应变是相等的，即

$$\left[\begin{array}{cc} \sigma_{AX} & \sigma_{BX} \\ \varepsilon_{AX} & \varepsilon_{BX} \end{array} \right] = \left[\begin{array}{cc} \sigma_{AY} & \sigma_{BY} \\ \varepsilon_{AY} & \varepsilon_{BY} \end{array} \right] \tag{17.7.11}$$

上述关系减少了分析变量的数量。通过假设式 (17.4.10) 中描述的平面应力状态，借助层合板的自由 z 面，可以进一步减少变量。这个自由表面进一步意味着面外内应力为零，任何面外的内应力都会相互抵消。根据式 (17.7.11) 和平面应力条件减少应力后，单层板 A 和 B 的本构关系可分别简化为

$$\left\{ \begin{array}{c} \varepsilon_{AX2} \\ \varepsilon_{AY2} \\ \varepsilon_{AZ2} \end{array} \right\} = \frac{\sigma_{AX}}{E_A} \left\{ \begin{array}{c} 1 - \nu_A \\ 1 - \nu_A \\ -2\nu_A \end{array} \right\} \tag{17.7.12a}$$

和

$$\left\{ \begin{array}{c} \varepsilon_{BX2} \\ \varepsilon_{BY2} \\ \varepsilon_{BZ2} \end{array} \right\} = \frac{\sigma_{BX}}{E_B} \left\{ \begin{array}{c} 1 - \nu_B \\ 1 - \nu_B \\ -2\nu_B \end{array} \right\} \tag{17.7.12b}$$

从式 (17.7.12a) 和式 (17.7.12b) 的第一行中代入

$$\left\{ \begin{array}{c} \sigma_{AX} \\ \sigma_{BX} \end{array} \right\} = \left\{ \begin{array}{c} E_A \varepsilon_{AX2} (1 - \nu_A)^{-1} \\ E_B \varepsilon_{BX2} (1 - \nu_B)^{-1} \end{array} \right\} \tag{17.7.13}$$

以及将式 (17.7.7) 和式 (17.7.8) 代入式 (17.7.9)，得到

$$\frac{E_A \varepsilon_{AX2} a_0 (1 + \alpha_A \Delta T)^2}{1 - \nu_A} + \frac{E_B \varepsilon_{BX2} b_0 (1 + \alpha_B \Delta T)^2}{1 - \nu_B} = 0 \tag{17.7.14}$$

面内应变的第二阶段，定义为

$$\left\{ \begin{array}{c} \varepsilon_{AX2} \\ \varepsilon_{BX2} \end{array} \right\} = \left\{ \begin{array}{c} (l_{A2} - l_{A1}) l_{A1}^{-1} \\ (l_{B2} - l_{B1}) l_{B1}^{-1} \end{array} \right\} \tag{17.7.15}$$

给出最终状态的面内尺寸

$$l_2 = l_{A1} (1 + \varepsilon_{AX2}) = l_{B1} (1 + \varepsilon_{BX2}) \tag{17.7.16a}$$

使用式 (17.7.7) 和式 (17.7.8) 的第二行，可以将上述等式写成

$$(1 + \alpha_A \Delta T)(1 + \varepsilon_{AX2}) = (1 + \alpha_B \Delta T)(1 + \varepsilon_{BX2}) \tag{17.7.16b}$$

面外应变的第二阶段，定义为

$$\left\{ \begin{array}{c} \varepsilon_{AZ2} \\ \varepsilon_{BZ2} \end{array} \right\} = \left\{ \begin{array}{c} (a_2 - a_1) a_1^{-1} \\ (b_2 - b_1) b_1^{-1} \end{array} \right\} \tag{17.7.17}$$

加上式 (17.7.7) 和式 (17.7.8) 的第一行，得出单层板 A 和 B 最终状态的厚度为

$$\left\{ \begin{array}{c} a_2 \\ b_2 \end{array} \right\} = \left\{ \begin{array}{c} a_0 (1 + \alpha_A \Delta T)(1 + \varepsilon_{AZ2}) \\ b_0 (1 + \alpha_B \Delta T)(1 + \varepsilon_{BZ2}) \end{array} \right\} \tag{17.7.18}$$

根据式 (17.7.14) 中给出的单层板侧边净力为零的准则，得到了单层板 B 的第二阶段的面内应变为

$$\varepsilon_{BX2} = -\varepsilon_{AX2} \frac{E_A a_0}{E_A b_0} \frac{1 - \nu_B}{1 - \nu_A} \left(\frac{1 + \alpha_A \Delta T}{1 + \alpha_B \Delta T} \right)^2 \tag{17.7.19}$$

根据式 (17.7.16b) 所示的面内尺寸相等的准则，得到不同形式单层板 B 的第二阶段面内应变为

$$\varepsilon_{BX2} = (1 + \varepsilon_{AX2}) \frac{1 + \alpha_A \Delta T}{1 + \alpha_B \Delta T} - 1 \tag{17.7.20}$$

然后，通过令式 (17.7.19) 和式 (17.7.20) 相等可得到单层板 A 的第二阶段面内应变

$$\varepsilon_{AX2} = \frac{1 - \dfrac{1 + \alpha_A \Delta T}{1 + \alpha_B \Delta T}}{\dfrac{1 + \alpha_A \Delta T}{1 + \alpha_B \Delta T}\left(1 + \dfrac{a_0}{b_0}\dfrac{E_A}{E_B}\dfrac{1 - \nu_B}{1 - \nu_A}\dfrac{1 + \alpha_A \Delta T}{1 + \alpha_B \Delta T}\right)} \tag{17.7.21}$$

它是杨氏模量、CTE、泊松比和各单层板厚度的函数。参照式 (17.7.6) 和式 (17.7.16a)，以及总面内热应变的定义

$$\varepsilon_{\text{in}} = \alpha_{\text{in}}\Delta T \equiv \frac{l_2 - l_0}{l_0} = \frac{l_0 \left(1 + \alpha_A \Delta T\right)\left(1 + \varepsilon_{AX2}\right) - l_0}{l_0} \tag{17.7.22}$$

得出层合板的有效面内 CTE (Lim，2011)

$$\alpha_{\text{in}} = \frac{\alpha_A V_A E_A \left(1 - \nu_B\right)\left(1 + \alpha_A \Delta T\right) + \alpha_B V_B E_B \left(1 - \nu_A\right)\left(1 + \alpha_B \Delta T\right)}{V_A E_A \left(1 - \nu_B\right)\left(1 + \alpha_A \Delta T\right) + V_B E_B \left(1 - \nu_A\right)\left(1 + \alpha_B \Delta T\right)} \tag{17.7.23}$$

其中体积分数定义为

$$\left\{\begin{array}{c} V_A \\ V_B \end{array}\right\} = \frac{1}{a_0 + b_0}\left\{\begin{array}{c} a_0 \\ b_0 \end{array}\right\} \tag{17.7.24}$$

定义总面外应变为

$$\varepsilon_{\text{out}} = \frac{(a_2 + b_2) - (a_0 + b_0)}{a_0 + b_0} \tag{17.7.25a}$$

考虑到式 (17.7.18) 中给出的关系，式 (17.7.25a) 可以表示为

$$\varepsilon_{\text{out}} = \frac{a_0 \left(1 + \alpha_A \Delta T\right)\left(1 + \varepsilon_{AZ2}\right) + b_0 \left(1 + \alpha_B \Delta T\right)\left(1 + \varepsilon_{BZ2}\right)}{a_0 + b_0} - 1 \tag{17.7.25b}$$

将式 (17.7.12a) 第一行中的 σ_{AX} 和式 (17.7.12b) 第一行中的 σ_{BX} 的表达式代入各自方程最后一行中的 ε_{AZ2} 和 ε_{BZ2} 的表达式，得到关系式

$$\left\{\begin{array}{c} \varepsilon_{AZ2} \\ \varepsilon_{BZ2} \end{array}\right\} = -2\left\{\begin{array}{c} \varepsilon_{AX2}\nu_A \left(1 - \nu_A\right)^{-1} \\ \varepsilon_{BX2}\nu_B \left(1 - \nu_B\right)^{-1} \end{array}\right\} \tag{17.7.26}$$

该面外应变是 ε_{AZ2} 和 ε_{BZ2} 的函数，因而是 ε_{AX2} 和 ε_{BX2} 的函数。根据式 (17.7.21) 中 ε_{AX2} 的表达式，可以推断 ε_{BX2} 的表达式为

$$\varepsilon_{BX2} = \frac{1 - \dfrac{1 + \alpha_B \Delta T}{1 + \alpha_A \Delta T}}{\dfrac{1 + \alpha_B \Delta T}{1 + \alpha_A \Delta T}\left(1 + \dfrac{b_0}{a_0}\dfrac{E_B}{E_A}\dfrac{1 - \nu_A}{1 - \nu_B}\dfrac{1 + \alpha_B \Delta T}{1 + \alpha_A \Delta T}\right)} \tag{17.7.27}$$

因此，式 (17.7.25b) 中的面外应变可以通过将式 (17.7.21) 和式 (17.7.27) 代入式 (17.7.26) 中，仅采用温度增量和单个层合板特性 (如厚度、CTE、泊松比和杨氏模量) 来表示，然后将其代入式 (17.7.25b)。总的面外热应变定义为

$$\varepsilon_{\text{out}} = \alpha_{\text{out}}\Delta T \tag{17.7.28}$$

由它与式 (17.7.25b) 相等，得出层合板的有效面外 CTE 为 (Lim，2011)

$$\alpha_{\text{out}} = V_A\alpha_A + V_B\alpha_B - 2\left(\alpha_A - \alpha_B\right)$$
$$\frac{\nu_B E_A\left(1 + \alpha_A\Delta T\right) - \nu_A E_B\left(1 + \alpha_B\Delta T\right)}{E_A V_B^{-1}\left(1 - \nu_B\right)\left(1 + \alpha_A\Delta T\right) + E_B V_A^{-1}\left(1 - \nu_A\right)\left(1 + \alpha_B\Delta T\right)} \tag{17.7.29}$$

将有效面内 CTE (式 (17.7.23)) 和有效面外 CTE (式 (17.7.29)) 分别与式 (17.7.3) 和式 (17.7.4) 进行比较，得出修正系数的表达式

$$\left\{\begin{array}{c} f_i \\ g_i \end{array}\right\} = \left\{\begin{array}{c} 1 - \nu_i \\ 1 + \alpha_i\Delta T \end{array}\right\} \tag{17.7.30}$$

式中 $i = A, B$。这里，修正系数 f_i 考虑了泊松比，而修正系数 g_i 考虑了每个单层板的 CTE。泊松比和 CTE 在层合板有效热膨胀中的耦合体现了较大的温度变化，通常在式 (17.7.23) 和式 (17.7.29) 中描述。

存在两种形式的 CTE 非线性，即 (a) 材料非线性和 (b) 几何非线性。材料非线性是指单个相的 CTE 不是常数，要么随温度变化而变化；对显著热波动情况，即为 $\alpha_i = \alpha_i(\Delta T)$，要么在温度微小变化情况下，CTE 是瞬时温度的函数，即 $\alpha_i = \alpha_i(T)$。几何非线性是指即使每个单层板的 CTE 相对于温度保持恒定，整个层合板的 CTE 非线性对于温度的显著变化也是存在的。因此，式 (17.7.23) 和式 (17.7.29) 本身可容纳几何非线性，而材料非线性可通过用曲线拟合的 CTE 代替单个层合板的 CTE 作为温度函数来合并。

在特定条件下，所考虑的层合板 CTE 的一般表达式可进一步简化。在温度变化不明显甚至趋于零时，取式 (17.7.23) 和式 (17.7.29) 的极限，得到

$$\alpha_{\text{in}} = \frac{\alpha_A V_A E_A\left(1 - \nu_B\right) + \alpha_B V_B E_B\left(1 - \nu_A\right)}{V_A E_A\left(1 - \nu_B\right) + V_B E_B\left(1 - \nu_A\right)} \tag{17.7.31}$$

和

$$\alpha_{\text{out}} = V_A\alpha_A + V_B\alpha_B - 2\left(\alpha_A - \alpha_B\right)\frac{\nu_B E_A - \nu_A E_B}{E_A V_B^{-1}\left(1 - \nu_B\right) + E_B V_A^{-1}\left(1 - \nu_A\right)} \tag{17.7.32}$$

对于两个相的泊松比相等或差异不明显的情况，式 (17.7.23) 缩简为

$$\alpha_{\text{in}} = \frac{\alpha_A V_A E_A\left(1 + \alpha_A\Delta T\right) + \alpha_B V_B E_B\left(1 + \alpha_B\Delta T\right)}{V_A E_A\left(1 + \alpha_A\Delta T\right) + V_B E_B\left(1 + \alpha_B\Delta T\right)} \tag{17.7.33}$$

而如果 $\nu_A = \nu_B \neq 0$, 式 (17.7.29) 可简化为

$$
\alpha_{\text{out}} = \alpha_{\text{ROM}} - 2V_A V_B \left(\alpha_A - \alpha_B \right) \left(\frac{\nu}{1-\nu} \right) \frac{(E_A - E_B) + (E_A \alpha_A - E_B \alpha_B) \Delta T}{E_{\text{ROM}} + (V_A E_A \alpha_A + V_B E_B \alpha_B) \Delta T}
$$

$$(17.7.34)$$

下标 ROM 表示简单混合定律。当 $\nu_A = \nu_B = 0$ 时, 这种面外 CTE 简化为简单混合定律, 从而得到以下关系:

$$
\alpha_{\text{in}} \alpha_{\text{out}} = \sum_{i=A,B,\cdots} \alpha_i V_i E_i
$$

$$(17.7.35)$$

它可扩展到两种以上的各向同性单层板的情况。在此, 为举例说明, 考虑一组满足以下条件的特殊情况

$$
\frac{E_A}{E_B} = \frac{|\alpha_A|}{|\alpha_B|} = \frac{|\nu_A|}{|\nu_B|} = 1
$$

$$(17.7.36)$$

其中, $|\nu_A| = |\nu_B| = 1/3$, $\Delta T \cong 0$。进一步地, 考虑下面所示的两个子类情况, 其中属性 α_0 为正。在第一个子类情况中, 令 $\alpha_A = -\alpha_B = \alpha_0$, $\nu_A = -\nu_B = 1/3$, 可得以下标准化的面内 CTE:

$$
\frac{\alpha_{\text{in}}}{\alpha_0} = \frac{2 - 3V_B}{2 - V_B}
$$

$$(17.7.37)$$

和标准化的面外 CTE:

$$
\frac{\alpha_{\text{out}}}{\alpha_0} = 1 - 2V_B + \frac{4V_B \left(1 - V_B \right)}{2 - V_B}
$$

$$(17.7.38)$$

在第二种子类情况下, 令 $\alpha_A = -\alpha_B = \alpha_0$, $\nu_A = -\nu_B = -1/3$。对于这种情况, 可得

$$
\frac{\alpha_{\text{in}}}{\alpha_0} = \frac{1 - 3V_B}{1 + V_B}
$$

$$(17.7.39)$$

和

$$
\frac{\alpha_{\text{out}}}{\alpha_0} = 1 - 2V_B - \frac{4V_B \left(1 - V_B \right)}{1 + V_B}
$$

$$(17.7.40)$$

图 17.7.2 描绘了式 (17.7.37) ~ 式 (17.7.40) 中所述的标准化面内和面外 CTE 的曲线。

当温度变化很大时, 存在如前所述的两种类型的非线性。为了说明泊松比和 CTE 的相互影响, 在下面的例子中, 只考虑简化的几何非线性情况

$$
\frac{E_A}{E_B} = \frac{V_A}{V_B} = \frac{|\alpha_A|}{|\alpha_B|} = \frac{|\nu_A|}{|\nu_B|} = 1
$$

$$(17.7.41)$$

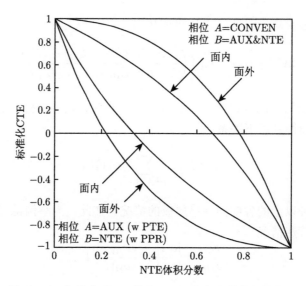

图 17.7.2　标准化 CTE 关于 NTE 体积分数的变化曲线

再次考虑前述的两个子类情况。对于 $\alpha_A = -\alpha_B = \alpha_0$ 和 $\nu_A = -\nu_B = 1/3$ 的第一个子类情况，标准化面内和标准化面外层合板 CTE 分别为

$$\frac{\alpha_{\mathrm{in}}}{\alpha_0} = \frac{1 + 3\alpha_0\Delta T}{3 + \alpha_0\Delta T} \tag{17.7.42}$$

和

$$\frac{\alpha_{\mathrm{out}}}{\alpha_0} = \frac{2}{3 + \alpha_0\Delta T} \tag{17.7.43}$$

基于式 (17.7.42) 和式 (17.7.43)，图 17.7.3 绘制了标准化有效面内和面外 CTE 随无量纲温度变化 $\Delta\alpha_0 T$ 的关系曲线。面内 CTE 随无量纲温度的变化以幅度减小的趋势增加，面内 CTE 以幅度减小的趋势减小。在本质上，CTE 随温度的变化是渐进的。

第二种情况下对应的标准化 CTE，其中 $\alpha_A = -\alpha_B = \alpha_0$ 和 $\nu_A = -\nu_B = -1/3$，标准化面内和标准化面外层合板 CTE 分别为

$$\frac{\alpha_{\mathrm{in}}}{\alpha_0} = -\frac{1 - 3\alpha_0\Delta T}{3 - \alpha_0\Delta T} \tag{17.7.44}$$

和

$$\frac{\alpha_{\mathrm{out}}}{\alpha_0} = -\frac{2}{3 - \alpha_0\Delta T} \tag{17.7.45}$$

根据式 (17.7.44) 和式 (17.7.45)，图 17.7.4 描绘了这种情况下的标准化有效 CTE 曲线。

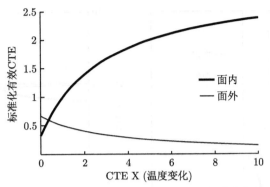

图 17.7.3 常规和非常规的 (拉胀的和 NTE) 交替单层板的标准化有效 CTE 相对于无量纲
温度变化的曲线

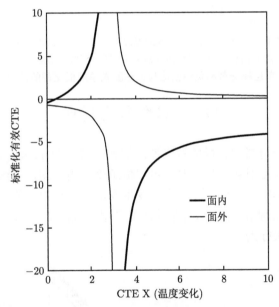

图 17.7.4 拉胀的和 NTE 交替单层板标准化有效 CTE 相对于无量纲温度变化的曲线

对于 $\alpha_A = -\alpha_B = \alpha_0$, $\nu_A = -\nu_B = -1/3$ 的情况, 有效的面内和面外 CTE 在 $\alpha_0\Delta T = |\nu_A|^{-1} = |\nu_B|^{-1}$ 时具有极值。这是一个有趣的现象, 因为拉胀单层板和 NTE 单层板的交替叠层产生了极端的热膨胀, 即当温度升高到一给定值时, 层合板 CTE 产生了极正值和极负值。

应该注意的是, 图 17.7.3 和图 17.7.4 中的标准化 CTE 图基于正的 ΔT。为了反映 CTE 随温度降低 (即负 ΔT) 的变化, 无量纲温度变化的范围扩大到 -10, 如图 17.7.5 所示, 其结果展现出旋转对称性。

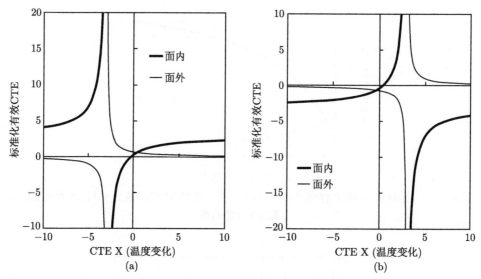

图 17.7.5 标准化面内和面外 CTE 随无量纲温度变化的关系曲线: (a) 常规 (正泊松比和正热膨胀) 单层板与非常规 (负泊松比和负热膨胀) 单层板交替的情况; (b) 正泊松比与负热膨胀单层板交替和负泊松比与正热膨胀单层板交替的情况

17.8 拉胀复合材料

本节考虑复合材料层合板的拉胀性。例如,考虑图 17.8.1(a) 所示的层合板,其中纤维以一定角度对齐。拉伸时,单层板承受面内剪切,如图 17.8.1(b) 所示。当层合板发生变形时,不仅单个层合板发生变形,而且相邻单层板之间存在与其对应的剪应力的几何相容性。这种延伸改变了层合板的宽度,如果层合板变宽,则表现出面内的拉胀行为。

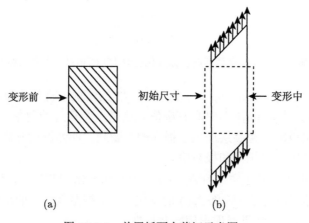

图 17.8.1 单层板面内剪切示意图

Tsai 和 Hahn (1980) 基于经典层合板理论, 给出了各向同性层合板面内泊松比的解析表达式:

$$\nu = \frac{Q_{11} + 6Q_{12} + Q_{22} - 4Q_{66}}{3Q_{11} + 2Q_{12} + 3Q_{22} + 4Q_{66}} \tag{17.8.1}$$

Herakovich (1984) 采用二维层合板理论和三维各向异性本构方程相结合的方法, 对角铺层合板的全厚度泊松比 ν_{xz} 的某些范围给出了令人惊讶的结果。图 17.8.2 给出了角铺单层板和离轴单层板的 ν_{xz} 结果, 以及角铺层合板的 ν_{xz} 和 ν_{yz} 结果 (Herakovich, 1984)。图 17.8.3 显示了在 $[0/\pm\theta]_s$ 和 $[0_2/\pm\theta]_s$ 铺设时层合板与图 17.8.2 所示的单层板和角铺层合板的全厚度泊松比对比。

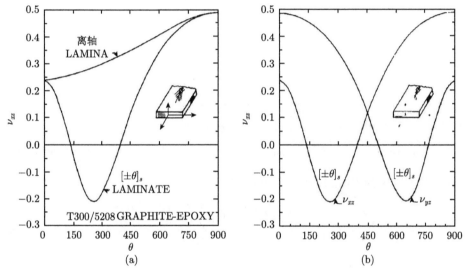

图 17.8.2 Herakovich (1984) 计算的泊松比: (a) 角铺单层板和离轴单层板的 ν_{xz};
(b) 角铺层合板的 ν_{xz} 和 ν_{yz}【世哲惠允复制】

Sun 和 Li (1988) 采用等效均匀各向异性固体来表示具有大量重复子层合板的厚层合板, 由于 x-y 平面是子层合板中单层板组分的对称平面, 因此它也是整个层合板的有效固体的对称平面。由于这种对称性, 有效弹性刚度矩阵的形式与式 (3.1.11) 相似, 即

$$[\bar{C}] = \begin{bmatrix} \bar{C}_{11} & \bar{C}_{12} & \bar{C}_{13} & 0 & 0 & \bar{C}_{16} \\ & \bar{C}_{22} & \bar{C}_{23} & 0 & 0 & \bar{C}_{26} \\ & & \bar{C}_{33} & 0 & 0 & \bar{C}_{36} \\ & & & \bar{C}_{44} & \bar{C}_{45} & 0 \\ & \text{sym} & & & \bar{C}_{55} & 0 \\ & & & & & \bar{C}_{66} \end{bmatrix} \tag{17.8.2}$$

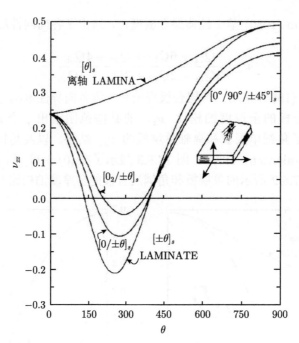

图 17.8.3　Herakovich (1984) 计算的 $[0_n/\pm\theta]_s$ 和其他层合板的 ν_{xz}【世哲惠允复制】

其有效弹性刚度为 (Sun and Li，1988)

$$\bar{C}_{11} = \sum_{k=1}^{N} \nu_k C_{11}^{(k)} + \sum_{k=2}^{N} \frac{\left(C_{13}^{(k)} - \bar{C}_{13}\right)\left(C_{13}^{(1)} - C_{13}^{(k)}\right)}{C_{33}^{(k)}} \nu_k \tag{17.8.3}$$

$$\bar{C}_{12} = \sum_{k=1}^{N} \nu_k C_{12}^{(k)} + \sum_{k=2}^{N} \frac{\left(C_{13}^{(k)} - \bar{C}_{13}\right)\left(C_{23}^{(1)} - C_{23}^{(k)}\right)}{C_{33}^{(k)}} \nu_k \tag{17.8.4}$$

$$\bar{C}_{13} = \sum_{k=1}^{N} \nu_k C_{13}^{(k)} + \sum_{k=2}^{N} \frac{\left(C_{33}^{(k)} - \bar{C}_{33}\right)\left(C_{13}^{(1)} - C_{13}^{(k)}\right)}{C_{33}^{(k)}} \nu_k \tag{17.8.5}$$

$$\bar{C}_{22} = \sum_{k=1}^{N} \nu_k C_{22}^{(k)} + \sum_{k=2}^{N} \frac{\left(C_{23}^{(k)} - \bar{C}_{23}\right)\left(C_{23}^{(1)} - C_{23}^{(k)}\right)}{C_{33}^{(k)}} \nu_k \tag{17.8.6}$$

$$\bar{C}_{23} = \sum_{k=1}^{N} \nu_k C_{23}^{(k)} + \sum_{k=2}^{N} \frac{\left(C_{33}^{(k)} - \bar{C}_{33}\right)\left(C_{23}^{(1)} - C_{23}^{(k)}\right)}{C_{33}^{(k)}} \nu_k \tag{17.8.7}$$

$$\bar{C}_{16} = \sum_{k=1}^{N} \nu_k C_{16}^{(k)} + \sum_{k=2}^{N} \frac{\left(C_{13}^{(k)} - \bar{C}_{13}\right)\left(C_{36}^{(1)} - C_{36}^{(k)}\right)}{C_{33}^{(k)}} \nu_k \tag{17.8.8}$$

$$\bar{C}_{26} = \sum_{k=1}^{N} \nu_k C_{26}^{(k)} + \sum_{k=2}^{N} \frac{\left(C_{23}^{(k)} - \bar{C}_{23}\right)\left(C_{36}^{(1)} - C_{36}^{(k)}\right)}{C_{33}^{(k)}} \nu_k \qquad (17.8.9)$$

$$\bar{C}_{36} = \sum_{k=1}^{N} \nu_k C_{36}^{(k)} + \sum_{k=2}^{N} \frac{\left(C_{33}^{(k)} - \bar{C}_{33}\right)\left(C_{36}^{(1)} - C_{36}^{(k)}\right)}{C_{33}^{(k)}} \nu_k \qquad (17.8.10)$$

$$\bar{C}_{66} = \sum_{k=1}^{N} \nu_k C_{66}^{(k)} + \sum_{k=2}^{N} \frac{\left(C_{36}^{(k)} - \bar{C}_{36}\right)\left(C_{36}^{(1)} - C_{36}^{(k)}\right)}{C_{33}^{(k)}} \nu_k \qquad (17.8.11)$$

$$\bar{C}_{33} = \left(\sum_{k=1}^{N} \frac{\nu_k}{C_{33}^{(k)}}\right)^{-1} \qquad (17.8.12)$$

$$\bar{C}_{44} = \frac{1}{\Delta} \sum_{k=1}^{N} \frac{\nu_k C_{44}^{(k)}}{C_{44}^{(k)} C_{55}^{(k)} - \left(C_{45}^{(k)}\right)^2} \qquad (17.8.13)$$

$$\bar{C}_{45} = \frac{1}{\Delta} \sum_{k=1}^{N} \frac{\nu_k C_{45}^{(k)}}{C_{44}^{(k)} C_{55}^{(k)} - \left(C_{45}^{(k)}\right)^2} \qquad (17.8.14)$$

$$\bar{C}_{55} = \frac{1}{\Delta} \sum_{k=1}^{N} \frac{\nu_k C_{55}^{(k)}}{C_{44}^{(K)} C_{55}^{(k)} - \left(C_{45}^{(k)}\right)^2} \qquad (17.8.15)$$

其中，$C_{ij}^{(k)}$ 指子层合板中第 k 层单层板的弹性刚度，且

$$\Delta = \left[\sum_{k=1}^{N} \frac{\nu_k C_{44}^{(k)}}{C_{44}^{(k)} C_{55}^{(k)} - \left(C_{45}^{(k)}\right)^2}\right]\left[\sum_{k=1}^{N} \frac{\nu_k C_{55}^{(k)}}{C_{44}^{(k)} C_{55}^{(k)} - \left(C_{45}^{(k)}\right)^2}\right]$$
$$- \left[\sum_{k=1}^{N} \frac{\nu_k C_{45}^{(k)}}{C_{44}^{(k)} C_{55}^{(k)} - \left(C_{45}^{(k)}\right)^2}\right] \qquad (17.8.16)$$

对有效弹性刚度矩阵求逆得到有效弹性柔度矩阵

$$[\bar{C}]^{-1} = [\bar{S}] \qquad (17.8.17)$$

从中可以计算出有效泊松比

$$\bar{\nu}_{xy} = -\frac{\bar{S}_{21}}{\bar{S}_{11}} \qquad (17.8.18)$$

$$\bar{\nu}_{xz} = -\frac{\bar{S}_{31}}{\bar{S}_{11}} \qquad (17.8.19)$$

$$\bar{\nu}_{yz} = -\frac{\bar{S}_{23}}{\bar{S}_{22}} \tag{17.8.20}$$

如果层合板是由单一复合材料系统制成的，对于 $k = 1, 2, \cdots, N$，有

$$C_{33}^{(k)} = C_{33} \tag{17.8.21}$$

对于 $i, j = 1, 2, 3, 4, 5, 6$，得到简化表达式

$$\bar{C}_{ij} = \sum_{k=1}^{N} \nu_k C_{ij}^{(k)} \tag{17.8.22}$$

对于 $p, q = 4, 5$，有

$$\bar{C}_{pq} = \frac{1}{\Delta} \sum_{k=1}^{N} \frac{\nu_k C_{pq}^{(k)}}{C_{44}^{(k)} C_{55}^{(k)} - \left(C_{45}^{(k)}\right)^2} \tag{17.8.23}$$

以 $E_1 = 26\text{msi}$[①]，$E_2 = E_3 = 1.45\text{msi}$，$\nu_{12} = 0.26$，$\nu_{13} = 0.23$，$\nu_{23} = 0.49$，$G_{12} = G_{13} = G_{23} = 1.04\text{msi}$ 的石墨/环氧层合板为例，Sun 和 Li (1988) 获得了用于 [±30] 层合板的 $\bar{\nu}_{xy} = 1.40$，$\bar{\nu}_{xz} = -0.125$ 和 $\bar{\nu}_{yz} = 0.216$。因此，在这个例子中，XZ 平面上的泊松比是轻微拉胀的。除此之外，Zhang 等 (1999) 证明了不同铺层厚度比对有效层合板泊松比的影响，如图 17.8.4 所示。

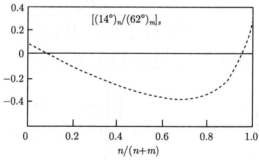

图 17.8.4　不同铺层厚度比对泊松比的影响 (Zhang et al.，1999)【世哲惠允复制】

　　Yeh 等 (1999) 研究了一类随机排列的复合材料层合板的渗透系数，结果表明，对每一片层合板，通过使用纵向和横向的杨氏模量 (E_1, E_2)、面内剪切模量 (G_{12}) 和主泊松比 (ν_{12}) 的特定值，可获得面内负泊松比。图 17.8.5 给出了 N 层和 M 个随机样品的层合板泊松比的平均值，得到最小面内泊松比为 $\nu_{\min} = -0.4183$ (Yeh et al.，1999)。在这项工作之后，Yeh 和 Yeh (2003) 提出了一个研究准各向同性复合材料层合板物理参数的无量纲数学模型。如图 17.8.6 所示，该模型的预测结果与 Yeh 等 (1999) 的早期工作相吻合。无量纲模型的结果为工程应用提供了一套通用的设计准则。

_____

① 1msi=6896.55MPa。

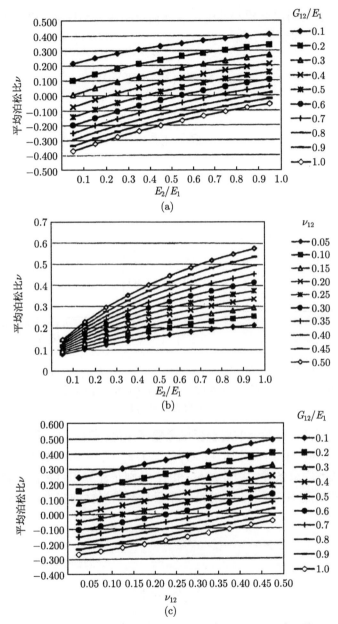

图 17.8.5 平均泊松比 (在 $N = 40$ 和 $M = 25$): (a) 在 $\nu_{12} = 0.2$ 时, 随 E_2/E_1 和 G_{12}/E_1 的变化; (b) 在 $G_{12}/E_1 = 0.2$ 时, 随 E_2/E_1 和 ν_{12} 的变化; (c) 在 $E_2/E_1 = 0.3$ 时, 随 G_{12}/E_1 和 ν_{12} 的变化 (Yeh et al., 1999) 【世哲惠允复制】

Evans 等 (2004) 验证了一个专门开发的软件 (Zhang and Evans, 1992) 的可用性, 该软件使工程设计人员能够将拉胀复合材料层合板的力学特性与具有类似

特性的常规复合材料层合板相匹配，以评估拉胀对力学性能 (包括抗冲击性和断裂韧性) 的影响。通过最小化

$$\min \left[\sum_{i=1}^{M} W_i \left(P_i^c - P_i^r \right)^2 \lambda_i \right] \tag{17.8.24}$$

使得

$$G_j \left(\alpha \right) \leqslant 0 \tag{17.8.25}$$

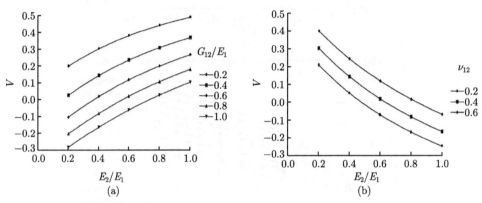

图 17.8.6　平均泊松比值 (在 $N = 40$ 和 $M = 25$)：(a) 在 $\nu_{12} = 0.4$ 时，随 E_2/E_1 和 G_{12}/E_1 的变化；(b) 在 $E_2/E_1 = 0.4$ 时，随 G_{12}/E_1 和 ν_{12} 的变化 (Yeh and Yeh, 2003)
【世哲惠允复制】

可以实现满足所需目标性能的层合板堆叠顺序优化。其中，P_i^c 和 $P_i^r (i = 1, 2, \cdots, M)$ 分别是计算和目标所需的属性；$G_j (j = 1, 2, \cdots, N)$ 是设计变量向量 α 上的等式、不等式或约束条件。因此，M 和 N 分别是计算和目标需求属性及约束的数量，而加权系数 W 表示设计对第 i 个目标需求属性的权重，遵循以下两个条件：

$$W_i \geqslant 1 \tag{17.8.26}$$

且

$$\sum_{i=1}^{N} W_i = 1 \tag{17.8.27}$$

其中，式 (17.8.26) 和式 (17.8.27) 中所有项的顺序是通过使用比例系数 λ_i 来确定的。对于正交各向异性层合板，有效面内工程常数可以使用 (Evans et al., 2004)

$$\left\{ \begin{array}{l} E_1^{\mathrm{ortho}} \\ E_2^{\mathrm{ortho}} \\ G_{12}^{\mathrm{ortho}} \end{array} \right\} = \frac{\det (A)}{t_0} \left\{ \begin{array}{l} \left(A_{22} A_{66} - A_{26}^2 \right)^{-1} \\ \left(A_{11} A_{66} - A_{16}^2 \right)^{-1} \\ \left(A_{11} A_{22} - A_{12}^2 \right)^{-1} \end{array} \right\} \tag{17.8.28}$$

$$\nu_{12}^{\text{ortho}} = \frac{A_{12}A_{66} - A_{16}A_{26}}{A_{22}A_{66} - A_{26}^2} \tag{17.8.29}$$

$$\nu_{1s}^{\text{ortho}} = \frac{A_{12}A_{26} - A_{16}A_{26}}{A_{22}A_{66} - A_{26}^2} \tag{17.8.30}$$

$$\nu_{2s}^{\text{ortho}} = \frac{A_{12}A_{16} - A_{11}A_{26}}{A_{11}A_{66} - A_{16}^2} \tag{17.8.31}$$

来计算得到, 而有效弯曲工程常数由 Evans 等 (2004) 给出

$$\left\{ \begin{array}{c} E_1^{\text{flex}} \\ E_2^{\text{flex}} \\ G_{12}^{\text{flex}} \end{array} \right\} = \frac{\det(D)}{t_0^3} \left\{ \begin{array}{c} (D_{22}D_{66} - D_{26}^2)^{-1} \\ (D_{11}D_{66} - D_{16}^2)^{-1} \\ (D_{11}D_{66} - D_{16}^2)^{-1} \end{array} \right\} \tag{17.8.32}$$

$$\nu_{12}^{\text{flex}} = \frac{D_{12}D_{66} - D_{16}D_{26}}{D_{22}D_{66} - D_{26}^2} \tag{17.8.33}$$

$$\nu_{1s}^{\text{flex}} = \frac{D_{12}D_{66} - D_{16}D_{22}}{D_{22}D_{66} - D_{26}^2} \tag{17.8.34}$$

$$\nu_{2s}^{\text{flex}} = \frac{D_{12}D_{16} - D_{11}D_{26}}{D_{11}D_{66} - D_{16}^2} \tag{17.8.35}$$

其中, A_{ij} 和 D_{ij} 如式 (16.8.2) 定义, $t_0 = z_n - z_0$ 是层合板厚度。Evans 等 (2004) 对 $[\pm\theta]_s$ 层合板的 ν_{12} 相对于一单层板的角度 θ 变化进行了说明; 通过实例发现, 当 $\theta = 25°$ 时, 最负的泊松比为 $\nu_{12} = -0.245$, 见图 17.8.7。

具有负体积模量的相对复合材料性能的影响是目前研究的热点。在各向同性固体的情况下, 当泊松比足够小时, 可获得负体积模量。Wang 和 Lakes (2005) 利用 Hashin 和 Shtrikman (1963) 的界限得出结论, 具有负体积模量球形包裹体的复合材料具有拉胀特性。结果如图 17.8.8 所示。

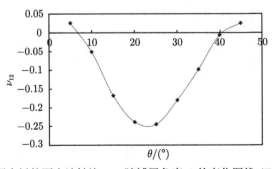

图 17.8.7 $[\pm\theta]_s$ 层合板的面内泊松比 ν_{12} 随铺层角度 θ 的变化图线 (Evans et al., 2004)

　　图 17.8.8(a) 显示了格栅模型的弹性特性，该特性是由无量纲比值 g 确定的对角线单元中的预应力的函数，其中 $g = 1$ 对应于无预应力。图 17.8.8(b) 显示了复合体积模量 K (实心圆) 和泊松比 ν (空心圆) 随夹杂物体积模量 (允许负值、在稀 Hashin-Shtrikman 复合材料中体积夹杂率为 5%) 的变化关系。基材属性为 $G_m = 19.2\mathrm{GPa}$，切线模量 $\delta_G = 0.02$，$K_m = 41.6\mathrm{GPa}$，$\nu_m = 0.3$，切线伸长率为 $\delta_K = 0$。阴影区域表示强椭圆性的失效，因此在成带域方面不稳定。图 17.8.8(c) 显示了一些反常的细节，描绘了复合材料体积模量 K (实心圆) 和泊松比 ν (空心圆) 随包裹体体积模量的变化关系，其中基材属性为 $G_m = 19.2\mathrm{GPa}$，切线模量 $\delta_G = 0.01$，$K_m = 41.6\mathrm{GPa}$，$\nu_m = 0.3$，切线伸长率为 $\delta_K = 0$。同样，阴影区域表示强椭圆性的破坏，因此在成带域方面不稳定。

　　读者还可参考 Drugan (2007)、Assidi 和 Ganghoffer (2012)、Kochmann 和 Venturini (2013) 的有关拉胀复合材料的工作。

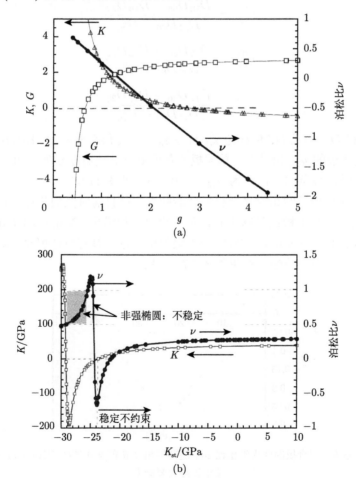

(a)

(b)

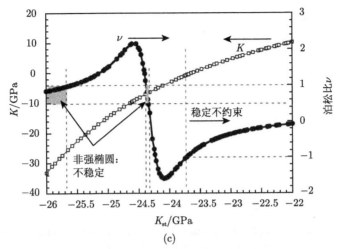

(c)

图 17.8.8 Wang 和 Lakes (2005) 关于负体积模量相对拉胀性的影响结果：(a) 剪切模量 G (方格) 和体积模量 K (三角形) 被标准化为 k_1。泊松比 ν (实心圆) 可以为负，并且可以超过应力边界条件的稳定极限；(b) 复合体积模量 K (实心) (空心方格，细曲线) 和泊松比 ν (实部) (实心圆，粗曲线) 关于稀 Hashin-Shtrikman 复合材料中夹杂物体积模量 (允许负值) 的关系；(c) 复合材料体积模量 K (实部) (空心方格，细曲线) 和泊松比 ν (实部) (实心圆，粗曲线) 随夹杂物体积模量的变化关系

参 考 文 献

Assidi M, Ganghoffer J F (2012) Composites with auxetic inclusions showing both an auxetic behavior and enhancement of their mechanical properties. Compos Struct, 94(8):2373-2382

Chirima G T, Zied K M, Ravirala N, Alderson K L, Alderson A (2009) Numerical and analytical modelling of multi-layer adhesive-film interface systems. Phys Status Solidi B, 246(9):2072-2082

Donescu S, Chiroiu V, Munteanu L (2009) On the Young's modulus of a auxetic composite structure. Mech Res Commun, 36(3):294-301

Drugan W J (2007) Elastic composite materials having a negative stiffness phase can be stable. Phys Rev Lett, 98(5):055502

Evans K E, Donoghue J P, Alderson K L (2004) The design, matching and manufacture of auxetic carbon fibre laminates. J Compos Mater, 38(2):95-106

Hashin Z, Shtrikman S (1963) A variational approach to the elastic behavior of multiphase minerals. J Mech Phys Solids, 11(2):127-140

Herakovich C T (1984) Composite laminate with negative through-the-thickness Poisson's ratios. J Compos Mater, 18(5):447-455

Kocer C, McKenzie D R, Bilek M M (2009) Elastic properties of a material composed of alternating layers of negative and positive Poisson's ratio. Mater Sci Eng A, 505(1-2):111-115

Kochmann D M, Venturini G N (2013) Homogenized mechanical properties of auxetic composite materials in finite-strain elasticity. Smart Mater Struct, 22(8):084004

Lim T C (2009) Out-of-plane modulus of semi-auxetic laminates. Eur J Mech A Solids, 28 (4):752-756

Lim T C (2010) In-plane stiffness of semiauxetic laminates. ASCE J Eng Mech, 136(9):1176-1180

Lim T C (2011) Coefficient of thermal expansion of stacked auxetic and negative thermal expansion laminates. Phys Status Solidi B, 248(1):140-147

Lim T C (2013) Corrigendum to "Out-of-plane modulus of semi-auxetic laminates". Eur J Mech A Solids, 37(1):379-380

Lim T C, Acharya U R (2010) Longitudinal modulus of semi-auxetic unidirectional fiber composites. J Reinf Plast Compos, 29(10):1441-1445

Lim T C, Acharya U R (2011) Counterintuitive modulus from semi-auxetic laminates. Phys Status Solidi B, 248(1):60-65

Liu B, Feng X, Zhang S M (2009) The effective Young's modulus of composites beyond the Voigt estimation due to the Poisson effect. Compos Sci Technol, 69(13):2198-2204

Reuss A (1929) Berechnung der fließgrenze von mischkristallen auf grund der plastizitäts-bedingung für einkristalle. Zeitschrift für Angewandte Mathematik und Mechanik, 9(1):49-58

Schapery R A (1968) Thermal expansion coefficients of composite materials based on energy principles. J Compos Mater, 2(3):380-404

Sun C T, Li S (1988) Three-dimensional effective elastic constants for thick laminates. J Compos Mater, 22(7):629-639

Timoshenko S P (1983) History of Strength of Materials. Dover Publisher, New York

Tsai S W, Hahn H T (1980) Introduction to composite materials. Technomic, Lancaster

Voigt W (1889) Über die Beziehung zwischen den beiden Elastizitätskonstanten isotroper Körper. Wied Ann, 38:573-589

Voigt W (1910) Lehrbuch der Kristallphysik. Teubner, Berlin

Wang Y C, Lakes R S (2005) Composites with inclusions of negative bulk modulus: extreme damping and negative Poisson's ratio. J Compos Mater, 39(18):1645-1657

Yeh H L, Yeh H Y (2003) A dimensionless mathematical model for studying the physical parameters of composite laminates-part I. J Reinf Plast Compos, 22(1):83-99

Yeh H L, Yeh H Y, Zhang R (1999) A study of negative Poisson's ratio in randomly oriented quasiisotropic composite laminates. J Compos Mater, 33(19):1843-1857

Zhang W, Evans K E (1992) A Fortran program for the design of laminates with required mechanical properties. Comput Struct, 45(5-6):919-939

Zhang R, Yeh H L, Yeh H Y (1999) A discussion of negative Poisson's ratio design for composites. J Reinf Plast Compos, 18(17):1546-1556